Jun-Ichi Yamashita
L'histoire future de la pensée mathématique
Pèlerinage à Grothendieck

数学思想の未来史
グロタンディーク巡礼

山下純一

現代数学社

Meinem verstorbenen Freund,

Alexander Grothendieck,

in Verehrung und Dankbarkeit gewidmet.

アレクサンダー・グロタンディーク
(Alexander Grothendieck, 1928-2014)
『収穫と種蒔き』で使われた唯一の写真
リュークロの収容所で 12 歳のときに撮影されたもの

目 次

はじめに i

I. 時が煌めき夢が甦る 1

数学のロゴスとエロス 2
異常体験のインパクト 21
ヴェイユとリーマン 31
創造のプロセスを探る 41
ガロアと毛沢東 61
ヴェイユ予想のルーツ 73
内的欲動の表出 86
光に満ちた刑罰 96
絶縁状 115
自己神化への逃避 125
アンセストの称賛 158

II. 萌芽と仄暗い無垢の中へ 169

失楽園と甘美な孤独 170
因果の鎖を断つ 192
変性意識体験 202
欲動と創造 212
スートラとタントラ 222
夢の中の夢 234
ルリジオジテ 244
ペルソナ 256
予見者の誕生 266

詩的狂奔と終末論 276
　精神疾患と創造性 286
　理性と神秘主義 296
　ウニオ・ミスティカ 306
　直観からホモトピー的思考へ 316
　数学宇宙仮説 328
　情動と夢 347
　神秘体験 367

Ⅲ. 思い知るべき人はなくとも 385
　過去の訪問の回想 386
　アストレの情報 402
　トゥルーズとル・ヴェルネ 414
　ラセールでの今生の別れ 427
　ヴィルカンとカタリ派 440
　メラルグとモルモワロン 453
　マザンとシュリクと法華経 463
　ル・ピュイとレゴと聖母 473
　ル・シャンボンとラ・ゲスピ 483
　コレージュ・セヴノル 493
　マンドと少年時代 503
　リュークロの収容所 513
　ラルザックの反核闘争 524
　無意識の自動運転 537
　マテクリテュールの余韻 549
　サン・ジロンとミュゲ 561
　夢幻との訣別 573
　リーマンの創造性 584
　隠喩的創発性と数学夢 594

幻覚とラマヌジャン 604
　　ラセールの日々 614
　　ラセールを歩く 624
　　夢と情緒と無意識 634
　　グロタンディーク逝く 646

おわりに 674
グロタンディーク年譜 690
人名索引 700
事項索引 710

はじめに

N'est-ce pas là une chose "dingue" en effet ?
--- Grothendieck, La Clef des Songes, p.53

　本書のテーマとなっているアレクサンダー・グロタンディークは，新聞「ル・モンド」も書いたように，「20世紀最大の数学者」(le plus grand mathématicien du XXe siècle）だといわれることがある．「すべての時代を通して最大の数学者」(the greatest mathematician of all time）だという人もいるほどだ．思考の対象を極限まで抽象化・一般化して，その対象の本質を暴き出すという「神秘的な飛躍」(essor mystique）が，グロタンディークの数学の最大の特徴であった．普通の数学者たちには，「抽象化のための抽象化」「一般化のための一般化」としか見えないような場合でさえ，グロタンディークの手にかかると謎のように「神秘的な飛躍」が起こることもあった．

　ハーバード時代の広中平祐がその優秀さにショックを受けたとされるマンフォードも証言しているように，グロタンディークが数学的創造性の片鱗を垣間見せてくれる現場で，魔法使いのような戦略的手法を見せつけられると，「これこそ本物の天才だ！」と感じてしまうようだ．しかも，グロタンディークの場合，少なくとも外見上は，さまざまな本や論文を読み大量の知的情報を統合することによって「神秘的な飛躍」を可能にするのではなく，むしろ究極的なまでの「素朴さ」(naïveté）の追求によって，それを可能にしているとしか思えないのだから恐ろしい．ぼくも何度かグロタンディークの「(数学的）常識の欠如」に驚かされたことがある．「欠如」の力で湧きだすグロタンディークの抽象化・一般化の威力は未知の事象の言語化にも通じており，それまでは誰にも見えなかった何かが，その言語化とともに顕現してくることからも，グロタンディークの手法の奥深

さを感じさせずにはおかない．グロタンディーク自身は，『収穫と種蒔き』(Récoltes et Semailles) の中で，自分の数学の特徴を「満ちる海」(la mer qui monte) に喩えている．グロタンディークの情動と理性の相互作用にとって母子関係の展開は極めて重要なのだが，フランス語では母 (mère) と海 (mer) がまったく同じ発音だという事実も，メタファーとしてのこのイメージを理解する上で無視できない事実だろう．

　グロタンディークをその「勲章」によって称えるのは不可能だ．というのも，「勲章」らしい「勲章」としてはフィールズ賞くらいしかないからだ．そのフィールズ賞も授賞式への参加を拒否し，賞金やメダルも南ベトナム解放民族戦線に寄付してしまったとされる．1960 年代の「栄光の時代」を経て，1970 年 (42 歳) に数学の世界を去って隠遁したし，隠遁中の 1988 年 (60 歳) に授賞が決まったクラフォード賞も受賞を拒否してしまった．どこかに「無冠の帝王」の風格が漂っているが，最晩年に俗世間からの本格的隠遁に突入してからは，グロタンディークによって醸し出された数学界の無意識的な「不安感」を象徴するかのような「発狂」説や「女たらし」説が流されるなど理不尽な事態も発生していた．

　数学者の多くは，「栄光の時代」のみに焦点をあてて，疲れを知らずにエネルギッシュに数学のみに集中するグロタンディークというイメージを語る場合が多い．また，「自明」だからといって省略することなく何から何まで懇切丁寧に記述されている膨大な未完の教科書『代数幾何学原論』(EGA) やそのための母胎となる「代数幾何学セミナー」(SGA) の出版物を見て超ブルバキ的な精神に驚嘆する人も多い．(ただ，『代数幾何学原論』はグロタンディークの草稿をもとにデュドネが仕上げたものなので，これを見てグロタンディークを語ることには問題もあるのだが．) ぼくも大学入学直前のころに，「書かれたもの」としてのグロタンディークの数学に魅かれて，そのような数学を創造するグロタンディークという人物に注目しはじめたのだった．やがて，ぼくは，数学そのものだけでなく，「神秘的な飛躍」を可能にする「グロタンディークの深淵」に触れてみたいと思うようになった．グロタンディークという特異現象がなぜ可能だったのかを探りたくなった

わけだ．

　本書は，ぼくのこれまでの「グロタンディークの深淵」を探るための旅と試行錯誤の記録のようなものだ．雑誌『現代数学』での長い期間（2007年6月号〜2015年3月号）にわたる連載記事を「脱構築」したものなので，掲載時期によっては調査の不十分さも露呈しているだろうし，連載記事のもつ限界のせいで，繰り返しや見解の揺らぎといった不満足な点が残らざるをえなかったのは残念だが，「グロタンディークの深淵」に接近するための「聖地巡礼の旅」の記録だということで理解してほしい．

　1973年の隠遁以前のグロタンディークゆかりのヨーロッパの町は，ベルリン，ブランケネーゼ（ハンブルク），パリ，マンド，リュークロ，ブラン，メラルグ，モンペリエ，ボワ・コロンブ，ビュル・シュリヴェット，マシ，シャトネ・マラブリーなどだ．ぼくが巡礼するのはグロタンディークゆかりの地だけでなく，もっと一般的に，グロタンディークゆかりの事象についてなのだが，1973年以後の隠遁地については文字通り巡礼を試みている．主要な隠遁地は3か所，他に短期滞在地が1か所ある．すべて南フランスの小さな村で，およその滞在時期（重複あり）とともにおよそのところを書けば，

　1973年 - 1980年　ヴィルカン（Villecun）

　1979年 - 1981年　ゴルド（Gordes）

　1981年 - 1991年　モルモワロン（Mormoiron）

　1991年 - 2014年　ラセール（Lasserre）

のようになっている．

　第1次隠遁地ヴィルカンは，数学の世界を去ったグロタンディークが，1973年にコミューン建設のために移住したオルメ（Olmet）に隣接する村で，グロタンディークはヴィルカンの家からモンペリエ大学に講義やセミナーのためにときどき通うようになった．ぼくがはじめてグロタンディークと会見したのもヴィルカンの家だった．1974年には日本山妙法寺の創始者藤井日達に興味をもちはじめているが，1975年には数学に揺りもどされて抽象的なホモトピー論について考えたりもしている．1976年に瞑想とそ

の意義を発見したのもヴィルカンだった．日本山妙法寺の僧侶を泊めたことに関する裁判などもあって1979年ごろにヴィルカンを脱出し，しばらく行方不明状態だったとされるが，旧知の文化人類学者ジョランのゴルド北部のラ・ガルデット（La Gardette）の家にしばらく滞在して両親についての瞑想（調査と考察）を深化させてもいる．「スピリチュアルなグロタンディーク」への萌芽ともいうべき詩的な作品『アンセストの称賛』(Éloge de l'Inceste) はここで書かれたようだ．その後（1981年），恋人だったヨランドの斡旋で第2次隠遁地モルモワロンに転居し，本格的な数学研究の再開を目指した．グロタンディークは，モルモワロンの家で書き続けるつもりでいたさまざまな数学的瞑想（論文）を収録するために数学的瞑想シリーズ「数学的省察」(Réflexions Mathématiques) を構想した．このシリーズは，1960年代に追求しつつあったもののやり残したテーマで，弟子たちもそれを継承しようとしなかった大きなテーマ「コホモロジー論の超克」の再生と完成を含む予定だった．このシリーズに収録することにした新しいスタイル（le nouveau style）の論文『シャンの探求』(A la Pursuite des Champs = Pursuing Stacks) のエピソード1『モデルの物語』(Histoire de Modèles = The Modelizing Story)，別名『キレンへの手紙』を1984年に1年がかりで書き上げてから，『モデルの物語』の序文を書き出したところ，過去の経緯などを調査回想しているうちに，ドリーニュなどの弟子に対する批判的な気分に襲われ，この序文が2年がかりで自己増殖して，結果的に1986年に『収穫と種蒔き』を書き上げることになった．数学的瞑想シリーズの名称も数学とは限らない瞑想シリーズになりそうな気配だったので，単に「省察」(Réflexions) に変更されたようだが，これは使われないままになってしまった．実際，『収穫と種蒔き』には「数学者の過去についての省察と証言」(Réflexions et témoignage sur un passé de mathématicien) と書かれている．さらにその後，『収穫と種蒔き』を書く過程で生まれたテーマのいくつかが自己増殖して，グロタンディークの心がスピリチュアルな宇宙の香りに色濃く染まりはじめ，1987年に神秘的官能的「恍惚」("ravissement" mystique-érotique) を体験した後に，それを踏まえて書き

出した『夢の鍵』（La Clef des Songes）やそれから分離したともいえる作品『レ・ミュタン』（Les Mutantes）が生まれた．『レ・ミュタン』は，グロタンディークがスピリチュアルな意味での先駆者を列挙して詳しい説明を加えたものだ．さらに，1988年の無謀ともいえる「40日間の断食体験」を経て，「神体験」に到り，1990年には，「福音の手紙」（Lettre de la Bonne Nouvelle）とそれを解説した『預言の書』が出現した．瞑想の発見からここまでは，グロタンディークが，数学的瞑想という「創造性発揮の例」を紡ぎながら，スピリチュアルな立場で「創造性とは何か？」という問題に答えようとした思索の結果だともいえる．スピリチュアルな宇宙に沈潜するものと予想されていた1990年の後半になると，グロタンディークの心に数学的創造への衝動が励起されて，またもや「創造性発揮の例」を紡ぐ方向への興味の転換が起こり，コホモロジー論の超克（抽象的なホモトピー論の建設）という課題を追求する数学的瞑想『レ・デリヴァトゥール』（Les dérivateurs）に集中的に取り組んで2000ページの手稿として物質化した．ところが，これが災いして「体調」を崩し，それまでの自分を支配していた人間関係の大半を絶って第3次隠遁地ラセールへの脱出という事態になった．グロタンディークの人生を振り返ると，数学に集中する時期と数学から離れる時期が交互に繰り返されているような印象がある．これを躁状態とうつ状態が長い周期で交互に出現していると考えれば，双極性障害的な傾向が見られるということだろう．アスペルガーにはありがちな話だ．

　グロタンディークは，ウクライナ/ロシア系ユダヤ人でアナーキストの父アレクサンドル（サーシャ）・シャピロとドイツ人で作家志望の母ヨハナ（ハンカ）・グロタンディークの間にベルリンで生まれた．ナチスの台頭によって，まずユダヤ人の父がパリに脱出し，母も父を助けるために足手まといになる子供を棄ててパリに移住したために，グロタンディークはブランケネーゼ（ハンブルク）に「里子」に出され，そこで初等教育を受けた．やがて，母に引き取られてフランスに移り住んだが，母と一緒に南フランスの収容所に入れられることになり，父はアウシュヴィッツに移送されて「行方不明」になった．ドイツの支配による混乱したフランスで中等

教育を終え，戦後になって，結核の母と合流して，モンペリエ大学に進んだが，ほぼ独学で数学を学んだ．グロタンディークは，1950年代の「修業時代」も1960年代の「栄光の時代」も，強固な反戦思想に基づく良心的兵役拒否（conscientious objection）の意志表示のために無国籍のままだったが，1970年に国籍に拘らない高等科学研究所（IHES）を辞職してから再就職のために1971年にフランス国籍を取得している．グロタンディークの人生には，ドイツとフランスとウクライナ/ロシアが交錯する状況から，グロタンディークの名字や名前を日本語でどう表記するのがいいのか悩ましい．グロタンディークという名字の起源は古いオランダ語の「大きな堤防（防波堤）」（現代では，オランダ語 grote dijk，ドイツ語 groß Deich，英語 great dyke）だという．「満ちる海」と「大きな堤防（防波堤）」では文字通り矛盾を感じてしまうが，息子に対して「増大してくる母［の支配力］」（la mère qui monte）を塞き止めるという意味にとれば「大きな堤防」も悪くはない．ただし，グロタンディークは母が死亡してからもその支配力に苦しめられることになったのだが…．名字の発音については，グロタンディーク自身はドイツ語風のグロテンディークあるいはグロートゥンディークを好んでいた．日本でもっとも普及している表記グロタンディークはグロタン（フランス語）＋ディーク（ドイツ語）なので，国籍フランスと母国ドイツが融合していて興味深い．名前については，フランス語のアレクサンドルよりもドイツ語のアレクサンダーの方を好んでいた．父の名前も同じアレクサンドル（ロシア語 Александр）で，こちらはすでにロシア風の愛称サーシャ（ロシア語 Саша，ドイツ語 Sascha，フランス語 Sasha，Sacha，英語 Sasha）が使われていたので，家族や親しい友人たちはロシア風の愛称シュリク（ロシア語 Шурик，ドイツ語 Schurik，フランス語と英語 Shurik，Shourik）を使って父と区別していた．

　本書では，「グロタンディークの深淵」を理解するための重要なキーワードとしてアスペルガーを多用する．また本書では，かつてアスペルガー障害（Asperger disorder）とかアスペルガー症候群（Asperger syndrome）と呼ばれ，その後，自閉症スペクトラム障害という疾患名に統合された疾患

名のことを単にアスペルガーと呼ぶ．また，アスペルガーである人のことも単にアスペルガーと呼ぶ．

　最後になったが，1971年に知り合って以来，何度となくぼくのことを気づかってくれたやさしいアレクサンダー・グロタンディークその人と，さまざまの貴重な情報を提供してくれたグロタンディークの最後の恋人ヨランド，そして，グロタンディークとの最初の会見以来何度も世話になった辻雄一・由美夫妻，ぼくのメールなどに親切に応答してくれた音楽家で数学者のマッツォーラ，物理学者のリュエル，数学者の一松信，ボンビエリ，ヒルツェブルフ，シャルラウ，アティヤ，医師のストーン，さらに，ぼくの怪しげな「グロタンディーク論」の連載と『グロタンディーク巡礼』の出版に協力してくれた現代数学社の社長富田淳に感謝したい．また，私事に及ぶが，ぼくの「巡礼の旅」に同行し，アスペルガーで扱いにくいぼくを支援し励まし続けてくれている妻の京子にもいまさらながら感謝の言葉を捧げたい．グロタンディークの両親を想う心に刺激されて，ぼくもまた自分の今は亡き両親への感謝の気持ちを表明しておきたい．両親と京子はアスペルガーのぼくが「社会的圧迫」に負けてアスペルガー的特性を摩滅させることなく自由に生きることを認めてくれた．

2015年3月28日　グロタンディークの誕生日に

山下純一

＊ 表紙の背景のもとになった写真はインドネシアの洞窟壁画の写真で，撮影した早稲田大学探検部の許可を得て利用させてもらった．洞窟壁画は人類の抽象的思考と創造性の起源と考えられており，とくに最近，インドネシアの洞窟壁画には世界最古のものも発見されている．表紙には，数学的創造を支えるグロタンディーク少年とグロタンディークの数学の象徴としてのグロタンディーク＝リーマン＝ロッホの定理を描き，裏表紙には「グロタンディークの深淵」を支配する「母の手」が見え，それに重ねてグロタンディークの神のイメージを描いておいた．表紙のデザイン制作に協力してくれた富田淳と山下京子に感謝する．

＊ 各パートの扉の背景となっている写真は，グロタンディークが晩年を過ごしたラセールの家の写真で，山下自身が撮影したものである．「グロタンディークの窓」といえば，これを意味する．ラセールの住人たちが夜な夜な明かりが漏れているのを目撃したと証言している窓で，晩年のグロタンディークが執筆に勤しんでいた証拠とされている．

I
時が煌めき夢が甦る

数学のロゴスとエロス

> The very seeing of what one is,
> is the beginning of the transformation.
> 自己への真剣な探求こそが，
> 精神の変容のはじまりを告げる．
> ——— クリシュナムルティ [1]

アンファンとパトロン

　アレクサンダー・グロタンディークはベルリンで生まれた．アレクサンダーという名前はノヴォツィブコフ（現在はロシア）生まれのユダヤ人の父の名前アレクサンドル（サーシャ）・シャピロを継承したものだ．母ヨハナ（ハンカ）・グロタンディークと父は正式には結婚しておらず，出生届はアレクサンダー・ラダツとして出されたとされる．ラダツというのは当時の母の夫の名字だった．その後，母は正式に離婚して旧姓グロタンディークを使うようになり，アレクサンダー・グロタンディークになった．5歳までベルリンで母と父と母の連れ子だった姉と4人で，おそらく，（ベルリンの中心部アレクサンダー広場から北西に直線距離で約1.5キロの位置にある）ブルネン通り165番地（Brunnenstraße 165）の家で暮らしていたものと思われる．ところが，1933年12月に，母は息子（グロタンディーク少年）をハンブルク近郊のエルベ川沿いの町ブランケネーゼ（Blankenese, 1938年にハンブルク市に編入）の元牧師ハイドルンの家に「里子」(pensionnaire)として預けた．

　母自身はパリにいたグロタンディークの父と合流した．母はときどき手紙をくれたが父はグロタンディークがそこにいた5年の間に一度も手紙をくれなかったという．突然見知らぬ家に「里子」に出されたのだから，「親に見捨てられた」と感じてショックを受けたに違いない．このショックから「立ち直る」ために，グロタンディークは，「里子生活」の中で，自分の

女性的な側面を抑圧し，男性的な価値観に従って生きようと決意することになる．目的志向性（Zielgerichtetheit）を前面に出し，目的のために有用性がないと思えることにはわき目も振らずに進むという生き方を選ぶようになったとのちに反省的に語っている．男性的な価値観の強化は，グロタンディークにとって，かならずしも創造性を発揮する原動力になったとばかりはいえなかった．実際，グロタンディークは「わたしの身体と精神において創造性を発揮する力となっているのは，わたしがときどき自分の中の「アンファン」あるいは「ウヴリエ」（自我の構造を表現する「パトロン」と対をなすもの）と呼んだものかもしれない．この力は（その本質と必要性からして男性的でも女性的でもあるとしても）「男性的」であるよりもずっと「女性的」なものかもしれない．」（[…] il se pourrait que ce qui est force créatrice en mon corps et en mon esprit, ce que j'ai appelé parfois "l'enfant" ou "l'œuvrier" en moi (par opposition au "patron" qui représente la structure du moi [...]) -que cette force soit plus "féminine" encore que "virile" (alors que par nature et nécessité elle est l'un, et l'autre).)（[2] p.471）と書いている．グロタンディークは小学生時代にすでに過剰なまでに「男であろう」と意識しはじめていたわけだ．グロタンディーク自身は自分の中にあった女性性を抑圧して男性性を前面に出したと回想しているが，これは誰にでもある心の二面性に関する回想というよりも，むしろ，幼児期のグロタンディークの人格は男性性と女性性とでもいうべき 2 つの人格から構成されていたのに（というより，幼児期にはまだ明確な人格が現れていなかったというべきか），それが「親に見捨てられた」というショックをきっかけとして男性性が主人格に躍り出て，幼児期の原初的な「二重人格性」が崩れたという事態の回想だと解釈したくなる．とはいえ，グロタンディークがこうした事実に気づくのは瞑想（méditation）を発見する 1976 年（48 歳）以後のことだ．

　グロタンディークは，『収穫と種蒔き』[2] では幸せな幼児期を過ごしたようなことを書いていたが，自分の「出生の秘密」について，『夢の鍵』[3] の 1987 年 6 月 29 日付けの脚注につぎのようなことを書いている．「わ

たしの母は［当時の「先進的な女性」だったので］母親になることへの無意識的な抵抗を感じていたにもかかわらず，わたしの父（子供を望んではいなかった）に自分の力を示すために，わたしを妊娠した．そして，かれを自分に結びつけておくために（もしそれが必要であれば）また同じことをした．わたしが生まれたときには，わたしが生きる意欲をなくすような暴力的な環境に遭遇した．」(ma mère m'a porté à terme en dépit d'un refus viscéral contre sa maternité, pour éprouver son pouvoir sur mon père (qui ne voulait pas d'enfants) et comme façon supplémentaire (s'il en avait été encore besoin) de le lier. A ma naissance, j'ai trouvé une ambiance de violence telle que la volonté de vivre m'a abandonné,…) ([3] p. 80) グロタンディークの父はアナーキストとして世界革命 (Révolution mondiale) の実現のために戦っていた．家庭を必要としなかったのはそのせいかもしれない．ウクライナ農民軍（マフノの軍隊）の一員として戦い，レーニンの支配するロシアから犯罪者として追われるはめになったために，亡命してベルリンで逃亡生活中にグロタンディークの母となる女性と知り合い，1928 年にグロタンディークが生まれたのだが，数年後にはドイツに反ユダヤの嵐が吹き荒れるようになり，父は単身でパリに「脱出」した．こうした情勢の中で，母は足手まといになる子供をドイツの養護施設や「里親」に預けてパリに行ってしまったというわけだ．グロタンディークが「里子」として過ごしている間に，両親はスペイン内戦にもコミットした．

クリシュナムルティの影響

1976 年 10 月 15 日（金曜日）にグロタンディークは瞑想という行為のもつ力を発見したという．ただし，グロタンディークのいう意味での瞑想（さまざまな調査をして現在や過去の出来事をありのままに観察する知的な作業）は，数学研究に別れを告げた直後の 1970 年か 1971 年に読んだクリシュナムルティの 2 冊の本の影響で生まれたもののようだ．この 2 冊の本が何かはわからないが，1969 年に出版された『Freedom from the Known』と 1970 年に出版された『The Only Revolution』（『クリシュナムルティの瞑

想録：自由への飛翔』として翻訳されている）と『The Urgency of Change』の 3 冊のうちの 2 冊である可能性が高い．たとえば，『Freedom from the Known』(p.116) には，「瞑想は生きるための最高のアートのひとつ，おそらく最高のアート，です．そして，誰もその素晴らしさを他人から学ぶことはできません．瞑想にはテクニックはいらず，したがって，巧みさとは無関係です．あなたが自分自身について知ろうとするとき，あなた自身を見る，つまり，どう歩むか，どう食べるか，何をいうか，悪口，憎しみ，嫉妬など，選別をせず，あなた自身のすべてを意識するなら，もう瞑想していることになるのです．」(Meditation is one of the greatest arts in life - perhaps the greatest, and one cannot possibly learn it from anybody, that is the beauty of it. It has no technique and therefore no authority. When you learn about yourself, watch yourself, watch the way you walk, how you eat, what you say, the gossip, the hate, the jealousy - if you are aware of all that in yourself, without any choice, that is part of meditation.) とある．ただし，クリシュナムルティの『Krishnamurti's Notebook』(1961 年 8 月 25 日の項) には「瞑想は追求ではありません．それは探索でも，調査でも，吟味でもありません．[…] それは，あらゆるポジティブな断言とネガティブな断言と遂行結果が理解され，疑いもなく消え去ったときに，自然に現れてくるものなのです．それは頭が完全に空っぽになっているということです．」(Meditation is not a search; it's not a seeking, a probing, an exploration. […] It's something that comes naturally, when all positive and negative assertions and accomplishments have been understood and drop away easily. It is the total emptiness of the brain.) などと書かれていたりもするので，グロタンディークのいう瞑想とは微妙な差異も見られる．

とはいえ，グロタンディークがクリシュナムルティの意味の瞑想やその周辺についても学んのは確かだ．そして，1974 年になって，自分の「瓦解体験」が他者のみを原因とするものではなく，自己の内にも原因があるらしいということに気づくようになったという．それまで，自己の問題点はおそらく「愛の欠如」(le manque d'amour) にあると考えていたようだが，

これはグロタンディーク自身のアスペルガーによる「共感性の欠如」の自己認識の芽生えでもある気がする．この「愛の欠如」に関する多角的な考察を経て，はじめて「自分自身に関して発見すべきものがある」(il y avait des choses à découvrir sur ma propre personne) ことに気づいたという．「愛の欠如」問題への積極的な対処という課題はクリシュナムルティにはなく，グロタンディーク独自のものだった．アスペルガーは，世界の見え方・感じ方の違いのせいで，社会性や共感性が欠如していることが多い．グロタンディークもそうだったと思う．数学の世界だけで暮らしているときには，アスペルガーはあまり問題にならずにすむのだが，数学の世界を離れてシュルヴィーヴル運動（サバイバル運動，生き残り運動）のような社会運動を組織し推進しようとすると，困難が浮上してくるに違いない．同じころに妻子との間の葛藤も表面化してきた．グロタンディークはこの事態について，1962 年ごろから妻が精神衰弱 (dépression nerveuse) ぎみだったなどと妻側のみの問題ででもあるかのように総括しており，自分に何か問題があるなどとは思ってもみなかったようだ．この問題を前にして，グロタンディークは妻子を捨てて家を出るとともに，運動資金稼ぎのためのアメリカでの講演旅行中に出会った数学の女子学生ジャスティンなどとパリ郊外の町シャトネ・マラブリーでコミューン生活をはじめている．つまり「厄介な事態」から逃亡したわけだ．結局，その後，ジャスティンとは（息子が生まれたにもかかわらず）別れることになるのだが．こうした事態に直面しながら，グロタンディークが自分自身に考察すべき問題点があると思い至らなかったとしたら驚きだ．グロタンディークが 1970 年に突然数学をやめたあとで弟子たちのとの間に発生した「気まずさ」についても，その原因が弟子たちの側にのみあると考えてしまう傾向があった．

数学と瞑想の競演：『収穫と種蒔き』

　グロタンディークは 1970 年に数学を去って以後にさまざまな思うようにならない事態に直面して，クリシュナムルティの著作を読むなどの体験も経て，1976 年 10 月 15 日に「瞑想の発見」に到達したのだった．ま

たグロタンディークは，クリシュナムルティの著作をはじめて読んだ年（1970年か1971年）から6年か7年後この「瞑想の発見」からそれほど経たない間に，ラチェンス（日本ではルティエンス）によるクリシュナムルティの伝記も読んだという．クリシュナムルティへの関心が持続していたのかもしれない．グロタンディークが読んだ伝記は，1975年に出版された『Krishnamurti: The Years of Awakening』（日本語訳『クリシュナムルティ：目覚めの時代』）だと思われる．グロタンディークには伝記を読む「趣味」はなく，『収穫と種蒔き』では，クリシュナムルティの伝記とユングの伝記（自伝）『Erinnerungen Träume Gedanken』（1962年，『ユング自伝：思い出・夢・思想』として1972年に翻訳されている）を読んだことが語られているだけだ．ユングの自伝は女の友人（une amie）が持ってきてくれたもので，1985年1月2日にはじめて眺めたという．ユング関係の本を読んだのはこれが最初だったようだが，フロイトとその弟子だったユングの訣別を自分とドリーニュなどの訣別に重ねでもしたせいか，かなり興味を示し，その時点で考察中の「陰陽的思考」の中にうまく位置づけられないこともあって，『収穫と種蒔き』の第5部としてユングの自伝の読書ノートにあたるものを書こうと考えたりもしていた．1970年から『収穫と種蒔き』の執筆が一段落する1985年までの間に，グロタンディークは，クリシュナムルティ，藤井日達，陰陽説（yin et yang），老子，ユングなどの思想に触れて影響を受けてきたわけだ．と，こう書くと，数学の世界を去ってからのグロタンディークは，数学とは無縁のスピリチュアルな世界に生きていたのかと思われそうだが，それは正しくない．

　実際，『収穫と種蒔き』における人名と用語の出現回数（数値には不正確な面もあるので注意）を調べたところつぎのようになった．まず人名の（調べた限りでの）トップテンは

- 1136　ドリーニュ（Deligne）
- 650　メブク（Mebkhout）
- 409　セール（Serre）
- 224　グロタンディーク（Grothendieck）

210	ヴェイユ	(Weil)
209	イリュジー	(Illusie)
143	柏原正樹	(Kashiwara)
140	ブルバキ	(Bourbaki)
120	ガロア	(Galois)
102	リーマン	(Riemann)

となっており，ドリーニュの登場が圧倒的に多い．ドリーニュのことをわが友（mon ami）とかピエール（Pierre）と書いている部分もかなりあるので，実際にはさらに増える．『収穫と種蒔き』の量的な意味でのメインテーマがドリーニュを巡る問題についての考察だという事実を裏付けている．『収穫と種蒔き』は，グロタンディークが数学の世界を去ってから，グロタンディークの業績についての記述が意図的に変化したことを感じたグロタンディークがその原因が自分の弟子たちの動きにあるものと考え，調査を開始しドリーニュなどによる「非倫理的な活動」について克明にレポートした作品でもある．グロタンディークと直接的な交流がない柏原正樹が143回も出現するのは，グロタンディークが，メブクによる柏原やドリーニュへの「誹謗中傷的発言」を十分に裏を取らずに事実だと信じて事態を描写してしまったせいでもある．この点について，グロタンディークは，柏原への謝罪を改訂版に掲載しているが，全面的な謝罪ではなく，責任はメブクの不誠実さにあると書いている．メブクと柏原の名前はほとんどが，瞑想と数学の混在する難解な第4部（500ページほどあり，「孤独な職人」（l'œvrier solitaire）メブクに敬意と愛情を込めて捧げられている）に登場しており，辻雄一による日本語訳[4]が私家版の形で存在するがまだ出版されてはいない．このほかの人名としては，ポアンカレ（78），デュドネ（68），シュヴァレー（65），カルタン（56），ヒルベルト（48），クリシュナムルティ（37），藤井日達（32），ユング（31），ルレー（31），佐藤幹夫（25），シュヴァルツ（24），カルティエ（23），フロイト（13）などが登場している．ほとんどが数学者である．グロタンディークのモンペリエ大学での「忠実な弟子」マルゴワールが1回しか登場しないのは意外だった．つぎに，用

語のトップテンは

1953　数学（mathématiques, mathématicien）
1064　コホモロジー（cohomologie, homologie）
 842　代数幾何学セミナー（SGA）
 726　モチーフ（motif, motivique）
 662　陰（yin）
 644　陽（yang）
 522　圏（catégorie）
 392　アンファン（enfant）
 377　ヴィジョン（vision）
 377　スキーム（schéma）

となった．これを見れば，『収穫と種蒔き』は（陰陽の登場を別にすると）「数学についての作品」らしいとわかるだろう．これ以外の用語もいくつか並べておくと，鍵（277），瞑想（265），トポロジー（206），トポス（192），ヨガ（189），愛（156），夢（154），神様（bon Dieu, 137），代数幾何学（136），高等科学研究所（IHES, 118），創造（102），変容（84），母（ma mère, 78），シャン（champs, 77），父（mon père, 52），シュルヴィーヴル（survivre, 37），脳（25），アンセスト（inceste, 9），日本山妙法寺（Myohoji, 8），道徳経（6），南無妙法蓮華経（Na mu myo ho ren ge kyo, 4），エディプス（œdipe, 0），スピリチュアル（spirituel, 0），ミュータント（mutant, 0）のようになっている．スピリチュアル系の用語もかなり使われてはいるが，数学系に較べれば影が薄い．グロタンディークは，『収穫と種蒔き』の主要部を執筆した時期（1983年6月-1985年秋ごろ）の直前には，本格的な数学復帰を果たそうと試み，『数学的省察』（Réflexions Mathématiques）という壮大な論文シリーズを計画していた．600ページに及ぶ『キレンへの手紙』（ホモトピー代数の論文）は，『数学的省察』の中の『シャンの追求』（À la Poursuite des Champs）のひとつ『モデルの物語』（Histoire de Modèles）として書かれたもので，『収穫と種蒔き』は『シャンの追求』の序文のはずが予期しない方向に自己増殖して生まれたものだ．

創造性と母への回帰

『収穫と種蒔き』をさらに検索してみたところ，妻のミレイユ（Mireille）や元恋人たちの名前は基本的に出てこない（ミレイユは妻（ma femme）としては2回だけ登場する）が，「成就しなかった最後の恋」の相手アンゲラ（Angela）だけが5回登場する．アンゲラというのは，1981年にグロタンディークが『ガロア理論を貫く長征』の執筆に6か月間ほど集中した直後に，たまたま家の近所を通りかかったブロンドの明るい少女の名前だ．2人でドイツ語で話しているうちに，グロタンディークは「一目惚れ」してしまった．この恋愛感情の高まりをグロタンディークはドイツ語の詩にして残したのだが，その詩を読み返すと，自分がかつて愛した女性たちへの訣別の詩になっていることに気づいたという．また，老子の『道徳経』を1978年末に読んだときに得たエロスと死を結びつけるプロセスとしての創造性というイメージを思いださせたとも書いている．グロタンディークの表現によれば，「あらゆる創造的なプロセスあるいは「創造的な行為」は，陰と陽の抱擁，母と母に回帰［帰依］し母に沈むエロス・アンファンの抱擁である．」(tout processus (ou "acte") créateur est une étreinte du yin et du yang, de "la Mère" et d'Éros l'Enfant, retournant et s'abîmant en elle.) ([2] p.508) ということがわかったというのだ．グロタンディークはこの閃きに押されて，1979年夏に1976年10月からの3年間近いの瞑想の総括ともいうべき詩集『アンセストの称賛』の第1章を書き上げたという．その直後に，メブクがリーマン＝ヒルベルト対応にまつわる話題（『収穫と種蒔き』の第4部の中核をなす）を提供したために詩集作りは中断したようだ．

グロタンディークの苛立ち

ぼくは，「グロタンディークにとって神とはなにか？」，「なぜグロタンディークは究極の救済者としての神を創造し，その神と対話することになったのか？」という問題に興味をもっている．というのは，グロタン

ディークによる数学的創造性の奔出と「夢から神へ」という思考の変遷には「深い結びつき」があると感じているためだ．それはともかく，2010 年 1 月 3 日付けで，グロタンディークは，無許可のままで流通している自分の作品(論文や著書)や手紙などについて，それらを流通させないでほしいという趣旨の声明＝布告 (Déclaration d'intention de non-publication) を弟子のイリュジー経由で発表し，それによって，まず，『代数幾何学セミナー』(SGA = Séminaire de Géométrie Algébrique) の TeX 化出版計画を中断させた．2 月 15 日にはグロタンディーク・サークル [5] もこの声明＝布告に従う姿勢を表明した．最初はウェブサイト全体の停止を覚悟したが，すぐに方針を転換して，部分的停止に切り替えたようだ．「夢から神へ」という問題を考察するための基礎資料ともいうべき『収穫と種蒔き』や『夢の鍵』などのダウンロードも不可能になったが，ネット上で密かに流通していることはいうまでもない．それにしてもなぜグロタンディークはこのような非現実的な声明＝布告を行ったのだろう？

EGA とヘーゲル

1976 年の夏から秋にかけて，ぼくは，ヨーロッパに滞在していた．グロタンディークのヴィルカン (Villecun, 第 1 次隠遁地) の家にもしばらく泊めてもらったのだが，1976 年 9 月 7 日に，ぼくはグロタンディークに『代数幾何学原論』(EGA = Éléments de Géométrie Algébrique) とヘーゲルの『精神現象学』(Phänomenologie des Geistes) や『美学講義』(Vorlesungen über die Ästhetik) の類似性について話したことがあった．たとえば，EGA の体系性は，『精神現象学』の序文の「真理はただ体系としてのみ現実的である」(das Wahre nur als System wirklich [...] ist) という「宣言」を思いださせる．ヘーゲルがプラトンの意味のイデアを概念に読み替えている点にも，ヘーゲルと EGA の類似性を感じてしまっていた．ただし，ヘーゲルが概念の史的展開を決定的に重視しているにもかかわらず，EGA が概念の史的展開には無関心である点が気になるのだが，EGA のような膨大な数学的作品が対象とするテーマの史的展開とは無関係なところで創作されるな

どということは考えられない．

20歳代のグロタンディークはシュヴァルツとデュドネの影響下で，超関数論にまつわる問題意識から仕事をしていたのだが，20歳代の終わりに，学位論文の完成に伴う虚脱感の発生とその直後に起こった最愛の母の死（グロタンディークの父は南フランスのル・ヴェルネの収容所からアウシュヴィッツに移送されて「行方不明」になっていた）に直面して歩むべき方向を見失ってしまった．とはいえ，そのころから，層の理論を含む位相幾何的手法とヴェイユ予想のもつ深遠な可能性に気づいていたセールが，グロタンディークの特異な数学的才能を高く買っており，グロタンディークを「再教育」しつつあった（たとえば，グロタンディークとセールの書簡集 [6] を参照）．こうした環境のおかげで，グロタンディークは，母の死の直後に自分を襲ってきた「抑うつ気分」を振り払い数学的な情熱を甦らせるのに成功した．（60歳を過ぎてから，グロタンディークはこのときの「抑うつ気分」を「神の呼びかけ」に応えるチャンスだったのではないかと回想し，数学への集中によって，「神の呼びかけ」を無視する結果になったことを反省したりもするようになるが，それはまた別の物語である．）こうして，グロタンディークの数学的関心は，関数解析から多変数関数論や複素代数幾何学を経て，圏論的な代数幾何学を「創造」することになる．数学史好きのデュドネもこの動きをバックアップしていたので，グロタンディークは，間接的に，ヴェイユ予想の周辺分野の「史的展開」の概要についての情報はもっていたことになる．こうして，グロタンディークは，古典的な代数幾何学と数論の史的展開を踏まえつつ，ヴェイユ予想などを「指導理念」として，当時勃興しつつあった層の理論，圏論，コホモロジー論などを活用しながら，代数幾何学と数論を融合する新しい数学的宇宙（数論幾何学）を創造しようとする雄大なヴィジョンに到達する．EGA は，このヴィジョンを現実化するための研究プログラムの成果をブルバキ的な流儀で教科書化しようとする作品で，スキーム論（多様体と可換環を同一視する立場）からスタートしている．したがって，グロタンディークの30歳代における代数幾何学（さらには数論幾何学）の研究プログラムと EGA の基

本構想はヴェイユ以前の代数幾何や数論の史的展開を素材として活用しながら暫定的に提案されていたものと考えていいだろう．ヴェイユ予想は，数学史に深い関心をもっていたヴェイユによって，リーマン予想のコホモロジー論的・代数幾何学的アナロジーとして提出されたものだった．グロタンディーク自身には数学史への興味はほとんど感じられないものの，グロタンディークの研究を支える初期のヴィジョンは数学の史的展開からの影響なしでは誕生することはできなかった．

　ぼくは，EGA というのはいわば「ヘーゲル的な意味での数学的な理念（Idee）が弁証法的自己展開を遂げて，スキーム論から（バイパスとしてのモチーフ理論などを生みだしつつ）ヴェイユ・コホモロジー論へと発展し，ついに代数幾何学の終焉へと至る，そのプロセスを詳細に記述したものだと解釈できるかもしれない」などという「妄想」に囚われていた．そうした「妄想」に基づいて，ぼくが「EGA はヘーゲル的な作品だと思う」というと，グロタンディークは戯けたような顔をしてペロッと舌を出してから，「そう思う．あれはほとんどデュドネが書いた．ぼくはデュドネの原稿を見て直しただけだ．[…] あれはブルバキ・スタイルだよ」といったということが，当時のぼく自身の記録に書き残されている．グロタンディークははっきりと「ヘーゲルもマルクスも読んだことがない」と語っていたし，それは嘘ではないと思うので，グロタンディークが「EGA はヘーゲル的だ」などという感想をもつとは思えない．「そう思う」というのは，「君はそう思うのか？」の意味だ．

精神性と身体性

　数学のテキストとして見れば EGA がブルバキ風の記述スタイル（なぜそのようなことについて書くのかについては触れずに厳密な定義，命題，証明を繰り返す）であることは自明なのだが，ぼくがいいたかったのは，そうした形式のことではなく形式的展開を可能にする内的エネルギーの実質が何なのかということだった．いま思えば，グロタンディークがヴェイユやセールの原型的な構想に基づいて再構築した新たなヴィジョンの明確

化への意思（この意思の形成には母の死が精神分析的に重要な意味をもっている）のようなものが，自己展開する理念となって EGA の形式的展開を可能にしたのではないかという気がするが，当時のぼくがそのように考えてグロタンディークに質問したのかどうか，いまとなってはよくわからなくなってしまっている．形式（Form）と内容（Inhalt）あるいは形式性（Formalität）と内容性（Inhaltlichkeit）という対比を精神性（Geistigkeit）と身体性（Körperlichkeit）と置き換えることにし，精神性から見ると EGA のみならずグロタンディークの数学はブルバキ的どころか超ブルバキ的でさえあるが，身体性から見たときにそこに何が見えるのかについては当時のぼくにはよく分かっていなかった気がする．身体性というよりも情動性（Emotionalität）[3] という方がいいかもしれないが，グロタンディークの（数学的）創造性の発揮を可能にするスピリチュアリティ（Spiritualität）に焦点を定めたいための方便のひとつだととりあえず考えておけばいいだろう．ヘーゲルに似た言葉づかいで，しかし，ヘーゲルには欠如していた「脳の構造と機能」に対する思いを言外に込めていえば，グロタンディークの数学的創造性の源泉は，グロタンディークに固有の精神性と身体性の矛盾にほかならず，グロタンディークの数学的創造は，スピリチュアリティの開花を媒介として，その矛盾の詩的止揚（poetische Aufhebung）を目指すものだといえるのかもしれない．

　当時はスピリチュアリティの問題などにはまったく触れることはなかったものの，まぁとにかく，「EGA とヘーゲル」についての意味不明の会話を，グロタンディークの家の裏山の斜面で交わしたのだった．その後で，グロタンディークに誘われてロデーヴまで小さな展覧会を見にいくことになった．裏向いの家に住む 17 歳の少女フランソワーズがリセで絵の勉強をしており，フランソワーズの絵がロデーヴの画廊で開催中の展覧会に出品されているというので，グロタンディークの提案で一緒に見に行こうということになったのだ．グロタンディークの家の壁にはフランソワーズの描いた絵がいくつか飾られていたし，ぼくにとっても，フランソワーズは一時的な「フランス語の先生」でもあったので，見物に行きたくなったのだった．

美意識とモチーフ

この展覧会の会場でだったと思うが,グロタンディークと美意識(Sinn für Ästhetik, sens esthétique)について少しだけ話したことを覚えている.ただし,フランソワーズの絵がどのようなものだったのかはもうさっぱり記憶にない.グロタンディークがしきりにそれを見て「素晴らしい」などと褒めるので,「フランソワーズの絵のどこが気にいったのか?」と聞いたが,具体的な説明はなかったように思う.ただ,グロタンディークはそのときに「美しいものは何でも好きだ」(J'aime tout ce qui est beau!)と語ったのがなぜか鮮明に記憶に残っている.そのとき,ぼくは,「絵画だけでなく音楽でも数学でも女性でも美しいものはみな好きだ」という意味に解釈した.もちろん,グロタンディークのいう美しさというのは,外見上の美しさではなくて,「美的・精神的な幸福感」(volupté)を生みだすものとしての美しさを意味している.絵画や音楽についていえば,いわゆる「芸術の喜び」(les voluptés de l'art)に浸れるものを「美しい」と呼んでいるのだろう.

ところで,1964年ごろにグロタンディークは,研究プログラムの一環として,モチーフ理論というものを構想したことがあった.代数多様体 V に対してさまざまな(幾何学的)コホモロジー論 $H(V)$ が考えられることから,そうしたさまざまなコホモロジー論の原型として普遍的なコホモロジー論ともいうべき「モチーフ的コホモロジー論」$h(V)$ が存在すると夢想した.さらに,マニン[7]によると,グロタンディークは,$H(V)$ をモチーフ(的コホモロジー論)$h(V)$ のレアリザシオン(réalisation)と呼んだという.そして,具体的なコホモロジー論に応じて ℓ 進的レアリザシオンとかホッジ・レアリザシオンなどと呼んだのだという.なぜグロタンディークはモチーフやレアリザシオンなどという「特殊な用語」を採用したのか? モチーフとレアリザシオンとなると,セザンヌの「絵画論」が思いだされる.セザンヌはグロタンディークが第2次隠遁地となるモルモワロンから70キロばかり南東に位置するエクサン・プロヴァンス(Aix-en-Provence)に生まれ,20キロほど西にあるサント・ヴィクトワール山を描き続けたことでも知られている.1930年代には,セザンヌは「遠近法の終焉を告げる画家」

とされ,「絵画におけるカント」だとまで「深読み」されたこともあり,セザンヌの作品はカント哲学の用語を使って「描かれた認識批判」(gemalte Erkenntniskritik)だなどといわれたこともあった.

マニン[7]は絵画史の本から「セザンヌの絵画法では,まず「モチーフ」,風景や描こうとする人物や静物を選び,つぎにこのモチーフの視覚的認識を実体化する[つまり,レアリザシオンする].そして,この過程においては,モチーフが現実存在の中に保っている生き生きした鮮やかさを何も失わないようにする」という文章を引用し,「この生き生きした鮮やかさを保つには,レアリザシオンは明らかに関手(foncteur)でなければならない」と追加している.ついでながら,モルモワロンの北10キロのあたりには,どことなくサント・ヴィクトワール山に似たヴァントゥー山があり,モルモワロンには「ヴァントゥおろし」が吹く.ただし,モチーフ理論のヴィジョン(いわゆる「yoga des motifs」)の概要についてグロタンディークが私的に(セールへの手紙[6]の中で)最初に説明したのは,1964年8月なので,その時点ではグロタンディークはパリ近郊に住んでおりエクサン・プロヴァンスやセザンヌに関心をもっていたという可能性は低そうだ.グロタンディークは中学時代から大学時代まで南フランス(マンド,ル・シャンボン・シュル・リニョン,メラルグ,モンペリエなど)で過ごしており,高校時代にピアノを弾くことが好きだったという事実はあるが,絵に興味をもっていたという情報はない.実際,セールへの手紙にはモチーフという用語は出てくるもののレアリザシオンという用語は見られず,単に関手と呼ばれているだけだ.

モチーフと物理学

グロタンディークはヴェイユ予想を解決するために必要なコホモロジー論の満たすべき性質を考察する中で,標準予想(standard conjectures)と呼ばれる一連の予想を提出している.標準予想が解決すれば,そのごく特殊な場合として,自然にヴェイユ予想が解けてしまうというカラクリになっていた.その標準予想についての報告[5]の最後の部分で「2つの

標準予想の証明ができれば，ヴェイユ予想を超える結果がえられるだろう．それらはいわゆるモチーフ理論（代数多様体の数論的性質についての体系的な理論）の土台を形作るはずだ」述べ，「特異点解消問題とともに，標準予想の証明は，代数幾何学におけるもっとも緊急の課題だと思われる」(Alongside the problem of resolution of singularities, the proof of the standard conjectures seems to me to be the most urgent task in algebraic geometry.) とコメントしている．ここでもレアリザシオンという表現は出てこない．こうした状況証拠からすれば，モチーフという用語は音楽用語のモチーフ（ドイツ語の Motiv）から来たもので，セザンヌの絵画論とのかかわりやレアリザシオンという用語の選定は，グロタンディーク以外の誰かの提案によるものかもしれないとも思えてくるが，はっきりしない．

そのような詮索はともかくとして，モチーフ理論は素粒子論などでも活用されるようになりつつある．マルコリの報告（[9] の付録）の節のタイトルを並べると

- 物理学におけるモチーフの夜明け
- ホッジ理論：電磁気学からミラー対称性へ
- 代数的サイクルとホモロジー的ミラー対称性
- 代数多様体と周期：フェルミ曲面
- ファインマン積分のパラメータ形式
- 物理学におけるモチーフ的ガロア理論
- 代数的 K 理論と共形場理論

となっている．マルコリはコンヌの弟子だが，コンヌは物質的世界とは別のところに数学的世界が存在するのだとするプラトン的数学観の支持者として知られている．

たとえば，コンヌは「ぼくは，イリュミナシオンを体験した人は誰でも，自分自身による思いつきとは違った，つまり，脳（の構造や機能）とは独立したハーモニーの存在を信じたくなるのだといいたかった」(Je voulais seulement dire [...] qu'après avoir fait l'expérience de l'illumination, il est difficile de ne pas croire en l'existence d'une harmonie indépendante du cerveau et qui ne doit rien à la création individuelle.）（[10] p.198）と述べている．イリュミナシオンは霊感とかひらめきと訳されることが多い．つまり，数学的発見体験（ヴィジョン体験の一種）があると，自分の頭で考えたというよりも外部から考えを注入されたような気がするといっているのだ．古い表現を使えば，神のような超越的存在からの啓示（révélation）を得たような印象をもたないでおくのは難しいと述べているのである．おそらくこうした体験を経て，コンヌは，「数学的世界は，われわれがそれをどのように認識するかとは無関係に存在するし，時間や空間の中に位置を占めてもいない」（le monde mathématique existe indépendamment de la manière dont nous le percevons, et n'est pas localisé dans le temps et dans l'espace）（[10] p.62）という「結論」というか「作業仮説」に到達したものと思われる．コンヌは，ウィッテンなどによるストリング理論の展開をイメージしながら，「知的な可能性が尽きたとき，理論物理学者は不本意ながら最終的に数学者になる道を選ぶ」（à bout de ressources, un physicien théoricien en arrive à devenir mathématicien faute de mieux）（[10] p.81）と述べてもいるので，物理学的世界が新たな数学の起源ともなりうることを察知しており，物理学への興味はプラトン的数学観といわば平和共存している．

ロゴスとエロスの相克

しかし，グロタンディークの場合は，物理学にはほとんど興味を示さない．グロタンディークは物理学＝核兵器というようなイメージをもっており，反物理学的なのだという穿った説もある．カルティエやロシャクがグロタンディークに興味をもってもらおうとして，シュネプスの手紙に事寄せて物理学の進展状況について報告したことがあったが，グロタンディークはその手紙を開封もせずに受け取りを拒否して返送したという．グロタンディークは，少なくとも 1990 年ごろには，「すべての人間の心の解放の時代」（l'Age de la Libération pour toutes les âmes humaines）が訪れて「物質的世界が消滅」（l'extinction pure et simple de l'actuel Univers physique et de ses lois) しても数学的世界は残ると考えるほど強烈にプラトン的数学観への意思を漂わせていた．だからといって，物理学で生まれたアイデアと数学的創造を連動させようとするコンヌと，あくまで数学の内部のみで，いわば純粋思考のみによって，数学的創造を推進しようとするグロタンディークという素朴な理解では不十分だ．グロタンディークの純粋思考の圧倒的な展開を可能にした母体は何なのかを考えることが必要で，そのためには，精神性と身体性の相互作用を問題にしなければならないはずだ．だからこそ，数学に打ち込んだときに遭遇したイリュミナシオン体験がその後の思考の色調を変化させ，グロタンディークの場合には，コンヌの場合よりもはるかに内省的なニュアンスを強める結果になったのだろう．グロタンディークの数学的創造が詩的創造を思わせることがあるのは，グロタンディークの数学的創造が精神性と身体性を横断する美意識によって駆動されているせいに違いない．だとすれば，ロゴスとエロスの相克（conflit entre Logos et Eros）こそが，グロタンディークの数学的創造（および詩的創造）の原動力だといえそうだ．

　グロタンディークの人生は「美的・精神的な幸福感」を求める戦いであったと解釈できる．この解釈によれば，ヴィルカンでの「瞑想の発見」から3年後（1979年）に書かれた詩集『アンセストの称賛』の現存する断片は，グロタンディークの行動を解読するための原点ともいうべき貴重な資料となるはずだ．こうしたアプローチからすれば，セザンヌが非常に興味をもっていたロダンの衝撃的作品「バルザック像」がロダンの「全生涯の結実」であったのと同じ意味で，『アンセストの称賛』はグロタンディークの「全生涯の結実」となる可能性を秘めた作品であったとぼくは信じている．というのも，この作品の核心にはグロタンディークの「数学への過度の集中」とその過労の結果としての「抑うつ気分の発生」の繰り返しに見られる双極性障害に似た（アスペルガーの）「症状」の謎を解く鍵，そして，『収穫と種蒔き』や『夢の鍵』として書き上げられることになる構想の萌芽が眠っていると思えるからである．

［校正時の追加］　絵画的創作活動は「予見し，仮説を生産し，モデルを作りだす活動といった，人間の［…］「情動的な価値」」に基づいたものだとされ，「画家はまず初めに一つの「意図」，心の枠を持っており，その内部で最初の構想，つまり絵のシェーマを練り上げ」るとされる（[11] p.111）．シェーマ（schéma）は英語のスキーム（scheme）にあたり，グロタンディークが EGA の出発点に選んだ基本概念の名称でもある．ついでながら，グロタンディークによるシェーマの概念が出現する前に，シュヴァレーがシェーマという名称を使っており，同じころ，ザリスキーや永田雅宜はモデルという名称を使っていた（[12] p.248）．

参考文献

[1] Krishnamurti, The Wholeness of Life, 1978
[2] Grothendieck, Récoltes et Semailles, 1985/86
[3] Grothendieck, La Clef des Songes, 1987
[4] 辻雄一訳『埋葬(3) あるいは四つの操作』私家版 1998
[5] http://www.grothendieckcircle.org/
[6] Grothendieck-Serre Correspondence, AMS/SMF 2004
[7] Manin, "Correspondences, Motifs and Monoidal Transformations", Mathematics of the USSR-Sbornik 6（1968）
[8] Grothendieck, "Standard Conjectures on Algebraic Cycles", Bombay Colloquium 1968
[9] Rej, "Motives: An Introductory Survey for Physicists", Contemporary Mathematics 539（2011）
[10] Changeux/Connes, Matière à Pensée, Éditions Odile Jacob, 1989
　　翻訳書：浜名優美訳『考える物質』産業図書 1991 年
[11] シャンジュー『理性と美的快楽』産業図書 1999 年
[12] Fundamental Algebraic Geometry : Grothendieck's FGA Explained, AMS, 2005

異常体験のインパクト

こひねがはくはなんぢ
汝が智心を正しくし
汝が戯論を浄めて
理趣の句義
密教の逗留を聴け
——— 空海[1]

森毅との会話

　ぼくは1976年に森毅と，ある「座談会」[2]でグロタンディークの隠遁について語り合ったことがある．このころは，まだグロタンディークについての情報が不十分で，ぼくはかなりイイカゲンなことも語ったりもしているのだが，ちょっと面白いことも語っている．ぼくは，別の機会に，森にグロタンディークは田舎に隠ってトマトなどの栽培をしていると述べたことがある．この「座談会」ではこれを受けて，次のような会話が交わされている．当時は「グロタンディエク」と表記されていたのを「グロタンディーク」に直し，部分的に漢字の使用を止め，かつ，何行か省略し多少の補足もして，「引用」してみよう．

森：[トムにくらべて]グロタンディークの方が，形の上からいえば，数学のワクの中に入っちゃうわね．ところが一方では，山へこもってトマトを作ったりする．その意味では二つの生きざまみたいなのがある．

山下：そこのつながりというのはものすごくよく分かるんですけどね．ナチュラル化してしまっているというか．[…]隠遁してのトマト栽培とグロタンディークの数学というのは，わかる気がするんです．

森：そうかなあ．

山下：グロタンディークの人格的分裂を来さなくても移行できるという，そういう性質をもっているんじゃないか．そのへん，もう少し詳しく

いいたいんですが，まだいえないんですよ．どうも難しいところでね．
森：トマス・アクィナスを連想したんだな．ペンを折るという事件ね．
山下：似てますね．（笑）
森：グロタンディークが山に入ったのは，軍事研究の問題だとか，普通の意味での政治的状況の問題というのが，直接的には出ているけれども，もうちょっと違うんじゃないかな．
山下：若い空海が山をほっつき歩いたという話があるでしょ．ぼくには，グロタンディークの隠遁というとあんな感じがイメージとしてはある．
森：空海？　ヘェー．

トマス・アクィナスとの比較

　1950年代後半以降にグロタンディークは，セールを通じて学んだ「ヴェイユの夢」とでもいうべきコホモロジー論的な代数幾何学の構築を目指すようになった．1958年に創設されたばかりの高等科学研究所（IHES）の教授となり，ここで，代数幾何学セミナー（SGA）を展開し，その成果をデュドネの「プレゼンテーション能力」を借りて教科書『代数幾何学原論』（EGA）としてまとめるという研究プロジェクトを推進していた．1966年にはフィールズ賞を受賞して（ただし，授賞式はボイコットした）順風満帆に見えたりもしていたが，1968年のパリの5月革命には知的な衝撃を受け，単なる「天才数学者」でいることに疑問を感じるようにもなった．1969年には分子生物学に興味を示したりもしている．同じころに，高等科学研究所が軍事研究費を受け取っていたという事実がわかって，創設者の所長との間にトラブルが発生し，結局，1970年に辞職することになった．最初のころは，大学教授に転職して反軍活動（反核活動）とエコロジー運動を融合したような活動（シュルヴィーヴル運動＝生き残り運動）をしながら生活していこうと考えたとしても，無国籍では難しいこともあり，1971年にはフランス国籍を取得している．アメリカやカナダの大学をまわって数学の講演をし，資金を集めてシュルヴィーヴル運動の活動資金に充てつつ運動を継続していたが，ヒッピー風のメンバーとの間

に対立が起きて，グロタンディークは当時の恋人とともにパリ近郊シャトネ・マラブリーを去り，ぼくがはじめてグロタンディークに会った 1973 年からは出身大学のモンペリエ大学の教授として生活を維持しながら，モンペリエから西北西に 60 キロばかり離れた村ヴィルカン（Villecun）の小さな家で暮らしはじめた．大学へは週に 2 回ほどクルマで通っていたようだ．その後，グロタンディークは日本山妙法寺の僧侶と出会い，藤井日達と法華経に興味をもつようになった．

　ぼくが森毅との座談会に出席したのはこのような時期だった．この時期にはまだグロタンディークが自分の数学的創造の特徴について語っておらず，グロタンディークの数学といえば，1960 年代の抽象的・一般的な側面と大量生産だけが注目されていた．この当時のグロタンディークの仕事は（日本では）数学のメインストリームを行くものと考えられていた．こうした観点からすれば，たしかに，田舎に隠遁してトマトの栽培をするトマト時代は，かつての数学時代にくらべると異質だといいたくなるだろうが，それはあくまで数学時代とトマト時代だけを抽出して見た場合で，グロタンディーク自身の心の変化に注目すれば，それなりの連続性が見られ，数学時代からトマト時代への流れには自然さが認められると，ぼくは思ったのだった．また，森は，グロタンディークの数学界からの隠遁を知り（突然の数学研究の停止という部分に注目して），トマス・アクィナスの「ペン折り事件」を連想したと述べている．とりあえず，「突然書かなくなる」ということではたしかに似ている．トマスもグロタンディークも，思索に集中すると忘我状態になることが知られていた．これはどちらもアスペルガーによるものだろう．トマスの場合は，『神学大全』の完成を間近にした時期（死亡する3 か月前）に「重大な体験」（アスペルガーに伴う「異常体験」としての「神との遭遇体験」が考えられる）があって，それ以降は執筆を進めることも口述することもできなくなってしまう．「重大な体験」によって，「それまでに自分が書いたもののすべてがワラ屑（無意味なもの）のように思える」（Omnia quae scripsi mihi videtur ut palea）ようになったことが原因だという．言葉と論理による知的な意味の理解ではなく，直観的かつ身体的な「異常体験」

による瞬間的な理解に到達して過去の理解のパターンがつまらないものに感じられたということに違いない．トマスの『神学大全』をグロタンディークの「代数幾何学セミナー」(SGA) や『代数幾何学原論』(EGA) に置き換えると，グロタンディークもこれらの完成を待たずに数学からドロップアウトしたことになるのだが，類似性があるとすれば，トマスの「重大な体験」はグロタンディークの「世界の危機を悟る体験」とでもいうことになるのだろう．森と話したころには，そう理解するしかなかったが，その後のグロタンディークの思索の展開を考慮すれば，1990年ごろの「重大な体験」こそがトマスの「重大な体験」にぴったり対応していそうな気がする．

グロタンディークの海と夢

　グロタンディークが，クリシュナムルティをヒントにして，瞑想の意義に目覚めたのも1976年ごろだった．やがて，モンペリエから北東に140キロ以上も離れたモルモワロン(Mormoiron)に転居し，孤独の中で数学研究に復帰するが，論文の「序文」を書いていて，弟子たちについての長い瞑想を行い，その成果が『収穫と種蒔き』(Récoltes et Semailles) となる．ここでは「陰と陽」(女性性と男性性) についての議論も展開されており，かつては抽象性・一般性の「権化」のように思われ，1960年代のグロタンディークの数学は男性性の発揮による数学的創造 (アポロン的創造) だと考えられていたのだが，奥深いところで女性性によって推進されていたことを自ら「告白」している．『収穫と種蒔き』における「弟子たちによる数学的業績の掠奪行為」についての「告発の書」でもあったが，それからの自然な展開として，グロタンディークは，「創造性とは何か」についての瞑想へと向う．その結果，創造性のもつ女性性という観点にたどり着き，グロタンディーク自身が数学に向うときの態度は「満ちる海」(la mer qui monte) のアプローチなのだと気づく．フランス語では海 (mer) と母 (mère) は発音上はまったく同じなので，グロタンディークが，「あなたは母から生まれ，母に保護され，母の力で養われた子である．あなたはまた，母というもっとも親密なものから駆け出して，母という限

りないもの，未知なるもの，神秘に満ちたものへと向っていく子である」(Tu es l'enfant, issu de la Mère, abrité en Elle, nourri de Sa puissance. Et l'enfant s'élance de la Mère, la Toute-proche, la Bien-connue-à la rencontre de la Mère, l'Illimitée, à jamais Inconnue et pleine de mystère...)([3], p.54) と書くとき，(数学の) 母＝海から生まれ，母＝海へと帰るというイメージを浮かべていたに違いない．日本語の場合，海の漢字の一部に母が潜み，海→うみ→産み→母という図式が成り立っているのも面白い．日本語の音声上の同一視をもちこめば，海は (子を) 産み，子は (海を離れて) 個となり虚となって海へと帰るとか何とかいえばいいのだろうか．釈迦の手のひらの上の孫悟空のようなイメージとも関連しているのだろうか．これはグロタンディークの数学だけでなく，人生の自己イメージにも繋がっていくもののように思われる．ニュートンは死の直前，死後に残したくない文書などを処分しているころに，「私は，真理の大海が未知のまま目の前に広がっているのに，海岸で遊んでいる子供にすぎなかったように思う」(I seem to have been only a boy playing on the sea shore,... whilst the great ocean of truth lay all undiscovered before me.)([4] p.863) と語ったとされるが，この自己イメージもどこかグロタンディークの自己イメージに通じるものがありそうだ．「真理の大海」と呼ぶニュートンと母＝海を数学的創造の母体だとするグロタンディークは似ているが，ニュートンのイメージには母が出てこない．これは母親との関係があまり良好ではなかったことと関係していそうだ．

『収穫と種蒔き』の中で，「数学的な夢」を軽んじた弟子たちの態度に思いを馳せながら，グロタンディークは，数学的創造は「数学的な夢」(数学の母体から生まれる夢でもある) から生成されるのだという確信を深めていく．そしてついに，「夢とは何か？」という問題にユニークな考察 (ただし，古来から語られているものに近い) を加えつつ，自己の内面への探求を深めて，『夢の鍵』(La Clef des Songes) を書いている．しかし，『夢の鍵』はその後，公表を控えるようになった．

それはともかく，『夢の鍵』は，夢は (無意識のうちに)「外」から送られて

くるという感覚を素直に表明し追求した作品で，自己の「外」，というか意識にとっての「外」，にあって「夢を作るもの」を神と呼んでいる．しかも，この神はそれぞれの人にとって共通だと考えた．「外なるもの」の存在を検証しようとして自己の「内なるもの」に向っていくように思えるのは面白い．一神教的な思考からの強い影響が感じられるが，ユングの無意識に通じる思考も見られる．「外なるもの」の彼方＝核心に，「内なるもの」が潜んでいることを感知したということだろうか．だとしたら，グロタンディークの発想は，大日如来の身体と考えられる世界が自己の身体とも相同関係をもつと想定する空海的な発想ともどこか似ていそうだ．それだけではない．ユダヤ教のカバラ（『収穫と種蒔き』第3部の付録にはカバラの香りも漂っている）と空海の密教思想は存在を言葉と見る点で一致しているという説[5]を信じれば，空海が「法身説法」つまり「大日如来の説法」として表現しようとしたのは，いわば言語化に向けての原初的胎動源として大日如来を想定しようとしたことになり，「夢」を原初的胎動の響きの共鳴の結果だと考えれば，グロタンディークの『夢の鍵』の構図と空海の構図が似ているような気がしてくる．自己の「内」と「外」の相同性というイメージも原初的響きの「受信可能性」のために必要になりそうだ．1960年代のグロタンディークの言語過剰性に満ちた数学がグロタンディークという「受信装置」を媒介として，神のメッセージを表現したものだったということであれば（そしてグロタンディーク自身は実際にそのようなことを主張している），抽象的な言語的数学の創造が「数学的な夢」の言語化のプロセスにほかならないと感じられてくる．

グロタンディークの「異常体験」

1989年には東欧圏の自由化の動きに強い関心を示し，そのころから，グロタンディークは，意識することなく，アスペルガーをベースにもつ解離性同一障害のような「異常体験」へと向っていく．やがて，「神としか思えないもの」と遭遇し「対話」するようになったのである．この神は女神の様相を呈し，グロタンディークは，フローラ，ママン，ルシフェラ（ルシ

フェルの女性形）などと呼び名を変えている．対話といっても，神の声は幻聴としてグロタンディークにだけ聞こえたのではなく，グロタンディーク自身の口を借りて発せられたものらしく，第三者にもその声は聞こえたという．また，神の声と一緒に歌うこともできたとも述べている．統合失調症の症状かもと疑われそうだが，その後の経過からすれば，アスペルガーに伴う一時的な「異常体験」の一種に過ぎないと思われる．グロタンディークは，この持続的な対話によって長期にわたるナチュラル・ハイを体験し，1990年のはじめに，ついに，「神の降臨による世界の解放」というかなり宗教的なヴィジョンに到達する．グロタンディークは，手紙の形でこのヴィジョンについて説明し，同時に，新しい時代の『福音の書』(Le Livre de la Bonne Nouvelle)を出版しようとまでした．

　このころのぼくは「神との出会い」といったテーマには真剣に対応することができなかった．ぼくはこの手紙を読んでグロタンディークのことが「心配」になり，1990年3月にモルモワロンを訪問している．その前に，グロタンディークが幼児期を過ごしたベルリン（当時の東ベルリン）に向い，1989年11月に崩壊(Mauerfall)したベルリンの壁を見物して，グロタンディークが少年時代を過ごしたブランケネーゼ（母の実家のあったハンブルクの中心部から西に15キロほど離れた町で，グロタンディークはこの町の元牧師夫妻の家に「里子」に出されていた）などにも行ってからモルモワロンのグロタンディークの家に立ち寄ったのだが，ベルリンやブランケネーゼの話をしてもグロタンディークに目立った「反応」は見られなかった．幼児期を過ごしたのがベルリンのどのあたりかと質問しても「覚えていない」というばかりだった．実際，シャルラウがそのあたりについて調査したらしいが，わかったのはグロタンディークの母親が1930年（グロタンディークが2歳のころ）にオーナーをしていた写真館の場所だけだったようだ．父親はユダヤ系ロシア人のアナーキストだったがカメラマン(Straßenfotograf)をして生計を立てていたらしい．ブランケネーゼには離婚前にグロタンディークが妻子をクルマ（中古のシトロエン CV2）に乗せて出かけたこともある[6]が，この町の名前にも積極的な反応が返ってこなかったのは意外だった．いま思えば，ぼくは，「神の降臨」を告げるグロタ

ンディークの手紙を読んでいながら，それには一切触れずに，ベルリンやブランケネゼの話をしていた．これが不自然に感じられたことが，グロタンディークの「意外な反応」の原因だったのかもしれない．あのとき，神の問題について真正面から質問していればよかったのだろうが，準備不足でそれができなかったのは残念だ．この日は冷たい風が吹いていたせいで，ストーブをつけてもらった．グロタンディークは修道士のような薄手の服装（ジェラバ）をしていたにもかかわらず，あまり寒がりもせず，乾燥させた木の実のようなものを食べていて，ハーブティーと一緒にその木の実をいくつか食べさせてもらったことを思いだす．その日の夜も神との対話が予定されていたらしくて，その邪魔をしないように，ぼくと京子はグロタンディークの最後の恋人ヨランドの家に泊めてもらった．その後，ぼくは，神や神との遭遇に関する多少の予備知識を身に付け，ある程度は「神の降臨」についての話ができるように準備もして，2年後の1992年7月にモルモワロンを訪れたのだが，そのときには，すでにグロタンディークはさまざまなものをヨランドに残して姿を消してしまっていた．

　アスペルガーに伴う異常体験（ヴィジョン体験など）の特徴のひとつは，統合失調症の場合とは異なり，本人による検証過程を経て信念が否定されることがありうることだ．グロタンディークの場合も，自分のヴィジョン体験から読み取ったものを自己否定するようになったものと思われる．そのために，『福音の書』の出版は取り止められた．これと関係があるはずだが，1990年の終わりごろに，精力的に数学研究を再開し，2000枚の『レ・デリヴァトゥール』（ホモトピー代数の言葉を拡張してホモロジー代数の適用範囲を広げようとする試みで，1983年にグロタンディークが書いた600ページの『キレンへの手紙』で夢はすでに芽生えていた）を書きあげている．この時点でグロタンディークはすでに60歳を過ぎており，若いころと同じような熱心さで推進したハードな数学研究が体調を崩す原因となったものと思われる．1991年夏には得意の断食療法を試みたが回復せず，ついに，転地療法を兼ねてピレネーに近い村ラセールへの完全な隠遁を決行する．それから2014年11月13日に死ぬまで，「謎の大作」を執筆中との噂はあったが，私的な手紙など以外にはほとんど何も発表していない．

空海の明星体験

　空海とグロタンディークには，「ヨーガ」の重視という側面もある．グロタンディークは「重さのヨーガ」(yoga des poids) とか「モチーフのヨーガ」(yoga des motifs) という表現を使うことがあるが，この「ヨーガ」というのはサンスクリットの名詞で，「心と対象を一体化させること」を意味しているようだ[7]．空海の密教思想では大日如来（真理を「大きな太陽」として神格化したものでもある）との一体化を目指す．空海は大学をドロップアウトして山林を放浪していたが，19 歳のころに，室戸岬の洞窟で虚空蔵求聞持法という修業をしていて明星（虚空蔵菩薩の応化）が「口に飛び込む」という異常体験をしたという．空海は，この体験を境として，仏教への思いを強め，久米寺で大日経の勉強会に参加してから，唐に留学して本格的に仏教を学ぶ必要性に目覚めている．そして，空海は入唐し，密教（当時最先端の仏教）を「盗む」ようにして持ち帰った[8]．つまり，この明星体験は，密教思想の構築に向う決定的な契機となった．この体験については，空海が 24 歳のときに書いた『三教指帰』の序文のはじめのところに書き残している．必要な部分だけをピックアップすると：「文の起り必ず由あり．［…］何ぞ志を言はざらん．［…］土州室戸崎に勤念す．［…］明星來影す」（原文は「文之起必有由［…］何不言志［…］勤念土州室戸崎［…］明星來影」）[9]．「明星來影」を「明星が口に飛び込んだ」とドラマティックに解釈するのはは空海の弟子たちが書いた『御遺告』に「土佐の室生門崎に寂留す．心に観ずるに明星口に入り虚空蔵光明照し来りて菩薩の威を顕す」とあることによる．「明星が来臨し影向」したという穏やかな解釈もある[9]．若い空海は，虚空求聞持法というのは，「記憶力を増進する行法」だと信じていたようだが，一種の観想法（虚空蔵菩薩のリアルなイメージに出会いそれと一体化するための行法）だという解釈[10]の方が結果との整合性が感じられる．ぼくは，空海の明星体験はグロタンディークの見神体験と同じようにアスペルガーに起因するヴィジョン体験の一種だったと思っている．グロタンディークと空海には「体系化を好む」「詩を好む」「女性性の重視」「母の影響大」，さらに，ウェーバー（[11]

p.325）の意味での「自己神化」（Selbstvergottung）などの共通点もある．グロタンディークの数学の特徴が「満ちる海」だとすれば，グロタンディークは満海となって空海とは正反対のような印象もあったりするが….

空海が修業した洞窟（2010年山下撮影）

参考文献

[1] 空海（牧尾良海訳注）「答叡山澄法師求理趣釋經書」『空海全集』第六巻，筑摩書房 1984年 原文は「糞子，正汝智心，浄汝戯論，聴理趣之句義，密教之逗留」
[2] 宇敷重広・森毅・山下純一「トム vs グロタンディエク」『数学セミナー』1976年10月号
[3] Grothendieck, "Promenade à travers une œuvre - ou L'enfant et la Mère", Janvier 1986
[4] Westfall, Never at Rest, Cambridge University Press, 1980
[5] 井筒俊彦「意味分節理論と空海」『空海』河出書房新社 2006年
[6] Handwerk, "Geometrie und Revolte", Deutschlandradio, 26.03.2008
[7] 小林信彦「空海のサンスクリット学習」『桃山学院大学人間科学』37号 2009年
[8] 山折哲雄『空海の企て』角川学芸出版 2008年
[9] 弘法大師（加藤精神訳註）『三教指帰』岩波文庫 1935年
[10] 立川武蔵『最澄と空海』講談社 1998年
[11] Weber, Wirtschaft und Gesellschaft (5. Auflage), J. C. B. Mohr, 1921/1972

ヴェイユとリーマン

> La métaphysique est devenue mathématique,
> prête à former la matière d'un traité
> dont la beauté froide ne saurait plus nous émouvoir.
> 形而上学は数学的になり (厳密化され)
> もはやわれわれの情動を動かすことのない
> 凍てついた美をもつ作品となるのだ.
> —— アンドレ・ヴェイユ ([1] 2, p.408)

ヴェイユとグロタンディーク

ヴェイユをグロタンディークとのかかわりについて考えようとするとき,もっとも重要なテーマはおそらくヴェイユ予想に違いない.でもそれは,1960年代のグロタンディークの「栄光の時代」がヴェイユ予想の解決を目標としてスタートしたという事実が存在しているためだけではない.個別具体的なテーマがどうというよりも,ヴェイユ予想の提出とその歩みを見れば,数学には陽的な側面と陰的な側面があるのだということに気づくことができるからこそ,ヴェイユ予想というものが重要なテーマとして浮上してくるのだ.数学における陰的な側面は,ヴェイユがヴェイユ予想にたどり着いた思考の軌跡そのものの中にも潜んでいるが,むしろ,ヴェイユ予想は,グロタンディークの「先生」ともいうべきセールを経て,グロタンディークの数学的探索に決定的に影響を与え,なおかつ,グロタンディークが (弟子たちとの確執を通じて) 数学の陰的側面の重要性についての瞑想を展開し文章化するに至る契機となったという一連の流れの中に特異的な意義を有していそうだ.グロタンディークの『収穫と種蒔き』(1983年から1986年にかけて執筆された日記的な記述を集めたもの) には,数学においては陽的な側面 (言語的側面) よりも陰的な側面 (創造的側面) の方が重要だというようなことが繰り返し書かれている.数学では厳密性・論理性こそが重要だとする風潮へのアンチテーゼだが,グロタンディークの数学の特

徴を「陽的なもの」と見なす傾向があることに対してグロタンディーク自身が不満を感じていることの執拗な表明でもあった．ヴェイユ予想の起源においてもこうした陰的側面の果した役割を見ることができる．

　陰と陽などというと誤解を招きかねないが，(「集団的営為としての数学」といういわば数学と社会性にまつわる課題を捨象し，「個人的営為としての数学」だけに焦点をあてれば）これはおそらく，人間が（数学的）思考を推進しようとするときに辺縁系な機能と大脳皮質な機能を統合する形で活用しうるという事実に関係しているのだろう．「無意識と意識」あるいは「身体性と精神性」あるいは「具体性と抽象性」のような対比とも無関係ではなさそうに思える．数学と呼ばれる活動は，そうしたいくつかの対立的側面の中から意識性・明晰性の極にあたる側面を抽出した方向に向っているのだと考えることが習慣化しているせいで，無意識性・渾沌性の極にあたる側面を抽出し，そこに数学が芽生える根拠（数学的創造への情動的うごめき）を見ようとするのは，それほど不自然なことではない．ヴェイユが「形而上学から数学へ」[1] というときの「形而上学」というのも，グロタンディークが「（数学的）言語の創造は抽象化にほかならない」(Créer le langage, c'est ni plus, ni moins qu'"abstraire".)([2] p.PU 67) というときの抽象化のための土台としてのある種の渾沌も同じようなものを指している気がする．グロタンディークが「画期的な抽象化，出現と同時に，新たな身体のように精神と合一する抽象化［…］それは暗闇あるいは薄明かりの中から生まれる．」(L'abstraction novatrice, celle qui, aussitôt apparue, fait corps avec l'esprit comme une peau nouvelle [...] Elle naît dans la nuit ou dans la pénombre.)([2] p.PU 78) というときの「暗闇あるいは薄明かり」のことをヴェイユは「形而上学」という言葉で表していると考えることができるかもしれない．アリストテレスの『形而上学』[3] は「存在者の構造や原理や原因，およびそれに関連する問題の考察」をテーマとしており，「数学的なるものはなんらかの実体なりや」「数学的なるものが感性的なる事物のうちにある特殊の実体でもなけく，また事物から独立して存在するものでもないこと」「数学的理論は大いさや数を，それらがただ大いさや数としてある

限りにおいて取り扱うこと．数学が美の考察と無関係ではないこと」「数はいかにしてその原理から生じ来たるか．また数はいかにして実体の原因であるか．数は事物の質料でも形相でもなく，また動力因でも目的因でもないこと」などについても論じられている．こうしたテーマの延長線上に無限小や無限大という「拡張された数」を論じるのは自然だし，その意味で，無限解析の基礎を論じることを「形而上学」と呼ぶのは不思議ではない．

数学の形而上学

　ヴェイユ的な用語を使えば，「ヴェイユ予想の形而上学」こそが情動を刺激し感動を生みだす起源だということになる．「形而上学」という用語の使い方が気になりそうだが，これは，たとえば，ラグランジュがつぎのような文脈で使っている「形而上学」という言葉を真似たものだ．ラグラジュは1759年11月24日付けのオイラーへの手紙で「私自身もまた初心者のための力学と微分計算と積分計算の基礎をまとめましたし，それらの基礎知識の真の形而上学を，できるかぎり，詳しく説明したと信じています」(J'ai aussi composé moi-même des éléments de Mécanique et Calcul différentiel et intégral à l'usage de mes écoliers, et je crois avoir développé la vraie métaphysique de leurs principes, autant qu'il est possible.)(『ラグランジュ全集』第14巻)と書いている．ただし，これは現代的な形に修正したもので，手書きの手紙を見ると，sがyかgのように見えたり，éがeになっていたり，élémentsがelemensだったり，vraie métaphysiqueがvraye metaphisiqueだったり，と微妙に違っていて「解読」が難しい．(「数学の形而上学」については[4]も有用だろう．)この手紙を書いている時点で，ラグランジュは23歳，独学で数学を学び19歳からトリノの王立砲兵学校で教えていた．また，オイラーは52歳，ベルリンの科学アカデミーの数学部門のリーダーですでに『無限解析入門』や微積分の教科書を出版していた．文通はラテン語やフランス語で行なわれていた．ラグランジュは微積分(無限解析)の基礎に極限が潜んでいることに気づき，極限という概念こそが力学や微分の「形而上学」の中核をなすと考えるようになっ

たらしい．もっとも，こうした考えは，ヴェイユ[1]も触れているように，ダランベールも『百科全書』(1751-1772)の項目「極限」で「極限の理論は微分計算の真の形而上学の土台である」(La théorie des limites est la base de la vraie Métaphysique du calcul différentiel)[5]と書いている．ただし，項目「極限」は1765年に出版された『百科全書』第9巻に収録されているのでラグランジュの見解の方が早い．さらにいえば，「極限」への注目はすでにニュートンにも見られたようだ[4]．

ラグランジュの手紙より

情動から凍てついた美へ

ヴェイユ[1]のいう形而上学は，とくに2つの理論の間に何となく予感されるアナロジー的な夢想(illusion)のことに限定されて使われている．この段階が少なくともヴェイユにとってはもっとも情動が動かされる段階で，アナロジーが成立するような根拠(2つの理論の統合が可能になるなど)が明白になると，「ギーターが教えてくれているように，認識と無関心に同時に到達する」(comme l'enseigne la *Gītā* on atteint à la connaissance et à l'indifférence)のだという．ギーターというのは，ヴェイユが好きだった古典で，妹シモーヌが最晩年に翻訳を手がけたことでも知られる『バガヴァッド・ギーター』(サンスクリットで書かれたヒンドゥ教の聖典)のこと．ヴェイユの主張に近い部分を探すと「知性をそなえた賢者らは，行為から生ずる結果を捨て，生の束縛から解脱し，患いのない境地に達する」([6]

p.39)「人は行為を企てずして,行為の超越に達することはない.また単なる(行為の)放擲のみによって,成就(シッディ)に達することはない」([6] p.43-p.44)などが見つかる.ヴェイユは,数学(的創造)の感動は,夢想的な段階から数学的厳密性へのプロセスそのものにあり,厳密化されてしまい教科書化されてしまうと情動が沸き立たなくなるといいたいのだろう.

ヴェイユ(1994 年山下撮影)

ヴェイユは,ラグランジュはガロアによる方程式論の前段階としての形而上学の段階に留まったと書いているが,ガロアもまたその後の数学の歩みの結果(たとえば,リーマンによる代数関数論など)から見れば形而上学の段階に留まっている.その意味では,形而上学であることと数学であることはかならずしも相容れないものではない.ヴェイユ[1]は,もしガロアが決闘で死なずにもっと数学の研究を続けていれば,1 変数代数関数論の創始者(fondateur)となっていただろうと考えており,しかも,リーマンによる解析的な理論とは違ってもっと代数的な理論になっていただろうと書いている.『ガロア全集』の序文を書いたデュドネも同じような感想をもっていたようだ.デュドネは,ヴェイユとともにブルバキの活動を熱心に推進していただけでなく「数学ライター」としても有名で,ブルバキの『数学原論』のかなりの部分を執筆したとされ,シュヴァルツとともにグロタ

ンディークの（ナンシー時代の）「先生」でもあった．また，デュドネはグロタンディークの書いた『代数幾何学原論』（EGA）の草稿を，数学的厳密性を高めつつ，「完成」させる作業に取り組んだことでも知られている．グロタンディークの草稿は，手書きの場合は極端に読みにくいとされるがそれは別にしても，数学的な記述に「粗さ」が残っていることが多いという意見もあるようだ（学位論文もその典型とされ出版にこぎつけるまでにデュドネが奔走したという「伝説」もある）．ヴェイユ的にいえばグロタンディークの草稿には形而上学的な残り香が感じられるということだろう．

夢遊病的思考

　グロタンディーク［2］は形而上学という言葉をヴェイユの意味では使わない．グロタンディーク［2］は3回しか形而上学という言葉を使っていないが，いずれも中世ヨーロッパの神学的伝統に根ざした社会的・宗教的惰性のような意味で使っているようだ．はじめの2回（p.P18とp.P58）は自由な発想の出現を阻害するものという意味で使い，3回目（p.523）は思弁的形而上学（spéculative métaphysique）という表現で否定的な意味で使っている．ヴェイユやラグランジュの意味に近い用法での形而上学については，グロタンディークの場合，『収穫と種蒔き』の時期から『夢の鍵』［7］（『収穫と種蒔き』への反響のなさも踏まえながら夢にまつわる思索を先鋭化させた作品で1987年から1988年にかけて執筆されたが未完のままになっている）の時期に向う流れの中で，陰の思考あるいは女性的思考から夢想的思考あるいは夢遊病的思考を経て神秘主義的思考のようなものへと変貌して行く．グロタンディーク自身はこうした思考を形而上学とは呼ばないようだが，「思考の存在論的考察」という意味では形而上学に違いない．

　グロタンディークは（1960年代の「栄光の時代」に）弟子たちともに「職人的な作業」に打ち込んでいたが，そのとき，自分の仕事を「夢遊病者が抱いているように見える確信に似た状態で」（avec une sûreté de somnambule）導いてくれた「（他人には）見えない基本計画」（le maître-plan invisible）が存在していたという（［2］p.P17-p.P18）．この基本計画は自分

にしか感じられず，それを具体的に書くことを試みなかったせいで周囲人たちに「グロタンディークは極度の一般化・抽象化が好きらしい」などという誤解を与えてしまったのだと考えているようだ．たしかに，数学の世界では，ヴェイユのいう意味での形而上学的な論文は書かないのが常識になっており，グロタンディークもそうした風潮に従っていたと考えればいいだろう．「書きながら考えた」とされるグロタンディークは，『収穫と種蒔き』の執筆を通じて，そうした「暗黙の掟」に従わないことの必要性を感じるようになっていった．弟子たちとの間に発生した「優先権」を巡る確執体験の原因について考え，グロタンディークは，自分の思考の全貌を夢想的思考過程や発想の原点についても記述すればこうした確執を生じずにすむものと信じるようになったのだろう．そういえば，『収穫と種蒔き』も，何年何月何日にどういうことを考えたかについて具体的に書き残すべきだと信じて書き始めたものだった．『夢の鍵』も，執筆形式として見れば，そうした流れの延長線上にあるが，数学の論文やそれに近い作品をこの形式で書き上げるとなると恐ろしいほどの膨大さが必要になりそうだ．

数学のロゼッタストーン

ヴェイユ [1] は，代数的数論とリーマンの古典的代数関数論の類似性を媒介する橋として有限体上の代数関数論を捉えており，これについては，軍事監獄に収監中に書かれた 1940 年 3 月 26 日付けの妹シモーヌ宛の手紙 [8] の中で，この類似性を結ぶ橋がなければすべてが茫漠たるものになりかねないといってから，「そしてまさしく，神は悪魔に勝利する：この橋が存在しているのだ」(Et voilà justement que Dieu l'emporte sur le diable: ce pont existe) と書いている．ヴェイユはまた，これら「3 つの理論」の未解読の融合体を「3 つの言語で書かれた碑文」(une inscription trilingue)，つまり「数学のロゼッタストーン」(notre pierre de Rosette)，に喩えている．3 つのコラムには

コラム 1：リーマンの代数関数論
コラム 2：有限体上の代数関数論
コラム 3：代数的数論

という言語が書かれている．本物のロゼッタストーンに使われていた言語（文字）は

コラム 1：ヒエログリフ
コラム 2：デモグリフ
コラム 3：ギリシア語

となっていたので，ヴェイユのいう「数学のロゼッタストーン」の場合は（ギリシア語と違って代数的数論は非常によく解読されているとはいえないので）これにはうまく対応していないようだ．同じひとつの内容が書かれているにもかかわらず，まだ断片的にしか解読できていないものと考えて分かっている部分をヒントにして言語間の辞書を作ろうということになる．ヴェイユは，コラム 2 のゼータ関数（の類似品）の関数等式はコラム 2 のリーマン＝ロッホの定理（これはもともとコラム 1 の定理だった）から導けることなどに注意しつつ，コラム 3 のリーマン予想に対応するコラム 2 の予想がコラム 1 の内容（イタリア学派が代数幾何学の言葉で述べていたもの）を使えば解読できることを直観的に悟った．その後，イタリア学派の成果の本質が交点理論にあることを見抜き，『代数幾何学の基礎』(1946 年出版) で任意標数の場合の交点理論を展開することによって，コラム 2 の「リーマン予想」の証明に成功し 1948 年に出版している．さらに，1949 年にヴェイユは，この予想を高次元化しコホモロジーの言葉で定式化した．まもなく，これはヴェイユ予想と呼ばれることになる．1950 年代末になると，このヴェイユ予想の解決を目指す流れの中からグロタンディークの「代数幾何学セミナー」(SGA) や『代数幾何学原論』(EGA) への胎動が開始される．1960 年代のグロタンディークによるスキーム論にはじまる過激な抽象化・一般化の動きに対して，ヴェイユは，『代数幾何学の基礎』の 1962 年版で「数学者 [アルキメデス] の $\Delta\grave{o}\varsigma\ \pi o\tilde{v}\ \sigma\tau\tilde{\omega}$ は，遥か

昔に，詩人［フランソワ・ヴィヨン］の「去年の雪，いまは何処？」によって逆襲されている.」(The mathematician's $\Delta\grave{o}\varsigma\ \pi o\tilde{v}\ \sigma\tau\tilde{\omega}$ [...] has been countered long ago by the poet's "Où sont les neiges d'antan?")ではじまる序文を書き,「実際，去年の多様体はどこへいったのか？ 今日の数学のファッションは女性の服のように変化する」と嘆いているのが興味深い．ここで，$\Delta\grave{o}\varsigma\ \pi o\tilde{v}\ \sigma\tau\tilde{\omega}$ というのはヴェイユ自身が『代数幾何学の基礎』の初版の序文の書きだし部分にも使ったアルキメデスの言葉とされる（ヴェイユも書いているように，アルキメデスの故郷シラクサの方言 $\Pi\bar{\alpha}\beta\tilde{\omega}$ だったという説もあるが）「立つべき場所を与えよ」（「そうすれば全世界を動かすだろう」と続く）という意味のギリシア語だ．ヴェイユが引用したヴィヨンのバラードは，ローマの美女フローラ，アベラールの恋人エロイーズ，ジャンヌ・ダルク，聖母マリアなどの女性たちを列挙しつつ，「去年の雪いまは何処」と繰り返した後に「わが君よ，この美しき姫たちの／いまは何処に在すやと言問ふなかれ，／曲なしやただ徒らに畳句を繰返すのみ，／さはれさはれ去年の雪いまは何処．」(Prince, n'enquerrez de sepmaine / Où elles sont, ne de cest an, / Qu'à ce refrain ne vous remaine: / Mais où sont les neiges d'anten?)という「反歌」的四行詩で終わっている（訳文は鈴木信太郎による意訳）．

リーマンと形而上学

　ヴェイユと同じような意味で形而上学という言葉を使った数学者がいるかどうか調べたところ,『リーマン全集』[9]に「心理学と形而上学について」(Zur Psychologie und Metaphysik)と名づけられた手稿があることがわかった．といっても，このタイトル自体はリーマンによるものではないようだが，ヴェイユの意味の形而上学を思わせるようなことが書かれている．人間が数学的な何か（理論なり定理なり）について考えたり学んだりすると，心の中に新しい心的領域(Geistesmasse)とでもいうべきものが出現する．心の中に流入した新しい心的領域は記憶されていた古い心的領域

と相互作用して変貌を遂げるのだが，心的領域の統合は内容的な類似性（Verwandtschaft）によって進められるとリーマンは書いている．リーマンは，数学について思考するときに自分の心の中にある数学的宇宙がどのように変化しているように感じているかを，ヘルバルト的な体系性の中で考えてみた結果として，心的存在の（ヴェイユの意味の）形而上学のようなものに近づいたということかもしれない．『リーマン全集』[9]に印刷されている「心理学と形而上学について」のページは1892年版の『リーマン全集』のままなので，リーマンを非常に高く評価しているヴェイユなら，[1]の執筆時に，この部分を読んでいても不思議ではない．そういえば，ポアンカレも直観的思考の主観的体験がいくつかの心的領域（というより視覚的表象か）の組合せ的変化と見なせると主張していた．リーマンとポアンカレの心理的基本構造（脳の機能パターン）に類似点があるということだろう．

ヴェイユの形而上学とグロタンディークの抽象化思考の融合によって，横の関係としての形而上学の抽象化思考による飛翔が可能となり，形而上学的渾沌から「凍てつくような美」が創発するということだろうか？集合論的思考から関手論的思考への進化もこうした飛翔と無縁ではなさそうだ．

参考文献

[1] Weil, "De la métaphysique aux mathématiques", Œuvres scientifiques, 1979
　これと微妙に異なる古いバージョンが弥永昌吉によって翻訳され，「形而上学より数学へ」(『科學』1956年) として出版されている.
[2] Grothendieck, Récoltes et Smailles, 1985/86
　全4巻中の3巻が辻雄一訳『収穫と蒔いた種と』(現代数学社 1989年 - 1993年) として出版されている.
[3] アリストテレス (岩崎勉訳)『形而上学』講談社 1994年
[4] 有賀暢迪「若きラグランジュと数学の「形而上学」」『科学哲学科学史研究』2010年
[5] http://serge.mehl.free.fr/anx/limite_dd.html
[6] 上村勝彦訳『バガヴァッド・ギーター』岩波書店 1992年
[7] Grothendieck, La Clef des Songes, 1987-1988
[8] http://www.ams.org/notices/200503/fea-weil.pdf
[9] Riemann, Collected Papers, Springer / Teubner, 1990

創造のプロセスを探る

la passion pour la mathématique n'a pas été dans ma vie
une force de maturation, [...]
c'est la quête de la femme
qui a été la seule grande force de maturation dans ma vie.
数学への情熱は,
私の人生における成熟への契機にはならなかった.
私の人生における成熟への唯一の大きな契機となったのは,
女性の探求である.
────グロタンディーク([1] p.88)

カルティエのグロタンディーク発狂説

「グロタンディーク発狂説」の提唱者カルティエ[2]は, カントールとグロタンディークをラカン的物語によって結びつけようと試みている. カルティエはまず, グロタンディークの人生を,「ナチズムとその犯罪によって踏みにじられた子供時代, [ナチズムから解放されるころに]苦悩の内に非業の死を遂げた留守がちの父親, 息子を拘束し死んでからもグロタンディークの他の女性との関係を非常に困難なものにした母親」(une enfance dévastée par le nazisme et ses crimes, un père absent tôt disparu dans la tourmente, une mère qui le tenait dans son orbe et qui lui rendit longtemps très difficile sa relation aux autres femmes)[2]によってレッテル化する. そして, グロタンディークが精神病を発症したというカルティエの「診断」(ぼくはグロタンディークの「異常さ」は根本的にアスペルガーに起因するものだと考えている)に基づいて, グロタンディークが数学においてなぜあれほどまでの抽象化を追求しえたのかを説明しようと試みている. カルティエによれば, [グロタンディークは]「精神病の発症を阻止することがもうできなくなり, かれ自身と世界の死の苦痛の中にかれを沈めることになるまで, 数学的抽象化へのブレーキのない没入がこれらすべて[つまりグロタンディークの人生に影を落とすさまざまな辛い出来事]の

ための代償行為となっていた」(tout cela que compense un investissement sans frein dans l'abstraction mathématique, avant que la psychose tenue à distance par cela même ne le rattrape et ne l'engloutisse dans l'angoisse de la mort-la sienne et celle du monde.)[2]という.

　カルティエはこうしたグロタンディークの物語が科学史全体を見れば絶対的にユニークだというわけではないといい，類似の例としてボルツマンとカントールの物語をあげている．ボルツマンの場合はその科学的業績が生きている間には評価されなかった．グロタンディークの場合はその科学的（数学的）業績が発表と同時に歓迎されトップクラスの数学者たちによって発展させられ継承されているところが違っているとカルティエは主張するが，グロタンディークの『収穫と種蒔き』[1]によれば，必ずしもそうではなかったようだ．（グロタンディーク自身の主張を信じれば）「数学の夢」を重要性を強調するグロタンディークの思いが弟子たちに十分に伝わっていたかどうか怪しいからだ．カントールの場合はグロタンディークとボルツマンの中間に位置しているとして，カルティエは数学者・精神分析学者シャローのカントール論[3]（起源はラカン）を高く評価するところから出発する．カルティエのグロタンディーク論は，シャローがカントールの精神疾患について考察するために活用したラカンの思想の影響下にあるようだ．そういえば，カルティエとシャローは1999年9月にセリジー・ラ・サル（ノルマンディ）の国際文化センターで「数学における現実界 - 精神分析と数学」(Le réel en mathématiques-psychanalyse et mathématiques)というシンポジウムを開催している．

精神分析と数学

　とりあえず，このシンポジウムの要約を読んでみよう．「数学は純粋な言語ではない．数学者の仕事には，数学的に伝達可能となるであろう母岩（gangue）から数学的事実を抽出するために，ある種の想像の世界が付随している．論理が役立つのは数学的事実が抽出されてからのことだ．したがって，ラカンによって導入された用語マテーム（mathème）は二面性をも

つ表現によってより豊かなものとなる．「よい定義」をもった数学的対象という面と，混乱の残るもうひとつの面，これをショーズ(chose)と呼びたい，である．アレクサンドル・グロタンディークによって導入されたモチーフ(motif)という概念はいまだに未完成のマテームの実例である．モチーフは歴史的に見ても発明(invention)に先んじた概念の名前としてユニークなものである．ここでは数学と外部世界，たとえば，物理的現実との関係について考えようとするのではなく，数学それ自身の内的必然性を問題にしたい．ラカンの考え方に沿って，象徴界，想像界，現実界(le Symbolique, l'Imaginaire, le Réel)という3つの界の錯綜したものとして世界を捉えることにする．ニューロサイエンスと認知理論(théories cognitivistes)は，主体の重要性(精神分析学の場合にはこれに立ち返る)がどうしても考察対象からこぼれ落ちてしまう物質主義的試みの範囲内で思考を進めている．」

このシンポジウムでこのシンポジウムの5年前(1994年)にシャローの「カントール論」[3]が出版されており，これがラカンの思想を適用してカントールの数学と精神疾患について論じたものだったことから，カルティエはこれを読んで興味をもち，グロタンディークについても同様の考察ができるのではないかと考えるようになって，このシンポジウムを企てたものと思われる．シャローの「カントール論」を中沢新一の考察[4]を参考にして簡単に紹介しておこう．

言語的構造化が可能なものとしてのシニフィアン(記号表現)が一般性(現象界)の中の特殊性(象徴界)でしかないことに気づくとき，シニフィアンの自己目的性が崩れ一般性の広がりへと回帰していこうとするが，これが意識の形成(欲望する主体の弁証法)にあたるという．こうして欲望と意味は現象界と象徴界(シニフィアンの集合体)の交差の中で生成する．このとき，想像界(母)の介在なしで，現象界と象徴界がダイレクトに出会いシニフィエ(記号内容)をもたない純粋シニフィアンが生まれるという．これはどのような意味ももたず，他のシニフィアンにメタファー的に置換することはできないだろう．ラカンはこれを「父の名」(Nom-du-Père)と呼ぶ．

このあたりは，何度聞いても，わかったようなわからないような説明だが，わかったような顔をしておくしかない．とはいえ，子宮的な母子関係（主客分離以前の鏡像段階）が破られる原初的抑圧（suppression du premier）の開始によって象徴界が形成されていくというイメージを思い描けば，「父の名」という概念がフロイトのエディプス・コンプレックスの概念とのかかわりから生まれたものだろうという感じはする．ところで，カントールの「無限論」（超限数論）は，カントール以前には無限の名のもとに温存されていた「父の名」の機能を数学的思考によって排除してしまった．つまり，カントールは「あらゆる種類のシニフィアンの体系性や真理性を支える「父の名」の機能」を消滅させたことになる．一方，「フロイトとラカンによれば，「父の名」の機能のしめだしは，精神分裂病（＝統合失調症）への潜在的可能性をつくりだしていく」という．カントールが集合論の形成とともに狂気に転じていったという仮定のもとで（この仮定自体がすでに怪しいとぼくは思うが，それはまた別の話になる），「父の名」の排除こそが発狂の原因だったとシャローは考えているようだ．つまり，無限は神と密接な関係をもち，無限からの「父の名」の排除は神からの「父の名」の排除につながり，強い信仰心と深い神学的関心をもつカントールの精神の現実界・象徴界・想像界をひとつにまとめていた「ボロメオの結び目」（nœud borroméen）がはずれて狂気に陥ったというようにメタファー的な説明をしているようだ．

シャローは，カントールの狂気は現実界・象徴界・想像界の構造をバラバラにするような狂気だったとし，「超限数全体への思考の展開によって「父の名」が論理的に矛盾に満ちたものに置き換えられることにもなってしまった」(Le franchissement que représentent les nombres transfinis implique un déplacement du Nom-du-Père en un au-delà tel que sa place devient logiquement inconsistante.)ことがその原因だと書いている（[3] p.242）．面白いことも指摘されている．カントールは，「父の名」の排除が原因だとされる発作から身を守るために，母が送ってくれた葉巻に愛着を示したり，大声で歌ったり（歌うことも母と結びつくという）していたとい

うのだ．このあたりの議論は過剰にフロイト・ラカン的な気もするが，『収穫と種蒔き』でグロタンディークが自分自身を論じるときに陰の意義を強調する形で陰陽思考が顔を出していること，グロタンディークが出会ったと主張する神がフローラとかママンと女神的な名前で呼ばれていたこと，さらに，その神と一緒に歌ったというグロタンディーク本人の証言があることなどを連想させられるようで興味深い．ぼくは，この神については解離性障害とのかかわりを感じている．いずれにせよ，シャローは，カントールが原初的抑圧に立ち返るようにして精神の危機を突破しようとしていたといいたいようだ．カントールが創造した集合論そのものに鏡像段階の幼児がかかえる「多の一への統合」（自己意識の形成？）という問題と類似の構造が見られるというちょっと怪しい話もあるようだ．これがもし事実だとしたら，数学における集合論の誕生が自己意識の形成と類似性をもつということになって何やら不穏な興味深さが感じられてきそうだ．

　カルティエは，グロタンディークと仏教の関係に触れつつ，「グロタンディークの固有の三位一体は「父なる神」と「母なる女神」と「悪魔」からなっている．かれは「父なる神」を「ル・ボン・ディユ」と名づけている．かれがなぜ，このようなポピュラーではあるがいささか時代遅れの呼び方をしたのかは知らないが，これはブッダを意味するものではなく，むしろ留守がちの父のイメージであることは明らかだと思われる（いずれにせよ，正統派の仏教においては，ブッダは神ではない！）．」(Sa propre Trinité se compose de Dieu-le-Père, de la déesse-mère, et du diable. Il nomme le premier : «le bon Dieu» ; je ne comprends pas bien pourquoi il a choisi cette dénomination tirée d'une piété populaire un peu désuète, mais il semble évident que ce n'est pas le Bouddha, plutôt l'image du père absent (d'ailleurs, dans l'orthodoxie bouddhiste, Bouddha n'est pas Dieu!).) と書いている．しかし，グロタンディークが『収穫と種蒔き』で書いた「ル・ボン・ディユ」には，その時期のグロタンディークはまだ神を主観的現実として受容してはいないので，神学的な「父なる神」というハードな意味はまったくなく，日常会話的な意味で現世利益的な皮肉を内包した「神さん」（関西弁）

のような表現だったものと思われる．

数学と脳の認知機能

　カントールの集合論は，純粋数学，というよりむしろ，ヒルベルト／ブルバキ流の公理主義的構造主義的数学の自立過程の第一歩を象徴するものだと考えられるが，これと脳の発達とパラレルな認知プロセスの形成の第一歩ともいうべきものとの間の類似性を夢想したくなってくる．この夢想は「数学とは何か？」という問題に密接に関係しているはずで，数学の意味を天文学や物理学などとの「幸せな一体化」時代に求めるのではなく，そうした一体化の中から生まれた抽象性の深みからもう一度新たに数学を照射し直すような作業と関連づけて考えてみようという発想に近いものだ．さらにいえば，こうした発想の彼方には明らかに脳が遠望できるはずだ．「数学とは何か？」を考え直すことで数学と脳の重要なかかわりを炙り出す可能性が期待できそうだ．集合論の創造とカントールの精神疾患＝精神障害（mental disorder）のかかわりについての研究はそうした考察のためのいい実験台となるだろう．ラカンを踏まえたシャローの「カントール論」はその試みのひとつに違いないが，精神分析の立場からの考察にすぎないために，脳とのつながりがほとんど見えてこない．とはいえ，精神分析学的物語と神経科学の融合を進める神経精神分析学（neuro-psychoanalysis）などの展開次第ではフロイト／ラカンが脳と結びつく可能性もある．

　これとはやや異なる側面からの「数学とは何か？」に対する応答もある．認知言語学者のレイコフと心理学者のヌーニェスによる認知心理学的な数学の意味付けがそれだ [5]．「具体化＝身体化された心（embodied mind）はいかにして［抽象的な］数学を生成するか」について論じたもので，「概念的メタファーに基づく身体化数学（embodied mathematics）の理論」とでもいうべきものだ．算術，代数，論理，集合の順で数学的な概念や理論がどのように身体化できるかを説明した後に，無限の身体化（embodiment）について述べる．つまり，実数，超限数，無限小の身体化された姿を描いている．デデキントの実数論をニュートン力学的な連続空間と連続運動か

らの数学の自立の烽火のように考え，いわゆる「数学の算術化」つまり「連続空間と連続運動なしの微積分」の建設（discretization program）を高く評価している．このあたりまでの数学的な内容自体は 19 世紀末の「解析学の基礎付け」の話を教育的配慮を加えつつ繰り返しているだけにも見える．つまり，19 世紀末の「解析学の基礎付け」を教えるときのいろいろな概念についての具体的イメージ（身体化されたイメージ）を並べているだけのように感じられる．面白いのは「数学には普遍性，絶対性，確実性がある」「数学はその抽象性・非身体性にもかかわらず現実性をもっている」「数学者は究極の科学者であり，現在の物理的宇宙についてのみならず，すべての可能な宇宙についての絶対的な真理を発見しようとしている」「数学それ自身のみが数学の究極の性質を特徴付けることができる」などといったプラトン主義的な数学観を「数学についての作り話」（romance of mathematics）にすぎないと述べている部分だろう．数学が身体的体験と脳の認知機能から生みだされた架空の体系にすぎない，つまり，数学もまた脳の認知機能の枠内の存在にすぎないとと主張しているわけだ．もっともな面もあるが，ぼくは，レイコフとヌーニェスの議論はすでに「作られたものとしての数学」（教育の対象としての数学）についての議論にすぎず，「作られるものとしての数学」（創造の対象としての数学）には触れていないことに決定的な不満を感じている．数学はいわゆる「解析学の算術化」以降も多方面に発展しており，19 世紀末の状態に拘っているだけではつまらない．

創造的プロセスを生きる

　カルティエ[2]は，「グロタンディークの強迫観念は空間概念のまわりを巡っていた」（Son obsession majeure [...] tournait autour de la notion d'espace.）とし，グロタンディークのオリジナリティは「幾何学的な点の概念」（notion de point géométrique）の深化にあったという．とくに，グロタンディークは，さまざまなコホモロジー的化身の奥にある理念的な存在として想定されるモチーフという観念を目指すようになった時点で，終わりのない深みに入り込んでしまったとし，カルティエは，「それはグロ

タンディークの仕事を穿つ間隙である」(C'est donc sur une béance que débouche son œuvre.) などと妙に評論家的なことを書いている．さらに大半の科学者はみずからの足跡や夢を残そうとはしないといい，その典型例としてヴェイユをあげて，ヴェイユは全集やその自注で注意深く自分のイメージを保とうとしており，自伝でも自由に書いているようにみせてプライバシーを守り抜いていると述べている．これに対して「グロタンディークはルソーの『告白』に似た別のゲームを行っている」(Grothendieck a joué un jeu différent, proche des Confessions de Rousseau.) と断定しているが，ぼくには，カルティエのこうした見方が著しく的外れなものに思える．

ついでながら，ルソーの『告白』はゲームなどではない．妄想（夢見と覚醒の中間的な意識状態，つまり夢想あるいは幻想を意味し，「訂正不能の誤った主観的信念」というような欺瞞的かつ否定的なニュアンスは含まないものとする）と強い親和性のあるルソーの精神疾患が何であったのかは断定し難いが，ルソーが妄想を現実（覚醒）と同様に生きたことは確かだろう．『告白』はルソーが，妄想と現実の融合体としての生の新しい表現可能性を創造しようとして書いた作品だと考えられる．グロタンディークの『収穫と種蒔き』と『夢の鍵』にもまた妄想を妄想として抑圧しようとしない不屈の意思を読み取ることができる．書くことが癒しでもある情況がそこには霧のように漂っているのである．軽やかさが好きらしいポストモダニストのカルティエにとって人生はゲームなのかもしれないが，グロタンディークやルソーにとって人生とは，情動 (émotion) や夢 (songe) や妄想 (rêverie) の渦巻く心的エネルギーを原動力として進む創造的プロセス (processus créatif) のはずだ．

ここで，創造的プロセスというのは（と，脇道に逸れつつもつい説明したくなるのがぼくの悪い癖なのだが），表層的にいえば，初期洞察 (first insight) →飽和 (saturation) →孵化 (incubation) →閃き (illumination) →確認 (verification) という手順で進む心理的プロセス（ゲッツェルスのモデル）のことだ．このプロセスのはじめの2つの段階は「課題への試行錯誤的洞察的考察の開始」（初期洞察）と「集中的考察とその行き詰まり」（飽和）とでも

呼ぶべき段階のことで，あとの3つの段階は，ぼくが「無意識の自動運転」（孵化）と「ヴィジョン体験」（閃き）と「検証」（確認）と呼んでいるものに対応している．ぼくはこうした創造的プロセスの駆動には（強迫性障害を伴うことの多い）アスペルガーが有効性を発揮するものと考えている．アスペルガーであれば，同じ問題に繰り返し取り組み続けることが可能なだけでなく，そうせざるをえない衝動に突き動かされるからだ．性的な情動と数学的創造性が可逆的に結びつく可能性もアスペルガーの場合には強くなりそうだ．グロタンディークは，性的なエネルギーを（数学的）創造に向うエネルギーに転化することが自然に可能になるような定型的でない脳をもっていたと考えられる．この状況はフロイトのいうような「性的エネルギーの昇華」とはまったく異質で，性的エネルギーそのものと（数学的）創造のエネルギーが（おそらくドーパミン的な快感を媒介として）等価なものになりうるということだろう．そして，ぼくは，グロタンディークは（カルティエのいうような古典的な意味でのパラノイアや統合失調症ではなく）とりあえずアスペルガーだと考えている．ただし，このアスペルガーという名称はあくまでアメリカ精神医学会の『精神疾患の診断・統計マニュアル』第IV版(DSM-IV)に基づいたものにすぎず，そう遠くない将来に精神疾患と脳の構造と機能の関係の解明がある程度進展してくれば，広い意味の精神疾患の「高次元スペクトラム」の中にさまざまな疾患が包摂されてしまうのではないかと思っている．ぼくは自分の体験から，そう遠くない将来に，そうなる気配がしていたが，2013年5月にアメリカ精神医学会から19年ぶりに大改定され出版された『精神疾患の診断・統計マニュアル』第5版(DSM-5)では，アスペルガーは自閉症スペクトラム障害(autism spectrum disorder)の中に統合された．神経発達障害をすべての精神疾患を論じる基礎に据えようという姿勢も見える．

　そういえば，カルティエはこんなことも書いていた．「かれ［グロタンディーク］は驚くべき美意識をもっていた．とはいえ，わたしにはかれが醜い女に魅かれる点はまったく理解できなかった．」(Il a un sens esthétique remarquable. Pourtant, je n'ai jamais compris son attirance evidente pour les femmes laides.）［2］「醜い女」かどうかは主観的な判断にすぎないし，仮に「醜い女に魅かれる」のだとしても，グロタンディークが女性を見た目で選んでいないか美醜を表面的に捉えていないというだけの話だろう．そもそも，グロタンディークが求めていたのは女性というよりも母性だった可能性が高そうだ．アスペルガーにとって必要なのは自分を広い意味でケアしてくれるような女性なのだ．アスペルガーは社会性を重視できないので，社会的価値意識（美人だとか裕福だとか偉いとか）によって女性（さらにえば人間）を判断しない傾向がある．アスペルガーにとって，美意識に社会性が介入してこないのは自明の理なのだ．

　なぜか人はグロタンディークの数学思想の核心がその抽象性の中にあるものと信じ，グロタンディークが数学を言語ゲーム的な営為と考えているかのような錯覚に陥りやすいようだ．まさか，カルティエまでがそのように誤解しているとも思えないのだが…．『収穫と種蒔き』を読めば，グロタンディークの数学思想は言語ゲームなどからはほど遠いものであることがわかる．情動や夢を二義的なものとみなすカルティエには「私の人生における成熟への唯一の大きな契機となったのは，女性の探求である」などと書くグロタンディークが理解できず「異常者」のように感じられるのだろうか．「グロタンディークは女たらしだった」という風説もそうした理解から生まれたものだろうか．そして，カルティエにとって「隠すべきもの」としてのプライバシーに属すると思える問題や弟子たちの行為にまつわる「瞑想結果」を赤裸々かつ強迫的なまでに書き連ねるグロタンディークについて，カルティエは「そこには重症のパラノイアの明らかな徴候が見られる」（il y a des marques évidentes d'une paranoïa assez développée）と書いている．だがしかし，グロタンディークがその「眩しさ」のために，ためらいつつも，ついに書くことを断念した重要な原体験が存在しているとぼくは信じている．この原体験の秘匿はグロタンディークが真性のパラノイアではないことの証しにもなっていると思う．この原体験は，その発生の時点でのグロタンディークの過去と未来を結びつける時空の領域に咲いた「眩しい花」でもあるが，ここでは詳しく語ることは控えて，世阿弥の『風姿花伝』

の言葉「秘すれば花なり，秘せずば花なるべからず」を思いだしておくだけにしよう．

ガロア回想

2011年10月25日はガロアの200回目の誕生日にあたる．そのため，2011年はガロア生誕200年としてフランスを中心にいくつかのイベントが計画されていた．とはいえ，それらはかなり広義に解釈したガロアの数学思想の現代的展開にまつわるものが多く，過度な賛美に陥らないリアルなガロア像の構築に興味をもっているぼくとしては，やや不満が残る．新しい情報に基づく「決定版ガロア伝」のようなものが出版されないものかと秘かに期待していたのだが，ガロアの数学論文などのフランス語と英語の対訳本[6]が出版されただけだった．ただ，日本では，ガロアのファンが多いためか，2010年の段階から「ガロア入門」のような作品が出版されはじめていた．かつて，ぼく自身もガロアにまつわる『ガロアへのレクイエム』[7]を書いたことがあった．『BASIC数学』(『理系への数学』の前身)に1981年7月号から1986年6月号にかけてほぼ毎月連載した記事を加筆・訂正し再編集したものだ．この連載はもともとガロア理論の入門記事を依頼されたことにはじまる．引き受けてから連載の構想を描いてみたが，どこにでもありそうなガロア理論の教科書的記述には興味が湧かず，数学史の流れ中で見たガロア理論の位置とガロア自身による「ガロア理論」の形成過程に焦点を当てたくなった．とりあえずガロアの伝記の概要と学生時代のガロアの論文などの紹介から書きだしたのだが，ガロアの没後150周年(1982年5月30日がガロアの150年目の命日にあたっていた)が接近していたこともあって，ガロア自身への興味が強化されてしまった．このころ，ぼくはアーベルやガロアの「ゆかりの場所」への旅も試みている(『アーベルとガロアの森』[8]参照)．

そういえば，没後150周年を記念して，フランスではガロアの伝記を描いたテレビ・ドラマが放映されたりガロアの顔の切手が発行されたりしたが，1年遅れの1983年2月にはリール第1大学で方程式論を軸にしてアーベル

とガロアを並べた記念集会（Colloque Abel-Galois）も開催されている．この記念集会では『ガロア全集』（初版 1962 年）の編者のひとりアズラが「ガロアの人生と仕事」について講演し，モンジュやデザルグの研究で知られコーシーとガロアの関係についての新しい資料を提供した数学史家のタトンが「ガロアとその伝記」について講演するなど，ガロアの伝記にも関心が向けられたようだ．アーベルとガロアの数学について語るときに不可欠な楕円関数論（モジュラー関数論）やアーベル関数論の歴史に詳しいウゼルが「ガロアの業績」というタイトルで講演している．ウゼルはデュドネの『数学史 1700-1900』(1976 年，日本語訳 1985 年）に「楕円関数とアーベル積分」の章を執筆しているのだが，グロタンディーク的な代数幾何学思想にも通じた数学者・数学史家なので「ガロアの数学思想」と「グロタンディークの数学思想」の関連について語って欲しかった気がする．ガロアの数学が現代に与えた影響という観点から，類体論，ガロア理論の微分方程式への拡張，結晶群などに関する数学者たちによる講演も行なわれた．とはいえ，ガロアの伝記的研究についてはそれ以前の「ガロア伝」を超える大きな進展はなかった．そういえば，ガロア没後 150 周年にあたる 1982 年の作品でロスマンがベルの「ガロア伝」を批判的に検討している．これはぼくが翻訳し『ガロアの神話』[8]に収録したが，あまり読まれなかったようだ．グロタンディークのガロア像の土台となったのはインフェルトの「ガロア伝」だった．グロタンディークは，コーシーがガロアを「迫害」したと思っていたようだが，『収穫と種蒔き』[1]の出版後に，ルレーがコーシーとガロアの関係について再考察したタトンの作品をグロタンディークに送ったらしいので，コーシーについてのイメージも多少は修正されたはずだ．

ガロアの伝記に興味をもって，デュピュイ（初出 1896 年），ベル（初版 1937 年），インフェルト（初版 1948 年），ダルマス（初版 1952 年）の「ガロア伝」を読んでみると，整合性がないことに気づくだろう．そういうこともあって，1990 年代にトッチリガテリの「ガロア伝」（イタリア語 1993 年，英訳 1996 年）が出版されたが，「偽装決闘説」を唱えるなど「共和主義者ガロア」が妙に強調されていてリアリティを感じられないし，ガロアの数学

（たとえば遺書）と楕円関数論（モジュラー関数論を含む）の結びつきが無視されて平板化されているのも悲しい．ガウスやアーベルやガロアは，円関数論（三角関数論）や楕円関数論に関連して出現する具体的な方程式との「交流」の中から方程式論を紡ぎだした．「ガロアの理論」への夢を媒介したのは楕円関数論に現れる具体的な方程式に関する考察だったのだ．楕円関数論と深い内的関係をもった数論の世界で，虚数乗法論，類体論へと進むダイナミックな渦が発生したこととガロアの方程式論は無縁ではない．そして，ガロアとグロタンディークを結ぶ深い絆は，楕円関数論にまつわる発展としてのリーマンのアーベル関数論や代数関数論，ポアンカレの保型関数論や位相幾何の中にこそある．

アスペルガーと体系志向

グロタンディークは，『収穫と種蒔き』を 1983 年 6 月に書きだし 1985 年中にほぼ完成したのだが，1986 年 1 月に内容を簡単に紹介するための追加的文章を書いて『収穫と種蒔き』に収録している（そのせいで，『収穫と種蒔き』の「出版年」を 1985 年とすべきか 1986 年とすべきかで悩まされることになる）．この追加的文章の中で，グロタンディークは，自分の数学者としての特徴を，つねに新しい数学的建築物を土台から建設し続けようとするところにあると総括している．そして，自分と同じ傾向をもつ数学者としてガロア，リーマン，ヒルベルトをあげている．たしかに，リーマンやヒルベルトには体系化を好むという傾向がありそうだが，ガロアとなると不明確だ．それはガロアが 20 歳で死んでしまっており，数学的建築物を作りたくても作れなかったせいで，そうした傾向があったのかどうか判定が難しいためだ．グロタンディークとガロアの類似性ということになると，やはりアスペルガーとその周辺の疾患に伴う「症状」の方が重要だろう．同じアスペルガーをもっていたとされるラグランジュ，ガウス，コーシー，リーマン，ポアンカレなどとも類似性があることになりそうだ．グロタンディークがこの時点で語ろうとしているのは，1960 年代の代数幾何

学の「基礎構築」を目指すある種の体系性への強迫的なまでの不屈の拘りというような側面に違いない．これはアスペルガーの「症状」としてのシステム思考の強さと関係があり，グロタンディークのその側面（『代数幾何学原論』が典型的）の類似性ということだと，ガロアよりも，ニュートン（『プリンキピア』『光学』）やラグランジュ（『解析力学』）やガウス（『数論研究』）やハミルトン（『四元数講義』）の方が近そうだ．ガロアやリーマンも体系性への志向はもっていたのだろうが，早世したこともあって，それを実現させる機会に恵まれなかった．

ガウスにしても『数論研究』を書いて以後は，実地天文学，実地測量学，電磁気学実験，地磁気研究などに時間を取られ，基礎的・体系的な数学作品を書く時間的余裕がなかった．ガウスの「数学日記」や手紙を見れば『数論研究』を超える作品作りを夢想していたらしいことがわかる．高木貞治の『近世數學史談』(1931年)が簡潔にそれを感じさせてくれる．『近世數學史談』は，東大も購入済みの『ガウス全集』などに収録されていたさまざまな資料や論文を参照しながら，『ガウス全集』の編者でもあるクラインの『19世紀数学史講義』(1926年)の部分的な影響下で「純粋数学的ガウス観」を確認するべく短時間で書かれた作品である．『近世數學史談』に紹介された1798年7月付けの「『レムニスケート』ニ關シテ凡テノ豫期ヲ超越シタル極メテ美事ナ結果ガ得ラレテ，研究ノ新分野ガ開カレタ」（原文 [10]：De lemniscata, elegantissima omnes exspectationes superrantia acquisivimus et quidem per methodos, quae campum prorsus novum nobis aperiunt. 英訳 [11]：On the lemniscate, we have found out the most elegant things exceeding all expectations and that by methods which open up to us a whole new field ahead.）という記述がすでにそれを暗示している．ガウスは「数値実験」的な手法を動員してさまざまな新事実に気づいていった．これも『近世數學史談』からの引用になるが，「1799年（『日記』）五月三十日）ニ 1 ト $\sqrt{2}$ トノ agM ガ $\pi/2\omega$ ト小數第十一位マデ一致スルコトヲ發見シタ．ω ハ『レムニスケート函數ノ周期デアル［…］若シモ實際 $M(1, \sqrt{2}) = \pi/2\omega$ ナルコトガ證明サレルナラバ『確ニ解析ノ新分野ガ開カ

レルデアラウ』(原文[9]): Terminium medium arithmetico-geometricum inter 1 et $\sqrt{2}$ esse $= \pi/\widetilde{\omega}$ usque ad figuram undecimam comprobavimus, qua re demonstrata prorsus novus campus in analysi certo aperietur. 英訳[10]: We have proved that the arithmetico-geometric mean between 1 and $\sqrt{2}$ is $\pi/\widetilde{\omega}$ to 11 places, which thing being proved a new field in analysis will certainly be opened up.）ト考ヘタガウスハソレカラ agM ノ理論ノ研究ヲ始メテ遂ニ 1800 年五月ニ至テ一般楕圓函數ヲ發見シ，六月ニハ modular function ヲ發見シタ，少クトモソノ端緒ヲ確實ニ把握スルニ至ツタノデアル」という記述に注目してほしい．ガウスがこれらを統合する大きな作品を構想していたことは明らかだ．1808 年 9 月 17 日付けのシューマッハーへの手紙の中でガウスは(『近世數學史談』によると)「予ハ曾テコレラノ函數ニ關シテ多クノ仕事ヲナシタガ，其ノ内ニソレヲ大キナ單行本ニマトメヨウト思フテキル．ソレニツイテハ既ニ予ノ Disq. arith. 593 頁ニ暗示ヲシテ置イタ次第デアル．ソレラノ函數[…]ニ關スル最モ興味アル眞理又ハ關係ノ溢ルル如キ豐富ハ唯驚嘆ノ外ハナイノデアル…」(Ich habe darüber ehemals sehr viel gearbeitet und werde dereinst ein eignes grosses Werk darüber geben, wovon ich bereits in meinen Disquiss. arith. p.593[**]] einen Wink gegeben habe. Man geräth in Erstaunen über den überschwenglichen Reichthum an neuen höchst interessanten Wahrheiten und Relationen, die dergleichen Function darbieten [...]) と書いている．ガウスの心はつねにこの作品への構想とともにあったのだろう．『近世數学史談』にはさらに，「豫告サレタ大著述ハトウトウ出ズニ終ツタノデアルガ，ガウスノ計畫ハ恐ラクハ第一部超幾何級數，第二部 agM 及ビ modular function，第三部楕圓函數ヲ總括スルノデアツタラウト Schlesinger ガ想像スル．當ラズトモ遠クハアルマイ」と書かれているが，これはシュレジンガー(Ludwig Schlesinger, 1864-1933)の見解に基づいている．シュレジンガーはクロネッカーとフックスの弟子でガウスの関数論方面の仕事(楕円関数，モジュラー関数，超幾何級数，算術幾何平均(agM)などに関連する手稿の分析を含む)について詳細に研究し，結果と

してガウスの賛美者となった人だ．ガウスによるモジュラー関数の研究については深読みではないかともいわれている．シュレジンガー（[12] p.27）はガウスの夢想した作品の内容について，ガウスが関心をもち続けた3つのテーマは

1. die Reihe $F(\alpha, \beta, \gamma, x)$
2. die elliptischen Funktionen und Integrale
3. das agM

だったとし，これを含むものだったと予想しているわけだ．高木貞治の関数論方面のガウス賛美はこのシュレジンガーの影響によるところが大きい．

アスペルガー的快楽

それはともかく，ガウスが『数論研究』のスケールを超える作品を構想していたことに注目すれば，ガウスとグロタンディークの数学的精神がかなり似ていたことがわかるだろう．これはあくまで数学的成果の定着に関する側面にすぎないが，数学的成果の生成（無意識の自動運転とヴィジョン体験が活用される）という側面でもガウスとグロタンディークには共通性がある．ただ，ガウスは数学的な「建築現場」や「足場」を公開しないという姿勢を貫き，グロタンディークは代数幾何学セミナーなどで「建築現場」を公開するという違いが見られた．さらに，『収穫と種蒔き』以後のグロタンディークには，「足場」を含む建設作業の全体を公開しようという試みさえあった（ただし，孤独な作業が多くなったせいで，1960年代のような意味での「建築現場」の公開は事実上不可能になってしまった）．ガウスとグロタンディークの間にこのような差異が見られるのは興味深いが，どちらの場合も，自分の発見や仕事が不正確に他人に伝わることを忌み嫌うというアスペルガーと関係の深い特徴の現れであることは確かだろう．自分の考えていることが不完全なまま不正確に伝わらないようにするためには，かなりの程度に完全なものになるまで公表を控える（ガウス）か，なるべく詳しく（ときには形成過程そのものまで）公表する（グロタンディーク）

かのどちらかを選ぶしかないのだろう．はじめのころは，ガウスもグロタンディークも自分の見た数学夢とでもいうべきものについては発表しようとはしなかった．ガウスは「数学日記」や手紙にある程度「夢の痕跡」を書き留めているが数学夢そのものを書き残すことはほとんどなかったようだ．グロタンディークなどの場合とはかなり異質かもしれないが，ある意味で数学夢を書き残すことに拘った数学者の典型はラマヌジャンだろう．もちろん，ラマヌジャンもアスペルガーであった．ただし，ラマヌジャンはかなり特殊な例なので，また別の機会に触れることにしたい．リーマンも数学夢を書き留めることを試みているようだ．たとえば，リーマン多様体論への夢を語ったともいえる作品「幾何学の基礎をなす仮説について」がそうだ．結果的にリーマン予想を書き留めることになった作品「ひとつの与えられた量を超えない素数の個数について」は数学夢としてのリーマン予想を語ろうとしたものではない（リーマンはこれを簡単に証明できる事実だと考えていた）が，リーマン予想を仮定すると何がいえるかについての夢を語った作品だとはいえる．大作「アーベル関数論」もその後の発展を考えれば，結果的に，夢に満ちた作品だといえるだろうが，リーマン自身が数学夢を語ったとまではいえるかどうかは微妙だ．アスペルガーのリーマンの思考はつねに視覚的・直観的で，後にワイエルシュトラスが批判することになるような厳密性には拘らないようなところがあった．

　岡潔がリーマンを好んだのは，アスペルガーを共有し視覚的・直観的な思考に共鳴しやすかったことによるものだ．視覚的・直観的な思考ということになると，ポアンカレも忘れるわけにはいかないが，ポアンカレもまたアスペルガーだった．とくに，ポアンカレは自らのヴィジョン体験（いわゆるフックス関数にまつわる発見体験）を心理学的な観点から考察することにも挑戦している（『科学と方法』）．岡潔はポアンカレのこの方面の問題提起を「ポアンカレの問題」と呼んで非常に重視していた．話題を数学に限定すれば，岡は体系化志向が強かったとは感じられない気もするが，晩年の岡の自己意識への拘りに注目すれば，過剰なまでの体系化への意思を読み取ることができる．晩年の岡が拘り続けたにもかかわらず，出版社か

らは「狂人の書」的な扱いを受けて葬り去られた遺作『春雨の曲』を見れば，岡の「アスペルガー的快楽」への執念を感じることができる．『春雨の曲』の岡の快楽と多変数関数論における岡の快楽とは，アスペルガーという場で通底しているはずだ．リーマン・ポアンカレ・岡を貫くアスペルガー的快楽傾向は，後期のグロタンディークにも見られる．グロタンディークはもともと非常に陽な数学者だと考えられていたが，『収穫と種蒔き』によって，グロタンディーク自身が自らを陰な数学者なのだと宣言した．創造されたものを論理的に書き並べることよりも創造そのものが重要で，自分の数学は視覚的・直観的に数学夢を生みだすことに重点が置かれていると表明したわけだ．「夢の帰結として論理的に整理され記述されたもの」よりも「夢そのもの」を高く評価するべきだといいたかったようだ．グロタンディークのこうした発想は，ドリーニュなどの弟子たちが，グロタンディークが数学を去ってから，有機的統一体としてのグロタンディークの数学夢を解体し，バラバラにして断片的に（ときにはグロタンディークの名前と切り離して）利用するようになったと，グロタンディークが感じたことから生まれたものだ．こうした反応は被害妄想的だという批判もありうるが，これもまたアスペルガーに付随する心の揺れによるものだと考えるべきだろう．

通常，思考というのは言語によって媒介されているわけだが，アスペルガーの場合，視覚的思考というか映像的思考というような思考が可能になることもある．たとえば，アインシュタインは言語で考えるよりも視覚的に考えることを得意としていたことが知られている．「書かれたものあるいは話されたものとしての言葉あるいは言語は，わたしの思考のメカニズムの中でどんな役割も担っているとは思えません．思考の構成要素として使われると思われる心理的実体は，「自分の意思で」思い描くことができ組合せることができる，ある種の象徴的記号と多少なりとも鮮明なイメージなのです」(The words or the langage, as they are written or spoken, do not seem to play any role in my mechanism of thought. The psychical entities which seem to serve as elements in thought are certain signs and more or less clear images which can be "voluntarily" reproduced and combined.)

([13] p.142) この場合は，意識的な思考についての話だが，「無意識の自動運転」とヴィジョン体験についても視覚的な情報の「自動処理」の可能性が考えられる．ヴィジョンの最終生成物が視覚的・映像的な何かだというような場合がそれにあたるのだろう．ラマヌジャンのように，ヴィジョンの最終生成物が数式や方程式だというような特異なケースもあるようだ．

ところで，グロタンディークは自分とガロアが似ていると考えている．グロタンディークが数学が好きになったのは，最初は数学的なイメージが茫漠とした「妄想」のような形で現れ，かかわりを深めるうちに，やがてそれが数学的に言語化され，論理的にも明確に捉えられるようになるという心的プロセス全体を実感することができたからだという．アスペルガーの場合，茫漠とした「妄想」のうごめきの中から核心のようなものが創発（émergence）してくる生成的プロセスに身をまかせることに快を感じる傾向が強い．アスペルガー的快楽という表現があるのかどうかはともかく，こういいたくなるような状況がある．こうした快体験は，言語化を達成するとか論理的に明確化するとか自体が目的なのではなく，むしろ，それに至るプロセスへの埋没そのものへの快楽という感じだろう．グロタンディークは高校時代に「ガロアの物語」を知り，親近感を感じたという．『収穫と種蒔き』の時期のグロタンディークが，ガロアとの近さを感じるのは，数学のメインストリームとは離れた辺縁性（marginalité）と「孤独でいることのできる先天的能力」(le don de solitude) のためだ ([1] p.P64)．これは詩的創造（数学的創造を含む）にとって，大脳の「辺縁系」(système limbrique) の機能が，前頭葉の機能よりも本質的でありうるという事実（情動の重要性）とも結びつきそうで興味深い．グロタンディークは，ガロアの方程式論の論文を白日夢（rêve éveillé）と呼び ([1] p.15)，ガロアの数学について，「ガロアの理論というのは，本質的に，いわゆる「数論的な」現象についてのわれわれの理解を刷新することになる「幾何学的な」ヴィジョンなのだ」(la théorie de Galois est bien, dans son essence, une vision "géométrique", venant renouveler notre compréhension des phénomènes dits "arithmétiques") ([1] p.P29) と感じ，ガロアを「似た個性をもった同

志」("frères de tempérament")だと感じている([1] p.P63). となると, ガロア生誕 200 年に事寄せて, ガロアからグロタンディークへと拡がる数学夢の自己展開の流れを描いてみたくなってくるのも不自然ではなさそうだし, 実際これを試みた人もいた(本書 p.62-p.64).

参考文献

[1] Grothendieck, Récoltes et Semailles, 1986
辻雄一訳『収穫と蒔いた種と 1-3』現代数学社 1989-1993
[2] Cartier, "Un pays dont on ne connaîtrait que le nom (Grothendieck et les «motifs»)", IHES, 2000, 2009
[3] Charraud, Infini et Inconscient, Anthropos, 1994
[4] 中沢新一『フィロソフィア・ヤポニカ』集英社 2001 年
[5] Lakoff / Núñez, Where Mathematics comes from, Basic Books, 2000
[6] Newmann, The Mathematical Writings of Évariste Galois, European Mathematical Society, 2011
[7] 山下純一『ガロアへのレクイエム』現代数学社 1986 年
[8] 山下純一『アーベルとガロアの森』日本評論社 1996 年
[9] 山下純一『ガロアの神話』現代数学社 1990 年
[10] "Abdruck des Tagebuchs (Notizenjournals) mit Erläuterungen", Gauss Werke X-1, 1917
[11] Gray, "A commentary on Gauss's mathematical diary, 1796-1814, with an English translation", Expositiones Mathematicae 2 (1984), p.97-p.130
[12] Schlesinger, "Über Gauss' Arbeiten zur Funktionentheorie", Teubner 1912 (Gauss Werke X-2 に収録)
[13] Hadamard, An Essay on the Psychology of Invention in the Mathematical Field, Princeton University Press, 1945 (Dover, 1954)

ガロアと毛沢東

> Die kleine Kraft, welche Noth thut, einen Kahn in den Strom hineinzustossen,
> soll nicht mit der Kraft dieses Stromes, der ihn fürderhin trägt, verwechselt werden.
> 舟を流れに乗せるために必要な小さな力を
> そのあと舟を運ぶ流れ [そのもの] の力と取り違えてはいけない．
> ——— ニーチェ [1] 2, p.530

ニーチェの警句

　ニーチェは，酷評とともにロンドンの社交界を追われて晩年をスイス，イタリア，ギリシアなどの異国で過ごすことになった詩人バイロンの劇的な運命を思いつつ，ニーチェ自身がワーグナーという「大きな流れ」から去って，自己をとりもどした展開を，ワーグナーからの解放が自己を開花させ《新しい流れ》を創造するきっかけになったという立場から評価していた．たしかに，ニーチェの思想的世界はワーグナーのグループと大学を去ってから本格的に開花した．最初に引用したニーチェの文章は伝記作者の過ち (Fehler der Biographen) についてのニーチェの警告でもある．これは，数学者の伝記（数学的伝記を含む）を書こうとする伝記作者にも当てはまる警告に違いない．ぼくは，ガロアやグロタンディークの人生や数学について考えようとするときに，ニーチェの警告を忘れないようにしたいと思っている．つまり，「時代の流れに乗る」という視点からではなく，「《新しい流れ》を創造する」という視点から，ガロアやグロタンディークを論じたいと思っているわけだ．原因はどうであれ，追放とも見えるある種の「致命的な事態」が《新しい流れ》の起源となる黙示録的ヴィジョンの生成に繋がることがあるという視点を忘れないようにしたいのだ．ガロアの場合もグロタンディークの場合も，ある種の追放的な事態が発生している．ガロアは，エコール・ポリテクニクへの入学に失敗し，代わりに入学したエコール・プレパラトワールからは追放され，科学アカデミーに提出した論文は最終的に却下された．その後，政治的に過激化し投獄されて，獄中で

の思索を通して数学思想の先鋭化に向い，遺書に描かれたような黙示録的ヴィジョンの誕生を促し，結果として，ガロアは，その後の数学の（ガロア的思想とでも呼ぶべき）《新しい流れ》を創造する象徴的な源泉となった．グロタンディークにもガロアとどこか似た人生の軌跡が見られる．数学者としての現世的な評価をほとんど得られないまま20歳で死んだガロアに較べて，グロタンディークの場合は，1950年代後半から1960年代にかけての現世的評価の高まりを体験した直後に42歳で数学の世界を去り，ガロアと同じようにナイーブな形で政治的に過激化したものの，挫折を体験し，「数学とは何か？」についての独自の考察を含む『収穫と種蒔き』や『夢の鍵』などの自己省察的な作品まで書いているので，ガロアの場合よりも情動の動きを具体的に知ることができ，数学における黙示録的創造（1960年代と1980年代が中心）を導くことになったグロタンディークの情動的な変化を追跡することがある程度は可能なはずだ．ガロアとグロタンディークはいずれも黙示録的ヴィジョンを生みだし，数学の《新しい流れ》の出発点となっただけではなく，そのきっかけがどちらもアスペルガーだったと考えられるところも興味深い．アスペルガーであったために「群居志向性」(prosociality)が欠如しており，さまざまな社会集団から「排除」あるいは「追放」されたが，アスペルガーであったために「独居志向性」(prosolitude)に満ちており，「時代の潮流」からの孤立を怖れることなく，《新しい流れ》の起源となる黙示録的ヴィジョンの生成に貢献できた．

ガロアとグロタンディークの融合

　などといいつつも，こうした発想には，ガロアやグロタンディークの「謎の行動」や「謎の発言」を，黙示録的予言の解読にも似たアナロジーを活用する連想思考や主観的願望の投影思考に基づいて，（かならずしも否定的な意味ではないが）パラノイア的に解釈し，心的起爆装置としてのメガロマニア志向へと向うような，結果的に，ガロアやグロタンディークを実態とはかけ離れたロマンティックな超天才として描写してしまうことへの警戒感をどこかに感じてしまいもする．たとえば，ガロアもグロタンディ

ークも応用数学や物理学には何の興味も示していないが,「ガロアの数学」と「グロタンディークの数学」を純粋数学と量子場理論の融合をめざすものとして再評価しようとする試みが存在している.「グロタンディークの数学」を称える高等科学研究所 (IHES) での集会 (2009年1月) への準備を見越したように, コンヌやカルティエは,「グロタンディークの数学」による《新しい流れ》の生成を純粋数学 (数論幾何学など) と非可換幾何と量子場理論 (とくに素粒子論の標準理論) を統合する流れに結びつくものだと解釈し, さらには, パリでのガロアの生誕200周年集会 (2011年10月) の機会を捉えて,「ガロアの数学」の黙示録的な解読を含めて,「ガロアの数学」に対する現代的な意義を強調しようと試みている. こうした動きは, 最近のアメリカやヨーロッパで見られる反プラトニズム的な「数学の有用性重視論」(数学の科学技術との相互作用を重視する議論で, 現代数学の表情を変化させつつある) の台頭を前にして, 危機に立つ純粋数学集団の現代社会における不安感・抑うつ的状況からの自己防衛機制としての躁的防衛 (manic defence) の一種なのかもしれないなどと穿った見方も不可能ではないかもしれないが….

　たとえば, コンヌは, ヨーロッパ数学会の『ニューズレター』(2007年3月号) のインタビューの中で, ガロアの数学思想を (数学史の視点からではなく) 現代数学の視点から称賛し,「ガロアの直観力は [通常いわれているような] 対称性のアイデアに基づくものではなく, アンビギュイティの概念に基づくものだ」(The power of Galois's intuition is not based on the idea of symmetry, but on a concept of ambiguity.) と述べ,「ガロアの [数学] 思想は, 現在もなお未開拓のまま残る可能性を感じさせる思考と明晰さと機敏さを持っており, 今も数学者の心に影響を与え続け, 淡中圏やリーマン＝ヒルベルト対応のような素晴らしい概念を生みだしている」(Galois's ideas have a clarity, a lightness, a thought provoking potential which remains untamed to this day and finds an echo in the minds of Mathematicians till now. They have generated great concepts like Tannakian categories or the Riemann-Hilbert correspondence…) と熱く語っている.「ガロア

の数学」の黙示録的解釈は，アンドレによってもキャンペーンされている．アンドレ [2] は，コンヌやカルティエの思想圏の中で，ガロアの遺書に登場する謎の文章「しばらく前からのぼくの主要な瞑想は，アンビギュイテの理論の超越解析への応用に向けられていた」(Mes principales méditations depuis quelque temps étaient dirigées sur l'application à l'analyse transcendante de la théorie de l'ambiguïté.) などに注目し，ガロアから現在までの数学の流れのいくつかをガロアの数学思想の黙示録的発展過程として捉えようとしている．ガロア生誕 200 周年記念集会でもアンドレはその組織化に貢献しこの集会の宣伝文にも，「この 20 歳で死んだ素晴らしい天才は《アンビギュイテの理論》の創始者である」(Cet extraordinaire génie mort à vingt ans est l'auteur d'une «théorie de l'ambiguïté») と書かれている．ガロア自身の定冠詞 (la) を不定冠詞 (une) に置き換え，引用符号《》を使っているところに若干の冷静さを感じもするが，この文章を読んだ人に，ガロアはアンビギュイテの理論という何か具体的な理論の創始者だという誤解を与えかねない (ガロア自身はこれがどのような理論なのかさえ述べていないのに)．

ガロアのいう超越解析

ところで，ガロアが遺書の中で超越解析と呼んでいるのは，遺書全体を読んでみれば，楕円関数論とその周辺の純粋数学的世界 (アーベル関数論やリーマン面の概念への方向性が感じられる) を意味するものと考えるのが自然だろう．というのは，この遺書の中で，ガロアは，楕円関数論の拡張にまつわるいくつかの話題を並べた直後に「オーギュスト，君も知っているように，これらの [上に述べた] 話題だけがぼくが探求していたものではない」(Tu sais mon cher Auguste, que ces sujets ne sont pas les seuls que j'aie explorés.) と述べ，そのすぐあとに，「アンビギュイテの理論云々」の文章が出現しており，楕円関数論の拡張にまつわる話題はほかにもあれこれと考察していたことに触れているものと考えられるからだ．これを，ガロアが，楕円関数論周辺とその拡張とはまったく別の解析学方面 (たとえば

微分方程式論など)への「アンビギュイテの理論」の応用を考えていたことの証拠だと解釈するのは無理がありそうな気もするが，そのような解釈を最初に表明したのは，連続群論の創始者リーだと思われる．リーは自分のアイデアの起源がガロアの数学思想の中にすでに潜んでいたと強調したかったのだろうか．アンドレは，遺書全体の文脈からは切り離して，「アンビギュイテの理論云々」の文章を抽出することで，ガロアのいう超越解析を，ガロアの死後 180 年も経った時点での微分方程式論や力学系や量子場理論までも内包するものとして空想的に捉えようとしているようだ．もし，ガロアが「アンビギュイテの理論云々」という文章やそれに続く謎の文章で，たとえば，微分方程式のガロア理論のようなものまで伝達したいと本当に思っていたのなら(遥かに時代を超越した構想だけに)，いくら「時間がない」(je n'ai pas le temps.) としても，もう少し言葉を加えようとしたのではないかと思えるのだが…．もともと，解析という言葉は，解析学のような数学の分野を意味するものではなく，代数的手法を使って幾何の問題を分析的＝解析的に解明する学問のような意味で使われていた．そのため，とくに，無限小や無限大を扱う解析(無限解析とか無限小解析と呼ぶこともある)のことを超越解析と呼んで(有限の量を扱う通常の)解析と区別するようになった．ルジャンドル以後に本格的に注目されはじめた新しい超越関数(楕円積分あるいは楕円関数)に関する解析(のちの楕円関数論)も超越解析に属していた．

　ガロアの時代にかなり読まれていたはずのコーシーの『解析教程』(Cours d'analyse) を見ると，コーシーの努力目標は，無限解析の世界に，オイラーのような「代数的な直観的一般性から引きだされた理由」(raisons tirées de la généralité de l'algèbre) に依存することなく，幾何学的な(つまり，ユークリッドの『原論』にあるような論理的な)厳密性を付与することだったようだ(『解析教程』原著 p.ii)．にもかかわらず，コーシーの手法が代数解析学 (analyse algébrique) と呼ばれてしまうことがあるのは面白い．これは，『解析教程』の第 1 部(出版されたのはこれだけ)がオイラー流のいわゆる代数解析学の厳密化について書かれていたせいだ．いずれにせよ，ガロ

アが読んだかどうかはっきりしないコーシーの『解析教程』はオイラー流の直観的無限解析を論理化しようと試みたもので，黙示録的なガロアの文章とは（立場の上では）正反対という感じがするし，ガロアはコーシーの『解析教程』を嫌いそうな印象もある．こうしたコーシー流の厳密化（といっても19世紀後半の「解析学の算術化」などからすれば穏やかなのだが）を踏まえた数理科学の展開について，ガロアが関心をもっていたとは思えない．とはいえ，ガロアの遺書などにある謎の文章を「ガロアの黙示録」あるいは「ガロアの大予言」のようなものとして考え直してみるのは楽しい試みだし，そうしたことから数学の《新しい流れ》が誕生しないとも限らない．まぁ，《新しい流れ》を告げる数学的ヴィジョンはガロアがすでに抱いていたかどうかとは直接関係のないことがらだ．ガロアの神格化を追求しすぎるのは望ましいことではない気がする．

ガロア理論を貫く長征

　それはともかく，グロタンディークは，自分を「ガロアの後継者」だと感じていた．ただし，コンヌやカルティエとは異なり，グロタンディークには，ガロアの数学だけではなく，ガロアの数学の土台となったガロアの情動の存在様式というかガロアの精神の母体そのものに共鳴するようなところがあった．数学の世界を去った1970年以後に自分が行った数学的思索をとりまとめた数学的省察シリーズの序文として執筆をはじめ，やがて膨大化して独立の出版物となった『収穫と種蒔き』[3]には，ガロアについての見解も書かれている．これによると，グロタンディークは，かつて自分が提唱した仮説に満ちたモチーフ理論（モチーフのヨガ）との関係で1980年代に自分がヴィジョンを描いた《新しい流れ》を，ガロアの白日夢（le rêve éveillé）の新展開だと感じていたようだ．グロタンディークは1970年に数学の世界を去った（というか，追放された）が，それから14年後にモンペリエ大学教授からの「転職」のために科学研究センター（CNRS）に提出した文書『プログラムの概要』（Esquisse d'un Programme）[4]に, IHESを去って以後の自分の数学的思索と近未来の数学推進計画が非常に簡潔に要

約されている.「プログラムの概要」を執筆中に,グロタンディークは,その時点までの 14 年間の中で連続的に行ったもっとも長期間に及ぶ数学的省察(研究というと既成の行為がイメージされてしまいそうなので,あえて,こう呼んだのだろう)について,「それは 1981 年の 1 月から 6 月まで続きそして,私はそれを「ガロア理論を貫く長征」と名づけた」(Elle s'est poursuivie de janvier à juin 1981, et je l'ai nommée "La longue Marche à travers la théorie de Galois".)と書いている([3] p. 16).ロング・マルシュを「長征」と訳すべきか,それとも単に「長い歩み」とか「長い行進」などと訳すべきか,ぼくには悩ましい問題だ.グロタンディークはかつて,中国の文化大革命に深い関心を示し,毛沢東がリーダーシップを掌握するきっかけとなった長征にも非常に興味をもっていたので,長征というニュアンスを含んでいても不思議ではない.そもそも,1981 年のこうしたグロタンディークの「数学的省察」は,グロタンディークにとって,新たなる(数学的)根拠地の獲得という毛沢東たちの長征を思わせる活動でもあった.といっても,最近では毛沢東たちの長征は,共産党によって神話化されたような意味での「大革命の種蒔き」などではなかったことが明らかになっているが,1980 年代のグロタンディークは 1960 年代後半のパリで美化されたままの長征のイメージを抱いていたようだ.

グロタンディークと毛沢東

これは偶然だが,毛沢東が根拠地延安を出て蒋介石の国民軍に対するゲリラ戦を開始した日は 1947 年 3 月 28 日,グロタンディークの 19 歳の誕生日だった.グロタンディークが IHES を去るころに組織したシュルヴィーヴル運動(反軍・反核・エコロジーなどを中心に据えた社会運動)は,ベトナム反戦運動などとも通底するヒッピー的な側面をもっていたが,マオイスト(毛沢東主義者)やアナーキストなどからの影響も受けていた.「マオイズムと数学」については,[5] を参照してもらいたいが,この中からグロタンディークの数学に関する部分を(アップデートや修正も加えつつ)手短に「再録」しておこう.

1950年代後半にその原型を見せはじめたグロタンディークの数学は，カテゴリー論的思考による数論と代数幾何学の融合をめざすもので，現象的には，抽象化と一般化の極北をめざすものでもあった．数学の歴史を無視し，すべてをゼロから論理的代数的に厳密に構成しようとしたように見えるグロタンディークの戦略は，ディオニュソス的側面（歴史性・直観性）を犠牲にしてアポロン的側面（形式性・言語性）のみを異常増殖させたものだったが，1960年代に若い世代の「数学者」たちからは熱烈に歓迎され，グロタンディークのいたIHESは世界中から集まった若い数学者でにぎわった．「古い数学」を破壊して，「無から新しい数学を創造するのだ」というような熱気が，1960年代の若い世代の心を捉えもした．毛沢東が支持したという言葉「今を厚くし古えを薄んずる」を連想させる．こういう熱気とカテゴリー論的思考という「形骸」を前面に押しだした数学者ローヴェアが，毛沢東，エンゲルス，レーニンなどを論文中に引用しているのも面白い．カテゴリー論的思考とストリング理論やコンピュータ・サイエンスとの接近現象を見ればなおさら面白くなる．「数学することは書くことだ」というグロタンディークの信念が，当然ながら弟子たちにも影響を与え，膨大な作品の山を築き上げていった．これはどこか紅衛兵の壁新聞に似た増殖ぶりを感じさせなくもない．1966年にはフィールズ賞を受賞するが，ソ連における作家への迫害などに抗議してモスクワでの授賞式への出席を拒否し，賞金はすべてベトナム解放民族戦線にカンパしてしまったという．1967年には，北爆下のハノイを訪問して集中講義をおこないベトナムの数学者たちを励ました．

　1968年からは，マオイストやパリの5月革命の影響もあって，極端なアポロン（スーパー陽）性からの自己解放をめざしはじめた．1970年にはシュルヴィーヴル運動を展開し，デュドネが会長を務める国際数学者会議の会場（ニース）でもビラを配布して数学者たちにシュルヴィーヴル運動への参加を呼びかけたが，数学者たちの反応は冷たいものだった．まぁ，こうした反応は当然予想されるはずのに，それを予想して行動を躊躇することもなく，正しいと信じた行動に走るというのがグロタンディークの（アスペルガーから来ると思われる）特徴なのだ．1972年にはアントワープで開催さ

れた NATO のサマー・スクール(セールやドリーニュが重要な役割を演じている)に反対デモを組織した.軍事研究費に大きく依存したこのサマー・スクールでのテーマはモジュラー関数やモジュラー形式(まったくの純粋数学)だったが,これ以後,純粋数学の中でモジュラー関数をめぐる分野が大きく成長し,21 年後のワイルズによるフェルマ予想解決へと向かう大きな流れが形成されはじめたのは皮肉な話だ.というのも,この流れの中で,極度に抽象的・一般的だという理由で排除されていたはずの,1960 年代的なグロタンディークの数学思想が(数学のみならず情報科学や物理学などの方面でも)本格的に再生開花する方向へと向いはじめるのだから.

1928 年　グロタンディーク誕生(3 月 28 日)
1934 年　中国共産党が長征開始(2 年間続く)
1947 年　毛沢東がゲリラ戦開始(3 月 28 日)
1949 年　毛沢東が中華人民共和国建国宣言
1966 年　中国に紅衛兵旋風
1967 年　北爆下のベトナムで講義
1968 年　パリの 5 月革命
1970 年　IHES を去りシュルヴィーヴル運動開始
1973 年　南フランスへ移動
1975 年　ホモトピー代数についての省察
1976 年　毛沢東死去→文化大革命の終焉
1981 年　『ガロア理論を貫く長征』
1983 年　『キレンへの手紙』
1984 年　『プログラムの概要』
1986 年　『収穫と種蒔き』
1989 年　第 2 次天安門事件,ベルリンの壁撤去
1991 年　『レ・デリヴァトゥール』執筆後ラセールへ隠遁

グロタンディークは，1973年に，パリ近郊から南フランスに移住し，生活のためにモンペリエ大学で教えながらではあるが，農耕生活に入る．現代文明に対する批判的な視点に立って，プリミティブなものからスタートする理想的なコミューンの構築を考えていたようだ．このあたりは，「新しき村」を夢見た若い日の毛沢東を思い起こさせる．そのころ，グロタンディークの畑がある南フランスの小さな村で，ぼくと会ったとき，グロタンディークは，どこから手に入れたのかは知らないが，ぼくに中国語の新聞を見せて，ぼくに「漢字は読めるか？」と聞き，ぼくが「少しは読めます」と答えたら，「何が書いてあるのか翻訳してほしい」といわれたのを思いだす．中国の情勢（毛沢東の動向など）に関心をもっているようだった．また，毛沢東は「深山幽谷における十日間の瞑想」によって文化大革命の実現と紅衛兵誕生への道を決意したともいわれるが，グロタンディークは1976年に「瞑想を発見」し，「マオからタオへの歩み」を開始している．辻雄一によって翻訳されたグロタンディークの作品『収穫と種蒔き』(現代数学社から出版された)は，この時代以後の瞑想を総括したものだ．文化大革命発動の「真意」が党内ナンバー・ツーの打倒にあったように，グロタンディークにとっての文化大革命ともいうべき『収穫と種蒔き』の目的のひとつが一番弟子ドリーニュへの大批判にあったこともどこか似ていて興味深い．さらに，長征の初期の大敗北の直後に毛沢東は，天を仰いで「阿弥陀仏！」と叫んだとされるが，この時期のグロタンディークは日本山妙法寺の藤井日達の影響で「南無妙法蓮華経！」と唱えている．壁新聞を模範とするマオイストの新聞「リベラシオン」(サルトルやフーコーも支援していた)が，この当時のグロタンディークの動向（裁判闘争など）をあれこれ伝えていたのも印象に残っている．その後，中国医学との接触をきっかけとして，老子的な思想（陰陽思想）について興味をもち，1600ページにも成長する作品『ガロア理論を貫く長征』を一気に書き上げることになる．これは，完成品として体系化され形式化された数学（アポロン的数学＝陽の数学）だけを提示するというガウス的スタイルに代表される数学者の発表上の常識に囚われることなく，試行錯誤やヴィジョンなど数学の形成過程まで

も公開しようとする新しい数学の形（ディオニュソス的数学＝陰の数学）を提示しようとする試みへの突破口でもあった．面白いことにガウスとグロタンディークは，ヴィジョン体験による思考の方向づけが実践されていることから，どちらもアスペルガーだと思われるが，ガウスは完成度が高くなるまで作品の発表を控えようとし（しかし，身近な友人だけに，手紙で自分の成果を内々に伝えていることに注目），グロタンディークは完成度などは気にせずに完成に至るプロセスをそのまま見せようとしていた（グロタンディークの有名な作品『代数幾何学原論』(EGA) は形式主義的な意味で完成度が高いと思われがちだが，グロタンディークから聞いたところでは，これはデュドネの貢献だという）．これは正反対の態度に見えそうだが，愛着の対象としての数学的思索対象のプライオリティに執着せざるをえないアスペルガー的な心の現れにすぎないだろう．毛沢東が矛盾するふたつの顔をもったように，グロタンディークもまた対立するふたつの顔をもちはじめた．グロタンディークは，1960 年代に流布した幻想としての天才神話を超えて，論理的・抽象的な顔と神秘的・情動的な顔を併せもついわば双面神ヤヌスとなったのだ．この神は冷静でもなければ慈しみ深いわけでもなく，無関心と執着心の間を揺れ動く興味深い心をもっている．

　グロタンディークの父親シャピロはウクライナ/ロシア系ユダヤ人で筋金入りのアナーキストだったが，父親の誕生日が広島に原爆が投下された 8 月 6 日だったというのもグロタンディークの心に核兵器とアナーキズムへの特別な思いを抱かせる要因になっていたようだ．『長征』のあとに執筆することになる大作 [3] のタイトルに「種蒔き」が含まれているのも，どことなく「長征」との因縁を感じさせて面白い．数学の世界を去ったあとグロタンディークが，結果的に，アポロン的神話としての 1960 年代の天才グロタンディーク神話に対して「孤独な反乱」を起こすような結果になったが，これは見方を変えれば，デュドネやセールなどによって誘導・捏造された神話的自己への反逆でもあった．グロタンディークがそのことに気づくためには，アスペルガーに起因すると思われるさまざまな社会的困難（単刀直入な形で自己を強調するために社会的軋轢が発生する）との「戦い」を必

要とするし，まだまだ多くの試練が必要となったわけだが….

　ところで，グロタンディークの『収穫と種蒔き』[3]を翻訳した辻雄一はタイトルを「収穫と蒔いた種と」と訳している．グロタンディークが，「収穫」=「ドリーニュなどの弟子たちがグロタンディークの業績を掠奪しグロタンディークの夢を埋葬しているという事態と数学界の倫理的頹廃についての認識」と考えている以上，「種蒔き」をわざわざ「蒔いた種」とすると，日本語の語感として何らかの「よくないこと」をしてしまったというようなニュアンスが生まれてしまう．グロタンディークの執筆時の意識からすると，自分が弟子たちに「蒔いた種」が，弟子たちのグロタンディークへの「埋葬」行為の原因になったなどという明確な思いが強く存在していたわけではない．『収穫と種蒔き』は，一貫して，弟子たちの非倫理的行為を白日の下に曝し数学界の現状を批判し改善しようという思いから執筆されている．『蒔かぬ種は生えぬ』と訳そうという人もいるようだが，これは良い「収穫」に関する諺の転用で，悪い「収穫」を問題にしているグロタンディークの立場からすると回りくどい．原題に忠実に「収穫と種蒔き」と訳した方が，「種蒔き」は非倫理的行為の暴露と批判を指し，世界を倫理的なものにするための種を蒔こうとするグロタンディークがこの本に込めた思いが伝わりやすい．

参考文献

[1] Nietzsche, Sämtliche Werke, 1980
[2] André, "Ambiguity Theory, Old and New", 2008
[3] Grothendieck, Récoltes et Semailles, 1985/86
[4] Schneps & Lochak, Geometric Galois Actions 1, Cambridge University Press, 1997
[5] 山下純一「マオイズムと数学：グロタンディークの《孤独な反乱》」『文藝』1994年春季号

ヴェイユ予想のルーツ

Quand sur l'abîme un soleil se repose, [...]
Le Temps scintille et le Songe est savoir.
深淵に向って太陽が身を委ねるとき
時が煌めき夢が甦る
——— ヴァレリー [1]

オイラーは素数定理とゼータ関数の「原型」を夢想し，ガウスやルジャンドルがこれに続き，リーマンによってゼータ関数とリーマン予想が創造される．この流れの分岐として，リーマン予想のアナロジー，ヴェイユ予想が出現する．そして，グロタンディークが圏論的な代数幾何学を建設しヴェイユ予想を解決するために必要な基盤が整っていく．その意味で，素数定理はグロタンディークの代数幾何学の起源のひとつであった．ということで，この素数定理の誕生について考えてみたい．

素数定理を感じる

正整数 n 以下の素数がだいたいどのくらいあるかを直観的にイメージしてみよう．素数 p の倍数でないものは全体の約 $(1-1/p)$ 倍あるはずなので，n 以下の素数の個数を $\pi(n)$ と書くと，

$$\pi(n) \sim n(1-1/2)(1-1/3)(1-1/5)(1-1/7)\cdots$$

つまり，

$$\pi(n)/n \sim (1-1/2)(1-1/3)(1-1/5)(1-1/7)\cdots \quad (1)$$

となりそうだ．ここで，一般に $f(x) \sim g(x)$ というのは，$x \to \infty$ のとき $f(x)/g(x) \to 1$ となることを意味するものとする．この「直観」には気になる点も多いがとりあえずこれを信じて話を進めることにする．(1) の右辺は n 以下の素数 p について $(1-1/p)$ 全部の積を取ったものということ

だ.「n 以下の素数 p について」というところは気にしつつも省略して,$\prod 1/(1-1/p)$ と書くことにする.このとき,
$$1/(1-p) = 1 + 1/p + 1/p^2 + 1/p^3 + \cdots$$
なので,正整数が一意的に素因数に分解することに注意すれば,
$$\begin{aligned}&\prod 1/(1-1/p) \\ &= \prod (1 + 1/p + 1/p^2 + 1/p^3 + \cdots) \\ &\sim 1 + 1/2 + 1/3 + 1/4 + 1/5 + \cdots + 1/n\end{aligned} \qquad (2)$$
と考えていいだろう.ところで,$y = 1/x$ のグラフを描いて面積を比較すれば
$$\int_1^n (1/t)dt < 1 + 1/2 + 1/3 + \cdots + 1/n < 1 + \int_1^n (1/t)dt$$
だから,積分を計算して
$$\log n < 1 + 1/2 + 1/3 + 1/4 + \cdots + 1/n < 1 + \log n$$
となる.したがって,
$$1 + 1/2 + 1/3 + 1/4 + 1/5 + \cdots + 1/n \sim \log n \qquad (3)$$
となる.こうして,(1), (2), (3) から
$$\pi(n)/n \sim 1/\log n$$
つまり
$$\pi(n) \sim n/\log n \qquad (4)$$
ではないかと予想したくなる.Mathematica で試しに計算してみると:

n	$\pi(n)$	$n/\log n$	
1 万	1229	1085.7	0.883
10 万	9592	8685.9	0.906
100 万	78498	72382.4	0.922
1000 万	664579	620420.7	0.934
1 億	5761455	5428681.0	0.942
10 億	50847534	48254942.4	0.949
100 億	455052511	434294481.9	0.954
1000 億	4118054813	3948131653.7	0.959

各行の右端の数値は $(n/\log n)/\pi(n)$ の近似値を示している．やや頼りない気もするが，たしかに，$n \to \infty$ のとき 1 に収束するらしいという印象はある．怪しげな推論から導かれてはいても，この予想そのものは「そう悪くもない」と思えてくるだろう．これが有名な素数定理 (Prime Number Theorem) である．

さらに，(2) からはもうひとつの興味深い予想が導ける．まず，$\prod 1/(1-1/p)$ の自然対数を考えると，対数関数の性質から，
$$\log(\prod 1/(1-1/p)) = \sum \log(1/(1-1/p))$$
$$= -\sum \log(1-1/p)$$
ここで，$|x|$ が小さいとき，
$$1/(1-x) = 1 + x + x^2 + x^3 + \cdots$$
となるが，この両辺を 0 から x まで積分して，
$$-\log(1-x) = x + x^2/2 + x^3/3 + x^4/4 + \cdots$$
がえられ（結果的にはマクローリン展開したことにあたる），$\log(1-x) \fallingdotseq -x$ となるので，
$$\log(\prod 1/(1-1/p)) \sim -\sum(-1/p) = \sum 1/p$$
つまり，
$$\sum 1/p \sim \log(1 + 1/2 + 1/3 + 1/4 + 1/5 + \cdots) \tag{5}$$
だろうと予想される．

オイラーの定理 19

かつては，素数定理の「発見者」はルジャンドルだともガウスだともいわれていたが，最近ではオイラーだという説が有力になりつつあるようだ [2]．なぜそういわれるのかを知るために素数定理に関連するオイラーの論文を眺めてみよう．オイラーの単行本や論文，さらに，いくつかの手紙は『オイラー全集』(Leonhardi Euleri Opera omnia) に収録されているが，『オイラー全集』となると身近に存在しないことも多いだろう．そういうときは，オイラーの論文や手紙をはじめて出版された時の雑誌や単行本（著

作権が切れている)から画像化して集めたオイラー・アーカイブ (The Euler Archive) [3] が有用だ. 論文などは『オイラー全集』にも採用されているエネストレム・インデックス (Eneström Index) に付いた番号 (エネストレム番号) によってアイデンティファイできるので「相互乗り入れ」も比較的楽だ. これはスウェーデンの数学者エネストレムが当時知られていたオイラーの全作品を, 提出年 (単行本は出版年, 手紙は日付) の順に並べて番号付けたものだ. オイラー・アーカイブで, たとえば, E283 と書かれているのはエネストレム番号が 283 の論文であることを意味している (番号によっては単行本や手紙の場合もある).

まず, オイラーの論文 E072「無限級数についてのさまざまな観察」(Variae observationes circa series infinitas) を見よう. この論文は 1737 年に提出され 1744 年の雑誌に掲載された. オイラーの論文は, 執筆年, アカデミーなどへの提出年, 掲載雑誌の出版年の 3 種類が混在していてややこしい. この論文 E072 の最後の定理 (定理 19) が素数の逆数の和の「大きさ」を評価する (5) にあたっている. 幸い E072 には英訳 [4] がある.

Theorema 19.

Summa seriei reciprocae numerorum primorum
$$\frac{1}{2}+\frac{1}{3}+\frac{1}{5}+\frac{1}{7}+\frac{1}{11}+\frac{1}{13}+\text{ etc.}$$
est infinite magna; infinities tamen minor, quam summa seriei harmonicae $1+\frac{1}{2}+\frac{1}{3}+\frac{1}{4}+\frac{1}{5}+$ etc. Atque illius summae est huius summae quasi logarithmus.

オイラーの定理 19

とりあえず気になるのは, このオイラーの論文 E072 の定理 19 に違いない (画像参照).

定理 19: 素数の逆数の和 $1/2+1/3+1/5+1/7+1/11+\cdots$ は無限大になるが, 調和級数の和 (正整数の逆数の和) $1+1/2+1/3+1/4+1/5+\cdots$ よりも無限倍小さい. 前者の和は後者の和の対数にあたる.

がそれだ．結論は「象徴的」に書けば
$$1/2+1/3+1/5+1/7+1/11+\cdots$$
$$=\log(1+1/2+1/3+1/4+1/5+\cdots)$$
である．つまり，上で予想した (5) にほかならない．2 つの「量」の極限値が無限大になる場合でも，その「量」の比の極限値が有限になる場合がある．比 α/β の極限値が 0 になるとき (つまり逆の比 β/α の極限値が無限大になるとき)，オイラーは，α の極限値は β の極限値よりも「無限倍小さい」と呼んでいる．$n \to \infty$ のとき $(\log n)/n \to 0$ となることを，オイラーは，「$\log \infty$ は ∞ より無限倍小さい」という．ただし，これはあくまで「比の極限」を考えたときの話で，当然 $n \to \infty$ のときは $\log n \to \infty$ となる．オイラー風に書くと $\log \infty = \infty$ という感じだ．たとえば，オイラーの有名な教科書『無限解析入門 1』(Introductio in analysin infinitorum, 1 E 101) を見ると，「無限大の数 ∞ の対数もまた無限大である」(logarithmus numeri infinite magni ipse est infinite magnus (277 節の例 1) と書かれている．論文 E 072 では，極限としての無限大に「比の極限」による階層性を導入しており，通常の数の場合とは異なり，$\log \infty = \infty$ だからといって，$(\log \infty)/\infty = 1$ とはならず，$(\log \infty)/\infty = 0$ となる．オイラーによる定理 19 の証明を読んでみよう．まず，オイラーは，
$$1/2+1/3+1/5+1/7+\cdots = A$$
$$1/2^2+1/3^3+1/5^2+1/7^2+\cdots = B$$
$$1/2^3+1/3^3+1/5^3+1/7^3+\cdots = C$$
と置くと，
$$e^{(A+B/2+C/3+\cdots)} = 1+1/2+1/3+1/4+1/5+\cdots$$
となると書いている．つまり，指数部分の和を取る順序を「都合よく」変えてから，
$$e^{(x+x^2/2+x^3/3+x^4/4+\cdots)} = e^{\log(1/(1-x))} = 1/(1-x)$$
となることを使い，この x を順に $1/2, 1/3, 1/5, 1/7, \cdots$ を代入して，
$$e^{(A+B/2+C/3+\cdots)} = (1/(1-1/2))(1/(1-1/3))(1/(1-1/5))\cdots$$
$$= 1+1/2+1/3+1/4+1/5+1/6+\cdots$$

を導いているのだ．このとき，$B/2+C/3+\cdots$ は有限値を取ることから，オイラーは，無限大を問題にするときには $e^{(A+B/2+C/3+\cdots)}=e^A$ と考えてもいいとし（このあたりはオイラーの「常套手段」のひとつ），上の結果から，
$$e^A=1+1/2+1/3+1/4+1/5+1/6+\cdots$$
と見なす．ここで，両辺の対数を考えて，
$$1/2+1/3+1/5+1/7+\cdots$$
$$=\log(1+1/2+1/3+1/4+1/5+\cdots)$$
を導く．何やら誤魔化されたような気のする「証明」だ．

素数定理の発見者はオイラー？

オイラーの論文 E283「非常に大きな素数について」(De numeris primis valde magnis)には素数定理を示唆するような記述(p.101)が見られるとされる（画像参照）．読もうとしても，ぼくにはちっとも意味が取れない！仕方がないので，オイラーが素数定理の発見者だと書いていたボンビエリにメールを書いて，この文章について触れ，翻訳してもらえないかと頼んでみた．イタリア人なのでラテン語はすぐに読めるだろうと思ったからだ．そしたら瞬く間に英訳してくれた！この英訳[5]をもとにして問題の部分を読んでみようとしたがどうもよくわからない．触れないのも気持ちが悪いので，とりあえず「こうかなぁ？」という叩き台を書いておこう．すでにユークリッドによって素数が無限個あることを示されているが，オイラーは，自分も（素数の逆数の総和が無限大になるということを示して）その別証明を与えたことに触れたあとで，「この素数の個数(multitudo)が数全体の個数と向いあう仕方は，1 の繰り返しによって到達する無限遠の 1 [1, 1, 1, 1, ... と並べるときの極限となる無限遠の 1 を「無限遠の 1」(unitas ad infinitum) と呼んでいるのだろう]がそれ自身無限大になる無限大の対数に向いあう仕方のようである[つまり，$n\to\infty$ のとき，$(\pi(n)/n)/(1/\log n)\to 1$ ということ]．そして，この無限大[1, 2, 3, 4, ... の極限としての無限大]は無限大の対数の任意のベキよりも大きい[つ

まり，どのような正整数 m に対しても，$n\to\infty$ のとき，$n/(\log n)^m \to \infty$ ということ]」(haec numerorum primorum multitudo se habeat ad multitudienem omnium prorsus numerorum, ut unitas ad infinitum seu potius ut logarithmus numeri infiniti ad ipsum hunc numerum infinitum, quod posterius infinitum maius est quam potestas quantumvis magna illus infiniti.) 不満の残る「翻訳」だが，現時点ではとりあえず諦めるしかない．ただ，この論文 E283 の『オイラー全集』シリーズ I 第 3 巻 (Opera Omnia I-3) p.4 の脚注を見ると，「オイラーは n よりも小さな素数の個数を n の対数倍するとだいたい n になる，つまり，n が大きくなるとき，$n/\log n$ がだいたい n よりも小さな素数の個数になる，と信じているように思われる」(Eulerus credidisse videtur multitudinem numerorum primorum minorum numero permagno n sequari logarithmo numeri n, cum revera haec multitudo crescente n expressione $n:ln$) という感じのことが書かれており，そうだとすると，上の「翻訳」もまんざらではなくなる．

> haec numerorum primorum multi-
> tudo se habeat ad multitudinem omnium prorsus nume-
> rorum; vt vnitas ad infinitum, seu potius, vt logarithmus
> numeri infiniti ad ipsum hunc numerum infinitum, quod
> posterius infinitum maius est, quam potestas quantumuis
> magna illius infiniti.

オイラーによる「素数定理発見」の証拠？

論文 E072 は 1737 年に提出され，論文 E283 は 1760 年に提出されているが，これらの間にあたる 1747 年に書かれた論文 E175「数の約数の和に関する非常に驚くべき法則の発見」(Découverte d'une loi tout extraordinaire des nombres par rapport à la somme de leurs diviseurs) の書きだしの部分に「数学者たちは素数の列の中に何らかの秩序を見つけようとして，いままで虚しい試みを続けてきた．[…] そこ (素数表) には何の秩序も規則も存在しない [ことがわかるだろう]」(Les mathématiciens ont tâché jusqu'ici en vain de découvrir quelque ordre dans la progression des nombres premiers, [...] il n'y règne aucune ordre ni règle.) (Opera Omnia I-2, p.241) という文章が見える．これからすると，オイラー自身は定理 19 の発見によって素数定理に肉薄したという感触はなかったのだと思われる．「定理 19 を知っていたのなら，当然，素数定理にも気づいていたはずだ」と考えるのはかなり危ないということになる．と，書いているときにボンビエリからメール [6] が届いた．ボンビエリの見解は「1752 年までにオイラーは素数定理に到達していたと思う」というものだった．理由は鮮明で，1752 年 10 月 28 日付けのオイラーからゴルトバッハへの手紙につぎのように書かれているからだとのことだった．（これは論文 E283 の『オイラー全集』版の p.4 の脚注で参照されている手紙でもある．）ドイツ語とラテン語が混在しているが，これは日本語の手紙に英単語が書かれているようなものだ．「素数全体の個数は無限ですが，より小さな次数です．なぜかを説明しましょう．整数全体の個数 $= n$ とするとき，素数全体の個数は $= ln$ [つまり，$\log n$] となりますが，ln は，m をどんなに大きく選んでも，$n^{(1/m)}$ よりも小さくなります」(Da die Anzahl aller numerorum primorum unendlich ist, aber doch ein infinitum infimi ordinis, weil ich gezeigt, dass wenn die Zahl omnium numerorum $= n$, die Anzahl der numerorum primorum seyn werde $= ln$, es ist aber ln kleiner als $n^{(1/m)}$, so gross auch immer die Zahl m seyn mag:) ([7], p.587) たしかに，この部分は一見それらしく見えるが，よく考えると，「整数全体の個数 $= n$ なら素数全体の個数は $= \log n$」というのは不可解だ．これについてのボンビエリの解釈はユニークで興味深い．「$= ln$ の部分の $=$ はミスプリで，原稿段階では 2 本の平行線の中央に点が 1 つあったのではないか？これは割り算の記号として使われたことがあったという．あるいは = ではなく : だったのではないか？当時は羽根ペンにインクをつけて書いていた（しかもすでにオイラーは盲目に近かった）ので，印刷工がそれを平行な 2 本線，つまり = と間違ってしまったのかもしれない．これをはっきりさせるには，手紙そのものを見るしかないだろう」というのだ．つまり，「$= \log n$」とあるのは，「$: \log n$」のことで，しかも，:

の前に n が省略されているのではないかといいたいらしい．しかし，この部分はオイラーのミスにすぎないという可能性もある．というのは，「素数全体の個数」の説明をしようといって，結局，$n/\log n$ ではなく $\log n$ について説明しているだけだからだ．それはともかく，「このような試行錯誤の末に，オイラーは $\pi(n)$ と $n/\log n$ を素数表を使って比較しようとしはじめ，素数定理にたどり着いたものと思われる」というのがボンビエリの結論のようだ．

ガウスとルジャンドル

定理 19 の結論をちょっと書き換えると，
$$\sum (1/p) \sim \log(\log n) \tag{6}$$
（左辺の和は n 以下の素数 p に関する和だとする）となるわけだが，$\log(\log x)$ を x で微分すると，$1/(x \log x)$ となるので，十分大きな n については，n が 1 だけ増加するとき，右辺の「増分」は $\log(\log x)$ のグラフの接線の傾き $1/(n \log n)$ だと考えられ，さらに，
$$\log(\log(n+1)) - \log(\log(n)) \sim 1/(n \log n)$$
となることもいえそうだ．一方，$\sum (1/p)$ は n が 1 増えるごとに，もしそれが素数ならその逆数が加算され，それが素数でなければ変化しない．こうして十分大きな n がさらに 1 ずつ増加していく状況をイメージすると，(6) から n の近くでの素数の出現頻度というか平均密度が $1/\log n$ くらいだと予想したくなる．だとすれば，この出現頻度 $1/\log t$ を 2 から n まで積分したものが n 以下の素数の個数に近くなるだろう．つまり
$$\pi(n) \sim \int_2^n (1/\log t) dt \tag{7}$$
と予想したくなる．部分積分法を使って変形すれば，この右辺は
$$\int_2^n (1/\log t) dt = n/\log n + \text{「小さな項」}$$
となることがわかる（[9] p.90）．ここで，「小さな項」というのは $n \to \infty$ のときに $n/\log n$ との比の極限値が 0 となるような項のことだ．つまり，予

想(7) から予想(4), つまり, 素数定理
$$\pi(n) \sim n/\log n$$
が導ける.

素数の出現頻度についての考察はガウスが試みたのが最初らしい. 72歳になったガウスが 1849 年 12 月 24 日付けのエンケへの手紙でつぎのように回想している.「私はもうかなり昔, ランベルトの対数表への補遺を手に入れて後, 1792 年か 1793 年に, 開始したこの分野における私自身の試みを思いだしています. 数論のより詳細な研究にとりかかるよりも前に, すでに私は, 初期の計画の 1 つとして, 素数のしだいに減少していく出現頻度について興味を示しており, そのころの一連の考察のしめくくりとして, いくつかの「1000 個の組」(Chiliade) ごとで素数の個数を数え, それを (数表の) 余白部分に記録しておいたのです. 私はすぐに, その不規則な変動にもかかわらず, 平均するとこの頻度が対数の逆数に比例すること, したがって, 与えられた限度 n 以下の素数の個数はだいたい $\int dn/\log n$ に等しくなる (die Anzahl aller Primzahlen unter gegebenen Grenze n nahe durch das Integral $\int dn/\log n$ ausgedrückt werde) ということに気づきました.」([8] p.96-p.97) ここで,「ランベルトの対数表への補遺」というのは, ランベルトが書いた数表付き (数表部分の方がページ数が多いが) の数学の入門書のことだ. 正式なタイトルは長いので『対数表への補遺』[9] と略称されている. 対数関数や 3 角関数を使うために必要となるごく基本的な知識を並べたもので, ガウスが 15 歳のころにどういう数学を独学で学んでいたのかがわかる貴重な資料でもある. 合成数の対数は素数の対数の和で書けることから, 素因数分解の話題やいろいろな計算法についても詳しく書かれており, 2 以外の 2 の倍数, 2 以外の 3 の倍数, 5 以外の 5 の倍数を除いた 101999 までの正整数の最小素因数表 (合計 68 ページ) や素数表 (合計 45 ページ) なども付いている. そのあとには, 指数関数や対数関数の無限級数展開などの解説に続いて, (1.01 から 10.00 までの 0.01 刻みの) 8 桁自然対数表も付いている. ほかにも平面 3 角関数, 球面 3 角関数などの公式などが書かれている. 3°から 90°までの 3°刻みの角度の正弦の厳

密な値（多重根号による表示）が並んでいるのを見て，ぼくは，正 17 角形の作図可能性の証明への道を感じてしまった．ガウスの数学的創造性について考えるときには，ランベルトの『対数表への補遺』を眺めてみることが必要だろう！

アーベルがルジャンドルの公式を絶賛
中央部分の文章と下から 2 行目の公式に注目

　それはともかく，この「回想」はエンケがルジャンドルの公式のことなどをガウスに知らせてきたことに応答して書かれたものだ．これに関してガウスは「ルジャンドルもこれ［素数の分布］について研究していたというのは知りませんでした．貴方の手紙をきっかけにしてかれの『数論』を眺め，その第 2 版に私がいままで見落としていた（あるいは忘れていた）このテーマに関する数ページに気づきました．」（[8] p.98）と書いているが『数論』第 2 版（つまり [10]）を読んでいながら「素数の分布」についてのルジャンドルの公式を見落とすとか読んだが忘れたなどということは信じられない．1830 年版の『数論』第 2 巻 p.65 にも（数値的なチェック以外は）まったく同じページがある．タイトルもまったく同じで「素数の数え上げにおいて観察された非常に驚くべき法則について」(D'une loi très-remarquable observée dans l'énumération des nombres premiers) となっており，15 歳のころから興味を持ち続けていた話題のはずなのに，「印象に残らな過ぎだ」という気がする．そのページに，ルジャンドルは「素数の列は非常に不規則であるにもかかわらず，1 からひ

とつの与えられた限度 x までに何個の素数が存在するかについて非常に満足のいく精密さをもって見つけることができる．この問題を解く公式は $y=x/(\log x-1.08366)$ である．」（[9] p.394）と書いている．アーベルは1823 年にコペンハーゲンでこのルジャンドルの公式にはじめて出会って感激し，ホルンボーへの手紙（画像参照）でこれを定理として紹介し，「数学全体の中でもっとも素晴らしい」(det mærkværdigste i hele Mathematiken) と絶賛している（[11] p.5）．

ガウスはエンケへの手紙の中で，素数の平均密度についての「実験的研究」を開始したのは，「ランベルトの対数表への補遺を手に入れて後，1792 年 か 1793 年」(ins Jahr 1792 oder 1793, wo ich mir die Lambert'schen Supplemente zu den Logarithmentafeln angeschafft hatte.) と書いているが，ガウスがランベルトの『対数表への補遺』を手に入れたのは 1793 年になっている（ガウス自身がこの本にそう書き込んでいる）．だから，素数分布の研究の開始が 1792 年（15 歳になる年）だということはありえない．『ガウス全集』（第 X-1 巻 p.11）によると，ガウスは 1791 年に入手したシュルツェの『数表集』の第 1 巻（ヴォルフラムの「自然対数表」が後半部分を占めている）の「最後の 1 枚の裏側に」(Auf der Rückseite des letzten Blattes) 素数定理にあたる主張「Primzahlen unter $a(=\infty)\, a/la$」（a より小さい素数の個数は a が十分に大きいとき $a/\log a$ 程度になる）が手書きされているというが，これがガウス自身によるものかどうか，いつ書かれたものかは不明．ガウスは新しい素数表（最小素因数表）が出るのを楽しみしていた．1817 年に 3036000 までの最小素因数表 [12] が出版されてからは，折に触れて（計算ミスや印刷ミスはないかと探したり）これを使って自分の予想がどの程度正しいかをチェックしていたようだ．

突然ながら，このあたりで，ムリヤリ締めくくろう．思えば，ぼくの「グロタンディーク論」というのは，はじめは，グロタンディークの数学思想について論じようとしていた．それから長い時間が去り，さまざまな出来事を経て，人間存在というものの「深淵に向って身を委ねる」ことによって，脳と身体のかかわりに注目するさらに大きな構想にたどり着くこ

とになった．そして，もともとのぼくの発想も，この大きな構想の中でそれなりの場所を得て甦りつつある．つまり，「時が煌めき夢が甦る」という感じがする．

参考文献

[1] Valéry, "Le cimetière marin"
[2] ナルキェヴィッチ（中嶋眞澄訳）『素数定理の進展』シュプリンガー・ジャパン　2008年（原著の出版は2000年）
[3] http://math.dartmouth.edu/~euler/
[4] http://dewey.uab.es/lbibiloni/Euler/EulerObservat.pdf
[5] ボンビエリからのメール（日本時間2009年12月5日）
[6] ボンビエリからのメール（日本時間2009年12月10日）
[7] Fuss, Correspondance mathématique et physique de quelques célèbres géomètres du XVIIIème siécle, Tome I, 1843
[8] 山下純一訳編『ガロアの神話』現代数学社1990年
[9] Lambert, Zusätze zu den logarithmischen Tabellen, 1770
[10] Legendre, Essai sur la théorie des nombres, seconde édition, 1808
[11] Breve fra og til Abel, Festskrift ved Hundredaarsjubilæet for Niels Henrik Abels Fødsel, 1902
[12] Burckhardt, Tables des diviseurs pour tous les nombres des 1er, 2e et 3e million, 1817

内的欲動の表出

là-bas, est la vérité;
allez l'y surprendre:
Acheronta movevo:
真実はそこにある
見つけるためにそこに行け
動かそう冥界を
———— フーコー [1] p. 103

社会脳という視点

　夏目漱石の『草枕』につぎのような文章がある．「人の世を作ったものは神でもなければ鬼でもない．矢張り向ふ三軒兩隣りにちらちらする唯の人である．唯の人が作つた人の世が住みにくいからとて，越す國はあるまい．」「住みにくき世から，住みにくき煩ひを引き抜いて，難有い世界をまのあたりに寫すのが詩である，畫である．あるは音樂と彫刻である．」「こまかに云へば寫さないでもよい．只まのあたりに見れば，そこに詩も生き，歌も湧く．」「只おのが住む世を，かく觀じ得て，靈臺方寸のカメラに澆季溷濁の俗界を清くうららかに收め得れば足る．」漱石の「厭世的芸術観」はともかく，社会脳（ソーシャルブレイン，社会的存在としてのヒトの脳の機能）が未発達なせいで，社会生活の中で「生きにくさ」を感じたときに，世の中は「唯の人」が作ったものだからといっても，他の多くの人たちと同じような感じ方ができない人の場合には，「唯の人」との間に「軋轢」が生じることは避けがたい．漱石は「軋轢」のある現実世界を「抽象化」して理想の世界を描くのが芸術だといっているものと強引に解釈すれば，これは「数学とは何か？」という問題への解答のひとつを与えてくれるかもしれない．ただし，「靈臺方寸のカメラ」＝「精神＝心のカメラ」に「澆季溷濁の俗界」＝「法則性の定かでない現実世界」を「清くうららかに収め得れば足る」ということになると，現時点での数学のイメージというよりも，シミ

ュレーション的な技法で現実世界を仮想的に「再現」する「エクサバイト科学」(Exabyte Science) のようなイメージに近い気もする．社会性を重視しすぎると，数学が霧散してしまいそうだ．

梅村浩の『ガロア』[2] には，グロタンディークや数学者の世界についての興味深い情報がいくつか書かれている．こうしたことが日本の数学者によって書かれるのは珍しいという理由ではなく，社会脳について考える機会がえられそうだという理由で，いくつか具体的に紹介してみたい．（梅村は「グロタンディーク」ではなく「グロタンディエク」と表記しているので，引用文ではそれをそのまま採用する．）

梅村は「記憶が正確ではないが，グロタンディエクが次のようなことを言っていたのを思い出す」といって，「不安だから数学の研究をする．しかし，いくら数学を研究しても不安から逃げられるものではない」というグロタンディークのセリフを紹介している ([2] p.123)．グロタンディークがこのときに語った不安が何に対するものかはわからないものの，ぼくは，自分の存在自体に対する不安ではなかったかなどと思っている．もっと具体的にいえば，母の死に対する喪失感が 1960 年代のグロタンディークの極端に抽象化された数学の心的な起源になったような気がしてならない．グロタンディークは（ニュートンと同じように）幼年期に母に「捨てられた」という体験があり，これがトラウマ的に青年期以降のグロタンディークの精神を支配したものと考えられる．ヒトラーが台頭し，ユダヤ人への「迫害」が迫りつつある時代に，母は幼い子供二人を「捨てて」，事実婚の関係にあったロシア系ユダヤ人男性のもとに走ったのである．愛着の対象であった母との別離と戦後の再開は，グロタンディークの数学への歩みと数学からの脱出に大きな影響を与えている．

梅村は「マントヒヒのオスが必死で 1 頭でも多くのメスを求めるように，数学者も何かを求めている」([2] p.123) といい，微分ガロア理論の歴史の中にマントヒヒのオスによるメスの争奪戦に似た様相があるのだと書いているが，これはまぁ，ある意味当然だろう．生物における生殖行動は性モルモンと脳の報酬系（神経伝達物質としてはドーパミンが活用される）によ

って制御されているが，ヒトの文化的行動とされるものも（個体のレベルで見れば）脳の報酬系が使われて快感を感じる構造になっているという点では同じだ．恋愛や性行為に夢中になる点ではマントヒヒもヒトも変わらないが，ヒトの場合には言語の獲得による社会化というマントヒヒにはない（あるいは，あってもまだ希薄な）進化の結果が背景にあるというだけだ．フロイトは性的なエネルギーの重要性には気づいていたものの，性的なエネルギーの文化的創造活動への転換を昇華（Sublimation）と呼んで「高級化」が可能なようなイメージを植え付けてしまった．これはおそらく，文化的創造活動なるものも，社会化された報酬系（自己報酬系）の活動だという立場で見れば，本質的に生殖活動に伴う快感追求回路と変わらない脳の機能がそれを担っているという側面に（時代的制約のために），フロイトが注目しえなかったせいだ．ここで，とりあえず必要なのは，おそらく，生物脳と社会脳の差異に注目することだろう．マントヒヒのオスがメスを求めて突き進むときの欲望と数学者が数学的成果を求めて突き進むときの欲望の形は似ているようで似ていないというべきだろう．社会性を獲得してしまったことで，ヒトはマントヒヒよりも残虐になりうるし，倫理観などという余計なウソをまとってしまったせいで，マントヒヒよりも不誠実になりうるのだ．問題は社会性からくる自己欺瞞の誕生にある．ヒトは社会的な欺瞞を生きることによって，自分を欺き，ウソの殻を被る．数学者であろうがなかろうか，その点は社会性を帯びてしまったヒトというものの悲しい定めというべきだろう．そうした社会性からの拘束（保護でもあろうが）を断ち切るには，定型発達者であることから逸脱するしかなさそうだ．

アスペルガーと創造性

「誰も数学者が品行方正だとは思っていないので，「数学者は蛮族である」と言っても全然おもしろくない．しかし，学位論文を巡る信じ難い不祥事や，ガロアの特異な生涯を見ると，一体数学者とはどんな人達なのかという疑問がわくであろう．「数学者の集団は，所詮気違い部落」だと思う人がいたら，正しいかもしれぬ」（[2] p.144）梅村のいう「数学者」の定義がわ

からないので，何ともいえないのだが，現代の日本でわれわれが普通に使う単語としての「数学者」は，大学やそれに準ずる機関で数学を教えるか研究することによって給料を得て生活を維持している給与生活者という意味だろうから，少なくとも，ガロアはその意味では数学者とはいえそうにない．だからといってもし，数学に重要な貢献をした人を数学者と呼ぶとしたら，死後しばらく経過しないと，ある人が数学者だったといえるかどうか判定できないことになる．「学位論文を巡る信じ難い不祥事」どころか，もっと信じがたい不祥事もときどき耳にするし，給与生活者としての数学者は「生活上の欲求」と「組織の論理」に翻弄されて，とんでもない不祥事の隠蔽工作に加担することだってある．まぁそのあたりは，たとえば，原子力ムラや理化学研究所の科学者や官僚たちが「想定外の事態」に直面したときなどに引き起こす不祥事と似たり寄ったりに違いない．ぼくが直接見聞きしたことだが，セクハラ被害を訴えた女性助手を留学と昇進で懐柔し訴えられた男性教授を不問に付した例もある．訴えの真実性を追求することよりも，とりあえず世間体を気にして，既得権益を死守することに狂奔してしまうことがあるわけだ．

　梅村によれば，「誇りと劣等感の間を，数学者の心は激しく揺れ動く．自分の成果が批判されると，信じられない程自尊心が傷つけられる．」「自分が第一発見者であることを執拗に擁護する，この一見特異な態度はニュートンに限ったものではない．ガウスも，グロタンディエクもそうだった」（[2] p.146) という．ニュートン，ガウス，グロタンディークについてはそうかもしれないが，ニュートンやガウスやグロタンディークのようないわゆる「天才数学者」を例にあげて「数学者というものは〜」と飛躍されても困惑させられる．数学を教えたり研究したりしていると人はみなそのようになるといいたいのか，数学者になる人の性格や適性のようなものがもともと何か共通性をもっているといいたいのか….

　この点について，ぼくは，数学的な才能とアスペルガーが密接に関係していると信じている．ニュートンもガウスもグロタンディークも典型的なアスペルガー者だと思われる．アスペルガーや人格障害の傾向をもつ

人たちを高い率で含む集団内で共同生活を余儀なくされた定型発達者たちは，その集団を「気違い部落」(いうまでもなく，これはいい喩えではない)のようなものだと感じることがあるということだろう．「特異な人物」に興味を抱くようになったジェイムズも，自閉症スペクトラムと創造性が関係しているという考えを広めようとしている．ジェイムズ [3] の書き出しは「自閉症は発達障害あるいは人格障害で，病気ではないが，自閉症は統合失調症や双極性障害などの精神病と共存することができる」(Autism is a developmental or personality disorder, not an illness, but autism can coexist with mental illnesses such as schizophrenia and manic-depression.) という文章ではじまっている．この説明は，短い文章なので仕方がないことだが，かなり不正確なものにすぎない．とはいえ，「一般の人たちの中には有名な人物がアスペルガーだと指摘すると強い抵抗感をもつ人がいるが，これはこの障害の性質についてのポピュラーな誤解に基づくものだ」(There is often strong resistance from the general public to any suggestion that a famous person might have had Asperger's, but this is generally because of the popular misunderstanding of the nature of the disorder.) という指摘は，ジェイムズが直接体験した一般の人びとの反応に対する正直な感想だと思われる．ジェイムズ [3] はアスペルガーだと推定される数学者として，エルデシュ，ハーディ，チューリング，ヴェイユ，ウィナー，ラマヌジャン，ハミルトン，アダムズなどをあげているにすぎないが，ニュートン，ラグランジュ，ガウス，ガロア，リーマン，アインシュタイン，ゲーデル，ウィッテン，グロタンディークなども明らかにアスペルガーだと考えられる．

数学と物理学

梅村はグロタンディークが「物理学を異常に恐れていた」([2] p.153) といい，梅村の先生で同僚でもあるカルティエの発言：「物理学と聞くと，彼 [グロタンディーク] は即座にヒロシマ・ナガサキを思い出した」([2] p.153) を引用しているが，これはグロタンディーク自身のつぎのような証言に矛

盾している．グロタンディークは，フランス国内の難民収容所（強制収容所）に母とともに収容されていたときに通った中学校やその後，（母親はまだ解放されなかったが）収容所から出てル・シャンボン・シュル・リニョンの支援施設から通った高校で数学が差別や偏見を超えたパワフルな存在であることを知り，数学に興味をもちはじめたが，（最初に数学を習いはじめたときから）「5年後に，モンペリエ大学に最初に登録［注意：フランスではバカロレアという共通試験に受かればどの大学にでも登録できる］したのは，核物理学の不意の名声に誘われて，物質構造の謎とエネルギーの性質を知りたくなり，［数学ではなく］物理学を学ぶためだった」(Cinq ans plus tard, séduit par le prestige soudain de la physique atomique, c'est pourtant pour des études de physique que je me suis d'abord inscrit à l'Université de Montpellier, avec l'idée de m'initier aux mystères de la structure de la matière et de la nature de l'énergie.)（［4］p.543）というのだ．つまり，むしろ当時のグロタンディークは，原子爆弾製造の基礎理論でもある核物理学を学びたいと思っていた．

ヒロシマ原爆
中央下に見えているのは江田島南東の倉橋島の奥の内港と大浦崎
グロタンディークが物理学＝核物理学＝原子爆弾＝ヒロシマ・ナガサキ

というような構図を描いていたとしても，物理学を忌み嫌っていたということではない．ただ，物理学を専攻してみたら，実験などもあり自分に向いていないと思って，物理学を専攻しながら数学の講義にも顔を出しはじめたという．しかし，どの講義もグロタンディークを満足させるものではなく，「どれもみな普通の教科書を読めばわかるようなものでしかなかった」(ni m'apporter rien au delà de ce que je pouvais trouver dans les manuels courants.)([4] p.543)という．それで自分の数学を作ろうと考えて「積分論」を独自で構築しはじめたわけだ．物理学と数学との間で揺れたと聞くと，ぼくは，岡潔を連想してしまう．岡も京都大学で最初は物理学「専攻」だったが，数学「専攻」に転じている．ちなみに，小平邦彦と佐藤幹夫は，東京大学で数学科を出てから物理学科に再入学している．それはともかく，グロタンディークが「強制収容所体験」などが原因で強固な反戦思想をもち物理学と聞くと大量殺戮兵器としての核兵器をイメージするために物理学を忌み嫌っているというような説には問題がある．たしかに，1980年代後半になると，グロタンディークに物理学を露骨に嫌う傾向が現れてくるが，その原因のひとつは，カルティエなどがグロタンディークを物理学的思考の圏内に誘い込もうとしたことではないかと思う．グロタンディークは，自分の数学が物理学で有用になりそうだとか物理学の発想が現代の数学の発展に貢献しそうだなどと聞かされたときに，グロタンディークを物理学方面に誘い込んで利用しようというような気配を感じれば反発したはずだ．

　普通は，連続性（無限性）を理解するために離散性（有限性）が使われると考えられているが，グロタンディークが 1960 年代末あたりに『リーマン全集』で出会ったリーマンの主張によると，実は逆で，連続性こそが離散性を理解するための「近似」なのだという．グロタンディークは，こうしたリーマンの視点も踏まえて，茫漠としたものではあったが，連続性と離散性の統合を狙おうという構想を抱いたようだ([4] p.P58-p.P59)．ある意味で数学と物理学を統合する新しい数学的ヴィジョン（une vision unificatrice）を創造しようとしていたことになるのかもしれない．とはいえ，そうした構想を抱いていた時点でグロタンディークの心にあった物理学のイメージは一般相対

性理論(アインシュタイン)と量子力学(シュレーディンガー)だったようで,1960年代には出現済みのゲージ場の量子論などには注意は向けておらず,『収穫と種蒔き』[4]が執筆された1980年代中頃にはストリング理論などの動きもあったが,それにもまったく興味を示さなかった.もし,グロタンディーク流の数学的思考が物理学に活用されつつあるのだとしても,グロタンディークの興味を物理学に向けさせようというカルティエなどの試みは反発を生むだけに終わったようだ.この反発は予想外の「事件」だったらしく,カルティエとその周辺の人びとがグロタンディークに対して強い反感を抱くようになったのかもしれない.カルティエによる「グロタンディーク発狂説」の提唱も,そうしたことと無関係ではないだろう.

グロタンディークの内的欲動

グロタンディークは自分の数学への内的欲動について,「わたしは自分が「女性」に惹かれる欲動と「数学」に惹かれる欲動が本質的に同一だということにはじめて気づいた」(Je me suis aperçu pour la première fois de l'identité profonde entre la pulsion qui m'attirait vers "la femme", et celle qui m'attirait vers "la mathématique")([4] p.544)と書いている.核物理学についても数学についても,グロタンディークはもともとその男性的な側面(核エネルギーや形式論理のパワー)に惹かれていたわけだが,1980年代になって,女性と数学への内的欲動の類似性に気づくことによって,数学についての新しい視点を手に入れたといえそうだ.象徴的にいえば,グロタンディークを解明するには,天界ではなく冥界への旅が必要となる.といいつつ,話を梅村の本にもどそう.梅村の友人で,グロタンディークの下で学位論文を書いたジュアノルによると,「グロタンディエクは完全で一般的な型で理論を定式化するために,論文の書き直しを何度も求めた.ある日,もうこれ以上改良の余地がないと思って最終版となるべき論文を持って,グロタンディエクに会いに行った.グロタンディエクは言った.「そもそも,スキーム上エタル位相で論文が設定されているのが不十分である.すべてを圏に位相を付けたトポの上で書き直すべきである」」([2]

p.155)これがジュアノルの論文が出版されなかった理由だという.

たしかに,1960年代後半あたりになると,グロタンディークの「アブストラクト・ナンセンス」志向がピークに達していたようだ.精神が極端に「男性化」していたといってもいい.アスペルガーの研究で知られるバロン＝コーエンによれば,アスペルガーの脳は超男性脳(extreme male brain)だとされている.この時期のグロタンディークは自分の提唱する理論の更なる抽象化・一般化によって,ヴェイユ予想にも決着がつくと考えていたのかもしれないが,こうした「暴走」が弟子たちの「恨み」を誘わなかったはずはない.グロタンディークの一般化志向に関する別の側面の話題に触れて,梅村は,「グロタンディエクのガロア理論に関する仕事は次の2つである」として,「ガロア圏の理論」(1960/61年)と「淡中圏論」(1972年)だけをあげている([2] p.155).そして,グロタンディークが1981年1月から6月にかけて集中的に書いた1600ページを超える『ガロア理論を貫く長征』[6]はなぜか無視されている.このあと,梅村は,グロタンディークが非線形微分方程式(のガロア理論)には関心をもっていなかったらしいこととグロタンディークがブルバキの『数学原論』にジェット空間の一般論を追加しようとしたが却下されたことがあるといういずれもカルティエからの情報を紹介している([2] p.160-p.161).グロタンディークの特異行動の例として,梅村は,「秀才の誉れ高い,日本の才能あふれる若い数学者からの出版されたばかりの論文が,グロタンディエクに届いた.封筒をあけて,論文を一瞥すると,「何のアイデアもない」というつぶやきと共に論文はゴミ箱に直行した」([2] p.166)と書いている.また,梅村によれば,グロタンディークは弟子サーヴェドラ＝リヴァーノの学位論文(テーマは淡中圏)の公開審査のときにサーヴェドラ＝リヴァーノと激しく論争し,グロタンディークが帰ってしまったという事件があったという([2] p.173).こうした情報は,事件発生時のグロタンディークの心理状態を知るための興味深い資料になるだろう.

梅村は「彼は自分の宗教的バックグラウンドであると信じるユダヤ教から,日蓮宗を理解して,独自の宗教を創り,現在それに従っているという.カルティエは「グロタンディエクは何でも自分で創る」というが,グロ

タンディエクと言えども，ゼロから出発するのは難しいらしく，真珠をつくるのに核が必要なように，彼がインスピレーションを得るためには日蓮宗が必要だったのであろうか」([2] p.162)と書いている．しかし，グロタンディークが影響を受けたのは日本山妙法寺の創始者藤井日達であって，現在の宗教法人としての日蓮宗とは無関係だ．日本山妙法寺は法華経信仰と日蓮信仰に基づく異色の存在で，グロタンディークが「南無妙法蓮華経」と唱えた時期があったのは，グロタンディークを賛美する藤井の弟子（大山紀八朗）との接触がきっかけだった．グロタンディークは，独自の解釈で「南無妙法蓮華経」と唱え，独自に創った神を信じ，独自に考えた陰陽論を展開したというにすぎない．シュールマンによると，グロタンディークは華厳経にも興味を示していたという[5]．西洋思想(一神教，科学技術，進歩主義)に幻滅したグロタンディークが東洋思想(老子，インド哲学，法華経，華厳経)に望みを託していたというような理解は正しいのかどうか．このあたりをさらに解明するには，グロタンディークがアスペルガーだという仮説とグロタンディークが住む冥界への旅が不可欠だ．

参考文献

[1] Foucault, La volonté de savoir, Gallimard, 1976
[2] 梅村浩『ガロア：偉大なる曖昧さの理論』現代数学社 2011 年
[3] James, "Autism and Mathematical Talent", The Best Writing on Mathematics 2011, Princeton University Press, 2011
[4] Grothendieck, Récoltes et Semailles, 1985/86
[5] 山下純一「グロタンディークと華厳経」『現代数学』2015 年 4 月号

光に満ちた刑罰

> Quel geste tentes-tu
> quand tout s'arrête
> 君はどう動きたいのか
> すべてが凍てつくときに
> ——ボンヌフォワ[1]

ヴァレリー

　ヴァレリーは，23歳ごろの作品[1]において，明晰性を称揚し，無意識に対する意識の優位を疑うこともなく信じているように見える．ぼくは，「これで詩人だなどといえるのだろうか？」と感じたことがある．ところが，よく読むと同じ作品の中で，たとえば，「明晰のもっとも澄んだ状態においてさえ，破滅と完全な崩壊の可能性とをつねに内包している」などと明晰性のもつ恐ろしい自己欺瞞性に気付いていたりもするので，「やはり詩人なんだろうなぁ」とホッとさせられた．そりゃあそうだ，ヴァレリーが45歳のときに書き，かれの名を世界的なものにした作品『若きパルク』(La jeune Parque)[2]を読めば，ヴァレリーが明晰性や意識性が人の心の表層のトポロジーにしかすぎないと感じていたことがよくわかる．男性的価値としての明晰性・論理性・抽象性・普遍性などが沸き立つ心の深層に女性的価値が密やかに眠っていること，そして無意識としてのその微睡みが明晰性を揺るがし崩壊させうることを，詩人ヴァレリーは熟知していたのだ！ぼくは，こうしたヴァレリーの意識への態度と，隠遁後のグロタンディークが「数学の時代」を超えようとする心の志向性には，どこかに共通の香りを感じないではいられない．これは偶然の一致にすぎないが，このヴァレリーはモンペリエ大学の出身で（人文系と芸術系はポール・ヴァレリー大学と呼ばれている），学部は異なるもののグロタンディークの先輩だといえる．実際，グロタンディークが通っていた時代の理学部は文学部と近い

場所に位置していたようだ．ヴァレリーは20歳のときに，詩人としての自己に絶望し，情緒的な騒めきを切り捨て透明な意識（知性）を最重視しようと決意し，22歳のときから，後に『カイエ』[3]として知られることになる日記のような形で自分の思考を書き残すことにした．作品[1]はこうした青年時代のヴァレリーの気負いがよく表れていて微笑ましい．しかし，ヴァレリーはまもなく沈黙の時代に突入する．隠遁していたわけではないが，20年間の沈黙の後に，はじめて公表した作品が『若きパルク』だった．内省の時期を経て円熟したヴァレリーの深い思索の跡が感じられるのは，そうした特殊な事情のためなのだ．この点で，ヴァレリーの心の変遷はグロタンディークの心の変遷と似ているようだ．ヴァレリーの詩人としての挫折はグロタンディークの数学者としての「挫折」に対応し，ヴァレリーの『カイエ』にあたる著作はグロタンディークの『収穫と種蒔き』や『夢の鍵』ということになる．グロタンディークの用語を使えば，ヴァレリーはもともと「陰」（詩）をめざしたが挫折して「陽」（知性）に転じたものの充実感は得られず，『カイエ』＝瞑想の年月を経て『若きパルク』の境地に到達し，「陰」と「陽」の相互作用を詩的言語によって描写したということになるのかもしれない．そんなことを考えながら，ときどきぼくは，ヴァレリーと同年齢のプルーストが大作『失われた時を求めて』で描いた無意識の乱舞する欲望の世界とヴァレリーの「透明な精神」の輝きを融合し，それを脳神経科学的にアレンジすれば，グロタンディークのメンタリティにかなり接近できるのかもしれないなどと意味不明な夢想をすることがある．

グロタンディークの「ガロア理論」

それはともかく，グロタンディークが1991年夏の第3次隠遁（世間との交流を全面的に停止するものだった）の準備段階で，数学的な文書を託したのは，モンペリエ大学の弟子マルゴワールだった．おそらく，この時点では，ある意味でグロタンディークに「もっとも近い数学者」であった．そのマルゴワールがつぎのようなことを書いている．

「アレクサンドル・グロタンディークが（さまざまな未発表の手稿を含む）

大量の文書を，それらの全ての権限（とくに，1995年7月の手紙によってかれが私に確認した編集と出版の権限）を私に与えることによって，私に委ねてから6年が経過しようとしている．突然のことだったが，私の役割は返却を要求されるまでの間だけ条件付きで保管するという機能に限定されているかも知れないと思いながらも，私はこれを引き受けた．それから数年が過ぎて，グロタンディークが，かれと数学界とをつないでいたいくつかの結びつき（たとえば住所［の公開］）をまたもや完全に切断しようと決心したので，私は3年前に，1980年から1981年にかけて執筆された未刊の手稿を編集したものに『ガロア理論を貫く長征』というタイトルを付けて入手可能にしようと考えた．手稿（約1600ページ）を利用しやすくするために，いまの時点で出来上がっている第1巻に収めた部分（手稿の500ページ分にあたる260ページ分）を，あらかじめ「暗号解読」［グロタンディークの手書きの文字は慣れないと読むのが難しいのでそれを「解読」することが必要になる］してからTeX化した．」(Il y a bientôt six ans Alexandre Grothendieck me sollicitait pour me confier de nombreux documents (parmi lesquels plusieurs manuscrits inédits) en me donnant tout pouvoir dessus (en particulier un pouvoir d'édition et de publication qu'il m'a confirmé par écrit en juillet 95). Pris un peu au dépourvu j'acceptai cependant, considérant que mon rôle se limiterait probablement à une fonction de conservation provisoire en attendant une demande de restitution. Les années passant et A.Grothendieck ayant décidé de couper complètement les quelques fils qui le raccrochaient encore à la communauté mathématique (par exemple une adresse postale) je décidai il y a trois ans de rendre accessible un manuscrit inédit rédigé en 80-81 et intitulé: *La longue marche à travers la théorie de Galois*. Pour être utilisable le manuscrit (de 1600 pages environ) devait être préalablement "déchiffré" et tapé (TEX) ce qui n'est que partiellement réalisé à ce jour et fait l'objet de ce premier volume (de 260 pages correspondant à 500 pages de manuscrit).) [4]

1999年1月1日にはフランスでの通貨単位はフランからユーロに切り替

えられているにもかかわらず，(2007年9月の時点でも) フランだけが使われていることからすると，マルゴワールがこのページを更新したのは1998年以前ということだろうか？ それはともかく，『ガロア理論を貫く長征』第1巻は，1993年4月にリュミニのCIRM（国際数学会議センター）で開催された「デサン・ダンファン（Dessins d'Enfants）についてのグロタンディークの理論」に関する研究集会の機会に，マルゴワールが出版しようと決めたものだ．この研究集会を主催したシュネプスは，グロタンディークが1984年にモンペリエ大学教授を辞めてCNRS（国立科学研究センター）のポストに「応募」したときに提出された研究計画書『プログラムの概要』（Esquisse d'un Programme）の中のいくつかの話題（とくにデサン・ダンファン，グロタンディーク＝タイヒミュラー理論．遠アーベル幾何など）に興味をもち，1990年代前半から2006年ごろまで研究集会を組織したりその成果を出版するなどして，「隠遁」後（1973年以降）のグロタンディークの研究を数学界に広める役目を果していた．

グロタンディーク・サークルの誕生

　シュネプスはまた，グロタンディークに興味をもつ人たちとともに，グロタンディークの論文などの著作物を集約するウェブサイト「グロタンディーク・サークル」[5] を2003年10月ごろに立ち上げ，その管理を担当してもいる．シュネプスのパートナー，ロシャクも数学者で，グロタンディーク＝タイヒミュラー理論などの専門家である．シュネプスとロシャクは二人の間に生まれた双子のうちの一人がアレクサンドルと命名されているので，ぼくはかれらのグロタンディークへの「傾倒」を感じていたが，ロシャクの名前にも「アレクサンドル」が含まれているので，そうとはいいきれないようだ．「グロタンディーク・サークル」の創設メンバーは（シュネプスとロシャクを含めて）全部で8名になっているが，その中の一人，リスカーはユニークな人物で，グロタンディークが約2000万円の賞金のついたクラフォード賞の受賞を辞退したニュース（1988年5月）に驚き，グロタンディークの状態が心配だからといって周囲からカンパを集め，グロ

タンディークの第2次隠遁先を探す旅にでた．その旅の成果は1989年に自費出版のレポート「グロタンディーク・クエスト」[6]として発表し，インターネットを通じて個人的に販売していた．このリスカーがその後，インターネットで発表したレポート「Paris, March 7-17」によると，リスカーは2001年3月8日11:00に，サン・ラザール駅とペールラシェーズ墓地の中間近くに位置するあるホテルに到着した．経済的に恵まれないリスカーの旅費や滞在費はシュネプスが支払ったようだ．翌日（3月9日）の朝，シュネプスとロシャクに会うためにパリ大学（ジュシュ）に向うが数学研究科は移転しており，苦労の末にシュネプスの研究室にたどり着いたという．このときここに集まった顔触れは，リスカー，シュネプス，ロシャクの他に，哲学者のマクラティ，数学史家のエルマン，ニュートン研究者のシュールマンの合計6名だった．マクラティはグロタンディークの伝記を書きたいという希望をもっているらしい．このときにはまだ登場していないが，シャルラウ（後述）もまたグロタンディークの伝記を書こうとしており，やや遅れて，このグループに参加することになる．

リスカーはこの日，ロシャクの研究室で，グロタンディークの母親の自伝的小説の大量のタイプ原稿のコピーが積まれているのを目撃したという．特に興味深いと思われたのは，後半部にあるグロタンディークの両親が出会う部分だった．この時点ではすでに，父親の名前はサーシャ・シャピロだとされていた．サーシャはロシアにおけるアルクサンドルの愛称である．グロタンディークと同じ名前なのだ．ただし，混乱を避けるためなのか，グロタンディークの場合はシュリクという愛称が使われている．ロシア名のアレクサンドルにはいくつもの愛称があり，サーシャとシュリクはその典型的なものだ．グロタンディークの父親は1921年以降タナロフという偽名を使っていたが，他にもいくつかの偽名があったような気がする．ロシア革命史の本を見るとアレクサンドル・シャピロという有名な革命家が登場するために，この人物をグロタンディークの父親だと勘違いする人がけっこういる．カルティエやその情報を信じたジャクソンなどもかつてはそう信じていたようだ．母親にそう教えられていたせいなのか，グロ

タンディーク自身もそう信じていた可能性がある．それはともかく，シュネプスたちのグループはシュネプスの研究室で5時間にわたってグロタンディーク関連の話題について議論しあったという．テーマは，天才性，個性，現在の居場所，伝記，数学そのもの，父親の確定，ドリーニュやセールやデュドネとのトラブル(quarrels)，グロタンディークの母親の自伝をどこに置くかなどであった．こうして，つぎの7つのことが提案された．

1) グロタンディークの全作品(未刊，既刊とも)をウェブ上に置く．
2) 『収穫と種蒔き』もウェブ上に置く．
3) 『収穫と種蒔き』を英訳する．
4) グロタンディーク全数学作品(未刊，既刊とも)を英訳する．
5) 1970年以降のグロタンディークの数学的ノートを活字化し出版する．
6) マクラティによるグロタンディークの伝記執筆に協力する．
7) グロタンディーク賛美シンポジウムの開催を考える．

シュールマンはこうした活動のための助成金を探そうとしており，そのためにはグループの中にリスカーのような「怪しい人物」が入ることに賛成しないようだった．リスカーの作品「グロタンディーク・クエスト」はアカデミックな出版物ではないということで，シュールマンはこれをグロタンディークのためのウェブサイトに掲載すると助成金を得にくくなるとして掲載には賛成しなかったらしいが，シュネプスは全文掲載に賛成してくれたという．とはいうものの，「グロタンディーク・クエスト」がアップされた形跡はない．そういえば，このシュールマンもちょっとユニークな人物だ．「ニュートン・プロジェクト」[7]というサイトを運営しているのだが，そこには「ニュートンは万有引力の理論と微積分の発見でもっともよく知られているが，かれの興味は普通考えられているよりもずっと広い範囲に及んでいた．有名な自然哲学(物理学)と数学の仕事以外に，ニュートンはたくさんの神学的なテキスト(theological texts)と錬金術関係の論文(alchemical tracts)を書き残している．われわれはすでにわれわれのサイトへの提供の申し出を受け取っており，われわれの目標はあらゆるニュー

トンの著作をオンラインで自由に利用可能にすることだ」と書かれている．シュールマンがグロタンディークに興味をもったのは，グロタンディークの「神秘体験」が語られはじめてからに違いない．「陰のニュートン」に似た「陰のグロタンディーク」の存在に注目してみたいと考えたのだろう．

　グロタンディーク・サークルのメンバーの中でグロタンディークに関する「あらゆる資料」，明らかに「雑資料」と思えるものの収集にまで意欲を燃やしているのは，シャルラウ[8]だ．シャルラウはヒルツェブルフの弟子でミュンスター大学の教授だった．『フェルマからミンコフスキーまで：数論とその発展の歴史』[9]という作品（共著）を見れば，数学史に関心をもった数学者だとわかる．いつごろからか，シャルラウはグロタンディークの精緻な伝記を書きたいと考えていて，グロタンディークが第3次隠遁時に焼却処分せずに残した資料のほか，世界中に散らばったグロタンディークの手紙なども掻き集めているらしく，ぼく宛のグロタンディークの古い手紙のコピーまで持っているといわれて驚かされたこともある．この手紙の実物はぼく自身が保管しているが，タイプされたものなので，おそらくグロタンディーク自身がカーボンコピーを残していたものらしい．そういえば，グロタンディークの詩的作品『アンセストの称賛』の断片（焼却を免れた部分）を収集していて，ぼくの要請に応えて，それを画像化して送ってくれたのもシャルラウだった．シャルラウはすでにグロタンディークの両親や少年時代のグロタンディークについての詳しい調査結果を発表済みだった．これを見れば，意欲のほどがよくわかる．シャルラウはもともとグロタンディークとコンタクトを取り，本人からの「聴き取り調査」も踏まえていたが，途中でグロタンディークが「協力拒否」の姿勢に転じたようだ．シャルラウが書いたどの内容，あるいはシャルラウのどういう行動に「拒否反応」を示したのかは不明だが，グロタンディークの「機嫌」を損ねないように付き合いを続けていくのは至難の業だと思われる．

グロタンディーク・サークルの災難

　グロタンディーク・サークルのウェブサイトをデザインしたのはケドリン

とリピアンスキーである．ケドリンは美術的な意味のデザイナー，リピアンスキーは当時 MIT の院生 (数理物理) でコンピュータが得意な人らしい．ページのデザインはスタートの時点とほとんど変わっていないが，ドメインネームが盗まれるという不運に見舞われたことがある．しかも，盗まれただけでなく，それを (別人が？) もとの持ち主に売りつけようとしてきたようだ．ネット社会の恐ろしい側面を見せつけられた気のする「事件」だった．スタート時点でのドメインネームは

http://www.grothendieck-circle.org/

だったのに，「盗難」のせいで

http://www.grothendieckcircle.org/

に替えるハメになってしまった．この「事件」は，グロタンディーク・サークルのタイトルページ (グロタンディークの顔のすぐ下の画像部分) に書かれているドメインネームが古いままになっていることにその痕跡を留めている．

http://www.grothendieckcircle.org/

グロタンディーク・サークルは 4 つの部門

- 数学的テキスト (Mathematical Texts)
- 伝記的テキスト (Biographical Texts)
- フォトアルバム (Photograph Album)
- メンバーリスト (Circle Members)

から構成されている (2009 年ごろ). まず,「数学的テキスト」の部分では,グロタンディークの「数学的作品リスト」,グロタンディーク自身が 1972 年に自分の研究テーマの概要について書いた「テーマの概要」(Esquisse Thématique),グロタンディークが関与した文献のリスト,「未刊行テキスト」(Unpublished Texts),「数学的手紙」(Mathematical Letters),「刊行テキスト」(Published Texts) の順に整然と並べられている.「刊行テキスト」にはすでに刊行はされていても入手困難な作品が並んでいる. ところで,「未刊行テキスト」の部分にグロタンディークが 4 名の人たちと一緒に写っている写真があるが, 合掌している人物は, 日蓮系の日本山妙法寺の僧侶大山紀八朗である. グロタンディークがちょっとシラけたような表情でやや憮然としているように見えるのは, おそらく, 写真嫌いのグロタンディークをムリヤリ撮影したせいだろう. この場面でグロタンディークが合掌していないところが面白い. グロタンディークは, 日本山妙法寺の創設者藤井日達(グロタンディークの父親と誕生日が同じ)を知的ミュータントのひとりとして尊敬しており, 藤井の影響で自宅に藤井直筆の題目「南無妙法蓮華経」が額に入れて飾られていたこともあるし, 合掌して「南無妙法蓮華経」と唱えていた時期もあるだけに, この「非協力的な態度」は興味深い.

「伝記的テキスト」には, グロタンディークの短い年表, シャルラウによるグロタンディークのドイツ語の伝記,『収穫と種蒔き』の TeX 版,『夢の鍵』の画像版(グロタンディーク自身が配布したままの画像化にすぎず TeX 版はまだ存在しないようだ), グロタンディークの『夢の鍵』の「付録」ともいうべき『レ・ミュタン』についてのシャルラウの要約的な文章「ディー・ミュータンテン」(Die Mutanten), グロタンディークが展開していたシュルヴィーヴル運動の機関誌「シュルヴィーヴル」(はじめは Survivre だったが, のちに,「生き残る」だけでなく「(生き残ってからまた)生きる」ことも大事だということで Survivre … et Vivre と改められた)の画像版, グロタンディークの母親の 1500 ページもある自伝的作品『ひとりの女性』(Eine Frau) についてのシャルラウの短い紹介とこの自伝的作品をもとに創られた演劇のシナリオ「ベルリンのロッテ」(Lotte à Berlin)

とそのドイツ語訳，グロタンディークの業績について考察したさまざまな作品（ドリーニュによるグロタンディークの業績紹介，カルティエによるグロタンディークの紹介を含む文章，グロタンディーク・サークルのメンバーのひとりエルマンによる『収穫と種蒔き』についての作品などが収録されている）を見ることができる．

「フォトアルバム」にはグロタンディークとその両親のいくつかの写真が収録されている．最後の「メンバーリスト」にはグロタンディーク・サークルの創設メンバー 8 名とサポーティング・メンバー 5 名の名前とメールアドレスが掲載されている．サポーティング・メンバーのひとりでチューリヒ生まれのマッツォーラが面白そうだ．マッツォーラはグロタンディークのトポス理論を音楽理論と演奏法の解明に応用した（とされる）謎に満ちた 1350 ページもある作品『音楽のトポス』[10] を書いている．マッツォーラは，数学者（専門は代数幾何学と表現論）かつジャズピアニストとしても知られている．

ついでに書いておくと，グロタンディーク・サークルへの総アクセス数は，2003 年 10 月のカウンター設置以来 2007 年秋まで合計 24000 程度（1 日平均 17 程度）で，1 位：フランス 23.3％，2 位：アメリカ 19.8％，3 位：日本 10.8％，4 位：ドイツ 8.2％となっていた．

ウェブサイトの異変

2008 年になると，このウェブサイトに明らかな異変が起きた．グロタンディークの 80 歳を記念する 3 つの集会がすべて終了する 2009 年 1 月あたりから更新がほとんど行われなくなったのだ．つまり，1 年近く凍結していたことになる．少なくとも，表紙の「Recent news and additions to the site」の部分を見るかぎり完全に凍結したままだ．コンテンツ全体もほとんどが凍結していると見て間違いなさそうだ．最後にアップされた文書は 1970 年 7 月にグロタンディークがオルセーで行った科学研究を続けることに疑問を投げかけた講演「今日の社会における科学者の責任」の記録 [12] のようだ．これが作成されたのは，2008 年 12 月 4 日なので，2008 年 12 月上

旬すぎあたりから凍結しているということだろう．「なぜ凍結しているのか？」とグロタンディーク・サークルのメンバーのひとりにメールで質問したが「レイラが忙しくて更新できないだけでしょ」みたいな反応しかなかった．ただ，高等科学研究所（IHES）のリュエルからのメールによると，2008年にグロタンディークから「数学者たち」（具体的に誰なのかは不明確）に来た「奇妙な手紙」のコピーを見たということなので，この手紙と凍結現象が関係しているのではないかと，ぼくは考えている．

　カウンター設置以来の月ごとのアクセス数の変化をグラフにしてみるとつぎのようになる．

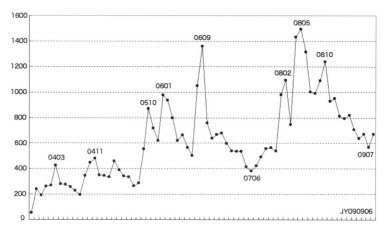

アクセス数の変動

　いくつかのピークが観察されるが，これらのピークが形成された理由はよくわからない．とはいうものの，グロタンディークの80歳の誕生日2008年3月28日に，シャルラウが書いたグロタンディークを賛美する文章がドイツの新聞 Die Zeit に掲載されるなどしており，グロタンディーク・サークルへのアクセスが増えた可能性はありそうだ．2008年10月のピークはペイレスクの成果が順次アップされていた時期のせいだろうか？　そのあとアクセス数は減少傾向にある．2008年12月に最後の更新があったものの減少傾向はそのままのようだ．1年近く続くアクセス数の減少傾向が凍結の

結果だとはいいきれないが,「状況証拠」くらいにはなるだろう.

ついでながら,グロタンディーク・サークルのドメインネームは grothendieck-circle.org だった(この痕跡が「表紙」に残っている). ところが 2006 年 1 月のはじめまでにハックされて,このドメインネームが売り出されてしまった. 売値は最低 1000 ドルという感じだった. グロタンディーク・サークルの管理人シュネプスは,さすがに,これを買い戻すことはせず,新しいドメインネーム(ハイフォンが消えていることに注意) grothendieckcircle.org を使うようになった. この「盗難事件」はアクセス統計には反映されていないようだ.

80 歳記念集会

グロタンディーク・サークルの凍結はなぜ起こったのか? 注目すべきは,凍結の時期に開かれたグロタンディークが 80 歳になったことを記念するつぎの 3 つの集会だろう.

① 2008 年 8 月 24 日〜30 日

「グロタンディーク:伝記,数学,哲学」

(Grothendieck: Biographie, Mathématique, Philosophie)

開催地:ペイレスク

代表者:シュネプス,ロシャク,シャルラウ

グロタンディークの数学的成果についての回想的な講演が多かったようだが,カルティエの「一般概念と隠れたる神」やニコラの『収穫と種蒔き』の音楽性」のなどのような「哲学的考察」も含まれていた. 2014 年 6 月には,このときの発表をもとにした単行本が出版された.

② 2009 年 1 月 12 日〜16 日

「代数幾何学の風景:グロタンディークの数学的子孫」

(Aspects de la géométrie algébrique: la postérité mathématique de Grothendieck)

開催地：ブール・シュ・リヴェット（IHES）

代表者：ブロック，カルティエ，ヴォワザン

ほぼすべてが「グロタンディークからの数学的流れ」についての講演だったが，シャルラウの「数学を超えて：写真で見るグロタンディークの人生」だけは大量の写真を使った「グロタンディーク入門」のような講演だった．ドリーニュ（Pierre Deligne, 1944-）の「モチーフの哲学の影響」も期待されたが，グロタンディークへの配慮からかドリーニュは欠席しメッシングが代わって講演した．この集会については講演の動画がネットで見れる．

③ 2009 年 1 月 21 日〜23 日

「グロタンディークの仕事を巡って」

（Séminaire M.A.T. : autour des travaux d'A. Grothendieck）

開催地：モンペリエ大学

代表者：カルティエ，アルブ，マルゴワール

この集会では柏原正樹の共同研究者として知られるシャピラの「グロタンディーク / 佐藤：代数幾何学 / 代数解析学」，シャルラウの「アレクサンドル・グロタンディーク：数学以後に人生はあるか？」，ヴォワザンの「ホッジ＝グロタンディーク予想を巡って」などに注目したい．

ぼくが非常に興味深いと感じたのは，少なくとも表面上は，これら3つの集会が互いに密接な連携を取っていなかったことだ．たとえば，「ペイレスク」，「IHES」，「モンペリエ」のページには他の集会の案内は掲載されなかったと思うし，もちろん，リンクも張られていなかったと思う．ぼくは，「グロタンディークの数学」という共通のテーマを扱っているにもかかわらず，また，すべての集会に主導的な役割を担いつつ参加しているカルティエやシャルラウもいるのに「なぜ連携しないのか？」と不思議に感じていたのを思いだす．また，グロタンディーク本人は，どの集会にも出席しなかったし，このような集会が企画されていることをあらかじめどれだけ知らされていたのかもぼくにはわからない．おそらく，グロタンディーク本人に連絡を取っても「このようなクダラナイ集会には興味がない」とか

「やめておけ」と叱られるのがオチだっただろう．集会開催を告げる手紙を送っても，開封もされずにそのまま返却されてくるに違いない．

そもそも，3つの集会のいずれでもグロタンディーク自身が最も重要だと考えていたテーマ（数学そのものではなく，数学者社会の倫理的問題から自由意志や夢や創造性や神にまつわる問題）は無視されている．まぁ，それは参加者の大半が数学者なので扱いたくても扱えないという事情によるものかもしれないが…．グロタンディークが「自分はすでに死んだ人間のように扱われている」とぼくに語ったのはこうした扱いのせいだろう．1960年代を中心とするグロタンディークの数学的な業績を賛美し，それに発する「数学の流れ」についていくら語っても，グロタンディークはそのようなことには興味を示さない．自分の構築した抽象的な数学的体系が，音楽理論の基礎付けやオントロジーの基礎理論に応用されつつあるとか最先端の情報科学や理論物理学で使われつつあり素晴らしいなどと伝えてもちっとも関心を示さない．そればかりか，純粋数学関係の弟子たちや賛美者たちが集まって「グロタンディーク先生はいかに偉大な数学者か」について述べたとしても，グロタンディークの精神は，そんなことに喜んでみせるような凡庸さとは無縁なのだ．

倫理の欠如を嘆く

クラフォード賞（賞金27万ドル）の授賞を知らせる1988年4月13日付けの手紙が届いたとき，グロタンディークはただちに1988年4月19日付けで，この受賞を辞退する（のみならずどのような類似の賞の受賞も辞退する）旨の返事を書いている．この手紙には受賞を辞退する「3つの理由」が書かれていた．「3つの理由」を強引に要約すると，

1) 生活のための収入はあり，これ以上は不必要．
2) 貧しい人を犠牲とする特権階級の優遇は不条理．
3) 数学界での倫理的荒廃を承認する行為は不可能．

となる．このうち1)には「新しい理念あるいは新しいヴィジョンの豊か

さを判定する唯一の決定的な試練は歴史による試練である．豊かさは後世の人びとによって認知されるもので，名誉（儀礼）によって認知されるものではない．」(...la seule épreuve décisive pour la fécondité à idées ou d'une vision nouvelles est celle du temps. La fécondité se reconnaît par la progéniture, et non par les honneurs.) [3] という文章も見られる（手紙の原文はグロタンディーク自身によって部分的に修正されて 1988 年 5 月 4 日付けの Le Monde に転載されており，ここでは Le Monde 版を使う）．いわれてみればこれはまったくその通りで，「現世における称賛」ではなく「来世における称賛」こそが重要だという宣言のようにも感じられて興味深い．

このような「正論」を吐かれると「現世における称賛」を「独占」している「大物」たちにとって，グロタンディークは「疎ましい存在」となる可能性がある．たとえば，アティヤはナイトやオーダー・オブ・メリットなどの「現世の栄誉」に輝き，ついにはアーベル賞（数学関係で最高額の賞金を誇る）まで受賞しているのだが，かつてアティヤが教授だったオックスフォード大学のデュ・ソートイが『素数の音楽』でカルティエの文章などを引用しながら，グロタンディークを「発狂した数学者」として描き上げていることも，ある意味で「疎ましさ」の間接的表明なのかもしれない．グロタンディークのような「過激な正論」を吐く人物には「発狂」していてもらいたいのだろう．

ところで，ぼくは「グロタンディーク発狂説」の最初の提唱者（公的に発表した人）はカルティエだと思っている．カルティエは，精神分析的な手法によって，グロタンディークの「発狂」に到る過程を論じたいようだが，もちろん，成功しているとは思えない．カルティエの場合，それが発せられた情況を無視して，グロタンディークの「奇妙な発言」を抽出し，それを「発狂」の根拠にしていたりすることもあり残念だ．

グロタンディークは3）の詳しい説明の中で，「ところで，過ぎ去った20年間で，職業としての科学者（少なくとも数学者の間で）の倫理観は次第に低下し，同じ分野内での（そして，どりわけ自己防衛のための権力を持たない人たちを犠牲者とした）純然たる剽窃がほぼ日常化するような水準にまで行き着いている．また，それが，誰の目にも明らかなケースや極端に不

正なケースまで含めて，全構成員たちによってすべてが黙認されている.」(Or, dans les deux décennies écoulée l'éthique du métier scientifique (tout au moins parmi les mathématiciens) s'est dégradée à un degré tel que le pillage pur et simple entre confrères (et surtout dépens de ceux qui ne sont pas en position de pouvoir pour se défendre) est devenu quasiment une règle générale, et il est tous cas toléré par tous, y compris dans les cas les plus flagrants et les plus iniques.) と書いている．学生や弟子や同僚の業績を掠め取るような行為はたしかに存在しているだろうが，こういう剽窃行為は数学者や科学者という職業が成立して以来ずっと存在している気がする．最近急激に増えてきたと感じるとすれば，それは研究の「産業化」が進み数学者や科学者の人数が増えたことと関係しているのだろう．グロタンディークは，偶然のきっかけではじめた過去の数学研究を巡る省察（収穫と種蒔き）を経て，少数のエスタブリッシュメントによる国際数学界の支配機構とでもいうべきものを発見したと確信している．そして，グロタンディークは，それを数学者の倫理観の欠如による「腐敗」だと信じているのだが，数学者たちの作る社会も特殊な政治的世界のひとつにすぎず，利益団体としてこれを安定的に維持するには倫理性の前に政治性が問題にならざるをえない．全構成員が同一の倫理観をもち，それに厳密に従い完全に自律的に行動を行うものと仮定できるのなら，腐敗の根絶も可能なのかもしれないが，そのようなことはあまりにも非現実的で期待できない．にもかかわらず，グロタンディークがこのような発想を行うのは，アスペルガーのせいだとぼくは感じている．また，グロタンディークが自由意志の問題に興味を持っているとすれば，それは，（アスペルガーのグロタンディーク自身には公理のように存在する）倫理観を欠如した定型発達者が多数を占める現実社会との交流を困難にする原因ではないかとグロタンディークが考えるようになったせいかもしれない．つまり，グロタンディークが思考を反転させて，「なぜ自分は内的公理的倫理観から自由ではないのか？」と考えるようになったせいかもしれない．まぁ，その可能性は少ないとは思うが….

グロタンディークは，少なくとも 1988 年の時点では，独特のアスペルガー的世界観を普遍化させれば，高い倫理規範に満ちた「美しい世界」が創りだせるに違いないと信じていたようだが，アスペルガーでない定型発達者が圧倒的な多数を占める現実世界では，各構成員に内的倫理観による自己規制を期待してもムダだろう．図式化していえば，アスペルガーの場合，定型発達者の脳とは異質なプログラム（というより倫理装置）を持っており，このプログラムには「虚飾を嫌う」とか「虚偽を嫌う」といった形で非常に単純な倫理観の「素子」が内包されている（ようにアスペルガーのぼくには思える）のだが，これをアスペルガーとは無縁な定型発達者からなる現実社会の規範にまで普遍化させるのは不可能だろう．倫理観というのは対象となる事態の発生後に解釈装置としての左脳が生み出す信念の体系にすぎない[14]とも考えられるが，解釈のための基本的構図がアスペルガーをもつ人では定型発達者とまったく違っている．グロタンディークの場合，この倫理観は，それを「強いる」ものとして心理的に想定される「仮想の母」としての神を呼び覚ます機能を担っていたと考えられるだけに事態はさらにややこしくならざるをえない．グロタンディークの神体験を統合失調症のせいだと考える人もいるようだが，その後の経過から考えて，アスペルガーを土台として幼児期・少年期体験の特殊性によって修飾された脳の機能によるものにすぎず統合失調症を示唆するものではない．

内観の深化と内的表象

　かつて，グロタンディークは（自分ではそれと気づかないままに）アスペルガーを数学研究に「活用」して成功を収めたわけだが，1970 年に IHES を去り，シュルヴィーヴル運動を創始しアスペルガーの特徴を活かして定型発達者たちからなる現実社会（数学者の社会もその一部をなしている）の変革を試みても成功には結びつかなかった．アスペルガーは「自己の心」の内部の問題としての純粋数学研究には有利に作用したが，その反面，アスペルガーは「他者の心」の理解を困難にするため，グロタンディークにとって，現実社会とのかかわりは計画通りに進まない難しい

問題として浮上したのだと思う．シュルヴィーヴル運動以来の社会変革への挑戦の失敗と困難に直面したことを契機として，グロタンディークは，夢想（ファンタジー）的だというアスペルガーの特徴を活かして，自己の内観を深める方向に思索を進めるようになり『収穫と種蒔き』での考察結果も踏まえながら，夢についての考察を開始し，（クラフォード賞の問題が発生したころには作品『夢の鍵』も一段落しており）『夢の鍵』的な「夢想」に導かれるようにして，手紙の中でも「今世紀（20世紀）の終わりまでに，まったく思いがけない大変動が起きて，われわれがもっている《科学》やその大きな目標，そして，科学の研究を遂行するときの精神についての観念さえ完全に変貌するだろうと，私は信じている．」(Je ne doute pas qu'avant la fin du siècle, des bouleversements entièrement imprévus vont transformer de fond en comble la notion même que nous avons de la «science», ses grands objectifs et l'esprit dans lequel s'accomplit le travail scientifique.) [13] と書いている．グロタンディークはこの当時はまだ漠然としたイメージしかなかった「まったく思いがけない大変動」(bouleversements entièrement imprévus)について，自己のアスペルガー的内面（グロタンディークはそれを神として表象することもある）との対話を通じて，さらに追求を進めることになる．『グロタンディーク記念論文集』[15] が出版されたのはそのような時期（1990年）でもあった．

　弟子のイリュジーが『グロタンディーク記念論文集』を編集・出版してプレゼントしたときのグロタンディークの反応（イリュジーへの手紙）を見れば，その反応パターンのようなものが読み取れる．グロタンディークはこれを「恥知らずな出版物」だとし，これに論文を掲載することを控えた関係者に感謝すると表明した．この手紙を公開してほしいという希望も書き加えたが実現されずに終わった．グロタンディーク・サークルもこの手紙をアップしてはいない．辻雄一が『収穫と種蒔き』（日本語訳では『収穫と蒔いた種と』）第3部の翻訳書 [16] にこの手紙の翻訳を掲載しているので参考にしてほしい．いくつかの過去の事実を踏まえて，ぼくは，凍結現象は，（自分ではインターネットはやらないので，誰かに教えられて）グロタン

ディークがグロタンディーク・サークルの問題点に気づいて，シュネプスたちに手紙で「恥を知れ！」(Honte à vous!)とでも一喝したせいかもしれないと思ってる．凍結直前にアップされた文献がグロタンディークの昔の講演「今日の社会における科学者の責任」だというのもそれを感じさせる．ウェブページ全体の削除ではなく凍結という事態を招いたのは奇妙にも思えるが，グロタンディークが，削除では「証拠隠滅」になり凍結なら「恥を晒させる」ことになると考えたと仮定すれば，何とか説明できるかもしれない．もちろん，こうした推測はぼくの完全な誤解で，凍結状態は単に更新が非常に遅れていただけだったのかもしれないのだが….

参考文献

[1] Bonnefoy, Du mouvement et de l'mmobilité de Douve, 1953
[2] ヴァレリー(中井久夫訳)『若きパルク，魅惑』みすず書房 2003 年
[3] 『ヴァレリー全集：カイエ篇 1 - 9』筑摩書房 1980 年 - 1983 年
[4] http://www.math.univ-montp2.fr/agata/malgoire.html
[5] Grothendieck Circle
    http://www.grothendieckcircle.org/
[6] Lisker, The Quest for Alexander Grothendieck
    http://www.fermentmagazine.org/Publicity/Science/quest.html
[7] The Newton Project
    http://www.newtonproject.sussex.ac.uk/
[8] http://www.scharlau-online.de/
[9] Scharlau/Opolka, Von Fermat bis Minkowski: Eine Vorlesung über Zahlentheorie und ihre Entwicklung, Springer, 1980
[10] Mazzola, The Topos of Music: Geometric Logic of Concepts, Theory, and Performance, Birkhäuser, 2002
[11] 山下純一『グロタンディーク：数学を超えて』日本評論社 2003 年
[12] Grothendieck, "Responsabilité du savant dans le monde d'aujourd'hui", 1970
[13] Grothendieck, "Les dérives de la «science officielle»", Le Monde, 4 mai 1988
[14] ザガニガ(梶山あゆみ訳)『脳のなかの倫理』紀伊國屋書店 2006 年
[15] The Grothendieck Festschrift 1 - 3, Birkhäuser, 1990
[16] グロタンディーク(辻雄一訳)『ある夢と数学の埋葬』現代数学社 1993 年

絶縁状

窮すれば通ず
窮すれば通ず
さりながら
たのむは　こゝろの
まこと　なりけり
——— 宮沢賢治([1] p.223)

20世紀数学史の汚点

　リュエルがグロタンディークについて触れた文章の中で「(グロタンディークの扱いについて)恥ずべきことが行われた．そして，グロタンディークに対する処分は20世紀数学史の汚点として残るだろう．」(Something shameful has taken place. And the disposal of Grothendieck will remain a disgrace in the history of twentieth-century mathematics.) ([2] p.40)と書いている．ぼくはリュエルにメールでいくつかのことを質問したが，2009年5月21日のリュエルからのメールに「グロタンディークが狂ったという主張は上に述べた[数学者たちの抱く]不安感が存在することの証しでもある．実際，私が知っていたころのグロタンディークは数学者の基準からすれば非常に「ノーマル」だった．かれはその後，(穏やかな)パラノイア的な傾向を見せるようになった．とくに，1年前に現れた意味不明の手紙のコピーを見た．」(The unease just mentioned explains allegations that G. was crazy. In fact when I knew him he was quite "normal" by mathematicians standards. He has later developed some (moderate) paranoid tendencies. In particular, I have seen copies of letters from a year ago which did not appear very reasonable.)と書かれていた．ぼくは，ここで書かれている「意味不明の手紙」がどのようなものか分からなかったのでの，そのコピーが欲しいと思った．

　そこで，ぼくは，2009年9月7日にシャルラウにメールを書いて，最近

のグロタンディークの健康状態について質問し，この手紙のコピーが見たいと告げた．応答があったのは9月18日で，「グロタンディークのメンタル・ヘルスには問題がある．私は，かれの住む村の村長がこれを案じてグロタンディークの子供たちにどうしたものかと問い合わせたと聞いた．」(I think Grothendieck's mental health is problematic. I have heard that the mayor of the village where he lives is concerned about this and contacted Grothendieck's children about what to do.) とあり「グロタンディークが奇妙な「オープンな」手紙を書いた」(Grothendieck wrote strange "open" letters...) と書かれていた．この手紙とグロタンディークについてのウェブページ「グロタンディーク・サークル」の「凍結」には関係があるのかどうかについても聞いてみたが，答は非常に単純で「No」だった．更新が遅れているのは単に「管理者」のシュネプスが忙しいせいだと思うとか新しく更新すべきものがないのだろうというようなことが書かれていた．シャルラウはいつもそうなのだが，何かを依頼すると，露骨にその「見返り」を求めてくる．今回は問題の手紙のコピーをスキャンして送ってくれるかわりに1986年ごろのグロタンディークのぼく宛のいくつかの手紙をシャルラウが執筆中のグロタンディークの伝記に引用する許可をくれというこ とだった．ぼくはいくつかの条件の下でこれを承諾した．9月27日と28日のメールで，ぼくとグロタンディークのかかわりについてのシャルラウの質問（「いつどこでグロタンディークと知り合ったのか」とか「『収穫と種蒔き』を翻訳することになった経緯」など）にも答えてあげた．こうしてぼくは，リュエルがメールに書いていたグロタンディークの手紙を入手したわけだが，複数の手紙のコピーがあったはずなのに，結局，送ってくれたのは，2007年10月21日付けの高等科学研究所（IHES）の「科学評議会の全メンバーへの公開状」(Lettre ouverte aux Membres du Conseil Scientifique) だけだった．

ウェブサイトの更新

　この「公開状」について書く前に，すでに書いたことに「修正」を加えておこう．ぼくは，グロタンディークの手紙（「公開状」）がグロタンディーク・サークル（シャルラウもその創設メンバーのひとりでシュネプスとは交流がある）の凍結に関係があるのではないかという「妄想的な推察」について触れておいたが，ぼくがシャルラウにメールで質問してから，3週間ばかり後の10月1日になってこの凍結が突然解除された．正確に書けば，日本時間の10月2日02 : 15に，ぼくは更新の事実を発見した．9月30日の段階で凍結が確かに継続していたかどうか記憶が定かではないが，日本時間の9月28日00 : 19にシャルラウにメール（1973年3月の朝日新聞にグロタンディークの動向についての記事が出たことと，それが広中平祐の「斡旋」によるものだったと思われるということなどに触れた）を送信した時には「凍結」が継続中であることを確認した記憶がある（シャルラウへのメールとシュネプスによる更新が「入れ違い」になると「嫌だなぁ」と思いつつ確認した気がする）．

　グロタンディーク・サークルへのアクセス数の変化（フランス時間2009年9月25日～10月5日）を見ると，9月25日（24），26日（7），27日（20），28日（29），29日（25），30日（22），10月1日（43），2日（32），3日（29），4日（31），5日（33）となっており，10月1日に急増している．これは更新作業の影響（更新直後にシュネプスやその周辺の人たちがアクセスしたため？）だと思われる．

　シャルラウから「グロタンディークの手紙とグロタンディーク・サークルの「凍結状態」は無関係だ」という応答があり，それから2週間ほどでグロタンディーク・サークルのウェブサイトが更新されたことになる．突然，最初のページがはっきりと書き換えられ，1年近い「凍結」が唐突に破られたのにはちょっと驚きもしたが，久しぶりに新しい資料がいくつか提供されたのはうれしかった．ただし，この更新のおかげでペイレスクでの80歳記念シンポジウムの「記録」にはアクセスできなくなってしまった．ま

た,「公開状」はアップされていない(2009年10月18日現在).グロタンディークの『収穫と種蒔き』が辻雄一によって日本語に翻訳され出版されていることについてのコメントが存在しないのも気になる(シャルラウには,すでに,ぼくの2007年6月30日付けのメールで辻による日本語訳の存在について伝えてある).この点についてもシャルラウに質問してみたところ,グロタンディーク・サークルがどう対応するかについては触れられていなかったものの,2009年9月25日付けのメールにはシャルラウ自身が執筆中のグロタンディークの伝記シリーズの第3部では辻による翻訳書の存在について触れるつもりだと書かれていた.フランスではいまだに出版されていない『収穫と種蒔き』が,日本では辻雄一によって『収穫と蒔いた種と』として完全に翻訳され,第4部を除いて現代数学社から出版されたことは注目に値する事実のはずだ.第4部については,辻が私家版として出版し,国会図書館などに寄贈している.

グロタンディークと宮沢賢治

ついでながら,9月25日付けのメールには,シャルラウに「詩人としてのグロタンディーク」についても書いた.数学者としてのグロタンディークと詩人あるいは思想家としてのグロタンディーク,さらには,「神秘主義者」としてのグロタンディークの「内奥」に「アスペルガー的な詩的創造性」とでもいうべきものが潜んでいるはずだというぼくの主張を宮沢賢治に事寄せて短く展開しておいたのだ.「なぜ,カルティエなどはそうしたグロタンディークのテーマが数学から陰陽や夢や神に変化したときに,グロタンディークは狂ったなどと決めつけてしまうのか?」などと聞いてもみたが,この質問はシャルラウには完全に無視されてしまった(以前にもカルティエへの批判が無視されたことがあった).シャルラウにとって,宮沢賢治は未知の人物だろうが,グロタンディークと宮沢賢治の奇妙な類似性についても触れておいた.法華経の精神に強い興味を抱いたり,非常にアクティブな政治的活動家であったりしたかと思うと,瞑想的な思索家に変身したり,詩と創作活動(グロタンディークの場合には数学の創作,宮沢

賢治の場合には童話の創作）が「心の奥深いところ」で一体化しているように見えたり，都会よりも田舎を好んだり，…どことなく似ている気がするのだ．こうした「類似性」の謎を解く鍵はアスペルガーだとぼくは考えている．さらに，ぼくは，「アスペルガー的な詩的創造性」がグロタンディークと宮沢賢治を結びつけているのだと信じている．宮沢賢治の「躁的な気分」がかなりよく現れている「農民芸術概論綱要」からいくつかの文章を選んでみよう．

「近代科学の実証と求道者たちの実験とわれらの直観の一致に於て論じたい／世界がぜんたい幸福にならないうちは個人の幸福はあり得ない／新たな時代は世界が一の意識になり生物となる方向にある／正しく強く生きるとは銀河系を自らの中に意識してこれに応じて行くことである／われらに要るものは銀河を包む透明な意志　巨きな力と熱である／われらの前途は輝きながら嶮峻である／詩人は苦痛をも享楽する／永久の未完成これ完成である」

「世界がぜんたい幸福にならないうちは個人の幸福はあり得ない」というような思いは（ときとして）グロタンディークにも共通するもので，たとえば，1970年代のはじめにグロタンディークはシュルヴィーヴル運動（Mouvement Survivre，のちに名称が Mouvement Survivre … et Vivre に変更された）を組織し，環境汚染や核兵器の脅威から人類を救おうという有志による活動に邁進していた．このころのグロタンディークも，花巻農学校の教師を辞めて羅須地人協会を組織し，新しい農民運動（農民芸術運動）を展開しようとしていた時期の宮沢賢治と同じように，アスペルガーにありがちな「躁的な気分」に支えられつつ活動を展開していた．シュルヴィーヴル運動は，広汎な支持が得られそうな市民運動的な方向には向わず少数の集団による現実社会からの「分離」と「自立」を志向する「コミュノタリスム」（communautalisme）へと向っていった．アメリカで始ったヒッピー運動を思わせる側面もあったが，これはある意味で，その後の本格的な隠遁の先駆けともいえる行動だった．ぼくがはじめてグロタンディークの家に滞在した1973年7月ごろが「コミュノタリスム」の模索

が開始された時期でもあった．その後，グロタンディークは法華経に出会う．法華経（の英訳など）を読んだという説もある．日本山妙法寺の創始者藤井日達の弟子が 1974 年 4 月（46 歳）にグロタンディークに接近したことがきっかけだった [3]．実際，グロタンディークは「ナムミョウホウレンゲキョウ」と日本語で唱えていた時期がある．これを聞いたフランス人などは，サンスクリットによる「仏教の祈りの言葉」だろうとか禅のマントラ（Zen mantra）だろうと考えていたようだ．宮沢賢治の場合は，もっと早い時期に法華経に出会い信仰を深めていったのだが，グロタンディークには法華経や日蓮主義への強い傾倒はなかった．ただし，藤井日達という人物に対する評価は高く，『夢の鍵』は藤井とレゴに捧げられているし，『夢の鍵』の「付録」かつ独立した作品『レ・ミュタン』では，グロタンディークが未来を先取りしたミュータント的人物と考える人物の中で，藤井はトップに位置している．藤井の誕生日が後に広島の原爆記念日となる 8 月 6 日でグロタンディークの父親シャピロの誕生日と（誕生年は異なるが）一致していたので親近感を深めたようだ．藤井は弟子たちとともにグロタンディークの家（ヴィルカン）を訪問したこともあり，グロタンディークを日本に招待したこともあったが，グロタンディークはその招待を断っている．

「公開状」を読む

　グロタンディークの「公開状」を読んでみたい．ただし，グロタンディークの手書きの文字は非常に読みにくいので，京子の友人でフランス語と英語とドイツ語が不自由なく使えるトライリンガル（近親者にローマ法王のいた家系の出身者なのでイタリア語もできるだろうから，カドリリンガルかもしれない）のマッツォーラに手書き文字を活字化してもらおうと，京子経由で依頼したところ，早くも翌日には英訳してもらうことができた．とはいっても，もとのコピーには欠損部分や判読不能の部分もあった．英訳にも完全に「解読」できていない単語がいくつか残っており，ぼくの「解読」は明らかに不十分なのだが，あえて「翻訳」を試みよう．（下線は「公開状」のままである．）

I 時が煌めき夢が甦る

1. 私は，37年前の1970年にIHESを退職してから，ある出来事に触れて，IHESに2度手紙を書きました：2005年6月13日付けの事務への手紙と2005［注意：推定］年9月27日付けのIHESの図書館（員）への手紙です．これらの手紙のうちの最初のものはラフォルグ氏の仲介があって返事（2005年6月30日）をもらうというという栄誉に浴することができましたが，2番目のものについては応答してもらえませんでした．今年［2007年］の10月8日に，現在の状況について知らせるために，また，新しく生まれた研究所［IHES］を安定的に機能させ科学的な評判を確立するために，IHESが生まれて間もないころにIHESの最初の教授デュドネと私が果した役割について説明しようとして，IHESの所長ブルギニョン氏に手紙を書きました．私はこう付け足しました（記憶に基づく引用）：「私が果したこうした役割は，私がまれに出す手紙に迅速に応答してもらえるというIHESの寛大さを確信させるに十分なものだと思っていました．そして，私はこうした理由からあなたが介入してくれることを望んでいます．また，（その名前が良いにしろ悪いにしろ私の名前に永遠に結びついているであろう）<u>IHESの名誉のために</u>，この所長への手紙が以前の2通の手紙よりも慈悲深く取り扱われることを望みます．」所長への「<u>IHESの名誉のために</u>」で終わる私の手紙への応答はいまだにありません．おそらく永遠に応答はないでしょう．それにかわって，私は，「事務長」（私が所長に手紙を書いたことと最近の事態を気にして，2年間も放置したあとでやっと反応した）のエルマン氏からの2007年10月10日付けの手紙を受け取りました．これによると，ブルギニョン氏がかれに私の手紙に応答するように促したのだといいます．しかしながら，IHESと私自身の関係に関する質問を書き，IHESの名誉について触れた私の個人的な手紙に応答できるのは所長以外にないことは明らかです．

2. 事務長の手紙が届いてから，私は所長とその代理人によって行なわれた<u>この侮辱に反応するために</u>，また，事務長に「私は今後，いかなる理由があっても，IHESとのかかわりを断つ」(je renonce désormais à avoir

affaire à l'IHES pour quelque affaire que ce soit)（記憶に基づく引用）という意思を示すために，10月12日に事務長に手紙を書きました．そして，この事務長宛の絶縁状は同時に IHES の科学評議会の全メンバーへの「公開状」でもあります．この手紙と所長への手紙を全メンバー宛にするのは，この手紙ともうひとつの手紙のコピーと科学評議会のメンバーの氏名と住所のリストを私が持っていなかったからです．事務長へのこの手紙ではこの地点に留まっていました．したがって，私は，IHES の科学評議会は，かれらの職務からしてこれら2つの手紙について聞かされていないし，情報を得てもいないものと仮定していました．

3. 私が IHES の科学評議会のメンバーたちにいわねばならないことの本質的部分にたどり着きつつあります．そしてこれこそがこの手紙の目的です：ブルギニョン氏と E. エルマン（かれらは IHES の所長と事務長である）であれば，IHES について書かれたどのような役目も持っているのですから，私は，IHES の<u>科学評議会のメンバーそれぞれ</u>が，所長と事務長によって私に対して加えられた侮辱に関して連帯責任をもつと考えています．［注意：このあとの原文4行分は「解読」できず，したがって「翻訳」もできなかった．］恥を知れ！侮辱するという楽しみのためだけに侮辱する人よ，恥を知れ．(Honte! honte à celui qui insulte pour le seul plaisir d'insulte) 侮辱する人が公共の富に仕えるものであるはずの権力を乱用しているような場合には，さらなる恥となる．恥を知れ，恥を知れ！責任ある地位にあるものたちよ．無関心によって，あるいは□□□のために，この行為によって不名誉な公的<u>害毒行為</u>を行うことに加担する侮辱的言動に自分自身を関与させるものたちよ．この侮辱を覆い隠し，狡猾に (1, 2年前の場合がそうであることは，ラフォルグ氏がたしかに記憶している)，あるいは，現在のように，ある大切な日に爆発的に重大なものとして流通させることになるのかもしれない．［注意：意味が取りにくい文章だし，ここでグロタンディークが具体的にどのような「仕打ち」を指して「侮辱」だといっているのかも不明確だが，グロタンディークが自分の仕事に関する IHES 側の評価が正当でないと感じるよ

うな記述を伴う何かを，記念出版物などを出す機会を捉えて IHES 側が大量に流布するようなことを書こうとしているのかもしれない．たとえば，カルティエが IHES の設立 40 周年を記念する出版物に寄せた非常に興味深い文章の中で，グロタンディークの「発言」を断片的に引用して，「グロタンディーク発狂説」を流したというようなこともそれにあたるのだろう．］

4．この手紙を届けてくれたのも，［科学評議会のメンバーの］住所を教えてくれたのも，私が（所長以外で）名前を知っている科学評議会の唯一のメンバーである ローラン・ラフォルグ 氏です．［注意：科学評議会の公式メンバー（Membres de droit）は，ブルギニョン所長とラフォルグ，グロモフ，コンツェヴィッチ，ダムール，ネクラソフの 5 名から構成されている．グロタンディークがグロモフとコンツェヴィッチの名前を知らなかったことには驚かされる．］評判を落とすことになるかもしれないのに，かれが責任をもって私に情報を知らせてくれ科学評議会のメンバーのリストを私に届けてくれたことに対して，私はかれに感謝します．

5．この「公開状」は公の手紙（lettre publique）です．私を侮辱した人たちの恥を，そしてまた永遠に侮辱し続ける すべての者たちの恥を明らかにするために，私は，死者たちの世界の中で，公的な努力を行おうとは思いません．私の限られた力で行うべき事柄が［もっとほかに］あります．そして，時間は失われました…［注意：未解読部分］…この手紙，この 悲鳴，はあらゆる人たちに知られることになるでしょう．生者たち の世界の中で．（"… dans un monde de morts, la honte de mes insulteurs, et des insulteurs permaments de tous. … cette lettre, et cri, seront connus de tous. Dans un monde de vivants."）［注意：このあとにグロタンディークの署名がある．］

この「公開状」＝「絶縁状」が送られてから約 1 年後に，グロタンディークの生誕 80 周年を記念する研究集会が IHES とモンペリエ大学とペイレスクの 3 か所で開催されることになる．これはある意味で「窮すれば通ず」

(「困窮而通」というのは,『易経』「繋辞下伝」第七章からの引用で,「困は,窮まりて通ず」と読むのがいいようだ(困は六十四卦のひとつが,「窮すれば通ず」はこれから生まれた言葉である)ということなのかもしれないが….『グロタンディーク記念論文集』のときとよく似た事態だ.

参考文献
[1] 小倉豊文『「雨ミモマケズ手帳」新考』東京創元社 1978 年
[2] Ruelle, The Mathematician's Brain, Princeton University Press, 2007
[3] 山下純一「〈サルボダヤ〉に見るグロタンディエク」『エピステーメー』1977 年 9 ＋ 10 月号

自己神化への逃避

> 神に思いを馳せるその瞬間に
> 例外なしにすべてを放棄しなかった者は，
> 自分の偶像のひとつに
> 神の名を与えているのである．
> ——シモーヌ・ヴェイユ[1]（p.324）

ベストセラーと狐

　デュ・ソートイという人がいる．オックスフォード大学の教授で専門は数論（ゼータ関数）だが，数学者としてよりもむしろ，さまざまなメディアでの「多才な活躍」で知られている．タイムズやガーディアンなどの新聞に記事を書いたり，BBC（イギリスの公共放送）に出演したりしているせいで，イギリスでは非常に有名な数学者のようだ．そのデュ・ソートイが，リーマン予想を巡る物語『The Music of the Primes』[1]を2003年4月にアメリカで，また2003年8月にイギリスで出版した．これはすぐに「ベストセラー」となって日本語のみならず，ドイツ語，イタリア語，ギリシア語，ヘブライ語にも翻訳されたという．同じころに偶然にも，リーマン予想に関する3冊のポピュラーな英語の本が出現して，そのすべてが日本語にも翻訳されたのだが，デュ・ソートイの本はその中でもっとも面白く書かれておりもっとも注目したくなる本に違いない．日本に「数学ブーム」を巻き起こしたとされる小説家小川洋子によれば「叡知の限りを尽くし，世界の謎を解き明かすことは，究極の美を獲得することであると，この本は教えてくれる」（翻訳書[2]の裏表紙より）のだという．「叡知」や「究極の美」などといった摩滅しきった輝きのない言葉だけが虚しく空回りしているこの感想は，もっとも刺激的な最終章を読まずに書いたものに違いない．最終章を読めば，数学のエスタブリッシュメントにそこそこ近い位置にいるデュ・ソートイだからこそ書きえた「叡知」や「究極の美」などの言葉とは無縁の恐るべき虚構性に震撼させられずにはいられないはずだ．そこで使われてい

るレトリックは「メタファーとしての狂気」と「狂気そのもの」を意識的に混同させることによって生まれたものに違いない．というわけで，ぼくの興味の中心は，とりあえず，最終章が確信に満ちた口調で語る「グロタンディーク発狂説」にある．まず，「20世紀最大の数学者」などと絶賛されることもあるグロタンディークについて，デュ・ソートイ[1]がどういうことを書いているのか，その一部を紹介したい．引用は基本的に翻訳書の日本語訳で行い必要に応じて原文に立ち返ることにする．

「グロタンディーク自身は父を知らなかった．しかし，父について語るときの母の大げさな賞賛の数々はグロタンディークに深い影響を与えた．かつてグロタンディーク自身もいっていたように，グロタンディークの父の経歴は，1900年から1940年にかけてのヨーロッパ革命の紳士録さながらだった．1917年10月のボルシェヴィキ革命のリーダーだった父は，ベルリンでナチスと武装衝突し，さらにスペイン内戦では無政府主義者の民兵組織に加わった．しかし，ナチスはフランスでついに父に追いつき，ユダヤ人である父はヴィシー政府の手によりナチスに引き渡された．」([2] p.453)

グロタンディークは父親と一緒に暮らしていた時期があるので，「父を知らなかった」というのは間違いだ．細かいことをいえば「賞賛」は「称賛」とする方がいいだろうが，それはともかく，後で述べるように，グロタンディークの父が「1917年10月のボルシェヴィキ革命のリーダーだった」などということはない．それどころか，最終的にはボルシェヴィキと戦い死刑判決を受けて西ヨーロッパに逃亡していたようなのだ．そもそも，「ボルシェヴィキ革命のリーダー」が「スペイン内戦では無政府主義者の民兵組織に加わった」という記述も不可解だ．スペイン内戦では，共産主義者のグループの内部ではスターリン主義者が優勢でアナーキストのグループとはむしろ敵対していた．ナチスがグロタンディークの父を追跡していたという事実もない．グロタンディークの伝記的側面については[7]を参照してほしい．

リーマン予想と虚構

　デュ・ソートイは，グロタンディークの最終目標は（ドリーニュによって解かれたヴェイユ予想ではなく）リーマン予想そのものの解決だったのだと決めてかかっている．これが事実だという証拠はないが，とりあえず，関連する部分だけを抽出しておこう．

　「グロタンディークの革命的な新言語は，数学の基盤拡張を試みる最初の一歩だった．だがじれったいことに，いくらがんばってもリーマン予想には手が届かなかった．とはいえ，この革命のおかげで，方程式の解の個数に関してヴェイユが立てた重要な予想をはじめとする多くの問題が解けたのは事実である．」（[2] p.456）「グロタンディークがリーマン山登頂の最後の詰めに失敗したのは，父親の政治的な過去が原因だといえなくもない．」（[2] p.456）「［グロタンディークは］リーマンの風景のゼロ点を突き止めようと試みてまったく前に進めなかった自分に幻滅を感じていた．安楽な研究所にいながら，刑務所の房でヴェイユが到達した地点を越えることができなかったのだ．」（[2] p.457）「グロタンディークの他に類を見ない1000ページにわたる自伝のそこここからは，数学における自分のビジョンをついに完成できなかったという苦い思いがほとばしっている．この自伝のなかで，グロタンディークは自分が数学に残した遺産から生まれたものを激しく攻撃している．」（[2]p.458）

　訳文にある「リーマンの風景のゼロ点を突き止めようと試みて」というのは誤訳だろう．原文を見ると，「He was also becoming increasingly disillusioned by his failure to make any more headway on charting the points at sea level.」となっているから，「かれはまた，海抜ゼロメートル地点の地図作りから先に進めなかったことでがっかりしはじめていた」という感じだろう．つまり，グロタンディークが1960年代に戦略目標としていたヴェイユ予想（リーマン予想の類似品）の攻略構想の彼方にある（と期待される本来の）リーマン予想を自然に解決することのできるヴィジョ

にまでは遥かに遠いと感じて幻滅したといいたいのだろう．これはこれで，何だか面白い話だが，捏造が過ぎるようだ．若いヴェイユがルーアンの軍刑務所での孤独な思索のおかげで，リーマン予想の代数幾何学への「移植版」とでもいうべきヴェイユ予想の提出に向う最初のきっかけとなるヴィジョンを描き出したというのは，ウソでもないが，1960年代のグロタンディークの「集中砲火」が「刑務所でのヴィジョン」を超えていないなどというのは埒もない戯言に違いない．「刑務所でのヴィジョン」は代数曲線に関するリーマン予想の類似品の解決構想にすぎず，（代数多様体に関する）ヴェイユ予想のヴィジョンの誕生はさらに後のことにすぎない．デュ・ソートイがこんなことを知らないはずもない．にもかかわらず，デュ・ソートイが平然と「［グロタンディークは］刑務所の房でヴェイユが到達した地点を越えることができなかった」(Grothendieck had got no further than Weil had in his prison cell.)（[1] p.303）と書いているのは不可解だ．

土神と悪魔

　ヴェイユが秘かにリーマン予想を狙っていたというのはいいとしても，「グロタンディークがリーマン山登頂の最後の詰めに失敗した」(Grothendieck's failure to climb to the summit of Mount Riemann.)（[1] p.302）などと書いてグロタンディークまでがリーマン予想を狙っていたように書いているが，これには根拠がなく，おそらくデュ・ソートイの妄想にすぎないだろう．この妄想をあたかも事実のように書いたあとで，デュ・ソートイはさらに，グロタンディークがリーマン予想に挑戦したために「発狂した」などと臆することもなしに書き放っている．

　「グロタンディークは悪魔にとりつかれている．」（[2] p.458）「リーマン予想を証明しよう試みたあげく狂気に至った数学者は，グロタンディークだけではない．」（[2] p.459）「ナッシュやグロタンディークを見ると，数学にとりつかれることの危険がよくわかる（グロタンディークと違い，ナッシュは瀬戸際でとって返すことができた．1994年には，ゲーム理論の数学的

展開という業績で，ノーベル経済学賞を共同受賞している）.」（[2] p.459）
「グロタンディーク本人は精神の均衡を崩したが」（[2] p.459）原文はそれぞれ「he is obsessed with the Devil」（[1] p.304）「Grothendieck is not the only methematician who has gone crazy trying to prove the Riemann Hypothesis」（[1] p.304）「Grothendieck and Nash illustrate the dangers of mathematical obsession. (Unlike Grothendieck, Nash made it back from the brink and went on to share the 1994 Nobel Prize for Economics for his mathematical development of game theory.)」（[1] p.304）「In contrast to the psychological collapse that Grothendieck has suffered」（[1] p.304）である．

　最初の文章は伝聞であることを断ってから引用されているものだが，その後の書きっぷりからすると，デュ・ソートイが「グロタンディーク発狂説」を唱えていることは明らかだ．数学のエスタブリッシュメントが暗黙の了解を与えた「発狂説テロの実行犯」でさえありうる．デュ・ソートイの書き方だと，ナッシュがリーマン予想に取り憑かれ統合失調症になりかけたが危うく難を逃れてノーベル賞を取るほどの業績を残したように読めるが，それは明らかに事実に反している．ナッシュの発病の最初の兆候が現れたのは1958年とされ，受賞対象となった仕事は1950年代前半のものなのだ．たしかに，1958年ごろにナッシュはリーマン予想にも興味を示していたが，それが原因で発病したという証拠はない．いずれにしても，ナッシュは統合失調症と診断され（1959年4月にはじめての入院），薬物治療を受けて次第に症状が改善し，1994年に（40年以上も前の仕事での）ノーベル賞受賞が決まったというだけなのである．そもそも，リーマン予想に取り憑かれると必ず狂いかけるなどという証拠はないし，グロタンディークの場合には，リーマン予想を目標としたという証拠も，発狂の証拠もなく，デュ・ソートイの「三段論法」はまったく成立しない．デュ・ソートイには，「メタファーとしての発狂」と「精神病理学的な発狂」とを半ば意図的に混同させながら，もともと極端にナイーブだったグロタンディークをメンタルに追い込んでいこうという悪意さえ感じられる．デュ・ソートイ

［1］は，リーマン予想というのは挑戦者の精神のバランスを狂わせるほどの難問なのだという凡庸なアイデアに拘りすぎているのかもしれない．一方では，グロタンディークの1960年代の業績に対するデュ・ソートイの評価は極めて高い（エスタブリッシュメントもこれは認定している）ので，リーマン予想というのは，それほどの業績をあげた革命的な数学者グロタンディークでさえ発狂するほどの難問なのだということにしたいのだろう．その意味で，作家としてのデュ・ソートイは，グロタンディークにはぜひとも発狂してもらいたいと考え，捏造も厭わないような心的傾向が生れたのだろう．それはともかく，デュ・ソートイは「難解な数学に挑戦していると狂う」といいたげだが，ぼくはむしろその逆だと思っている．あえていえば，もともと「狂っている」から難解な数学に挑戦できると思っているのだ．ただし，ここで「狂っている」というのは，「普通の人たちから見ると異常だ」という単純な意味でではなく，「無意識の自動運転」に適した脳をもっているという意味（といってもわかりにくいわけだが）で使っている．グロタンディークは神秘的な思考と行動で知られているが，これは「無意識の自動運転」のレベルがかなり高いということでもある．グロタンディークは単なる数学者ではなく，過度の集中を経て始動可能になる「無意識の自動運転」によって生成されるヴィジョンを言語化することに情熱を傾けるという意味で詩人でもある．ついでながら，ヴェイユの場合にはグロタンディークのいう「陰の数学」（ヴィジョンを重視した創造性に富んだ数学）的な側面が明瞭ではないようだが，ルーアンの軍刑務所でのヴィジョンだけは「有理定数体をもつ代数関数について」という「陰の数学」的な短いメモのような形で『コント・ランデュ』に発表している．このメモは「証明がない」という理由でドイツの数学者たちからは軽視されたというが，ヴェイユはやがて，このメモ（というかヴィジョン）を出発点にしてグロタンディークのヴィジョンの原点ともいうべきヴェイユ予想にたどり着くことになる．

迷走する誤謬と狐

　デュ・ソートイはグロタンディークの「伝記的事実」について自分で詳しく調べたはずもなく，『収穫と種蒔き』(辻雄一訳『収穫と蒔いた種と』) さえ読んだとは考えられない．もし，読んでいれば，グロタンディーク自身の記述と矛盾することを堂々と書きはしなかったと思えるからだ．デュ・ソートイには何か「参考文献」があるに違いない．翻訳書 [2] では省略されてしまっているが，[1] にはデュ・ソートイが参照したと思える文献があがっている．カルティエが IHES 設立 40 周年を記念する出版物に掲載した [3] とアメリカ数学会の雑誌『Notices』の編集者ジャクソンがアメリカ数学会の『Notices』に書いた記事 [5] がそれだ．この [5] は [3] に基づいて書かれたものである．デュ・ソートイの本には (出版時期の関係で) 取り上げられていないが，その後，ジャクソンが (グロタンディーク自身ではなく) 数学者などへのインタビューに基づいてちょっとまとまったグロタンディークの「伝記」[6] を『Notices』に掲載している．それはとりあえず横に置いて，デュ・ソートイの捏造の起源となったと信じられるカルティエ [3] の第 1 節にある「グロタンディーク略伝」(Une biographie sommaire de Grothendieck) の中から，グロタンディーク自身の記述と明らかに異なるいくつかの部分を指摘してみよう．これらについては，ぼくが 1999 年 2 月 9 日付けでカルティエに手紙を書いて質問したが，まともな応答はえられなかった．ただし，その後，[3] の英語版 [4] が出たときにはちゃっかり訂正していたのには笑えた．(とはいっても，カルティエがまったく修正しようとしない部分がまだ残っていた．) カルティエ [3] には以下の (1) 〜 (6) のような文章が存在している．

(1)「かれ [グロタンディークの父] は 1880 年ごろにリトアニアとポーランドとベラルーシの境界あたりで生まれたに違いない．」(Il [Le pére de Grothendieck] a dû naître vers 1880, aux confins de la Lituanie, de la Pologne et de la Biélorussie.)

(2)「私はグロタンディークの家でダッハウの絶滅収容所で一緒だった囚人仲間によって 1943 年に描かれた父親の肖像画見た.」(J'ai vu chez Grothendieck un portrait de son père fait par un codétenu du camp de la mort de Dachau en 1943.)

(3)「革命的なユダヤ人にとってドイツは堪え難い場所だったので,二人(グロタンディークの父母)はフランスに脱出し,息子はハンブルク近郊の農家にかくまわれた.」(l'Allemagne est trop malsaine pour des juifs révolutionnaires, et tout deux fuient en France, en laissant leur fils caché dans une ferme près de Hambourg.)

(4)「難民のための収容所が作られた.…ル・ヴェルネ(モンターニュ・ノワール)やギュール(ピレネー)にすべての「危険な外国人」を閉じ込める収容所を急いで設置する.」(On ouvre des camps de réfugiés,... Au Vernet dans la Montagne Noire, et à Gurs dans les Pyrénées, on organise hâtivement des camps où l'on parque tous les «étrangers dangereux» ...)

(5)「かれ[グロタンディークの父とされるシャピロ]はゲシュタポによって逮捕され,ダッハウに送られ,1943 年にそこで亡くなった.」(Il [Shapiro] est capturé par la Gestapo, envoyé à Dachau, où il meurt en 1943.)

(6)「かれ[グロタンディーク]は,大学を卒業した 1948 年秋に,セヴェンヌの視察官たちによるアンリ・カルタンへの推薦状をもって,パリに着いた.」(Il [Grothendieck] arriva à Paris, sa licence terminée, à l'automne 1948, muni d'une lettre de recommandation de ses protecteurs cévenols pour Henri Cartan.)

何も知らずにこれらの文章を読むと,「ああ,そうなのか」と信じてしまいそうだが,カルティのグロタンディーク略伝」には文献が明示されていない.高等科学研究所(IHES)に保管されていたグロタンディークの「履歴書」をチェックするだけでもカルティエの記述との矛盾が明らかになるし,

グロタンディークの『収穫と種蒔き』もすでに発表されており，カルティエはそれを読むことができたはずなのに，信じられないことに，『収穫と種蒔き』さえまともには読んでいないようなのだ！ グロタンディークが『収穫と種蒔き』で書いていることと矛盾したことを，カルティは平然と書いてしまっている．(1)〜(6)のそれぞれに関して，グロタンディーク自身が『収穫と種蒔き』などでどう書いているのかを眺めてみよう．

(1)「私の父は，ウクライナの小さなユダヤ人の町，ノヴォズィプコフの敬虔なユダヤ教徒の家に生まれた．［…］かれは 16 歳から 27 歳までの 11 年間を刑務所で過ごした．［…］かれは 1917 年の革命で解放された…」（Mon père était issu d'une famille juive pieuse, dans une petite ville juive d'Ukraine, Novozybkov […] Il reste en prison pendant onze ans, de l'âge de seize à l'âge de vingt-sept ans, […] Il est libéré par la révolution en 1917,…）(La Clef des Songes, p.81, p.82)

この記述はカルティエのものと一致しない．グロタンディークによると父は 1880 年ごろではなく 1890 年ごろの生まれだという．残念ながら，ノヴォズィプコフは現在ではベラルーシとの国境近くにある（ウクライナではなく）ロシアの町であり，「リトアニアとポーランドとベラルーシの境界あたり」の町だとはいえない．(2)についてもグロタンディークは

(2)「私の父（ユダヤ人）はヴェルネの収容所から 1942 年にアウシュヴィッツに送られて行方不明となった．」（Mon père (juif) déporté du camps de Vernet à Auschwitz en 1942 et resté disparu.）(Survivre, 2/3 号)

と書いている．カルティエが触れている父の肖像画はぼくも見たことがあるが，ゲーデルにもガンジーにもどことなく似た人だと感じたのを覚えている．カルティエはグロタンディークが農家でかくまわれていたと書いているが実際には元牧師の家に「里子」に出されていたのである．(3)について，グロタンディークはつぎのように書いている．

(3)「私を受け入れてくれた［つまり「里親」になってくれた］夫婦は愛情をもって私を迎えてくれた．さらにかれは，牧師を辞めてわずかの年金とラテン語やギリシア語や数学の家庭教師をして生活していた.」(Le couple qui m'avait accueilli m'a vite pris en affection. Aussi bien lui, ancien pasteur qui avait quitté le sacerdoce et vivait d'une maigre pension et de leçons particulières de Latin, de grec et de mathématiques,...) (Récoltes et Semailles, p. 472)

カルティエは(4)でモンターニュ・ノワールのル・ヴェルネなどと書いているが，そもそもモンターニュ・ノワール（カストルとカルカソンヌの間に広がる低い山岳地帯）にル・ヴェルネという町や村があるかどうかさえ怪しい．強制収容所のあったル・ヴェルネはアリエージュである．カルティエは「難民キャンプ」のようなニュアンスで書いているらしいが，グロタンディークの父が収容された時点ではむしろ強制収容所というべきだし，実際，フランス語でも Camp de concentration（強制収容所と翻訳される）と呼ばれている．カルティエは(4)でグロタンディークの父がゲシュタポによって逮捕されたなどと書いているが実際にはフランス官憲によってル・ヴェルネの強制収容所に送られたと考えるのが自然だろう．また逮捕されてダッハウ（ドイツ国内の収容所）に送られたと書いているが，これはありえない．実際には，ル・ヴェルネからまずドランシー（パリの北にある町でフランス各地からユダヤ人がいったん集められる収容所があった）に送られ，そこからアウシュヴィッツに送られたものと考えられる．(6)について，グロタンディークはつぎのように書いている．

(6)「私はモンペリエ大学理学部での先生のひとりスラ氏のどこにでもあるような推薦状をもっていた［…］スラ氏はカルタンの学生だった．［…］エリー・カルタンは当時すでに現役を去っていたので，息子のアンリ・カルタンが，私が運良く出会った最初の「仲間」となった.」(J'avais une vague recommandation d'un de mes professeurs à la Faculté de Montpellier, Monsieur Soula [...], qui avait été un élève de Cartan [...].

Comme Elie Cartan était alors déjà "hors jeu", son fils Henri Cartan fut le premier "congénère" que j'aie eu l'heur de rencontrer.")（Récoltes et Semailles, p. 19）

三人組と「グロタンディーク発狂説」の誕生

　カルティエは(1)〜(6)の他にもさまざまなことを書いているが，デュ・ソートイの「発狂説」の起源となったのは（のちに英訳[4]が出た）つぎのようなカルティエ[3]の文章に違いない．

(7)「1993年以来，かれは住所を公表せずにピレネーの小さな部落に引き篭もっている．ほんのわずかの人びとしかそこでかれに会うことはできない．もし，最近かれを訪ねた私の友人ピエール・ロシャクとレイラ・シュネプスを信じるなら，グロタンディークは悪魔に取り憑かれている．かれにはその悪魔が世界のあらゆるところで活動しているのがわかる．また，この悪魔は神的な調和を破壊しており，毎秒300000キロの光の速度を毎秒299887キロにしてしまったのもこの悪魔である！」（Depuis 1993, il n'a plus d'adresse postale et se terre dans un hameau des Pyrénées. Bien peu ont pu l'y voir. Si j'en crois mes amis Pierre Lochak et Leila Schneps qui l'ont visité récemment, il est obsédé par le diable qu'il voit partout à l'œuvre dans le monde, détruisant l'harmonie divine et remplaçant 300000 km/s par 299887 km/s pour la vitesse de la lumière!）

　厳密にいえば，「1993年以来」というのは正しくない．「1991年以来」と訂正するべきだろう．それはともかく，カルティエの意図はどうであれ，この文章は「グロタンディークはピレネーに隠遁して悪魔に取り憑かれている」という「証言」があると書いており，これを読むと，グロタンディークがピレネー山中のどこかに隠遁して「悪魔に取り憑かれる」など狂ってしまったのかと思ってしまう危険性がある．実際，デュ・ソートイはこの

カルティエの文章から「グロタンディーク発狂説」を読み取ってしまったらしい．しかし，やがて述べるように「発狂説」は正しくない．グロタンディークは発狂などしていないのだ．ところで，ここでいう「ピレネー」は「ピレネー山脈」そのものを意味しているわけではない．たとえば，カルティエは(4)で，ギュールがピレネーにあると書いているが，ギュールは海抜175メートル程度にすぎず，オロロン川に沿った村で，ピレネー山脈の一部と見るには無理がある．ピレネー山脈の厳密な定義などは存在しないが，仮にフランスとスペイン国境の近くで海抜500メートル以上の部分をピレネー山脈と定義するとしても，ギュールはピレネー山脈から20キロ程度離れていることになる．ギュールの属する県の名前は「ピレネー・アトランティク」というので，まぁ，その意味ではまんざらデタラメでもないのだが，紛らわしい表現であることは確かだろう．カルティエが(7)で，グロタンディークが「ピレネーの小さな部落に引き篭もっている」と書いているが，これがデュ・ソートイの本では「グロタンディークはピレネー山脈のへんぴな小村で暮らしている」(Grothendieck now lives in a remote hamlet in the Pyrenees.)(翻訳書 p. 458)となってしまっている．

ジャクソンは高等科学研究所(IHES)のことを紹介する記事[5]の中で，カルティエの話などをもとにつぎのように書いている．「グロタンディークは1999年3月で71歳になるが，ピレネーの人里離れた小さな村で暮らしている．かれの精神状態はここ数年悪化しているといわれている．たとえば，カルティエによると，数年前にグロタンディークを訪ねた2人の数学者によれば，かれは「悪魔に取り憑かれている．かれにはその悪魔が世界のあらゆるところで活動しているのがわかる．また，この悪魔は神的な調和を破壊しており，毎秒300000キロの光の速度を毎秒299887キロにしてしまったのもこの悪魔である！」かれと数学界との結びつきはほぼ完全に断絶している．そして，かれはそれを復活させるつもりがないことを表明した．」(Grothendieck, who turns seventy-one years old in March 1999, lives in a remote hamlet in the Pyrenées. Some reports

hold that his psychological condition has deteriorated over the years. For example, Cartier writes that according to two mathematicians who visited Grothendieck in the last couple of years, he is "obsessed by the devil, which he sees at work everywhere in the world, destroying the divine harmony, and replacing 300,000 km/sec by 299,887 km/sec for the speed of light!" The severance of his ties to the mathematical world is nearly complete, and he has made it clear that he does not wish to renew them.)
([5]p.333)

悪魔に取り憑かれている？

　2003年に，オックスフォードの数学者デュ・ソートイが，ベストセラーとなったリーマン予想を巡る物語『The Music of the Primes』を出版し，その最終章で「グロタンディーク発狂説」を唱えているという話にもどろう．問題となる文章をその翻訳書『素数の音楽』(冨永星訳 2005 年)の訳文とともに並べておくと，「グロタンディークは悪魔にとりつかれている」(he [Grothendieck] is obsessed with the Devil)「リーマン予想を証明しよう試みたあげく狂気に至った数学者は，グロタンディークだけではない」(Grothendieck is not the only mathematician who has gone crazy trying to prove the Riemann Hypothesis)「グロタンディークと違い，ナッシュは瀬戸際でとって返すことができた」(Unlike Grothendieck, Nash made it back from the brink...)「グロタンディーク本人は精神の均衡を崩したが」(In contrast to the psychological collapse that Grothendieck has suffered) などとなる．「グロタンディークは悪魔にとりつかれている」という部分に注目すると，デュ・ソートイが原典としたのはカルティエ [3] の文章だが，これには英訳 [4] が存在しており，デュ・ソートイの英文はこれからの孫引きでもある．フランス語原文 [3] では「最近かれを訪ねた私の友人ピエール・ロシャクとレイラ・シュネプスを信じるなら，グロタンディークは悪魔に取り憑かれている」(Si j'en crois mes amis Pierre Lochak et Leila Schneps qui l'ont visité récemment, il est obsédé par le diable...) となっていたのに，

なぜか英訳 [4] では「私の友人ピエール・ロシャクとレイラ・シュネプス」が消されて「最近かれを訪ねた人たちを信じるなら，かれは悪魔に取り憑かれている」(If I can believe his most recent visitors, he is obsessed with the Devil...) と改竄されている．固有名詞を出すのはまずいという配慮からだろうか？カルティエはこの英訳を出すことによってフランス語原文にあった「危ない部分」のいくつかを「訂正」しているが，それでもまだいくつかのミス（意図的なものか？）が残っている．それはともかく，フランス語原文では単なる悪魔（le diable）となっており，「悪魔たちのボス」という印象の強い魔王（le Diable）にはなっていなかったのに，英訳では魔王（the Devil）になっているのも謎だ．

それから，これは彌永健一から指摘されたことだが，「il est obsédé par le diable」をぼくのように「悪魔に取り憑かれている」と訳すと，何だかグロタンディークが悪魔憑き（狐憑きの西洋版？）になったと誤解されかねないという．悪魔憑きのような意味で「悪魔に取り憑かれている」というときは「obséder」（英語の「obsess」）ではなく「posséder」（英語の「possess」）を使って，「il est possédé par le diable」のようにするようだ．これらの単語はもともとはほとんど区別がなかった可能性があるが，少なくとも現在では，「obsession」は精神医学的な「妄想」「強迫観念」「偏執状態」などを意味し，「possession」は宗教的な「悪魔憑き」「憑依」を意味するように分化している．もっとも，『大辞泉』によれば，日本語の「取り憑く」という言葉には「心霊や魔物が乗り移る．つきものがつく」の意味と同時に「ある感情などが根付いて離れなくなる」という意味もある（ぼくはもちろんこちらの意味で使っている）ので問題ないだろう．フランス語でも，「énergumène」という単語は「熱狂している人」と「悪魔に憑かれた人」という両方の意味をもっている．いずれにせよ，近代以降の人間にとって「狂者はもはや憑かれた者 possédé ではない．狂者はせいぜい [能力を] 奪われた者 dépossédé にすぎない」（フーコー（中村元訳）『精神疾患とパーソナリティ』）のだから，デュ・ソートイは現在のグロタンディークを「狂った元天才数学者」として「無能者としての狂者」の地位に貶めたいのだろう．

グロタンディーク自身が悪魔(le diable)というときにも，現時点では，キリスト教的な意味の悪魔そのものではなく，本質的に「メタファーとしての悪魔」を意味しているものとぼくは信じている．グロタンディークには，神の存在を信じていたと思える時期(1987年～1990年)があったが，さまざまな体験と考察を経て，現在ではかつてのように神の存在を積極的に肯定する立場はとらなくなっているようだ．グロタンディークには，日本山妙法寺との交流を通して仏教(とくに法華経)に関心を抱いていた時期もあり，当時は合掌して「南無妙法蓮華経」と唱えていたが，これも過去のものとなっている．

悪魔の起源

ところで，周囲に悪い影響を与える迷惑な行動(やそういう行動をする人)を悪魔憑き(possession)ということもある．グロタンディークは，1973年以降の第1次隠遁時代(隠遁先はロデーヴ近郊のヴィルカン，現在のオルメ・ヴィルカンの村役場の向いの位置だった)を経て，1981年以降の第2次隠遁時代(隠遁先はアヴィニョンの東北東35キロあたりにあるモルモワロンだった)の数学への私的復帰の中で芽生えた疑惑をきっかけにして書き上げられた『収穫と種蒔き』におけるドリーニュなどの弟子たちへの非難にはじまり，1991年以降の第3次隠遁時代＝完全な孤独(solitude complète)時代にもさまざまな特異行動を取ってきたのだが，これを「非常識で邪悪な行動」だとみなす人たちからは比喩的に悪魔憑きだと感じられることもありえなくはない．

もともと悪魔は人間の身体のみに憑依するものとされていたが，やがて精神を支配するものへと変貌した．(魔女を火炙りにしたのは魂を浄化するためだったことを思い出してほしい．)悪魔の機能も時代とともに変わっていくものなのだ．話がややこしくなりそうだが，唯一絶対の神に逆らう者(敵対者)を意味するヘブライ語のシャーターンがギリシア語に翻訳されるときに適切な単語がなくてディアボロス(誹謗中傷し名誉を毀損するものを意味する単語)を訳語としたが，それがラテン語のディアボルスとなり，フ

ランス語のディアブル，英語のデヴィルとなったという．悪魔と魔王（悪魔たちのボス）という観念はゾロアスター教からの影響で生まれたものだ．（単純化すれば）この世界をアフラ・マズダ（光明神＝善＝光）とアンラ・マンユ（暗黒神＝悪＝闇）との戦いの場と見るゾロアスター教の二元論的な世界観が，一元論的なキリスト教に取り込まれて，悪魔を堕天使（堕落した天使）だとするような折衷論が生まれるきっかけとなったようだ．まぁ，このあたりの話題になると『聖書』自体が混乱していてわけがわからない状態なのも確かだ．堕天使のボスのアザゼルがサタンの使者にされたり，アザゼルこそ悪魔だとしたり，イヴを騙してアダムとセックスさせた蛇がアザゼルだとされたり，かと思うと，ローマ神話で明けの明星を意味するルキフェル（フランス語や英語の「Lucifer」）が堕天使のリーダーのように書かれていたり，悪魔とサタンが同一視されたり，まったく訳が分からない！このあたりの詳細は，たとえば[9]を参照してほしい．

ことのついでに，日本語の悪魔の語源を調べると，まず魔というのは摩羅の略だとあり，摩羅はサンスクリットのマーラの音訳だとわかる．人間に害悪を及ぼす魔という意味合いを強化して悪魔という単語が成立したのだろうか．これがキリスト教におけるサタン，ディアボロス，ディアブル，デヴィルの訳語として定着したものらしい．と考えるのが普通の理解だと思うが，面白い事実を指摘する本『イエスは仏教徒だった？』[10]もある．イエスがインドから伝わってきたシャカの教え（仏教）を学んでいたかもしれないという可能性が大量の「証拠」をあげながら論じられている．たとえば，「仏教徒イエスは図らずも「神の子」に変貌させられた」，「「キリストの啓示」は実は「パウロの啓示」なのである」，「人間イエスの飾りを除いた教えは，仏教の法だということである」，「我々はイエスの中に，「目覚めた者」ブッダの人生や教えに見られるものと同じ人間愛に動かされ，同じ命への慈悲の心を特色とする，同じ鼓動を感じ取ることができる」など．もし，「イエス仏教徒説」が事実だとすれば，イエスが攻撃された悪魔はシャカが攻撃された悪魔（マーラ）と，ある意味で，同じだったといえそうだ．[10]には，ピュタゴラスがインドにでかけてさまざまなインド思想をギリシア

に持ち帰った可能性についても論じられている．

完全な孤独

　グロタンディークの第3次隠遁は世間からの「完全な孤独」を意図したもので，「ごくわずかの人たち」にしか住所が知らされることもなかった．ぼくが，第3次隠遁が決行されたらしいことを知ったのは，『収穫と種蒔き』（日本語訳『収穫と蒔いた種と』[11]）を翻訳中だった辻雄一からぼくへの1991年8月25日付けの手紙を読んだときだった．この手紙で辻は「この間，[『収穫と種蒔き』の]第3部の原稿を出版社に送ったむねのお知らせ（報告）の手紙を出したら，その間に，手紙（短い）が届いて，plus solitaireになるために住所を変えると書かれていました．そのうち，ぼくの手紙は返送されてきました．きみの手紙も返送されてきたら，一応ぼくに連絡して下さい．Grothは，数カ月間ひっこんだのか，ずっと奥地へ引越してしまったのかはまだよくは分かりません．」「ぼくに来た手紙には，連絡先とおぼしきc/oのadresseが記してあり，いまのところpersonne（つまり，だれにも）教えるなと書かれていますから，しばらくはこれを守ることにします．」と書いている．辻がグロタンディークに出した手紙が返送されてきたのは，グロタンディークが転居先を郵便局に届けることなく第3次隠遁先に引っ越してしまったのが原因だった．1991年夏以降に第2次隠遁地（モルモワロン）宛に出された郵便物はすべてこれと同様に（郵便局から）転居先不明を理由に返送されてくることになる．

　時間的には新しい情報になるが，のちに作られるグロタンディーク関係の資料を集めたグロタンディーク・サークルにつぎのような文章が出現している．「1991年：8月，グロタンディークは，誰にも告げずに（without warning anyone），誰にもわからない場所に引っ越すためにかれの家を突然離れる．かれは物理学に関する膨大な仕事と自由選択，決定論，悪（evil）の存在のようなテーマに関する哲学的な瞑想に勤しんでいる．かれは事実上，すべての人間との接触を拒絶している．」この文章などに興味をもったリース[12]がインターネットでグロタンディークに関する情報を流して

いる．これに基づいて，グロタンディークが発見された経緯について書いておこう．シュネプスとロシャクが，グロタンディークの第2次隠遁時代に過ごしたモルモワロンの朝市で，商人から「狂った数学者」がピレネーの別のサン・ジロンに出現した（'the crazy mathematician' had turned up in another town in the Pyrenees）という情報を入手した．フランスのいくつかの町では決まった曜日に朝市（marché）が開かれる．あちこちの朝市を回る売り手もいるだろうから，かれらの情報網を使えば，グロタンディークの発見も不可能ではないかもしれない．シュネプスとロシャクは，「グロタンディーク予想の解決」というニュースを伝えたいという思いもあって，第3次隠遁先が知りたくなり，モルモワロンで手掛かりを探そうとしていたということらしい．ここでグロタンディーク予想と呼ばれているのは，グロタンディークが「遠アーベル代数幾何学の基本予想」と考えていたもので，中村博昭，玉川安騎男，望月新一によって，1980年代末から1990年代中頃にかけて解決された［13］．1998年の国際数学者会議（ベルリン）の招待講演で望月がグロタンディーク予想の解決を広い枠組みの中で論じている．さらに，シュネプスとロシャクは，グロタンディークの「古い写真」（an out-of-date photograph）を持ってその町（アリエージュ県サン・ジロン）に出かけたという．何のために写真がいるのだろう？サン・ジロンの朝市で，いろいろな人に写真を見せて「この人を知りませんか？」とでも聞こうというのだろうか？でも，それなら，モルモワロンに行くときにも持っていきそうなものだ．おそらく，シュネプスもロシャクもグロタンディークの顔を見たことがなかったのだろう．朝市で待ち伏せるにしても，顔がわからないのでは難しい．グロタンディークの「古い写真」がどの写真を意味するのかはわからないが，1995年にイコニコフが書いた記事［14］が出てからなら，そこにある比較的新しい写真（モルモワロンのグロタンディークの家で撮影されたもの）を持って行くはずで，それなら「古い写真」とは書かないだろうから，1995年夏よりも前に，シュネプスたちはグロタンディークを探しにサン・ジロンに出かけたと考えてよさそうだ．

　毎週土曜日の朝になると，サン・ジロン近郊の村々から多くの人たちが，

野菜や果物やチーズなどを売り，次の1週間を生きるための食料品を買い込むために，朝市に集まってくる．グロタンディークがどこかで独りで生活しているのなら（そして自給自足でないのなら），食料品が必要だが，スーパーマーケット（最近ではサン・ジロンの近くにも「アンテルマルシェ」という大きなスーパーができている）で売られている食料品が嫌いなグロタンディークとしては，どこかの町の朝市に食料品の買い出しに行く可能性が強い．シュネプスとロシャクは，サン・ジロンの朝市が開かれている場所で朝から待ちかまえていたという．そして，グロタンディークが「もやし」を買いに来たところをキャッチしたようだ．かれらは発見したときに何が起きるか心配していたが，グロタンディークは，「見つけられたくなかった」と語ったものの非常にフレンドリーな応答ぶりだった．かれらはグロタンディーク予想が証明されたことを伝えたがとくに反応はなかったという．この時点で，グロタンディークは数学への興味を失っていたのだ．自分の未刊行の仕事はすべて忘れ去られているものと考えていたので意外だったようだ．サン・ジロンでの会見で，グロタンディークは自分の昔の仕事に興味をもっているシュネプスやロシャクのような数学者が現れたことに「勇気づけられた」のか，『ガロア理論を貫く長征』(La longue Marche à travers la théorie de Galois) の出版などに関心をもつようになっていった．といっても，一時的な軟化にすぎず，やがてまた硬化してしまうのだが．

　シュネプスによると，グロタンディークは独りで暮らしており，1日に12時間働き，自由意志の自然学などに関する50巻の手稿を書いているのだという．(He lives alone and works, for 12 hours a day, on a 50-volume manuscript which addresses, among other things, the physics of free will.) グロタンディークはカルヴァン派の牧師トロクメが設立した「高校」を卒業しており，「神の摂理」と「人間の自由意志」の問題に関心をもっている可能性があるので，自由意志について瞑想することは不思議ではないが「50巻」とまでいわれるとウソとしか思えない．

　悪魔が光の速度の変化させたという話題について，シュネプスは，グロタンディークが物理学者たちが行なう方法論的な妥協について気にしてお

り，それが悪魔云々の発言になったものと考えている．グロタンディークは，半ば比喩的な表現を使って，善良な人の後ろに座って，かれらを，妥協的な方向，欺瞞的な方向，堕落に向う動きの方向にトンと押す悪魔についてよく話題にする．

グロタンディークは，もしシュネプスが「1メートルとは何か？」という質問に答えられれば，シュネプスと共同で物理学にかかわる研究を行なってもいいという意志を表明したとされる．シュネプスとロシャクは奇妙な質問に困惑しつつも協力して1か月をかけて長い返事を書いたのだが，この手紙を書いている間に，グロタンディークからは立て続けに3通の手紙が届いた．1通目は自殺でもするのではないかというような手紙で，2通目は非常に暖かい手紙で，3通目は酷く皮肉な調子の手紙でレイラ・シュネプスという名前をクオーテーション・マークで囲ったものだったという．（日本語いえば，いわゆる「レイラ・シュネプス」さんと書いて皮肉なニュアンスを込めることに対応しているのだろう．）そして，かれらが出した長い手紙は開封されないままで返送されてきた．グロタンディークの精神状態を案じてのことだろうが，かれらが手紙にあった住所を頼りにグロタンディークの家を訪れたところ，目の前でドアをバタンと閉められたという．こうした解説の後にリースは「明らかな疑問が浮かんでくる．グロタンディークは狂ったのだろうか？ う〜ん．そうかもしれない．しかしそれは，「狂う」という言葉をどういう意味で使うかによる」(Has Grothendieck -- runs the obvious question -- gone mad? Well, possibly. It all depends on what you mean by 'mad'.) などと書いている．シュネプスは，グロタンディークが独りで生活しつつ真に深い思想を書き残しつつあると考えている．そのテーマは「自由意志の自然学」だとも天文学だとも天体物理学だとも噂されているが，グロタンディークのほかにはその原稿を目撃した人もなく，不明確なままだ．グロタンディークにとっては，われわれが生きているこの社会でわれわれと共に生きることが苦痛なんだとシュネプスは考えている．たしかにグロタンディークは異常だったかもしれないが，発狂しているとは感じられなかったという．ぼく自身も2007年3月にグロ

タンディークに直接会ってみて同じように感じた．デュ・ソートイによる「グロタンディーク発狂説」[1] は，シュネプスの「体験談」を断片的に活用して，捏造されたものにすぎないことがわかるだろう．

「真実の日」は来ず

　ぼくは，シュネプスを個人的には知らなかったし，1995年ごろにシュネプスが「グロタンディーク探し」に成功していたことも知らないままに，1991年以降にも何度か機会を見て南フランスに出かけている．グロタンディークの第3次隠遁先を知っていると思われる「ごくわずかの人たち」の中でもっとも重要な人物と考えられる二人に直接会って，「グロタンディークに会いに行きたいので，隠遁先の住所を教えてもらえないか？」と聞いてみたこともある．そういえば，1991年にグロタンディークが庭で焼却作業を行なっていたという情報がある．「自分が書いた論文などをすべて焼却した」というあまりにも異常な伝説もあるが，ぼくは，この伝説は転宅前の通常の不要書類などの焼却処分行為が間違って伝達されたものだと思っている．そしてこの作業は，第3次隠遁への準備活動の一環であったものと思われる．

　グロタンディークは1991年夏の終わりあたりの時期に，グロタンディークが親しくしていた女性ヨランドが留守中に，第2次隠遁地モルモワロンから第3次隠遁地ラセールに転宅した．グロタンディークはこのとき，モルモワロンの家（借家）にあったグロタンディークの私物（ピアノなども含まれていた）をヨランドに贈与する旨の置き手紙を残していたようだ．この私物の多くがシャルラウに寄贈されグロタンディークの伝記の執筆に活用されることになる．ぼくが，焼却処分を手伝ったとされるモンペリエ大学のマルゴワールを1996年12月5日に訪ね，「グロタンディークの住所を教えてもらえないか？」と聞いたところ，「転居先の住所をグロタンディークが教えてくれず，連絡が不可能になってしまった」というようなことをいっていた．当時，ぼくは，これは嘘に違いないと感じていたが，嘘だとしても，嘘をつかねばならない事情は理解できそうな気がしたし，

無理に聞きだすわけにもいかず，1995年秋にマルゴワールが編集して出版されたグロタンディークの『ガロア理論を貫く長征』の第1分冊を100フランで購入して立ち去った．

　マルゴワールの発言が嘘だったのかどうなのか微妙なところだが，モルモワロンでの焼却作業を手伝い，その後は間接的な交信（ヨランドを介しての交信）しかできていなかったのなら，そして，その連絡方法も『ガロア理論を貫く長征』の出版後に利用不能になったのなら，事実であった可能性もある．実際，1997年11月のマルゴワールから辻雄一への手紙にも「グロタンディークとは連絡不能だ」と書かれていた．

　話が前後するが，1992年7月22日にぼくは京子とともにヨランドの家を訪ねている．「グロタンディークの住所がわからないか？」と聞いてみたところ，「住所は知っているが，誰にも教えないようにいわれているので教えられない．でも，手紙などは私に送ってくれれば転送することはできる」といってくれた．ところが，その後，ヨランドが送った郵便物まで開封せずにもどされるという「最悪の事態」が発生し，ぼくがグロタンディークとの文通を再開できる可能性は消えてしまった．何がグロタンディークの心をそこまで変質させたのかは不明確だが，グロタンディークが「真実の日」（le Jour de Vérité）と呼んでいた1996年10月14日に神の出現する兆しがなかったことと無関係ではないだろう．とはいえ，それらのこととは関係なく，ぼくは，グロタンディークゆかりの地巡りや資料集めの作業は続けていた．そしてその「成果」の一部をぼくの小さな作品『グロタンディーク：数学を超えて』[7]に整理することになる．

黙殺された手紙

　1990年1月26日にグロタンディークは，第2次隠遁中にモルモワロンで，非常に注目すべき手紙を書いた．約250名の知人に向けられたものだったが，グロタンディーク・サークルには，この極めて興味深い手紙が収録されないままになっている．穿った見方をすれば，突然「福音」を宣言し神の降臨を預言したグロタンディークに戸惑い，「グロタンディーク発

狂説」を支持する材料となることに怯えつつ，とりあえず「隠蔽」あるいは「公表保留」の決定を下したということだろうか．ぼくは，パウロなどによってイエスの死後に創作されたイエスをキリスト＝メシアだとする物語を核とするキリスト教（たとえば神の概念）にはさまざまな欠点があると感じており，神は脳の妄想（デリュージョン）にすぎないとするドーキンスの無神論的見解［16］を当然だと思っている．さらにまた，グロタンディークが宗教的な用語を使って書いていることの意味を解読することが必要だとも考えているが，とりあえずここでは，グロタンディークのテキストをなるべくデフォルメせずに伝達したいと思っている．グロタンディークの行為の内に潜むスピリチュアリティの熱気あるいは「永遠のいのち」への情熱の特異性を感じることのできる非常に重要な手紙なので，その内容を紹介しておきたくなったのだ．

突然の「福音」

　この手紙の本文はタイトルの付けられた10個の節からなっている．それぞれの節の概要について順に眺めてみよう．（この手紙の解読作業を行なうにあたって，辻雄一による私的な翻訳が非常に役に立った．）

　第1節「新しい時代のためのあなたのミッション」（Votre mission pour le Nouvel Age）において，グロタンディークは, 1996年10月14日を「真実の日」（Jour de Vérité）と呼び，この日以降を「新しい時代」（Nouvel Age）あるいは「解放の時代」（age de la libération）と呼んでいる．そして，「新しい時代」のための『福音の書』（Livre de la Bonne Nouvelle）を1990年中に書き上げようとしていた．この『福音の書』が出版されれば，多くの人たちが「新しい時代」を生きるようになるだろうが，その前に，個人的に知っている何名かの人たちにあらかじめ知らせようとしてこの手紙を書いたのだった．「真実の日」を前にして神の特別なミッションを伝えようとする手紙でもある．このミッションを受け入れることで，神の助力によって，4つの事柄，「内的復活」（renouvellement intérieur），「内的ヴィジョン」（vision intérieure），「信念」（foi），「スピリチュアルな豊かさ」（fertilité spirituelle）

が実現されるのだという．グロタンディークがキリスト教的な用語体系を「借用」していることは明らかだが，あとで紹介するようにグロタンディークがこころの中で呼びかけられた神は，通常とは異なり女神であったところが「女性性」重視の姿勢とも思われ，神を慈悲の象徴としようという試みかもしれないと感じて好感が持てた．

　第2節「神の息吹」（Le Souffle de Dieu）は，予期しない手紙を手にした相手が驚くことを想定して書かれたものだ．この手紙をもらった人たちの大半は「福音の伝道」などというミッションはいかにも唐突に感じるはずだが，グロタンディークは「神の息吹」はこのように突然巻き起こるものだと述べ，グロタンディーク自身のそれまでの人生における人間関係はスピリチュアルなものではなかったが，神との出会いによって，自分の人生が「不毛な砂漠」（désert aride）から「花に満ちた庭園＝楽園」（jardin florissant）に変貌したことに触れて，その体験によって「グローバルなレベルで神が巻き起こそうとしている変化の巨大さを感じ取ることができる」と述べている．

不誠実だった「栄光の時代」

　第3節「あなたの不誠実さ」（Ton infidélité）のタイトルの「不誠実さ」という訳語は，グロタンディークのいう神との関係での「不誠実さ」を強調したければ，「不信心」とでも訳す方がいいのかもしれない．ただし，キリスト教的あるいは仏教的な意味での「不信心」と単純に混同されては困るので，躊躇しつつも「不誠実さ」と訳しておいた．この手紙を書いているころ，グロタンディークは過去の人生において，自分は〈神〉の呼びかけ（内的な声）に不誠実であり続けたと考えていた．ところが，今回は（その直前までにグロタンディークが集中的な夢体験や思索を続けていたせいで脳の情報処理システムが混乱したためだろうが）かなりハードな形で，神が呼びかけてきた．この神との遭遇によって，自分の知人たちがこの新しい「福音」の「伝道者」となるべく選ばれているものと確信したのではないかと思われる．自分も神の「呼びかけ」に応じるまでに長い「悔い改める行

為」＝「改悛の祈り」(act de contrition)が必要だったので，この手紙を受け取った人もまた（ミッションを遂行するためには）そのような「悔い改める行為」を経る必要があるのだとも書かれている．しかし，この手紙を受け取った人たちの多くは，この手紙をテイネイに読んでみようとしたかどうかさえ疑わしい．「悔い改めよ！」というセリフには，現実生活に追われる人たちの魂を揺り動かすだけのインパクトがなかったに違いない．

　第4節「私の過去の不誠実さ」(Mon infidélité passée)では，グロタンディークの抑うつ症状ではないかとさえ思えるような反省の念がほとばしり出ている．意外といえば意外なことに，グロタンディークは1949年から1969年までの20年間，自分が不誠実だったと書いている．つまり，この20年間は人生の中で全力を数学に投入していた時代で，数学者たちによると「この時代のグロタンディークはエネルギッシュで輝いていた」と賛美されることが多いのだが，そのときこそ不誠実だったと告白しているのである．これは逆説的なレトリックなどではない．ブランの強制収容所で結核に罹ってしまった母親との戦後の生活（父親はすでに1942年にアウシュヴィッツに送られ「行方不明」になっている）においても，結婚生活においても，さらに，数学者としての生活においても不誠実であったと書いている．「出来が悪い」と思った数学者たちを暗に軽蔑していたことや，数学的なヴィジョンの由来（とくにヴェイユの貢献が軽視される傾向があったことを想っているのだろうか？）を曖昧にしたり，ヴィジョンを曖昧に記述していたのを弟子などが厳密化してくれたときにもそれを自分の仕事だったかのように装ったりしたこともあるとかなり過激に告白している ((à partir de 1963), par un manque de rigueur et d'honnêteté pour reconnaître l'origine d'idées et de résultats que je faisais mine souvent de m'attribuer, alors que je les tenais d'autrui (le plus souvent, des élèves))．これは，『収穫と種蒔き』（辻雄一による日本語訳のタイトルは『収穫と蒔いた種と』）における弟子などへの執拗な攻撃がかならずしも正確なものでなく不誠実な部分があったことを含んでもいるのだろうが，それよりも，傲慢・不遜であった「栄光の時代」の自己欺瞞的実態を凝視し瞑想しての結論なのだろ

う.

　グロタンディーク自身の総括によると，こうした「スピリチュアルな停滞」(marasme spirituel) を打ち破る最初の「悔い改める行為」，それが，軍事研究費を受け入れていた高等科学研究所 (IHES) との訣別であり，「人類の危機」を回避しようとするシュルヴィーヴル運動への全力投入であった．このころのグロタンディークは数学に打ち込んでいた時代と同じような情熱を一種の「革命運動」に振り向けていたようにも見える．ところが，グロタンディークのストイックな取り組みが裏目に出て，その運動とも訣別するはめになり，1973 年夏にパリ近郊から南フランスに移り住んでしまう．1976 年には，その第 1 次隠遁地（ヴィルカン）で，瞑想という行為を発見したのだが，これはそれ以後のグロタンディークの追究課題が，数学から「自己自身とこころ（プシュケ）についての認識」(connaissance de moi-même et de la psyché) へと大きく方向転換するきっかけにもなった．

傲慢の残り香

　第 5 節「不誠実さとカルマ」(Infidélité et karma) には，不誠実さがなぜ問題なのかについて書かれている．ここでいう不誠実さというのは，人間どうしの約束を守らないとか隠し事をするなどといったレベルのことではなく，魂 (âme) の内奥を照らす神に対する不誠実さを意味している．また，グロタンディークがカルマというときはインド的・仏教的なニュアンスが強いのだが，徹底的な「悔い改め」によってのみカルマは消去できるのだという．カルマは日常生活における傲慢さによっても蓄積されるのだと述べているが，これは，自己中心的な側面の強いグロタンディークが，自分の傲慢さをやさしさに変換したいと願っている証しなのかもしれない．神からのミッションには「自分よりも才能が豊かでない人たちに対する親愛の情に満ちた援助」(une aide fraternelle vis-à-vis des êtres moins richement doués que soi) を行なうことも含まれているという．しかし，これにはまだどこかに傲慢の香りが漂っている．グロタンディークは，かつて自分が関係してきた先輩や友人の数学者たちについて，その魂が極度に悲惨な状況

にあるとし，早く悔い改めなければ「来世で長期に渡る巨大な道徳的な苦痛を自ら準備していることになる」(ils se préparent de très grandes et très longues souffrances morales dans l'au-delà) などと書いている．しかし，来世＝彼岸 (l'au-delà) とは何かについての考察がなければ，「来世における地獄行き」を使って脅すような手法はあまりにも凡庸で，いまさら有効性をもつとも思えず解釈に苦慮せざるをえない．ただ，こうした通俗的な表現に身を委ねてまでも，自己 (moi-même) を表明せずにはいられない当時のグロタンディークの切羽詰まった内的苦悩の独特の色合いが感じられはする．

第6節「神の期待」(L'attente de Dieu) では，むしろグロタンディーク自身の期待が滲み出ている．グロタンディークはこの手紙を出した約250名の中でスピリチュアルな閉鎖性 (fermeture spirituelle) の比較的少ない40名程度は，この手紙を読むと直ちに反応を起こすに違いないと考えていたようだ．実際のところはどうだったのか，ぼくにはよくわからないが，その後の動きからして，グロタンディークの期待＝「神の期待」は裏切られたとしか考えられない．グロタンディークによれば，それぞれの人の魂にとって，自己と神がもっともデリケートかつもっとも大切なのだという．魂の内部にある自己と外部にある神という対比ではなく，魂そのものが自己と神とからなっているといいたいのかもしれない．それぞれの魂は自己によって他者と隔てられ，神によって他者とつながっているということだろうか？この見方であれば，ぼくにも少しは理解できる．脳には他者と同質な機能と他者と異質な機能がたしかに存在していそうだからだ．そしてその異質性＝差異性こそが，それぞれの自己の本質なのかもしれないと感じる．

隠遁・瞑想・夢・神

第7節「私の宗教教育」(Mon instruction religieuse) では，グロタンディークがこの手紙を書くまでの経緯が簡単にまとめられており，グロタンディークのこころの変化を見るための非常に興味深い情報が含まれてい

る．ことの流れを理解するために，とりあえず，第1次隠遁以後の主な出来事を並べてみると：

1973年07月　第1次隠遁（ヴィルカン）
1974年08月　法華経（英訳）を読む
1976年10月　瞑想の発見
1976年11月　藤井日達と会見
1979年07月　『アンセストの称賛』一段落
1981年01月　第2次隠遁（モルモワロン）
1984年01月　『プログラムの概要』執筆
1985年10月　『収穫と種蒔き』一段落
1987年09月　『夢の鍵』一段落
1988年04月　クラフォード賞受賞辞退

のようになっている．シュルヴィーヴル運動という不慣れな社会活動の挫折体験を経て隠遁したものの，藤井日達を創始者とする日本山妙法寺の接近という形での仏教との思わぬ出会いもあって，静かに暮らすことが難しくなる．グロタンディークは請われるままに日本山妙法寺のパリ道場開堂（1975年）に協力したが，グロタンディークの家の近くに道場を建てようとする動きもあり，藤井日達の訪問を契機として官憲（憲兵隊）が介入し告訴され裁判闘争など闘いの日々が続いてしまう．こうした事態からの脱出願望もあってのことだろうか，グロタンディークは，ラ・ガルデット（ゴルド）での短期滞在を経て，ヨランドの紹介で，1981年にモルモワロンに転居し第2次隠遁生活をはじめている．転居とともに心機一転，やり残した数学研究への本格的復帰という気持ちもあったようだ．日本山妙法寺は当然のようにグロタンディークを追い第2次隠遁生活にもその影を落としている．この時期のグロタンディークは何かあるごとに合掌して「南無妙法蓮華経」と唱えていたのを，ぼくは鮮明に覚えている．ついつられて，ぼくまで「南無妙法蓮華経」と呟いてしまったりしていたものだ．同じ時期に漢方について学んだことから陰陽思想にも興味を示し，『収穫と種蒔き』第3部で

は陰陽思想を真似た立場から数学的創造について考察していたりする．その後，『収穫と種蒔き』第4部で弟子たちへの批判を徹底化させ，数学者たちに送り付けるが大きな反響はなかった．

　こうした挫折体験によって，グロタンディークの苦悩は深まり，熟睡できずによく夢を見るようになったのかもしれない．「なぜこんなにいろいろな夢を見るのか？」と考えるうちに，1986年10月に「夢は神からのメッセージだ」という「閃き」が発生．その後，神の援護のもとに「形而上学的な夢」(rêves "métaphysiques") の解読に挑戦しつつ，『夢の鍵』の執筆に取り組んでいる．グロタンディークがはじめて神と出会った (Dieu s'est manifesté à moi) のは，1986年12月27日だったという．1989年6月からは連日，神との対話 (entretien) 形式での交流がはじまり，「新しい時代」のための「神のデッサン」について，またその中でのグロタンディークの役割についてさまざまなことを具体的に教育された．グロタンディークは「私は（神から）神の大きなデッサンの中における，そのデッサンの出現以来の，「永遠のいのち」という視点からの苦悩というものの役割や悪の役割について教わり，また，人間の魂に関する本質的なリアリティ，そのリアリティと神との関係，世界の歴史，宇宙の創造以来継続している救済の大計画についても教わった」(J'ai été éclairé aussi au sujet des réalités essentielles concernant l'âme humaine, ses relations à Dieu, l'histoire du Monde et le grand projet du "Salut" se poursuivant depuis la Création de l'Univers, ainsi que sur le rôle de la souffrance et celui du "Mal" dans les grands desseins de Dieu, dupuis les origines et dans la perspective de la vie éternelle.) と書いている．

聞こえる声

　グロタンディークと対話していた相手は「つねにある霊的存在で，（私自身とまったく同じように他の人たちにも）完全に聞き取れる女性の声で私にその存在を現す．その声は霊感が生じたときに，あたかも，私のもうひとつの声のように，私の口から出る」(C'est en tous cas un esprit, se manifest à moi par une voix de femme, parfaitement audible (à d'autres tout comme à moi-meme) - une voix qui sort de ma bouche dans les temps d'inspir comme si c'était une deuxième voix à moi.) のだという. ただし，霊的存在との対話とはいっても，つねに声と声でなされるということではなく，大半の場合は，グロタンディークの方は無声で相手だけがグロタンディークのもうひとつの声で応答するらしい．こころでの無声の対話だけのこともあるという．統合失調症の場合に，外部から声が患者にだけ聞こえてその声と現実の声で対話するという症状があるが，これとは異なっている．いわゆる神懸かり現象と似ているが，神懸かりの場合には対話は行われない．グロタンディークの場合には，「頻繁に一緒に完全な声で歌う」(Et souvent aussi nous chantons ensemble, à pleine voix…) のだとも書かれている．グロタンディークはこのグル的存在 (être-Guru) をフローラ (Flora) と呼んでいたようだが，1989年9月からは，陰神 (Dieu-yin) あるいは母なる神 (la divine Mère)，つまり神の女性的な人格的存在だと確認され，より親密になって，1989年12月にはママン (Maman) と呼ぶようになった．グロタンディークはこのフローラ＝ママンのあまりにもすぐれた知性を感じて，「私にはフローラが神でないなどとは信じられない」(il m'aurait été très difficile de douter de son identité divine.) とも書いている．ただし，対話の結果が混乱に満ちたものになったときなどに，このフローラを神がグロタンディークを試すために差し向けたルシフェラ (Lucifera) つまり女性の姿をした悪魔かもしれないと考えたこともあったという．実際，フローラは手の込んだ方法でグロタンディークのこころを翻弄し欺いたので，何度も神を呪ったが，結局また信頼を回復して，新たな謎に挑戦するようになったという．

　グロタンディークはこの苦悩の連続を神による徹底的な訓育だと感じており，この辛い体験からなる訓育によってのみ，苦悩の壁の向こうにそびえ立つ「精神の完全な自立」(une autonomie total de l'esprit) に到達できると考えているようだ．もちろん，「精神の完全な自立」といっても，自己が神を必要としなくなるということではない．自己が神化するとい

うことではなく，自己が「こころが強力な内的従属性（エゴや性的衝動や魂の深刻な操作に対する）」(grandes dépendances internes à la psyché (par rapport à l'égo, par rapport à la pulsion du sexe, et par rapport aux conditionnements originals profonds de l'âme) から自由になるということだ．この路線でそのまま進めば，アウグスティヌスあたりが喜びそうな自由意志論というキリスト教の古典的テーマに接近することも考えられる．実際，グロタンディークが自由意志の自然学に関する超大作を執筆中だという怪しげな噂も流れていた．重要な本質を失わない限りで究極の一般化・抽象化を推進するというグロタンディークの数学思想がここでも生かされるとすれば，どのような自由意志論が展開されるのか楽しみだが，ぼくにはその輪郭を空想することさえできない．

苦悩のトポス

第 8 節「認識と解放の時代」(L'age de la Connaissance et la Libération) では，グロタンディークの切実な願いが感じ取れる．グロタンディークは，「自分が（現在の神の試練から）解放される日は，「マーヤーの時代」＝「イリュージョンの時代」の終わりであり，したがって，人間による学問的あるいは宗教的なバベルの塔の終焉と「理性の時代」＝「認識の時代」の開始を意味する」(Le jour de ma libération doit marquer en même temps la fin de l'Age de la Maya (ou Age de l'Illusion), la fin donc de la grande Tour de Babel intellectuelle et spirituelle parmi les hommes, et l'entrée dans l'Age de la Raison (ou Age de la Connaissance)) と書いている．この時点でグロタンディークは，自分のこころの声であったはずの神を最大限に一般化・抽象化して，学問的世界や宗教的世界を超えた新しい時代の到来の予言へと昇華させている．苦悩の深さに打ちのめされ苦悩からの解放をこころの底から願うグロタンディークの魂の叫びが，言葉となって定着させられたということだろう．グロタンディークはさらに，「新しい時代」がはじまれば神は宇宙のすべての謎を人間に明かし，人間のどのような質問にも答えてくれるようになるのだと書き，人間の能力の限界も 300 年ほどかけて急速

に拡大して，やがて，すべての魂が救済されることになるだろうと述べている．さらに，「その後，現在の物理的宇宙とその法則は完全に消滅するだろう．無数の役者たちによる悲惨な演劇に終幕の時が訪れるのだ」(Après quoi ce sera l'extinction pure et simple de l'actuel Univers physique et de ses lois - tel un Tomber de Rideau final sur une Pièce poignante aux innombrables acteurs, désormais terminée...) と書いている．もし，ビッグバンによって誕生しビッグクランチによって消滅することがわれわれの宇宙の運命だとすれば，このグロタンディークの言葉はまんざらデタラメでもなさそうだが，それがほんの数百年後だといわれると「ちょっと待ってくれ！」といいたくなる．

　グロタンディークは，ヴェイユやセールやデュドネの支援もあって，1960年代には天才数学者として大活躍し，可能な時間の大半を数学研究に捧げてきたにもかかわらず，研究活動を停止してシュルヴィーヴル運動に突入すると，数学者たちからの共鳴も支援もほとんど得られず，隠遁へと向う．60年代は数学者たちに「踊らされ」，隠遁後は宗教者たちに「踊らされ」，自分を回復しようとして過去の数学ノートをもとに研究を再開してみると，過去の弟子たちの「悪行」がチラつき，その批判を展開したものの期待通りの反応は得られず，グロタンディークのこころはどんどん内向的になる．やがて，さまざまな苦悩が夢となって現れ，その考察を経て，こころの内奥に潜む神（「偉大なる母」の化身）と出会い，神にすがってこころのバランスを保とうと試みたのかもしれない．人間の脳は，外界と自己の壁を霧散させて，スピリチュアルな神秘体験を経て神を創造することができる[17]．グロタンディークがこの手紙で描いてみせたことは，最近の脳研究の結果からしても，この手紙を書いている時点でのグロタンディークの脳が主観的には十分なリアリティをもって体験したことに違いないとぼくは思っているが，「グロタンディークの深淵」から湧き出す深い苦悩が（たとえそれが「自己中心性」の変容した残骸にすぎないとしても），姿を変えて文字になったものだと考えたい．われわれがグロタンディークのこの手紙から読み取るべきは，グロタンディークの苦悩のトポスであって，

書かれた「事実」の信憑性ではない．

参考文献

[1] du Sautoy, The Music of the Primes, Perennial, 2003
[2] デュ・ソートイ(冨永星訳)『素数の音楽』新潮社 2005 年
[3] Cartier, "Le folle journée, de Grothendieck à Connes et Kontsevich", Les Relations entre les mathématiques et la physique théorique, IHES, 1998
[4] Cartier, "A mad days work - from Grothendieck to Connes and Kontsevich", Bulletin of the American Mathematical Society 38 (2001), 389-408
[5] Jackson, "The IHES at Forty", Notices of the AMS, 46(1999) 329-337
[6] Jackson, "Comme Appelé du Néant - As If Summoned from the Void: The Life of Alexandre Grothendieck", Notices of the AMS, 51(2004) 1038-1056, 1196-1212
[7] 山下純一『グロタンディーク：数学を超えて』日本評論社 2003 年
[8] 『ブッダ 悪魔との対話』(中村元訳)岩波文庫 1986 年
[9] ライリー(森夏樹訳)『神の河：キリスト教起源史』青土社 2002 年
[10] グルーバー/ケルステン(岩坂彰訳)『イエスは仏教徒だった？』角川書店 1999 年
[11] グロタンディーク(辻雄一訳)『収穫と蒔いた種と(1,2,3)』現代数学社 1989 年, 1990 年, 1993 年
[12] Leith, "The Einstein of maths", 20 March 2004
[13] 中村博昭/玉川安騎男/望月新一「代数曲線の基本群に関する Grothendieck 予想」『数学』1998 年
[14] Ikonicoff, "Grothendieck", Science et Vie, août 1995
[15] シモーヌ・ヴェーユ(冨原眞弓訳)『カイエ 4』みすず書房 1992 年
[16] ドーキンス(垂水雄一訳)『神は妄想である』早川書房 2007 年
[17] ニューバーグ/ダギリ/ローズ(茂木健一郎監訳/木村俊雄訳)『脳はいかにして〈神〉を見るか』PHP 研究所 2003 年

アンセストの称賛

自分のなかの雄々しさを知って
さらに優しさを守れば
君は［……］谷水のようなパワーを湛えて
タオの母とつながる赤ん坊となる．
君のなかにある白くて清いものを意識しつつ，
黒く汚れたものとともに居る．
そういう在り方こそ
この世の生き方の手本なんだよ．
―――老子（[1] 第 28 章）

陰陽の鍵

　グロタンディークの『収穫と種蒔き』第 3 部は「陰陽の鍵」と名づけられ，翻訳書 [2] がこれに対応している．数学者としての自分がドリーニュなどの弟子たちとの間にどういう葛藤を生みだす結果になったかを考察するうちに，数学的創造のメカニズムについて興味をもちはじめ，陰陽という老子的な発想が，そのメカニズムを解き明かす鍵になるものと考えるようになったようだ．そして，グロタンディークの数学的創造（というよりヴィジョン）を弟子たちが論理的に厳密化して定着させる作業に取り組んだに過ぎないのだというグロタンディークの思いが，陰陽という視点によって，わかりやすく表現できると信じたようだ．グロタンディークを読むときに重要な注意がある．それは，グロタンディークはいつでも何かを書いているときには，そこに書かれつつあるものを強く信じており，書くことを通してその信念がさらに増大するというような心理的構造が見られるということだ．アイマイなままのヴィジョンのような形のまま，議論を書いていくという方式なので，書きながら修正されることも多い．これは『収穫と種蒔き』のような作品のみならず，純粋に数学的な記述についてもいえることだと思う．いわば，日記のようなスタイルで，毎日毎日，その日に考えたことや思いついたことや学んだ知識や浮かんだヴィジョン

を書き続けるというというのが，グロタンディークが何かを考えるときの基本的なパターンであった．数学の世界を去ってからは，クリシュナムルティの作品に触発されて，その日記性がかなり増大したようだ．グロタンディークは，あとから考えると間違っていたとわかっても，考え方が変化してしまっても，古い記録はそのまま残すというようなスタイルを好んだが，それは，自分の思考の発展を誰でも追跡できるようにしたいという願望によるものだと考えられる．しかもそれをそのまま出版しようと考えたようだから，この驚嘆すべき願望にはある種の「傲慢さ」が感じられなくもない．このあたりは，クリシュナムルティとはかなり異なるようだ．クリシュナムルティは，神（への無条件の信仰）からも自由な人間でいるために，弟子などは不要だと考え，孤独（solitude）を友とするようになった．グロタンディークも，孤独の重要性には気づいているのだが，弟子たちの「悪行」を執拗に攻撃する強迫的な姿勢が見られる点で，クリシュナムルティとはかなり異なっている．実際，クリシュナムルティは「自分の意識の中身からの自由，自分の怒りや野蛮さ，虚栄や傲慢，自分がとらわれているいっさいのものからの自由——それが瞑想である」（[3] p.251）と書いている．とはいえ，クリシュナムルティはものごとをありのままに見ることを瞑想と呼んでおり，その点からすると，グロタンディークのいう瞑想とほとんど同じものだ．グロタンディークは，クリシュナムルティから「信じること」よりも「発見すること」の重要性を学んだはずだ．ところが，『収穫と種蒔き』以後の苦悩の中でグロタンディークが遭遇し，信じようと試みた神は，「理念化された母の化身」にすぎないように思える．グロタンディークは，自分の神の内実が何なのかを探る瞑想からは逃避したままなのかもしれない．つまり，「陰陽の鍵」で開けたと信じた自己に至る扉の前で，まだその中に入ろうとはしていないのかもしれない．そしてこのことがグロタンディークのこころにユニークな神を生みだしたのかもしれない．

　先を急ぎ過ぎたようだ．『収穫と種蒔き』にもどろう．グロタンディークは1976年7月（48歳）に瞑想のパワーに気づいたという．そして，瞑想によって，自分のこころが自己と男性性（陽）と女性性（陰）の織りなす物語の

ようなもので，この物語（＝歴史）は大きく3つの時期から構成されていることに気づいたという．第1期は陰と陽のバランスがとれていた幼年時代（0歳～5歳），第2期は陽が優位だった時代（5歳～48歳），第3期は幼年時代の再発見（陰陽のバランスの回復）の時代（48歳～）である．この部分はなんだかわかりにくいのだが，フロイト的な言葉になおせば，自我が，超自我と父と母が作る三角形，つまりエディプス・コンプレックス（母とのペア的な「性的満足感」の中に父という存在が登場して事態が複雑化する）の存在に気づいて，そのコンプレックスからの自己解放を試みるようになったということだろうか？でも，グロタンディークはエディプス・コンプレックスという言葉は使っていない．『夢の鍵』の付録ともいうべき『レ・ミュタン』を見ればグロタンディークがフロイト（後期フロイト）を読んでいることがわかるので，知らないはずはない．フロイトの理論では，少年におけるエディプス・コンプレックスは，権威としての父を自己の中に吸収して超自我とし，それがアンセスト忌避を少年の自我に定着させることを通して，母への性的愛着を諦め母以外の女性を性愛の対象としなければならないことを学び，ナルシシズム的な方向を目指すようになるとともにコンプレックスは自然に消滅するのだと考えられている．

グロタンディークの母

　グロタンディークの場合，父も母も陽によって特徴づけられるような性格だったので，幼児期のグロタンディークは陰と陽のバランスを崩される危険性が強かったのに，1933年に母が決意してグロタンディークを「里子」に出すまでは，大きな圧力は感じずにすんでいたという．グロタンディークは，長髪で女の子のような声で，姉（父が異なる）の影響もあったのかもしれないが，人形遊びを好んでいたという．母は，政治にコミットしていただけでなく，書く才能に恵まれ作家をめざす「新しい女性」(neue Frau)（1920年代ベルリンに出現した「進歩的」女性，ある意味で，アメリカの「モダンガール」のドイツバージョンでもある[4]）の一人だった．当然，「母」のイメージにまつわる女性性を無意識のうちに「蔑視」する傾向が強かっ

たはずなのに，幼いグロタンディークの女性性が抑圧されずにすんだのは不思議だ．グロタンディークの両親は正式には結婚していない．グロタンディークという名字はハンブルクの裕福なプロテスタント出身の母ハンカのものだ．ロシア系ユダヤ人とされる父の名前はアレクサンドル・シャピロ，(Александр Шапиро, 1890-1942?). 同姓同名の有名な革命家がいるがそれとは別人である．父のアレクサンドルと母のグロタンディーク（ドイツ系なのでグロテンディークというべきだが）をとってドイツ流に書けば Alexander Grothendieck（アレクサンダー・グロタンディーク）という名前が生まれたわけだ．それはともかく，グロタンディークの人生はベルリンでの両親との平穏な幼年時代からスタートした．両親は結婚はしていなかったが同居はしており，父母と姉と自分からなる4人の通常の家庭生活に近いものが存在していたのだろう．ところが，ナチスの台頭でドイツの政治情勢に変化が起こり，ユダヤ人であった父は1933年にパリに移住．しばらくはベルリンの母とパリの父は熱心に手紙のやりとりをしていたが，やがて，母は，まず姉を（健常者だったが）ベルリンの障害者施設にあずけ，グロタンディークをハンブルク郊外の元牧師の家に「里子」に出して，父と合流することを決意して単身でパリに旅立ってしまう．母は子供たちを見捨てて，父の世話をするためにパリに向かったのである．このとき以来，父はスーパー陰の役割を担い，母はスーパー陽の役割を担うようになり，1939年に政治情勢が緊迫の度を増すにいたって，母はグロタンディークを引き取らざるをえなくなったものの，父がアウシュヴィッツに送られて亡くなるまで，この関係は維持されていたという．（この部分（[2] p.68) の表現はわかりにくいが，生計を維持していたのが父ではなく母だったということを意味しているのかもしれない．）当然，グロタンディークは両親に捨てられた気持ちになった．1939年までの約5年，グロタンディークは数名の「里子」たちの一人として，元牧師夫婦の子供たちから「差別」を受けながら暮らすことになる．この新しい環境の中でグロタンディークは性に対する抑圧的な姿勢を植え付けられ，自分の中の男性性を女性性よりも優位なものと考え（つまり，ジェンダーにおける男性化を促進させて），男性

性（陽）を前面に出して女性性（陰）を抑圧するという姿勢をとるようになったという．こうした姿勢は 48 歳になるまで持続し，自分の子供たち（5 人のうちの 4 人についてで，最後の 1 人の養育にはコミットしていないので除外）にもこの姿勢を植え付けてしまったといい，さらに，子供たちから孫たちにも同じ姿勢が受け継がれてしまったと書いている．戦時中，グロタンディークは（一時期母と一緒に収容所生活をしていたこともあるが）カルヴァン派の牧師が経営する高校に通い，母は単独で収容所に入れられており，不運にも結核に罹ってしまっていた．父も収容所に入れられていたが，ユダヤ人だったせいで，1942 年にアウシュヴィッツに送られて「行方不明」となった．戦後になって，グロタンディーク母子はモンペリエ近郊のメラルグで（グロタンディークの奨学金に頼りつつ）貧しく暮らしていた．その後，グロタンディークは単独でパリに移り，さらに，ナンシーに移ってシュヴァルツとデュドネの下で学位論文を仕上げている．この時期，グロタンディークはシュヴァルツの家にピアノを弾きに行ったという（高校時代にピアノが弾けるようになったようだ）．そして「わたしたちの家で手伝いをしていたアリスに特別な好意をもった様子だった．彼女に彼は自分の母の面影を見ていた」（[5] p. 488）という．この年上の女性への恋心の発生を母に知られたことで，母がナンシーに移住してくることになった．ところが，グロタンディークは，母のために見つけた住居の大家だったこれまた年上の女性マルセル（アリーヌ）に恋をして子供が生まれてしまう．グロタンディークが学位論文の執筆をはじめる時期は，母の介入もあって，女性問題に翻弄されていたはずだ．母のグロタンディークに対する執着は異常なほどで，短期のポストがあってサン・パウロに滞在するときにも母だけが同伴し，マルセルはナンシーに残って出産した．学位論文をタイプしてくれたのはマルセルだったが，母のみに捧げられた．グロタンディークが，ナンシーでセールに感化され，サン・パウロ大学やカンザス大学での滞在を経て，フランスにもどるころには，研究テーマが学位論文の核型空間論（関数解析）からコホモロジー論に変化しており，代数幾何学への転身の準備が整っていた．この時期，グロタンディークはパリ郊外のボワ・コロ

ンブで母と暮らすようになっていた．グロタンディークはマルセルとの結婚を希望したが，母はそれを許さず死の床で，グロタンディークに，マルセルと別れて（母の世話をしてくれていた）女性ミレイユと結婚することを誓わせた．グロタンディークはミレイユと結婚したが，結婚して5年後の1962年にはミレイユが「神経衰弱」に陥ったという．グロタンディークは家庭生活を犠牲にするような形で数学に没入していった．

グロタンディークによると，母は女性性への憎しみと抑圧によって人生の荒廃を招いたという．それと対比して，グロタンディーク自身は目的達成に向けて過度の集中力を発揮しそれ以外のものに注意が向かなくなるという強い陽の性格（Zielgerichtetheit）を身に付けていたものの，穏やかさとやさしさ（陰の性格）を完全には消し去っていなかったという．実際，ぼくが1973年夏にはじめてグロタンディークに会ったとき以来，「グロタンディークは極めてやさしい人だ」という印象をもち続けてきた．（1990年代になって，この印象が急激に揺らぎはじめるのだが…．）グロタンディークが瞑想を発見して，それを使って自己省察を開始するのは1976年10月だが，それから8年を経て，「陰陽の鍵」で自分のこころの謎が解けると信じるようになったが，瞑想を発見する少し前に面白い体験をした．それはグロタンディークの過去の女性との愛情関係の在り方とは異質なもので，女性の方が外で働き（150頭のヤギの世話をする），グロタンディークが「家庭を守る」という生活を経験したのだ．そして，これが非常に自然に感じられ，男女の役割が入れ替わったような愛情生活に，新しい新鮮さを感じることができたという．これに関連して，グロタンディークは，本当の自己自身を受け入れてはじめて，他者を受け入れることが可能になるとも書いている．愛情というのは他者を受け入れることなのだから，ありのままの自己を受け入れることを拒否して惰性や幻想に従っているかぎり，本当の愛情関係は生まれないのだなどという「もっとも」な話も書かれている．余興のような話題になるが，グロタンディークは，陰陽の対を大量に思い浮かべて，それらがある種の「非線形な詩」のような形態を見せることに気づいて感激したりもしている．この話題は遊び心で集約されて，『収穫と

種蒔き』第 3 部の付録『宇宙への門』としてまとめられている．グロタンディークが陰陽思想について触れたのは，漢方に興味をもっていた人（娘の元夫）から聞いたことがきっかけとなったようだ．陰陽ゲームのような理解を進めてついに『宇宙への門』を書き上げたのだから，グロタンディークはたしかにユニークな精神を持っていた．

アンセストの称賛

『収穫と種蒔き』第 3 部を書くときに使った基本文献は自分の愛の体験を詩の形で表現した作品『アンセストの称賛』だった．これは

1) 無垢（L'Innocence）
2) 衝突あるいは落下（Le Conflit - ou la Chute）
3) 解放あるいは再発見された子供時代
 　（La Délivrance - ou l'Enfance retrouvée）

という 3 つのパートからなるはずだった．実際に書かれたのはパート 1 だけだったのではないかと思われる．しかも，グロタンディークはこの作品の大半を焼却したとされ，現在確認されているところでは，残っているのはパート 1 の最後の 20 数ページ分だけらしい．例によって，グロタンディーク・サークルはこれを収録していない．この作品について，『収穫と種蒔き』ではつぎのように書かれている．まずこのタイトルがやや挑発的で作品の意図についての誤解を生じる可能性が強いと弁明のようなことを書いてから，男性の性的衝動が本来的に「アンセスト的」で「母への回帰」への衝動にすぎないと述べ，「この大いなる回帰は，愛の遊戯の過程で「上演」され，再体験され存在のある消滅，ある消失，ひとつの死の中で絶頂に達し，成し遂げられ」「愛の行為をそのまったき形で生きること，それは，また，母というすみかの中へと私たちを回帰させる「逆向きの誕生」としてのその固有の死を生きることでもある」(Ce grand retour est "mis en scène" et revécu au cours du jeu amoureux, pour culminer et s'accomlpir dans un anéantissement, une extinction de l'être, une mort. Vivre dans sa plénitude l'acte amoureux, c'est aussi vivre sa propre mort, telle une "naissance à rebours" nous faisant retourner dans le giron maternel.）(p.508) と主張している．男性の性衝動が本来的に「アンセスト的」だというのは，フロイトのいう「エディプス・コンプレックス」を踏まえての話だろうか？ グロタンディークはその点についてはコメントしていない．この「愛の遊戯」というのは，（母と息子の）アンセストを称賛しているという文脈からすると，「母と息子の間での恋人どうしのような戯れ」のことを意味しているのだろうか？「愛の行為」というのはいうまでもなく「性的ラポール」(rapport sexuel) を意味しており，これが「逆の誕生」としての「固有の死」だという主張はそれなりに納得できる．ここには，オーガズムは小さな死 (petite mort) であるとするバタイユ的な発想を感じることができるが，グロタンディークはバタイユにも触れていない．触れていないといえば，グロタンディークはレヴィ＝ストロースのアンセスト忌避こそが婚姻制度の基礎であるという話題にも無関心なようだ．あくまで，自分の体験を普遍化し，理論化して，無意識下に抑圧されている何かを合理化しようと試みているように感じられる．そう考えてみると，グロタンディークの「すべての創造的プロセス（あるいは「行為」）は，陰と陽の，「母」と子供のエロス的抱擁であり，子供は母へともどり，そこで消滅する」(tout processus (ou "acte") créateur est une étreinte du yin et du yang, de "la Mère" et d'Eros [de] l'Enfant, retournant et s'abîmant en elle.) (p.508) という言葉や「生は絶えず死の中に沈んでゆき，ついで肥沃で，養分を与える母から絶えず再び誕生してくる」(la vie éternellement s'abîme dans la Mort, pour éternellement renaître d'Elle, la Mère, féconde et nourricière...) (p.509) という言葉が奇妙な輝きを見せてくれそうだ．

夢で会える

　陰陽と創造のかかわりについての込み入った考察のあとで，突然ドイツ語の歌「たぶん今日もまた明日も」

　　"Wohl heute noch und morgen
　　da bleibe ich bei dir,

"wenn aber kommt der dritte Tag,
dann muß ich fort von hier."
"Wann kommst du aber wieder,
Herzallerliebster mein?"
"Wenns schneiet rote Rosen
und regnet kühlen Wein."

が登場する(実際には7節からなっているがここでは最初の2節だけを紹介しておいた).グロタンディークはこれをテイネイにフランス語に翻訳し,フランス語でもまったく同じメロディーのままで歌えるように3日間かけて調整したという.面白いのでグロタンディークのフランス語訳を書いておこう.

"Ce jour encore et domain
auprès de toi serai
mais dès que point le troisième jour
sitôt je partirai."
"Mais quand reviendras-tu encore
m'amour, mon doux aimé?"
"Quand neigeront roses rouges
et quand pleuvra vin frais!"

Wohl heute noch und morgen

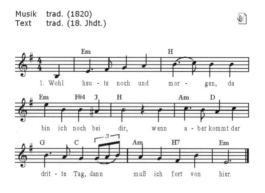

たぶん今日もまた明日も

ドイツ語の歌詞を翻訳してみると，「たぶん今日もまた明日も／私はあなたのそばにいます．／でも明後日になると／私はここから去らねばなりません．／でもいつあなたはもどってくるの？／私がもっとも愛するあなた．／赤いバラが雪のように降るとき／そして冷たいワインが雨のように降るときに！」のような感じだ．死んでしまう恋人がやがてまた夢の中で会えるよと語りかけているような歌詞で，グロタンディークはこの歌に死別した母と夢で会えるという希望を託すかのように，この歌に感動している．この時点から数年後に，グロタンディークは神（女性の姿をしており「ママン」と命名される）と遭遇することになるが，この遭遇に至る中間的なエピソードとして，夢の記録を付けるようになり，ついに「夢は神からのメッセージだ！」と信じるようになるという事件があった．『夢の鍵』はその体験を「理論化」したものだ．『収穫と種蒔き』と『夢の鍵』の類似性と相違点について詳しく調べれば，グロタンディークのこころの変遷をトレースできそうだ．

女性への衝動＝数学への衝動

　愛と死のアマルガムについての思索のはじまりは，グロタンディークと老子の出会いからはじまったようだ．自分の考えていたのとよく似たことがすでに老子によって語られていることを（1978年の末に）知って，それ以降の半年ばかりを費やして『アンセストの称賛』を書いたという．しかも，グロタンディークは6種類の英訳，独訳，仏訳を検討して，そのどれもが老子の真意に気づいていないと判断している．そして「このようなメッセージは，自分自身の体験から自分のものにすることが出来たことによって，それをすでに知っている人にのみ，あるいは同化するための仕事がその人の中でおこなわれた，すでにきわめて近いところにいる人にのみ，（表現するために用いられている言葉やイメージを超えて）真の意味を伝える」（[2] p.119）のだと書いている．また，グロタンディークは老子との出会い以前に「「女性」に向って私を引き付ける衝動と，「数学」に向って私を引き付ける衝動との間に深い同一性にはじめて気づいた」（Je me suis aperçu pour la première fois de l'identité profonde entre la pulsion qui m'attirait vers "la femme", et celle qui m'attirait vers "la mathématique") とも書いている (p.544). グロタンディークはこの同一性を説明するためにアンセストを持ちだし，それを称賛する詩集まで作っているのだが，ぼくには，この説明は不自然な気がしてならない．アンセストなど持ちださなくても，数学への衝動も女性への衝動も，どちらも，テストステロンによるものだと考えればもっと自然な「同一性」の証明が可能になるのではないかと思える．また，快感の類似性もドーパミンやエンドルフィンによって説明できそうな気がする．グロタンディークはまた，自分の説明がフロイトの昇華理論などとは何の関係もないことを強調している ([2] p.149) が，グロタンディークの「こころの構造論」が後期フロイトの理論やエディプス・コンプレックスとどう関係するのかしないのかについてはコメントがない．また，グロタンディークは「過去を恋い慕うリビドを犠牲に供える」ことなく，むしろそのリビドによって創造が始まると主張しており，ユングの見解 ([6] p.625) とは正反対だ．

参考文献

[1] 加島祥造『タオ：老子』ちくま文庫 2006 年
　　老子の『道徳経』の原文は「知其雄守其雌爲天下谿爲天下谿常徳不離復歸於嬰兒知其白守其黒爲天下式」だから「意訳が過ぎる」といわれそうだが，グロタンディークはこのように読んだような気がする．
[2] グロタンディーク (辻雄一訳)『ある夢と数学の埋葬』現代数学社 1993 年
[3] クリシュナムルティ (大野純一 / 聖真一郎訳)『生の全体性』平河出版社 1986 年
[4] 田丸理砂 / 香川檀『ベルリンのモダンガール』三修社 2004 年
[5] シュヴァルツ (彌永健一訳)『闘いの世紀を生きた数学者・上』シュプリンガー 2006 年
[6] ユング (野村美紀子訳)『変容の象徴』筑摩書房 1985 年

II
萌芽と仄暗い無垢の中へ

失楽園と甘美な孤独

> Ist jene Blutschande und Monogamie
> nicht ein Glaubenssatz?
> インツェストタブーもモノガミーも
> ひとつの信仰的な教義ではないのか？
> ——— シュティルナー（[1] p.60）

出生証明書

　グロタンディークの誕生の背景には複雑怪奇な物語が秘められている．ここで少し整理しておきたい．グロタンディークは，アレクサンダー・ラダツ（Alexander Raddatz）として生まれた．その時点で，母のヨハナ（通称ハンカ）はヨハネス・ラダツと結婚しており，すでに娘フローデ（通称マイジ）がいた．マイジはハンカの両親のもとで育てられたが，グロタンディークが生まれる直前にハンカの母親アンナが亡くなったために，グロタンディークが生まれてからはハンカのもとに引き取られた．グロタンディークの出生証明書（Geburtsurkunde）には，「モアビート病院の院長は告知する：千九百二十八年三月二十八日午前十一時四十五分にモアビート病院で，ベルリンのブルネン通り165番地に住む作家ヨハネス・ラダツの妻ヨハナ・ラダツ（旧姓グロタンディーク）に息子が生まれ，この子供はアレクサンダーと名付けられた．」（Der Direktor des Krankenhauses Moabit zeigte an, dass von der Johanna Raddatz geborene Grothendieck, Ehefrau des Schriftstellers Johannes Raddatz, wohnhaft Brunnenstraße 165 zu Berlin im Krankenhause Moabit am achtundzwanzigsten März des Jahres tausend neunhundert achtundzwanzig vor mittags um zwölfdreiviertel Uhr ein Knabe geboren worden sei und dass das Kind den Vornamen Alexander erhalten habe.）（[2] p.92, [3] p.85）と書かれているという．つまり，グロ

II 萌芽と仄暗い無垢の中へ

　グロタンディークは 1928 年 3 月 28 日 11:45 にモアビート病院で生まれた．モアビート病院は，1920 年代にユダヤ系医師の中心になっていたとされる評判のいい病院だった．その後，ナチスに接収され，空襲などによって破壊されたこともあって戦後は規模をかなり縮小して運営されていたが，結局 2001 年に閉鎖された．現在はトゥルム通り 21 番地にモアビート健康社会センター（GSZM, Gesundheits- und Sozialzentrum Moabit）として不完全ながら再建されている．グロタンディークが生まれた時点では，病院はモアビート区のビルケン通り（Birkenstraße）とペルレベルク通り（Perleberger Straße）の交差点のすぐ南，トゥルム通り（Turmstraße）の北に位置していたものと思われる．グロタンディークが生まれる前後の時期に母親が住んでいた現在のミッテ区のブルネン通り 165 番地の建物から西に直線距離で 3 キロちょっとのあたりだ．ところで，グロタンディークは病院や近代医療を忌み嫌っている．体調が良くないときなどもハーブを使うなどの代替医療（小学校時代に「里親」から習った）で対応することがほとんどだ．断食によって免疫力を高めて自然治癒を目指すべく断食療法を使うことも多いという．モーセやイエスが 40 日間の断食をしたとされることに影響されて，40 日間の断食に挑戦したこともあるが，このときは，幻覚の発生のみならず，解離性同一性障害（dissociative identity disorder）に似た解離性意識変容まで体験したようだ．グロタンディークは，病院での出産についても否定的で，自宅での出産を勧めるほどだ．こうした反近代医学的な姿勢は幼児期のトラウマ的体験と無関係ではない．

自由恋愛

　グロタンディークの母ハンカは，ハンブルクの裕福な家庭に生まれたが，ワイマール時代の「新しい女」（Neue Frau）と呼ばれる先駆的女性[4]のひとりで，アナーキズムとも深く結びついた自由恋愛（Freie Liebe）の信奉者でもあった．自由恋愛というのは，社会規範としての結婚制度などに反発して，恋愛や性愛を自然な性的情動と性的欲求の解放と見なそうというものだ．ラダツも自由恋愛主義者だったというが，なぜか自由恋愛

中のハンカとラダツは1922年にハンブルクで結婚した．（ラダツの母マリアはハンブルク近郊のブランケネーゼの出身だった．後日グロタンディークはラダツ家ゆかりのブランケネーゼの元牧師の家に「里子」に出されることになる．）ハンカは結婚直後に男の子を産んだが，母性の発動を嫌って養育を拒否したために9日後に亡くなったという．その後，ハンカとラダツは貧しかったせいで300キロ近くも歩いてベルリンに出て，運良くジャーナリストとして生活できるようになった．貧しい生活だったようだが，1924年に生まれた娘マイジは（かろうじて生き延び）ハンカの両親が育ててくれたので死なずにすんだ．ハンカは，ラダツとの婚姻期間中に，ベルリンでウクライナ／ロシア系ユダヤ人の亡命アナーキストで路上写真屋（Straßenfotograf）でもあったアレクサンダー（サーシャ）・シャピロ（別名タナロフ）との自由恋愛（婚外恋愛）に突入．1927年の秋にはハンカとシャピロの生活はそこそこ軌道に乗ったようで，ブルネン通り165番地に写真スタジオ（Fotoatelier）と住居（Wohnung）を持つまでになり，自由恋愛の結果としてグロタンディークを妊娠した．出産直後に，ハンカはラダツと正式に離婚したが，シャピロとは同棲していたものの結婚はせず，しばらくはグロタンディーク・ラダツという名字を使っていた．つまり，グロタンディークはまずアレクサンダー（シュリク）・ラダツとして生まれ，その後アレクサンダー（シュリク）・グロタンディーク・ラダツとなり，さらに，アレクサンダー（シュリク）・グロタンディークとなったわけだ．母の自由恋愛思想は父のアナーキズム思想とともにグロタンディークに大きな影響を与えることになる．ハンカが自由恋愛主義者だったのはいいとして，なぜそれがすぐに妊娠に結びついてしまうのか不思議だ．実際，1920年代にはラテックスコンドームが商品化されていたしドイツやアメリカにはコンドームの自動販売機も普及していたという．快感の減少（フロイトはこれを理由にコンドームに反対していたが）と多少の経費を厭わなければ避妊も不可能ではなったはずなのに…．

乳児期の記憶

　シャピロは子供が欲しいとは思っていなかったし，ハンカも子供を育てるのは嫌いだったが，「女の力」を見せつけるためにグロタンディークを産んだのだという．グロタンディークは生まれるとすぐに栄養の摂取を拒み，死にかけたと主張しているようだが，生まれて間もないころの記憶となるとどこまで信じていいのか怪しい気もする．関係者の大半が亡くなってから，自分の乳幼児期を独自で回想するなんて，通常は絶望的なのだが，グロタンディークの場合は，両親が離れていた時期に両親の間で交わした大量の往復書簡や母親が書き残した1500ページの自伝的小説『アイネ・フラウ』(Eine Frau) のタイプ原稿が残されていたことなどから，母から聞かされた話なども考慮し，自分の見た夢などもヒントにしながら，乳幼児期の流れをかなりの確度で再構成できたということだろうか．脳の記憶装置が発達中のため，たとえば，生後3か月では記憶の保持はせいぜい1週間程度が限界とされるなど，幼児期健忘 (infantile Amnesie) と呼ばれる現象のために，乳幼児期の自伝的記憶を脳に保持しておくことは困難とされるが，そうでもないという説もある[5]．とはいえ，言語をもたなかった時期の記憶は音やイメージの断片が編集されずに放置されているようなものに過ぎず，もし残っていたとしても，自分の最古層の記憶を呼び覚ますのは容易なことではなさそうだ．言語を獲得してしまうと，母親などからの「言語的洗脳」によって最古層の記憶が捏造あるいは改変されてしまうこともありそうだ．言語のない時期の体験や記憶は，創造性豊かな夢の世界ともどこか共通していそうで興味深い．グロタンディークの『夢の鍵』はそうした問題とも繋がっている．「グロタンディークの深淵」の闇の中に眠る乳幼児期の最古層の記憶の再構成作業を試みたのは50歳を過ぎてから（1979年8月から1980年2月にかけて）だったが，できるだけ客観的に自己史（自伝的記憶の編集）を描き出すための瞑想の一環としての作業にも繋がって行った．母の遺品として保管してはいたが，それまで読もうとしなかった両親の往復書簡や母の自伝的小説の解読にもこのときにはじめてまともに取り組んでみたらしい．グロタンディークの自伝的かつ告白録的な要素

のある作品『収穫と種蒔き』と『夢の鍵』は，こうした瞑想の結果を踏まえて生みだされた自己解読の成果だったともいえそうだ．

グロタンディークの母ハンカ（1924年）

グロタンディークの父サーシャ

II　萌芽と仄暗い無垢の中へ

ブルネン通り 165 番地

　下の画像はブルネン通り（Brunnenstraße）を北から南に向って見たストリートビューの風景で，165 番地の 5 階建ての建物が見えている．165 番地の建造物の多くは戦争による破壊を免れほぼグロタンディークの少年時代のまま残っているようだ［6］．この建物の 1 階は店舗になったりアトリエになったり変遷しているようだが，ハンカの写真スタジオがあったのは，この建物ではなく，この建物の裏庭にある小さな建物の中だったらしい．2008 年にドイツのラジオ番組でグロタンディークを紹介したハントヴェルクによれば，「裏庭に幅の狭い 3 階建ての建物がそそり立っている．その左の隅にある入口がハンカ・グロタンディークの写真スタジオへの入口だったのかもしれない．」(Sie überragt das schmale, zweistöckige Haus im Hinterhof. Der Eingang hinten links könnte einst zu dem Fotoatelier von Hanka Grothendieck geführt haben.)［6］とのことだ．ただ，航空写真を見る限りでは，どれが「幅の狭い 3 階建ての建物」なのか不明確だ．ハンカの写真スタジオのみならず，ハンカとシャピロとグロタンディークとマイジからなる家族の 1928 年から（ナチスの台頭によって崩壊を余儀なくされる）1933 年までの住まいも写真スタジオと同じブルネン通り 165 番地の 3 階建ての建物の中にあったものと推定される（写真スタジオ兼住居だったのかも）．

現在のブルネン通り 165 番地（ストリートビューより）

白枠で囲った部分がブルネン通り 165 番地（グーグルマップより）

　ところで，165 番地から少し南に行くと左の角にグロタンディーク少年も目にしていたヤンドルフ百貨店（Warenhaus Jandorf）があり，そのすぐ南には「ブドウ畑の丘公園」（Volkspark am Weinbergsweg）がある．グロタンディーク少年はこの公園で遊んでいたことがあるのではないかと思ったが，この公園は，1946 年以前の地図には描かれておらず，1961 年の地図になってようやく出現しているようなので，グロタンディークの少年時代には（すくなくとも現在のような公園らしい形では）まだ存在していなかったらしい．マイジがドルフィン像の横に座っている写真が残っているが，この公園がまだないとなると，これはどこで撮影されたものなんだろう？ それを探るために，古い地図で，ブルネン通り 165 番地付近の公園のように見える場所を探してみると，すぐ裏手にはエリーザベト教会（Elisabethkirche）があり，そのすぐ西には広いゾフィー教会の墓地（Friedhof II der Sophiengemeinde）やエリーザベト教会の墓地が広がっているだけだとがわかる．マイジやグロタンディークの写真の背景は墓地には見えない．だとすると，ちょっと離れたフンボルトの森（Humboldthain）くらいしかなさそうだが，ここにもドルフィン像のようなものがあるとは思えない．ついでながら，ゾフィー教会の墓地には，創造的虚無（schöpferische Nichts）としての自己について論じた作品『唯一者とその所有』[1][7] で知られる

シュティルナーが眠っている．シュティルナーの創造的虚無の概念は，グロタンディークと関係付けられることのある「虚無からの創造」(creatio ex nihilo)とどこか通じていそうだ．また，グロタンディークにときとして見られる強烈なエゴイズムにもシュティルナー思わせるものがある．グロタンディークの父は戦闘的なアナーキストだったし，母もアナーキズムに魅かれていたので，アナーキストのひとりだとも考えられるシュティルナーの墓が近所にあったことがなおさら興味深く感じられてくる．旧ヤンドルフ百貨店の前の交差点からは，ブルネン通りの彼方にアレクサンダー広場のテレビ塔(Berliner Fernsehturm)が見える．ただし，このテレビ塔は1969年に完成したもので，グロタンディークの少年時代にはまだ存在していない．ヤンドルフ百貨店の建物はほぼ昔のままのようだが，現在では百貨店としてではなくイベント会場などとして使われているだけのようだ．

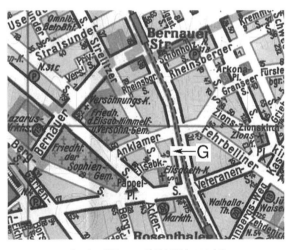

ブルネン通り 165 番地付近(1932 年)

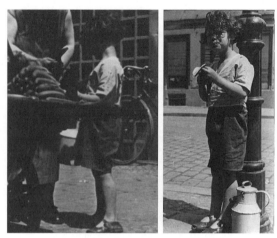

グロタンディーク(4歳か5歳)
バナナとミルクはグロタンディークの「主食」だったとの説もある

姉マイジと歩くグロタンディーク少年
手にミルク容器を下げている

　ブルネン通りのブルネンというのは，井戸，噴水，泉などを意味する単語だ．もともとこの通りはベルリンの外壁にあったローゼンタール門から外に向う道路として建設され，「ローゼンタール通り」(Straße von

Rosenthal) と呼ばれていたが，この通りの北に「健康泉（ゲズントブルネン）」(Gesundbrunnen)が発見されてからブルネン通りに変わった．19世紀の終わりごろにこの健康泉はなくなったが，通りの名前はそのまま使われている．ブルネン通りの北の端には国鉄のゲズントブルネン駅がある．道路の名前はゲズントブルネン駅から先はバート通り（Badstraße）と呼ばれている．グロタンディークが生まれたころには，ブルネン通りには路面電車（Straßenbahn）しか走っていなかった．アレクサンダー広場からゲズントブルネン駅までの地下鉄路線（U バーン 9 号線の一部）は 1930 年，グロタンディークが 2 歳のころに開通した．ブルネン通り 165 番地は南ののローゼンタール広場駅（Rosenthaler Platz）と北のベルナウ通り駅（Bernauer Straße）のほぼ中間点に位置しており，現在も変化していない．現在ではブルネン通りの路面電車は廃止され，地下鉄と市バスに置き換えられているが，ヤンドルフ百貨店と「ブドウ畑の丘公園」の間の東西の通りにはいまも路面電車（メトロトラム 10 号線）が走っている．グロタンディーク少年が感じていた「ブルネン通りの平和な生活」はナチスが政権を獲得した 1933 年に突然崩壊する．ユダヤ人でアナーキストの父はフランスに脱出し，片腕を失っていたにもかかわらず，スペイン内戦に義勇兵として参加しようとした．母もまもなく，子供たちを捨ててシャピロのもとに走る．マイジを養護施設に入れ，グロタンディークをブランケネーゼに「里子」に出して，シャピロのもとに駆けつけたのだ．

エルベ川の流氷

1997 年 1 月 2 日 09:00 ごろ，ぼくと京子は，ハンブルクの中央駅から S バーンに乗って，グロタンディークが「里子」に出されて小学校時代を過ごした町ブランケネーゼ（Blankenese）方面に向った．ただ，この時期のぼくには，グロタンディークの「里親」の家がブランケネーゼにあったのか，S バーン（S1 号線）の終点にあたるヴェーデル（Wedel）にあったのかが判然としていなかったので，とりあえずヴェーデルまで行ってみた．グロタンディークの「里親」についてのヒントが見つからないだろうかと思っ

て，まず，図書館（Stadtbücherei）に向ったものの年末年始の期間のせいか休館中．観光案内所も閉まっていた．小さな書店に入ってヴェーデルの本や地図を買って眺めてみたもののこれといった情報も得られなかった．とりあえず，「エルベ川にでも行ってみよう」と思って，歩き始めたがすぐに「迷子」になってしまった．気温が－11度だという表示を見て怯え，暖まるためにココアとパンで休憩し，どこをどう歩いたのかは覚えていないが，マルクト広場に出た．そこには立派なローラント像が立っていた．ローラント（Roland）はフランス文学の古典『ロランの歌』（La Chanson de Roland）の主人公ロランのことだ．フランク王国のシャルルマーニュ大帝は，イベリア半島を支配していたサラセンと7年にわたって戦いを続け，ついに勝利への道筋をつけ，イベリア半島からの撤退を開始する．このとき，ロランは最後尾の2万の軍勢を率いていたが，味方の裏切りによってピレネーで屈強な10万の敵勢に襲われて殺害されるという悲劇を描いた叙事詩が『ロランの歌』である．ロランがピレネーから「美し国フランス」（la douce France）を思うセリフが印象的だ．グロタンディークは1991年にピレネー方面のラセールに隠遁していたわけだから，いま思えば，ピレネー越えで殺害されるロランの像との不意の遭遇は「因縁話」を思わせるものがあった．歴史博物館（Das Museum für Stadtgeschichte）を発見したが，14：00にならないと開館しないことがわかり，ブランケネーゼに行ってからまたもどってくることにした．こうして，ようやくブランケネーゼに行ってみたものの，時間がなくて，見たものといえば，雪と流氷で凍ついたエルベ川の荒涼とした風景と流氷を掻き分けて進む定期船の雄姿だけだった．図書館が閉まっていなければもう少しまともな情報が得られたはずだが…．調べてみると，現在のブランケネーゼには，近郊も含む広い地域の住民のための図書館（Bücherhalle Elbvororte）があるようだが1997年の時点でこれがあったのかどうか記憶は定かではない．実際，ブランケネーゼ駅や駅前は，現在とはかなり異なっており，寒波に襲われていた時期とも重なって，仄暗い寂しさに満ちていた．観光案内所も閉まっていた．寒さと資料不足に負けて，グロタンディークのゆかりの場所探しは放

II 萌芽と仄暗い無垢の中へ

棄して駅近くのバーガーキングに逃げ込んだときはホッとした．そのバーガーキングも今はなく，向い側にできたスターバックスに取って代わられてしまったようだ．

改築前のブランケネーゼ駅
（駅の建物は 1930 年代とほぼ同じ）

冬の旅とブランケネーゼ

　休憩後にまたヴェーデルにもどり，歴史博物館を見物した．ほとんど客が来ないせいもあって，案内係の男性が非常に親切にあれこれと説明してくれたのだが，ドイツ語なので，ぼくには何となくしか理解できなかった．ラッキーだったのは，2 階で開催中の「戦時中のヴェーデル」というような特別展のおかげで，ヴェーデルでも 1930 年代ともなると，国家社会主義の嵐が吹き荒れていたことが十分に理解できた．ヴェーデルにおける戦時中のユダヤ人の運命や連合軍による 1943 年 3 月のヴェーデルへの空爆の状況説明なども，パネルによる詳しい説明のおかげでそれなりに理解できた．空爆といっても，木造家屋の多い日本の都市への空爆が焼夷弾によるものだったのとは違って，炸裂弾（Sprengbombe）や大型炸薬弾（Luftmine）による空爆だったようだ．ヴェーデルには 259 発の炸裂弾と 22 発の大型炸薬弾がどこに投下されたかという詳しい地図もあった．こ

181

れによると，マルクト広場の周辺（つまり昔のヴェーデルの中心部）にはほとんど投下されていないことがわかった．ヴェーデルの古い町並みが戦前と戦後であまり変化しなかったのはそのせいらしい．ハンブルクがイギリス軍のランカスター爆撃機とモスキート爆撃機，アメリカ軍のB-17爆撃機による執拗な大規模空爆作戦（Operation Gomorrah）によって「ドイツのヒロシマ」と呼ばれるほどの被害を出したことは有名だが，ヴェーデルのような田舎町まで空爆されたというのは意外だった．1943年3月にはブランケネーゼも空爆されたようだ．ハンブルク空襲に使われた爆撃機はモスキートが中心だった．都市への空襲と広島・長崎への原爆投下によって，大量殺戮の道具となったB-29戦略爆撃機の運用開始は1944年5月（10万人以上の一般市民を殺戮した東京大空襲は1945年3月10日，広島と長崎への核攻撃は1945年8月6日と9日だった）で，ヨーロッパ戦線には投入されていない．1945年2月のドレスデン空襲でも，イギリス軍のランカスター爆撃機とアメリカ軍のB-17爆撃機が投入された．

　それはともかく，グロタンディークは数学史にはちっとも詳しくないが，ガロアとリーマンが気に入っているらしい．たしかに，グロタンディークには，数学のみならず心情や気質についても，どことなく，ガロアとリーマンを融合させて高次元化・抽象化したような香りがする．ぼくにとっては，さらに，グロタンディークの数学思想は，ブール・ラ・レーヌ（ガロアの誕生地）とシャトネ・マラブリー（後期グロタンディークの誕生地）の近さやリーマン予想とエルベ川を結ぶ精神の深さによって支えられているような幻想性に満ちたものでさえある．この合理性からは遠そうなぼくの幻想性はある旅を経て決定的に情動化され直観化された．

エルベと妖精的思考

　ぼくは，1996年12月から1997年1月にかけて，「グロタンディークとガロアとリーマンの幼年・少年時代の生活空間」などを旅した．このときに旅した興味深い場所だけを移動した順に書いてみると，（ケンブリッジ）→ブール・ラ・レーヌ（シャトネ・マラブリー）→ルルド→トゥルーズ→ブラン→

ルツェルン→ザルツブルク→ライプツィヒ→ドレスデン→ハンブルク→ブランケネーゼ→ブレゼレンツ→リューネブルク→ゲッティンゲン→(ケンブリッジ)のようだった.

冬の旅 96/97 の全行程

教会とリーマンの生誕記念碑
(1997 年山下撮影:雪がチラついていた)

この時期，ぼくと京子はケンブリッジに滞在中だったせいで，始点と終点はケンブリッジになっている．いつものように，交通事情のよくない場所を訪れることが多いので，京子の運転するクルマ（ぼくは運転ができない）での移動が望ましいのだが，このときは，行こうとしていたフランスとドイツなどが大寒波に襲われている最中で，あちこちで雪が降り寒さも厳しいというニュースが流れていたので，クルマは使わず鉄道とバスでの移動となった．ぼくはこのときの旅行を「冬の旅96/97」（Winterreise 96/97）と呼んでいる．ブール・ラ・レーヌはガロアの生まれた町．すぐ近くにグロタンディークが1972年ごろに，新しい世界を夢見つつコミューン生活を試みて挫折した町シャトネ・マラブリーがある．ルルドは聖母マリアの「出現」で知られた町でピレネーの麓に位置しているが，さして遠くないところにグロタンディークが1991年に最終的に隠遁した村もある．ブラン（ブレンス）はグロタンディークが母とともに収容されていた収容所のひとつで昔の建物がほぼそのまま保存されている貴重な場所だ．ルツェルンには，かつて，普仏戦争のとき，ブルバキ・グループの名前のもとになったとされるブルバキ将軍がフランス軍の大部隊とともに命からがらスイス領に逃げ込む場面を描いた大パノラマ図の展示場（Bourbaki Panorama）がある．そういえば，ルルドに立ち寄るついでに，ブルバキ将軍が生まれたポーにも立ち寄ったことを思い出した．ドレスデンはハンブルクと同じように英米軍による大空襲を体験した町でともにエルベ川沿いに位置する．ブレゼレンツはエルベ川にほど近いエルベ川水系の小さな川（ブレゼレンツァー・バッハ）の流れる村で，リーマンはこの村の教会の牧師の子として生まれた．ぼくが訪れたときは，ときどき雪がチラつき，人の気配のない寒々しい風景に満ちていた．リューネブルクはリーマンがギムナジウム時代を過ごしたエルベ川水系のイルメナウ川に沿った町だ．リーマンが暮らした家も残っていた．ゲッティンゲンには，ガウスやリーマンが学び，のちに台長となった天文台やガウスの墓がある．ベルリンを流れるシュプレー川もエルベ川の支流なので，グロタンディークの幼児期・少年期はいずれもエルベ川ゆかりの地域で暮らしていたことになる．また，リーマン

の生まれたブレゼレンツや育ったクヴィックボルンもエルベ川にほど近い．つまり，リーマンとグロタンディークは，どちらも，エルベ川水系に属する地域で幼児期・少年期を送ったわけだ．さらに，リーマンとグロタンディークには，「幾何と代数と解析の三位一体」を指導原理としつつ，ヴィジョンを重視する妖精的思考（elfisches Denken, elfische Lenkung）とでもいうべきものを数学的創造への原動力とするという共通性があった．ドイツ語だと，selfisch という単語がない（selbstsüchtig となってしまう）のでうまくいかないが，英語だと，elfish と selfish が似ているのも面白い．ついでに，エルベ（Elbe）と妖精（Elf，女性形 Elfe）の語源が同一だったらさらに面白いのに，などとやや苦しい妄想を膨らますとき，冬の旅の凍てつきを忘れるような楽しさを感じてしまった．

トラウマ的少年期へ

　グロタンディークは 1928 年 3 月 28 日にベルリンでドイツ人の母ヨハナ・グロタンディークとウクライナ/ロシア系のユダヤ人の父アレクサンドル・シャピロの間の婚外子として生まれ，ベルリンで幼児期を過ごしていたが，ヒトラーが首相になった 1933 年 1 月ごろからドイツ全土が反ユダヤ主義の空気に支配されるようになり，1933 年夏には父がパリに脱出し，12 月末には母が 2 人の子供（グロタンディークと異父姉）をドイツに残して，父を追うようにしてドイツを離れた．このとき，5 歳のグロタンディークはブランケネーゼのハイドルンの家に「里子」に出された．ぼくが，ブランケネーゼという地名に遭遇したのは，グロタンディークから『収穫と種蒔き』を贈呈された 1986 年 1 月以後のことだった．『収穫と種蒔き』第 3 部「埋葬 II：陰陽の鍵」（原文 p.473，辻訳『ある夢と数学の埋葬』p.63）にブランケネーゼという地名が出現しているので，これで知ったものと思われる．グロタンディーク自身が，自己探求の一環として，自分の幼児期・少年期について瞑想・調査したのは 1979 年 8 月から 1980 年 10 月にかけてであった．この時期にグロタンディークは，1973 年以来の第 1 隠遁地ヴィルカンから脱出して，アヴィニョンの東 30 キロに位置する「フランスで最も

美しい村」(les plus beaux villages de France)といわれるゴルドの城塞から北に2キロほどのラ・ガルデット地区にあったジョランの家に仮寓し，古い手紙や母の自伝的小説などを読んで，両親について調べつつ，詩的作品『アンセストの称賛』を書き上げた．1981年になると，ヨランドの斡旋でヴァントゥー山の南のモルモワロン村を第二の隠遁地として定めた．非常に世話になったハイドルンという「里親」の名前を忘れ去っていたわけではないが，『収穫と種蒔き』にはその名前は書いていない．『夢の鍵』でも，ブランケネーゼは出てくる(p.83)もののなぜかハイドルンという名前は出てこない．シャルラウ[2][3]によれば，グロタンディークのハイドルンに対する評価は，イエスの再来(恩人)から邪悪な人(「父をアウシュヴィッツに送った犯人」)までの両極端に劇的に変化したとされる．1980年代から，グロタンディークが自己凝視と体験を通じて徐々に醸成してきた「悪魔観」は非常に興味深いもので，シャルラウも「グロタンディークは，人間に取り憑いて操作する邪悪な力の存在を信じている」(Grothendieck glaubt an die Existenz böser Mächte, die von Menschen Besitz ergreifen können und dann aus ihnen heraus wirken.)([2] p.131，[3] p.121)と書いている．シャルラウはもともとグロタンディークの認可の下で『グロタンディーク伝』を執筆しつつあったが，1990年前後あたりからだろうか，シャルラウとグロタンディークの間に想定外の対立が発生したようだ．最初の計画では，『グロタンディーク伝』は「渾沌」(Anarchie)「数学」(Mathematik)「霊性」(Spiritualität)の全3部からなるものとされていたが，グロタンディークとの対立が発生したことをきっかけとして，対立の原因ともいうべきグロタンディークの悪魔観に興味をもったシャルラウは，第4部「孤独」(Einsamkeit)を追加して，全4部の作品に変更したようだ．

　ぼくがハイドルンという名前を知ったのは，シャルラウによるドイツ時代のグロタンディークとその両親などの関係者についての調査結果がオーバーヴォルファッハ研究所で発表された2006年のことだった気がする．ブランケネーゼを訪問した1997年1月の時点では，どうやらぼくは，いまとなっては信じられないことだが，なぜかブランケネーゼはかつて

ヴェーデルの一部だったと誤解していたようだ．当時よく使っていた西ドイツの地図の Hamburg の西に Wedel とあり，そのすぐ下に（Blankenese）とプリントされていた．これにミスリードされて，Wedel（旧 Blankenese）だと考え，さらに，Blankenese（現 Wedel）と信じてしまったようだ．ところで，2003 年にぼくは『グロタンディーク：数学を超えて』（日本評論社）を出版した．そのころには，グロタンディークの「里親」の家がブランケネーゼにあったことやブランケネーゼとヴェーデルは別の町だと気づいていたが，ハイドルンという名前にはまだ気づいていなかったようだ．

　ブランケネーゼはエルベ川の岸辺の町だが，「ブランケネーゼという地名は，エルベ川に突き出た現在では消滅してしまった白い砂の岬（いわゆる「ナーゼ＝鼻」）を意味する低地ドイツ語（Niederdeutsch）の blanc ness に由来する．」(Der Name Blankenese geht auf das ndd. blanc ness zurück, was so viel wie eine weiße, sandige Landzunge ("Nase") im Fluss bedeutet, die heute nicht mehr vorhanden ist.)［8］ついでながら，かつて存在した白い砂嘴（ness）は 1634 年の大洪水（激しい暴風によって北海から大量の海水が逆流したことが原因）によって押し流されて消滅したとされていることも考慮すれば，これは説得力のありそうな説だが，同じく低地ドイツ語で「白い突起」や「輝く突起」を意味する blanc nes に由来するという説もあるようだ．砂嘴にしろ突起にしろ，もしそうした地形を鼻と呼ぶことができるのなら，日本の海岸にときどき見られる鼻という地形との類似が思い浮かびそうだが，日本の鼻は（地形図を見る限りでは）岬よりは小さめの海に飛び出した地形の意味で使われているようだ．日本でも（海岸や河岸の防波堤のようになっている）小高い丘のような地形を鼻と表現することがあるのかどうか知らないが，フランスには文字通り「白い鼻」(blanc nez) と呼ばれる海岸があり，そこには切り立った白い断崖が見られる．ブランケネーゼもエルベ川の他の岸辺に較べればやや「切り立った丘」のような地形が見られなくもないので話が混乱しそうだが…．

暮らした家と通った学校

　グロタンディークの「里親」ハイドルン夫妻の家，つまりグロタンディーク少年が暮らした家はどこにあったのか？現地を訪れたときには発見できなかったが，ハイドルンの伝記[9]などで調べたところ，この家の住所がわかった．ことのついでに，ハイドルンの人生を振り返っておこう．ハイドルンは1873年にリューベックの北のノイシュタットで生まれ，プロテスタントの福音派の教会で洗礼を受けたが父の意思に逆らって信仰確認を拒否し，母の影響でカトリックに転向した．1879年にプレーンに転居．キールで中等教育を終えて，ベルリンの士官学校（Kriegakademie）などで学んで軍務に就いたが，1902年に退役して，キールやベルリンで神学の勉強を始めた．1909年にはハンブルク出身の女性と結婚し，1912年にはハンブルクのザンクト・カタリーナ教会の教区司祭となった．1918年にブランケネーゼのヴェディゲン通り1番地（Weddigenstraße 1）の家に転居したという．ヴェディゲン通りというのは，現在のバーベンディーク通り（Babendiekstraße）のことだ．現在の地図でいえば，ブランケネーゼの駅前の南西の十字路から西北西に伸びるブランケネーゼ国道（Blankeneser Landstraße）を800メートルほど進み，右折してアンネ・フランク通り（Anne-Frank-Straße）を200メートルほど行くと右にバーベンディーク通りが現れる．1番地はアンネ・フランク通りとバーベンディーク通りの交差部分の北側の角にあたる．現在そこに建っている家はグロタンディークが暮らしたころの家とは違っているようだ．今ではこのあたりには家が建ち並んでいるが，グロタンディークが暮らしていた1930年代には，近所にはまだほとんど家のない寂しい地域だったようだ．ここからさらにアンネ・フランク通りを100メートルほど進むと1972年にハイドルン通り（Heydornweg）と命名された行き止まりの小道がある．ハイドルンの伝記には，ヴェディゲン通り1番地に転居して以後，1930年代まで別のところに転居したという記述はないので，グロタンディークが「里子」として暮らしたのもヴェディゲン通り1番地の家だったと思われる．ハイドルン夫妻にはこのころまでに3人の息子が生まれている．1922年に司祭の資格を

返上し，1922 年から 1933 年までハンブルクの学校で教師をしつつ，1922年から 1924 年まで古典文献学と医学を学び，1926 年から 1927 年まで教員研修会（Lehrerseminar）に通った．1933 年にナチスが台頭し，グロタンディークが「里子」に出されたのはこのころだった．その時点でハイドルン家にはグロタンディークよりも 8 歳〜16 歳年上の 3 人の息子たちがいたことになる．「里子」といっても「寄宿生」に近い感じで有料だった．グロタンディークの場合，両親は貧しかったので，親切なユダヤ人が支援してくれていたようだ[2][3]．

小学生のグロタンディーク
（中央で腕を組んでいる）

グロタンディーク少年
（クロスワードパズル作成中）

これも現地では確認できなかったのだが，その後，グロタンディークの通った小学校と中学校とその位置がわかった．まず，小学校はハイドルン家から南南東に350メートルほどの位置にある現在のゴルヒ・フォク・シューレ (Gorch-Fock-Schule) だった．グロタンディークが通っていたころにはリヒアルト・デーメル・シューレ (Richard-Dehmel-Schule) という出来たばかりの小学校で国民学校 (Volksschule) と呼ばれていた．グロタンディークは6歳になった直後の1934年のイースターから小学校 (国民学校) に通い出し，1938年のイースターまで通っていた．当時のドイツの小学校は4年制なので，4年後の1938年のイースターからは上級の学校 (中学校) に進学した．この学校は小学校から400メートルほど東南東にある．当時は実科ギムナジウム (Realgymnasium) と呼ばれていた．現在ではギムナジウムと名を変えているが当時のギムナジウムが古典語を中心に据えていたのに対して，実科ギムナジウムは近代語と科学と数学を中心に据えていた．ナチスの台頭で1/2ユダヤ人のグロタンディークにも危険が及びはじめたため，グロタンディークは，1939年5月にはニームにいた母に引き取られてフランスに旅立っており，この中学校には1年しか通えなかった．グロタンディークによれば，この学校にはいい英語の先生がいたので，1年間英語を学んだだけで英語がよくできるようになったという (nach dem einen Jahr nur kam ich in dieser Sprache gut zurecht) ([2] p. 121, [3] p. 111)．このあとグロタンディークが通う学校は，母とともに収容された南フランスのリュークロの収容所から通う「マンドのリセ」(lycée de Mende)，その次は収容所を出てル・シャンボン・シュル・リニョンで赤十字の支援を受けながら通うコレージュ・セヴノル，そして戦後にメラルグで奨学金を頼りに結核の母と暮らしながら通うモンペリエ大学 (といっても講義はかなりサボって独学に励んでいたようだが) ということになる．

II 萌芽と仄暗い無垢の中へ

グロタンディークの父サーシャの肖像画
1976 年にグロタンディークの机の前の壁に掲げられていた

参考文献

[1] Stirner: Der Einzige und sein Eigenthum, Otto Wigand, 1845
[2] Scharlau, Wer ist Alexander Grothendieck? Teil 1: Anarchie, Dritte korrigierte und ergänzte Auflage, 2011
[3] Scharlau, Who is Alexander Grothendieck? Part 1: Anarchy, 2011
[4] 田丸里砂 / 香川檀編『ベルリンのモダンガール』三修社 2004 年
[5] チェンバレン（片山陽子訳）『誕生を記憶する子どもたち』春秋社 1991 年
[6] Handwerk, "Geometrie und Revolte", Deutschlandradio Kultur, 26.03.2008
[7] シュティルナー（片岡啓二訳）『唯一者とその所有（上下）』現代思潮社 1977 年
[8] "Blankenese - Wohnen am Hang", Hamburger Abendblatt, 26.06.2002
[9] Groschek/Hering, Wilhelm Heydorn "Nur Mensch sein!", Dölling und Galitz Verlag, 1999

因果の鎖を断つ

Geschichte kann nur von Wesen geschaffen werden,
die außerhalb ihrer Kausalverkettung stehen.
歴史を創造することができるのは
因果の鎖に縛られていない天才だけだ
——ヴァイニンガー([1] p.171)

出版拒否宣言

　グロタンディークの作品については，数学的作品(セミナーの記録や論文など)のみならず，瞑想的思想的作品についてもボランティアなどの手になる TeX 化が進み，ウェブサイト「グロタンディーク・サークル」などから無料でダウンロードが可能になりつつあった．ところが，突然，グロタンディークが 2010 年 1 月 13 日付けで出版拒否宣言(Déclaration d'intention de non-publication par Alexandre Grothendieck)を発表してこうした状況に拒否反応を示した．この宣言は最初，グロタンディークから弟子のイリュジーに手紙の形で送られたものらしい．フランス数学界の内部では 2010 年 1 月中にはすでに広まっていたようだ．この宣言の原文(手書き)の画像をネット上ではじめて公開したのはモリソンだと思われる．モリソンはジョーンズの弟子で，位相的量子場理論の拡張に興味を持っているという．なぜモリソンがグロタンディークの宣言を公表しようとしたのかというと，グロタンディークが 1960 年代に高等科学研究所(IHES)で行った代数幾何学学セミナー(SGA)のうちのとくに SGA 4 の TeX 化を目的とするエコール・ポリテクニクのラズロのウェブサイトが閉鎖されて，「残念ながらアレクサンドル・グロタンディークは SGA の再版作業の中止を望んでいます．したがって，それに捧げられていたこのページは閉鎖します．最後の更新：2010 年 2 月 2 日」(Alexandre Grothendieck a malheureusement souhaité que cessent les travaux de réédition de SGA.

Les pages qui étaient consacrées sont donc closes. Dernière actualisation : 2 février 2010.）と書かれていたことについて，ウェブサイト mathoverflow

> Déclaration d'intention de non-publication.
> par Alexandre Grothendieck
>
> Je n'ai pas l'intention de publier, ni de republier, aucune œuvre ou texte dont je suis l'auteur, sous quelque forme que ce soit, imprimée ou électronique, que ce soit sous forme intégrale ou par extraits, textes de nature scientifique, personnelle ou autres, ou lettres adressées à quiconque — ainsi que toute traduction de textes dont je suis l'auteur. Toute édition ou diffusion de tels textes qui aurait été faite par le passé sans mon accord, ni qui serait faite à l'avenir et de mon vivant, à l'encontre de ma volonté expresse précisée (ici) est illicite à mes yeux. Dans la mesure où j'en aurai connaissance, je demanderai aux responsables de telles éditions pirates, ou de toute autre publication comportant sans mon accord des textes de ma main (au delà de trahir mon accord des textes de ma main (au delà d'établir éventuellement de quelques lignes anciennes), de retirer du commerce ces ouvrages et aux responsables des bibliothèques en possession de tels ouvrages, de retirer ces ouvrages desdites bibliothèques.
>
> Si mes intentions d'auteur, clairement exprimées (ici) devaient rester lettre morte, que la honte de ce mépris retombe sur les responsables des éditions illicites, et des responsables des bibliothèques concernées dès lors que les uns ou les autres ont été informés de mes intentions.
>
> Fait à mon domicile le 3 janvier 2010
>
> Alexandre Grothendieck

グロタンディークの出版拒否宣言

で2010年2月8日に議論されだしたのを見つけたことがきっかけらしい．モリソンはこの宣言の画像データをイリュジーから入手して，それを公開した．この宣言がネット上に公開されるまでに1か月ほどかかり，しかもそれがフランスの数学界とも代数幾何学のコミュニティとも直接関係のない数理物理に近い分野の人によるものだったというのは興味深い（代数幾何学や数論幾何学以外の分野にも SGA に対する広範な需要が存在するということの証しかもしれない）．シュネプスの運営するグロタンディーク・サークルはこの宣言を事実上黙殺していた．ちなみに，この宣言を公開す

ることが宣言の主旨に反している可能性については，グロタンディーク自身が公開を目的としているということなので問題はない．

　宣言の本文を読んでみよう．まず，グロタンディークは，自分の書いた作品の出版を拒否するという意思表示から書きだしている．「わたしは，わたしが書いたあらゆる作品あるいはテキストを，印刷物にせよ電子的出版物にせよいかなる形であっても，全体であれ抜粋であれ，科学的あるいはパーソナルあるいはそのほかの性質のテキストや誰かに宛てた手紙を，出版するつもりはないし再版するつもりもない．これはわたしが書いたテキストの翻訳についても同様である．わたしの同意なしで過去になされた，あるいは，わたしが生きている間になされる，ここに述べたわたしの意思に反したこうしたテキストのいかなるエディションも配布も，わたしの目には不正なものである．」(Je n'ai pas l'intention de publier, ou de republier, aucune œuvre ou texte dont je suis l'auteur, sous quelque forme que ce soit, imprimée ou électronique, que ce soit sous forme intégrale ou par extraits, textes de nature scientifique, personnelle ou autres, ou lettres adressées à quiconque - ainsi que toute traduction de textes dont je suis l'auteur. Toute édition ou diffusion de tels textes qui aurait été faite par le passé sans mon accord, ou qui serait faite à l'avenir et de mon vivant, à l'encontre de ma volonté expresse précisée ici, est illicite à mes yeux.) と書く．そのあと，今後の対応策について，「これらの不正を確認したら，わたしは著作権を侵害した出版物あるいはわたしの手書きの許可のないその他の出版物(いずれの出版物においても，許される数行分の引用を超えるものについて)の責任者に，これらの作品を<u>流通させることをやめ</u>，そして，これらの作品を所蔵している司書は図書館から<u>これらの作品を取り除く</u>ように，依頼するだろう」(Dans la mesure où j'en aurai connaissance, je demanderai aux responsables de telles éditions pirates, ou de toute autre publication contenant sans mon accord des textes de ma main (au-delà de citations éventuelles de quelques lignes chacune), de <u>retirer du commerce</u> ces ouvrages ; et aux responsables des bibliothèques en possession de tels ouvrages, de <u>retirer ces ouvrages</u> desdites bibliothèques.）と書き，最後にグロタンディークは，「もし，ここで明確に表明された，著者としてのわたしの意図を黙殺したときは，（その人あるいは他の人がわたしの意図を知ったその瞬間から）その不正な版の責任者たちと関連する図書館の責任者たちにわたしを侮辱したことへの恥辱が降り注ぐであろう」（Si mes intentions d'auteur, clairement exprimées ici, devaient rester lettre morte, que la honte de ce mépris retombe sur les responsables des éditions illicites et sur les responsables des bibliothèques concernées（dès lors que les uns et les autres ont été informés de mes intentions）.）と書いている．つまり，グロタンディークはこの事態を倫理観という射程の中で捉え，「恥を知れ！」（Honte à vous!）と叫んでいるわけだ．

　グロタンディークには自分がその文書（手紙）を書いた場所と日付を書き入れる習慣があるが，この宣言には（住居のある場所が明らかにならないように）あえて場所については書かず，単に「自宅にて 2010 年 1 月 3 日」（Fait mon domicile le 3 janvier 2010）とのみ書いている．これは，この宣言の 2 年以上前にグロタンディークが書いた 2007 年 10 月 21 日付けの IHES の「科学評議会の全メンバーへの公開状」（Lettre ouverte aux Membres du Conseil Scientifique）（本書 p. 120）のときにはいつもの癖で居住する村の名前を書いてしまい，その手紙の画像データが出回ってしまったことから今回は注意したためだろうか．それにしても，なぜまたいまになって，自分の作品（数学的な論文なども含む）が画像化されあるいは TeX 化されて，出版されたり自由にダウンロードできるようになっていることを問題にしたのだろう？　いろいろな推察が可能だが，2009 年の後半（だと思うが）にグロタンディークが東欧圏の友人（名前はわからない）に会いに行ったという話を耳にした．それが事実なら，そのときに，この友人からグロタンディークの作品がどのように出回っているかについての情報をえたのかもしれない．グロタンディーク自身はコンピュータは持っておらず，信じがたいことかもしれないが，シュネプスが中心となって作ったグ

ロタンディーク・サークルのページを直接見る機会は事実上なかったのではないかと思う．そこに自分の子供時代の写真や両親の写真，さらに，『収穫と種蒔き』や『夢の鍵』などが画像版あるいは TeX 版としてアップされ自由にダウンロードできるようになっていることを，グロタンディーク自身が知ったのがいつなのかも不明確だ．こうした事態に気づいたときにも部分的な抗議（「恥を知れ！」攻撃）はしたのかもしれない．2008 年から 2009 年にかけて，グロタンディーク・サークルはほとんど更新されていないが，これもグロタンディークの対応があってのことかもしれない．グロタンディークの子供時代の写真の多くと両親の写真の多くが 2010 年 2 月に削除されたのもグロタンディークの間接的な対応があってのことだろう．

SGA の再版拒否

　ところで，ラズロよりも早い時期から，SGA はボランティアによってまず画像化され，続いて TeX 化されはじめていた．数論幾何学の専門家でオランダ人のエディクスホーフェンの呼びかけでスタートした「SGA 無料デジタル化計画」(Free Electronic TeX version of SGA Project) がそれだ．エディクスホーフェンとその仲間たちは，すでに絶版になっていた SGA を LaTeX のソースファイルの形で無料で入手可能にできないものかと思って，レクチャーノート・シリーズの一部として SGA を出版していたシュプリンガー書店に問い合わせたところ，グロタンディークの許可が下りないのでシュプリンガー書店が SGA を復刻することは不可能で，法的にはその内容は SGA の著者たちと編者たちに帰属するため，グロタンディークなどの許可をとる必要があると教えられた．かつて，グロタンディークはシュプリンガー書店の編集方針と対立したことがあり，それ以来，シュプリンガー書店からは自分の本は（復刻も含めて）刊行しないと心に決めていたのである．そういえば，シュプリンガー書店はそのカタログの表紙に使われた「イラストマップ」に「グロタンディーク砂漠」と書いてグロタンディークの数学を揶揄したこともあった．シュプリンガー書店の雑誌『インテリジェンサー』(The Mathematical Intelligencer) からの原稿依頼を編

集部の態度が気に入らないといって断ったこともある．エディクスホーフェンはこうした情勢から著者たちの反対がなければ「SGA 無料デジタル化計画」を推進できるものと判断したものの，グロタンディークと接触するのは不可能だと信じ，グロタンディークはこの計画には反対しないものと考え，自らの責任において（I (Bas Edixhoven; I do take responsibility for this statement) do not expect him to be against this project）計画を実行に移していった．エディクスホーフェンは 1992 年から 2002 年までレンヌ大学にいたので，グロタンディークの弟子のひとりベルトロと親しくしていたはず．したがって，イリュジーなどともコンタクトは可能で，グロタンディークに連絡を取る方法がまったく思い当たらなかったとも思えない（少なくとも手紙を書いて届けてもらうことは可能だったに違いない）．そのあたりの事情はともかく，エディクスホーフェンがグロタンディークの許可をえないまま確信犯的に，「SGA 無料デジタル化計画」を推進していたことは確かだろう．グロタンディークの宣言がエディクスホーフェンにも届いたのかどうかはっきりしないが，少なくとも表面的には，何の反応も示していない．

　SGA1 の TeX 版は 2002 年 6 月 20 日に無料ダウンロードが可能になり，2003 年にフランス数学会から出版された．2005 年 1 月 4 日には SGA1 の TeX 版第 2 版が無料ダウンロードが可能になった．2002 年の夏以降，エディクスフォーヘンはレンヌ大学からライデン大学に移り，ライデンから SGA2 の TeX 化作業にもコミットしたようだが，途中で担当者が代わり，パリ大学（ジュシュ）のコルメスなどを経て，SGA2 の TeX 化を終えたのはラズロだったようだ．この SAG2 は 2005 年にフランス数学会から出版され，2005 年 11 月 10 日に無料ダウンロードが可能になっている．ラズロはいくつかの注釈などを追加してはいるが本質的にもとの SGA2 を TeX 化しただけにすぎないのに，自分を編者 (l'éditeur) だと主張している．これはグロタンディークを苛立たせた可能性が強い．拒否宣言が進行中のラズロの SGA4 の TeX 化作業をまず直撃したのはそのせいだろう．2008 年 5 月から SGA3（全 3 巻）の TeX 化を進めているジルとポロのウェブサイトは

すぐには変化しなかった．SGA といえば，その全体を画像版で紹介するためのウェブサイトにもすぐには影響は見られなかった．

宣言への反応

　一方，グロタンディーク・サークルは宣言の日付からほぼ 1 か月後の 2 月 15 日にタイトルページに，「このウェブサイトはアレクサンドル・グロタンディークの明白な要請に基づきまもなく活動を妨げられることになるだろう」(THIS WEBSITE WILL BE SUPPRESSED VERY SHORTLY ON THE EXPRESS DEMAND OF ALEXANDRE GROTHENDIECK) という文章とグロタンディークの宣言の全文を掲載した．すでに 1 か月も前から知っていたはずの宣言のこの時点で公表に踏みきったのかといえば，モリソンがネットに宣言を公開してしまったせいだろう．その後，これらは，「A・グロタンディークとの進行中の交渉の結果によってこのウェブサイトの未来が決まるだろう」(Presently ongoing communication with A. Grothendieck will determine the future of this website) という文章に置き換えられている．また，数学的テキストと伝記的テキストの両方について，グロタンディークの書いた作品が「グロタンディークの要請によりもう利用できなくなった」(no longer available as per his demand) と書かれ，グロタンディークの作品はすべて削除された．といっても，これはあくまで「表面的」な話で，シュネプスは「裏サイト」を温存していた．また，グロタンディークの『収穫と種蒔き』の原文の TeX 版と部分的なスペイン語訳がダウンロードでき，『夢の鍵』の原文の画像版とスペイン語訳の TeX 版がダウンロードできたゴンザレスのウェブサイトからもこれらが削除された．そのトップページには「グロタンディークの 2010 年 1 月 3 日付けの手書きの宣言に鑑み，これが非営利的な配布にもかかわるものかどうかが明確になるまで，かれの作品のアップを停止します」(Vista la declaración de Grothendieck del 3 de enero del 2010 se suspende la descarga de sus obras, hasta que se aclare si esta declaración manuscrita se refiere también a la difusión no comercial.) と書かれていた．

グロタンディークの宣言についての批判的な意見もネット上でいくつか見ることができた．たとえば，ウェールズ大学（現在は名誉教授）のブラウンはグロタンディークの作品『スタックの追求』の画像版を無料でダウンロード可能にしているのだが，それとともに，グロタンディークとの往復書簡を引用しながら，『スタックの追求』の誕生にまつわる「裏話」についても書いている．ブラウンはグロタンディークの『スタックの追求』は自分とグロタンディークの数学的交流によって生まれた作品だといいたいようだ．グロタンディークがこの作品をキレンへの手紙として書きだしているので，『スタックの追求』の全体が（600 ページの）『キレンへの手紙』などと呼ばれることもある．グロタンディークとしてはこの作品をもっともよく理解してくれるのは 1960 年代末に IHES に滞在していたことのあるキレンだと考えたのだろう．実際，ホモトピー論の一般化への突破口を開いたのはキレンである．グロタンディークはこの作品をキレンのホモトピー代数の延長線上にあるものと考えていたのだ．『キレンへの手紙』の書きだし部分にブラウンとの関係についても触れられてはいるが，ブラウンはグロタンディークの対応に不満を感じていたのである．この『スタックの追求』はパリ大学（ジュシュ）のマルツィニオティスによって TeX 化され「編集」されてフランス数学会から出版される予定になっている．ブラウンの貢献についても，グロタンディークとの往復書簡と一緒に紹介される予定だ．それだけに，ブラウンはグロタンディークの宣言に対して苛立っている．「上で述べたように，かれ［グロタンディーク］はわたしにかれが送ってきたあらゆるものを配布してもいいという完全な許可を与えたことを書いておきたい．この手紙には出版の停止を望む理由が書かれていない」と 2010 年 2 月 13 日付けで書き，さらに，2010 年 2 月 16 日付けで，「グロタンディークは『プログラムの概要』に書かれた研究計画に基づいて，国立科学研究センター（CNRS）に応募し，認められて 2 年間の研究ポストを獲得し，これによってかれはいい給料と（わたしはそうだと信じているが）年金を獲得し，このポストから漏れた他の誰かがいるということを忘れないでほしい．この研究計画には他にもさまざまな仕事をすると約束されていたが，とりわけ，『ス

タックの追求』の研究の継続が約束されていた．こうした更なる仕事は出現せずじまいだったのだから，かれの研究提案と大学の契約期間と科学者の雇用についての法的および道徳的責務について考慮されねばならない．わたし自身の視点に立って，わたしはこれらの期間に書かれたかれの著作物，とくに，かれが配布の許可を与えたものについては，可能なかぎり自由に利用できるものと考える」とまで書いている．

マルツィニオティスといえば，グロタンディークが 1990 年から 1991 年にかけて書いたホモトピー論の基礎の構築に向けての作品『レ・デリヴァトゥール』の出版を目指している数学者だ．マルツィニオティスは，2001 年夏ごろからモンペリエ大学のマルゴワールの協力をえて，2000 ページの手書き原稿（慣れた人でないとグロタンディークの手書き文字は判読が難しいことが多い）の TeX 化作業にかかり，勉強会を開くなどして，『レ・デリヴァトゥール』の数学的な理解と「編集」作業に取り組んでいる．TeX 化が一応できた章（や節）ごとにウェブサイトで無料のダウンロードが可能になっているが，TeX 化作業は 2004 年 1 月ごろ以降中断しているようにも見える．マルツィニオティスはグロタンディークの宣言について何もコメントしていないようだ．

グロタンディークに『収穫と種蒔き』の英訳を依頼されて断ったという体験をもつリスカーも宣言についての見解を表明している．リスカーは非公式に部分的な英訳（序文と「プロムナード」だけの英訳）を試み，それを（グロタンディークには無断で）22 ドルで販売している．リスカーはこれについて「わたしは企業ではなく私的な個人である」と述べ，「グロタンディーク博士が 10 年以上前に，かれの作品についてのすべての権利をジャン・マルゴワール博士に委ねるとサインしたことはよく知られている」(It is well-known that Dr. Grothendieck signed over all the rights to his works to Dr. Jean Malgoire more than a decade ago.) と書いてから，「かれは［宣言の中で］法的な問題について云々しているのではなく，かれを侮辱的に扱うような「恥ずべき行為をするな」とわれわれにいっている．わたしはかれを侮辱的に扱うようなことはしていないので，自分自身を恥ずかしいと思った

りはしないものと考えている」と書いているが,「恥を知れ」といわれて,「恥ずかしいことはしていない」と応じているだけでは低次元な「水掛け論」になってしまうような気もするが….

マルゴワールと山下(1996年京子撮影)

　グロタンディークの削除要請はSGAなどの数学的作品(本や論文など)だけでなく,『収穫と種蒔き』や『夢の鍵』のような思想的作品(手紙も含む)にまで及んでいた.そういえば,かつてグロタンディークは『夢の鍵』の自註にあたる『夢の鍵のためのノート』という作品(後半部は独立した作品『レ・ミュタン』となっている)も書いているが,これについてはグロタンディーク・サークルでは宣言が出る以前から見れなくなっていた.ただし,『夢の鍵のためのノート』の画像版が作られそれが無料でダウンロード可能になったままのウェブサイトもあった.関係者たちによって黙殺されていることが原因かもしれないが,出版拒否宣言の影響はすぐには現れなかったようだ.

参考文献

[1] Weininger, Geschlecht und Charakter, 1903

変性意識体験

> It isn't necessary or rather not possible
> to agree with him but the greatness lies
> in that with which we disagree.
> かれに同意する必要はない，
> というより同意することは不可能だ，
> だが，不同意の部分にかれの偉大さがある．
> ——ウィトゲンシュタイン（[1] p.159）

ストレス・夢・スピリチュアリティ

　グロタンディークは1985年から1986年にかけて『収穫と種蒔き』を完成させてモンペリエ大学から出版し，友人などに限定配布したが，『収穫と種蒔き』を執筆する過程で数学以外のさまざまな世界に接触することになった．ユングの自伝を読んで，その感想を『収穫と種蒔き』の続編にしたいと考えていた時期もあった．こうした動きの一環として，1987年になると新たに『夢の鍵』を書きだしている．ほぼ同時に『夢の鍵』の自註のような文章『夢の鍵へのノート』も書きだしたようだ．その「ノート」が相対的に独立して，『レ・ミュタン』が生まれた．ミュータント（フランス語ではミュタン）というのは，グロタンディークがやがて来ると考えていた「新しい時代」に向っての先駆者（précurseur）のことだと思えばいいが，『収穫と種蒔き』や『夢の鍵』で（暗黙の内にではあっても）表明されたグロタンディークの思想の形成に大きな影響のあった人たちのことでもある．2010年1月13日付けで，グロタンディークは「出版拒否宣言」を出して，自分の書いた作品がデジタル化されてネットなどで無制限に流通している現状に「待った」をかけた．その結果，ウェブサイト「グロタンディーク・サークル」での『収穫と種蒔き』，『夢の鍵』，『夢の鍵へのノート』，『レ・ミュタン』などの公開はすべて停止されてしまった．ただし，このサイトを運営して

いるシュネプスは表面的に閲覧不能にしただけで,「裏サイトは残されていた.グロタンディークはパソコンを使わないので,このカラクリには気づかなかったのだろう.

『レ・ミュタン』については,シャルラウのドイツ語による作品『ディー・ミュータンテン』(Die Mutanten) が存在しており,シャルラウのグロタンディークの伝記の第3巻に収録されている.これを部分的に参考にしながら,『レ・ミュタン』が出現する前後（1986年10月〜1990年1月）の状況をザッと眺めてみたい.弟子たちの「不誠実な態度」をアスペルガーに特有の過激なスタイルで克明に告発した『収穫と種蒔き』の発表によって,グロタンディークにとっては予想外のストレス（出版社から出版を断られたり,弟子たちが真剣な対応をしてくれなかったりしたことに起因する精神的ストレス）に晒されることになった.このストレスがさまざまな夢となってグロタンディークを襲う.1986年10月にグロタンディークは,「夢は神の作品だ」というヴィジョンが夢の中で閃いたという.これもアスペルガーに特有の思考パターンのひとつなのかもしれないが,自分の感じるストレスを自分の思考回路の変更（思考のための「公理系」の変更でもある）によって脳内的に解決しようと試みたものと思われる.それは,1987年1月から4月までの「予言的（預言的）な夢」を解釈する過程でも実行された.その直後から『夢の鍵』の執筆にかかり,9月までにかなり書き進められた.この執筆途中の1987年5月には,グロタンディークは,神秘的な仕方で「神との出会い」に成功していたとされるカトリックの神秘主義者たちへの強い関心をもちはじめていた.カトリックの信仰それ自体への関心ではなく,「夢の形でのメッセージ」を送信している発信源だとグロタンディークが信じた神を感じる段階から神との出会いを求める段階へのステップアップの象徴として神秘主義者への関心が浮上してきたということだろう.グロタンディークは1968年の5月革命の影響もあって,1970年代にはカリフォルニア的な精神世界に興味を覚えていたようなので,この出来事はスピリチュアルな世界への関心の復活でもあった.

　グロタンディークは,マルト・ロバンの「奇跡」などへの興味も示してお

り,『夢の鍵』にもマルトのことが書かれている．マルトは幼いころは普通の少女だったが，足腰の麻痺などのせいで，26歳からベッドに横たわっているしかなくなり，通常の食物が食べられなくなって，聖体（パンとブドウ酒）だけで生きていたとされる．やがて眠ることもできなくなり，聖母マリアとの遭遇体験が始まったという．28歳のときにはイエスとの遭遇体験があり，金曜日ごとにイエスの受難を追体験するようになったとされる．グロタンディークはもちろん，この話をそのまま信じたわけではない．カトリック教会による美化があったものと考えてはいたようだが，マルトを通して神が人間に語りかけたということを信じる傾向はあったようだ．マルトのような女性が本当に存在したとしても，なぜそれが神の存在証明になるのかさえ，ぼくにはサッパリ分からない．カトリックの教義のような意味での神を信じる女性がいて，その女性が不可解な病気になって，本当にパンとブドウ酒だけで生き抜けるようになり（パンとブドウ酒だけでは極端な栄養不足に陥るはずで，そのようなことはありえないが），不眠症状まで激しくなって，ついにマリアやイエスとの遭遇（幻覚）を体験するようになったというだけだろう．それはともかく，グロタンディークがこうした「神との直接的接触」の可能性を信じはじめたことも影響しているに違いないが，グロタンディークは（1986年にはじめての見神体験があり）1989年夏以降に，やがてフローラともルシフェラともママンとも呼ばれることになる「女性の姿をした神」との（あくまで主観的な意味での）対話体験をもつことになる．なぜそのようなことが，グロタンディークの心に起きたのだろう？この現象をどう解読すればいいのだろう？こうした異常事態を発狂によって説明しようとするカルティエやデュ・ソートイのような人もいるが，冷静に考えれば，グロタンディークが精神医学的な意味で発狂した（つまり統合失調症などの精神病になった）ことを示す決定的な証拠はない．たとえば，統合失調症になったとされるナッシュとは異常事態以降の経過がまったく異なっている！

苦行と変性意識状態

　シャルラウによれば,「この時期にグロタンディークを訪ねた友人たちは, グロタンディークが大声で不可解なことを話しており, 狂ったように見えたと明確に述べている」(Freunde, die ihn während dieser Zeit besucht haben, bestätigen, dass er in der Tat zeitweise wie von Sinnen mit völlig veränderter, nahezu unverständlicher wiehernder Stimme gesprochen habe.) という. ぼくは, この時期の直後の 1990 年 3 月にグロタンディークを訪問しているのだが, そのときには,「大声で不可解なことを話す」というようなことはまったくなく, 服装や食べ物がどことなく修道士を思わせるという印象はあったものの, 話しをするかぎりでは, それ以前に会ったときのグロタンディークと変わらないように見えた. これは「大声で不可解なことを話す」ような精神状態が過去に出現していたとしても, それが持続性をもっていないことを意味しているということだろう. それはともかく, 1988 年の夏にグロタンディークは宗教的恍惚感を体験したとされる. (このころぼくは, プロヴィデンスで開催されていたアメリカ数学会創立 100 周年の集会にヤジウマ的に顔を出しており, ラッキーにも, ウィッテンが位相的量子場理論を提唱した記念碑的な講演を聴く幸運に恵まれたのを思いだす. 帰国する前にフランスに立ち寄ることもできたはずなのに, グロタンディークに会いに行こうとしなかったことが悔やまれる.) ちょっと怪しい言葉でいえば, やがて宗教的な「ヴィジョン体験」(多幸感と確信を伴う) に至ることになる変性意識状態 (altered states of consciousness) [2] を体験したということだろう. 変性意識状態というのは, 覚醒でも夢でもない意識の状態を漠然と指す言葉である. 座禅やヨーガのような宗教的修行を通じてたどり着くことのできる特異な意識状態だけではなく, アルコール, 幻覚剤, 性的オーガズム, 恋愛的情動, 没我体験などによってもたどり着ける非日常的な意識状態のことも変性意識状態と呼ぶことが多い.

　グロタンディークは近代医学に対する嫌悪感をもっており, ケガなどの病気でなければ, 断食療法 (jeûne) によって自分で治すというのが普通だっ

たようだ．1988 年夏の場合にも，まず断食を行おうとしていた（あるいは行っていた）のかもしれない．症状が改善しないので，水分まで断った高度の断食療法を試みることにしたのだろうか．しかし，水分まで断つとなると生命の危険を伴う可能性が増す．グロタンディークは，1970 年代の中頃から日本山妙法寺の影響で，日常的に題目「南無妙法蓮華経」を唱えることが習慣になっており，1981 年にモルモワロンに転居してからもその習慣は保たれていた．それどころか，1980 年代には題目を唱えるための道場まで設置している．交流していた日本山妙法寺の僧侶たちから断食療法を教わった可能性がないともいえないが，グロタンディークが「ちょっとした病気」なら断食によって治せると考えていたのは確かだ．断食は腸内環境を整え免疫系の活性化をもたらすとされている．完全な断食でも水分さえ補給していれば 1 か月ほどは生きられるとされているが，水分まで断つとなれば，1 週間ほどで生命が危険に晒されることになりそうだ．実際，比叡山延暦寺の千日回峰行の中の最難関の荒行「堂入り」では，食事・水分・睡眠・横になることを 9 日間断って，つまり，断食・断水・不眠・不臥の状態で，不動明王（大日如来の化身で毎月 28 日が大日如来と不動明王の縁日とされ，偶然にも，グロタンディークの誕生日 3 月 28 日も大日如来と不動明王の縁日にあたっている）の真言（中咒）を合計で 10 万回唱え（2 本の数珠を使ってカウントするらしい），ほかにも毎日法華経を 1 時間ずつ 3 回読み進め全巻を読み終えて，不動明王との一体化を達成するとされる．5 日目ともなると幻覚症状に悩まされるようになり，やがて自分の身体から死臭が漂いはじめるともいわれる．このあたりが人間に耐えられる断食・断水・不眠・不臥の限界なのかもしれない．

　日蓮宗系の日本山妙法寺にも断食唱題行（「南無妙法蓮華経」を唱えつつ行う数日間の断食修行）のようなものはあるはずで，グロタンディークもこれを行っていたのかもしれない．ただし，シャルラウの記述では，グロタンディークはモルモワロンの家の 2 階で断食を行っていたようにも読めるが，そうだとすれば，（道場は 1 階部分に設置されていたので）断食唱題行とは無関係だった可能性もある．純粋に何らかの不具合があって自己

治癒の一環としての断食療法を行っていたのか，それとも宗教的な修行の一環として断食断水修行を行っていたのか，あるいはその両方を兼ねていたのか，ぼくにはまだ判定できない．シャルラウには仏教（や東洋思想）への眼差しが不足しており，グロタンディークの思想や行動を西洋的伝統の中だけで解釈しようとする強い傾向が見られ，シャルラウによるグロタンディークを巡る事件の解釈にはバイアスがかかっていそうだ．ラセール時代のグロタンディーク自身は，こうした宗教的過去をあくまで自分の宗教時代などとして総括しており，預言問題についても一時的な錯乱状態が原因の錯誤にすぎなかったと考えていた可能性があるが，具体的に語ることに消極的になっていたことも事実確認を難しくしている．

グロタンディークと断食の関連ということになると，日本山妙法寺の創始者藤井日達によってはじめられた原爆ドーム前での平和祈念断食と呼ばれる断食修行＝パフォーマンスが思い浮かぶ．藤井日達の誕生日は8月6日で広島に原爆が投下された日にあたるが，グロタンディークの父親シャピロの誕生日も同じ8月6日だったこともあって，グロタンディークは，父親よりちょうど5歳上の藤井日達に親近感を感じていたらしい．藤井日達の弟子たちが藤井日達に非常に忠実に仕えている様子を見て，自分と弟子たちの関係（グロタンディークは弟子たちが自分の数学的な構想を断片化して掠奪したものと考えていた）と比較して，藤井日達に尊敬の念を覚えたりもしたに違いない．とはいえ，1988年夏のグロタンディークの過酷な断食が，独自の平和祈念断食だったというような可能性はなさそうだ．というのも，グロタンディークは誘いを受けたにもかかわらず藤井日達の葬儀に参列しなかったし，日本山妙法寺からの誘いには興味を示さなくなっていったからだ．（それどころか，グロタンディークは一度も日本を訪れたことがない！）藤井日達の死後＝1985年以後，グロタンディークと日本山妙法寺とのかかわりはほとんどなくなっていったはずだ．そうだとすれば，日本山妙法寺とのかかわりでの断食修行などということはありえないので，グロタンディークの「古い習慣」としての断食だったと思われる．

スピリチュアル・エマージェンス

　ぼくの入手した情報によると，1987年5月の段階でグロタンディークは，アヴィラのテレサ[3],，十字架のヨハネ，アウグスティヌス，バルザックに関する本を注文している．（バルザックについては本書 p.19 参照.）まず，読みだしたのはアヴィラのテレサの自伝『Libro de la Vida』だったという．ぼくが注目したくなるのは，アヴィラのテレサの誕生日がグロタンディークと一致していることだ．こうした「偶然の一致」に対してグロタンディークは敏感に反応するような気がする．宗教的恍惚感とはどのようなものかについて，グロタンディークが学んだのはアヴィラのテレサからだった．十字架のヨハネも，アヴィラのテレサと同じスペイン人で，アヴィラのテレサの影響の下でカルメル修道会の改革者となった人である．アヴィラのテレサや十字架のヨハネの神秘主義には，仏教の苦行を思わせる苦行を通して神との合一を目指そうとする姿勢が見られる．グロタンディークが仏教的な苦行（自己の内なる仏性＝神性に目覚めることを目的とする）の意味に気づく中からカトリックの神秘主義思想に興味を示すようになったと思えばいいのだろうか．苦行がなぜ「仏性＝神性の自覚」つまり「仏＝神との合一」に結びつくのかはわかりにくいかもしれないが，苦痛に耐えるように進化したヒトの脳のメカニズムがその起源となっていそうだ．苦行によって脳内の報酬系に関係する神経伝達物質（神経ペプチド）のひとつエンドルフィンが増加し，エンドルフィンは痛覚消失にかかわる神経系と快感にかかわる神経系を活性化させ，脳内麻薬ともいわれるほどの鎮痛作用をもち多幸感を生み出すことができるという．もう少し詳しくいえば，ドーパミン作動性のA10神経を抑制的に制御するGABA作動性神経の末端部にエンドルフィンのレセプタが存在しているという．エンドルフィンは抑制制御を抑制する機能をもち，したがってエンドルフィンはA10神経をプラス方向に働かせることになる．エンドルフィンはまたドーパミンのオートレセプタを塞いで快感が継続するように働くとされる．ちなみに，エンドルフィン（endorphin）という名前は，エンド＋モルフィン＝内因性モルヒネ＝脳内モルヒネ，から来ている．たとえば，性的快感に貢

献するのはβエンドルフィンである．だとすれば，苦行の果てで出会うこの「幸せ」に満ちた脳内体験が，神秘主義者の伝統の中では，苦行によって「仏＝神との神秘的合一が体験できる」という言説として表現されるようになったということだと思う．これは，苦行に伴って体験する変性意識状態のひとつでもある．変性意識状態になり「神秘的合一」の状態に達すると，「脳による自己の認知や情動に関わる知覚に，ある共通の変化［自己と非自己との融合］が起きる」（[4] p.130）とされ，それは仏教かキリスト教かなどの宗教によらずにこれは共通しているという．だとすれば，スピリチュアル・エマージェンス（[2] p.173）の物質的根拠のひとつはエンドルフィンなのかもしれないと思えてくる．「神秘体験の神経生物学的機構」は進化論的に見ると「性的反応の機構から生じてきた可能性が大きい」というのも興味深い（[3] p.187）．

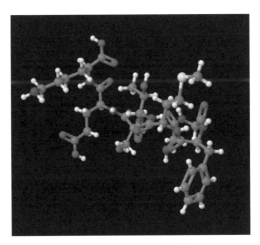

βエンドルフィンの分子構造

解離性障害の香り

　意図的だったのかどうかはわからないが，結果的に，グロタンディー

クは厳しい断食・断水によって，（どこか臨死体験にも似た）死の直前まで行き，神に出会おうとしたと考えられる．シャルラウは，「おそらく，かれ［グロタンディーク］は死の瞬間を意識下で体験したいと考えた」(Vielleicht wollte er auch den Augenblick des Todes bewusst erleben.) というが，そんなことは不可能だ．というのは，この場合の変性意識状態は覚醒状態とは似ても似つかない状態だから．シャルラウによると，断食・断水による危機的な状態が続いて，グロタンディークはついに歩くことも話すこともできなくなったというが，これもちょっと理解しにくい．「堂入り」の場合などは真言を唱え続けているはずで，話せなくなる（＝声が出なくなる）という状態にはなりにくいような気がする．シャルラウはグロタンディークが自分で声を出すことが不可能な状態であったにもかかわらず，グロタンディークのいた場所から女性の声が聞こえていたことにしようとして，脚色を加えた可能性が強い．グロタンディークの生命の危機を救ったのは通りがかりの女性たちだったといわれる．しかし，これについても，グロタンディークの家は非常に孤立した場所にあり，誰かが窓の下を通りがかるなどということはほとんどなさそうに思えるのが気にかかる．この女性たちの証言によるものだろうが，そのとき，「マルトはあなたと話したい．マルトはあなたに伝えたいことがあります」(Marthe will mit dir sprechen, Marthe hat eine Botschaft für dich...) と語る声を聞いたという．そのときの言葉は，マルトがドイツ語を話せるはずもないし，これを聞いた女性たちもドイツ語を理解したかどうか怪しいので，声はフランス語だったと思うが，シャルラウはドイツ語で書いている．シャルラウはこの出来事について，「マルト・ロバンはその死後においてさえ過去のすべての数学者の中でもっとも偉大な数学者のひとりの命を救うという奇跡を起こした」(Marthe Robin hat noch nach ihrem Tod jedenfalls *das* Wunder vollbracht, einem der größten Mathematiker aller Zeiten das Leben zu retten.) と宗教的な観点を支持するようなレトリカルな感想を述べているが，ぼくはこれがキリスト教的な意味の奇跡だなどとはもちろん思わない．

　では，現実にはそのとき何が起きていたのか？ ぼくはこのときの「マル

ト・ロバン」はグロタンディーク自身の変性意識状態の中から交代人格（alter ego）として創発（emergence）したものに違いないと思っている．つまり，解離性同一性障害（dissociative identity disorder）の香りを感じてしまうのだ．この場合は，グロタンディークが置かれた生命の危機からの防衛機制としての解離（dissociation）だったのかもしれない．マルト・ロバンから神体験について聞きだしたいというグロタンディーク自身の強い願望が強度の変性意識状態の中から交代人格として出現したという図式も考えてしまう．アスペルガーは，コミュニケーション・スキルやソーシャル・スキルが不足しているために，定型発達者の作る通常の社会での日常的な「生き辛さ」が溢れており，そのストレスが原因となって解離性障害（dissociative disorder）や身体表現性障害（somatoform disorder）の状態になることがありうる．このときの「マルト・ロバン」がグロタンディークの交代人格だったとしたら，フランス語もドイツ語も使う可能性があるが，「本物らしさ」の「演出」（グロタンディークの主人格は記憶にない）という点ではフランス語が使われたに違いない．いずれにせよ解離は「グロタンディークの深淵」を解く重要なキーになりそうだ．

参考文献
［1］Wittgenstein, Letters to Russell, Keynes, and Moore, Blackwell, 1974
［2］葛西賢太『現代瞑想論』春秋社 2010 年
［3］菊地章太『エクスタシーの神学』筑摩書房 2014 年
［4］ニューバーグ『脳はいかにして〈神〉を見るか』PHP 研究所 2003 年

欲動と創造

Grad und Art der Geschlechtlichkeit eines Menschen
reicht bis in den letzten Gipfel seines Geistes hinauf.
人間のセクシュアリティの性質とレベルは
精神の最後の極みにまでたどり着く
——ニーチェ（[1] p.87）

ミュータント

　グロタンディークは，とくに自分の1980年代の思想形成に大きな影響を与えた人物をミュータント（フランス語ではミュタン）と呼び，作品『レ・ミュタン』の中で詳しく論じている．『レ・ミュタン』は『夢の鍵へのノート』[2]に含まれており，グロタンディークに興味をもっているトゥルーズの詩人ル・ペスティポンが，『夢の鍵へのノート』を2009年12月に画像化し23個のファイルに分けてダウンロード可能にしている．シャルラウのドイツ語による『レ・ミュタン』の解説[3]もある．

グロタンディークが『レ・ミュタン』を書いた家（1990年山下撮影）

グロタンディークは 18 人のミュータントを選定し，生年の古い順に並べてリスト化している（[2] p.N480-p.N482）．このリストは便利なので，とりあえず紹介しておこう．ただし，グロタンディーク自身による紹介文には，キーポイントを逸らすような印象もあるので，ぼくなりに書き直しておく．

- ハーネマン：ドイツの医師で代替医療の一種ホメオパシー（homeopathy）の創始者．ガンジーがホメオパシーを強く支持したこともあり，インドでは民間療法としてかなり普及している．グロタンディークは近代医学には批判的でホリスティック医療を重視している．
- ダーウィン：博物学者で進化論の創始者．グロタンディークが，キリスト教思想とは対立しそうなダーウィンを選んでいるのは面白い．グロタンディークがダーウィンの「性選択」（sexual selection）というアイデアが気に入っているのならさらに面白いのだが．
- ホイットマン：アメリカの詩人・作家．出版当初，露骨な性的表現がキリスト教サイドから批判を浴びた詩集『草の葉』（Leaves of Grass）で知られる．ホイットマンはアンドロギュノス的な性感覚をもっていたようだ．集合論の創始者カントルにも似てシェークスピア別人説の支持者だった．
- リーマン：リーマン予想で有名な数学者．アスペルガー（＋身体表現性障害）だったと思われる．
- ラーマクリシュナ：インドの宗教家．独自の神秘体験を経てヒンズー教シャクティ派（タントリズム），ヴィシュヌ派などを修行，さらにイスラム教，キリスト教，仏教も学んで，統一的な宗教観に到達した．タントリズムの影響を大きく受けていることに注目したい．
- バック：ホイットマンの伝記を書いたカナダの精神科医．作品『宇宙意識』（Cosmic Consciousness）では自ら体験した「宇宙との一体感」（神秘体験）について考察を加えている．
- クロポトキン：ロシアの侯爵家の出身．相互扶助論を基礎とするアナーキズムの革命家・思想家．
- カーペンター：イギリスの社会主義者で詩人．ゲイの行動主義者でもあ

る．ガンジーの友人で，ホイットマンとタゴールの運動に協力した．
- フロイト：オーストリアのユダヤ人で精神分析学の創始者．ヒステリーの治療のために性の問題に焦点を当て，独自の「性欲論」(Sexualtheorie)を展開した．『夢判断』(Die Traumdeutung)も有名．グロタンディークがユングではなくフロイトを選んだところにやや謎が残る．グロタンディークはフロイトを高く評価しつつも，アンセスト欲動(pulsion incestueuse)やエディプス・コンプレックスについては否定的な観点を持っているようだ．
- シュタイナー：オーストリア出身の思想家で人智学(Anthroposophie)の創始者．『神秘学概論』(Die Geheimwissenschaft im Umiriss ではバックの宇宙意識の進化論的理解を試みている．エコロジー的発想は，ドイツの緑の党(Die Grünen)にも影響を与えている．
- ガンジー：インドの政治指導者．非暴力不服従を提唱．ノーベル平和賞を固辞．
- テイヤール・ド・シャルダン：フランスのイエズス会士．地質学・古生物学の立場からキリスト教と進化論を融合した新しいキリスト教思想を展開するがカトリック教会からは危険思想と見なされた．テイヤール・ド・シャルダンは，生命の進化は生物圏＝ビオスフェール(biosphère)から精神圏＝ノースフェール(noosphère)へと到り，最終的なオメガ点(point oméga)を目指すと考えるが，このオメガ点を宇宙的キリスト(Christ cosmique)と想定するところが面白い．
- ニール：イギリスの教育運動家．生徒の自由を最大限尊重するサマーヒル・スクールを設立．マルクス主義と精神分析の融合を夢見たライヒと知り合いだった．
- 藤井日達：グロタンディークに接近した仏教教団日本山妙法寺の創設者．南京攻略時には藤井の弟子3人が玄題旗を掲げて軍旗に先んじて城壁によじのぼったという．戦後はガンジーの非暴力主義の影響を受けた．
- クリシュナムルティ：グロタンディークの瞑想概念に影響を与えたインド生まれの宗教家・教育者．

- レゴ：数学者を辞めて農民となり，イエスから直接学ぶことによって原始キリスト教の精神を復活させようとした．グロタンディークとは一度だけ面会している．
- カラスケ：スペインの教育改革家で戦闘的なアナーキスト．スペイン内線でフランスに脱出しグロタンディークの両親などと同じように南フランスの収容所（難民キャンプ）に入れられていた．1971年以降はトゥルーズの近郊に住んでいたという．グロタンディークの両親の友人で，グロタンディークの最も古い親友でもあった．
- スロヴィク：第二次大戦中のアメリカ陸軍の兵士．脱走罪で処刑された独立戦争以来唯一の兵士ということで映画化されている．グロタンディークもシャルラウもなぜか間違ってソルヴィク（Solvic）と書いている．

性とスピリチュアリティ

　グロタンディークはそれぞれのミュータントを，自分の世界観にとって最も重要な核となるいくつかのテーマ：性（sexe），戦争（guerre），自覚（connaissance de soi），宗教（religion），自然科学（science），文化（culture），終末論（eschatologie），社会正義（justice sociale），教育（éducation），スピリチュアリティ（spiritualité）とのかかわりで眺めている（[2] p.N600-p.N601）．このテーマの配列順は，グロタンディークが深くかかわった時期の古いもの順にも見えるが，「あれっ」と思う部分もある．グロタンディーク自身のミュータントの選定結果からすれば，最も重要なテーマが性で，二番目に重要なテーマが広い意味でのスピリチュアリティだろうと思われる．シャルラウは，「慎み深さ」のせいか，性の問題についての解説は極力避ける傾向が見られるが，それでは結果的にグロタンディークの内面の理解が不十分なものになりそうだ．宗教も重要そうに見えるが，グロタンディークのいう宗教は通常の意味の宗教ではなくむしろ反宗教的な側面さえ持っており，さまざまな宗教に共通するスピリチュアリティを

問題にしているというべきだろう．グロタンディークには，ミュータントのそれぞれについて（例外もあるが）核となるいくつかのテーマとのかかわりを考察する傾向がある．こうした遊びにも似た図式的考察は『収穫と種蒔き』第3部「陰陽の鍵」で，もっと大規模に見られた思考パターンでもある．さらに，シャルラウはスピリチュアリティに関するグロタンディークの興味は，現実の科学の限界を超えた「未来の科学」としてのいわば「スピリチュアル科学」とでもいうべきものを念頭に置いたものだと考え，グロタンディークがそうした「未来の科学」を構想しているかのように描こうとしているが，こうした見解に接すると，グロタンディークが「自由意志の自然学」を展開しつつあるという噂を耳にしたときのような疑念を抱いてしまう．グロタンディークを凡庸かつ過剰な「期待感」で包み込んでしまうのは望ましくない．

また，ミュータントを生年順に並べてしまうと，グロタンディークが暗黙の内にミュータントに「重み」を付けていることを忘れられがちになる．『レ・ミュタン』の目次に従えば，グロタンディークは，ミュータントを紹介するために12の章を作っている．その章のタイトルとその章で扱われている人名から目次の中にあるもののみを並べてみると，つぎのようになる．

- 藤井日達（藤井，日蓮，ガンジー）
- ガンジー（ガンジー，スロヴィク）
- ホイットマンとその友（ホイットマン，バック，カーペンター，レゴ，ラーマクリシュナ）
- ミュータントの舞踏(1)（ハーネマン，リーマン，シュタイナー，ティヤール・ド・シャルダン，クロポトキン，ニール）
- ニール（ニール，マカレンコ）
- カーペンター（カーペンター）
- カラスケ（カラスケ）
- ミュータントの舞踏(2)
- スロヴィク（スロヴィク，フロイト）

- 2人のメシア（シュタイナー，クリシュナムルティ）
- ミュータントの舞踏（3）
- 3人の思想家（ダーウィン，フロイト，レゴ）

ミュータントを18人に限定することについても，目次に名前が出現している人物に限っても，藤井の先駆者ともいうべき日蓮やロシアの教育家マカレンコも加えたくなる．さらに，いえば，グロタンディークの議論を補強するために何名かを追加したくもなる．たとえば，人間の中の両性具有性に注目してフロイトにも影響を与えた『性と性格』の著者ヴァイニンガー，人間の性行動について統計的に調査し「性の実像」を明らかにした『キンゼー・レポート』で知られるアメリカの性科学者キンゼイ，大作『性の歴史』を書いたフランスの哲学者フーコーなどだ．ぼくとしては，さらに，精神疾患や性現象の脳神経科学的研究についても注目したくなる．

アンセスト欲動と昇華

グロタンディークは，『レ・ミュタン』の最後の章「3人の思想家」(Trois penseurs)でダーウィンとフロイトとレゴについて書く予定だったが，実際に公開されたバージョンではフロイト以外はほとんど触れられていない．そのフロイトについても，無意識と夢について大きな関心を払い「夢，無意識からの使者」(Le rêve, messager de l'Inconscient)と「すべての夢には意味がある」(tous les rêves ont un sens)という節を計画していたようだが，後者について書く直前の節「アンセスト欲動と昇華」(pulsion incestueuse et sublimation)を書いたところで公開を取り止めた可能性が強い．少なくとも，ぼくに送られてきたバージョンではそうなっている（ル・ペスティポンが画像化するのに使ったバージョンも同じだと思う）．『レ・ミュタン』の最後の節となった「アンセスト欲動と昇華」には興味深いことが書かれている：フロイトのセクシュアリティ論（性欲論）を見ると，昇華，幼児性欲，エディプス・コンプレックスというキーワードに出合う．そして，これらはフロイトの最も重要な発見に属している．しかし，わたし自身の「自分

探し」(découverte de moi-même) の体験において，そして，それから生じたわたしの人生観においては，これら3つのうちの最初のものだけが重要な役割を果した．数学に対してわたしが感じる魅惑には，女性がわたしに及ぼすものに似た「肉体的な」側面があったという事実に1978年(瞑想の発見から数年後)に気がついた．」(Quand on pense aux idées de Freud sur la sexualité, il vient tout de suite les mots-clef : sublimation, sexualité infantile, complexe d'Œdipe. Et ce sont bien là des découvertes parmi les plus importantes de Freud. Dans ma propre expérience de découverte de moi-même cependant, et dans ma vision de l'existence qui en est issue, seule la première des trois a joué un rôle important. Le fait que mon attirance vers la Mathématique ait une dimension "charnelle", qu'elle soit de même nature que celle que la femme a exercé sur moi, s'était révélé à moi en 1978 (dans ans après la découverte de la méditation).([2] p.N685)

　グロタンディークは，数学に没頭していた時代にはとくに気づかなかったようだが，自分の過去についての瞑想の過程で，性的欲動(pulsion sexuelle)が数学的創造性の発揮に貢献していたことを発見したといいたいのだろう．これがフロイトのいう性的欲動の昇華にあたるのかどうかとなると必ずしも明確ではないものの，グロタンディークがその可能性について考えていた時期があるのは事実だ．グロタンディーク自身は「これはフロイトのいう昇華とは全然違う」と主張することもあるが，それは，フロイトのいう昇華には知的創造に較べて性的欲動をより「低次元なもの」と見なすような傾向があることに対して反論したいと思ってのことだろう．グロタンディークの場合には，性的欲動と知的創造をある意味で「等価」なものと見なしたいのではないかと思う．女性性を男性性よりも劣ったものと考えたがる傾向に対する抵抗の姿勢でもあるようだ．考えてみれば，これは『収穫と種蒔き』第3部「陰陽の鍵」ですでに語られたテーマでもある．

　グロタンディークは，公開された『レ・ミュタン』の最後の章「3人の思想家」の最後の節「アンセスト欲動と昇華」で，アンセストには直接触れる

ことなく，エディプス・コンプレックスについてつぎのようなことを書いている：「幼児性欲に関していえば，フロイトが（［幼児性欲の］存在を）強く主張しており普遍的に存在しているとさえ主張しているのに，そして（フロイトの観点からすれば）［幼児性欲の発達と］切り離すことのできないはずのエディプス・コンプレックスの時期に，［幼児性欲が］役割を果していないことが自分を発見するためのわたし自身の冒険（探索）によってわかったことに驚かされる．実際，わたしはこの原則に対する例外だと考えたい：残念ながら，わたしの発達段階にエディプス・コンプレックスはない！もしフロイトがわたしを分析しようとしていたとしたら，フロイトはわたしを信じずに，この原則に例外はないと断言しただろう．」(Quant à la sexualité infantile, sous la forme fortement affirmée et même envahissante comme nous la révèle Freud, et quant au "complexe d'Œdipe" qui (dans la vision de Freud) en est inséparable, il n'y a pas à s'étonner qu'ils n'aient pas joué un rôle dans ma propre aventure de découverte de moi. En effet, pour une fois je me prétends ici l'exception qui confirme la règle : pas de complexe d'Œdipe chez moi, désolé! Je sais bien que si Freud était là pour me lire, il ne me croirait pas, lui qui s'était juré qu'il n'y avait pas d'exception à cette règle - là.)（[2] p.N686 - p.N687）

『アンセストの称賛』という詩集を作ろうとしたことのあるグロタンディークが，フロイトのアンセスト欲動やエディプス・コンプレックスについての見解を述べている部分は貴重な気がする．グロタンディークの書いていることを理解するために，フロイトの理論を簡単に思い出しておこう．フロイトによれば，人間の性の発達段階には口唇期（0歳〜1歳ごろ），肛門期（1歳〜3歳ごろ），男根期（4歳か5歳ごろ），エディプス期，性器期（思春期以降）と呼ばれるような段階が存在し，正常な人間はこの順に性的な発達を遂げるとされる．口唇期というのは母親からの授乳との関係で生じる最初の性欲の形が中心となる時期のこと．性的欲動の中核となる部分はその後（排泄の訓練との関係もあって）口唇から肛門周辺へと移動するとされる．つぎに子供（男の子の場合について考える）の関心は男女の差の象

徴である局部へと向い（フロイトはこの時期を男根期と呼んだ），人生最初の恋愛体験ともいうべき母親へのアンセスト欲動が形成されるという．そして，父親が自分の恋敵となる．ここにきて，子供は母子間にあった安定的で幸せな時期の終焉を思い知らされ，自分の恋愛の相手を母親以外の女性に向けるよう強いられる．こうした葛藤に満ちた時期をフロイトはギリシア神話に因んでエディプス期（エディプス・コンプレックス期）と呼んだ．エディプス期の父親の権威主義的な禁止が，性欲動を生み出す無意識ともいうべきエス（Es）と自我（das Ich）を横断する超自我（Über-Ich）の起源だと考えられる．エディプス期後の潜伏期とでもいうべき時期と思春期を経て，人間は「正常」な恋愛を行える性器期に至る．フロイトが偉かったのは，こうした性の発達にまつわる物語を描き上げただけではなく，こうした「正常」な発達が何らかの理由で途中で停止してしまうことが神経症の原因だと考えた点にある．フロイトは，『性欲論』の中で「神経症はいわば性的倒錯の陰画（ネガ）である」（die Neurose ist sozusagen das Negativ der Perversion.）（[4] p.25）と書いていることからもわかるように，幼児期の（倒錯的な）性欲動の抑圧が神経症の原因だと考えたわけだ．もともとフロイトは，ヒステリー（現代的な疾患名としては身体表現性障害と解離性障害）の原因が幼児期の性的トラウマの抑圧にあると信じており（ヒステリーの治療にも成功している），少なくとも初期のフロイトは，このアイデアを発展させて，神経症全般を性欲動に関係づけたのだった．

　すでに触れたように（本書 p.209），数学的創造性の鍵となるグロタンディークの心的世界について考えようと思えば，解離性障害（とくに解離性同一性障害）の意味を読むことが不可欠だが，グロタンディークに解離性障害的体験をもたらした原因は何だったのだろう？　これについて考えようとするときに，エディプス・コンプレックスに関するグロタンディークの見解はヒントを提供してくれそうな気がする．といっても，グロタンディークは，アンセストやアンセスト欲動については詳しく触れないままで，非常にあっけなく「わたしの発達段階にエディプス・コンプレックスはない！」と断言しているだけなのだが…．それならなぜ，『アンセストの称

贅』を書く必要があったのか，さらに，なぜこの詩集の原稿を焼却処分にする必要があったのかが興味深い謎として浮上する．

参考文献

[1] Nietzsche, Jenseits von Gut und Böse, 1886
[2] Grothendieck, Notes pour la Clef des Songes, 1987
[3] http://www.scharlau-online.de/DOKS/Die Mutanten.pdf
[4] http://www.psychanalyse.lu/Freud/FreudDreiAbhandlungen.pdf

スートラとタントラ

> Nommer un objet, c'est supprimer [...]
> la jouissance du poème qui est faite du bonheur
> de deviner peu à peu; le suggérer, voilà le rêve.
> 対象を命名すること，それは
> 徐々にわかる幸せという詩の快楽を
> 奪い去ることだ．思いつくこと，それが夢なのだ．
> ———マラルメ([1]p.700)

ヴェイユとグロタンディーク

　グロタンディークは，ガンディーを尊敬していた．1976年にヴィルカンのグロタンディークの家を訪れたとき，ぼくは，2階の壁に「ガンディーの肖像画」が掲げられているのに気がついた．当時のグロタンディークはまだ菜食主義者（ガンディーの影響かと思われる）で，毎日大量の野菜サラダを食べていたこともあって，ぼくはこのとき見た肖像画はガンディーに違いないと決めてしまったのだ．ところが，ずっとあとになって，それはグロタンディークの父の肖像画だと教えられた．父がル・ヴェルネの強制収容所に入れられていたときに収容所仲間のひとりが描いたものらしい．その肖像画に描かれたグロタンディークの父は，晩年のガンディーのように禿げていて，右手をロダンの「考える人」(Le Penseur)のように顎の下に置いていた．服装を見れば，とてもガンディーとは思えないはずなのに，とにかく目撃した時点ではガンディーだとしか思えなかった．先入観というのは恐ろしい．それはともかく，グロタンディークはいつからガンディーを尊敬するようになったのか？　まず，ヴェイユからの影響があったかどうか検討してみよう．ヴェイユは，フランスに適当なポストが見つからなかったこともあって，1930年1月ごろから1932年5月ごろまで（23歳から25歳にかけて）ニューデリーの南東110キロほどに位置するアリーガル (Aligarh Muslim University) に滞在して数学の講義をしている．この

滞在がはじまってすぐに，ガンディーがイギリスによる塩の専売に抗議するべく自らの故郷グジャラート州（インド西部）で決行した不服従運動「塩の行進」（1930年3月12日〜4月6日）が勃発．このころから，ヴェイユはガンディーという人物に興味をもつようになった．また，ヴェイユはインド人の友人を通じてサンスクリット語で書かれた古代インドの叙事詩『マハーバーラタ』（前2世紀〜2世紀）の解説を聞く機会があり，「エロティックあるいは神秘的な詩のテキスト」(textes de poésie … érotique ou mystique) に関心をもったようだ．ヴェイユは自伝の中で「古代インドの文化は，最も抽象的な論理学，文法学，形而上学から最も清浄な神秘主義，さらには，最も情熱的な官能性までを包摂する非常に豊饒なものである」(La culture indienne ancienne est l'une des plus richs qui soient; elle va des raffinements les plus abstraits de logique, de la grammaire et de la métaphysique au mysticisme le plus épuré, en passant par la plus chaude sensualité.)（[2] p.77）と書いている．ヴェイユが『マハーバーラタ』の中でとくに注目していた『バガヴァッド・ギーター』には，つぎのようなことが書かれている：「あなたの職務は行為そのものにある．決してその結果にはない．行為の結果を動機としてはいけない．また無為に執着してはならぬ．」(2-47)，「この世には二種の立場がある… 知識のヨーガによるサーンキヤ（理論家）の立場と，行為のヨーガによるヨーギン（実践者）の立場とである．人は行為を企てずして，行為の超越に達することはない．また単なる［行為の］放擲のみによって，成就（シッディ）に達することはない．」(3-3, 3-4)，「内に幸福あり，内に楽しみあり，内に光明あるヨーギンは，ブラーマンと一体化し，ブラーマンにおける涅槃［ブラーマ・ニルヴァーナ］に達する．」(5-24)，「欲望と怒りを離れ，心を制御し，自己（アートマン）を知った修行者たちにとって，ブラーマンにおける涅槃は近くにある．」(5-26)（訳文は[3]）

バガヴァッド・ギーターのイメージ[4]

　ガンディーは学生時代にサンスクリット語を学習したようだが中断していた．ガンディーが本格的にサンスクリット語に取り組むようになったのは，33歳で弁護士になって『バガヴァッド・ギーター』の原典を読みはじめてからのことだった．『バガヴァッド・ギーター』だけでなく『ヨーガ・スートラ』の読書会も開催するようになった．とくに，『バガヴァッド・ギーター』については毎日少しずつ暗記するようになったという[5]．『バガヴァッド・ギーター』への傾倒を強めてからは，「捨て去ること」を媒介として，いわば自己の神化を推進しようとした．そのために，たとえば，家族というシステムからの脱却（これは息子との関係の悪化・破綻を招いた），夫婦間の禁欲などを断行し，1915年には，アフマダーバード（グジャラート州）に，真理，純潔（ブラーマチャリア），不殺生，非所有を実践する共同体としてアーシュラム（修養道場）を開設したのであった[6]．ガンジーは，1926年にこのアーシュラムで『バガヴァッド・ギーター』について講義したこともある[7]．このアーシュラムはまた「塩の行進」でも決定的な役割を果している．

　ところで，グロタンディークは「モチーフのヨーガ」というような独特の表現を使っており，業（カルマ）や輪廻（サムサーラ）といったウパニシャッド哲学起源の観念にも興味をもっていた．ぼくとの文通でも，グロタンディークは「輪廻を信じている」などと書いたことがあった．グロタンディークの晩年の到達点のひとつ神との遭遇体験（これはアスペルガーに併

II　萌芽と仄暗い無垢の中へ

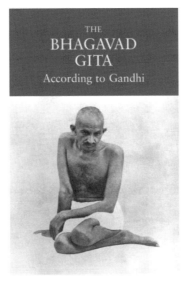

ガンディのバガヴァッド・ギーター講義録[7]

発する解離性障害的な「症状」によって説明できるとぼくは信じているのだが）は,『バガヴァッド・ギーター』にも書かれているようなウパニシャッド的な「アートマンとブラーマンは本質的に同一である」（梵我一如）という境地にどこかしら近い立場の表明でもあった．河合良一郎の証言によると，ヴェイユは，1955年に来日したときに，ある部屋の壁の額に「思無邪」（思いよこしま無し）という『詩経』からの引用句が書かれているのを見て,「この漢字の意味は何か？」と質問し，河合の説明を聞いて，漢字を使って数学を行うことの不思議さに思いを馳せた．ヴェイユはこの「思無邪」から漢字文化に興味をもつようになったという．ヴェイユのインド思想への興味もこのようなパターンだったのかもしれず，インド思想やガンディーに対する関心のレベルも定かではないが,「思無邪」との遭遇直後に（別の文脈においてではあるが）ヴェイユが表明したとされる「数学は本来ゼロから出発するべきものだ」という基本姿勢は，ブルバキ思想を経てグロタンディークにも強い影響を与えている.「ゼロからの出発」といっても，ヴェイユの数学は，グロタンディークの数学とは異なり，過剰なまでの形式主

義的・公理主義的な代数的理論展開を念頭に置いているわけではない．それは，ヴェイユがフェルマやジーゲルの数学的姿勢を最も高く評価していることを見てもわかる．グロタンディークはブルバキの仲間に加わっていたことがあるが，ブルバキのリーダーだったヴェイユがグロタンディークの「過度の抽象性」に反発を感じて対立し，グロタンディークがブルバキを脱会したという経緯もある．とはいえ，グロタンディークはエコール・ノルマルの聴講生だった時代にヴェイユと多少の交流があったので，そのころにヴェイユのインド思想への関心がグロタンディークに「伝播」した可能性もないとはいえない．しかし，ヴェイユは知的（前頭葉的）なアプローチを重視し，グロタンディークは情動的（大脳辺縁系的）なアプローチを好むという傾向があるので，ヴェイユからグロタンディークへの「伝播」が可能であったとは感じられない．実際，ヴェイユはインド思想の陽的側面，グロタンディークは陰的側面を強調する方向へと進んでいくことになる．仏教への影響との関わりからすれば，ヴェイユはスートラ的＝顕教的，グロタンディークは（1960年代までは顕教的に見えたが）タントラ的＝密教的だとでも，とりあえず，いっておけばいいだろう．それにしても，グロタンディークに密教思想について話す機会がなかったのは残念だ．

グロタンディークのメンタリティは，同じヴェイユでも，数学者のアンドレ・ヴェイユよりもむしろ妹の思想家シモーヌ・ヴェイユの方に近い．シモーヌはアンドレよりも10年ほど遅れて『バガヴァッド・ギーター』に興味をもち，晩年の4年間はサンスクリット語原典の翻訳に取り組んでいた[6]．『バガヴァッド・ギーター』は主人公の戦士アルジュナと神クリシュナの対話からなっている．クリシュナが「行為の結果を動機としてはいけない」と述べ，「戦え」＝「殺せ」と命じるのだが，アルジュナは「行為の結果」への危惧から戦うことを躊躇する．ガンディーはアルジュナへの共感はもたなかったようだ．クリシュナの「戦え」という命令が非暴力闘争の可能性を排除するものではないと考えたせいらしい．ガンディーにとって苦悩は現実可能性をもつ夢でもあったが，シモーヌにとって苦悩は非現実的なものでしかなかったという．シモーヌはアルジュナへの共感の位相の差に

よって，ガンディーの非暴力思想を理解することができなかった[6]．この点ではグロタンディークとシモーヌのガンディー理解は異質である．グロタンディークの非暴力思想の過激さは，ガンディーへの強い共感だけでなく，少なくとも「公的」には，反軍的な意思表示（軍事研究費の拒否）の結果として高等数学研究所（IHES）を辞職したことや第 2 次大戦中に戦闘行為を拒否して投獄され処刑されたアメリカ兵スロヴィクを高く評価していることによってもわかるだろう．

ブラーマチャリアの実験

　グロタンディークは 18 人の自分にとっての思想的先駆者を選びミュータントと名づけるとともに，10 個のテーマ（性，戦争，自覚，宗教，自然科学，文化，終末論，社会正義，教育，スピリチュアリティ）を選んで，これらのテーマがミュータントとどう結びついているかについて，『夢の鍵』の付録ともいうべき『レ・ミュタン』で少し論じている．18 名のミュータント中には性というテーマにかかわりの深い人がかなり含まれているが，さらにタントリズムとのかかわりを感じさせる人もいる．タントリズムの影響の下に統一的な宗教観に到達したラーマクリシュナはその 1 人だ．ガンディーもカウントしたくなる．「ガンディーとタントリズム」という視点には飛躍がありそうだが，ガンディー自身が自分の非暴力不服従思想の原点にブラーマチャリア（ブラーマー＝真理を探求するための行為）があったとしており，ガンディーのいうブラーマチャリアが「禁欲による性エネルギーの転換」を意味していたことを考えれば，「ガンディーとタントリズム」は重要なテーマになるはずだ[8]．ガンディーの強迫的なまでに「異常」な性的衝動の倒錯的抑制にも見える「ブラーマチャリアの実験」の痙攣的な美意識の深淵に，ぼくは，ガンディーの反転ともいうべきグロタンディークの「数学的創造への飛翔原理」を感じないではいられない！

　話が前後するが，混乱しないようにインド哲学の流れをザッと整理しておこう．前 13 世紀〜前数世紀にかけて成立した古代インドの聖典群をヴェーダと呼ぶ．大きく分けて 4 種類のヴェーダがあり，それぞれの

ヴェーダの中の奥義書ともいうべき部分をウパニシャッドと呼ぶ．ウパニシャッドの核心は梵我一如思想だとされる．法（ダルマ）と愛欲（カーマ）の矛盾こそが人間のあらゆる行為の原動力だという解釈は非常に興味深い．前5世紀〜前4世紀になると，ジャイナ教や仏教（ブッダ）が出現しインド哲学に新しい風が吹きだす．ブッダは抽象化への道を歩むウパニシャッド（＝バラモン教）の梵我一如思想を否定し，縁起（因果関係）を重視する空（シューニャター）の思想を展開する．前4世紀からはヨーガ（神と一体化するためのアート）がウパニシャッド文献に取り込まれるなどしてバラモン教にも変化が起きはじめたようだ．ブッダの空の思想はニヒリズムに似た思想にもたどり着いたが，やがて，ニヒリズムを超えるブッダの思想の再編成が行なわれることになる．これが般若経（プラジュナー・スートラ）や法華経（サッダルマ・プンダリーカ・スートラ）の編集（1世紀前後）に象徴される大乗仏教の誕生だと思えばいい．人間の最終目的が解脱（モークシャ）だとしても，その達成にはいくつかのアプローチが存在する．カーマを解脱のために有効に活用しようというのが7世紀以降に出現するタントリズムであった．ヨーガもタントラとのかかわりで大きく発展した．9世紀のはじめに空海が中国から大日経（7世紀に成立，サンスクリット原典は未発見）に基づく胎蔵界マンダラと金剛頂経（7世紀に成立）とそれに基づく金剛界マンダラをもち帰ったことはよく知られている．

　たしかに，ヴェイユはインド哲学に多少の興味をもっていたようだが，それはせいぜい「インテリの教養」に留まるレベルにすぎず，仏教やタントリズムに情動的な意味で共感していたという証拠はまったくない．したがって，可能性は極めて薄いものの，もし，グロタンディークのガンディーへの関心を喚起したのがヴェイユだったとしても，ヴェイユのインド哲学に対するスタンスが表層的なものにすぎない以上，ヴェイユがグロタンディークにヨーガやインド哲学への「遠い憧れ」を生成するほどのインパクトを与えることは不可能だ．とすれば，グロタンディークのガンジー好きは誰の影響なんだろう？グロタンディークは1949年にパリからナンシーに移るが，ナンシーでグロタンディークに影響を与えた人物といえば，

まず思い浮かぶのは，シュヴァルツとデュドネだろう．とくにシュヴァルツはトロツキストとして政治闘争にコミットすることになるだけあって，社会活動家としてのガンディーにも興味をもっていた．しかも，グロタンディークはナンシーにいたころには，よくシュヴァルツの家を訪問していたので，折に触れてシュヴァルツからガンディーの非暴力主義などについて聞かされていた可能性がないとはいえない．ただし，シュヴァルツがインド哲学や宗教家としてのガンディーに興味をもっていたという証拠はない．また，デュドネのような実務家的現実主義者がグロタンディークにガンディーへの興味を植え付けたとは到底思えない．

吹起狂雲狂更狂

ところで，ガンディーの自伝は 1922 年から 1925 年にかけて（一部は獄中で）グジャラート語で書かれ，1929 年に英訳されて，1950 年には英語版からのフランス語訳［9］が出版された．『レ・ミュタン』でグロタンディークが書いていることろでは，グロタンディークがもっているガンディーの自伝はフランス語訳（1950 年の初版本）だという（p.N 220-p.N 221）．グロタンディークはガンディーの自伝の他にもアッシュの『ガンディー伝』を「若いときに」(étant jeune homme) 読んだという．グロタンディークがガンディーの生涯を知って感じたのは「単純さ」(simplicité) と「真実の精神」(esprit de vérité) だったという．これらはアスペルガーにとって把握しやすい特徴でもある．実際，ぼくはグロタンディークとガンディーはいずれもアスペルガーだったと思っている．アッシュの『ガンディー伝』については，正確なタイトルも出版社も出版年も定かではなく，「若いときに」というのがいつごろのことなのかもわからない．アッシュは，ポーランドに生まれ，アメリカに渡ったユダヤ人の作家である．もともとイディッシュ語の作家として知られていた．モーゼ，イエス，マリアなどの作品を書いており，『ガンディー伝』もスピリチュアリティを前面に押しだした作品だった可能性が強い．グロタンディークは，『レ・ミュタン』の執筆中に，図書館などでアッシュの『ガンディー伝』を探したが見つからなかったという．

ぼくにはまだ，アッシュが『ガンディー伝』を書いたのかどうかさえ定かではない．ひょっとしたら，グロタンディークがアッシュの『ガンディー伝』だと記憶しているのは，1950年に出版されたフィッシャーの『ガンディー伝』(The Life of Mahatma Gandhi) の間違いかもしれない．これは『ガンディー伝』の「古典」ともいうべき作品で，ベストによって1952年にフランス語に訳され『ガンディー伝』(La Vie du Mahatma Gandhi) として出版されている．アッシュの作品のひとつで1950年に英訳された『預言者』(The Prophet) が，ベストによって1957年に『イザヤ，イスラエルの預言者』(Isaïe, prophète d'Israël) としてフランス語に訳されていることが混乱の原因だったのかもしれない．

　忘れないうちに書いておこう．ガンディーのもっともショッキングな「ブラーマチャリアの実験」は，最晩年に孫娘などとベッドを共にするという「実験」で，これに批判的な弟子との間で論争も展開されたようだ．批判に対してガンディーは「たとえ，全世界が私を見棄てたとしても，私は，自分が個人的に正しいと思っている何かを放棄しようとは思いません．」「私は，私を永劫の罰に定めることを元よりはばかることはないのです．たとえ，そのように定められているとしても，私は，それについてはこれ以上変えようとは思いません．」([8], p.127) などと書いている．こうしたガンディーのかたくなな態度に対して，弟子のボーズは「私たちは，私たちが意識的に同意するものへの欲望とは違った方向へと，しばしば無意識の欲望によって動機づけられ，突き動かされていく」([8], p.127) と批判している．マール[8]は，ガンディーはエリアーデのいう宗教的人間 (homo religiosus) として，「性愛の昇華実験」とでもいうべきものに取り組んでいたと考えているようだ．グロタンディークはというと，20歳から40歳ごろまでは数学する遊び的人間 (homo ludens) であったが，60歳あたりからは宗教的人間へと変貌していったように見える．その変貌過程を知るには，『収穫と種蒔き』，とくに第3部「陰陽の鍵」を読むのがいい．グロタンディークによる自らが抱える「性の問題」との真摯な格闘だと思って読めば「陰陽の鍵」も興味深いものになるはずだ．というようなわけで，グロタン

ディークとガンディーには「性エネルギーの創造性への転換」という共通の課題が見えてくる．グロタンディークの場合には，創造性は数学や詩的思索を通じて発現し，ガンディーの場合には，創造性はブラーマチャリアの表現とのかかわりで発現する構造になっているようだ．グロタンディークはガンディーの「ブラーマチャリアの実験」（とくに性の問題に連なる側面）について何も知らないらしい．グロタンディークのガンディー観にこうした側面が欠けているのは非常に残念だ．ぼくなどは，ガンディーの「ブラーマチャリアの実験」と聞くと，反射的に一休宗純の超越的な「風狂」思想を連想してしまう．一休の漢詩を借りれば，「狂風徧界不曾蔵 吹起狂雲狂更狂」（狂風はあまねく行きわたり，吹き荒れる狂雲は狂いに狂う）という感じがするのだ[10]．世俗的な観点からガンディーの狂を批判する友人や弟子を荒れ狂う狂風の渦に巻き込んで独自の非暴力思想の根源を追究しようとするガンディーの風狂ぶりは賞賛に値する．東洋思想において狂というのは，人が世俗を超えた真を実践的に希求しようとするプロセスの中に現出する状態を意味している．究極の真は（脳の構造を反映して？）動的で可変的だとされる（たとえば荘子）．であれば，狂が愚や痴と隣りあわせになることも不思議ではない．真の希求が，「覚醒した狂」「覚醒した愚」「覚醒した痴」という矛盾に満ちた形態でしか現存しえないところに，覚醒することの本源的な恐ろしさが潜んでいるというべきだろう．

藤井日達とガンディー

グロタンディークとガンディーの結びつきを思うとき，キーとなる人物がもうひとりいる．藤井日達である．グロタンディークは 1974 年ごろから 1990 年近くまで合掌して日本語風に「ナムミョウホウレンゲキョウ」（南無妙法蓮華経）と唱える習慣を身に付けていた．これはグロタンディークが日蓮宗なり法華経なりに帰依していたためではない．日蓮宗系の日本山妙法寺の創設者藤井日達の弟子たちがヨーロッパへの布教活動の一環として，1974 年にグロタンディークを訪れ，藤井への賛美を聞かされ，藤井の影響でガンディーも朝晩「ナムミョウホウレンゲキョウ」と唱えてい

た(この説明はやや客観性を欠くが)と聞かされたことと関係しているようだ．ぼくは1976年にヴィルカンのグロタンディークの家の2階で，小さな額に入った藤井の肖像写真を目撃している(藤井の弟子たちがグロタンディークにプレゼントしたものだろう)．グロタンディークが『レ・ミュタン』の中の18人のミュータントの最初に藤井について書き，2番目にガンディーについて書いていることを見ても藤井への傾倒ぶりを感じ取ることができる．たとえば，『レ・ミュタン』(p.N184)には「わたしの知るところでは，日本山妙法寺は，その宗教的使命と不可分な，すべての戦争装置の拒否とその全廃に向けての不断の行動を伴う世界平和のための非暴力闘争を存在理由とする世界で初めてのそしてただひとつの宗教集団である」(A ma connaissance [...], le groupe Nihonzan Myohoji est le premier et seul groupe religieux au monde dont la raison d'être même, inséparable de sa vocation religieuse, est une lutte non-violente pour la prix dans le Monde, allant de pair avec un refus de tous les appareils militaires et avec une action incessante pour leur abolition.)と書かれている．1933年10月4日にワルダのアーシュラムで，藤井はガンディーに15分から20分ほど面会した．ただし，このとき，ガンディーと話したのは藤井の弟子の興津忠男で，藤井は面会時間の大半を団扇太鼓を撃ち鳴らしながら題目を唱えていただけだった．ガンディーはこのとき藤井が仏教僧であるにもかかわらずサンスクリット語もパーリ語もできないことに驚いた．その後，藤井は弟子の丸山行遼をアーシュラムに滞在させてガンディーとの交流を継続させた．ガンディーは日本が西欧列強の真似をして中国を侵略していると非難し，インドの世論も反日親中的になっていったことに関して，藤井は1937年12月11日付けの手紙で日本軍の中国への進出を「中国事変は日本民族の理想国家実現の信念以外のものではない」「娑婆を開顕して浄土を建立する菩薩行である」と擁護している．藤井が自らの布教活動に軍部の威光を活用しようとしていたことは，藤井が折に触れて軍部の有力者(その中には板垣征四郎陸軍大臣や海軍次官時代の山本五十六も含まれている)に接近を試みていたことや南京陥落のときに藤井の弟子たちが玄題旗(南無妙法

蓮華経と書かれた旗)を掲げて軍旗よりも先に南京の城壁によじ登ったという事実からもわかる．とはいえ，ガンディーは，(藤井ではなく)丸山の努力を称え，アーシュラムの祈りの言葉のひとつに「ナムミョウホウレンゲキョウ」を加えることになる[11]．藤井は敗戦をきっかけとして，非暴力主義を奉じる平和主義者となったが，戦前・戦中の藤井にはかならずしも非暴力主義的とはいえない布教活動もあった．これを考慮しないままに展開されていたグロタンディークの藤井への素朴な賛美にはやや問題がありそうだ．

参考文献

[1] Mallarmé, Œuvres complètes II, Gallimard, 2003
[2] Weil, Souvenirs d'apprentissage, Birkhäuser, 1991
[3] 上村勝彦訳『バガヴァッド・ギーター』岩波書店 1992 年
[4] http://www.maransdog.net/TVG/Bhagavad_Gita_Velukkudi/
[5] 武井和夫『ギーターとヨーガ：関連ノート』西田書店 2003 年
[6] 赤松明彦『バガヴァッド・ギーター』岩波書店 2008 年
[7] Gandhi, The Bhagavad Gita according to Gandhi, North Atlantic Books, 2009
[8] マール(福井一光訳)『マハトマ・ガンジー』玉川大学出版会 2007 年
[9] Gandhi, Autobiographie ou mes expériences de vérité, PUF, 1950
[10] 栗田勇『一休』祥伝社 2005 年
[11] ムコパディヤーヤ「藤井日達」『近代日本の仏教者』慶応大学出版会 2010 年

夢の中の夢

夢の菩提なる,たれか疑著せん,
疑著の所管にあらざるがゆゑに.
[…]これ無上菩提なるがゆゑに,
夢これを夢といふ,
[…]説夢にあらざれば諸仏なし.
——道元([1] p.200)

インセプション

　2010年7月23日に,ぼくはノーラン監督の映画「インセプション」を見た.他人の夢の中に侵入してその人の潜在意識からアイデアを盗む専門家が,ある人の夢に侵入して潜在意識にアイデアを移植しようとする過程を描いた映画だった.夢と潜在意識(無意識)のかかわりとなると不明確だし,ひょっとしたらほとんど関係がないなどということもありえなくはないが,そのあたりは映画だということで強引な飛躍を許しておこう.とにかく,この映画では,潜在意識に詐欺のような手法で移植されたアイデア(不可避な思考の種子のようなもの?)は,その人の心の中で自然に自己増殖して,移植された人にとっての逃れられない運命に変貌するという設定になっていた.ぼくは,情動レベルで生成されたある種の「思い」が知性レベルでの思考パターンを支配し,というか,思考パターンの変容を可能にし,ときにはそれが創造的な思想体系を生みだす起源となることさえあると思っている.情動レベルでの「思い」は基本的に「疑いえないもの」として発生するが,これは夢を見ているときに奇妙な出来事に疑念を感じないこととどこか似ている気がする.ただし,疑念の生じる夢もなくはない.それは明晰夢と呼ばれる夢で,夢見のメカニズムに部分的に覚醒の要素が介在したものだと考えられている.覚醒時には,脳の扁桃体からの指令が

視床下部に届き，視床下部のオレキシン神経から神経ペプチドのオレキシン（orexin）が出て大脳皮質に作用することで覚醒状態を保つメカニズムが作動しているとされる．睡眠中にこのメカニズムを作動させることができれば明晰夢を見ることが可能になるはずだ．かつては夢を見るのはレム睡眠時に限られるとされていたが，ノンレム睡眠時にも夢（夢の定義を「起きてから回想可能な睡眠中の精神活動」とでもしておく必要がありそうだが）を見ることが実験的に確かめられている（[2] p.56-p.61）．また，睡眠と覚醒の関係についての研究も進展しつつあり，マウス脳波筋電図記録装置をもちいてマウスのニューロペプチド B と呼ばれる特殊な神経ペプチドが扁桃体の活動を抑制し視床下部からのオレキシンの放出を抑えてノンレム睡眠を誘導することを示した山中章弘などの論文も出版された．ヒトのノンレム睡眠時の夢についての実証的研究が進みそうだ．

メタファー的思考

　ぼくは，レム睡眠時の夢とノンレム睡眠時の夢が，道元が『正法眼蔵』の「夢中説夢」で語っているような夢と「夢の中の夢」＝「夢で説く夢」に対応しているのかもなどと「妄想」したことがある．「夢の中の夢」といえば，「インセプション」では「夢の中の夢の中の夢」や「夢の中の夢の中の夢の中の夢」などまで登場していた．ただし，こうした夢の階層性を支えるための睡眠時の脳の働きの階層性が想定できないので，形式的な拡張にすぎない気がする．夢の多重階層性の議論はともかくとして，「インセプション」のようなことが可能であるためには，少なくとも明晰夢を自在に操れることが必要だが，単独でならそれができる人はたしかに存在している．ある程度なら自分で設計した夢を見る能力をもつ人が存在していることも確かだ．「インセプション」の場合には，複数の人間による夢の共有が可能になる必要もあるが，この部分もいまのところ，サイエンス・フィクションでしかないだろう．映画では他人の夢に侵入する方法は説明不足でちっともわからなかったが，脳を何らかのワイヤーで連結して，誰かの設計した夢の中に標的となる人を眠らせて誘い込み，特殊な薬物を使って安定化さ

せた夢を共有することができるというような話になっていた．標的とされた人は，他人が作った仮想の夢に誘い込まれているにもかかわらず，あらかじめ設計された夢が（事前調査を経て）よくできているせいで，それを自分の見ている夢だと思ってしまうということらしい．夢なので多少の奇妙さは許されるというようなことになっている．「インセプション」の最後の場面は，結婚指輪が消えていたことや子供たちのさまざまな変化から，主人公が現実の世界にもどったようにも思えたが，トーテム（夢か現実かを判定するために使われるとされる小道具）の動きは夢であることを暗示しているようにも思えた．つまり，他人と共有して見ていた「夢の中の夢の中の夢」から覚めたように見えて実は「夢の中の夢の中の夢の中の夢」に沈んだだけなのかもしれないとも思えた．

　「インセプション」では，夢の中では現実よりもかなり速く時間が過ぎることになっており，夢の中の夢ではさらに速く時間が過ぎることになっている．階層をひとつ下がるごとに時間経過が20倍になるとすると，現実のほんの3秒の出来事が「夢の中の夢の中の夢」では7時間近くあたり，現実の3日は70年近くにもあたることになるわけだ．映画でのこうした設定はそれなりに面白いが，そうしてしまうと「現実だと思っている世界が夢で夢だと思っていた世界が現実だった」ということは成り立たなくなってしまう．つまり，夢と現実が非対称になってしまう．この「矛盾」を回避したければ，「現実の外の超現実」のようなもの（夢から覚めて現実にもどるように，現実から覚めて超現実にもどる）を想定することが必要になりそうだ．「超現実の外の超現実」などのような外側への階層性も考えたくなる．まぁ，バカバカしい言葉遊びにすぎないわけだが．夢の中では時間が高速化するのであれば，夢の中で何かを考えてから現実にもどれば，短時間のうちに考えたことになりそうだが，いうまでもなく，夢の中に存在する人間にはニューロンや脳は存在しえないので，思考が行なわれるとしてもそれを担うのは（夢を見ている人の）現実の脳のはず．したがって，いうまでもなく，通常と同じ意味での思考が高速化するなどということは起こりえない．そこにあるのは通常の思考とは異なる直観的な思考にすぎな

いだろう．「夢的な思考」＝「メタファー的思考」という感じかもしれない．これによる「思考の高速化」ということなら考えられなくもなさそうだ．

数学的創造と夢の中の夢

　ところで，道元はブッダが体験したとされる「悟り」は「夢が説く夢」＝「夢の中の夢」のようなものだと考えていたようだ．「悟り」というのは，疑念や認識が未分化な状態で体験するものだから，とりあえず疑いを抱くことすらできないとされる．われわれは，明晰夢以外の夢の中では疑うことなく奇妙な現象をそのまま受け入れてしまうが，それとどこか似ている．「悟り」というのはそういう体験なのだろう．「悟り」の後に検証できるかどうかも問題になる．数学や物理学などにまつわる「悟り」の場合は検証可能でありうる．（反証された「悟り」でもその後検証可能な「悟り」の起源になりうるが，検証不能な「悟り」の場合は信念の体系として「理論化」されることになる．）

　たとえば，ヴェイユ予想の場合，まずヴェイユが1次元の場合や高次元の特殊な例をヒントにして，リーマン予想のアナロジーとしてある種の「悟り」ともいうべきコホモロジー論的なヴィジョンに到達し，グロタンディークによる代数幾何学のカテゴリー論的再編（基礎構築）を経て，ドリーニュによって検証（証明）されたと考えていいだろう．このときの証明が「グロタンディークの夢の中の夢」ともいうべきヴィジョン（モチーフのヨーガなど）を置き去りにした強引でアクロバティックなものだった（と少なくともグロタンディークには感じられた）こともあって，グロタンディーク自身による新しい数学的展開がはじまり，とくにホモトピー代数方面の論文『スタックの追求』のための序文を書こうとしてあれこれ調べているうちにドリーニュたちの行為について気づくところがあった．それをきっかけとして，長い瞑想（発生した事態の冷静な実証的観察）がはじまり，その思索の過程が『収穫と種蒔き』となって結実したわけだ．グロタンディークはここから「夢とは何か？」という問題に取り組み，さらに，「神との出会い」とでもいうべき事態に遭遇する．こうした流れを見ると，グロタン

ディークについて考えるには，ヴィジョン体験，夢，夢の中の夢，予言，仏，神などのテーマを無視できない気分になってくる．もちろん，これらを統合する視点は脳における情動と理性の相互作用（創造性の問題）のようなところに求めるのが自然だと，ぼくには思える．同じように，幾何化予想の場合には，サーストンが「悟り」に到達し，ペレルマンがそれを厳密に検証した（そして結果的にポアンカレ予想を解決した）という感じだ．道元の場合は，法華経などの教典の記述に新しい解釈を加えることによって自らの「悟り」を理論化・体系化しようとしているように見える．「仏道の奥義の形而上学」が展開されているともいわれる『正法眼蔵』はその典型的な成果だろう [3]．脳の自己組織化と創造性の結びつきを論じる人たちの中には，夢の生成のプロセスと創造性が生まれるプロセスがよく似ているという人たちもいる．ポアンカレの創造体験の記述がどこか幻夢的な要素をもっていることを考えてもこれは納得できそうだ．ぼくのいうヴィジョン体験も，もちろん，夢の生成メカニズムと無関係ではないと思う．

グロタンディークとの出会い

道元は法華経などからの引用と解釈を通じて只管打坐，つまり「ただひたすら座禅に打ち込むこと」という実践を通じて永続的なブッダ体験を目指そうとする．雑念を払ってひたすら座るところが，公案を活用して「悟り」を目指す臨済禅との違いだ．また，道元は法華経を重視しつつも，それを知的な意味で形而上学的に超越しようする．一方，日蓮は「法華経原理主義」とでもいえそうな立場から唱題（ただひたすら「南無妙法蓮華経」と唱えること）という実践を重視した．道元は只管打坐の彼方に「ブッダ体験」＝「悟り体験」の言語化（陽的側面）の可能性を信じたようだが，日蓮は唱題による「ブッダ体験」＝「悟り体験」の身体化（陰的側面）の可能性を信じ，それによって社会変革への展望を切り開こうとしたようにも思える．

グロタンディークがミュータント（『レ・ミュタン』で取り上げられたグロタンディーク思想の先駆者ともいうべき 18 人）の中の重要なひとりとしている藤井日達は，日蓮が 1280 年（58 歳）に書いた「諫暁八幡抄」（＝諫暁

八幡鈔)に注目している．「諫暁八幡抄」というのは，日蓮が鶴ヶ岡八幡宮や筥崎八幡宮の炎上は北条氏の法華経の行者への弾圧が原因で八幡神がインドの上位の神(ブラーマンなど)によって罰せられた結果だと論じ，八幡神に対して北条氏などが法華経を信奉するように命じよと諫暁する(いさめさとす)大胆な文章である．藤井は，「諫暁八幡抄」の最後の部分にある「日本の仏法月氏へかへるべき瑞相」という言葉を日本の仏法(とくに日蓮の教え)がやがてインドにもどるのだという予言だとし，それを実現することに自らの存在を賭けた．日蓮の予言を藤井が自らにインセプトしたというような印象もある．この予言が藤井の中で自己増殖して，藤井をガンディーと会見させるための潜在力となり，ガンディーの非暴力的不服従思想の影響を受けて敗戦後の藤井の平和主義の土台となっていった．

　日蓮の予言の実現を願う藤井の思いは西天開教(さいてんかいぎょう)という言葉に凝縮されている．藤井の死の直後に出版された写真集『撃鼓宣令(げきこせんりょう)』には1976年2月2日の藤井の熱海での発言が記録されている．これによると藤井は，「諫暁八幡抄」は「日蓮大聖人の予言書」だとしたうえで，「仏様が亡くなられまして二千五百年たつと，末法の時代と申します．そして仏様ご入滅後，二千五百年たった後は，逆に，今度は日本の仏法が東から西へ伝わる．そういう予言が書いてあります．」「東の方からお日様が出て西に入るという自然現象がそのまま，日蓮大聖人の予言の基礎になっています．この現象がそのまま，日本の仏法が，今度は西へ照らしていく瑞相，前知らせだと，日蓮大聖人は感ぜられました．そうして，日本の仏法を名づけて「南無妙法蓮華経」と唱え出されたのであります」と解説している．さらに，日蓮の死後すでに700年が過ぎたというのに，この予言はちっとも実現されていないが，藤井は「これではいけない」と思ったという．そして，「一人も，一口も「南無妙法蓮華経」をインドに伝えないのでは，日蓮大聖人の未来記が，予言が嘘になります．そこで，これは一人でもよいから，私がインドに行って「南無妙法蓮華経」と唱えて回ろうと思いました」というのである．予言が嘘になってはいけないので自分が予言を実現しようという発想はユニークだ．

藤井にとって，日本の仏法をインドに還すというのは，自ら創始した日本山妙法寺の道場（寺院）や仏舎利塔をインドに建立して「南無妙法蓮華経」という題目を普及させることであった．この目標が一定程度達成されると，日本の仏法をインドに還そうという発想は（西天開教の西天を西欧と再解釈して），インドのみならず世界全体に日本の仏法を広めようという発想として再生されることになる．藤井とその弟子たちの場合は団扇太鼓を叩きつつ題目「南無妙法蓮華経」を宣布するという単純だが非常にインパクトの強いスタイル（撃鼓宣令）をその特徴としている．こうした活動の一環として，日本山妙法寺の大山紀八朗が，1974年4月にグロタンディークが隠遁中のヴィルカンを訪れることになる．ぼくの知る限りでは，大山は1960年代後半ごろにはグロタンディーク数学の賛美者だったが，その後，出家して藤井の弟子になったものと思われる．ぼくが大山と最初に出会ったのは，1968年3月，新宿の小田急百貨店10階の三省堂書店の数学書売場だった．このとき誘われて喫茶店「らんぶる」に行ってあれこれ話をし，大山からグロタンディークの『代数幾何学原論』(EGA)の最初の2巻の「海賊版」が買えると教えられて即座に注文したのを懐かしく思いだす．その後，ぼくは1971年からグロタンディークと文通するようになり，1973年7月にグロタンディークのヴィルカンの家に滞在させてもらうことになるが，その9か月後に大山が（出家の時期は知らないが）藤井の弟子としてグロタンディークを訪問することになろうとは思いもよらなかった．

日蓮の予言を読む

藤井の布教活動の起爆剤となった日蓮の「諫暁八幡抄」の最後の部分：
「天竺国をば月氏国と申，仏の出現し給べき名也．扶桑国をば日本国と申．あに聖人出給ざらむ．月は西より東に向へり．月氏の仏法の東へ流べき相也．日は東より出．日本の仏法月氏へかへるべき瑞相なり．月は光あきらかならず．在世は但八年なり．日は光明月に勝れり．五々百歳の長闇を照べき瑞相也．仏は法花［華］経謗法の者を治給はず．在世には無きゆへに．末法には一乗の強敵充満すべし．不軽菩薩の利益此なり．各々我弟子等

はげませ給へはげませ給へ.」（[4] p.368‐p.369）を「諫暁八幡抄」の現代語訳（[5] p.420‐p.421）などを参考にしながら解読してみよう.

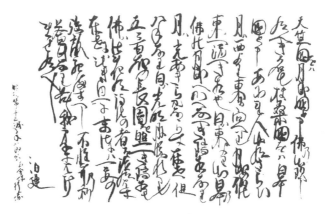

「諫暁八幡抄」の最後の部分（『撃鼓宣令』より）

「天竺国をば月氏国と申」の天竺というのは中国におけるインドの古称. 日蓮のいう天竺国は現在のインド方面のことだと思えばいい. 月氏というのは紀元前3世紀ごろから紀元後1世紀ごろに中央アジアなどにあった遊牧民の国家の中国人による呼称. ブッダは月氏の出現よりも200年ほど昔の人で, 月氏とは無関係だが, 紀元後2世紀のカニシカ王の時代に全盛期を迎えるクシャナ朝が月氏の系譜に連なるとされ, カニシカ王が仏教に帰依しガンダーラを中心に仏教文化が栄えたせいで, 中国では仏教文化＝月氏国というようなイメージが定着していたのだろう. これが日本にも影響を与えて, 日蓮の「仏の出現し給べき名也」という言葉になった. 月は光輝くものだから, 月氏国でブッダが出現したのも当然だといいたいようだ. 扶桑（フーサン）というのは古代中国で太陽が昇る地点に仮想された大木の名前で, 東方海上にあるとされていたので, のちに日本の別名として使われるようになった（異説もある）. 日本国＝扶桑国だから太陽が出現しないはずはない. つまり, 太陽を仏教の聖人のメタファーだと思えば, 日蓮の「扶桑国をば日本国と申. あに聖人出で給ざらむ」という言葉につながる.

アナロジーに依拠して論理を飛躍させるあたりにアスペルガーの香りを感じなくもないが，日蓮は自分の仏教活動の方向性に過剰なまでの自負心をもっており聖人という言葉に自分自身をダブらせているのだろう．

　地球の自転のせいで，地球上の地点から観察すると太陽も月も東から西に動くように見えるが，月は地球のまわりを約1か月かけて地球の自転と同じ向きに公転しているので，地球上の一地点で毎日同じ時刻に月を観察すれば，月が（満ち欠けしながら）西から東に動いているように見える．日蓮はこの現象をレトリックのレベルでとらえて「月は西より東に向へり．月氏の仏法の東へ流べき相也」と書いている．インドで生まれた仏教が西域，中国，朝鮮を経て日本にたどり着いたことの兆しが月が西から東に向うという自然現象の中に見られるといいたいのだろう．一方，地球の自転のせいで太陽は東から西に動くが，日蓮によれば，これは「日は東より出．日本の仏法月氏へかへるべき瑞相なり」，つまり，「太陽が東から出るのは日本の仏教がインドにもどることの前兆だ」というのだ．月については月の公転に依拠し，太陽については地球の自転に依拠して都合よく操作しているといえばいえるが，自明な自然現象の中に日本の仏法がインドに還ることの予兆を感じるというのは日蓮ならではのフィーリングというほかない．

　「月は光あきらかならず」は「月の光（＝ブッダの教え）ははっきりしたものではない」という意味だろうか？法華経はブッダの死後数百年を経て編纂された教典だが，「如是我聞」（是の如く我聞けり，エーヴァム・マヤー・シュルタム）ではじまっており，ブッダが弟子たちを集めて語って聞かせたものだということになっている．日蓮もこの点は疑っていない．「在世は但八年」という文章の意味はぼくにはわからないが日蓮の時代の法華経の成立事情に関する誤解から出たものだろう．「日は光明月に勝れり」という文章で，日本の仏教（日蓮の教え）がブッダ自身の教えよりも光明に満ちていると暗示したいのだろうか？「五々百歳の長闇を照べき瑞相也」というのは，日本の仏法がブッダ亡き後の5番目の500年の長き闇の時代，つまり末法の世（仏法が衰退するとされる時期のことで，ブッダの死後1500年以降とも2000年以降ともいわれる）のはじまり，を照らすことの前触れだという

ことだろう．ただし，日蓮がこの文章を書いたのは1280年とされるので，ブッダの死後せいぜい1800年間にしかならないのが気にかかる．「仏は法華経謗法の者を治給はず．在世には無きゆへに」というのは，「ブッダが法華経を信奉しない者たちを治めなかったのは，ブッダが生きている間には，まだ法華経が信奉されていたからだ」というような意味だろう．「末法には一乗の強敵充満すべし」というのは，末法の世には法華経に敵対する強敵が充満するだろうということ．「不軽菩薩の利益此なり」の不軽菩薩（＝常不軽菩薩）というのは法華経でブッダの前世とされる菩薩のことで，常に軽慢（驕慢）することなく，相手を尊重し誹謗中傷合戦などは行わなかったとされる．日蓮は敵が多くなる末法の世には不軽菩薩の精神が大切だといっているのだ．この不軽菩薩の精神は藤井とその弟子たちも大切にしていたものだ．グロタンディークによれば，大山がグロタンディークにはじめて面会したときにも過剰なまでの「不軽菩薩の精神」が見られたようだ．

参考文献

[1] 道元（増谷文雄全訳注）『正法眼蔵（四）』講談社学術文庫 2004 年
[2] ロック（伊藤和子訳）『脳は眠らない』ランダムハウス講談社 2006 年
[3] 門脇佳吉『『正法眼蔵』参究』岩波書店 2008 年
[4] 戸頃重基・高木豊『日蓮』(日本思想史大系 14)岩波書店 1970 年
[5] 小松邦彰訳『日蓮聖人全集・第一巻』春秋社 1992 年

ルリジオジテ

為我忽作佛
為我忽寫経
述我之志
我が為に佛を作る忽れ
我が為に経を写す忽れ
我が志を述べよ
——最澄([1] p. 188)

ブッダの風

　1974年5月12日付けのグロタンディークの藤井日達宛の手紙に，藤井の弟子のひとりとの出会いのシーンを回想した描写が見える[2]．それによると，1974年4月10日ごろ，グロタンディークが隠遁先のヴィルカンからほど近いオルメにある畑で働いていたときに，何の予告もなしに，黄色の僧衣を着て頭をツルツルに剃り上げた男が団扇太鼓を叩きつつ南無妙法蓮華経と唱えながらグロタンディークの方に近づいてきた．グロタンディークは「どうせまた狂ったハレ・クリシュナの信者だろう」くらいに考え無視していたようだ．この当時は薄い黄色の衣装で「ハレ，クリシュナ，ハーレ，ハーレ」と歌い踊るヒンドゥー教系の新興宗教ハレ・クリシュナ運動がアメリカのヒッピーなどの間で流行っていたころでもあるので，グロタンディークは当然のようにそれと間違ったのだ．ところが，驚いたことにこの男はグロタンディークのすぐ右にやってきて，五体投地のような仰々しい挨拶をはじめ，あれこれとお世辞を並べ立てた．しかも，あろうことか，この男はグロタンディークが数学者であることを知って接近してきたのだ．グロタンディークの数学的業績を賛美し，日本の新聞の記事などをヒントにして，隠遁中のグロタンディークを探して会いに来たらしい．グロタンディークにはこの男のお世辞がつまらないことを賛美しているだけのように思えたが，男が「畑仕事を手伝いたい」と申し出たので，

ちょっと手伝ってもらった．こうしてグロタンディークとこの男（日本山妙法寺の僧侶大山紀八朗）の交流がスタートした．

　ついでながら，ハレ・クリシュナ運動はヒンドゥー教の神クリシュナを称える新興宗教的な運動で，アメリカの西海岸などのヒッピーたちが熱狂したこともあって有名になった．ヒッピー的な思想に一定の理解のあったグロタンディークがなぜこの運動に批判的だったのか不明確だが，この時点でのグロタンディークは宗教的な行動や思考に対して否定的な立場に立っていたことと関係しているのだろう．興味深い事実として，グロタンディークが尊敬するガンディーがもっとも重視していた『バガバッド・ギーター』の主人公アルジュナに教えを垂れる聖バガバッドこそ，やがてアルジュナが最高神と認めることになるクリシュナにほかならないことに注意しておこう．クリシュナは通常，黄色の衣を身にまとい，神の鳥ガルーダに乗り，4本の腕に悪を成敗するための棍棒とチャクラム（円形の投擲武器）と法螺貝と蓮華をもつ黒い肌の男として描かれることが多い．グロタンディークの「先輩」ともいうべき数学者のアンドレ・ヴェイユやアンドレの妹で思想家のシモーヌ・ヴェイユも『バガバッド・ギーター』に強い興味をもっていた．もちろん，グロタンディークはガンジーやヴェイユ兄妹がクリシュナとこんな形で関係していることなど知らなかったはずなので，とくに問題にすべき話題でもないのかもしれないが….さらに，ヒンドゥー教ではクリシュナはヴィシュヌの第八化身とされ，ブッダはヴィシュヌの第九化身とされている．こうしたことを考えると，1970年代にグロタンディークがクリシュナの信仰する人たちを蔑視しつつ，ヒンドゥー教的（ガンジー的）な視点からするとどちらもヴィシュヌの化身にほかならないブッダ（具体的には法華経ということになるが）を信仰する人たちに傾斜していったのは面白い現象だと思う．クリシュナ運動と日本山妙法寺には，黄色の衣と蓮華と太鼓という共通項も見られる．

　藤井宛の手紙 [2] によると，1970 年代のはじめごろ，グロタンディークは「なぜ人は平和に満ちた開かれた心をもてないのか？」「なぜ人は愛のない暮らしをし続けるのか？」「慈しみの心とはなにか？」というような難

問に苦しめられていたという．グロタンディークは軍事研究費の受け取りを止めようとしない高等科学研究所 (IHES) を 1970 年に辞職し，シュルヴィーヴル運動（軍事的危機や環境汚染からの人類の生き残りを目指す運動）を組織したが思うような展開にはならずに 1973 年夏にヴィルカンに隠遁することになった．グロタンディークがヴィルカンでの生活をはじめたころ（ぼくがはじめてグロタンディークの家に滞在したのはこのときだった），グロタンディークはヒッピー風の若い人たちと一緒にコミューン，フランスでいうコミュノテ (communauté) を作って共同生活をはじめていた．グロタンディークたちのコミューンの中心となっていたのはオルメの古い館跡だったと思う．ぼくもグロタンディークのヴィルカンの家がまだ人を受け入れる準備が整っていないというので，一泊だけ館跡に泊めてもらった．そこにはグロタンディークの長女ジョアンナ（ドイツ語ではヨハナ）もいた．グロタンディークは学校教育に批判的で子供たちを自由に育てたいと考えていたようだが，妻ミレイユとの離婚問題とも絡んで子供の教育問題や同棲していた女性との間の子供の問題などでも悩んでいた可能性も考えられる．やがてコミューンの運営方針を巡る対立なども起きてくるはずだ．

こうした問題で悩んでいるときに，突然に来訪した大山が，グロタンディークには，「恩寵の化身」のように感じられた．大山は「説法仏の小像」と藤井が使っていたという団扇太鼓と南無妙法蓮華経と書かれた藤井の書を藤井からの贈物として持参していた．その後，大山はグロタンディークの家に滞在し，藤井がいかにすぐれた人物かを折に触れて語った．1976 年夏に再びグロタンディークの家に滞在したときに，ぼくはグロタンディークの家の 1 階に「説法仏の小像」と団扇太鼓が置かれ，ぼくが泊めてもらった部屋の壁には藤井の筆になる南無妙法蓮華経の墨書（額縁に入っていた）が飾られていた．「説法仏の小像」はスリランカで売られている土産物だろうか．片手に乗る程度の大きさの真鍮製と思えるブッダの座像でサルナートで発掘された初転法輪像に似たポーズだった気がする（光背はなかった）．この仏像は棚に置かれていたが，かなり埃をかぶった状態で，グ

ロタンディークがその埃を拭いながらぼくにいろいろと説明してくれたのを覚えている．たしかそのときに，ブッダがその下で悟りをひらいたという菩提樹の葉（乾燥していた）も見せてもらった．ブッダガヤの土産だと思う．また2階のグロタンディークの机の横の壁のあたりに，小さな額に入った藤井日達の写真が飾られているのを目撃している．

　グロタンディークは藤井からのこうした贈物に困惑しながらも，次第に藤井に興味をもつようになっていった．とはいうものの，1974年8月6日付けの藤井宛の手紙[3]を見ると，グロタンディークは，自らが指導者となって情熱を注いだシュルヴィーヴル運動の挫折体験などから，特定の思想信条（宗教・信仰・哲学・イデオロギーなど）のキャンペーンに協力する気はないと明確に書いてもいる．さらに，グロタンディークは，たとえば仏教の特定の宗派について「学び，討議を行い，経を読誦し，型にはまった「おつとめ」をするというようなことは，それ自体，少しも「宗教の本質」ではない」と正しく指摘している．グロタンディークは最も重要なのは愛だといい，[愛こそが]「人を解放し，ものごとを創造する力を持ち，レリジオリティ－宗教の本質－を呼び起こ」（[3]に掲載された「翻訳文」のまま引用）すのだと書いている．「レリジオリティ」とあるのはレリジオシティ（religosity）のミスプリか誤読だと思うが原文がないのではっきりしない．おそらく，グロタンディークはフランス語のルリジオジテ（religiosité）＝宗教性・宗教心・宗教的感情を英語化した単語を使ったのだろう．寺（道場）や仏舎利塔を建立することそれ自体が重要だと考えるのは虚しいとも述べている．藤井のような教祖的人物に直接こうした素朴な疑問をぶつけてしまえるグロタンディークは偉い！藤井の応答はグロタンディークを満足させなかったが，グロタンディークは藤井やその弟子たちを愛に生きようとしている人たちだろうと考え，グロタンディーク自身には愛の本質が何なのか見えてはいないものの，愛に生きようとする人には協力してあげたいと思って，日本山妙法寺の活動に協力していたようだ．

　ところで，ヒッピーたちは，既存の価値体系に逆らい，自然な生活にもどろうと考えていた．1960年代のベトナム戦争への反対運動が出発点に

なっていたこともあって，グロタンディークの反権威・反戦・反公害などに通じるものがあった．田舎に小さなコミューンを作って平和に暮らそうという発想もグロタンディークに影響を与えたようだ．グロタンディークのシュルヴィーヴル運動の挫折の原因のひとつは，田園派（グロタンディーク）と都会派（サミュエル）の対立だったと思われるが，ヒッピー的発想の流入をグロタンディークがうまく制御できなかったことも原因だったように思う．機関誌のフンイキが次第に変化していく様子を見ても，グロタンディークによる当初の方針（数学者などを中心とするインテリ的な運動）からの変容が読み取れる．結局，1973年にグロタンディークはパリに事務局のあったシュルヴィーヴル運動を放棄して，シャトネ＝マラブリーに建設中のコミューンも放棄して，まずオルメに新しいコミューンの建設を試みたが中断してヴィルカンに移住し新しい生活をはじめることになった．自分自身が創設したシュルヴィーヴル運動からもコミューン建設からも逃亡してしまったわけだ．ところが，ヴィルカンに転居したグロタンディークの周辺に集まったのも，ヒッピー風の人たちだった．

当時，インドはヒッピーの聖地のようになっていたので，欧米のヒッピーのみならず日本のヒッピーの間にもインドを放浪することが流行っていた．仏跡を訪れるヒッピーもかなりいたようだ．とくに，ラージギル（王舎城）を訪れたヒッピーたちは，朝夕の「おつとめ」（太鼓を叩きつつ南無妙法蓮華経と唱える）さえすれば無料で宿泊できる日本山妙法寺に泊まることが多かった．藤井日達は，ヒッピーを衣食住から解放された求道者だと考え，ブッダもヒッピーだったし自分もヒッピーだと考えていたので，ヒッピーを歓迎したのである[4]．その意味でいえば，グロタンディークが大山に対して感じたシンパシーの中核はヒッピー的なものだったのかもしれない．ヒッピー運動と1970年代のグロタンディークの思想には，エコロジー，反戦運動，カウンター・カルチャー，オルタナティブ・メディシンなど共通するキーワードが少なくない．（1980年代になると，ヨーガ，瞑想，神秘主義，スピリチュアリティなども追加される．）

サンガラトナ

　グロタンディークは大山からサンガラトナ少年のことを聞き強い関心を示している．サンガラトナ[5]はインドの中央部に位置するナグプールで生まれた．父はアンベドカルに従って仏教に改宗しネオブディストのリーダー的存在となった．アンベドカルは不可触民の出身の政治家で死の直前にナグプールでヒンドゥー教から仏教に改宗し，数十万人がかれに従って改宗したという．ヒンドゥー教を背景にしてインド社会に強力にビルトインされているカースト制度に戦いを挑んだ人物でもある．ネオブディストとなった父の下で，サンガラトナ（三宝のひとつ「僧宝」を意味する）は小さなころから両親の望み通りに仏教僧になることを夢見ていた．ラージギルの日本山妙法寺にいた佐々井秀嶺という藤井の弟子（真言宗出身）が，1968年になるとナグプールに移動しサンガラトナの父の家を拠点として団扇太鼓を打ち題目を唱えるスタイルの活動を展開しはじめていた．1969年春すぎには，比叡山で十二年籠山行を終えて修行留学中の堀沢祖門も佐々井と一緒にナグプールでしばらく活動したこともあった[6][7]．上座部仏教（小乗仏教）の影響下にあったネオブディストたちを大乗仏教へと教化しようとする活動だった．アンベドカルが団扇太鼓を叩いたりはしていなかったというので，教化は困難を極めたという．日本山妙法寺は，ブッダが法華経を説法したという伝説のある霊鷲山(りょうじゅせん)の隣りの多宝山に仏舎利塔を建設中で，多くの人たちが関与していたが，その中に堀沢もいた．

　1969年10月にこの仏舎利塔が完成して落慶法要が営まれたが，このとき，サンガラトナは両親とともにその法要に参加した．その後，サンガラトナは「仏跡巡拝」ということで（おそらく）佐々井に連れられて両親のもとを離れ，1969年の大晦日に日本山妙法寺の法要に参加するために多宝山に登った．その3日後に藤井が日本山妙法寺で希望者をまとめて出家させ僧にすること（集団得度）を知り，この時点ではまだ7歳だったサンガラトナも得度を願い出たという．佐々井は両親の了承もなく子供を得度させることに反対したようだが，多宝山にいた藤井の弟子の八木天摶(てんじょう)がサンガラトナの希望を叶えてやりたいといい，結局，藤井のもとで得度式（偶然に

旧王舎城周辺（山下による）

もこれはサンガラトナの8歳の誕生日にあたる1月3日に行なわれ，サンガラトナはのちにこのが偶然ではなく仏縁だと感じることになる）を終えてしまった．黄色の僧衣と剃髪姿で（おそらく団扇太鼓も手にして）帰宅した息子に両親は驚いたようだが，最終的には受け入れてくれたという．のちにこのころの日本山妙法寺のインドにおける位置づけについて聞かれたサンガラトナは，日本山妙法寺の見解を踏まえつつ，日蓮が西天開教の誓願をもっており，それを受け継いだ藤井が（以前からインドを訪れて西天開教に努めていたが）ブッダ生誕2500周年がインドで祝われた1956年にインドに滞在し霊鷲山に仏舎利塔の建立をインド政府に願い出たが許されず隣りの多宝山に仏舎利塔を建立することになったというような経緯を語っている．日蓮が西天開教の誓願をもっていたというのは明らかに「深読み」だろう．ガンディーと藤井のかかわりについて触れられていないのも気になるが，ガンディーがカースト制に許容的な態度を示していたことと関係があるのだろうか．実際，サンガラトナは不可触民階層の出身でカースト制度のもつ不条理を身体で感じていた．この不条理を解消したいという思いがサンガラトナを仏教へと誘導したようだ．

ともかく，サンガラトナはナグプールで日本山妙法寺の僧侶として小学

校に通っていた．こうした情況を見て，佐々井やサンガラトナの両親やナグプールの仏教会（サンガラトナの父が会長を務めていた）などにサンガラトナを留学僧として日本に送りたいという希望が生まれてきたという [7]．1970 年 3 月には 3 年の修行留学を終えて帰国していた堀沢のもとに佐々井からの依頼があって交渉が進み，9 歳のサンガラトナを比叡山延暦寺の留学僧として受け入れることになったという．日本山妙法寺で出家得度した人が比叡山延暦寺の留学僧になるというのは意外な印象もあるが，サンガラトナは 1971 年 6 月 2 日に羽田空港に着いて堀沢が出迎え，3 日には日本山妙法寺熱海道場に立ち寄って藤井日達に挨拶を入れている（藤井はヒンディー語も英語も話さないので堀沢がヒンディー語で通訳したようだ）．この会見で出家得度を巡る宗派的トラブルは回避されたということだろう．公式には，サンガラトナは 4 日（偶然にも最澄の命日だったのでサンガラトナはここでも仏縁を感じたという）に「大乗仏教求法のため来日」し「延暦寺公式留学僧として泰門庵住職堀沢祖門師に師事」したということになっているようだ．日本語ができなかったにもかかわらず，すぐに大津市立坂本小学校 3 年生に編入．行政区画上，延暦寺の主要部分は坂本小学校の学区内の大津市坂本本町に属しているので，西塔の山坊に住むサンガラトナは坂本小学校に通うことになったのだろう．西塔から最も近い小学校は，八瀬小学校（京都市左京区）だが，通学路の過酷さを考えると，部分的にケーブルカーが利用可能な坂本小学校に通う方がよさそうだ．子供だけあって，数か月で言葉の不自由はほとんどなくなったという．

　堀沢は比叡山東麓の西教寺のすぐ南に位置する泰門庵という寺の住職だったが，当時は釈迦堂の輪番だったので釈迦堂に隣接する山坊（西塔政所＝学問所＝止観道場）で生活していた．そのため，サンガラトナも同じ山坊に住み，山坊と麓の坂本小学校の間を毎日ケーブルカーに乗り片道 1 時間をかけて一人で通った．ただ通うだけではない．朝は 03:30 起床，04:00 から 1 時間の止観（座禅），05:00 から 1 時間は勤行（読経・回向），06:00 から 1 時間は作務（掃除）あるいは朝食の準備，07:00 から朝食と後片づけ，その後，30 分ほどかけて東塔の南方に位置するケーブルカーの

ケーブル延暦寺駅まで歩き，08：00発のケーブルカーに乗って麓のケーブル坂本駅で降りて20分ほど歩いて坂本小学校に着くというのが平日の朝の日課となっていた．逆のルートで山坊にもどってからも，夕方の「おつとめ」があり，食事と入浴のあとで，堀沢による日本語の勉強と学校の授業の予習・復習があって22：00に就寝という日課になっていた．食事は山上では完全な菜食主義で小学校の給食でも肉や魚は除けて食べたという．

サンガラトナ関連地図
(国土地理院1：25000地形図「京都東北部」を利用)

山上に向うケーブルカーは最終が17：00発だったが，友だちと遊んでいて遅れたことがあった．このときは堀沢に電話で酷く叱られ，「(一人で)歩いて登ってこい」といわれた．坂本から山上に向うための一般的なルートは，比叡山高校の北側から石段を登り，比叡山高校を過ぎてすぐのT字路を右に進み，すぐに出会う分岐では(メインルートから離れるようにも見える)左の分岐を選んで山道を歩き，法然堂を経て根本中堂方面(東塔)に出るルートだろう．このルートは本坂と呼ばれている．Y字路で右の分岐を進み，宮川沿いに宮川林道を歩いて(そのままだと横川に向うことになるので)途中で西塔に向うルートもあるかもしれない．本坂以外のよく使われるルートとしては，現在の琵琶湖病院の西側から紀貫之の墓の南を迂回し

て無動寺の明王堂経由でケーブルカーの駅に向うルートだろう．無動寺は千日回峰行の拠点にもなっている．千日回峰行の行者は明王堂（千日回峰行の最大の荒行「堂入り」はここで行なわれる），根本中堂，釈迦堂，横川中堂，日吉大社を通るルートを駆け巡る．坂本と無動寺を結ぶこの山道も千日回峰行の巡回路（無動寺回峰ルート）の一部である．この山道は無動寺坂と呼ばれているが，明王堂には不動明王が祀られているので，不動坂と呼ばれることもある．小学生のサンガラトナはまだこうしたルートを知らなかったためにケーブルカーの線路の上を歩いて登ったという．ケーブルカーの線路といってもところどころに橋脚の長い橋があったりトンネルがあったりしてかなり危険な気がするのだが，夜で真っ暗だったおかげで周囲がよく見えず歩くことができたのだろう．小学校を卒業すると延暦寺学園比叡山中学校に進学した．この中学校も坂本小学校の近くにあったので同じ道を通うことになる．中学1年（13歳）のときに，サンガラトナは，延暦寺浄土院において，天台座主を戒師とし堀沢を師として出家得度した．一度目の得度は無効にされたのだろうか？

ルリジオジテ

大山がグロタンディークを訪ねた1974年4月の段階では，サンガラトナはまだ坂本小学校の6年生だった．二度目の出家得度の前なので，大山もサンガラトナを日本山妙法寺の僧侶のひとりだと考えていたのだろう．大山はサンガラトナを「現代のブッダ」だと賛美したようだ．グロタンディークの手紙（原文が不明なので以下ではすべて[2]の翻訳文のまま引用する）にはつぎのような文章が見られる：「大山さんがサンガラトナ君のことを話すときはとても楽しそうです．あの元気な心身をもった少年が，学問的に日本の最高級の仏教寺院の荘厳な環境の中で，全くすくすくと育っていることを想像して，大山さんは静かに笑みを浮べるのです．（どうかこのサンガラトナ君のような少年少女が今後もどんどん生まれて，自由に成長し，そして世界がまったく別の場所に生まれ変わるようにと祈らずにはいられません．）」「大山さんは … サンガラトナ君が，日本の高校のような

俗化した課程から解放されている場所としてのこの，ヴィレェカン［ヴィルカン］にやってくる日を夢見ています．」「サンガラトナ君がヨーロッパに来るようなことでもあれば，わたしの家にたとえ一時間でも，そして一千日でも滞在していただいて結構です．かれが（大山さんの感じで）《仏陀》であるのか，あるいはわれわれと同じように煩悩に覆われた者であるのか，それにはかかわりなく，かれはここで愛情と配慮をうけるでしょうし，また内面的世界の生長をうながす自由の環境を恵まれるでしょう．」大山はサンガラトナをブッダだと称えていたようだが，比叡山で厳しい修行を行いながら麓の小学校に通っていたサンガラトナ少年がなぜブッダ（悟った人）なのか，ぼくにはよくわからない．また，サンガラトナにとって環境が「荘厳」かどうかはどうでもよかった気がする．それよりも，山坊での生活によって仏教修業者が身近な存在になり，日々のルーチンワークに耐えることができたということの方が重要だろう．

　サンガラトナは比叡山で生まれてはじめて雪に触れたという．堀沢は「山上では尺余（三，四〇センチ）の雪が積もるが，サンガ［サンガラトナの愛称］は寒さに震えながらもゴム長をはいて，毎朝，雪の山道をけなげにも学校に通った」（[7] p.156）と書いている．ぼくはこの話を聞くと，グロタンディークが雪の日にも収容所から水の漏る靴をはいてマンドの中学校に通っていたという話を思いだす．ヴィルカンが「日本の高校のような俗化した課程から解放されている場所」だとしても，サンガラトナは，小学校を卒業してから，明らかに「俗化」路線を歩んでおり，むしろ「俗化」への順応性をもっていたことが，インドに帰ってから仏教の復興に努めようとする場合には大切だったはずだ．サンガラトナは，朝の修行と通学にかかる時間というハンディのせいで，学業成績はあまりよくなかった．中学に進んでからは，堀沢が結婚して（職場は山上にあったものの）泰門庵で暮らしはじめ，サンガラトナも生活の場を泰門庵に移すようになって，生活のリズムが壊れ，気が緩んだのか，中学3年のときに（事情はともかく結果的に）友人とバイクを盗んで乗り回すという事件まで起こしている．堀沢の指導によってこの危機からは立ち直り，比叡山高校を経て，1983年3月

に叡山学院を卒業する．その後，堀沢が当時所長をしていた西塔の居士林（一般人のための修行道場）の助手として1年間働き，無動寺谷道場において外国人僧としてははじめての百日回峰行を行った．1985年12月，14年6か月間の日本仏教修学期間を終えてインドに帰国する．1987年2月（実際にはやや遅れたが）にはナグプール南東100キロほどにある町ポーニのワインガンガ川の東岸に禅定林という寺を建設し，天台宗などの支援をえて地域社会の発展に貢献するとともに，孤児院，無料幼稚園，無料図書館を建てるなどして，インドにおける仏教の復興に努めている．グーグルマップの航空写真によると，巨大な大本堂（多宝塔様式）が完成していることがわかる．それはそれで立派なことかもしれないが，グロタンディークが1974年ごろに描いていたルリジオジテのイメージからすると，サンガラトナの人生はかなり逸脱したものになった可能性もある．1980年代になると，グロタンディークにとってルリジオジテというのは，通常の意味の宗教性（無限性・超越性への意識のあり方）というような意味ではなく，自分の思考を圧倒し自分の全存在に衝撃を与えるような決定的体験についての瞑想を指すようになる．こうしたルリジオジテはやがて，いわゆるスピリチュアリティの問題と連動するようになっていく．

参考文献

[1]「一乗戒牒書御筆文」『傳教大師全集：別巻』1912年
[2]『サルボダヤ』1974年7月号
[3]『サルボダヤ』1974年10月号
[4] 山折哲雄編『わが非暴力：藤井日達自伝』春秋社1992年（初版1972年）
[5] サンガラトナ・法天・マナケ『インドの大地に仏教復興』春秋社2007年
[6] 堀沢祖門『求道遍歴』法蔵館1984年
[7] 堀沢祖門『インド仏教の再生』郁朋社1986年

ペルソナ

> 世をはなれ人を忘れて我はただ
> 己が心の奥底にすむ
> 定めなき人の世とのみ怨みしは
> つれなきおのが心なりけり
> ———西田幾多郎[1]

辞職40周年

　グロタンディークは1970年に高等科学研究所（IHES）を辞職したが，これに関連して，2010年10月19日 - 21日に南米のコロンビアで「層の論理の哲学」（Philosophy of the Logic of Sheaves）というシンポジウムが開催された．ウェブサイトを見ると「グロタンディークがIHESを去って40年，このシンポジウムは部分的にかれの遺産に捧げられるだろう」（Forty years after Grothendieck's departure from the IHES, the Symposium will be devoted in part to his legacy.）と書かれている．「グロタンディークのIHES辞職40周年シンポジウム」という感じだ．プログラムを見ると，グロタンディーク・サークルのメンバーのひとりマクラティの講演「グロタンディークが数学の世界を構築するときの「頑強な素朴さ」」（Grothendieck's 'incorrigible naivety' in building worlds for Mathematics）やクレマーの講演「カントールから層へ」（From Cantor to Sheaves）などは「グロタンディークの数学思想」の哲学的考察だと考えていいだろう．グロタンディーク自身の意図とは直接関係なく発達した「層と空間と論理の一体化」あるいは「物理と論理のギャップを埋めるものとしての層の役割」といった話題も，広い意味では「グロタンディークの遺産」に属している．さらに，2010年10月25日 - 30日には京都大学数理科学研究所で，グロタンディークがIHESを去って以降に発表したテーマに関するシンポジウム「ガロア＝タイヒミュラー理論と遠アーベル幾何の発展」（Development of Galois-Teichmüller Theory and Anabelian Geometry）も開催された．ここではグロタンディーク・サークルのメンバーでもあるシュネプス，ロシャク，カルティエが講演している．カルティエの講演「グロタンディークの「子供のデッサン」に向って」(Towards Grothendieck's "Dessins d'Enfants")のアブストラクトにも書かれているが，グロタンディークはコンパクト・リーマン面のモジュライ空間の構成に関連して，すでに1961年にタイヒミュラー理論に興味をもったことがあった．

1973年以降グロタンディークは隠遁先のヴィルカンからモンペリエ大学まで講義やセミナーのために通っていたが，学生たちが講義にあまり興味をもってくれないことから，教育上の必要性に押されて，かなり具体的なテーマにも興味をもつようになった．1978年のヘルシンキでの国際数学者会議(ICM)でウクライナの数学者ベリイが，グロタンディーク自身の記述によると，「数体上に定義された任意の代数曲線は射影直線上の点 $0, 1, \infty$ のみで分岐した被覆としてえられる」(toute courbe algébrique définie sur un corps de nombres peut s'obtenir comme revêtement de la droite projective ramifié seulement en les points $0, 1, \infty$) という興味深い定理を発表した(論文としての出版は1979年)．グロタンディークが，ドリーニュからの手紙でこの定理を教えられ，これに興味をもったことをきっかけとして，新しい(具体性に満ちた)数学の世界が構想されていく．この構想は，グロタンディークが1984年に書いた『プログラムの概要』の中に簡潔に要約されている．カルティエは，この構想の形成によって「グロタンディークが数学研究の焦点とスタイルを変更した」(Grothendieck changed his style and the focus of his mathematical research)と書いているが，グロタンディークが1960年代に抱いた数学的なヴィジョンに関係するホモトピー代数あるいは高次圏への関心の射程内で1983年に執筆した論文『スタックの追求』には抽象性志向も見られる．この方向は1973年夏のヴィルカンへの隠遁前後の時期(ドリーニュがヴェイユ予想の解決をケンブリッジ大学での集会で発表した時期でもあるが，これとほぼ同じ時期に，ぼくははじめてグロタンディーク

の家に滞在している）にすでにグロタンディークが関心を寄せはじめていたとされ，このテーマも『プログラムの概要』で触れられている．ホモトピー代数（コホモロジー論の非可換化）への夢を育みつつあった時期に，日本山妙法寺からグロタンディークへの接触が行なわれたことになる．

藤井との文通

　日本山妙法寺の創設者藤井日達は，通常の日本の僧侶とは異なり，（少なくとも戦後は）ガンディーの不服従非暴力主義を採用し戦闘的なまでに平和運動に邁進した人物である．日本山妙法寺というのは，「〜山〜寺」という名称なので紛らわしいが，必ずしも寺の名称ではない．法華経を奉じる修行者たちの集団名で正確には日本山妙法寺大僧伽（さんが）という．この組織のメンバーは，日本では当然のようになっている檀家をもつ寺の住職とは違っている．かれらは自分たちが共同生活する場所を寺よりもむしろ道場と呼んでいる．藤井と弟子たちが建設し 1969 年に完成したラージギル（インド）の仏舎利塔はインド政府も高く評価していたが，日本山妙法寺に紛れ込んだ麻薬を吸うヒッピーの存在が原因でインド政府が住持を国外追放し日本山妙法寺の仏事を禁止したこともあったという．軍事研究費の問題に端を発してグロタンディークが数学研究を停止し，パリで反軍・反公害を中心に据えたシュルヴィーヴル運動運動を行っているというニュースに触発されて，日本山妙法寺によるグロタンディークとの接触が試みられたのは 1974 年春のことだ．実は，1 年近く前に，グロタンディークはシュルヴィーヴル運動の方向性を巡る内部対立が原因でヴィルカンに隠遁してしまっていたのだが，そのあたりの情報は藤井には十分に伝わっていなかったのだろう．とにかく，この時期は，藤井がスリランカやインドを中心とする布教活動のみならず欧米での布教活動も展開しようとしはじめていた時期でもあった．黄色の衣をまとい団扇太鼓を撃ち鳴らし南無妙法蓮華経と唱えながら，どこかヒッピーにも似たライフスタイルで，日本やインドやスリランカのみならず「世界中を飛び回る」という活動が本格化するのもこのころだった．こうした活動は西天開教（さいてんかいきょう）という言葉に集約される．西天

というのは中国から見て「西の天竺」の意味で，西天開教というのはもともと日本の仏教（法華経）をインドに還すことを意味していたが，1970年代になると，西天開教という言葉の意味が拡大して，欧米に日本の仏教を広めていくことも指すようにもなったのだろう[2]．

藤井の「年譜」[3]から1970年以降の部分をザッと眺めておこう．1970年から1972年にかけてかなりの数の仏舎利塔が日本国内に完成している．1972年8月に開催される藤井の米寿誕生会（数え年88歳，満87歳）をひとつの目標として，弟子たちが各地に仏舎利塔の建設を進めていたようだ．1973年になるとカトマンズでの活動が活発化し，カトマンズで誕生会を開いている．1974年1月に藤井はインド独立記念式典に参加し，6月にはワシントン道場がオープンした．国内の仏舎利塔建設事業も着実に進展していたようだ．11月に藤井はニューデリーで開催された「アジア仏教徒平和会議」に参加することになる．藤井の弟子のひとりで学生時代から数学者グロタンディークを称えていた大山紀八朗が，グロタンディークに接近した1974年4月というのは，こうした時期だった．このころ，大山は，結果として，隠遁中のグロタンディークを訪ね，藤井と日本山妙法寺の活動をアピールし，日本山妙法寺がフランスに浸透して行くための拠点作りのきっかけにしようとしている．大山はグロタンディークの畑での作業を手伝うかわりにグロタンディークの家に滞在させてもらうことになり，やがて，大山以外の藤井の弟子などがグロタンディークの家に出入りするようになる．

1974年7月15日付けの手紙[4]で藤井は，グロタンディークが交通事故に合い入院中だったので，それを見舞う言葉を書いているが，「この人にしてこの災禍に罹ること，心外に堪えませぬ．天をも怨み地をも恨みつつ，科学文明の功罪を分別し，科学文明に慣れたる現代社会の危険を恐れました．何よりも先づ先生の御全快御退院の一日も速からんことを，東海の天より遥に御祈念申し上げます」という仰々しいものだ（グロタンディークには翻訳文しか伝わらないのでこの仰々しさはわからないかもしれない）．グロタンディークが1974年5月12日に藤井に宛てて書いた手紙について，

「集会の都度に，先生の御手紙を披露致しました．大衆歓喜して未曾有なりと賞賛しました」と絶賛し，「青少年学徒の中には，大山師の跡をおって，先生の膝下に参り，あるいは堆肥製造なり，あるいは小麦耕作なり，あるいは反戦運動なり，すべて先生のなさるところに随って生活したいと希望する者もあります」と書いている．最後の数行に，「来る十一月に印度の首都ニューデリーにて開催される世界平和者会議に御出席下されたく，また印度，ネパール各地の仏事に御参詣下されれば，大慶至極であります．拙子も明年は錦地巴里に参り，先生に拝眉の光栄を得ることを待望しております」という藤井の依頼事項が述べられている．世界平和者会議と書かれているのは世界宗教者平和会議（World Conference of Religions for Peace）のことだろうか．手紙には「拙子も明年は錦地巴里に参り，先生に拝眉の光栄を得ることを待望しております」とあるが，「錦地」は相手を敬って相手の居住地を指す用語なので，藤井はグロタンディークがパリに住んでいると勘違いしていた可能性もある．

瞑想への助走

　グロタンディークは，藤井の7月15日付けの手紙が届く前に，広島の原爆記念日にあたる1974年8月6日付けで藤井に宛てた手紙[3]を書いている．8月6日はグロタンディークの父と藤井の誕生日でもある．グロタンディークはヒロシマのことはつねに考えなければならないことだと述べ，大山が持参した藤井からのプレゼント（ブッダ座像，藤井による南無妙法蓮華経の墨書，藤井が使っていたという団扇太鼓など）の影響として，グロタンディークが藤井のいう但行礼拝（たんぎょうらいはい）の行為に加わることに親しみを覚えるようになっていったという．但行礼拝というのは，教化しようとする相手の中に仏性の存在を信じ，何と罵られても暴行を受けても怒ることなく相手を礼拝し続けたとされる不軽（ふきょう）菩薩の教化スタイルのことだ．藤井は，「非暴力，無抵抗，不殺生は止悪の戒律であり，但行礼拝は作善の戒律である．我が身を殺しても他人を殺すな．寺院の中の礼拝よりも十字街頭の礼拝に出でよ．仏像の礼拝よりも人間の禮拝を為ねばならぬ，悪人を

殺しても，其の殺す事によって，彼の悪心を止めることは出来ない，悪人を礼拝することによって，彼の悪心を転ぜしむることが出来る，是が末法悪世を救うただ但一行の宗教である」と述べている [3]．藤井は「但行礼拝の行者」と呼ばれている．団扇太鼓を撃ちながら南無妙法蓮華経と繰り返し唱えるというスタイルも重要だ．藤井流の但行礼拝にグロタンディークが興味をもつようになったのは，「我れ深く汝らを敬う」という不軽菩薩の態度に心を打たれたためだろう．グロタンディークは何をやっても仲間や家族との間に葛藤が発生することに絶望しており，どうすれば葛藤の発生を止められるかについて悩んでもいたので，お互いに他者を尊重することの重要性に気づいたということかもしれない．

『収穫と種蒔き』[5] には，これに関連するあるエピソードが書かれている．IHES で代数幾何学セミナー（SGA）を活発に展開中の時期にあたる 1962 年に，結婚 5 年目のグロタンディークの妻ミレイユが（婉曲な表現で）「ノイローゼ」と呼ばれるものに襲われた（ma femme passait par ce qu'on appelle（par euphémisme）une "dépression nerveuse"）（[5] p.750，[6] p.402）ことがあり，グロタンディークはこれを非常に衝撃を受けた．何の不満もないと信じていたはずの妻が突然グロタンディークを攻撃したように感じてしまったのだ．この体験は，子供のころにグロタンディークが母に「捨てられた」という衝撃的なトラウマ体験を呼び覚ますことになる．グロタンディークが現世の苦しみから解放されるためには，トラウマ的に抑圧されている自らの過去と向き合うという体験（グロタンディークの意味での瞑想体験）が不可欠だった．この時点では，まだ，グロタンディークはその方向への歩みをはじめてはいなかった．グロタンディークは藤井への 8 月 6 日付けの手紙の中で，藤井たちが行っているような布教活動はグロタンディーク自身が体験してきたような人間の間のさまざまな葛藤の発生をなくすことはできないだろうと書いている．「正義の闘争」や「正しい解放闘争」などというものがあると思うのは幻想ではないのかとも書いている．この手紙を投函してから，藤井の 7 月 15 日付けの手紙が届いたようで，その返事として 8 月 30 日付けの藤井宛の手紙 [4] を書いてい

る．交通事故にあったおかげで，あれこれとゆっくり考えを巡らすことができるようになったという．それまでは忙しく動き回っていて思索のための時間を作ってこなかったのだと思い至ったようだ．すべての出来事は，嘆かわしいと思えるようなものでさえ，さまざまなものを学ぶ素材となるはずなのに，人はそのことに気づこうとしないといい，慣れ親しんだものに自分を縛りつけ，いわば惰性によって動いているものだと書いている．生まれたときはさまざまな可能性に満ちていたのに，時を経るにつれて自らをどんどんと拘束していってしまうものだと感じていたようだ．

唱題と不協和音の芽生え

　グロタンディークは仏教徒になるつもりはないといい，先生扱いされることも嫌がっている．藤井やその弟子たちがグロタンディークの家に滞在することはむしろ歓迎しているが，グロタンディークは藤井からのインドでの「世界平和者会議」への誘いは断っている．藤井の主張：「人類が生存せんがためには，南無妙法蓮華経を一閻浮提に広宣流布せしめねばなりませぬ．全人類救済の根拠は，釈迦牟尼世尊の誓願に求めねばなりませぬ」についても，グロタンディークは否定的だ．（ここで，一閻浮提というのは日蓮がよく使った言葉で仏教的世界観における人間世界＝全世界のこと．広宣流布というのは仏法を広く説き伝えること．釈迦牟尼世尊はゴータマ・ブッダの尊称で，釈尊というのはその略称．）にもかかわらず，グロタンディークは，合掌して「ナムミョウホウレンゲキョウ」と唱える習慣だけは身に付けていく．実際，1970年代後半から1980年代中期にかけて，ぼくがグロタンディークからもらった手紙の書き出しは「Na mu myo ho ren ge kyo!」となっていた．1980年代のグロタンディークは，ぼくと顔を合わせたときや食事の前などにも合掌して「ナムミョウホウレンゲキョウ」と唱えていた．1976年10月中旬にグロタンディークは，冷静にすべてを見つめ直す作業としての瞑想を発見し，11月には藤井自身も弟子たちとともにグロタンディークの家に滞在することになる．この「偶然」がグロタンディークの内部で奇妙に融合し，このときからグロタンディークは

法華経信仰などとは無関係に「ナムミョウホウレンゲキョウ」と唱えるようになったようだ．実際，グロタンディークは「わたしはいかなる宗派のメンバーだとも感じていない」(Je ne me sens membre d'aucune confession religieuse particulière.)と断言している（［5］p.761）．

やや不機嫌に見えるグロタンディーク（合掌しているのは大山）

フランス人の中には，グロタンディークよりも遥かに大胆に「帰依」する人もいた．たとえば，パリに住んでいたガラオールは自分の住居を藤井に供養（＝贈呈）している．大山は1974年5月17日付けの「通信文」の中で，これを報告し，「私が考えますのに，グロタンディーク先生の所はとても素晴しい所ですが人が限られております．ここパリはヨーロッパの中心で，あらゆる人が集まっておりますので開教には適していると思います」と書いている．この住居を譲り受けるためにはいくつかの実務的な問題があったが，グロタンディークの友人の弁護士が実務的・法律的な問題を処理することになった．上の写真はこのときに撮影されたものだと思う．写っているのは，左から，ガラオール，ガラオールの娘，グロタンディーク，ガラオールの妻，大山である．背景はガラオールが藤井に供養するこ

とになった住居，つまり，やがて日本山妙法寺パリ道場となるところで，モンマルトルのサクレ・クール寺院の東，アラビア語の看板も見られる地域にある．

　同じ「通信文」の中で大山は，「グロタンディーク先生は，一一月にインドに参って猊下[高僧に対する敬称でここでは藤井日達を指す]にじきじきお会いし，猊下のお供をしてご修行されたいそうです」などと書き，「先生は，猊下のお法話を何回となくお読みになり深く知ろうとなされます．そして何か，もの思いに沈まれ，長い沈黙の中から突然こうおっしゃいました．「私は，藤井グルジー[グルジーは師匠という意味のヒンディー語だが，グロタンディークは藤井のことを Fujii Guruji と呼んでいた]によって，初めて救われることになるかもしれない」とも書いている．しかし，この記述はどう考えても不正確で，藤井にグロタンディークに対する誤解を与える結果になった．『収穫と種蒔き』の脚注([5] p.758)で，グロタンディークは大山が「はっきりと，自分は西洋に仏教を伝える仏教史上初の仏教僧だと断言した」(Il m'a bel et bien assuré qu'il était le premier moine missionaire bouddhiste en occident, dans l'histoire du bouddhisme)といい，この発言は疑わしいとコメントしてから，「はじめのころから，日本山妙法寺グループのこうした側面[不明確で大袈裟な発言などが見られることを指す]はわたしに保留の意識を生じさせたが，この保留の気持ちは，時間の経過とともに増大していった」(Dès le début, cet aspect-là du groupe Nihonzan Myohoji a suscité en moi une réserve, qui n'a fait que se confirmer au cours des ans.)と書いている．

　ちなみに，西洋への仏教の伝播ということになると，マルコ・ポーロがブッダの伝記をヨーロッパに伝えたことなどにはじまり，ショーペンハウアーによる仏教＝厭世主義という解釈やニーチェによる仏教＝虚無主義という解釈の普及，仏教の神智学化などの動き，チベット仏教に対するカルチャーショック，仏教教典の収集と研究の展開などを経て，1960年代のカウンターカルチャーとしての仏教への関心などが発生するというような流れに注目することが必要だろう（詳しくは[7]参照）．西田幾多郎の友人で

仏教学者の鈴木大拙による英語での仏教（とくに禅）の紹介に貢献する本格的な著作活動は 20 世紀初頭にはすでにはじまっていた．日本の僧侶による西洋への布教・伝道活動ということに限定しても，日本人のアメリカへの移民活動とのかかわりで，浄土宗，浄土真宗，日蓮宗，曹洞宗などの僧侶がアメリカ（とくにハワイとカリフォルニア）に渡りアメリカでの布教・伝道活動をはじめたのは 19 世紀末から 20 世紀初頭の時期であった[8]．藤井がヒッピーや麻薬でトラブったラージギル（王舎城）近郊の霊鷲山は，浄土真宗（本願寺派法主）の大谷光瑞による西域やインドなどの仏蹟調査の一環として，1903 年に「発見」されたものだ．大谷は 1910 年にヨーロッパ各地を視察している．大山よりも遥か以前に西洋に仏教を伝えた仏教僧がいたことは明らかだ．記録の上で，最初に渡欧した仏教僧は浄土真宗の島地黙雷などで 1872 年のことだったとされる．ヨーロッパで伝道活動を行った仏教僧としては，曹洞宗の弟子丸泰仙が有名だ．弟子丸は 1967 年にパリに渡り禅道場を設立して活動を展開している．1968 年の 5 月革命以後には実存主義哲学の壁を乗り越えようとしてサルトルの弟子たちも弟子丸の道場に通っていたという[9]．

参考文献

[1] 上田薫編『西田幾多郎歌集』岩波書店 2009 年
[2] ムコパディヤーヤ「藤井日達と日本山妙法寺の海外布教」『シリーズ日蓮 4』春秋社 2014 年
[3] http://nipponzanmyohoji.net/
[4] 『サルボダヤ』1974 年 10 月号
[5] Grothendieck, Récoltes et Semailles, 1985/86
[6] グロタンディーク（辻雄一訳）『ある夢と数学の埋葬』現代数学社 1993 年
[7] ルノワール（今枝由郎・富樫瓔子訳）『仏教と西洋の出会い』トランスビュー 2010 年
[8] ケネス・タナカ『アメリカ仏教』武蔵野大学出版会 2010 年
[9] 弟子丸泰仙『禅僧ひとりヨーロッパを行く』春秋社 1971 年

予見者の誕生

> Tu es l'enfant, issu de la Mère,
> abrité en Elle, nourri de Sa puissance.
> Et l'enfant s'élance de la Mère,...
> à la rencontre de la Mère,...
> 君は子供だ，母から生まれ，
> 母に護られ，その力に育まれた子供だ．
> そして，子供は母[身近な存在]を離れる．
> 母[未知の神秘]との出会いを目指して．
> ———グロタンディーク[1] p.P54

ストリング革命

　グロタンディークの数学が，現代の物理学に顔を出すことがある．グロタンディークは，物理学の動向とはまったく無関係なところで，数学に取り組んでいただけに不思議といえば不思議だ．20世紀物理学によれば，宇宙には4つの基本的な力（電磁力，弱い核力，強い核力，重力）が存在し，これら以外の力は存在しないとされている．これらの力のすべてを統一的に論じると期待される仮想的な理論は「万物の理論」（Theory of Everything）と呼ばれることもある．重力と電磁力の統一理論を夢見たアインシュタインに因んで「アインシュタインの夢」と呼ぶ人もいるが，まだ決定的な（検証済みの）理論が提出されているわけではない．ところで，グロタンディークが軍事研究費の活用に反対して高等科学研究所（IHES）を辞職したのは1970年だった．この直後にあたる1970年代に，素粒子についての（近似理論の部分があるにせよ）「ここまではまず間違いないだろう」といういくつかの理論を合体させた標準モデル（Standard Model）と呼ばれる体系が教科書化されるようになった．これは電弱理論（電磁力と弱い核力を統一した理論）と量子色力学（核子などを構成するクォークについての

理論)と重力理論からなり，ヒッグス粒子(素粒子に質量を与えるとされる素粒子)が発見されれば，標準モデルは一応の完成を見る段階にまで到達している．標準モデルへの歩みはグラショーによる電磁力と弱い核力の統一可能性の発見(1960年)によってはじまったと考えられるが，これは偶然にも，グロタンディークが高等科学研究所でヴェイユ予想(リーマン予想の代数幾何学バージョン)の解決を動機のひとつとする代数幾何学のセミナー(SGA)をスタートさせた年と一致している．グロタンディークによるヴェイユ予想解決を含む遠大かつ仮想的なヴィジョンとしての(代数的サイクルに関する)標準予想(Standard Conjectures)の提出やこれと密接に関係するモチーフ理論の形成時期と物理学における標準モデルの形成時期がなんとなく重なっているのは，偶然にも「標準」という用語が共通しているというだけだが，何となく面白い．

グロタンディークが高等科学研究所でひたすら代数幾何学の再編に傾倒した1960年代はアメリカやヨーロッパの粒子加速器による実験結果と連動した標準モデルへの道が準備された時期でもあった．ジュネーブ近郊のセルン(CERN)の大型ハドロン衝突型加速器(LHC)は2013年3月にヒッグス粒子を発見する．ただし，標準モデルが完成しても，解決不可能な問題(素粒子の種類が多すぎるなど)もあり，標準モデルを超える「万物の理論」が追究されている．1980年代には電弱理論と量子色力学の統一を目指す「大統一理論」(GUT)が構想され，その理論が正しければ，陽子の寿命が予言でき，確認のための実験が神岡鉱山に設置されたカミオカンデ(1983年完成)などで行なわれたが，予言された陽子の崩壊は(1996年のスーパーカミオカンデの登場後も)観察されていない．そのために超対称性(フェルミオンとボソンの対称性)が注目されるようになった．超対称性を仮定すると，陽子の寿命が大幅に伸びて実験結果と矛盾しないことが知られている．さらに，超対称性を仮定すると，重力理論も統合できることがわかってきた．こうして，超対称大統一理論についての研究がはじめられたが，まもなく挫折．

純粋数学と物理学の融合

　ところで，1973年にドリーニュによってヴェイユ予想が解かれ（論文の発表は1974年），それと前後してグロタンディークがパリ近郊からヴィルカン村（南フランス）に隠遁している．このころ，大学院生だった米谷民明が強い核力の理論だったストリング理論（最小の構成要素を点からストリング（弦，ひも）に置き換えたもの）の枠組みが重力理論も含むことに気づき，1974年には，シャークとシュワルツによって，ストリング理論を標準モデルと重力理論を統一する理論と考えようという動きがはじまった．その後，ストリング理論は下火になり，11次元超重力理論などが流行するが，やがてこれも廃れ，ついに，1984年9月に投稿されたグリーンとシュワルツの論文とウィッテンの論文を突破口として，ストリング理論の超対称性版，スーパーストリング理論（超弦理論，超ひも理論）が「万物の理論」として大流行しはじめる．いわゆる第1次ストリング革命の勃発である．短期間のうちに大量の論文が生産されたが，最初の予想のような「万物の理論」は完成しなかった．5種類のスーパーストリング理論が生き残ったこと（つまり，可能性が1種類だけになってくれないこと），10次元のうちの6次元分をコンパクト化する方法が大量の可能性をもつことなどが原因で一時は休眠状態になってしまった．この困難を突破したのはウィッテンだった．ウィッテンは，1995年3月に，考えられる5種類の（10次元）スーパーストリング理論と11次元超重力理論を11次元の理論として統合できることを発表し，のちにウィッテンはこの理論をM理論（ウィッテンは，このMが，マザー，マジック，ミステリー，メンブレーン，マトリックスなどのうちどの単語の頭文字なのかは明確化していない）と呼んだ．5種類のスーパーストリング理論と11次元超重力理論を双対性（duality）で結びつけるウェブのヴィジョン（11次元の理論）に到達したのである．M理論の出現は第2次ストリング革命と呼ばれている（ストリング革命については，たとえば，[2]を参照）．

　ストリング理論，さらには，M理論の登場によって，純粋数学（他分野への応用を意図しないで展開された数学のための数学）と物理学の不思議

な接近が多発するようになった．第 1 次ストリング革命の直後から，共形場理論の無矛盾性を保証するカッツ・ムーディ代数（無限次元リー代数），ストリングが動いた軌跡としての世界面（ファインマン図形にあたるもの）がリーマン面となることから保型関数やテータ関数さらにはモジュライ空間やタイヒミュラー空間など，超対称シグマモデルによるアティヤ・シンガーの指数定理の証明，コンパクト化された 6 次元空間としてのカラビ・ヤウ多様体とのかかわりで必要になるコホモロジー論などが登場している[3]．このころからグロタンディーク流の代数幾何学的世界との遭遇が漠然と予感されていたようだが，第 2 次ストリング革命のころになると，カラビ・ヤウ多様体に関するミラー対称性[4]とよばれる（特殊なカラビ・ヤウ多様体間の）「鏡像関係」が発見され，数学にも大きな影響を与えるようになった．ミラー対称性を一般化しようとすると，空間概念の一般化が必要になり，グロタンディークが考案したスタックやトポスが話題になるようになった．また，M 理論にも登場する D ブレーンの作る圏が，グロタンディークの考案した導来圏と見なせるという事実の発見もあった．グロタンディークの数学の特徴でもある圏論的思考が M 理論と相互作用するという光景には驚かされる．また，ウィッテンが，グロタンディーク数学の系譜内にいるドリンフェルトの提案でスタートした幾何学的ラングランズ予想を，量子場理論の枠組みで考察することに成功し，ラングランズ予想（非可換類体論）までが物理学とのニアミス状態になっている[5]．また，コンヌとその周辺でも，量子場理論のくりこみ（renormalization）と数論幾何学のモチーフ理論の神秘的な関係（mysterious relation）が発見されつつある．そうした分野は「量子場幾何学」とか「量子場数論」と呼ばれることもあり，ファインマン・モチーフとホッジ理論の関係，淡中フォーマリズム，宇宙ガロア群（カルティエ）などが話題にされている．コンヌによれば，非可換幾何学と数論（モチーフ理論）の相互作用から現代物理学と現代数学の展開の中心ともいうべき時空（量子重力）と素数空間の探求にとっての重要な武器が生まれつつあるという[6]．コンヌ（2010 年 11 月 23 日午後の京都での発言）やマニンが感じはじめている「数学と物理的無限性」のエピ

ステモロジーの大転換と黒川信重のいう絶対数学との共鳴現象にも注目したい.

予見者グロタンディーク

こうした現象は未来の数学が物理学から生まれる前兆と考えられ，数学サイドからは歓迎する声も少なくなかったが，物理サイドでは，ストリング理論には実験可能な予言がないのだから，物理学とはいえず，現実世界とは無関係な数学的幻想にすぎないと批判されることが多くなっている. 数学化（厳密化）に成功した部分だけを見ると，物理的なアイデアの中から数学化可能な部分だけを抽出して純粋数学が自己増殖するためのエネルギーとして活用しているというような側面もありそうだ. 進むべき方向を見失った若い優秀な物理学者たちが，ウィッテンやコンヌなどが生成するヴィジョンのまわりに集まり，とりあえず論文になりそうなテーマを求めて暴走し，過去の純粋数学の中から使えそうなものを取り込んで抽象化のレベルを上げていることが物理学との接近遭遇に伴う純粋数学の自己増殖を可能にしているのだとしたら恐ろしい事態だ. あまりにも難しくなりすぎたような印象のあるストリング理論周辺の物理学のありさまは，ひょっとしたら，かつて，どんどん奇妙な円運動を追加して複雑化した天動説（地球中心説）の理論体系とどこか似ているのかもしれないと危惧する人さえいる. 天動説は地動説（太陽中心説）に転換されることによって，理論全体が単純化したわけだが，ストリング理論周辺の物理学についても「未知の画期的アイデア」の導入によって重大な大転換が起こる可能性があるのではないかと感じる人もいる.

量子論の定式化は不十分でグロタンディークのトポス理論の言葉によって真の定式化が可能になると信じている物理学者スモーリンの説によれば，物理学や数学の現状を観察して困難を突破するための本質的に新しい方向性を感知する能力は，既成の物理学や数学の研究者社会に参加して高いパフォーマンスを発揮するために必要な職人的能力とは別のものだという[2]. 既成の知識を駆使して問題を解くのが得意な人たちの中にいる

と，予見者的な人は，あまり優秀ではないように見えてしまうことがある．優秀な職人たちは学業成績もよくクーンのいう「通常科学」の推進に貢献するべく生まれているようだ．スモーリンの見解をまとめると，予見者は「夢見る人」とでもいうべき存在で芸術家・小説家・神学者などになっていても不思議ではないタイプの人たちだ．予見者は，職人集団の中に入ると協調が難しいことが多く，職人集団から排除されるか自ら抜け出してしまう可能性が高いという．（スモーリンは自分自身は予見者と職人の側面を合わせ持っていると考えているようだ．）スモーリンは，職人集団としての学問の世界は予見者たちを排除する傾向があるが，通常科学の進展が行き詰まり革命的変化が求められる時期には，予見者を排除しない心構えが必要だとも書いている．物理学者でいえば，アインシュタイン，ハイゼンベルク，シュレーディンガー，ディラックなどが予見者の典型だろうと思うが，最近では，ペンローズやトホーフトやバエズなど，背景に依存しない形で量子重力を扱いたいと考えている人たちに予見者が多いという．量子コンピュータのアイデアを出したファインマン，多世界解釈を唱えるドイチュなども予見者に違いない．スモーリンによれば，「予見者は，キャリアの初期段階の一定の長さの期間に渡って，またときには後の時期にあっても，孤独であることが本質的に必要だ．アレクサンダー・グロタンディークは現存するもっともパワフルな先見性のある数学者だという人もいる」(For seers, the need to be alone for an extended period at the beginning of a career, and often in later periods, is essential. Alexander Grothendieck is said by some to be the most powerful and visionary mathematician now alive.) という．バエズも「アレクサンダー・グロタンディークは20世紀後半の最も先見の明があるラジカルな数学者だ」(Alexander Grothendieck was the most visionary and radical mathematician in the second half of the 20th century.) と書いている．グロタンディークは物理学者にも高く評価されているようだ．2014年に物理学者テグマークによって発表された晩年のグロタンディークの数学観に似た新しい宇宙観[7]には特に注目したくなる（本書 p.328 - p.346 参照）．

母の死と数学への没入

　グロタンディークの数学は物理学者に注目されているが，グロタンディークは物理学や物理学者をまったく重視していない．実際，グロタンディークは「宇宙，世界，さらにまた，コスモスでさえ，実のところわれわれの外部の存在で非常に遠い存在である．われわれにはまったく無関係なものだ．われわれ自身のもっとも深い奥底でわれわれを知の衝動に駆り立てるのは，そのようなものではない」(L'Univers, le Monde, voire le Cosmos, sont choses étrangères au fond et très lointaines. Elles ne nous concernent pas vraiment. Ce n'est pas vers eux qu'au plus profond de nous-même nous porte la pulsion de connaissance.) ([1] p.P53) などと書いている．さらに，グロタンディークは，1984年2月に書いた文章の中で，現代文化を「テレビとコンピュータと大陸間弾道弾の文化」(celle [=culture] de la télévision, des ordinateurs et des fusées transcontinentales) と考え，この現代文化には人間の夢 (rêve) を蔑視する風潮があると書いている ([1] p.10)．男性的・陽的なものから女性的・陰的なものへのシフトの必要性をアピールしていると考えることもできるが，グロタンディークは創造の起源として夢 (空想，夢想) を重視することの大切さを述べている．科学技術やその基礎のひとつとしての物理学への不信感の表明でもあるだろう．やがてもっと直接的な「寝て見る夢」へと関心を転換する (そして，rêve という単語のかわりに文語調の songe を使うようにもなる) ものの，この時期にはまだ広い意味の夢を問題にしている．グロタンディークは夢を迷信と同一視して排除する傾向のある現代社会を批判しているが，それと同時に，「人生における単純で本質的なもの」(les choses simples et essentialles de la vie) としての人間の生き死にの体験が家の中から病院などへと隔離されていることにも批判の目を向けている．実際，グロタンディーク本人は自分の家族が出産を病院で行うことにも，自分の家族を病院で看取ることにも反対しており，できるかぎり自分の手でそれらを実行しようと心がけていたようだ．

　グロタンディークは，マンドのリュークロ (現地ではリュークロス) の収

容所から歩いて通った中学生のころには，男性的・陽的なものとしての数学（定義，定理，証明からなる厳密な体系としての数学）に引かれていた．少年時代の「反理性的」な環境（とくにユダヤ系として味わった収容所体験や被差別体験を生みだした環境，そして，父がアウシュヴィッツに移送され「行方不明」になったという環境）のせいで，理性への極端な信仰に取り憑かれていたということもあるようだ．さらに，幼少時に両親に捨てられ「里子」に出されたときからすでに「強く生きる」＝「男性的に生きる」ことへの憧れが存在していたこととも無関係ではない．グロタンディークは中学生になり，数学を習いだしてから，まずユークリッド幾何に興味をもちはじめたという．直観的な理解に支えられた形式的体系と証明に興味をもったということのようだ．その後，母と一緒に収容されていたリュークロの収容所が閉鎖されたときに，難民を迎え入れてくれたル・シャンボン・シュル・リニョンの子供の家「ラ・ゲスピ」に移り（母は別の収容所に移された），そこから高校に通うようになっても，グロタンディークの数学への興味は衰えなかった．最初は時間をかけて問題を解くことを楽しんでいたが，やがて，教科書などにある練習問題を解くことに不満を感じるようになり，学校で習ったヘロンの公式を四面体の場合に拡張するという（自分で考えついた）問題に取り組み，長い時間をかけて考え抜いたこともあったという．また，使っていた教科書に，曲線の長さ，曲面の面積，立体の体積についての厳密な定義が存在しないことに強い不満を感じていたらしい．当時どのような教科書が使われていたのか調べる機会がないままになっているが，微積分は習わなかったのだろう．おそらく（幾何学の）教科書に円周の長さ，円の面積，球の表面積，円錐や球の体積の公式などが出てきてその定義や証明のアイマイさに不満を感じたということかと思われる．時代に10年ほどの差があるが，小平邦彦の『ボクは算数しか出来なかった』によると，「当時の中学校の数学は一年が算術，二年から四年までは代数と平面幾何であった．五年では立体幾何を学んだ．中学校の五年は年齢でいえば現在の高校二年に相当するが，微分積分も確率統計もなかった」という．その後，小平は一高を経て東大の数学科に進学し，卒業後に物理学科に再

入学し卒業している．そういえば，佐藤幹夫も小平と同じように，東大の数学科を卒業してから物理学科も卒業している．意外なことに，岡潔は小平や佐藤とは順序が逆で，京大に入った時点では物理学志望だったが，数学志望に変更している．

ル・シャンボン・シュル・リニョンは小さな村でまともな書店も図書館もなかった．高校もプロテスタントの牧師の手で難民の子供たちのために開設されたばかりで図書館が充実していたとは思えない．数学の勉強に使えそうな図書館のある最寄りの大きな町（ル・ピュイ，サン・テティエンヌ，ヴァランスなど）は50～70キロ程度離れており，第2次世界大戦中のことで，ユダヤ系難民のグロタンディークには「ユダヤ人狩り」に遭遇する危険もあった．（実際，ル・シャンボン・シュル・リニョンにさえゲシュタポが「ユダヤ人狩り」にやってくることがあり，そのときは地元の住民の協力であらかじめ通報があって，深い森の中に隠れていたという．子供たちでも容赦なく連行されアウシュヴィッツに送られた例もあった．）そうした特殊な事情もあって，学校の教科書以外の本に接するチャンスはほとんどなかったようだ．授業も教科書通りに教えるだけで数学教師の質も低かったので，グロタンディークは疑問が湧くと自分で考える以外になかったのだろう．おかげで自分で考える習慣が身に付いたものと思われる．「それから［中学校で数学を習いだしてから］5年が過ぎて［第2次世界大戦が終わり］，原子物理学の不意の名声［原爆の出現］に魅せられ，物質の構造とエネルギーの性質の謎を学ぼうと思って，まず物理学を勉強するためにモンペリエ大学に登録した」(Cinq ans plus tard, séduit par le prestige soudain de la physique atomique, c'est pourtant pour des études de physique que je me suis d'abord inscrit à l'Université de Montpellier, avec l'idée de m'initier aux mystères de la structure de la matière et de la nature de l'énergie.)（[1] p.543）というのだが，自分が物理学に向いていないことに気づいて数学に「転向」したようだ．大学時代は講義はサボりぎみで，自分自身が作りだした問題（面積・体積とは何か？）を徹底的に考え抜いたという．講義を真面目に受けな

かったこともあって，球面三角法のテストに失敗したことなどが原因で，1 年留年させられてしまう．それでも，グロタンディークは自分が独自で「面積・体積の理論」を完成させたことに満足していた．自分の作った理論を教授に説明したところ，すでにルベーグが類似の理論（積分論）を構築済みであることを教えられ，普通ならショックを受けそうな気がするが，グロタンディークは，自分の路線の正しさが確認できて自信を持ったという．大学卒業後は母をモンペリエ近郊の村に残して単独でパリに出て，エコール・ノルマルの聴講生として本格的に数学の勉強をはじめた．その後，ヴェイユやルレーの勧めでナンシー大学のシュヴァルツとデュドネの下に移り，積分論→バナッハ空間論→超関数論→線型位相空間論→核型空間論の構築（学位論文）というような流れで研究を進め，サン・パウロ大学とカンザス大学に滞在後にパリ近郊で母と同居をはじめた．その後，最愛の母が（収容所以来の結核が原因で）亡くなり，グロタンディークは数学への意欲を失ってしまうが，ナンシー以来のセールによる熱心な「指導」を経てヴェイユ予想を新たなテーマとして，高等科学研究所で代数幾何学の基礎構築とそれを創出するためのセミナーの推進に打ち込むようになる．深い先見性とパワフルな職人性を兼ね備えた予見者グロタンディークはこうして誕生した．

参考文献

[1] Grothendieck, Récoltes et Semailles, 1985/86
[2] スモーリン『迷走する物理学』ランダムハウス講談社 2007 年
[3] 加来道雄（太田信義訳）『超弦理論』シュプリンガー・フェアラーク東京 1989 年
[4] 深谷賢治編『ミラー対称性入門』日本評論社 2009 年
[5] Frenkel, "Gauge Theory and Langlands Duality", Séminaire BOURBAKI, Juin 2009
[6] Connes/Marcolli, Noncommutative Geometry, Quantum Fields and Motives, AMS, 2008
[7] Tegmark, Our Mathematical Universe, Allen Lane, 2014

詩的狂奔と終末論

> If you are receptive and humble,
> mathematics will lead you by the hand.
> Again and again, [...] I have had to wait until.
> 受け入れる準備ができていて素直であれば，
> 数学そのものが君を導いてくれるだろう．
> 繰り返し，私はそれまで待つほかなかった．
> ——ディラック [1] p. 435

狂奔とメランコリア

　グロタンディークには，一定期間数学的活動に過度に集中する躁的期間の後に精神的かつ肉体的な疲労感に襲われたのかとも思えるうつ的期間が訪れ，一時的に数学から遠ざかるが，またやがて数学に「呼び戻される」というパターンが見られる．いわば，プラトンの詩的狂奔＝神的狂奔とアリストテレスのメランコリアが交互に往き交うような明白なパターンが見られるのだ．このパターンの分かりやすい例は，グロタンディークがナンシーでシュヴァルツとデュドネの下で関数解析（局所凸空間，核型空間など）に取り組み（詩的狂奔期），学位論文が完成した直後に出現している．そのころ，グロタンディークは，軽いメランコリア期を経て，ブラジルやアメリカに滞在しつつセールの影響下で分野を解析から代数幾何学方面に転じようとしていた（メランコリアからの脱出模索期）．ところが，その最中に強い愛着の対象（アスペルガーは共感性・社会性に乏しいのだが，例外的に拘る対象がある）であった母親が戦争中に強制収容所で罹った結核が原因で死亡（1957 年）し，「生きる意味」を見失ったグロタンディークは一気にメランコリア期に舞い戻り，数学への意欲を無くしてしまった．その後，1 年ほどの強いメランコリア期を経て，数学そのものに誘惑されたかのように，スキーム論にはじまりヴェイユ予想を目指す予見者的創作活

動を活発化させ，1960年代の「黄金期」＝詩的狂奔期を迎えることになる．このときも，グロタンディークは10年近い過度の集中期を経て，1970年に「数学からの逃亡」ともいうべき特異な行動に走る．

　しかし，この行動はグロタンディークの数学からの永遠の脱出にはならず，すでに1975年ごろにはホモトピー代数への興味を喚起される機会があった．その後，必ずしも数学だけが原因ではないが，メランコリア期に突入．1981年には，またもや数学に誘惑されて，新たに数学的創造への意欲を燃やし，隠遁先もヴィルカンから（まだ十分に解明されていない行方不明期を挟んで）モルモワロンに変更する．モルモワロンでガロア＝タイヒミュラー理論，遠アーベル代数幾何学，スタックの追求など新しい境地を開きつつあるときに，1960年代の自分と弟子たちの関係について瞑想する機会が訪れた．メブクによる告発（グロタンディークはこの告発を十分な検証もせずに信じてしまった）などに刺激されたこともあって，瞑想は自己増殖し，1986年には興味深い作品『収穫と種蒔き』が誕生する．こうした方向は自己凝視的側面を深化させ，『夢の鍵』へと繋がっていった．こうした情況を見ると，グロタンディークは数学的創造から離れスピリチュアリティの追究などに向うのかとも思われたが，1990年にはまたしても数学からの誘惑に捕捉され，ホモトピー代数方面への興味が再生．この詩的狂奔期に『レ・デリヴァトゥール』を書き上げるが，その後，メランコリア期に突入．1991年には徹底的な隠遁生活へと没入するようになった．こうした「ヴィジョン体験→詩的狂奔（検証と定着）→メランコリア→…」の繰り返しは，いうまでもなく，アスペルガーと深く結びついている．アスペルガーで，さらに，グロタンディークのように強迫性障害や双極性障害の傾向まである場合はなおさら，詩的狂奔期が容易に訪れるからだ．

　ニュートンもまた，アスペルガーのせいで，グロタンディークと同じようなパターンを繰り返している．それだけではない．これもまたアスペルガーと関係があるものと信じられるが，『プリンキピア』や『代数幾何学原論』に書かれているような（その時代のスタンダードからすれば）「過剰なまでの厳密さ」に拘ったり，（もともとは神には無関心だったり否定的だった

りしたはずなのに）晩年に「神の問題」に異常な関心を寄せたり，ときどき奇妙な手紙を書いて友人たちを混乱に陥れたり，周囲の人たちに暴君のような反応を示したり，という点などはニュートンとグロタンディークで共通している．ニュートンとグロタンディークがいずれも「母親にまつわる不幸」を抱えていることも興味深い．とくに，グロタンディークの場合には，情動を揺らすものとしてのトラウマを呼び覚ます愛着の対象としての母と知性を刺激するものとしての神（数学への詩的狂奔を作動させもする）が融合するような方向に向っていった．この情況はアスペルガーをベースにもつ解離性同一性障害を発症させる根源的要因にもなっているはずだ．

アスペルガーと数学者

　フィッツジェラルドが，過去の有名な数学者たちについてアスペルガー的な特徴がどの程度あるかを調べたレポート [2] がある．ただし，フィッツジェラルドは 1937 年に原著が出版されてベストセラーとなったベルの『数学をつくった人びと』(Men of Mathematics) の記述にかなり依存しており，ベルが参照できた資料には多くの限界（一般的に精神疾患をネガティブに見る時代に書かれた資料しか参照できなかった）があったのは確実だし，ベルには（これも時代的な制約によるところが大きいだろうが）精神疾患と数学的創造を結びつけようという視点はなかったようなので，「肯定的な視点」で精神疾患そのものに注目するというようなことはなく，ベルの記述をアスペルガーを「炙り出す」ための文献として使っても十分な効果は期待できそうにない．実際，たとえば，ベルの描いたガロア像は，出版後 70 年以上を経た現在でも，「天才ガロア」についての凡庸なイメージの発生源のひとつとなっている．ということで，フィッツジェラルドのレポートは信頼性に問題がありそうだとは知りつつも，とりあえずの「第一次近似」のつもりで引用する．まず，フィッツジェラルドはアスペルガーの「判定条件」としてつぎのような「症候」を考える．（注意：F と G についてはやや変形した．）

A）専門分野での人間関係の確立に失敗
B）他の人びととの楽しみや関心事の共有を望む傾向の欠如
C）社会的・情動的相互関係を望む行動の欠如
D）ステレオタイプかつ限定された関心事への集中傾向
E）社会的職業の損傷あるいは生活環境との不具合
F）言語発達に遅れがあるかも
G）自助能力の認知的発達あるいは適応行動に遅れがあるかも

これらの「症候」が当てはまるかどうかを調べると，つぎのような結果になったという．

アルキメデス	A, B, C, D, F, G
ラグランジュ	A, C, D, F, G
ガウス	A, B, C, D, F, G
ハミルトン	D, F, G
コーシー	A, C, D, E, F, G
ガロア	A, C, D, F, G
リーマン	A, C, D, F, G
ヴィトゲンシュタイン	A, B, C, D, E

これだけ当てはまればほとんどがアスペルガーだったという可能性が高そうだ（過去の人については確定診断は難しく，「症候」らしきものを見て判定するしかないのだが）．グロタンディークの場合にも，少なくとも A, B, C, D, E は当てはまるだろう．アスペルガーの「症候」らしきものを探そうという立場で，改めて数学者の伝記を眺めてみると，意外な人がアスペルガーだったと気づかされることがある．ぼくにとって，ガウスの場合がそうだった．ありがちな賛美調の伝記的記述を読むだけでは，ガウスの「異常さ」はなかなか見えてこない．ヴィジョン体験らしきものが記録に残っていたり，晩年にかなり虚無的な気分に陥っていたりしていたらしいとわかってはじめてガウスとアスペルガーが結びついてきた．たとえば，ガウスはオルバースへの手紙（1805 年 9 月 3 日）の中で，いわゆる「ガウス和」

の符号を決定しようとして，あれこれ試行錯誤を繰り返したがうまくいかず，結局，長い行き詰まりの期間（メランコリア期）ののちに，突然の稲光のように「正解」が忽然と閃いたのだと書いているが，これはヴィジョン体験についての記録だと解釈できる．また，ボヤイに宛てた手紙に書かれた「人生の虚無性は［死後に］美しく変貌するための最強の保証を私に提供するだろう」（... Nichtigkeit des Lebens mir die stärkste Bürgschaft für das Nachfolgen einer schönem Metamorphose darbietet.）というガウスの発言もある．息子との関係構築に失敗したガウスの晩年の情況が反映したものかとも思えるが，おそらくそうではなくて，というか，そもそも家族とのかかわり方からして，アスペルガー的世界観と関係しているに違いない．この発言はガウスのメランコリア期に飛び出したものだろう．ガウスが，考えたことや新しい発見をすぐに公開せず（友人などに手紙で触れることはあるが），別の誰かが発表すると「それはすでに考えたことがある」といったりしているのも社会とのかかわりを過剰に怖れるアスペルガーにありがちな「症候」のひとつと考えられる．二重周期関数の発見を報じたアーベルがガウスの反応にショックを受けたという話もあるように，社会とのかかわりを怖れるあまり「隠蔽体質」と同一視されることになり，結果的に摩擦を生みだすこともある．ガウスは，オリジナリティに対する拘りが強く，他人の仕事からの影響を過小評価する傾向もあった．ルジャンドルに対する過剰な「対抗心」を見ればそれがわかる．同じ「数学的環境」に生きていれば，同じような発想に到達しても不思議ではないはずなのに….

ラグランジュとグロタンディーク

　ニュートンやガウスとアスペルガーの関係についてはいままでにも何度か触れたことがあったが，最近，18世紀の終わりごろに数学の将来についてペシミスティックな見解を書き残したラグランジュも典型的なアスペルガーに違いないと思うようになった．そう思って調べ直してみて，遅ればせながら，フィッツジェラルドのレポートでもラグランジュはアスペルガーだったと推定されていることを再確認した．伝記などを何となく読ん

でいるだけではアスペルガーの「症候」をキャッチするのは難しいということだろう．とりあえず，ラグランジュの「人格」についての文章 [4] を読み，グロタンディークの場合と比較してみよう．

ラグランジュの肖像画はいくつかあるが，すべて死後に描かれたもので，生存中は自らの肖像画を描くことを許可しなかった．グロタンディークの場合は，アナーキストだった父親が路上写真屋として「糊口を凌いでいた」こともあって，子供のころの写真がかなり残っており，若いころは写真を撮られることにあまり抵抗しなかったようだ．でも，1960 年代には写真撮影をかなり敬遠するようになり，1970 年代以降になると基本的に撮影を拒むようになった．ラグランジュの死後の肖像画によれば，ラグランジュは痩せ気味で身長は普通程度，薄い青い目をしており，青ざめたような顔色（colorless complexion）だった．ぼくの印象では，グロタンディークは「大工志望」だったりしたこともあり，どちらかというと「屈強な身体」をしているという感じがした．グロタンディークの目の色はブラウンだった気がする．ラグランジュの性格は神経質で臆病（nervous and timid），論争を忌み嫌っており，そのせいで，自分の成果が他人のものにされてしまうこともあった．この点は，グロタンディークとはかなり違っている．グロタンディークにも神経質な面はあるが，臆病でも内気でもない．意に反したことがあると直ちに反論するような態度も見られたし，『収穫と種蒔き』で弟子たちを「倫理的」な観点から徹底的に攻撃していることからもそれはわかる．グロタンディークは論争がむしろ大好きな印象さえある．社会性という側面については，ラグランジュはしばしば放心状態（absent-minded）になり，数学的な思索（mathematical meditations）に耽っていた．放心状態は講義中にも発生することがあり，いつものセリフ「わからない」を繰り返していたという（つまり，独言というか，自分の思索に自分で応答している状態になっていたということらしい）．そうなると，講義を聴いている学生たちは，ラグランジュの思索が現実に舞い戻ってくるまで静かに待たされることになる．グロタンディークの場合は，「ぼんやりしている」という意味の放心状態ではなく，話すことに夢中になっている広い意味での「放

心状態」(相手のことを考えなくなるという感じ)に陥る傾向がありそうだ．コミュニケーションを大切にするための共感性や社会性からの「逸脱行為」という意味では共通していそうだが，これは明らかにアスペルガーの「症候」のひとつに違いない．

　ラグランジュは虚弱体質(若いころ？)だったが，野菜中心の食事を変えることはなかったとされる．グロタンディークの場合は虚弱とは反対で屈強な印象があるが，1970年代までは菜食主義者として知られていた(大量の野菜サラダをぼくも一緒に食べたことがある)．ラグランジュとは異なり，グロタンディークは1980年代に体調を崩してから栄養不足を意識して魚や肉類も摂取するようになった．ラグランジュは，自分は金銭的な困難に直面したおかげで数学者としてのキャリアを成功裏に追求しえたのだと信じており，その確信に基づいて，金銭的な不幸(financial adversity)こそが数学研究を遂行するための大きな原動力になると信じていたという．グロタンディークは，若い時代の孤独の中での数学への邁進が自分の数学者としての成長に役立ったと考え，創造的な仕事をするには孤独こそが重要だと信じている．ラグランジュの場合には「自分は金銭的な困難に直面しつつも，オイラーやダランベールの支援もあって数学研究に打ち込めた」と考えることも可能だったはずだし，グロタンディークの場合には「カルタン，ヴェイユ，シュヴァルツ，デュドネ，セールなどに助けられて数学のメインストリームに乗れた」と考えてもよかったはずだが，孤独性を強調する方を選んだ．ラグランジュの最大の業績は変分原理に基づいて展開された『解析力学』だが，解析力学のヴィジョン形成にはオイラーやダランベールの仕事の影響が少なくない．グロタンディークの重要な数学的ヴィジョンはシュヴァルツの核定理やヴェイユ予想のヴィジョンに端を発している．こうした背景がなければ孤独は有効性を発揮できなかっただろう．ラグランジュとグロタンディークのどことなく似た思考パターンはアスペルガーと無関係ではない．先人たちの仕事からの影響を認めるかどうかという点に限れば，ラグランジュは，オイラーとダランベールの仕事をもっとも高く評価しており，かれらの仕事に刺激されて自分の方向を決め

ていたような側面もあった．グロタンディークは，バナッハやシュヴァルツの仕事はよく勉強したし，ヴェイユやセールの仕事についても『グロタンディーク・セール書簡集』などが出て影響が明確になった．

数学・物理学の終焉？

　晩年のメランコリア期にペシミスティックな気分に襲われたという点でも，ラグランジュとグロタンディークは似ている．ラグランジュはダランベールへの手紙(1781年9月21日)につぎのようなことを書いている．「さらに，わたしの惰性［夏の暑さ以後の怠慢な生活の継続］が徐々に増加しつつあるように感じています．これから10年以内に再び幾何学(＝数学)を研究するとは断言できません．幾何学(＝数学)の坑道はすでに非常に深く，新しい鉱脈が発見されない限り，遅かれ早かれ見捨てられることになるだろうと思われます．現在では物理学と化学がもっとも素晴らしい豊かさを提供してくれ，それは簡単に発掘できます．われわれの世紀の関心はこの方面に向けられましたが，アカデミーの幾何学(＝数学)のポストは，今日の大学におけるアラビア語のポストのようなものになるかもしれません．」(D'ailleurs, je commence à sentir que ma force d'inertie augmente peu à peu, et je ne réponds pas que je fasse encore de la Géométrie dans dix ans d'ici. Il me semble aussi que la mine [de la Géométrie] est presque déjà trop profonde, et qu'à moins qu'on ne découvre de nouveaux filons il faudra tôt ou tard l'abandonner. La Physique et la Chimie offrent maintenant des richesses plus brillantes et d'une exploitation plus facile; aussi le goût du siècle paraît-il entièrement tourné de ce côté-là, et il n'est pas impossible que les places de Géométrie dans les Académies ne deviennent un jour ce que sont actuellement les chaires d'arabe dans les Universités.)([3] Tome XIII, p.368) また，ラグランジュはドランブル(Jean-Baptiste Delambre, 1749-1822)に「最初の結婚では子供がいませんでした．2度目の結婚で子供が生まれるかどうかわかりませんが，わたしは欲しいとは思っていません．」(Je n'ai point eu d'enfants de mon premier mariage, je ne sais si j'en aurai du second, je n'en désire guère.)([3] Tome I, p.xlvii)と告げたという．これも当時としては異例の発言と考えられたようだ．メランコリア期の発言だったのだろうか．グロタンディークは「子供嫌い」ということになっているが，これは詩的狂奔期に妻子のことが眼中になくなってしまうために「子供嫌い」と判定されているということもあるかもしれない．ただ，グロタンディークは，ラグランジュと違って子供を作ってしまっているので家族関係のトラブルが発生している．

そういえば，ドランブル（当時，科学アカデミーのスクレテールだった）がフランス革命から1810年ごろまでの数学の動向をまとめた本の中で，「今後，数学が発展するという可能性を考えるのは困難でおそらく無謀でさえあるだろう．数学のほとんどすべての分野は克服不能な困難によって（進歩を）阻まれている．残されているのは細かい部分を完成させることだけだ．［…］こうしたすべての困難はわれわれの解析学の力がほとんど枯渇してしまったことの証しだと思われる．［…］」(Il seroit difficile et peut-être téméraire d'analyser les chances que l'avenir offre à l'avancement des mathématiques: dans presque toutes les parties, on est arrêté par des difficultés insurmontables; des perfectiontables; des per perfectionnemens de détail semblent la seule chose qui reste à faire; […] Toutes ces difficultés semblent annoncer que la puissance de notre analyse est à-peu-près épuisée, […])([6] p.131)などとかなりペシミスティックなことを書いている．ついでながら，コーシーは，エコール・ポリテクニクを卒業し，シェルブールで技術者として働きはじめたころ，1811年11月14日の講演で数学の現状をかなりペシミスティックに描き，「数学の大半はすでに発達の頂点にまで到達しているように思われます．算術，幾何，代数，高等数学（解析学）はすでに完成した科学だと見なすことができます．数学には，有用な新しい応用分野を見つけること以外に，やるべきことは残っていません」などと述べたという（[7] p.33）．といってもこれはコーシーが数学研究に入りはじめた時期の話なので，自己の心身の疲れを数学に投影してこのような発言になったのかどうかよくわからない．かならずしもメラ

ンコリア期などとは関係がない可能性もある．むしろ，アスペルガーがときに自己絶対化に結びつくことがあるという事態の一例と見た方がいいのかもしれない．自己絶対化とペシミスティックな気分ということでいえば，グロタンディークの場合は，物理的世界の消滅まで予言するユニークな終末論(eschatologie) を展開したこともあった(本書 p.156).

参考文献

[1] Farmelo, The Strangest Man, Faber and Faber, 2009
[2] Fitzgerald, "Asperger's Disorder and Mathematicians of Genius", Journal of Autism and Developmental Disorders, 32(1), p.59-p.60, 2002
[3] Œuvres de Lagrange Tome I - Tome XIV, 1867 - 1892
[4] http://www.newworldencyclopedia.org/entry/Joseph_Louis_Lagrange
[5] Sarton, "Lagrange's Personality (1736 - 1813)", Proceedings of American Philosophical Society, 88(6), 1944
[6] Delambre, Sur les progrès des sciences mathématiques depuis 1789 et sur leur état actuel, 1810
[7] ベロスト(辻雄一訳)『評伝コーシー』森北出版 1998 年

精神疾患と創造性

> 触ればまつびるまに人の肌をもぴりりと裂く
> ああ，この魔性のもののあまり鋭い魂の
> 世にも馴れがたいさびしさよ，
> くるほしさよ，やみがたさよ
> ────高村光太郎「清廉」

創造と社会性

　数学的創造性について考えようとするとき，アスペルガーが重要な役割を果す気がする（たとえば [1] [2]）．アスペルガーやその周辺疾患のもついくつかの一見欠陥と見える症状が数学的な思索を進める上で有利に作用するはずだというのがその根拠になっていた．しかし，それは，アスペルガーの特徴を活用して数学的な思索を開始してからの話で，数学的な思索の対象を選定する段階においては，広義の意味の社会性，いわゆる社会脳（social brain）が無視できない意義をもつことも事実だ．社会脳というのは，単独の脳の機能だけに注目するのではなく，社会的なコミュニケーションの中に置かれたものとしての脳を論じようとする立場，社会的存在としての脳の機能を問題にしようとする立場を反映した新しい脳概念のことだ [3]．岡潔の場合でいえば，ベーンケ/トゥレンの本から多変数関数論についての「要約と展望」に触れ，目標とするべき課題に遭遇するまでは決定的な研究活動に自己投入できないままだった．岡潔とアスペルガーのかかわりについては [4] [5] [6] を参照してほしい．グロタンディークの場合でいえば，シュヴァルツやデュドネの指導によって核型空間論建設のきっかけをえたり，ヴェイユのヴィジョンとセールの指導によって代数幾何学の圏論的再編の可能性を確信して突進をはじめるまでは，向って走るべき適切な方向は見つけられないでいた（大学時代に独自にルベーグ積分論を再発見したとされてはいるが，シュヴァルツやデュドネの指導がなければ

抽象化のための抽象化ともいうべき方向に向ってしまっていた可能性が強いとされる）．数学研究には明らかに社会的な側面があり，数学的価値の決定などというのはかなりの程度に社会性によって規定される．創造のプロセスには拘らずに創造性が形成される背景について考えれば，社会性が重要なことは明らかだ．適切な「指導者」（自分でたまたま手にした本などでもよい）から，強い興味の対象となるテーマを教えられ価値観を移植されることだって，創造へのきっかけとなりうる．模倣的な活動が創造性を発揮するための助走となることも珍しくない．というか，「すぐれた作品」の学習と模倣なしでは創造性を切り開くことはできないのかもしれない．

　アスペルガーのひとり芥川龍之介は，芸術的作品について「芸術上の理解の透徹した時には，模倣はもう殆ど模倣ではない．寧ろ自他の融合から自然と花の咲いた創造である．模倣の痕跡を尋ねれば，如何なる古今の作品と雖も，全然新しいと云ふものはない．が，又独自性の地盤を尋ねれば，如何なる古今の作品と雖も，全然古いと云ふものはない」（「僻見」『全集』第 11 巻）と書いているが，これは数学的作品についてもいえる．たとえば，ガロアは創造的だとされているものの，方程式論の出発点にはラグランジュの作品があったし，楕円関数論の拡張というテーマについてはルジャンドルやアーベルやヤコビの成果が存在していた．ガロアといえども，教師の指導や先人たちの作品を踏まえて開花したことはいうまでもない．数学的創造は純粋に心の内部だけで無から紡ぎだされるものではない．ヴァレラ風にいえば，心の内部と外部の相互作用の中で創発するものとして捉える必要がある．したがって，たとえば，創造性を発揮したとされる数学者の創造プロセスについて考えようとするとき，表層的に数学的な業績を追跡するだけでは不十分なのは当然として，アスペルガーの意義に注目するだけでも不十分で，社会性（共感性）の欠如が見られるはずのアスペルガーがいかにして社会的価値を見越して走り出すべき方向を獲得したのかについて考えることも必要になる．これはその人物をサポートした人的環境を知ることにも繋がる．また，（その原因は何であれ結果的に）サポート態勢を失い人的環境から疎外されることになると，（自己史にまつわる）心的

なゆらぎが発生して，アスペルガーに伴うことが多いとされるさまざまな精神疾患的症状（かならずしも重症ではない）が浮上してくることもある．ときには，ニュートン，ガウス，ゲーデルなどがそうであったように，パラノイア的な症状を呈することもある．こうした現象を表面的に観察していると，その人物がアスペルガーからパラノイアへと移行したように見えてしまうが，この結論は正しくないだろう．というのは，加齢による認知機能の低下などの影響も考慮する必要があるというのも確かだろうが，それよりも，アスペルガーから精神病としてのパラノイアへの移行は不可能に思えるからだ．それについて考えてみるために，脳のもつシステム化機能と共感化機能とでもいうべき 2 つの側面に関するバッドコックの説 [7] を紹介しておこう．

アスペルガーとパラノイア

脳の機能として想定できそうな認知システムとして，心理主義的システム（mentalistic system）と機械主義的システム（mechanistic system）が考えられる．心理主義（mentalism）というのはあまり聞かない言葉かもしれないが，哲学では唯心論とも訳される．反対語は機械論（mechanism）あるいは物質主義（materialism）で，唯物主義あるいは唯物論とも訳される．どのような出来事もみな繋がりあっているというような理解の仕方を超心理主義（hyper-mentalism）と呼べば，これは心理主義の極限形態だと思えそうだ．統合失調症の患者が超心理主義的な思考パターンを伴うことがある．典型的な例はパラノイアだろう．パラノイアというのは，統合失調症やアスペルガーの症状としても出現し，バッドコック [7] は，それぞれを，精神病的パラノイア（psychotic paranoia）と自閉症的パラノイア（autistic paranoia）と呼んで区別している．（こうした区別が必要になること自体がパラノイアと呼ばれる疾患の「独自性」を脅かす気もするが．）

アスペルガーの研究で知られたバロン＝コーエンは，システム化（systemizing）と共感（empathizing）という脳の機能に注目し，システム化脳（男性型の脳）と共感脳（女性型の脳）という概念に基づいて，自閉症の脳

＝極端な男性脳（extreme male brain）という説を提唱している．こうした見解はもともと小児科医のアスペルガーが1944年に表明していたものだが，バロン＝コーエンの仕事によって現代化され深化されてポピュラーになった．バロン＝コーエンは，自閉症の診断法のみならず，自閉症のレベルを判定するテストも開発しており，それらと幼児期の様子の聴き取り調査などを経て，ケンブリッジ大学（当時）の数学者でフィールズ賞受賞者でもあるボーチャーズがアスペルガーだという診断を下したことでも知られている［8］．ボーチャーズは，共感傾向が極端に低く，システム化傾向が極端に高いこともわかったが，その結果として，他人が何を考えているかが推察できず，電話での会話を怖れて電話を使うことをやめていたし，同僚が家に来ると妻に相手をさせ自分は本を読んでいたという．ボーチャーズはこの診断を聞いたこともあってか，アスペルガーが陥りがちな他の精神疾患（抑うつ症状やパラノイア的症状）を回避できているという．バロン＝コーエンはニュートン，ディラック，アインシュタインなどについてもアスペルガーだっただろうと述べている．過去の日本の数学者でいえば，岡潔が典型的なアスペルガーだと思われる．岡潔はいくつもの「奇異な行動」が記録されているが，これらはアスペルガーの症状に一致するか，さもなければ（遺作『春雨の曲』にも表明されているような「奇異な思想」のように）アスペルガーに伴うパラノイア的な症状に起因するものに違いない．

自閉症と精神病の双対性

　自閉症スペクトラム障害（自閉症，アスペルガーなど）と精神病スペクトラム障害（統合失調症，双極性障害，うつ病など）は，認知・情緒・行動に障害が見られる二大疾患として知られているが，バッドコック［7］によれば，自閉症スペクトラム障害（とくにアスペルガー）と精神病スペクトラム障害（とくにパラノイア）の「症状」（遺伝子の表現型的な特徴でもある）は対極の位置にある表現型を示すとされる．具体的にいえば，凝視の特徴，社会的認知の特徴，言語，行動などの社会脳の発達にかかわる特徴につ

て対極性を示すというのだ．社会脳に注意しつつこれらの特徴の差異を見れば，自閉症スペクトラム障害では発達が不十分で，精神病スペクトラム障害では過剰だということがわかる．この対極性を象徴的に描けばつぎのようになる．

自閉症	精神病
凝視欠陥	被監視妄想
声に対する鈍感さ	声に関する幻覚(幻聴)
意図解読欠陥	迫害妄想
注意共有欠陥	陰謀妄想
心の理論欠陥	神秘的観念化
エピソード記憶欠陥	誇大妄想
欺瞞能力欠陥	自己欺瞞的妄想
病的ひたむきさ	病的アンビヴァレンス
成人以前に出現	成人以降に出現
視覚過敏	視覚鈍磨
過読症的	難読症的

自閉症と精神病の対極性([7] p.151)

　子供は母親由来と父親由来の対立遺伝子(同じ遺伝子座に位置する遺伝子)を1組ずつ受け継ぐが(性染色体は例外)，特定の遺伝子については，母親由来または父親由来の遺伝子のみが発現するように調整機構が働くことがある．その結果，遺伝子型が同じでも表現型が異なることがある．これをゲノムインプリンティング(genomic imprinting)という．つまり，ゲノムインプリンティングによって，特定の対立遺伝子のうちの一方のみが転写されるようになるわけだが，分子レベルで見れば，エピジェネティック(epigenetic)な現象，つまり，DNAの突然変異ではなく，DNAやヒストン(染色体中でDNAと混在する特殊なタンパク質)のメチル化(ヒストンについては他の化学修飾もある)を通じて，後天的に表現型(形質)を変化させる調整機構の一種である．インプリントされた側の対立遺伝子は発現

しなくなり，残った母親由来あるいは父親由来の遺伝子のみが発現することになる．

　バッドコックの本 [7] のタイトルにあるインプリンテッド・ブレインというのは，ゲノムインプリンティングによって形成された脳という意味だ．バッドコックとクレスピは，ゲノムインプリンティングによって，自閉症と精神病の2つの方向への変化が説明できると主張し，それを分子遺伝学や精神医学などの「最先端の知見」を援用して「証明」しようと試みている．同じゲノムをもつ一卵性双生児でも一方だけが精神疾患をもつことがあるが，これなどはゲノムインプリンティングによって説明できると考えられる．精神病スペクトラム障害の遺伝学的，生理学的，神経学的，心理学的な観点から見た症状とされる特徴を見れば，これらの異常の原因は，ゲノムインプリンティングによって母親由来の遺伝子の効果を相対的に促進させる方向へのバイアスがかかるせいだと考えられる．また，同様に，自閉症スペクトラム障害については，父親由来の遺伝子の効果を相対的に促進させる方向へのバイアスがかかるせいだと考えられる．これらの仮説は，自閉症スペクトラム障害と精神病スペクトラム障害の症状の原因と問題となる遺伝子の表現型を理解するための統一的な理論の土台になるのではないかと期待される．これがバッドコックの構想である．

　男性型の脳の発生・発育段階で，母親の遺伝子と父親の遺伝子の発現の微妙な調整（コンフリクト）過程において，相対的に，母親の遺伝子の発現がより促進されることになれば精神病的になり，父親の遺伝子の発現がより促進されることになれば自閉症的になるというわけだ．バッドコックのアイデアを簡単にいえば，精神病と自閉症を双対的な発達障害として捉えようという構想でもある．バッドコックは，バロン＝コーエンが未解決なまま残した「極端な女性脳とは何か？」という問題について，統合失調型障害 (Schizotypy) の脳がそれだと主張している．

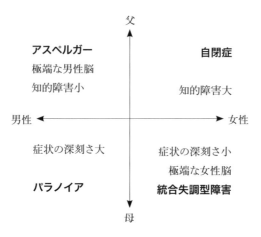

ゲノム・コンフリクトの2つの次元（[7] p.185）

　気になるのは，自閉症スペクトラム障害（とくにアスペルガー）と精神病スペクトラム障害（とくに統合失調症）の症状にはあきらかに共通性が観察されており，バッドコックが主張しているほど対極の位置にある疾患だといっていいのかどうか，という点だろう．統合失調症にあたる疾患の枠組みはドイツの精神科医クレペリンが，精神医学の教科書（1899年）に早発性痴呆（Dementia praecox）という名称で登場させたのが最初だとされる（この名称自体はフランスの精神科医，モレルが démence précoce と呼んだもののラテン語化にすぎない）．精神分裂病（Schizophrenie）＝統合失調症にあたる名称はスイスの精神科医ブロイラーが1908年に精神分裂病群（Schizophreniegruppe）として使いだしたのが最初だ．自閉症も統合失調症も神経の発達障害が原因だと考えられるが，もともと，自閉症という用語は，統合失調症の症状に付けられたものである．自閉症は統合失調症の1段階のように考えられたこともあった．それがその後，診断学的に別の疾患と考えられるようになって現在に至っている．最近では統合失調症は単一の疾患名ではなく，統合失調疾患群あるいは統合失調症スペクトラム障害と呼ぶべきものだとされつつあるようだ（たとえばDSM-5参照）．ブロイラーがこの疾患に注目した時点の統合失調症群という名称に復帰した

方がいいのかもしれない.

いまさらだが，パラノイアという単語は狂気を意味するギリシア語（パラ＋ヌース＝病的な心）からきたものだとされる．ヨーロッパでは精神病を意味する一般的な名称としてパラノイアという用語が使われていたようだが，クレペリンが，強固な妄想を信じ込んでいる以外は「正常な精神」を保持している早発性痴呆を純粋パラノイア（pure Paranoia）と呼んだことから，これがその後，単にパラノイアと表記されたり偏執狂あるいは偏執病などと訳されて普及したものだ．最近ではパラノイアという用語はあまり使われなくなっているが，パラノイド人格障害（paranoid personality disorder）とかパラノイド統合失調症（paranoid schizophrenia）のような使い方はされるようだ（paranoid は paranoia の形容詞だが「パラノイアのようなもの」という意味の名詞としても使われる）.

最近では，精神病を統合失調症と双極性障害（躁うつ病）とうつ病に3つの極に分けることへの疑問も提出されている．遺伝学的な研究を通じて，統合失調症と双極性障害が「異なる診断群かどうか」（発症のメカニズムに共通項があるのかないのか）が議論されているのだ．それどころか，統合失調症と自閉症との症状の類似性も議論され，完全に分離的な疾患ではないことも指摘されている[10].

体験領域の広がり

こうした傾向との関係で見れば，精神科医の福島章による宮沢賢治論[11]が，多少「文学的・情緒的」な感じの説ではあるが，示唆に富んでいそうだ．病跡学（天才的な人物を精神病理学的な見地から研究する分野）では宮沢賢治は非常に興味深い研究対象らしくて，さまざまな「診断」が試みられている．その結果，双極性障害説が有力となってはいるらしいが，統合失調症的な症状やてんかん的な症状もあったとされる．詩や童話などの残された作品とそれが書かれた時期についての考察などから「診断」されるのだが，同じような考察を夏目漱石について行えば，双極性障害，統合失調症，身体表現性障害，ノイローゼ（これは強迫性障害や不安障害などの

器質的でないとされた精神疾患を指す古い用語）などの「診断」が出されており，三島由紀夫についてはパラノイア（広い意味），統合失調症，自己愛性人格障害などの「診断」が出されているという．

　こうした「混乱」は作品による「診断」の難しさを示していると考えることもできるが，福島 [11] は，「診断」の正否よりもさまざまな精神疾患的な症状が観察される宮沢賢治などの体験領域の広がりの方に注目する．宮沢賢治の体験領域は，普通の人には体験できない躁的気分（観念奔逸，有情体験，共感覚），てんかん的体験（幻視，意識変容体験，不思議の国のアリス症候群），統合失調症的症状（対話性幻聴，注察妄想，被害妄想），抑うつ的症状（自己凝視，虚無妄想，自然の人格化）など，可能態としての人間の広大な体験領域のかなりの部分を含んでいたのではないかと福島は書いている．精神疾患的な症状が深刻化すると作品製作（心の安定性を保持するための行為とも考えられる）など絶望的になるので，深刻ではない時期が一定程度継続されることも必要になる．ところで，福島がこうした考察を行った時期にはアスペルガーはまだ注目されてはいなかったので，考察の対象にはなっていないが，体験領域の広さという点では，アスペルガーの場合にもかなりの広がりをもちうる．福島がこのことを知っていれば，わざわざ「天才の体験領域」などという不明確な概念を使わなくてもよかったように思う．宮沢賢治はアスペルガーだったと考えていいだろう．

　数学者の場合は，宮沢賢治に匹敵するような広い体験領域をもっていることがわかる例はほとんどなさそうだ．数学の作品（論文や著書）を見るだけでは，体験領域（かならずしも「脳内妄想」的な意味の体験だけでなく現実世界での「異常体験」とそれから受ける心的影響も含んでおきたくなる）の広さを読み取ることは難しいし，数学者が広い体験領域をもっていることを感じさせる作品を書くことはほとんどない（手紙や日記などを見れればある程度の推定はできるだろうが）．とはいえ，例外はある．ニュートンのように錬金術や神学方面の考察に関する膨大な手稿を残している場合，ガウスのように残された手紙や「数学日記」からパノイア的な側面を読み取れる場合，ポアンカレのように文学的な才能を発揮して創造的瞬間につい

て描写を試みていてくれる場合，ラマヌジャンのように巻物に数式が女神の「お告げ」として出現するなどと語ってくれているような場合，ゲーデルのようにプラトン的な世界観に拘ったり「奇妙な行動」が知られている場合，岡潔やグロタンディークのように自らの数学的創造性にまつわる体験的・主観的考察を作品の形で残してくれている場合などは体験領域の広がりを探ることが不可能ではない．こうした例外的な数学者たちに共通しているのは，アスペルガーをベースとする心の形ではないかと思う．

参考文献

[1] 山下純一「アスペルガー症候群と数学者(1)」『理系への数学』2007 年 11 月号
[2] 山下純一「アスペルガー症候群と数学者(2)」『理系への数学』2007 年 12 月号
[3] 開一夫 / 長谷川寿一(編)『ソーシャルブレインズ』 東京大学出版会 2009 年
[4] 山下純一「岡潔の雌伏と至福」『理系への数学』2009 年 6 月号
[5] 山下純一「岡潔の広島」『理系への数学』2009 年 7 月号
[6] 山下純一「岡潔の不思議な体験」『理系への数学』2009 年 9 月号
[7] Badcock, The Imprinted Brain, JKP, 2009
[8] Baron-Cohen et al., "A mathematician, a physicist, and a computer scientist with Asperger Syndrome...", Neurocase 5 (1999)
[9] Crespi/Badcock, "Psychosis and autism as diametrical disorders of the social brain", Behavioral and Brain Science 31 (2008)
[10] Stone/Iguchi, "Do Apparent Overlaps between Schizophrenia and Autistic Spectrum Disorders Reflect Superficial Similarities or Etiological Commonalities?", North American Journal of Medicine and Science, 4 (2011)
[11] 福島章『不思議の国の宮沢賢治：天才の見た世界』日本教文社 1996 年

理性と神秘主義

> So fängt denn alle menschliche
> Erkenntnis mit Anschauungen an,
> geht von da zu Begriffen, und endigt mit Ideen.
> したがって，人間のあらゆる認識は
> 直観とともにはじまり，
> そのあと概念へと進み，理念で終わる．
> ──カント（[1] p.730）

スピノザとアスペルガー

　スピノザは極端に理性的な思索を好み，真理は基本原則から理性的・論理的な推論によって厳密に（ユークリッドの『原論』のようにして）構成できるものと考え，それを死後に出版された作品『エティカ，幾何学的手順によって証明された』(Ethica, ordine geometrico demonstrata)で実行してみせた．こうした発想は「極端な男性脳」の特徴のひとつで，共感性の欠如を感じさせるさまざまな逸話が残っていることもあって，スピノザはアスペルガーだったと考えられている．自分の間違いを認めることはなく他人に助言を求めることもなかったとされ，疎外感を感じて情動的に不安定になることはなかったというから，かなり強靱な「アスペルガー的精神」をもっていたようだ．哲学的思索についても，人格神とは対極の位置にある宇宙そのものを神とみなすなどの発想をもち，過激すぎて無神論者としてユダヤ人の共同体から追放されたりもした．スピノザは，内的な思索を深めることによって真理に到達できると感じていたようだが，これもアスペルガーと親和的な心的傾向だ．スピノザは究極の理性主義者であり，同時に汎神論的神秘主義者なのかもしれない．スピノザはラジカルな作品『神学・政治論』(Tractatus theologico-politicus)の中で，自らの「被迫害体験」の不条理さの原因究明につながる道として，理性と信仰の分離（つまり，

Ⅱ 萌芽と仄暗い無垢の中へ

哲学と神学の分離)の必要性を説いているのだが,「単純な服従が救ひへの道であるといふことを我々は自然的光明を以てしては把握し得ず,たゞ啓示のみが,我々の理性では捕捉し得ない神の特殊的恩寵に依つて,さうしたことが起ることを教へてくれる」([2] p.162)という文章を見ると,啓示(revelatio, ギリシア語ではアポカリュプシスで黙示でもある),つまり,ヴィジョン体験的なものの重要性がしっかりと強調されており,ここにもアスペルガーの香りが漂っている.(神即自然というスピノザ的な立場からすれば,脳の無意識的な働きも「神の恩寵」ということになるはず.)

「神」「精神」「感情」「人間の隷属」「人間の自由」について論じた5部からなるライフワークともいうべき哲学的作品にエティカ(倫理学)というタイトルを付けたことからもわかるように,スピノザの目標は,神学的知識にはじまり人間の自由の意味についての解明に至るどこか自己弁護にも似た倫理的志向性を内包した長い思索を統合することだった.自由といっても,人間が神=自然の支配の必然性に逆らうことを意味せず,むしろ必然性に従うことを意味している.これは,不条理に感じられる社会的抑圧を跳ねのけるためのスピノザの巧みなレトリックなのかもしれない.こうした心情の形成には,社会的順応性をもたないために少数派化せざるをえないとしても自己確信に満ちたアスペルガーの心情が貢献しているはずだ.スピノザは理性によって世界観を構築しそれを現実化する生活を送ったなどといわれることがあるが,それはおそらく正反対で自分の情動に理性の衣を着せたということだろう.社会の多数派である定型発達者たちには理解されにくいアスペルガーの情動の形がスピノザの作品の起源をなしているものと思われる.

スピノザにおける情動の再評価については,反デカルト主義を掲げるポルトガル出身の神経学者ダマシオによるスピノザ論[3]が参考になるだろう.スピノザは「清貧のレンズ磨き」だったとする伝説(スピノザを修道士的な存在として捉えようという伝説の一部)があるが,実際には,スピノザは貧困に喘いでいたわけではないし,単純にレンズ磨き職人として生計を立てていたわけでもない.アスペルガーは「繰り返し作業が得意」で「身な

りに無頓着」で「社交性がなく孤独を好む」ことが多い．これが清貧説を生みだす原因になった可能性が強い．レンズ磨きについても，スピノザの目的は宇宙をより遠くまでより鮮明に観測したいという願望（それはスピノザにとっては神を深く知ることでもあった）と不可分だったのかもしれない．スピノザは光学に通じていたし，屈折の数学理論にも興味をもっていたという[4]．望遠鏡のためのレンズを自分で磨くのはスピノザの時代に天文観測に興味をもつ人にとってはとくに不思議なことではないという説もある．そもそもレンズ磨き伝説は，コレルスによって1705年に出版されたオランダ語によるスピノザ伝が起源になっているらしい．コレルスは，スピノザがユダヤ人の共同体から追放されたときに糊口を凌ぐためにレンズ磨きの技術を身に付けたが高品質のレンズを作れたので高く売れたと書いている．コレルスによると，スピノザはデッサンの才能ももっていたという．

　時代が飛ぶが，ウィトゲンシュタインもアスペルガーだった[5]．スピノザの『エティカ』とウィトゲンシュタインの『論理哲学論考』は，スピノザの神とウィトゲンシュタインの論理を対応させてみれば，いずれも人間を超越したものではなく「内在的」であり，類似性をもつことがわかるだろう（スピノザと前期ウィトゲンシュタインの「交流」については[6]）．ドイツ語で書かれた『論理哲学論考』(Logisch-philosophische Abhandlung)の「ドイツ語英語対訳版」のタイトルがラテン語で Tractatus logico-philosophicus であったこと（スピノザの『神学・政治論』のタイトルを思わせるタイトルを提案したのはムーアだったが採用を決めたのはウィトゲンシュタイン自身だった）も，ウィトゲンシュタインがスピノザを意識していたことを感じさせる．その意味で，ウィトゲンシュタインは「20世紀のスピノザ」なのかもしれない．スピノザもウィトゲンシュタインも，ユークリッドの『原論』のスタイル（公理的形式的表現スタイル）を超越的な世界へと分離させること，つまり「純粋数学の宇宙」への志向性（プラトン主義的数学観）をはっきりと拒否しているが，おそらく，こうしたことは表層的なものだと思う．

カントとアスペルガー

　スピノザ以降に出現した哲学者の中ではカントも典型的なアスペルガーの「症状」を呈している．人間の理性の可能性と限界について「冷静に」=「批判的」に論じたカントの作品『純粋理性批判』[1]を見れば，カントは，認識としての真理は直観そのものではなく，概念を経て理念へと進んだときにはじめて達成されると考えていたことがわかる．この部分はヴィジョン体験を契機として言語化理念化へと進むというアスペルガーが呼び覚ましやすい傾向にある体験に根ざしたものだと，ぼくは思っている．ときには，この傾向はヴィジョン体験段階の思考を隠そうとする姿勢に通じることもあれば（完成段階に達した作品だけを公表しようとしたガウスもアスペルガーであった），それとはまったく逆に，初期の発想形成段階から思考の発展過程を克明に書き残そうという姿勢を示すこともある．グロタンディークの『収穫と種蒔き』[7]はそうした試みのための序文として書きだされ自己増殖したものだ．同じアスペルガーに起因するはずなのに，どうしてこれほど対極的な傾向となって現れることがあるのかは興味深い問題だと思うが，ここでは話題をカントにもどしておこう．

　ヒルベルトの『幾何学の基礎』のはじめにもすでに見たカントの文章が引用されている．ただ，カントのその後の文章を読むと，「また我々が，極めて明瞭な抽象的，一般的命題に対して不信の念を懐かなかったとしたら，そしてまた魅惑的でいかにも由ありげな展望が，これらの命題の束縛を拋棄するように我々を誘わなかったとしたら，我々は，思弁的理性が自分の越権を支持するために出頭させた弁証的証人達を訊問する労を省き得たであろう」（[8]中 p.357）と述べており，思弁的理性による暴走に対する警戒心が感じられるものの，自己弁護的に，「思弁的理性の弁証的論議は，すべて儚ない営みであるにせよ，かかる論議をその源頭まで克明に究明することは是非とも必要である」（[8]中 p.357）とも付け足しているところに，自分の思考パターンに対して定型発達者たちが作る社会の中で捉えがたい違和感を感じながらも，その違和感の発生をあらかじめ封じておこうとするカントの用意周到さが感じられる．

カントは直観を踏まえて形成された概念系によるオートノーマスな統一体の生成可能性（つまり真理の把握可能性）にも強い関心を寄せていたようだ [9]．『純粋理性批判』の中の「哲学的認識は概念による理性認識であり，数学的認識は概念の構成による理性認識である」(Die philosophische Erkenntnis ist die Vernunfterkenntnis aus Begriffen, die mathematische aus der Konstruktion der Begriffe.)（[8]下 p.16）という見解を見ても，カントは，限定された領域（たとえばニュートン力学）における数学的手法の強力さは認めつつも，哲学的考察における数学の限界にも気づいており，数学をどう見るかに苦慮している様子がわかる．「概念の構成」という表現でカントが意味しようとしているのは，「概念に対応する直観をア・プリオリに現示すること」だと説明されても分かりにくさが増すだけかもしれない．カントの見解を理解するには，カントがこうした文章を書いているときの「心の動き」を感じ取ることが必要なのかもしれない．一般的な命題を述べてからその例をあげているからといってカント自身がその順序で思索を進めているなどと誤解すると「難解さ」が増すばかりだ．理性の限界を明らかにしたいというカントの試みとしての『純粋理性批判』の「難解さ」の原因はカントのヴィジョン（構想）が読み取り難いことにもあるだろうが，それだけではなく，カント（やスピノザ）の哲学が難解だと感じる人が多いのは，アスペルガーのもつ世界観（認知パターン）と定型発達者たちの世界観（認知パターン）の異質性による部分もあるに違いない．カントの場合は，片頭痛で強迫的な行動（いつも同じ時刻に同じコースを散歩するなど）が見られ，晩年はある時点で人格が変貌したということが知られているので，病跡学的に興味をもたれることが多い（たとえば [10]）．カントの哲学体系とカントの病気とのかかわりを論じる試みもいくつか現れているようだ．これは病跡学の範囲を超える試みかもしれないが，カント哲学の解明に「カントの私生活」を動員しようという本 [11] もある．カントの『純粋理性批判』の「理性」とウィトゲンシュタインの『論理哲学論考』の「言語」の類似性を軸にすれば，カントとウィトゲンシュタインの思考パターンにも類似性が観察できそうだ [12]．

グロタンディークの思考は，1970年代を分岐過程として，前期（『代数幾何学原論』や『代数幾何学セミナー』）と後期（『収穫と種蒔き』や『夢の鍵』）で明らかに変質している．同じように，ウィトゲンシュタインの思考も，前期（『論理哲学論考』）と後期（『哲学探究』）で大きな差異が見られるのだが，その変貌過程を映し出す日記 [13] が1993年に「発見」されている．その日記の中には「私の命題はたいていの場合，自分に浮かんだ視覚的な像の描写だと思う．[…] 真実をまったく率直に語ることによって嘘をつくことができる」(1931年10月31日)，「私の思考の基本的な動き方は，今日では一五―二〇年前とはまったく違うものである．そしてこれは画家が一つの方向から別の方向へと移行する場合に似ている」(1932年1月28日)，「狂気が到来したとき，狂気を前にしてたじろぐことのないように生きねばならない．《そして狂気から逃げ去るべきではない．》」(1937年2月20日) などの文章が見られる．アスペルガーという視点から，グロタンディークとウィトゲンシュタインを比較してみたいという考えが突然湧き上がってきたりもするが，やや射程外の話題なので，またの機会にしよう．

グロタンディークとリーマン

　ところで，グロタンディークは『収穫と種蒔き』に収録された「プロムナード」([7] p.P1-p.P65) の中で，数学者の大半は立派な家の相続人 (héritier) となることを好むが自分は数学的な建築家 (＝創始者，bâtisseur) であることを好むと書いている．建築家に喩えているせいで，イエスが大工だったという話と関係付けたくなったりもするが，それはちょっと的外れのようだ．若いころのグロタンディークは，無国籍だったこともあってか，数学研究で生活ができるようになるとは考えておらず，適当な就職先が見つからないときは大工になろうと考えていたようだ．古い家に住み続けることよりも新しい家を建てることを好み，家が完成すると別の新しい家の建設に向って進もうとするのだという．そして，数学の歴史の中から，自分と同じような気質の数学者を探すとしたら，ガロア，リーマン，ヒルベルトが思い浮かぶとも述べている．カントの理性的側面を重視したヒル

ベルト（とくに前期ウィトゲンシュタインゆかりの数学基礎論方面）はともかく，ガロアやリーマンは建築家とはいっても，1960年代のグロタンディークのように建設作業そのものにも打ち込むタイプではなく，夢を語ることを優先するタイプで，むしろ設計家に近そうだ．グロタンディークも数学者の世界を去り『収穫と種蒔き』に取り組みだしてからは夢を語ることの必要性に気がつき方針転換を遂げていくことになるが，グロタンディークのように書きながら夢を語るようなタイプの数学者となると，ぼくには，他には適当な名前が思い浮かばない．

　グロタンディークは，自分とかつて関係した「先輩」たちの中から数学的建築家を1人だけあげるとしたら，ルレーだと述べている．なぜ，ヴェイユでもシュヴァルツでもセールでもなくルレーなのかについては書かれていない．ルレーが層の理論の創始者とされていることと無関係ではなさそうだ．層（とくに連接層）の理論ということになると，岡潔の先駆的な仕事にも触れたくなるが，グロタンディークは岡を無視している．知識がないというだけのことだろう．グロタンディークは，自分の書いた主張をチェックする段階で，ルレーはたしかに層の理論を考案し（カルタンとセールを経て）グロタンディークのトポスという概念の形成などに大きな影響を与えたものの，大きな数学的宇宙を建設したとまではいえないのではないかと（ルレー本人からの情報かセールあたりからの情報に基づいて？）考えるようになったようだ．『収穫と種蒔き』の執筆方針からして，すでに書いてしまったことが後から正確ではないとわかったとしても，書いてしまったことそのものを変更しようという態度は取らないつもりだったこともあって，あくまで脚注の形で追加修正しているだけなのだが．

　グロタンディークの「プロムナード」といえば，その脚注の中に面白いことが書かれている．（1986年からみて）15年か20年前にリーマン全集を眺めていて偶然出会ったリーマンの指摘に驚かされたという．リーマンが，「（物理的）空間の究極的な構造は「離散的」で，われわれが空間についで描いている「連続的」な描像は，もっと複雑なある実在性の（最終的には行き過ぎた）単純化にあたるのかもしれないし，人間にとっては「連続」

の方が「不連続」よりもイメージしやすかったので,「連続」が不連続性を直観的に捉えるための「近似」として使われていただけなのかもしれない」（il se pourrait bien que la structure ultime de l'espace soit "discrète", et que les représentations "continues" que nous nous en faisons constituent peut‐être une simplification（excerssive peut‐être, à la longue…）d'une réalité plus complexe; que pour l'esprit humain, "le continu" était plus aisé à saisir que "le discontinu", et qu'il nous sert, par suite, comme un "approximation" pour appréhender le discontinu.）（[7] p.P58）という意味のことを書いていたというのだ．この部分を読んだときに，ぼくはグロタンディークに手紙を書いてリーマン全集のどの部分を指しているのかと質問した．しかし，グロタンディークの応答は「探してみたが見つからなかった」というものだった．似たようなことが書かれているのを見たグロタンディークがややデフォルメして記憶してしまっただけなのかも知れないなどと思いつつ，リーマン全集［14］で，その可能性のありそうなものを探ってみると，手稿「心理学と形而上学について」（Zur Psychologie und Metaphysik）と講演「幾何学の基礎に横たわる仮説について」（Ueber die Hypothesen, welche der Geometrie zu Grunde liegen）が浮上してきた．

「心理学と形而上学について」は，ヘルバルト（カントの影響が強い）とフェヒナー（ゾロアスター教的世界観とスピノザ的世界観の融合を目指したようにも見える）の作品の影響下で書かれたものだ．後半部分でリーマンは，「記述可能なものとしての有限」＝「時空の有限的要素」＝「選択の自由」と「記述可能なものの極限に横たわる概念の集まりとしての無限」＝連続性＝決定論のアンティノミー（二律背反）についてに少し書いている．どこかに離散性と連続性のアンティノミーへの回路を感じさせられたりもするが，求めるものには出会えないようだ．「幾何学の基礎に横たわる仮説について」は，リーマン幾何学の宣言ともいうべき講演なのだが，意外にも，離散多様性＝離散多様体（discrete Mannigfaltigkeit）と連続多様性＝連続多様体（stetige Mannigfaltigkeit）について論じている部分がいくつか見られる．計量という側面から見るとき，離散多様体なら内的な規定が可能だ

から実在の空間は離散多様体ではないかと想定したいのではないかと思わせる部分があるのだが，決定的ではないようだ．

　グロタンディークが親近感を感じるリーマンの気質についても考えておこう．ラウグヴィッツによると，「リーマンは死ぬまで人とかかわることが苦手なままだった」(Riemann hatte dann zeitlebens Schwierigkeiten im Umgang mit Menschen [,...])「周囲の人たちはリーマンを心気症患者だとみなしていた」(Der Umwelt hat Riemann als Hypochonder gegolten)という．心気症患者(Hypochonder)というのは，心気症(Hypochondrie)的で単に病気を過度に心配している人というだけではなく，軽症のパラノイアというようなニュアンスでも使われることと，デデキントがリーマンの伝記を書くときにリーマンの妻がこの事実を伏せて欲しいと頼み，デデキントがその通りにしたことなどからすると，リーマンにはどこかパラノイア的なところがあった可能性も考えられる．最近では心気症を身体表現性障害(somatoform disorder)に含もうとする傾向もあり，転換性障害(いわゆるヒステリー)とも近い疾患だと考えられているようだ．リーマンは自閉的で，「自己省察に没頭し」(Er versenkt sich in Selbstbetrachtungen [...])「内的自己の中に映し出された全宇宙を発見しようとする」(Er will in seinem Innern [...] das Universum gespiegelt finden.)傾向をもっており，「思弁的瞑想」(spekulative Kontemplation)を好んだという．ラウグヴィッツはリーマンのこうした思考パターンの原因が心気症そのものにあったと考えているようだが，それは正しくないだろう．ぼくは，リーマンの心気症はアスペルガーに伴う二次的な障害だったと考えた方がいいと思う．リーマンとポアンカレの脳の機能パターンの類似性については「ヴェイユとリーマン」(本書 p.31-p.40)を参照してほしい．

参考文献

[1] Kant, Kritik der reinen Vernunft (2. Auflage), 1789
[2] スピノザ(畠中尚志訳)『神学・政治論:下巻』岩波書店 1944 年
[3] ダマシオ(田中三彦訳)『感じる脳』ダイヤモンド社 2005 年
[4] Nadler, "Baruch Spinoza: Heretic, Lens Grinder", Archives of Ophthalmology, Oct 2000
[5] Teive/Silva/Munhoz, "Wittgenstein, medicine and neuropsychiatry", Arquivos de neuro-psiquiatria, 2011
[6] Baltas, Peeling Potatoes or Grinding Lenses: Spinoza and Young Wittgenstein Converse on Immanence and Its Logic, University of Pittsburgh Press, 2012
[7] Grothendieck, Récoltes et Smailles, 1985/86
全 4 部中の 3 部が辻雄一訳『収穫と蒔いた種と』(現代数学社 I 1989 年, II 1990 年, III 1993 年)として出版されている.
[8] カント(篠田英雄訳)『純粋理性批判(上・中・下)』岩波書店 1961 年-1962 年
[9] Roth, "Mathematics and biology: a Kantian view on the history of pattern formation theory", Development Genes and Evolution, 2011
[10] Guard/Boller, "Immanuel Kant: evolution from a personality disorder to a dementia", Neurological Disorders in Famous Artists, Karger, 2005
[11] Botul (=Pagès), La vie sexuelle d'Emmanuel Kant, Mille et une nuits, 2000
[12] 木村洋平訳『『論理哲学論考』対訳・注解書』社会評論社 2010 年
[13] ゾマヴィラ編(鬼界彰夫訳)『ウィトゲンシュタイン哲学宗教日記』講談社 2005 年
[14] Riemann, Collected Papers, Springer / Teubner, 1990
部分的な日本語訳『リーマン論文集』朝倉書店 2004 年

ウニオ・ミスティカ

> Wir müssen uns immer wieder dahin bringen,
> daß alles neu ist, wie am ersten Tag
> われわれ自身をいつでも連れて行かねばならない,
> あらゆるものが最初の日のように新しいところへ.
> ———ハイデガーの手紙([1] p.47)

追放・否認・沈黙

　ウィトゲンシュタインは『論理哲学論考』の序文でこの本の意義に触れて「およそ語られうることは明晰に語られうる,そして話をするのが不可能なことについて人は沈黙せねばならない」(Was sich überhaupt sagen lässt, lässt sich klar sagen; und wovon man nicht reden kann, darüber muss man schweigen.)([2] p.26, [3] p.25)と書いている.ここでいう「話をするのが不可能なこと」が何を意味するのかは悩ましい問題なのだろうが,ぼくには,これがフーコーが『知への意思』で問題にしようとした「追放され,否認され,沈黙を課せられた」(A la fois chassé, dénié et réduit au silence)([4] p.10, [5] p.10)ものと深く結びついている気がする.これはフーコーの問題提起そのものだが,われわれはなぜ「話をするのが不可能なこと」を自発的抑圧を(肯定するどころか)率先して掲げつつ,しかし,執拗に語ることを忘れないのか？こうした記述は,どこかに,フーコー自身の執拗さの無意識的表明のような印象もある.フーコーの死後に出現したインターネットの普及(さらに近未来的にはライフログの共有)によって,フーコーのいう「追放され,否認され,沈黙を課せられた」はずのものが洪水のように流れ出そうとしているようにも見える.たしかに,「性と,真理の啓示と,世界の掟の顚覆と,新しい日の到来の予告と,ある種の至福の約束とが一つに結ばれている」

([5] p.15)かのような幻想が出現しているのかもしれない．この幻想はいわば宗教的幻想を目指す運動といってもよさそうだ．「集団的無意識」がインターネットを通じて新たな「集団的意識」を生みだしつつあると解釈することもできそうだが，その判定はさておき，フーコーが感受した方向性には興味深いものがある．「新しい日の到来の予告」(l'annonce d'un autre jour)という言葉を聞くと，ぼくには，グロタンディークの「預言」が思いだされる．フーコーの『知への意思』に見られるような思索パターンが「グロタンディークの深淵」を解明するための突破口を与えてくれる可能性がありそうだ．

　初期においては論理性と明晰性を自負していたはずのウィトゲンシュタインにしても，後期になると，「語られうること」だけを「明晰に語る」ことには満足できなくなる．そのきっかけのひとつは「失恋」だったようだ．自分の内奥の情動的な激変を体験してはじめて「語られうること」の限界を意識できるようになったということだろう．ウィトゲンシュタインの無意識下でのうごめきが意識に浮上するまでにはかなりの時間が必要だった．『日記』[6]にも，「大きな霧の塊がゆっくりと消えて，対象そのものが見えるのに恐ろしく長い時間がかかるようなものだ．しかしその間私は一度たりとも自分の不明瞭さを完全に意識するということはない．そして突然，事が本当はどうなっているのか，あるいは，いたのかが見える」(1930年5月1日)などと書いている．ウィトゲンシュタインは，アスペルガーの特徴でもあるのだが，すでに手にした思考パターンを繰り返す傾向をもち，情動的変化に応じて思考パターンの改変を行うことは苦手だった．とはいえ，情動的激変過程に遭遇しているうちに，無意識的な「思考の自動運転」を経て，やがて新しい思考パターンが視覚的な形で出現するという体験をこう表現しているのだろう．しかも，「現実に人が書き付けられるのは […] 我々の中で文字という形で生まれるものだけだ」とも「私にとって最良の状態とは熱狂の状態だ．笑うべき考えを熱狂は少なくとも部分的に食いつくし無害なものにするからだ」(1930年5月2日)とも書いている．「書けない何か」，しかも「重大な何か」を抱えながら，躁的熱狂によって「書くべきも

の」から逃避しているような感覚があったのかもしれない．

失恋体験と神秘体験

　ウィトゲンシュタインは『日記』の中で，恋愛から失恋へと向う変化に触れている．「マルガリートは私のことが特に好きなのではない，と想定する根拠が今やある」(1931年3月1日)「この数カ月の仕事で疲れた．そしてマルガリートとのつらい事態に打ちのめされている．私はここに一つの悲劇を予見する．でも要は一つのことしかないのだ，最善をつくし，さらに仕事をすること」(1931年3月7日)と書いており，失恋への予感が哲学的思索の推進力となりうることを感じさせる．「もしマルガリートを失うようなことがあれば，自分は(内面で)修道院に入らなければならないかのような感覚が今ある」(1931年11月7日)ということからすれば，失恋への予感が宗教的な心情を誘うこともあるのだ．ウィトゲンシュタインはラッセルに「ぼくは非常に傲慢だ」(I have the pride of Lucifer.)といったという．ウィトゲンシュタインは失恋などを契機として宗教的告白を行うことになるのだが，これは自分に近い人たちに自らの罪を認めることを通して，自分の傲慢さを解体してしまいたいと考えたためではないかという説([7] p.83)もあるようだ．でも，ぼくとしては，ウィトゲンシュタインの信仰心の本格的な芽生え(回心体験)は情動的な苦悩に媒介されて神体験ともいうべき幻覚的な感覚を体験したためではないかと思っている．実際，人間は何らかの事情(たとえば過労や睡眠不足)で極限状態に陥ると，日常的な体験とは異質かつ奇妙な体験をすることがある．日常的に脳に入ってくる情報を処理していたはずのメカニズムが(オーバーフローや情報断絶が原因で)正常に機能しなくなることが原因で脳がエラーを起こしたということかもしれない．情報の統合機能が失調して非日常的で奇妙な体験に襲われて混乱させられることになるわけだ．人間の脳の機能が限界を超えて，錯覚や幻覚を体験してしまうということでもあるが，そうした体験は未経験な事態だけに，深刻なものであれば，とりあえずは「話をするのが不可能なこと」と感じられる．もし，話したり書いたりしようとしても，日常

的な言語の内部には，それを的確に表現するための言葉が見つからない．そこで，とりあえず，一見支離滅裂に思える「詩的な言語」や古来からある宗教的な用語体系が使われることになる．ウィトゲンシュタインは『日記』で妙に宗教的かつ告白的になっているが，これは自分にとっての新奇な体験を描写するための新しい言語体系を構築しようという意思をもたなかったせいだろう．ウィトゲンシュタインには（アスペルガーをベースとする）双極性障害のような側面があって，躁状態のときは哲学的な仕事に打ち込むのだが，うつ状態になると自殺さえイメージするほどに落ち込むという両極端の状態になって揺れていたように見える．

夢幻様体験

　ヨーロッパの言葉で宗教を意味する単語（英語とフランス語とスウェーデン語 religion，ドイツ語 Religion，スペイン語 religió，イタリア語 religione，オランダ語 religie，ポーランド語 religia など，ただし，ギリシア語ではテレスケイアで別系列）はラテン語の re（ふたたび）と ligare（結びつける）から作られた単語 religio（レリギオ）から来たもので，「神と人とをふたたび結びつけること」を意味するのだというもっともらしい説がある．この説はアウグスチヌスが採用したことで一気に普及したものだとされる．レリギオというラテン語はもともと非日常的な現象に遭遇したときに発生する畏怖の念や不思議さの感情を指す言葉だったという説もある．これがキリスト教の「発展」とともに現在の日本語の宗教という言葉のニュアンスに近いもの（宗教的感情を支える形式的儀礼的体系全体を意味するもの）に変化していったようだ．漢字としての意味からすると，宗はサンスクリット語からの訳語として中国で使われるようになったもので，「言語的表現が不可能な真理」のような意味をもち，教は「宗の言語化を試みたもの」というような意味をもっていたらしい．（ついでながら，日本語の宗教という単語は江戸時代末期に religion の訳語として宗と教を合成して考案されたものだという．）

　ウィトゲンシュタインのいう「話をするのが不可能なこと」というのは，

宗教とのかかわりでいえば，宗ということになるのだろう．宗教の宗と教は，吉本隆明のいう自己表出と指示表出とも無関係ではない．吉本は芸術の価値を「沈黙と沈黙の間の交換価値」として捉えようとしているのだが，これはそれぞれの作品の自己表出の土台としての沈黙（とりあえずは，「話をするのが不可能なこと」でもある）に作品の本質を読み取り，時間を超えた作品の価値（つまり，いわゆる古典の価値）を過去の時代の沈黙と現在の沈黙が交換可能だという事実の中に見ようとしている．純粋数学の価値の問題についても同じような議論ができるような気がする．吉本は晩年，溺れて死にかけるという体験をして少し経ってから，幻覚を体験し，その体験以後に，夏目漱石の小説で難解に感じていた部分が氷解するような気分になった．こうして，吉本は，文学的な表現と自ら体験した夢幻様状態（oneiroid state）が交差する未知の領域の存在に気づくようになった [8]．そして，「話をするのが不可能なこと」への接近を試みようとして，夢幻様体験と統合失調症のかかわりについても考えようとしていた．そういえば，西田幾多郎のいう「純粋体験」も夢幻様体験と深く結びついている．文学の世界でいえば，たとえば，宮沢賢治や夏目漱石には夢幻様体験があった．賢治にはこの体験を，宗教と社会変革に結びつけようとするところもあったが，それ以上に，童話の創作に活かしている．賢治とは違って，漱石は，夢幻様体験を短絡的に宗教に関連づけるよりも，アメリカの心理学者・哲学者ジェイムズの『心理学』(The Principles of Psychology, 1890)，『宗教的経験の諸相』(The Varieties of Religious Experience, 1902)，『多元的宇宙』(A Pluralistic Universe, 1909) などを読んで，心理学に基づいて自分の夢幻様体験について考え，さらに，そうした視点から文学的創造の謎を解こうとしていたのかもしれない．ジェイムズはスウェーデンボリや精神物理学の開拓者フェヒナーのスピリチュアルな思考の影響を受けて，宗教的体験を心理学の立場から解明しようとしていた [9]．そういえば，リーマンが自分と同じように牧師の子供として生まれたフェヒナーにひかれていた．フェヒナーが「植物の精神生活」(das Seelenleben der Pflanzen) について論じた『ナンナ』(1848 年) と「自然観察の立場から見た天上界の物

体と死後の世界」について書いた『ツェント・アヴェスタ』(1851年)を，リーマンが読んでいたことは(手稿に残る引用などから見て)確かなようだ．フェヒナーは，中枢神経系のみを意識の担い手と見る普通の考え方を超えて，植物にも意識が存在すると感じ(というか意識の概念を非常に拡大させて)，植物の魂とでもいうべきものを「ナンナ」と呼んだ．フェヒナーは地球にも意識があるとし，宇宙全体がもつ意識のことを神と定義していた．スピノザ的な汎神論に通じるものがありそうだ．

リーマンの視覚的思考

リーマンは発表済みの論文のタッチを見てもわかるように，形式性や論理性を信奉することはなく，夢想的な思考に導かれて研究を進めていた．厳密性には過度に拘らずに数学夢を育てることを優先していたようだ．大学の卒業論文(当時の学位論文)ですでに将来の複素関数論研究の方向について語っているし，その方向性に基づいてオイラーの(ゼータ関数についての先駆的な)研究を解読しなおす計画を実行に移したことがリーマン予想の誕生に結びついてもいる．リーマンはガウスと同じように数値実験にも関心をもち，得られたデータに基づいて，視覚的な観点から新しい概念や定理を提唱するという傾向をもっていたが，これはアーベル関数論や多様体論(リーマン幾何学の起源でもある)の構築に有効性を発揮した．とくに，アーベル関数論を巡るリーマンの研究成果については，クラインがリーマンの物理的思考法(視覚的思考法でもある)の成果であると推理している．リーマンの残した手稿などからそれが証明されているかどうかとなると怪しいようだが，クラインの描写[10]は，後知恵かもしれないもののドラマチックな説得力があり，事実だと信じてしまいたくなる．いずれにしても，リーマンがリーマン面上の解析関数の存在を確信したことは確かで，ワイエルシュトラスが批判したように，ディリクレ原理に依存したリーマンの思考に時代的な制約があったとしても，リーマンの数学夢生成能力の高さは圧倒的でさえある．しかも，リーマン自身は，とりあえず結論を得るための便利な道具としてディリクレ原理を使ったというだけで(解析関数の存

在と対等な調和関数の）存在定理そのものは間違っていないと確信していたという．こうした確信がいわゆる厳密な思考に基づくものではなく，直観的視覚的な思考によるものであったということだろう．リーマンの脳内では，数値実験なり思考実験なりを重ねたことからくる決定的なヴィジョン（視覚的直観）の出現があり，リーマンはむしろ，そのヴィジョン的結論に説得力のある「証明」を追加しようとしていたのだと思う．ワイエルシュトラスなどには，こうしたリーマンの視覚的思考は「幾何学的ファンタジー」にしか感じられなかったようだ．しかし，ヒルベルトがディリクレ原理の活用を可能にしたのに続いて，ヒルベルトの弟子のヴァイルが，ワイエルシュトラスの批判も考慮し，位相幾何的な意味でもリーマン面の概念を再定義して，1913年に27歳で作品『リーマン面の理念』を書き上げた．これによって，リーマンの構想の方向性が見えやすくなった．リーマンがスタートさせた代数関数論＝代数曲線論とリーマンが開拓しはじめたリーマン多様体論は，ポアンカレの位相幾何とエリー・カルタンの外微分形式を結びつける形で，ド・ラムの理論となり，リーマンによる調和関数の存在証明が拡張されてホッジの調和積分論となり，あるいは，ケーラー多様体論となっていった．ただし，ホッジの理論は代数多様体の超越的理論に近いものだった．リーマンが1変数代数関数論の基礎として構築した1変数複素関数論をモデルにして多変数代数関数論を目指そうという試みについては，楕円曲線論（＝楕円関数論）からアーベル多様体論（＝アーベル関数論）へという路線あるいは代数曲線論（＝1変数代数関数論）から代数曲面論（＝2変数代数関数論）へという路線の中でいくつかの進展が見られたものの，多変数代数関数論の基礎となるべき多変数関数論の一般論を建設しようという方向については，多変数の場合の本質的な困難に気づいたハルトークス以来さまざまな問題が提出されつつあったし，1920年代後半になるとミュンスターとパリに新しい研究集団が出現してはいたものの，やや停滞ぎみの感じもあった．やがて，岡潔が，孤独の中で，この困難を突破するべくリーマンを思わせる直観的思考の復権を試みることになる（「不定域イデアル」や「岡の原理」など）．こうした「方向転換」が（ルレーによ

る層概念の提出と共鳴して),アンリ・カルタンやセールによる層係数コホモロジー論の出現や多変数関数論の変貌へとつながっていく.グロタンディークの数学はこうした流れと(リーマン予想の類似品としての)ヴェイユ予想とが合流することによって開花したものだ.グロタンディークの数学的思考にはガロアとリーマンの直観的思考を合体させたような側面がある.「リーマンを思わせる直観的思考」ということでは,ヴァイルもすでに類似の路線を歩んでおり,「"数学化すること"はおそらく,音楽のように,人間の一つの創造的活動であろう.その作品は形式だけでなく実質においても歴史の決定によって制約され,したがって完全な客観的合理化を拒む」([11] p.247)と書いている.つまり,ヴァイルは,「物理学の数学化」をイメージしての話かもしれないが,「数学化すること」(mathematizing)は,「人間の創造的活動」だとしているのだ.さらに,ヴァイルは神＝数学(どちらも人間が創造したもの)とも考えていたようだ.

グロタンディークと岡潔

　グロタンディークと岡潔がリーマンの数学思想を高く評価していたこととグロタンディークと岡が「話をするのが不可能なこと」を体験しそれを表現しようとしていたこととは無関係ではないだろう.グロタンディークには,日本山妙法寺とかかわりをもち法華経信仰(日蓮信仰)にかなり接近して,「南無妙法蓮華経」と唱えていた時期があるが,その後,ユングやフロイトなどの思想とも接触して,既成の宗教よりもむしろスピリチュアルな世界に自己の特異体験を投影するようになった.岡も,光明主義(阿弥陀信仰の一種)に傾倒していた時期には宗教と結びついていたが,やがて,(最晩年の作品『春雨の曲』を見ればよくわかるように)仏教から神道へと視点を移しており,夢幻様体験を踏まえつつスピリチュアルな世界に接近していた.ところで,フェヒナーが本のタイトルに選んだ「ツェント・アヴェスタ」(Zend-Avesta)というのは,フェヒナーの時代にゾロアスター教の根本教典『アヴェスタ』一般を指す言葉として使われていたもので,フェヒナーが世界を「昼の視点」(＝陽)と「夜の視点」(＝陰)という二側面から

見ていた(つまり二元論的であった)ことと関係している．また，「ナンナ」というのは，メソポタミア神話の金星の女神イナンナ(アッカド語ではイシュタル)から来たものではないかとされ，ゲルマン神話の花の女神の名前でローマ神話のフローラにあたるともいわれる([9] p.208)．語源的に見ると，母を意味する言葉だともいわれ，とくに「力を付与する母」のことではないかともいわれる．

これは，とりあえず，連想ゲームのような話にすぎないのだが，岡潔とグロタンディークの数学の起源ともいうべきリーマンが興味を覚えていたフェヒナー(のキーワード)が岡潔とグロタンディークを結びつけているように見えるのは興味深い．夢幻様体験の言語化を試みるために，岡潔は「金星の娘」を夢想し性的なペアリング思想(陰陽思想に通じる)を重視している．これも広い意味の夢幻様体験の言語化の話題になるが，グロタンディーク[12]はフローラという名前をもつ女性人格の神との遭遇について語っている．このフローラはやがてママン(＝グロタンディークに「力を付与する母」)と名を変え，一時はルシフェラ(ルシフェルの女性形)ではないかと疑ったこともあるという．ルシフェル(英語のルシファー)が明けの明星(金星)を意味するラテン語ルキフェルから生まれた言葉だというのも面白い．グロタンディークはまた，『収穫と種蒔き』で独自の陰陽思想を展開している．岡の数学とグロタンディークの数学には大きな隔たりがあるにもかかわらず，こうした連想ゲームが楽しめるのは，岡とグロタンディークの思考の基礎にアスペルガー的思考が横たわっているからだ．アスペルガーの場合，性的感覚とスピリチュアルな感覚は共存しやすい気がする．別の話になるが，神秘体験と性愛体験が融合したような体験(unio mystica)を書き残したカトリックの修道女たちもいる．脳内現象として見れば，精神疾患でなくても読経の繰り返しや座禅によって到達可能とされる忘我的神秘体験と恋愛体験は，脳の快感回路の活性化という点では一致していそうだ．進化論的に見れば，宗教的法悦の起源は性的快感だとされている．修道女たちの融合体験も夢幻様体験のひとつだろう．さらに，キリスト教でルシファーと同じ堕天使とされるアスモデウスは，情欲に関わるとされ

るが，もとは数学や天文学を司る天使だったとされたりもするようだから，性愛と数学的創造が接近しなくもないのだ．20 世紀のはじめに，ロシア正教の異端とされた讃名派（簡単な祈りの文句を繰り返すことで啓示体験に至ろうとする）を支持したフロレンスキーに共感する数学者たちが無限論方面で貢献したという話もある [13]．かれらは数学的概念に対する命名の重要さを強調しているが，この特徴はグロタンディークにも見られるものだ．

参考文献

[1] Arendt / Heidegger, Briefe 1925 bis 1975 und andere Zeugnisse, Klostermann, 2002
[2] Wittgenstein, Tractatus logico-philosophicus, Routledge, 1922
[3] ウィトゲンシュタイン（奥雅博訳）『ウィトゲンシュタイン全集 1』大修館書店 1975 年
[4] Foucault, La volonté de savoir, Gallimard, 1976
[5] フーコー（渡辺守章訳）『知への意思』新潮社 1986 年
[6] ゾマヴィラ編（鬼界彰夫訳）『ウィトゲンシュタイン哲学 宗教日記』講談社 2005 年
[7] Griffin, "Ludwig in Fact and Fiction", Russell, Summer 1992
[8] 吉本隆明 / 森山公夫『異形の心的現象』批評社 2003 年
[9] 伊藤邦武『ジェイムズの多元的宇宙論』岩波書店 2009 年
[10] Klein, Ueber Riemann's Theorie der algebraischen Functionen und ihrer Integrale, Teubner, 1882
[11] ワイル『数学と自然科学の哲学』岩波書店 1959 年
[12] グロタンディークの 1990 年 1 月 26 日付けの山下への手紙
[13] グレアム / カンター（吾妻靖子訳）『無限とはなにか？』一灯社 2011 年

直観からホモトピー的思考へ

> ... we are ... endowed with a mental representation
> of quantities very similar to the one
> that can be found in rats, pigeons, or monkeys.
> 量の心的表現について人間に備わった機能は
> ネズミやハトやサルのものと非常によく似ている
> ―――デハーネ([1] p.40)

数学的直観

　マニンは，数学者の立場から，「数学とは何か？」という問題について考えつつあり，とくに，論文[2]では「数学の基礎」を「超構造」と見る観点について触れている．マニンによれば，個人的な数学的直観には3つの源泉があるという．空間的(spatial)，言語的(linguistic)，操作的(operational)な源泉がそれだ．空間的/言語的という二分法(dichotomy)は，脳を解剖学的に見ると左右の半球(左脳と右脳)からなっていて，それらの機能が非対称だという事実に対応していそうだ．連続的/離散的という二分法もこれに関係している．また，言語的/操作的という二分法は動物の数学的能力とのかかわりで出現するものだという．動物は，人間のような言語を持たないので，数学的な「判断」は行動(操作)によって表現する．デハーネ(フランス語風に発音すればドゥアンヌ)[1]によれば，人間は言語を学習する以前に(人間へと向う進化の過程で獲得した)数を理解するためのモジュール(protonumerical module)をもっているはずだ．操作的モードの外化・体系化から，数学的知識の社会化が起こったとマニンは考えているようだ．

　数学は通常，幾何学と代数学と解析学からなるとされるが，これは，空間的/言語的/操作的という個人レベルでの数学的直観の三分法(trichotomy)が社会化したものだと思えばいいのだろう．空間的/言語的

/ 操作的についてマニンは，まず，ユークリッドの『原論』には空間的かつ操作的な側面と言語的な側面の対立が見られることに注意している．古代ギリシア数学においては，数 (number) は何よりもまず量 (magnitude) として現れている．ユークリッド幾何は(少なくとも「潜在的」には) 1 次元の図形あるいは 2 次元の図形あるいは 3 次元の立体の物理学だと考えられる．もっと正確にいえば，ユークリッド幾何には質量も時間も存在しないので，この物理学はそれぞれの次元における重力真空 (gravitational vacuum) 内の物理学だと考えられる．空間的かつ操作的な側面について，マニンは，現代数学の中に現れた興味深い例をあげている．「空間を操作する」ということになると，多様体の「手術」と関係の深いモース理論が典型的だろうが，ある意味でその発展形態とも見られる(ポアンカレ予想の解決に活用された)ペレルマンの手法も有名だ．物理学方面でもファインマン積分やウィッテンの位相不変量なども空間的かつ操作的な側面に関係している．ユークリッド的な物理的世界の中で，数を扱おうとすると，かけ算の場合に次元の問題が出てきて混乱に陥りそうだが，ユークリッドは素数の概念に到達し素数が無数にあることの証明などにも到達している．量から数への移行が芽生えたのはこうした考察と関係しているのかもしれない．つまり，ここには，数学的直観の空間的かつ操作的な側面と言語的な側面との「対立」が観察される．この「対立」こそは，物理学としてのユークリッド幾何学が数学へと変身するための契機でもあるわけだ．この変身の過程で(時系列で見れば)インド＝アラビア数字のような記号が考案されているものの，インドやアラビアでは素数の概念を含む数論的な研究が大きく進展したということもなかったようだ．数の表記法や命名法よりも数そのものに関する考察の方が重要だったということになるのだろう．それにしても，「ゼロの発明」(「ゼロの発見」と呼ばれることもある)など記数法を前進させたインドも商業の発展との関係で数の実用的な側面を重視したアラビアも，数論の発展にあまり貢献しなかったように見えるのは皮肉な現象だ．

数論の誕生 / 成熟 / 渾沌

　ヴェイユによれば，近代的な意味の数論が誕生したのは，1621 年と 1636 年の間だったとされる．1621 年はユークリッドの『原論』の数論版を執筆しようとしていたとされるディオファントス（アレキサンドレイアのディオパントス，3 世紀）の『数論』が，バシェによってギリシア語原典とラテン語訳の対訳の形で注釈までつけて出版した年，また，1636 年はフェルマがこの本を詳細に読んで刺激され近代的な数論の誕生を告げるさまざまな考察を展開していたことが明白な年である．有名なフェルマ予想はこの本の「余白」に書き込まれたものだ．フェルマは数論に関する話題について論じあうことのできそうな人物を探したらしい．たとえば，数論についてのパスカルとの共著を構想したが断わられたという．生前のフェルマは数論についての思索は孤独に推進するしかなかったし作品を残しもしなかったが，死後の 1670 年になって，息子のサミュエルがバシェによるディオファントスの『数論』を父親の「余白」への書き込みを含めて再版した．さらに，サミュエルは 1679 年にフェルマの手紙を含む数学関係の作品集も出版している．しかし，これらは数論の発展にすぐには貢献することはなく，ゴルトバッハがオイラーに宛てた 1729 年 12 月 1 日付けの手紙でフェルマが素数について書いた予想（フェルマ数はすべて素数である）についての意見を求めたことをきっかけにして，オイラーがフェルマを読みだしたことでようやく「日の目を見た」と，ヴェイユは述べている．つまり，近代的な数論はフェルマがディオファントスの『数論』を読んで考察を加えた 1621 年と 1636 年の間のある時点に誕生し，その後，オイラーがフェルマの仕事に触れた 1729 年 12 月から 1730 年にかけて再度誕生したというわけだ．ヴェイユはこうした近代的な数論の 2 度の誕生をディオニュソスの 2 度の誕生に喩えている．ギリシア神話によると，ゼウスは人間の女性（王女セメレ）に子供を妊娠させたが，ヘラが謀略によってその女性を焼き殺したので，ゼウスは女性の焼死体から 6 か月の胎児としてまだ生きていた子供を取りだして自分の腿に埋めて匿い，無事に誕生させたとされる．この子供がディオニュソスである．

無理に対応付けてみると，ゼウスがディオファントス（というかギリシア数学における数論の「原型」）で，妊娠させられた女性がディオファントスを読んで近代的な数論の萌芽を孕んだフェルマ，死なずに再び誕生する近代的な数論がオイラーということだろうか？数論の形成を阻んだヘラが数学化しつつあった物理学（とくに力学）だとでも考えると，ゼウスの腿は何になるのだろう？それはともかく，ヴェイユは「その日［1730年6月4日］以後，オイラーはこの話題や一般的に数論の話題を視界から消し去ることは決してなかった．やがてラグランジュが，その後，ルジャンドルが，そして，数論を完全な成熟への導くことになるガウスがそれに続くことになった．通俗的な話題になることはなかったものの，それ以来，数論は順調に発展している．」(After that day, Euler never lost sight of this topic and of number theory in general; eventually LAGRANGE followed suit, then LEGENDRE, then GAUSS with whom number theory reached full maturity. Although never a popular subject, it has been doing quite well ever since.)（[3] p.3）と書いている．フェルマに始まる近代的な数論はオイラー，ラグランジュ，ルジャンドルの関与によって発育し，ガウスに至って成熟し，その後も順調に発展しているというのがヴェイユの見解なのだ．（ガウスが近代的な数論を成熟させ，リーマンが現代的な数論への転換を可能にしたということだろう．）ただ，ガウスを完成者としてのみ捉えてしまうと，ニーチェの『悲劇の誕生』の発想からして，創造性の起源としてのデュオニュソスが，ガウスの『数論研究』至ってアポロンに変身してしまったようでどうにも落ち着かない気分に襲われてしまう．まぁもっとも，『数論研究』で数論がアポロン化したとしても，その後，リーマンによって決定的な変貌（リーマン・ゼータ関数の導入やリーマン予想の誕生）を遂げ，いわば新たなデュオニュソス的展開を開始し，最近では物理学との新しい交流まで見られるので不安がるには及ばないのだろうが….

数論とポストモダン物理

　量子色力学，ヒッグス機構，超弦理論などの理論の先駆的研究で知ら

れる南部陽一郎が，すでに，1988年の段階で，「現在広く行なわれているモードがこのDiracモードであることに，皆さんは気づかれると思います．超対称性，超弦理論，Kaluza-Kleinのパラダイム，またp進数ゲームもそうです．」「また最近，物理学の法則に現れる座標，場などの量として一般の数体（すなわち実数や複素数だけでなく，ガロア体，p進体なども含む）を使う試みが出てきました．p進体の上で弦理論を作ることもできます．これはDiracモードの極端というべきでしょう．」「私は上のような現在の傾向を"ポストモダン物理学"と名づけてみました．」([4] p.158 - p.159)と述べている．ここで，ディラック・モードの物理学というのは，実験的確証を待つことなく数学的美意識を基準にして理論を展開しようとする傾向をもつ物理学のことで，新しく発見された現象を新粒子の導入によって理解しようとする湯川モード（あるいは湯川/坂田モード）と一般的な原理を想定し，その数学的な定式化を行い，予想を立てようとするアインシュタイン・モードに並ぶ3つのモードとして，南部によって唱えられたものだ．ディラック・モードは，数学的な美＝物理学的な真理という信念によって推進されるものだとされる．南部は「モダンフィジックスというのは，いままでのわれわれが知っている加速器物理学，あるいはそれに加えてゲージ理論が入った大統一の理論までを含めてモダンの物理としたときに，その外に出るようなものにいま入っている．つまり数年前にスーパーストリング理論がはやったときの感触だったわけですね．そういうものをポストモダンというふうに名前をつけてみただけなんです．」([4] p.195)と述べており，ディラック・モードが（良い意味でか悪い意味でかはともかく）「暴走」した物理学をポストモダン物理学と呼んでいるのだ．そして，その後の展開を見ても，このポストモダン物理学においては，以前には物理学とは無縁とさえ考えられていた純粋数学（数論や数論幾何学や代数幾何学など）が，とりあえずポストモダン的な意味でだが，有効性を発揮しているように見えるところが面白い．この現象は，たとえば，ガウスの『数論研究』のような，教科書的に整備された「閉じた体系性」としての数論という観点からすると，「平和」を脅かす「渾沌」の侵入と感じられる可能性もある

が，ポストモダン物理学によって新たな創造性の萌芽が感じられる可能性もあるはずだ．考えてみれば，ガウス自身，『数論研究』の静的限界を超える数論の方向性を天体力学（楕円関数，超幾何関数，モジュラー関数）との関わりで見据えていた可能性が強い．これもひょっとすると，操作的な直観による言語的・体系的な安定的世界への挑戦，新たな創造性の地平を開く数理科学の社会的情動からの挑戦だと解釈できるのかもしれない．

潜在記憶と創造性

かなり話題が逸れるが，われわれは，ガウスの『数論研究』と論文，そして，リーマンの論文（特殊な事情のあったフーリエ級数の論文を除く）に先行者や先行研究についての引用がほとんどないという事実から，ガウスやリーマンの創造性を強調しがちだが，これは早計な判断だと思われる．他人の作品や他人との会話内容が潜在記憶（implicit memory）として（記憶自体は意識的に記憶していないときでも）ガウスやリーマンが数学的な成果を発表しようとするときに影響を与えてしまうこともありうる．プライミング効果と呼ばれる心的現象が発生したわけだ．ガウスやリーマンはアスペルガーだったと思われるので，他者の体系や言語に慣れるのは苦手で，土台となる体系や言語を自己流で構築してしまう方を好む可能性も強そうだ．アスペルガーは「ウソがつけない」という特徴もあり，顕在記憶（explicit memory）のあるものを引用せず意識的に黙殺する可能性は薄い．独自に構築中の体系がヴィジョンとして存在しているような場合，その独自の体系構築が優先され，読んだ知識や聞いた知識があったとしても，それが潜在意識化して間接的に体系構築に貢献するということになるのかもしれない．（体系化への意欲が弱い場合にはまた別の仕組みが働くものと思われるが，ガウスやリーマンについて考える場合にはそれはとりあえず無視していいだろう．）その内容から当然読んでいたことが明らか（とくに状況証拠は十分にある）であるにもかかわらず，ガウスがルジャンドルの仕事を無視する傾向があることやリーマンがコーシーの仕事に触れていないこと（たとえば[5] p.243-p.259）については，単に，ガウスやリーマンが，い

ちいち文献などを探さずに，自分自身で考え直すこと（自分の言葉で理解し直し思考を推進すること）を重視していたからだけではなく，ガウスやリーマンの精神の非定型性が影響していたものと思われる．先行業績を引用しないという問題についてはヴェイユもラングから攻撃されたことがあった [6]．（もちろん，ガウスやリーマンの時代と 20 世紀後半以降では，先行業績の引用についての倫理基準に差があったことにも注意が必要だろう．）非引用問題のみならず優先権問題や剽窃問題についても，典型的な例を取り上げて，それが発生する社会的原因と心的原因を考察する必要性がありそうだ．こういう場合，よく「自分を少しでも偉く見せたいのでそういうことをするのだ」と考える人がいるが，事態はそれほど単純ではない．

『原論』からホモトピーへ

話をマニン [2] にもどそう．『原論』を空間的／操作的と言語的という視点から見る話のつぎに，マニンは，言語的と操作的の対比として，数の計算をインド・アラビア数字を使ってするアルゴリストと算盤（abacus）を使ってするアバキスト（アバシスト，abacist）の対比をあげている．1503 年（マニンは 1504 年と書いているが）に出版された『マルガリータ・フィロソフィカ』（Margarita philosophica）の中にある版画には，数論（＝算術）を化身のような女性が描かれ，その前に当時の算術を象徴するアルゴリスト（ボエティウス）と古代の算術を象徴するアバキスト（なぜかピュタゴラス）が描かれている．

マニンはさらに，操作的な側面の代表としてネピアとチューリングをあげ，計算と形式言語を統合している．ユークリッドの場合は，本質的に数学的直観を図によって伝えていた．自然言語から形式言語への移行によって「図のない幾何学」（数学的直観を論理化した幾何学）が誕生するが，そのためには，計算＝形式言語の介在が必要だったということだろう．マニンは「数学的直観のモデル」に続いて「連続と離散」の融合という未来的な話題についても書いている．『原論』では数（正整数，正の有理数）の概念は量の計測の結果として登場することからもわかるように，ユークリッ

ドは「連続から離散へ」という方向性をもっていた．論理（離散的）も図形的考察（連続的）という形で間接的に登場しているだけだ．「離散から連続へ」というユークリッドとは逆の方向性が強調されるのは，カントル，デデキント，ブルバキなど以降で，現在の数学の大半はこの思考の枠内（位相空間，層，トポスなど）にある．マニンは，連続性と可測性の差異の発見（ルベーグ積分，ブラウン運動，ファインマン積分などの出現）がユークリッド的宇宙からのラジカルな出発点となったと書いている．こうしたことを踏まえて，マニンは，最近の「連続から離散へ」というバージョンアップされた「先祖返り」ともいうべき方向性に属する話題として，抽象化されたホモトピー論の動向を紹介している．これは，20世紀後半の数学ではコホモロジーがあちこちに顔を出したが，21世紀になると，物理学などとの交流も視野に入れて，コホモロジーの限界を超える試みが始まっており，ホモトピーの周辺にも関心が向けられているためだ．とくに，マニンは，グロタンディークのモチーフ理論方面への貢献で知られるヴォエヴォドスキーによるホモトピー型の理論を発展させた幾何学と代数学と論理学の間の新しい関係の提案（Univalent Foundations Project）[7] によって，連続と離散を統一的に扱える広い宇宙の中に，数学の集合論的構成と圏論的構成と数学的直観を埋め込むことが可能になるかもしれないと考えている．

マニンが最後に考察しているのは，「言語のような数学的構造とメタ数学」についての話題で，キレンの「ホモトピー代数」とヴォエヴォツキーの提案の関係についての部分がとくに興味深い．「ホモトピー代数」は通常のホモトピー論の枠組みを数学的直観の働きにくい世界にまでホモトピー論的思考を拡張することを目的にして考案されたものだ．ヴォエヴォドスキーの提案は，キレンの発想（ホモトピー型の世界の公理化）を数学の「基礎と超構造」（Foundation/Superstructure）の問題に適用したものだといえるだろう．さらに，ヴォエヴォドスキーの提案は，コンピュータ・プログラムと数学的証明の検証にコンピュータを使うための手段に結びつくかもしれないという．

ヴォエヴォドスキー

グロタンディークと高次元言語

　20世紀の数理哲学にとって重要な課題はゲーデルの不完全性定理などの超数学への対応だったが，マニンは，超数学を数学の一分野（形式言語とその解釈をテーマとする）だと考える．アリストテレスの論理学とユークリッドの『原論』からの形式化としての一階の述語論理と，それと並行に発展してきたプログラムと計算の形式言語（チャーチのラムダ計算に始まる）とが超数学の土台になっているとされる．こうした流れの中で1960年代に開花したプログラム言語などは，語（word）が作る集合のブルバキ的な構造をもちコンピュータ科学の用語で線形（linear）と呼ばれる．線形言語でも数学の形式化には十分に有用だが，マニンによると，圏論の出現によって，やがて，非線形（non-linear）な言語が必要になり，さらに，高次元的（multidimensional）な言語が必要になってきた．高次元言語を扱うには（人間の脳の認知能力の限界から？）ホモトピー論のようなものの活用が不可欠になる．具体的な例でいえば，グロタンディークがヒルツェブルフ＝リーマン＝ロッホの定理を一般化したときに，その定式化には（定理の相対

化に対応して)ある種の可換図式が使われ，それ以後も，グロタンディークは可換図式を多用する議論を展開していた．これは非線形言語の活躍の現場にほかならない．グロタンディークはすでに1960年代に高次元言語への道を夢想していたようだが，当時は無意味な抽象化/一般化の一環と見なされ,「グロタンディーク流」(grothendickerie)さらには「グロタンディーク砂漠」などと揶揄されることもあった．こうした環境からの抑圧も1970年にグロタンディークが数学の世界を去る動機のひとつになっていたはずだ．(事情は不明だが)マニンは，グロタンディークにはあまり触れなくなっているが，グロタンディークは純粋数学における線形言語→非線形言語→高次元言語という言語革命の先駆者でもあった．マニンによれば，可換図式の言語(非線形言語)は代数的トポロジーに含まれるが，関手の考察が必要になるとホモトピー的トポロジーが登場するのだという．とくに，キレンが1967年書いた『ホモトピー代数』はホモトピー論的な思考を通常のトポロジーの世界を超えて適用可能にしたものとして評価される．こうした流れの中でグロタンディークが1983年に書いた約600ページの『キレンへの手紙』と1990年から1991年のはじめにかけて書いた『レ・デリヴァトゥール』には,「高次元言語への夢」の再生を感じたくなる．

テグマーク(数学宇宙仮説の提唱者，p.328参照)

若いマニンと弟子のドリンフェルト

　マニンの数学論を読んで気になったのは,「創造されたものとしての数学」だけに興味を限定していて, なぜか,「創造されるものとしての数学」への関心が感じられないことだ. 人間相互間の数学生成構造, つまり, 社会的な意味での数学的創造には(コンピュータの活用という側面から)一定の関心が払われているのだが, それぞれの人間の心的空間(無意識的活動を含む)における創造的ヴィジョンの創発機構についてはまったく無関心なようだ. マニンは近代的な数論を, 2回誕生したというだけの意味で, ディオニュソスに喩えているが, 数論(や数論幾何学)はディオニュソスと深く結びついていた. というのは, ディオニュソスの祭典は蛇(蛇は母性と豊饒の象徴で, たとえば, クレタ島の大地母神は身体に蛇を絡ませていた)の祭りでパルテノン神殿にもいた蛇巫女が蛇を両手にもって練り歩いたとされるからだ. 黄金時代のパルテノン神殿に祀られていた知恵と芸術の処女神アテナ像はメドゥーサと大蛇が彫られた盾を持ち, 蛇の胸飾りをつけていたという[8]. 数論(さらに純粋数学)を処女神アテナに喩えれば, 蛇を媒介として, 情動のうごめきとしてのディオニュソスとニーチェ的な意味でのアポロンの双方に結びつくことになりそうだ. そう思えば,『マルガリータ・フィロソフィカ』の版画にある女性(=数論)はアテナで, ピュタゴラスがディオニュソス, ボエティウス(いまならガウスあたりに置き換えたい)がアポロンのように思えてくる. そうすれば, 女性の周りにある文字の書かれた帯のようなものが蛇のようにも見えてくる! そんなことを「妄想」

しているうちに，蛇の死とグロタンディークの数学的創造を結ぶ精神分析的空想が浮かんできた．ディオニュソスの母セメレの父カドモスは大蛇を殺してテーベを建設したが，（大蛇の呪いで）子供たちはみな不孝のうちに死んだという．カドモスの玄孫（孫の孫）のひとりがオイディプス・コンプレックスで有名になったオイディプスだった．ソフォクレスの悲劇「オイディプス王」は，黄金時代のアテナイで，ディオニュソスの祭典においてはじめて演じられたともいわれる．「それがどうした」といわれると困るのだが．グロタンディークが極度に抽象的な純粋数学とプリミティブな共同性への回帰との間で揺れる生の軌跡を描くのは，心に潜む蛇的情動とそれへの畏怖と嫌悪の矛盾的自己同一性のためだ．その意味で，ぼくは，神話的思考の中に「グロタンディークの深淵」を解く鍵のひとつがあると感じている．

参考文献

[1] Dehaene, The Number Sense, Oxford University Press, 1997
[2] Manin, "Foundations as Superstructure", 2012
[3] Weil, Number Theory, Birkhäuser, 1984
[4] 江沢洋編『南部陽一郎：素粒子論の発展』岩波書店 2009 年
[5] マルクシェヴィッチ（藤本坦孝訳）「解析関数論」『19 世紀の数学』朝倉書店 2008 年
[6] Lang, "Comments on Nonreferences in Weil's Works", Notices of the AMS, June/July 2005
[7] Voevodsky, Univalent Foundations, Lecture at IAS, March 26, 2014
[8] 安田喜憲『蛇と十字架』人文書院 1994 年

数学宇宙仮説

À la limite, le monde
n'est qu'une structure particulière
au sein des mathématiques.
究極的には，世界は
数学の内部(胎内)の
特殊なひとつの構造にほかならない
———— グロタンディーク([1] p.6)

数学と数学的法則

　グロタンディークは，数学は発見されるのか発明（創造）されるのかについて，未公開のままの作品『夢の鍵』[2] の中で，ちょっと変わった見解を表明している．「この［数学的］法則は人間によって発見されうるが，人間によってのみならず神によっても創造されることはない」(Ces lois peuvent être découvertes par l'homme, mais elles ne sont créées ni par l'homme ni même par Dieu.)([2] p.100) というのだ．そして，「私は数学的法則は神の性質の一部，ただし些細な部分，だと感じている」(Je sens les lois mathématiques comme faisant partie de la nature même de Dieu-une partie infime, certes)([2] p.100) といい，それは人間の理性によってアクセス可能なある意味で神のもっとも表層的な部分にすぎないと感じているのだとも書いている．といっても，この見解はグロタンディークの 1987 年ごろの見解でしかない．当時のグロタンディークは神（ここでは詳しく論じないが通常のキリスト教的神とは微妙に異なるグロタンディーク独自の神）の存在を仮定しはじめている時期だったので，数学に対する見方もかなりユニークなものになっている．数学ではなく数学的法則と書いているが，これが具体的にどのようなものを意味しているのかはよくわからない．グロタンディーク自身が挙げているのは算術的なルールのようなものだけ

だ．自然数論のようなものが数学基礎論的な意味での数学の土台だとすれば，その部分に拘るのは重要なことだろう．しかし，それが「神の性質」だといわれると困惑してしまう．算術的なルールとその根拠は地球上の生命の進化のプロセスから誕生した人間の脳の認識機能の過去史の体験的事実を現在および未来に向って投影したものにすぎない気がするからだ．神の概念が不明確なままで議論しても無意味だが，ぼくにはそれが「神の性質」とまで呼べるようなものだとは思えない．

グロタンディークはアナーキストの息子として生まれ，小学生のころ，引退した牧師の家に「里子」に出されていたが，キリスト教を信じていた形跡はない．その後，プロテスタント系の高校時代に汎神論的な意味の神の概念に接して興味を覚えたことがあったというものの，数学者となってからも無神論的な立場は変化せず，職業人としても数学を科学の一部と考えることが多かったようだ．たとえば，『収穫と種蒔き』[3] には，「算術＝数論は（おおよそのところ）離散的構造の科学のように思われ，解析学は連続的構造の科学のように思われる」(l'arithmétique apparaît (grosso modo) comme la science des structures discrètes, et l'analyse, comme la science des structures continues)（[3] p.P28）と書いている．数学を科学の一部だと考えるのは，グロタンディークが高等科学研究所（IHES）の主要メンバーであったことからしても不思議ではなく，いわば，フランスにおける「常識的見解」に違いない．「数学とは何か」という問題についてとくに深く考えたことなどなさそうだ．グロタンディークの数学観には，数学を数理科学の基礎と見るブルバキ的な構造主義的数学観からの影響が色濃く残っており，数学を書くときのスタイルもブルバキの『数学原論』を思わせる公理主義的／形式主義的／構造主義的なスタイルそのものだった．隠遁以後に，数学的思考の生成過程まで克明に描こうという新しい記述スタイルに挑戦しているが，ブルバキ的な数学観からの脱出に成功したとまではいえないようだ．

科学の神話

　ブルバキ的な数学観といっても，ブルバキの主要創設者ヴェイユや主要メンバーのセールなどは，数理科学的な数学観からはほど遠い「数学のための数学」観＝純粋数学観を重視しており，『数学原論』についてはあくまで既成の数学的成果の「ほどよい整理学」というような感触しかもっていなかった．たとえば，ブルバキ（というよりヴェイユ）は『数学原論』への圏論的思考の導入による構造主義的体系の深化を追求しようというグロタンディークの「真摯すぎる提案」を拒否したこともある．そしてそれが，グロタンディークのブルバキ集団からの離反に結びついた．こうしたブルバキの自己抑制的な姿勢は，『数学原論』が，数学としての深化は重視せず大学における数学教育の効率化をめざして書きだされたという歴史的事実と関係しているのかもしれない．もともと，1960年代のグロタンディークは，1950年代からのヴェイユやセールの影響下で，たとえ表面的には抽象化・一般化を追求しているだけに見えることがあったにしても，独自の数学的ヴィジョンを生成し数学的世界を構築していったわけで，それがどうして，「構造の科学としての数学」などという比較的凡庸な見解の表明に結びついてしまったのか，そのあたりの事情はぼくにはまだよくわからない．といっても，こうした見解が『収穫と種蒔き』全体を染め抜いているわけではない．『収穫と種蒔き』の全体他の部分を見ると，グロタンディークの数学研究が「抽象化のための抽象化」や「一般化のための一般化」を求めるものでも，構造の科学的究明でもなく，弟子たちも動員した自らの数学的ヴィジョンの実現のための苦闘であったようにも読めるし，むしろ，こちらの方が「本当のグロタンディーク」なのだと思えてくる．

　グロタンディークの「先生」でブルバキの創設メンバーのひとりでもあるデュドネには，どこか昔のフランス的な「解析教程」に憧れるようなところがあって，現代版「解析教程」ともいうべき膨大な『解析原論』[4]を出版していたりもするので，ひょっとしたら，デュドネの数理科学的数学観がグロタンディークの「構造の科学としての数学」観の形成に影響を与えたのかもしれない．ただ，グロタンディークの場合，数学を科学の一部分とみ

なすとはいっても，進歩主義者に近いデュドネとは違って，科学に対する強い懐疑主義的傾向もあった．実際，グロタンディークは，1970年に数学の世界（具体的には高等科学研究所）を去って開始したシュルヴィーヴル運動の機関誌に発表した短い作品「新しい普遍的教会」[1]において，科学が6つの神話を通じて世界中に科学主義的イデオロギー（idéologie scientiste）を浸透させ，帝国主義的併合（annexion impérialiste）とでもいうべき強引さで世界を支配しつつあるというようなイメージを表明し警告を発している．グロタンディークのいう6つの神話というのは，表現を少し簡略化して強引に要約すると，

神話1：科学的認識は普遍性をもち，それのみが真理の名に値する．
神話2：あらゆる科学的認識活動は意味があり価値のある行為である．
神話3：科学の夢は自然を「機械的」あるいは「形式的」あるいは「分析的」に概念化することである．
神話4：認識活動は必然的に細分化され専門家が集団的にこれを担うようになる．
神話5：科学とそれに基づく技術によってのみ人間のすべての問題が解決できる．
神話6：決定は専門家たちに委ねる以外にない．

のようになる．グロタンディークは，科学者たちがこうした神話を教育やメディアなどを通じて人びとに信じ込ませることによって，世界を汚染 w し，人間から幸せを奪っているのだといいたかったのかもしれない．この時点でグロタンディークがまず考えていたのは，高エネルギー物理学の発展が核兵器を生みだし，核兵器が人類を絶滅に導きかねないという危機感や，核エネルギーの「平和利用」としての原子力発電が地球環境を破壊するだろうという不安感だったようだ．そこで，グロタンディークは「われわれはこれらの主要な神話のすべてを間違いだと考えることにする」(Nous tenons tous ces mythes principaux du scientisme pour des erreurs.) ([1]

p.6）といい，かなり過激に，「いままさに，公然と戦いを挑み，この没落[たとえば既得権益を守るだけの利益集団と化すことを通して，科学主義が自己崩壊しつつあるというような科学主義の没落傾向]を加速させるための機が熟している」(Les temps est mûr maintenant de hâter ce déclin dans un combat déclaré.)([1] p.7)と科学主義への挑戦を宣言している．1970年代初頭のグロタンディークは「革命的な精神」に溢れていたのだ．それはともかく，グロタンディークのいう神話4を詳しく読むと，その中に，科学的認識のための分野の例として，数学，物理学，化学，生物学，社会学，心理学が挙げられており，このことからも，グロタンディークが数学を科学の一部だと考えていたことがわかる．しかも，単なる一部というのではなく，もっとも基本的な部分だと考えていたらしい．それは，神話3の詳しい説明の最後に「究極的には，世界は数学の内部（胎内）の特殊なひとつの構造にほかならない」と書いていることからも推察できる．この時点ではこうした見解を科学の神話の究極の形として批判的に捉えていたはずなのに，すでに見たように，やがて，この見解がグロタンディーク自身の数学思想の核心へと変貌する．

自由意志の自然学

グロタンディークは，『収穫と種蒔き』(1986年まで)では「創造されるものとしての数学」について書くこともあったのに，『夢の鍵』(1987年ごろ)になると，数学的法則は創造されるものではなく神の性質のもっとも表層的な部分にすぎないと感じるようになった．それはグロタンディークが数学研究に邁進していた時期に，数学的創造性（とはグロタンディーク自身は呼ばないのかもしれないが）を発揮する過程の中で，繰り返し体験したはずの「無意識の自動運転」や「ヴィジョン体験」などを通じて実感したことが根拠になっているのだろう．人は無意識の作動によってある種の「神秘性」を感じることがあるものだ．こうした体験は脳神経科学的な用語体系を使って説明する方が説得力がありそうな気がするが，グロタンディークは神の想定を含む神秘主義的な解釈を選択したということだろう．グロ

タンディークの心には，自分の特異な体験を通じて形成した（戦争や環境汚染に「貢献」する）科学主義的思考に対する拒否反応があって，分子生物学や分子遺伝学や脳神経科学の還元主義的スタンスへの反感が生まれていたのだろう．科学主義的思想へのアンチテーゼとして神秘主義的思想への心的傾斜が発生したと思えばいいのかもしれない．グロタンディークは，数学（的法則）は人間の理性によってアクセス可能な神の表層部分だと感じたわけだが，（物理的な）世界が数学の胎内の特殊な構造にすぎないというのは，宇宙を数学的法則性の物質化として捉えようという発想にも通じていそうだ．神話3については，その注釈欄に，「厳密な意味での決定論的自然観」(la vision strictement déterminists de la nature) が量子論によって打破される可能性について触れた部分もあり，グロタンディークはこれが「原理的に自由意志の概念」(en principe la notion de libre arbitre) に関連しているという直観について書き，分子遺伝学の創始者ともいうべきモノーの『偶然と必然』[5] の偶然がこれに関係しているとサラッと書いているが，この部分はとくに興味深い．というのは，「グロタンディークは一人で暮らし，1日に12時間，自由意志の自然学などに関する50巻の手稿の作成などに費やしている」(He [Grothendieck] lives alone and works, for 12 hours a day, on a 50-volume manuscript which addresses, among other things, the physics of free will.) という未確認情報 [6]（本書 p.143）があるからだ．50巻の手稿などというのはいかにも「尾ひれ」っぽいが，自由意志の自然学に興味をもっているというだけなら，ありうる気もする．

『偶然と必然』を調べてみると，モノーが（遺伝過程の分子的必然性が崩されなければ進化は起こりえないという点に関して）偶然が発生する根源的な根拠として量子論的な擾乱の介入に触れた部分があった：「いかなる微視的存在も量子的な乱れをこうむらずにはすまされないのであり，これが巨視的な系の中で蓄積すると，徐々にではあるが間違いなく構造の変化をきたすことになるのである．」([5] p.129, p.130)「生物圏におけるすべての新奇なもの，すべての創造の源はただ単なる偶然だけにあるということになる．進化という奇跡的な構築物の根底には，純粋に単なる偶然，すなわち

絶対的に自由であるが，本質は盲目的である偶然があるだけである.」（[5] p.131）グロタンディークはこの偶然性こそが自由意志の概念にかかわっていると直観したのだろう．しかし，モノーのいう偶然性が自由意志の問題に直結しているかどうかとなるとはっきりしない．自由意志そのものはニューロンの情報伝達に関係するだけで進化そのものとは無関係だろう．それはともかく，自由意志の自然学というのは，量子論の登場とともに出現したもので，確率的現象によって，古典的決定論を脱却しようという物理学的なアイデアに基づく自由意志にまつわる思索のことらしい．モノーの偶然もそうした自由意志の自然学の系譜に属しているのだろう．こうした思索は，意識や知性の謎を量子論（の解釈）と東洋思想（仏教思想，陰陽思想など）の融合によって探ろうとするいわゆるニューサイエンス的な汎神論的発想，つまり，量子神秘主義（quantum mysticism）と共鳴することもある．しかし，そうなると，物理学＝自然学＝形而下学というより形而上学的発想に近づくため，量子形而上学（quantum metaphysics）と呼ばれたりもする．1991年以降の完全隠遁状態のグロタンディークが自由意志の自然学に興味をもっているという伝聞以上の証拠はまだ存在しないが，もし事実だとしたら，それはおそらく，量子神秘主義思想に近いものではないかと思う．すでにボーアが相補性（complementarity）と陰陽思想の類似性を論じているが，これなどは先駆的な量子神秘主義思想といえるのかもしれない．そういえば，オランダ出身のベルギーの数学者コイクがボーアの相補性の概念を使って数学論[7]を展開している．これは量子神秘主義でも量子形而上学でもないが，陰陽思想を思わせるものがある．この中にコイクが，数学を代数学とトポロジーの相補的統一体のようなものとして捉えることを試みている部分があり，そこでヴェイユ予想に触れており，エタル・トポロジーという用語まで登場しているのに，不思議なことにグロタンディークの名前には触れていない．それには興味深いエピソードが隠れている．

量子神秘主義

　1972年の夏に，このコイクが世話役となって，アントワープでモジュラー関数に関する国際研究集会（Modular functions of one variable）が開催されたことがあった．そのとき，この集会がNATO（北大西洋条約機構）からの支援，つまり軍事研究費の支援を受けている というので，グロタンディークが反対運動を展開した．当時のグロタンディークは反軍思想を前面に打ち出してアナーキズム的な活動家としてシュルヴィーヴル運動を展開中だったので，数学者たちのこうした動きが許せなかったのだ．もちろん，モジュラー関数やモジュラー形式の研究に反対したわけではないが，アイロニックなことに，この集会のテーマだったモジュラー関数が，主要な参加者のひとり（グロタンディークの「弟子」でベルギー出身の）ドリーニュによって活用されて，グロタンディークが解こうとしていたヴェイユ予想の中の最難関部分とされた「リーマン予想の類似」が解決することになる．1973年夏に，その知らせを聞いたグロタンディークは，ドリーニュによる「綱渡り」的な証明が気に入らず，もっと一般的・抽象的な枠組みの中で自然に解けるはずだと主張するようになる．ちょうどそのころ，ぼくははじめてグロタンディークに会いに行き，南フランスの「隠れ家」にしばらく滞在させてもらったのだが，ドリーニュとの確執はまだ顕在化してはおらず，ぼくの目には，グロタンディークがそうした数学や数学者のあり方についての考察を避けて，畑作りに集中しているように見えたものだ．その直後に，グロタンディークは仏教（日蓮系）の影響を受けて，「南無妙法蓮華経」と唱えるようにもなるのだが，その動きもやがて消滅し，老子や陰陽思想との出会いを経て，1981年には数学への情熱（それは弟子たちが放棄してしまったグロタンディークのヴィジョンのいくつかを再生させたいという情熱でもあった）が再燃し転居する．『収穫と種蒔き』はこうした流れの中で試みることになった自分と過去の弟子たち（とくにドリーニュ）のかかわりについての省察から生まれた作品だった．その後，数学的な作品への集中と「神との対話」を交互に繰り返すような生活を経て，1991年に突然サン・ジロンに近い村ラセールに転居してついに完全隠遁状態に

入った．2006年6月の段階で，「グロタンディークはかれの1987年-1990年の神秘主義的時代は見捨てたと述べている」(Il [Grothendieck] dit avoir abandonné sa période mystique des années 1987-1990)とされ，1991年から，かつて天体物理学者たちが行なった計算をやり直してみたところ大量の間違いがみつかり，宇宙の起源論の全面的な修正 (la refonte totale des théories de l'origine de l'Univers.) に取りかかろうと考えるようになったというサランタンの2006年6月30日の証言がある程度だ．とはいえ，その路線に向って情熱を燃やしていたわけではない．神にまつわる神秘主義的思索を「もうひとりの自分」が行ったものだとして放棄し，それに変わる新しい思索対象を求めて精神を集中させたことからくる「副作用」のせいか，隠遁中の村での「平穏な生活」の維持にも危険信号が点滅しつつあった．ぼくが最後にグロタンディークに面会した2007年3月の時点でもそれ以降でも，グロタンディークが量子神秘主義思想に興味をもっているという情報はない．

　グロタンディークのラセール時代についての最新の情報としては，「リベラシオン」に掲載された1ページの記事「数学の天才の忘れられた秘宝」[8] がある程度だ．この記事によれば，グロタンディークが1970年から1991年の間に書いた合計20000ページもの数学の文書がモンペリエ大学理学部の物置 (cagibi) の5個の段ボール箱に無造作に放り込まれているという．実際，グロタンディークはモンペリエ大学で教授をしていた時代にも（数学には興味をもっていないという噂もあったが）数学の研究を行っており，「わたし以外には判読困難な読みにくい文字（で書かれた文書）でいっぱいになった段ボール箱がある」(J'ai des cartons pleins avec mes gribouillis, que je dois être le seul à pouvoir déchiffrer.) ([3] p.L3) と書いている．この20000ページのグロタンディーク文書の管理をまかされているマルゴワールは，「宝の持ち腐れ」を怖れて，然るべき場所に移し，デジタル化して公開したいと考えていたという．活字化して出版することも考えていたようだが，グロタンディークの手書き文字は判読が難しいことで知られており，グロタンディークの弟子のドゥマジュールによれば，これらを判

読して出版するには「50 年かもうひとりのグロタンディーク」(cinquante ans ou un autre Grothendieck) が必要になるだろうという．ついでながら，この記事にはグロタンディークが「自己破壊的パラノイア」(paranoïa autodestructrice) になったと否定的なニュアンスで書かれているが，これについて，ぼくはニーチェとともにいいたい：「私は愛する．自己を超克して創造することを望み，そして滅びる人を．」(Ich liebe Den, der über sich selber hinaus schaffen will und so zu Grunde geht.) [9]

エックルスからペンローズへ

　人間が自分（自己意識）と広い意味の環境としての世界を考えるとき，そこには，3 つの世界が混在していることに気づく．まず，物理的世界，これは物質とエネルギー，人工物（道具，機械，書物，芸術作品など），生命の物理的化学的側面の構造と機能などからなる．物質としての脳とその機能（というより物理的化学的状態というべきか）もこれに含まれる．つぎに，心的世界，これは自分の意識や無意識と呼ばれるものからなり，主観的知識や思考や記憶や夢もこれに含まれる．さらに，文化的世界，これは社会性をもって存在する「客観的存在」，文化的産物，たとえば，言語や哲学や科学や数学的知識体系などがこれに含まれる．こうした物理的世界，心的世界，文化的世界のことを哲学者ポパー[10]は，それぞれ，世界 1，世界 2，世界 3 (World 1, World 2, World 3) と名づけた．ポパーの共著者で神経生理学者エックルスはこうしたポパーの発想をポパーの三世界哲学 (three worlds philosophy) と呼んでいる．エックルスが「私の一生はほとんど七〇年間，本書を書くための準備であった」([3] p.267) とまで回想するほどの作品『脳の進化』[11]は，この三世界哲学と人間の脳の進化を関連づけて，心的世界と脳のかかわりについて考察している．三世界哲学では，世界 2 が世界 1 と世界 3 を媒介すると考える．世界 2 を最大のテーマと見なすわけだ．エックルスは，自己意識をもつ心（世界 2）が経験をいかにして統合するのかという問題に世界 1 と世界 2 の相互作用と世界 2 と世界 3 の相互作用を踏まえて答えようとしている．自由意志の

問題についても肯定的で,「自己は脳の微小作用点への量子力学の確率場にも似た作用により実際に自然の因果律に干渉できる」としている（[11] p.203-p.208, p.259）．量子論的な思考を導入して自由意志の問題を解決しようというような発想はモノーにもあったが，エックルスはそれをさらに具体的な仮説として提出している．三世界哲学を図式化すると

世界1 ⇔ 世界2 ⇔ 世界3

つまり,

物理的世界 ⇔ 心的世界 ⇔ 文化的世界

のような構造になっていて，心的世界が他の2世界を従えているように見える．気になるのは，心的世界は主観的世界でもあって，それをひとつのまとまりのある世界と呼べるのかどうかという点だ．エックルスも書いているように，心的世界における幻覚のようなものは，かならずしも共有できるものではないが,「常識的レベル」においては，言語的交流を通じて一定の客観性が確保できるので，それを漠然と心的世界と呼んでいると思えばいいのだろうか．現代の神経科学では，心的事象と神経的事象（ニューロンが作る回路の形成など）の具体的な対応が明らかになっているわけではない．エックルスは事を急いで，そのような対応は存在しないのだから，心的世界は脳神経的世界として把握することはできないとし，相互作用はするものの独立した世界なのだと結論してしまっているようだ．ひょっとすると，人間はいまのところまだそうした対応を表現するための言語（未知の数学的言語）すらもっていないというだけなのかも知れないのに．

　キリスト教の影響なのか，意識（自己意識）というものを過大評価する傾向に対して，意識などというのは無意識的な精神過程の反応後に「後付け」的に出現するだけではないのかという説も提唱されている．たとえば，リベット[12]は,「私たちの精神生活の多くは無意識に進行し，そして意識の精神プロセスはそれに続く意識プロセスに影響を与えること」が実験的に確かめられるといい「無意識の精神プロセスは」「それぞれの個人において固有のもの」だと書いている（[12] p.245-p.246）．ポアンカレが書いているような無意識下での問題解決能力（テストの問題を解くなどという場合

には熟練によって問題解決能力が向上するとされるが，そうした短時間で解決できるという能力ではなく，ときには数か月以上にも及ぶ長時間にわたる「無意識の自動運転」も可能だという能力）などは個人に固有のものだという可能性が強い．たとえば，アスペルガーなどの「脳の異常」がそうした能力を支えているように思う．これに関連して，リベットは「無意識の精神生活を，その人の自己に属するもの，またはその特性であると考えることが適切」だろうと考えているが，それは明らかにそうだと思う．エックルスについてもいえることだが，心的世界というときに無意識的世界にあたるものが排除されていることが多いのは問題だろう．自己意識といってしまうと無意識のプロセスが含まれていない印象があるのも気になる．さらに，リベットも書いていることだが，「自己という感情は唯一無二の経験であるのか？」というも興味深い問題だ．通常はたしかに自己意識は一定の統一性をもち，主観的体験という意味で「唯一無二」に思える．でも，解離性同一性障害が存在することからすれば，「唯一無二」性への疑問がわいてきそうだ．リベットはこれについて，（解離性同一性障害は）「パーソナル・アイデンティティの一時的な喪失」にすぎないと考えている．右脳と左脳が手術によって分離された人（分割脳）の場合，リベットは「単一の自己が本質的に二つであるという可能性」もあるといいつつも，分割脳の人の心的世界も単一性をもっていると考えられると判断しているようだ．リベットはまた，コンピュータが意識をもちうるのかどうかという問題についても触れている．

　エックルスは「アナロジー以上のものではないが」と前置きしつつ，「身体と脳を生物学的進化の素晴らしい過程において創造された遺伝コードにより作られた精巧なコンピュータ」とみなせば，「自己はコンピュータのプログラマーに対比できる」（[11] p. 265）と書いているが，たとえば，ペンローズはこれに関してまったく異なる見解を表明している．ペンローズは，心的世界はアルゴリズム的ではなく，コンピュータとは決定的に違っていると考えている．ペンローズは，心的世界の創造する数学的世界は，心がコンピュータとは異なる「非計算的な何か」の結果として生成するものであ

り，意識は本質的に非計算的で，それはコンピュータ的文脈ではなく数学的文脈でのみ把握可能になるのだと主張している([13] p.60)．どこがどう非計算的なのかについても，重力によって量子論的状態の収縮が起こるのではないかという斬新なアイデアによって解決しようとしている．つまり，量子重力論的なレベルの何かが意識の生成を担っていることが，意識の非計算性の根拠になるのではないかと考えたのだ．たしかに，重力場のエネルギーの「揺らぎ」が量子論的状態の収縮プロセスを作動させるのだとすれば，それを意識の生成の説明に使えるかもしれない．しかし，本当にそんな(高エネルギー現象のような)ことがニューロンの内部で起こりうるのだろうか？ペンローズは(麻酔学者ハメロフの見解をヒントにして)ニューロン内部の微小管の中でそのようなことが起こりうるのではないかと考えている[13]．これはある意味で，脳を量子コンピュータだと考えるようなものだ．発表された当時，これは論争を巻き起こし，いまでは，ペンローズの主張は真面目に取り上げられなくなってしまっているようだ．収縮の非局所性が実証された以上，ペンローズの考えたような局所的な収縮メカニズムには問題が残らざるをえないという指摘もある[6]．

意識と量子重力

　それはともかく，ペンローズは，どこか常識的なポパーの三世界哲学をオリジナルな方向に変形してみせている．ペンローズはポパーの世界 1(物理的世界)と世界 2(心的世界)はほぼそのままにして，世界 3(文化的世界)を数学的世界(プラトン的世界)に置き換え，物理的世界の一部から心的世界が生まれ，心的世界の一部から数学的世界が生まれ，さらに，数学的世界の一部から物理的世界が生まれるという図式

```
           数学的世界
         ③↑     ↓①
         心的世界 ← 物理的世界
                ②
```

を提唱しているのだ([13] 2, p.228)．ペンローズの図式でもっとも理解し

にくいのは①だろう．物理的世界（物質的世界）から心的世界に向う②は，宇宙の物質的進化が生命を生み，それが進化して人間の脳を生みだしたことと，意識は結局，脳の構造と機能の産物だという立場（現在の多くの科学者が支持すると思われる立場）からすれば，まぁ理解できそうな気がするだろう．心的世界から数学的世界に向う③についても，心的世界に無意識的世界も含みさえすれば，心の中に形成された心的モデルが数学的世界を創造（のように思えるかもしれないが，ペンローズの好みからすれば，発見というべきだろう）するという構図にほかならず，これもまぁ理解できそうだ．しかし，数学的世界から物理的世界に向う①はかならずしも理解しやすいわけではない．ペンローズは，プラトンの「洞窟の比喩」（現実世界と信じているものはイデアの影にすぎない）がアインシュタインの一般相対性理論（数学）と物理的実在の間の関係にもいえると感じたことから出発して，「アインシュタインは単に物理的対象の振る舞いの「パターンを見つけた」のではなかった．彼は，世界の仕組みそのものにすでに隠されていた深遠な数学的下部構造を暴き出した」（[13]2, p.229）とし，さらに，「物理過程に潜んでいる概念は，驚くべき深さ，精妙さ，そして数学的な実り豊かさをもっている」（[13]2, p.230）という確信に到達した．ペンローズによるゲーデルの不完全性定理に対する理解は（普通に流布している理解の仕方とは異なり），固定的な形式的議論では本質的に計算不可能なプロセスを含む数学的真理を捉えきれないというものだ．（ひょっとすると，ゲーデル自身の目標も形式主義で数学を覆い尽くすことはできないことを示そうということだったのかもしれない．）ペンローズは，「意識の量子重力仮説」とでもいうべきものを提唱することによって，数学的構造によって担保された宇宙の「謎」が（いますぐにではないにせよ）理解可能になるという不思議さの根拠を提示しようとしている．

ペンローズの「意識の量子重力仮説」が間違っているとしても，なぜペンローズはそのような発想に到達したのだろう．おそらくこれは，ペンローズが「無意識の自動運転」と「ヴィジョン体験」を何度か経験していたせいではないかと思われる．ポアンカレも書いているように，こうした体験

に伴う「幻夢様」体験として，さまざまなアイデアの組合せがジグソーパズルを完成させるときのようにさまざまに組み合わされたり離されたりしながらあるとき瞬間的に全体像が完成するような出来事や，視点を変えて問題を見直したときに曖昧だった思考過程が突然「正解」を浮上させるというような出来事を体験することがあり，この体験が「意識の量子重力仮説」を考えつきそれを信じたくなる気分につながったのではないかと思う．とはいえ，いきなりそうした意識の出現過程をニューロン内部の量子重力的過程に直結させるとなると，ストーリーの面白さは最高だとはいえ，かならずしも全面的に支持できるというわけにもいかない．ペンローズと同じような体験（ヴィジョン体験）をしても，もちろん，それを量子重力と結びつけることはまれだ．その人がもともとどういうテーマに興味をもっていたか，どういう心的体験を経てきたかによって，全然別の何かと結びつけることになる．たとえば，グロタンディークの場合は，ヴィジョン体験が特異な解離体験を経て神の観念と結びついた．

グロタンディークと数学と神

　グロタンディークは,「究極的には，世界は数学の内部（胎内）の特殊なひとつの構造にほかならない」(À la limite, le monde n'est qu'une structure particulière au sein des mathématiques.)（[1] p.5）と書いたり「数学的法則は人間によって発見されうるが，人間によってのみならず神によっても創造されることはない」（本書 p.328）などと書いている．グロタンディークの神の観念は年齢とともに大きく変遷しているが，数学を人間に接近可能な神の表層だと考えたりしていることもあった．グロタンディークは，アスペルガーだったと思われるが，それをベースにして，

　1）少年時代の里子生活の体験，戦争直前の収容所生活体験
　2）戦争中の疎開生活体験
　3）父親が強制収容所に送られ「行方不明」になるという悲劇の中で戦争が終結し新たに開始された母親との貧しい生活の中での親密性の醸成に

起因すると思われる体験（グロタンディークの最初の長編詩としてまとめられたが，1991年の完全隠遁の決行直前に，グロタンディーク自身が大部分を焼却してしまった）

4）1950年代末から1960年代末にかけて集中的に数学的創造活動に打ち込んだときの体験，つまり，「無意識の自動運転」や「ヴィジョン体験」とそれらに駆動されつつ取り組む数学的な理論体系の構築体験

5）1970年の数学放棄から1973年の隠遁とその後の体験，つまり，社会的活動やコミューン活動の失敗などのアスペルガーに伴う生き辛さ体験

6）1981年に隠遁先を変更して数学的創造活動を再開したものの，その過程の中で発生した『収穫と種蒔き』に記録されているような弟子たちへのどこか被害妄想的な側面のある体験

などを経て，「自分の父親の苦悩についての夢」（ロシア系ユダヤ人のアナーキストとしての父親の苦悩に思いを馳せる機会ともなった）にはじまる自分自身の見る夢の意味の考察体験（『夢の鍵』はその成果にほかならない）へと向い，それが屈折したエディプス・コンプレックスに彩られたトラウマ体験を呼び起こしたのだろうか．トラウマ体験の発掘がグロタンディークの心を解離させるきっかけとなっていく．それはグロタンディークにとって「神との対話」体験へと向かう決定的な分岐点でもあった．アスペルガーのグロタンディークは独自の心的世界に生きている．数学的創造体験から挫折を経て孤立を求めるようになる中で，封印していたはずのさまざまなトラウマ的体験がグロタンディークの心的世界を揺るがし，接触できそうでできない神が数学というバリアで守られているように感じられたのだろう．こうした心的体験は，人間は神とは交信不能で唯一肉薄できるのは，神のバリアともいうべき数学的世界だけだという強い信念を生みだしたのだろう．数学的創造体験は，数学的ヴィジョンの生成が無意識下で行なわれるために，数学的ヴィジョンそのものが自己の意識的介入なしに「外部」から舞い降りたかのような感覚に襲われるという特徴をもっている．これはある意味で「神の啓示体験」に通じるものだ．グロタンディークは自分の（数学的）ヴィジョン体験を，夢の（精神分析的）自己分析と融合させ

て，神との直接的交信の証拠だと信じるようになっていった．しかも，グロタンディークの場合には，異色の終末論的予言にまで行き着き，1990年のはじめに250名の知人に宛てて書いた手紙 [15] で，それについて書いてもいたのだが，フローラからママンへと名を変えた神との交信は困難を極め，1991年の「隠遁」以後の1996年10月14日の「真実の日」に訪れるはずの終末は結局訪れなかった．「真実の日」はグロタンディーク自身の解放の日でもあるはずで，それから300年ほど後に，数学的世界の物質化としての物理的世界とその法則が消滅するのだとグロタンディークは信じていた．かなりユニークな終末論だが，「真実の日」が訪れなかったこともあって，その後，グロタンディーク自身は自分にとってのスピリチュアルな時期は去ったと述べている．ただし，もう神の存在などは信じなくなったという意味なのか，神との交信を妨害する何ものかがいるせいだと思っただけなのかはよくわからない．それはともかく，グロタンディークにとってのスピリチュアルな時期のピークは，おそらくアスペルガーに併発する解離性同一性障害による体験，つまり，グロタンディーク自身が神と対話できたと強く信じることになった時点だろう．

コンヌの数学観

　グロタンディークが1970年ごろに抱いていた「(物理的)世界は数学の内部の特殊な構造である」という観点とペンローズの「物理的世界は数学的世界の一部分から生成する」という観点は，現実世界を数学的世界の物質化にすぎないと考えるという点で非常によく似ている．それだけではない．たとえば，コンヌ [16] も数学の「普遍性」を強く信じており，「数学は，物理学にたいして，結果を表現する言語の役割しか果たしていないと考えるのは間違い」で「数学のもっている生成的性格が結局は重要な役割を果たす」のだと書いている ([16] p.10)．コンヌは，脳が生みだす数学にかかわる直観的イメージは物理的世界の現実から生まれるものではなく，対処している数学的問題 (数学的世界内部の自立性のある問題) に脳を適応させることによって生成するのだと考えている．数学が先にあって，進化の産物

としての脳はその数学を理解しようとしているにすぎないという発想はグロタンディークやペンローズの数学観を補完するものかもしれない．また，コンヌは，数学的世界が物理的世界や心的世界とは独立に存在しているということを作業仮説として受け入れても何の問題もないのではないかとも書いている．会ったときの印象では，コンヌにはアスペルガーを感じさせるところがなかった．これは意外だったが，「非常にまともな人」の中に本気でプラトン主義的見解を支持する人がいるのは興味深い．作業仮説としてのプラトン主義を唱えるなどといういう「中途半端さ」はコンヌの「まともさ」の証しでもありそうだ．にもかかわらず，コンヌは「無意識の作業がはじまるように心を解き放たなければならない．［そうすれば］一種の観想状態になることがある」(Il faut libérer la pensée, de telle sorte que le travail subconscient puisse se produire.［…］On peut parvenir ainsi à une sorte d'état contemplatif［…］) などと，「無意識の自動運転」の活用に触れるなど，アスペルガーとその近縁の「疾患」を暗示させるような発言もしている［16］．グロタンディーク（とくに 1970 年ごろ）とペンローズとコンヌの数学観がどこか似ていることに注意すれば，1970 年代以降のグロタンディークの数学観の変貌はさまざまなことを意味していそうだ．

　ところで，アスペルガーから見ると，定型発達者の作る社会がアスペルガーを排除しようという暗黙の意志をもっているように感じられることがある．この思いが誇大妄想的あるいは被害妄想的な方向に向かうと解離性人格障害や発狂的状態に到る可能性もある．この場合の発狂的状態というのは，アスペルガーなどの発達障害的な脳が強いストレスを受けたときに，さらに未知の要素も必要だろうが，統合失調症（広汎性非特異的高次脳障害という名称の方が的確だという人もいるようだが）的な心的状態になることを意味している．グロタンディークは発狂したという説があるが，グロタンディークの心の変遷をたどれば，グロタンディーク自身が人生のさまざまな（内的あるいは外的）分岐点で，それまでの自己の超克を通じて，さらに創造的であろうとしてきたにすぎないことがわかる．

　［追加：2015 年 2 月 21 日］2014 年に物理学者のテグマークが，物質

的な宇宙の究極の性質を追求する中で,「宇宙数学仮説」(Mathematical Universe Hypothesis, MUH)と呼ばれる面白い仮説を単行本[17]の中で発表している(この仮説自体は2007年ごろには芽生えていたが).簡単にいえば,これは「物質的宇宙の根源にあるのは数学的な構造だ」という仮説で,ヴァイルの「神＝数学」仮説やコンヌのプラトン的数学観,あるいは,ペンローズの「物質的宇宙＝数学的宇宙の物質化」仮説やグロタンディークの「数学的法則＝神の属性」仮説に近い.ペンローズのように数学は人間の心から生まれるという穏当な観点も追加するべきだろうか.そういえば,テグマークは量子重力理論の立場からペンローズの量子意識理論の批判を行っているが,ペンローズの図式(本書 p.340)についても論じている[18].

参考文献

[1] Grothendieck, "La nouvelle église universelle", Survivre …et Vivre 9 (1971)
[2] Grothendieck, La Clef des Songes, 1987 年
[3] Grothendieck, Récoltes et Semailles, 1985/86
辻雄一訳『収穫と蒔いた種と』現代数学社
[4] http://fr.wikipedia.org/wiki/Éléments_d'analyse
[5] モノー(渡辺格/村上光彦訳)『偶然と必然』みすず書房 1972 年
[6] Leith, "The Einatein of math", 20 Marth 2004
[7] Kuyk, Complementarity in Mathematics, D.Reidel, 1977
[8] Douroux, "Le trésor oublié du génie des maths", Libération, 1 juillet 2012
[9] http://www.nietzschesource.org/#eKGWB/Za-I
[10] Popper/Eccles, The Self and Its Brain, Routledge, 1977
ポパー/エクルズ(西脇与作訳著)『自我と脳』思索社 1986 年
[11] エックルズ(伊藤正男訳)『脳の進化』東京大学出版会 1990 年
[12] リベット(下條信輔訳)『マインド・タイム』岩波書店 2005 年
[13] ペンローズ(林一訳)『心の影 1, 2』みすず書房 2001 年, 2002 年
[14] ブルース(和田純夫訳)『量子力学の解釈問題』講談社 2008 年
[15] グロタンディークの手紙(1990 年 1 月 26 日付け)
[16] コンヌ/シャンジュー(浜名優美訳)『考える物質』1991 年
[17] Tegmark, Our Mathematical Universe, Vintage Books, 2014
[18] Tegmark et al., "On Math, Matter and Mind", Foundations of Physics, June 2006

情動と夢

> Dors, ma sagesse, dors. Forme-toi cette absence ;
> Retourne dans le germe et la sombre innocence,
> Abandonne-toi vive aux serpents, aux trésors.
> 眠れ，わが思慮分別よ，眠れ，その欠如を育てよ
> 萌芽と仄暗い無垢の中にもどれ
> 君自身を捨て，蛇(欲動)と大事なものに生を捧げよ
> ————ヴァレリー[1]

数学的創造と脳

　フランスの数学者コンヌと神経科学者シャンジューの対話[2]の中で，シャンジューが，かつてポアンカレやアダマールが数学的創造のメカニズムについて主観的な表明をしていたことに触れて，こうした問題に取り組む数学者がいなくなってしまったと語っている．たとえば，ブルバキの創設メンバーでグロタンディークの『代数幾何学原論』(EGA)の協力者でもあるデュドネは，数学の発展について論じるときに数学的創造と脳のかかわりにほとんど興味を示さなかった．シャンジューもいうように，数学的創造は脳によって担われている．これについてはコンヌも当然そうだと考えており「脳は物質的ツールであり，数学者の仕事[＝数学的な創造性の発揮]の中で[活用される]脳の機能を知ることは根本的[で重要]なことだ」(Le cerveau est un outil matériel et il est fondamental de comprendre son fonctionnement dans le travail du mathématicien.)と書いている．おそらく，シャンジューは脳(cerveau)という言葉で大脳皮質だけを意味していたのではないかと思う．というか，シャジューは，大脳皮質の機能だけで数学的創造が論じられると考えていたのだと思うが，コンヌがシャンジューに伝えたかったのは，数学的創造についての議論となると，大脳皮質だけを問題にするのは理性中心主義的な誤りで大脳皮質以外の脳(大脳辺縁系，大脳基底核，間脳，小脳，脳幹)にも注意が必要だということだろう．

ポアンカレの証言などに基づいて，数学的創造（création mathématique）は，出現順に並べて，準備（préparation），孵化/潜伏（incubation），啓示/閃き（illumination），確認/検証（vérification）の4つの段階に分けることが多い．シャンジューも，数学的な創造は，準備段階（問題に通常の方法でアタックする段階）の後に孵化/潜伏段階（思考が無意識化する段階）を経て，啓示/閃き段階が出現し，それを意識的にチェックする確認/検証段階に至るという形式的な創造段階論を踏まえている．コンヌは自分の体験をもとにして，無意識の活用の重要性について述べている．具体的な数学的思考を展開するにあたっては，意識的な思考だけで解ければそれでいいが，うまくいかないときは，意識的な思考をやり尽くしたのちに「無意識の作業がはじまるように心を解き放たなければならない」（Il faut libérer la pensée, de telle sorte que le travail subconscient puisse se produire.）（[2] p.112）と述べているのだ．これがうまくいくと，数学のテストなどで出題された問題を解くために意識を集中させるというような場合とはまったく異なる「一種の観想状態になることがある」（On peut parvenir ainsi à une sorte d'état contemplatif [...]）（[2] p.112）とも述べている．観想状態（état contemplatif）というのはわかりにくいが，自分が集中している問題そのものに拘るのではなく，その問題のもつ意味や性質をある意味で間接的に解明するために意識から解放された「夢想空間」のようなところに心を沈めることなのかもしれない．コンヌがそうした創造体験について語り，もとの問題とは無関係とも思える思索を深めていると意識的・理性的な思索ではたどり着けない啓示/閃きがえられることがあるというようなことをいっても，シャンジューは，でも「正解」がえられたからにはそれは結局「脳の奥」にあったことになるといい，コンヌは「おそらく，でも，ぼくはそのとき完全に無意識だった」（Probablement, mais je n'en étais absolument pas conscient.）と述べている．コンヌの自分の体験が起こったときには，きっちりと定義可能なある対象を現実化する方法がすでに知られたもの以外にないことを示そうとしていたときで，使えそうな方法はすぐに考えついてしまって，その先に進むことが困難になるような問題に直

面したが,このとき,直接関係のない別の分野の思考の枠組みが威力を発揮して問題の解決が可能になったのだという.この話題は,困難な問題を解くために問題そのものを一般化・抽象化して考え直すといった戦略と無関係ではない.一般化・抽象化を経ることによって,もとの問題の「未知の側面」に触れ,それによって,問題を新しい枠組みの中に浮かべて解決に向おうという戦略だといえそうだ.こういう形での創造性の発揮はグロタンディークの特徴でもあると思われる.

コンヌとヴィジョン体験

　ここまでなら,よくいわれる話で,シャンジューも理解可能なように見えるが,コンヌは,脳にはこうしたいわば表層的な創造過程の理解方式とは別の無意識に機能する未知の機能が内在しているのではないかと述べている.「脳のメカニズムは,どういえばいいのか,まだ発見されていない,直接的には気づくことのできない,しかし非常に類似したメカニズムに基づいたあるシステムを備えている」(le mécanisme cérébral comportait un système qui n'est pas, comment dire, à découvert, qu'on ne perçoit pas directement, mais qui repose sur des mécanismes très analogues.) ([2] p.115) のではないかと思うと述べているのだ.コンヌがせっかく「閃きとは何か?」という興味深い問題に主観的体験を踏まえた見解を述べているのに,シャンジューは,孵化期を言語を伴わない思考(大脳の機能としての思考のひとつ)だと考えているようで,そのいわば無言語思考の時間的経過の中でさまざまな考えの進化論的変異が起こり,問題に適合したものが出現したときにそれを閃きと呼んでいるのだとのみ主張している.コンヌはそのようなものはせいぜいチェスを指すコンピュータ・プログラムのようなものにすぎないと鋭く指摘している.コンヌは,定理を理解するというのは,証明を論理的に了解することとは違い,瞬間的に証明が納得できてしまうことを意味しているのだといい,閃きというのはそのような瞬間的な了解に導いてくれるものだと述べて,「ダーウィン的メカニズムが孵化に対応するのだとしても,閃きは感情的な反応を始動させるほどに評

価関数の値が十分に大きくなったときにしか発生しない」(Le mécanisme darwinien correspondrait à l'incubation, l'illumination ne se produisant que lorsque la valeur de la fonction d'évaluation est assez grande pour déclencher la réaction affective.)([2] p.115)と明言している．ここで，評価関数(fonction d'évaluation)というのは，情動(コンヌは感情的な反応(réaction affective)と書いているが情動(émotion)というべきだろう)の支持がどの程度かを計る関数という意味だ．チェスのコンピュータ・プログラムや将棋のコンピュータ・プログラムでも，手の善し悪しを評価するための評価関数を決めておいて，指し手を決定するために想定可能な手ごとに評価関数の値を計算しているようだ．脳自体が思索結果を評価する評価関数をもっている必要があると述べているわけだ．コンヌはそうしたコンピュータ・プログラムとの類似をイメージしているのだろう．シャンジューの「心的ダーウィン主義的シェマ」(schéma du darwinisme mental)説を全面的に支持しているわけではない．

コンヌと京子(2010年山下撮影)

コンヌは閃きの瞬間(つまり，ぼくのいうヴィジョン体験に近い体験の瞬間)，強いポジティブな情動に襲われるのだともいっている．「[…]それ[閃き]が発生した瞬間，閃きは強い情動(情緒)を引き起こす．[…]ぼ

くは(その瞬間)感動で涙がとまらなかった.」([...] au moment où elle a lieu, l'illumination implique une part considérable d'affectivité, [...] je ne pouvais m'empêcher d'avoir les larmes aux yeux.)([2] p. 112)というのだ. ヴィジョンの出現は「強烈な喜び」に続いて「多幸感」も感じさせ(たとえば,岡潔も発見には強い喜びが伴い,うっとりした気分が持続するのだと書いている [4]),それがヴィジョンそのものへの無条件の信頼感を形成する.「これが間違っているはずがない」という気分を生みだし,「理由もなく正しい」という確信に満ちた気分に浸ることにもなる. ところが,そのヴィジョンを検証する段階になると,確信が揺らぐこともある. おそらくヴィジョン体験の「深さ」が関係するのだろうが,検証の段階で確信が崩れ去ってしまうことも多い. ただ,その場合でも,つぎの探求活動が作動しはじめるので挫折感に押し潰されるということはほとんどない気がする. 強烈な挫折感が発生するのはおそらく社会性＝社会脳が大きく関与したときだろう. アスペルガーの場合は,問題の解明に向う強迫的傾向も強く社会脳の影響も少ないので挫折感も相対的には小さいのではないかと思う. それはともかく,検証段階でヴィジョンへの信頼性が裏切られることも多く,コンヌも,「夢の中の(出来事の)ようなもので,直観(＝ヴィジョン体験によって導かれた直観的結論のことか？)は非常に容易に過ちを犯す.」(c'est un peu comme dans les rêves, l'intuition se trompe très facilement.)([2] p. 112)と述べている.

数学的活動の3つの階層

こうした話題との関係でいえば,シャンジューが「ぼくは,脳の機能,とくに数学的思考を担う脳の機能,のニューロン的基盤の描写を試みることで,数学それ自体の知を向上させることができると信じている」(Je suis convaincu [...] que tenter de décrire les bases neurales des fonctions cérébrales, et en particulier de celles qu'engagent les mathématiques, permettra d'améliorer la connaissance des mathématiques elle-mêmes.) ([2] p. 119)と述べ,これにコンヌが同意しているのは注目に値する.

でも，よく考えてみれば，脳の機能のニューロン的基盤の知識から数学的知が向上するというよりも，ぼくにはむしろ，数学的創造のメカニズムや数学の構造（論理的枠組みなど）や機能（応用可能性の謎）について知ることで，脳のニューロン的基盤の解明に結びつくのではないかと思えてくる．というか，数学のもっとも重要な役割は脳の解明への貢献なのではないかと思えてくるのだ．数理脳科学のような分野の貢献という話と誤解されそうなのだが，それとは別に，数学的創造の謎と数学的知識体系の構築と変容の謎の解明が脳のニューロン的基盤の理解の促進に結びつくのではないかといいたいのだ．その意味で，数学は，CT や MRI や PET（ブドウ糖代謝を見る方式では有用性がないが血流を見る立場に切り替えれば有用）や SPECT（single photon emission computed tomography）と並ぶ脳の高次認知機能などの非侵襲的な探索手段なのかもしれないとさえ思う．

　コンヌは数学的活動には 3 つの階層（trois niveaux）があると述べている．第 1 階層はコンピュータが代行できるような数学的活動（数式処理ソフトのようなものもこれに含まれる）．第 2 階層は 2 つの定理がどちらも証明されているというだけで等価だという判断を下すのではなく，定理の数学的価値を判断できるような数学的活動，情動的判断の介入を伴う数学的活動といってもいいのかもしれない．そして，第 3 階層は数学的創造でもっとも重要な階層だ．この階層性の物質的基礎は脳の構造的／機能的にあるだろうと考える点ではコンヌとシャンジューの見解は一致しているようだが，決定的な違いがある．シャンジューは大脳の障害と機能不全から得た知見を踏まえて，第 1 階層は側頭葉，後頭葉，頭頂葉に対応し，「第 2 階層と第 3 階層は前頭葉に対応しているようだ」(Il semble donc bien correspondre aux deuxième et troisième niveaux. ([2] p.144) と語ったが，コンヌは第 3 階層が前頭葉に対応しているという見解には否定的で，「第 3［階層］はそうでもない」(Pas vraiment au troisième.) ([2] p.144) とやんわりと異議を唱えている．コンヌは数学的創造性は前頭葉が担っているという説は自分の体験からして受け入れられないと感じているのだ．また，コンヌは第 3 階層のことを発見（découverte）の階層とも呼んでいる．

それは，コンヌが「人間かかわりだす以前に数学の世界がすでに存在していたという数学観」(la philosophie que j'ai de la préexistence du monde des mathématiques à l'intervention de l'individu)（[2] p.125) をもっているためだという．つまり，コンヌが「自分はプラトン主義者だ」と宣言しているように見えるが，これには説明がいる．コンヌは閃き体験（ヴィジョン体験）を経ることで，この境地に到達したのだ．コンヌは「閃き体験があると，脳とは独立した調和の存在，個人的な創造とは無関係な調和の存在を信じたくなる」(après avoir fait l'expérience de l'illumination, il est difficile de ne pas croire en l'existence d'une harmonie indépendante du cerveau et qui ne doit rien à la création individuelle.)（[2] p.198) と語っており，ヴィジョン体験でプラトン主義的見解が芽生えたことを告白している．ヴィジョン体験で「正解」(間違っていることもある) が出現すると，心に「自分が求めていたものはこれだ！」という強い確信が瞬時に発生し，超越的な真理や美の存在を強く実感させる．そのとき，心は至福感に満ち，神秘感に覆われるのだが，検証（つまり第 1 階層化）過程にさしかかると至福感／神秘感は霧散し，検証が完了すると至福感／神秘感は消滅してしまう．というか，むしろ，超越体験や神秘体験と呼ばれる（多くの場合，宗教的な）体験は脳のそうしたメカニズムが生みだすものに違いない．

潜在自己としての小脳

　コンヌとシャンジューの対話 [2] は 1989 年に出版されたもので，そこで活用される脳科学についての知見は 1980 年代以前のもにすぎない．その後，分子遺伝学や画像診断装置の進歩（ヒトゲノム計画の開始の開始は 1990 年で完了は 2003 年，fMRI の普及は 1990 年代）によって脳に対する理解は革命的に変化しつつある．とくに，ぼくは，孵化期／潜伏期に活動する脳の部位（つまり無意識の自動運転の担い手）についての興味深い説に注目している．コンヌはこの脳の部位はまだ未発見の（意識には感知できない）脳のメカニズムを担っているのだろうと推定しているが，これはシャンジューの大脳中心主義の影響を受けていることと無関係ではないだろう．

シャンジューとコンヌは，結局のところ，大脳皮質のどこか（複数の相互関係の可能性が強いのだろうが）で，進化論でいうダーウィン的な淘汰に似たメカニズムが働いて，淘汰の場合の遺伝子に代わる思考を対象とした「突然変異」のような変化を起こし，さまざまな思考のバリエーションを生成し，それをまだよくわからない方法で評価して，評価点が情動を揺さぶるようなレベルに達したときにそれを選んで意識化するという図式を考えていたことになる（意識化された瞬間が閃きとして感じられるのだと説明される）．この説はもっともらしいところもあるが，淘汰に似たメカニズムというのがどういうものなのか不明確すぎる．そこで，孵化期というのが無意識的活動であることに注目し，それに似たメカニズムとして，たとえば，自転車の運転は一度覚えると無意識のうちに行えるようになるが，それを担っているは小脳だというような事実を踏まえると，孵化期の担い手も小脳なのかもしれないと思えてくる．ただ，ぼくのいうヴィジョン体験とシャンジューのいう閃きが同じではないという可能性が気にかかる．同じメカニズムで起こるものなのかどうかも不明確だ．直観→閃き→ヴィジョン体験のように，無意識の心的メカニズムを経て「気づき」に至る類似の心的現象が一種のスペクトラムを形成しているのかも．ヴィジョン体験になると，閃きの要素に妄想的体験やいわゆる神秘体験（大脳側頭葉／大脳辺縁系の化学的刺激や電気的刺激によって引き起こされる特異な体験）の要素が追加されていると見るべきかもしれない．まぁ，そうした「危惧」も感じつつ，いわゆる孵化期を担う脳が大脳ではなく小脳かもしれないという仮説に注目してみよう．小脳研究の最近の成果をまとめた伊藤正男の教科書[5]にも認知機能（Cognitive Functions）という章が含まれている．伊藤の斬新な方向性は小脳を潜在自己（implicit self），つまり無意識的な自己を実現する脳だと考えようという点にある．（ほかにも，潜在自己＝右脳とするショアの説などもある．）神経回路としての小脳の構造は（大脳と違って）比較的簡単でしかもシナプスの可塑性も明確なので，脊髄や脳幹を制御するシステムとしての小脳というイメージがまず確立された．その後，随意運動の制御についても内部モデル的な発想によって小脳の制御機能が明らかにさ

れていった．小脳と大脳の進化の過程を比較すると，小脳半球部の外側と大脳皮質（連合野）の発達に並行性があるらしいことがわかり，しかも小脳半球部の外側の損傷が運動障害ではなく精神障害に結びつくということから，大脳の思考機能と小脳が関係しているらしいということになった．そこで，小脳による運動の制御のメカニズムと類似のメカニズムが思考の制御にも関与しているのではないかと考えられるようになったようだ．

小脳とアスペルガー

話を非常に単純化すれば，思考や推論というのは，大脳の側頭葉や後頭葉に作られた（問題を解くために必要な）メンタルモデルを前頭葉の「司令部」が操作することを意味するものと考えられる．意識的にそのメタルモデルを操作しつつ正解を探求するわけだが，意識的な段階が「飽和」状態に達すると，メンタルモデルを小脳に（フィードバックによる修正を繰り返しつつ）コピーして内部モデル（internal model）を形成すると，「司令部」の操作対象は小脳の内部モデルになるものと考える．小脳による「思考」は意識化されないのでいわゆる無意識の思考が行なわれるということになる[5]．小脳内で「正解」と思えるものがえられたとして，それをどのようにして意識化するのかなどはよくわかっていないようだが，小脳から視床下部（情動行動の中枢）へはニューロンの投射があり（逆方向への投射もある）「正解」が得られることと情動の発生が連動するのも不思議ではない．統合失調症などでは小脳の内部モデルの異常が妄想となって現れることもあるのではないかとされる．結節性硬化症（tuberous sclerosis complex, TSC）という遺伝病の患者に自閉症が多発するという事実と自閉症スペクトラム障害は小脳のプルキンエ細胞（小脳皮質の重要なニューロン）の減少が原因かもしれないと（死後解剖の結果から）考えられているという事実をヒントにして，マウスを使った実験によって，プルキンエ細胞中のTsc1遺伝子（変異すると結節性硬化症の原因となる遺伝子のひとつ）の変異が自閉症様症状の原因となることが2012年8月にNatureに発表された論文[6]で明らかになった．話がかなり飛躍することになるが，いわれてみれば，ア

スペルガーと思える数学者などの身体の動きに「特異性」が観察されることが多いことからしても小脳の（運動制御にかかわる）機能不全が起きていそうな気がしなくもない．もっとも，アスペルガーであることは数学的創造にとってはプラスに作用することも多く，これは，アスペルガーに併発しがちな強迫性障害に伴う研究活動の推進力の上昇と小脳の機能の向上が貢献していそうな気もするのでプルキンエ細胞の問題が小脳の認知機能に対しては必ずしもマイナスの結果を招かないということなんだろうか．

ところで，fMRI などを使った実験的観察によってヴィジョン体験時の脳の活性部位を詳細に調べれば，それがどのようなメカニズムなのかを解明するための最初の一歩となるはずだが，fMRI の装置の中に横たわった状態で，適当な時間内に発生するかどうかもわからないヴィジョン体験を待つのは現実的ではない．ただし，プロ棋士が「次の一手」を考え出すときの脳の活性部位についての実験的研究は 2011 年に発表されている [7]．この場合には小脳は関与していないらしいという結果になった．棋士が長考しているときは無意識の状態で手を考えているのではないかと予想され，小脳の活用が予想されたが，羽生善治などによれば，ヴィジョン体験のようなものが出現するのを待っているわけでもないようだ．将棋と数学には大きな差があるということかもしれない．

3 万ページのカイエ

数学に関心を寄せていたことで知られる詩人・作家・思想家ヴァレリーには，1894 年以来，ほぼ毎日午前 4 時から 3, 4 時間かけてさまざまなテーマに関する思索を巡らせた結果を，いわば思索の素材ともいうべきものを寄せ集めるように，（そのままの形では公表を意図せずに）あくまで自分自身のためにノート（フランス語でいえばカイエ）に書き残す習慣があった．その結果，少なくとも合計 261 冊，26600 ページにも及ぶノートが残された．このノートは，ヴァレリーの死後，「すべて」のページが写真製版の形で全 29 巻の『カイエ』として出版されている（ヴァレリーの遺族たちによる「検閲」を経ており，『カイエ』のすべてのページがそのまま出版されたというこ

とではなさそうだ[9]）．これはあまりにも膨大だし解読も大変すぎるので，（読みやすいように思索の時系列は無視して）いくつかの部分をテーマごとに並べ替えて全 2 巻の活字版としても出版されている．この 2 巻本『カイエ』は日本語にも翻訳され，『ヴァレリー全集カイエ篇』（全 9 巻）として出版されている．ヴァレリーには写真製版で発表済みの『カイエ』以外にもかなりの枚数の草稿類が残されているらしい．とりあえず，ヴァレリーの伝記的事実を簡単に振り返っておくと….

1871 年　セトで生まれる
1884 年　モンペリエに転居
1888 年　モンペリエ大学入学
　　　　　マラルメに興味をもつジッドと知り合う
1892 年　ジェノヴァで失恋
　　　　　知的クーデター（「知性の人」への決意）
1894 年　パリに移住
　　　　　カイエの作成開始
1895 年　レオナルド・ダ・ヴィンチ論を発表
1896 年　「沈黙の 20 年」に突入
1897 年　陸軍省（編集官）に就職
1900 年　結婚
1901 年　陸軍省辞職
　　　　　通信社の社長秘書となる
1912 年　ジッドの勧めで『若きパルク』作成開始
1917 年　『若きパルク』発表（高く評価される）
1920 年　強烈な恋愛体験の開始
　　　　　神的なるものの起源への関心
1922 年　定職を失い，作家として自立へ
1937 年　コレージュ・ド・フランス教授に就任
1938 年　最後の恋愛開始
1945 年　死亡

ヴァレリーは「知性の人」として知られているが，現実には，その知性の作動因として深淵な「情動の闇」が潜んでいたことが明らかになりつつある [10][11]．これは，ある意味で，陽の根底に陰が潜んでいたことがわかったようなもので，グロタンディークの数学思想（超ブルバキ的志向性，とくに抽象化と一般化の過度の希求）の作動因にもどこか通底するものを感じてしまう．グロタンディークの場合も，1970年ごろまでは，極端に陽な数学者だと考えられていたが，その後，数学を去って隠遁生活に入り，『収穫と種蒔き』によってグロタンディーク自身が自らの数学的思考の特性を披歴してからは，グロタンディークの陽は陰と不可分であったことが明らかになった．人が極端に陽な活動に邁進しているときには，密やかな陰の胎動に導かれている可能性に注意する必要があるということだろう．ついでにいえば，グロタンディークはモンペリエ大学出身なのでヴァレリーの後輩にあたる．

デュドネ的ヴァレリー

『カイエ』などの中にあるヴァレリーのさまざまな文章について，デュドネとトムがそれぞれ独自の解釈/再評価を加えている [12]．数学は「量の科学」(science de la quantité) だとされることが多いが，デュドネによれば，ヴァレリーは数学は科学でもなければ量を対象としているわけでもないといい，「数学はエクササイズであり，舞踏のようなものだ」(Elles [Mathématiques] sont exercice, et comparables à la danse.) と書いている．エクササイズと舞踏は身体的な訓練や身体による通常の舞踏のことだに理解するのではなく，「精神のエクササイズ」と「精神の舞踏」の意味だと解釈するのが，従来のヴァレリー理解のパターンなのだろうが，詩人としてのヴァレリーは精神と情動の融合を重視していたようにも思えるので，（精神＋情動＝魂ということにすれば）「魂のエクササイズ」と「魂の舞踏」とでも解釈するのがより適切な気もする．こうした解釈には「深読み」の怖れを感じないわけではないが，ヴァレリーの難解な詩『若きパルク』[1]を眺めているとますますそう思えてくるから不思議だ．まぁ，結局この問題は，「生

成されたものとしての数学」だけを議論するのか,「生成されるものとしての数学」も含めて議論するのかという問題に還元されるのかもしれないのだが.

　デュドネは「生成されたものとしての数学」に重心を置く傾向が強いので,こうしたヴァレリーの記述からヴァレリーが数学の目的は「関係性の追及」だと見抜いていたと判断している.実際,ヴァレリーは,操作そのものを操作されるモノから独立させ,逆に,「操作からモノを浮上させる」(les contenus sont créés par les opérations mêmes) ことこそが数学なのだと書いている.デュドネの感触では,ヴァレリーが数学に興味を覚えていたのは,「厳密な言語の使用」への志向性をもっていたことと関係があるのだという.また,デュドネはヴァレリーが「数学の発展には上質の表記体系が不可欠だろう」(les bonnes notations peuvent être essentielles au progrès des mathématiques) と考えていたとし,こうした点から,ブルバキの『原論』に向う先駆的発想をもっていたとも主張している.それどころか,デュドネはヴァレリーの記述の中に「現代的な数学的思考を支配している構造とカテゴリーの概念の予兆」(une préfiguration des notions de structure et de catégorie, qui dominent la pensée mathématique actuelle) まで読み取っている.ヴァレリーは,「大きさを考慮せずに数が操作できるという可能性こそが数学を生みだす」(La mathématique résulte de la possibilité d'opérer sur des nombres sans tenir compte de leurs grandeurs.) という呟きによって,ポアンカレとヒルベルトのような直観主義と形式主義の対立が解消できることに気づいた最初の人物だったというデュドネの指摘も興味深い.ヴァレリーが『カイエ』にどんなことを書き残しているかはともかく,それをヴァレリー自身の理解の範囲を超えて解釈してしまうことの危険性にも注意する必要があるのはいうまでもないだろうが,あえてヴァレリー自身の理解の水準を無視して空想的に『カイエ』の文章を解釈することによって新しい世界が開けないとも限らない.詩人ヴァレリーの言葉がそういうものとして存在していても驚く必要はないだろう.ヴァレリーが数学用語の厳密な定義を無視するか知らないままに意

味不明の文章を書いてしまったとしても，その部分に拘り過ぎては錯覚から生まれる果実にありつけなくなりそうだ．デュドネによれば，たとえば，ヴァレリーは「心理学というのはおそらく置換の作る絶対群の研究にほかならない」(La psychologie n'est peut-être que l'étude d'un groupe absolu de substitutions) などという意味不明なことを書いている．「絶対群」が何を指すのかもわからないし，そもそも，心理の何をどう考えれば置換が登場してそれを集めると群を形成することが証明できる理由を明確にしなければ，ヴァレリーの文章が意味不明なままに留まることは当然だ．デュドネはヴァレリーの「迂闊」な文章を批判してみせるのだが，ヴァレリーがこれを書いているのがいわば私的なメモにすぎないことを忘れているのだろうか．こうした文章はどれも基本的にヴァレリー自身が直観的に閃いたことや思いついたことを将来の自分の思索を深めるためのヒントとして活用するべく書き留めたものにすぎないのだから，「不十分さ」に拘るのはつまらないことだろう．デュドネもそうした点には気づいていたようで，あらかじめ，こうしたヴァレリーの発想から思考についての意味のある理論が生まれうるかどうかについて自分は疑わしいと思っているとも書いている．

　デュドネによれば，新しい数学的な概念や理論によって，「脳の謎」を含む「宇宙の謎」などといったいわば「究極の謎」を一気に解明できるなどという欲求が発生することがあるのは，「究極の謎」に（いわゆる「科学的な方法」で）答えようにもそれぞれの人間の人生はあまりにも短いという現実に対する拒否反応のようなものだという．こうした「冷静」な見解は，たとえば，神秘主義的な思索によって「究極の謎」を直観的に「解決」してしまおうというような発想（ある意味で宗教的な発想でもある）を許容しない態度にも通じており，デュドネとグロタンディークが根本的に対立せざるをえない要因にもなったものだと思う．そういえば，グロタンディークは，核兵器（大量殺戮兵器）を作り地球環境の破壊に結びついた「科学の進歩」には否定的で，1970年代のはじめには人類を「絶滅の危機」から救おうというシュルヴィーヴル運動を展開していた．しかし，デュドネは「科学の進歩」に疑念を抱く必要があるとは考えていなかった[5]．デュドネに限ら

ず，数学者の大半は「科学の進歩」の一環としての「数学の進歩」に身を委ねることに疑念など感じることはなく，グロタンディークの「立ち止まって考え直そう」という問題提起に耳を貸すことはなかった．それにしてもなぜ人は「究極の謎」に対する「解答」を欲しがるのだろうか？進化のプロセスの何がそのような欲求を発生させたのだろう？「究極の謎」に答えることは不可能だとしても，「究極の謎」が発生する理由くらいは推定できてもいいのだが….デュドネはかつて，グロタンディークのヴィジョンに基づいて『代数幾何学原論』(EGA)の執筆を担当していたとされるが，この本がどんどん長くなって未完に終わったのは，できることを網羅的に記述していくというデュドネ的な数学観(ブルバキ的な数学観から派生したものでもある)を肯定していたことと関係があるのかもしれない．

トム的ヴァレリー

　ヴァレリーの『カイエ』などから，トムは，デュドネとはまった異なる数学観の存在を嗅ぎ取っている[12]．トムによれば，ヴァレリーの計画では「独自の意識の適切な複雑化によって，そして，その土台となっている心的作用と心的過程の分析を通して，広い統合をめざして，科学的創造と美的創造を合体させることが問題になっている」(Il s'agit, par une complexification convenable de sa propre conscience, et grâce à une analyse des opérations et des processus mentaux qui les sous-tendent, d'unir en une vaste synthèse la création scientifique et la création esthétique.) のだという．ただ，トムもいうように，科学的創造と美的創造の両方に貢献した人は極めて少ないし，ダ・ヴィンチ，パスカル，ゲーテなどしか思い浮かばなさそうだ．トムによれば，科学と芸術は哲学を媒介として結びついていることが多く，デカルトやライプニッツのように科学と哲学に通じた人，あるいは，プラトンやニーチェのように芸術と哲学に通じた人はいるが科学と芸術を直接結びつけようとした人はヴァレリーだけではないかとされる．ヴァレリーは心的現象を物理学を真似てモデル化しようとしたという．トムは，かつてリーマンが心的過程を脳の状態空間

内の集合の変化として捉えようとしたなどと書いている．でも，時代的な限界もあって，リーマンは魂の中の「精神の集合体」のようなものの変化が心的過程を生みだすと感じていただけで，その心的過程が脳という物質によって支えられているとまでは考えていなかった．この部分はトムの誤解だろう．それはともかく，トムによれば，ヴァレリーはそうしたアイデアに基づいて科学的創造性と美的創造性の統合をめざしていたのだとされる．心的過程を物理学的なモデルによって把握できれば，外部環境から脳への知覚的入力に応じて，科学的方向への作用と美学的方向への作用が生じるメカニズムを論じることができるようになるかもしれず，それが全体として科学的創造と美的創造の統合を可能にするだろうということらしい．ただし，科学的創造性というのは何なのか不明確な気がする．科学の目的は「真理」を創造することではなく，「真理」を発見することだからだ．ヴァレリーはともかく，トムは，創造性を意識のレベルのみで捉えており，創造性と無意識や情動のかかわりには関心がないようだ．それはともかく，創造性の統一化という思考の射程の中で，ヴァレリーの言葉：「意識の本質が何であったとしても，意識とは置換なのだ」(Quelle que soit la nature de la conscience, elle est substitution) が出現する．ヴァレリーはもっとあれこれと意味不明の言葉を発しているのだが，トムは魔法のようなアプローチで，その言葉をカタストロフ理論の普遍開折 (déploiement universel) の理論とのかかわりで「解読」している．

　カタストロフ理論とは何か？トムの『構造安定性と形態形成』[13] の「日本語版への序」によれば，数学には，量的なデータに基づいて「予言」が可能になるような「精密科学の言語」という側面と「思弁的解釈論的な言語」という側面という2つの側面があるとされる．それを量的数学と質的数学とでも呼ぶことにすると，カタストロフ理論は質的数学の一種で「現象の質的な相違を，内的な局所力学の構造安定なアトラクタの飛躍によって解釈しようとするもの」で，量的数学言語と自然言語の「間隙を埋めようとするもの」だという．普遍開折という概念はその中核をなすものだ．トムは，カタストロフ理論は「認識論的にかけ離れているように見え

る現象」を統一的に把握するための枠組みで，アリストテレス以来のアナロジーとメタファーの理論なのだと考えており，カタストロフ理論を写像の特異点の分岐理論としてのみ総括したがる数学者たちに強い違和感を抱いている．トムの目標は「直観の論理化」だったのかも．

　トムが引用しているヴァレリーの『カイエ』の中の文章：「生き物はひとつのサイクルあるいはいくつかのサイクルのシステムに基礎付けられている」(Les êtres vivants sont fondés sur un cycle, ou plutôt un système de cycles)を見て，ぼくは，『構造安定性と形態形成』の最終章「動物から人間へ：思考と言語」の第1節が「主体の持続と行動の周期性」(捕食のループ，生殖ループ，性)だということを思いだしてしまった．ある種の周期性の集まりが全体として時間の感覚を生成し，周期性からの微妙な「逸脱」が人間を特徴付けているのだという発想は，たしかに，ヴァレリーにもありそうだ．トムはまた，ヴァレリーが「言語的コミュニケーションの性化されたメタファー」(métaphore sexuée de la communication linguistique)を使っている部分にも注目し，トム自身も言葉を配偶子(gamète)に喩えたことがあり，類似の発想がすでにヴァレリーにあったことに驚いている．ヴァレリーによると，詩は「言語の官能的な力と知的な力」(la force sensuelle et la force intellectuelle du langage)の絶妙なバランスの中で成立するのだという．そういえば，『若きパルク』はその典型に違いない．

トムとグロタンディーク

　ところで，トムが試作してみせたカタストロフ理論は，マスコミなどを中心に一時は「ニュートン以来の知的革命」などと騒がれたものの，マスコミなどにありがちな「操作主義的な科学観」からの「身勝手な誤解」が原因で急速に人気を失った．「量の科学」を期待したのに「質の科学」に過ぎなかったというだけなのだが．実際，トム自身も「カタストロフ理論，それは理解を可能にするためのツールであってコントロールのためのツールではない」(la théorie des catastrophes, qui est un instrument d'intelligibilité, non de contrôle...)と書いている．ヴァレリーの言葉：「科

学はアクトにほかならない．アクト以外の科学はない．残りは文学だ」(La Science n'est que des actes. Il n'y a de science que des actes. Tout le reste est Littérature.)について，トムは，ヴァレリーが操作主義哲学と「カタストロフ理論の萌芽」の矛盾に気づいていなかったと批判しているが，これは，カタストロフを理解するための言語としてのカタストロフ理論をカタストロフに対処し操作するための理論だと誤解されたというトムの苦い思いを反映したものだろう．ヴァレリーは体系的な叙述をめざしたかもしれないが，実際には，その計画は挫折に終わった．直観的な思索結果の表明を抑えて，完全な体系化をめざしていては，人生の有限性によって，計画が未完成に終わるだけでなく，別の誰かに「先を越される」ことも起こりうる．こう述べるとき，トムは，ガウスにおける非ユークリッド幾何学の発見やポアンカレにおけるローレンツ群やミンコフスキー空間の発見の公表に躊躇して発見の栄誉を他者に譲る結果になったことにも触れつつ，トム自身のカタストロフ理論の（未完成なままの）公開とそれに対する「世間の無理解」から被った「挫折感」への慰撫を試みているのかもしれない．つまり，トムはヴァレリーの解読を通して自己弁護を試みているのかもしれない．

　トムは，カタストロフ理論の衰退以降に，カタストロフ理論の一般化とも思える「理解可能性の一般論」(théorie générale de l'intelligibilité) の建設をめざして『セミオフィジクの概要』[14]を発表している．セミオフィジクというのはトムが創った用語で，「記号物理学」と訳したくなりそうだが，アリストテレス的な「類」（ゲノス）の概念を分析しているうちにトムがたどり着いたという「意味論的な場」(champs sémiotiques) の深みに関係した議論が展開されていることと「意味の自然学」(physique du sens) にもどこか近いらしいことから，「意味自然学」とでも訳したくなってくる．プラトン主義に傾斜しがちな数学をアリストテレス主義の側に引き寄せてみたということだろうか．1963年から，トムは高等科学研究所 (IHES) の教授だったが，同僚のグロタンディークとの数学観の差が次第に大きくなっていった．グロタンディークがドリーニュを教授に推薦したときにもトムは猛反

対したことが知られている．1968年の5月革命をきっかけとして，グロタンディークの意識に変化が起きて，生物学方面に関心を示しはじめた．トムのカタストロフ理論をめざす動きに「刺激された」という説もある．いずれにせよ，1969年11月に生物学に関する多数の書籍の購入を秘書に依頼したのは事実だ（[15] p.375）．ただ，この時点のグロタンディークは生命現象も量子論から解明可能だと考えていたと思われ，トムとは違って，分子生物学などの還元主義的な生物観を支持していた可能性が強い．とはいえ，これは「グロタンディークの大変貌」（Grothendieck's metamorphosis）として知られる一連の事件の予兆のひとつでもあった．1970年10月に，グロタンディークは高等科学研究所を去り，シュルヴィーヴル運動に専念しはじめるのだが，ほぼ同じ時期に高等科学研究所でのトムのセミナーなどを経てカタストロフ理論が形成されることになった．「グロタンディーク：トム＝プラトン：アリストテレス」という図式を思えば，1970年代に入って高等科学研究所がプラトン主義（代数幾何学）からアリストテレス主義（カタストロフ理論）へと転向したような印象さえあった．それはともかく，科学的創造性と美学的創造性の統合というヴァレリーの壮大な夢は，トムが示唆したような方向だけから見ると，いまも実現にはほど遠いが，ぼくは，数学的創造性というものを（脳神経科学や分子遺伝学の知見を踏まえて）適切に把握できれば，そのヴァリアントとして科学的創造性と美学的創造性を導けるかもしれないなどという妄想を抱くこともある．

参考文献

[1] http://fr.wikisource.org/wiki/La_Jeune_Parque
[2] Changeax/Connes, Matière à pensée, Odile Jacob, 1989
[3] シャンジュー／コンヌ（浜名優美訳）『考える物質』産業図書 1991年
  これは[2]の翻訳書で参考にさせてもらったが，引用した部分は都合により，全部原文から訳し直してある．
[4] 山下純一「岡潔と《無意識》1-3」『理系への数学』2006年10月号-12月号
[5] Ito, The Cerebellum: Brain for an implicit Self, FT Press, 2011
[6] Ito, "Control of Mental Activities by internal Models in the Cerebellum",

Nature Review Neuroscience, 9(4) 304-313 (2008)
[7] Tsai et al., "Autistic-like behaviour and cerebellar dysfunction in Purkinje cell Tsc1 mutant mice", Nature 488 647-652 (2012)
[8] Wan et al., "The Neural Basis of Intuitive Best Next-Move Generation in Board Game Experts", Science 331 341-346 (2011)
[9] 田村竜也/森本淳生編訳『未完のヴァレリー』平凡社 2004年
[10] 清水徹『ヴァレリー』岩波書店 2010年
[11] ヴァレリー(松田浩則/中井久夫訳)『コロナ/コロニラ』みすず書房 2010年
[12] Robinson-Valéry, Fonctions de l'esprit : 13 savants redécouvrent PAUL VALÉRY, Hermann, 1983
　　ロビンソン＝ヴァレリー編(菅野/恒川/松田/塚本訳)
　　『科学者たちのポール・ヴァレリー』紀伊国屋書房 1996年
[13] トム(彌永昌吉/宇敷重広訳)『構造安定性と形態形成』岩波書店 1980年
[14] Thom, Esquisse d'une Sémiophysique, InterEditions, 1988
[15] Aubin, "A Cultural History of Catastrophes and Chaos: Around the Institut des Hautes Études Scientifiques, France 1958-1980", Princeton University, 1998

神秘体験

> Plus d'une fois, il m'est arrivé d'avoir cette impression -
> que dans les moments de véritable création, [...]
> je ne faisais qu'accomplir ce qu'un autre me soufflait.
> 私には，[…] 本物の創造的瞬間に，
> 自分以外の誰かが私を操っていると
> 感じたことが何度かある．
> ——グロタンディーク ([1] p. 16)

グロタンディークの人生

　高等科学研究所 (IHES) で開催された「グロタンディーク集会」(Colloque Grothendieck) で，2009 年 1 月 14 日にシャルラウは，講演「Beyond mathematics: Pictures from Grothendieck's Life」において，ほとんど公開されていなかったグロタンディークとその周辺の人びとの写真を一気に公開した．グロタンディーク・サークルにも画質を落とした写真が公開されていたこともあったが詳しい解説が付けられた点でこれは露骨かつ決定的だった．シャルラウはグロタンディークの伝記の公式作家としてグロタンディークに「認定」されていたようだが，あるとき突然グロタンディークが怒って二人の間に亀裂が入ったらしい．そしてなぜか亀裂が入ってからシャルラウはグロタンディーク関係の写真をあちこちで公開しはじめた．シャルラウが『グロタンディーク伝』で描き上げることになるグロタンディーク観の骨格はこの講演でほぼ披歴されている．眺めてみよう．

　シャルラウはグロタンディークの人生を 4 つの時期に分ける．それぞれの時期に適当な名前を付けて書いてみると

　　　数学以前　1928 - 1949

　　　数学時代　1949 - 1970

　　　　（大転換　1970）

精神時代　1970 - 1991
　　　超俗時代　1991 - 2014

のようになるだろう．1928年は誕生した年，「数学以前」の時期をシャルラウは「渾沌時代」(Anarchie) と呼んでいる．1949年はグロタンディークがパリからナンシーに移って本格的な数学研究を開始した年，大転換 (die große Wende, le grand tournant) というのは，グロタンディークが高等科学研究所 (IHES) を辞めた 1970 年の事件を指しており，それからヴィルカンやモルモワロンでの隠遁生活を経てラセールに移る 1991 年まではスピリチュアルなものを追求した時代ということで精神時代と呼んでおいた．シャルラウもまたこの時代をスピリチュアル時代 (Spiritualität) と呼んでいる．ラセールでの時期をシャルラウは 2009 年の講演では「社会生活からの完全な引退」(complete withdrawal from public life) と呼んでいるので超俗時代に近そうだが，その後，「孤独時代」(Einsamkeit) と呼びはじめたようだ．超俗時代は死亡した 2014 年で終わる．面白いことにそれぞれの時期は（超俗時代が 23 年であることを別にすると）ちょうど 21 年間になっている．実際，2009 年の講演の時点では，シャルラウは，冗談半分で「21年周期説」を唱えていた．

グロタンディークのメモ

　1987 年に書かれたグロタンディークのメモがある ([2] p.113)．精神時代のピークに近づきつつある時期から振り返った自己史の外観を大きな変化のあった時に注目しながら描いたものだ．このメモを見てまず気づくのは，スピリチュアルな転換の突破口ともいうべきなった作品『アンセストの称賛』が無視されていることだ．『収穫と種蒔き』の時点では重視していたのに，『夢の鍵』以降になると無視するようになった．1991 年には『アンセストの称賛』の草稿（本書 p.377 参照）の大半を焼却した．とりあえずいくつかの行を部分的に翻訳してみると以下のようになる（参考のために年齢を追加しておいた）．

```
Mai 1933 : volonté de mourir
27-30 déc. 1933 : naissance du loup
été (?) 1936 : le Fossoyeur
mars 1944 : existence de Dieu créateur
juin-décembre 1957: appel et infidélité
1970: l'arrachement - entrée dans la mission
1-7 avril 1974 : "moment de vérité", entrée dans la voie spirituelle
7 avril 1974 : rencontre Nihonzan Myohoji, entrée du divin
juillet-août 1974 : insuffisance de la Loi, je quitte l'univers parental
juin-juillet 1976 : le réveil du yin
15/16 nov. 1976 : écroulement de l'Image, découverte de la méditation
18 nov. 1976 : retrouvailles avec mon âme, entrée du Rêveur
août 1979-févr. 1980 : je fais connaissance de mes parents (l'imposture)
mars 1980 : découverte du loup
août 1982 : rencontre avec le Rêveur - l'enfance remonte
févr. 1983-janv. 1984 : le nouveau style ("A la Poursuite des Champs")
févr. 1984-mai 1986 : Récoltes et Semailles
25 déc. 1986 : le "sacrifice" de ReS         NB 9.11 - 25.12.1986 :
28 déc. 1986 : mort et naissance              premiers rêves érotiques
                                               mystiques
1-2 janv. 1987: "ravissement" mystique-érotique
27 déc.1986- 21 mars 1987 : rêves métaphysiques, intelligence des rêves
8.1, 24.1, 26.2, 15.3 (1987): rêves prophétiques
28.3.1987 : nostalgie de Dieu
30.4.1987 - ... : La Clef des Songes
```

グロタンディークのメモ

1933年5月(5歳)死への意志

1933年12月27日～30日(5歳)オオカミの誕生

1970年(42歳)使命への入口

1976年11月15/16日(48歳)瞑想の発見

1980年3月(51/52歳)オオカミの発見

1982年8月(54歳)夢を創る者との出会い

1984年2月～1986年5月(56歳～58歳)
　　『収穫と種蒔き』執筆

1986年11月9日～12月25日(58歳)
　　最初の官能的神秘的な夢

1987年1月1日～2日(58歳)
　　神秘的官能的「恍惚」

1987年1月8日,24日,2月26日,3月15日
予言的な夢　1987年4月30日〜…(59歳)
『夢の鍵』執筆

　5歳のときに「死への意志」(volonté de mourir)があったとしたら凄い話だ．5歳で「オオカミの誕生」(naissance du loup), 51/52歳で「オオカミの発見」とあるが，オオカミという言葉で何を指したかったのか判断が難しい．54歳のときに出会ったという「夢を創る者」(le Rêveur)というのは神のことだと『夢の鍵』で宣言されることになる．58歳で「最初の官能的神秘的な夢」(premiers rêves érotiques-mystiques)や「神秘的官能的「恍惚」」("ravissement" mystique-érotique)を体験しているというのは興味深い．「官能的神秘的」が「神秘的官能的」に変化しているのは単なるミスだろうか．「超越体験の神経学的機構は，[…]交尾やセックスに関する神経回路から進化してきた」([3] p.186)という説が正しければ，グロタンディークの体験は不思議ではない．

フランスの古書店との交渉

　ぼくは，グロタンディークを紹介する映画[4]を見て，その映像に出てきたカルカソンヌ近郊の村モントリュ(Montolieu)にある理学書を扱う古書店「シルヴェン・パレ」(Sylvain Paré)で，デュドネの蔵書の一部であったとされるグロタンディークの『預言の書』が購入できるかもしれないと考えた．『預言の書』の正しいタイトルは「福音の手紙の展開」(Développements de la lettre de la Bonne Nouvelle)だが，ここでは象徴的に『預言の書』と呼んでおいた．2014年5月に，交渉事の苦手なぼくに代わって妻の京子が問い合わせてくれたところ，「＋α」込みで600ユーロ(この時点のレートで84000円)だとわかった．シルヴェン・パレの説明が何を意味するのかまったくわからなかった「＋α」を別にすると，『預言の書』の本体は80ページ程度なので，1ページ1000円もすることになる．とりあえず眺めてみたいだけのぼくとしては「高すぎる」という気がした．さっそく京子に値引

き交渉をしてもらったところ，値下げするかわりに 120 ユーロ（16800 円）程度と推定される EMS 便の送料をサービスしてくれることになった．ついでに，送料がなぜそんなに高くつくのかと問い合わせると，重量が 9 キロもあるせいだという．いくらなんでも，『預言の書』＋ α だけで 9 キロというのは重すぎる．ぼくが購入しようとしてるグロタンディークの作品は一体何なのか？などと考えつつ，手元にあるグロタンディークの『収穫と種蒔き』に使われている用紙の重さを量ってみると，1 枚 6 グラム程度になる．『収穫と種蒔き』は 1500 ページ，『夢の鍵』は 1200 ページ，『預言の書』は 80 ページ，『預言の書』の「＋ α」部分はどの程度あるのかわからないので，仮に 200 ページ程度と仮定しておくと，合計は 2980 ページ（1490 枚）となり，重さは 8940 グラム程度になる．こう考えれば，「重量は 9 キロ」という情報とほぼ一致する．これなら，1 ページ（1/2 枚）あたり 0.2 ユーロ（28 円）なので購入可能な金額だ．といっても，『収穫と種蒔き』と『夢の鍵』は，グロタンディークから送ってもらってすでにもっている．したがって，『収穫と種蒔き』と『夢の鍵』が重複することになるのだが，分売は不可能だといわれてしまうと，今後入手できるチャンスがあるとも思えなかったこともあり，あきらめて購入を決定した．カードによる決済は不可能だったので銀行経由で送金しようとしたが，信じがたいほどの経費がかかるとわかって中止し，2014 年 6 月 6 日に郵便局経由で送金作業を済ませて到着を待った．シルヴェン・パレは，こちらの送金を確認してから，6 月 19 日に 2 個の小包（2 paquets）にして発送したとのこと．1 個の小包（Express Mail Service, EMS 便）は 6 月 23 日に入手した．この小包に含まれていたのは，『収穫と種蒔き』の大半と『夢の鍵』の半分程度で，ぼくの欲しかった『預言の書』は含まれていなかった．同じ日に送った 2 個の小包（EMS 便）なら，同じ日かせいぜい 1 日遅れでこちらに届くはずなのに，6 月 25 日になっても肝心の小包が届かない．「まだ届かない」と訴えると，「もうひとつも届くでしょうが，ちょっと忍耐が必要です．忍耐は日本人の美徳でしょ？」（Donc l'autre arrivera, mais il vous faut un peu de patience. N'est-ce pas une vertu japonaise?）などと勝手なことを伝えてきた．当然，EMS 便

のはずだと思って，問い合わせ番号(Le numéro d'envoi, 2文字＋9数字＋3文字)を教えてくれるように頼んでみた．その結果，2個の郵便物のうち1個は小包(追跡可能)にしたが，もう1個は封筒に入れて印刷物の通常郵便物(追跡不能のSAL便)にしたことがわかった．いずれにせよ，シルヴェン・パレが追跡可能便と追跡不能便に分離したことを教えてくれなかったことが混乱の原因だった．ちなみに，交渉中にわかったところでは，シンヴェン・パレの担当者(店主)は村で合気道を教えており，どこか親日的な人物だっただけに残念な気がした．

シルヴェン・パレから届いた荷物の中身

『預言の書』が届いた

フランスからあるいはフランスへの郵便物は(経験によると)「行方不明」になる可能性があるので，何となく不安もあったが，6月26日には，残りの郵便物も入手することができた．小包で届いたものと合わせると，入手した印刷物は全部で15冊だった．ぼくが「＋α」と書いたのは，シルヴェン・パレがメールの中で「＋2巻A.グロタンディークの書き込み付き(＋2 volumes avec annotation de A. Grothendieck)と書いていたもののことだ．

いかにもそういう印象を受けるような位置に書かれていたのだが，届いてから眺めてみると，シルヴェン・パレのコメントに反して，『預言の書』の「＋α」ではなくて，『夢の鍵』の本論3冊のうちの2冊にすぎなかった（内容をちょっと見ればすぐにわかることだが）．シルヴェン・パレはまた，『宇宙への門』を『預言の書』の後に出た単独の作品のように分類していたが，これも厳密にいえば間違いで，グロタンディーク自身は『宇宙への門』を『収穫と種蒔き』第3部（陰陽の鍵）の付録として出版している．こんな風にシルヴェン・パレはグロタンディークの非数学作品全15冊を必ずしも正しく配列できていなかったが，届いたものを正しい配列に直して並べ直してみると，つぎのようになっていた．

『収穫と種蒔き』（全7冊）
　　第0部（2冊）
　　第1部「うぬぼれと復活」（1冊）
　　第2部「埋葬Ⅰ：中国の皇帝の服」（1冊）
　　第3部「埋葬Ⅱ：陰陽の鍵」（1冊）
　　第3部付録「宇宙への門」（1冊）
　　第4部「埋葬Ⅲ：4つの作用」（1冊）
『夢の鍵』（全7冊）
　　「本論」（3冊）
　　「注釈」（ノート）（1冊）
　　「レ・ミュタン」（3冊）
『預言の書』（全1冊）

『収穫と種蒔き』（1983年〜1985/86年に執筆）は比較的よく整理されているが，『夢の鍵』（1987年執筆開始）については追加的な編集作業が必要だ．ただ，グロタンディーク自身は執筆後の編集（書いた順序の入れ替えや削除）を好まず，自分が執筆したままの順序で出版したいと考えていたので，そのまま見せられるとちょっとわかり難い構造になっている．『夢の

グロタンディーク(1980年ごろか)[2]

グロタンディーク(1988年5月)[2]

鍵』の場合は本論に注釈（ノート）を加える形で執筆していたのだが，そのノートが自己増殖して，『レ・ミュタン』が出現してしまった．『収穫と種蒔き』についても，第 5 部（1985 年に読んだユングの自伝の感想でもある），第 6 部（『収穫と種蒔き』への反応について）が続くはずだったが，実際には，これらは書かれず，『収穫と種蒔き』からスピンオフするようにして『夢の鍵』が出現することになる．1988 年 10 月ごろには『夢の鍵』の第 3 部（自分の見た夢の解説）を執筆中だったが，その後，『夢の鍵』が全体として1000 ページを超えたあたりで発表を控えることにしたようだ．天安門事件（1989 年 6 月 4 日），ベルリンの壁崩壊（1989 年 11 月 10 日），自分の見た夢の探求などが「共鳴」し「神体験」が加速して「福音の手紙」（1990 年 1 月 26 日付け）を発表する方が緊急性が高いと考えるようになったのだろう．『預言の書』（1990 年 2 月 18 日から 3 月 15 日にかけて執筆）は，「福音の手紙」の内容に詳しい説明を加えたもので，（ぼくへの手紙によると）単行本として出版を予定していたが，不本意な部分が明らかになったせいか，未発表のままに終わった．『預言の書』が予想外にコンパクトなのは，執筆中に数学への情熱が再燃したせいかもしれない．実際，グロタンディークは『預言の書』の執筆を「中断」して，『レ・デリヴァトゥール』の執筆に取り組みはじめた．これは 1983 年 2 月〜11 月にかけて書かれた『スタックの追求』，別名『キレンへの手紙』，にすでにその名前が現れているデリヴァトゥール（抽象的なホモトピー論を圏論的に確立することを目指す）について詳しく展開したもので，1990 年 10 月から 1991 年夏ごろまで集中的に執筆することによって，2000 ページほどの論文が出現した．この『レ・デリヴァトゥール』への集中が（62 歳から 63 歳にかけての）グロタンディークの心身に大きなダメージを与えたことは確実だろう．グロタンディークはこの不具合を，いままでもそうしたように，断食療法によって治そうと試みたようだが，うまく行かなかった．このことが 1991 年夏のモルモワロンからラセールへの最終隠遁を実行させる要因のひとつになったのではないかと思う．

非数学作品群の構造

　グロタンディークの非数学作品には，これら以外にも，すべての非数学作品の起源ともいうべき『アンセストの称賛』という詩集のような作品も存在していたのだが，グロタンディーク自身が 1991 年の「旅立ち」前に焼却処分にしてしまったせいで，偶然に救出されたとされるわずかな断片しか残っていない．シルヴェン・パレは「これらのポリコピーはジャン・デュドネの蔵書から来たものである」(Ces polycopiés proviennent de la bibliothèque de Jean Dieudonné.) と書いていた．ここで，ポリコピーというのは，日本ではかつて「こんにゃく版」と呼ばれていた印刷方法によるもので，『収穫と種蒔き』はポリコピーの例になっている．したがって，少なくとも『収穫と種蒔き』はデュドネの蔵書だったはずなのだが…．第 0 部の第 2 分冊（グロタンディークが最初に配布したバージョンではこれが最初の分冊だということになっていたが，後に，グロタンディークが第 1 分冊にあたるものを発表したために，その後は第 2 分冊になった）を見ると，グロタンディークの筆跡で「N・ラデュレスコへ:「著者自身を読む」ために…1986 年 5 月」(A N. Radulesco - pour "lire l'auteur lui-même" … Mai 1986) と書かれている．つまり，この『収穫と種蒔き』はグロタンディークがラデュレスコ (Nicolas Radulesco) という人物に贈呈したもので，デュドネに贈呈したものではないことがわかった．したがって，これがデュドネの蔵書に含まれていたという話は疑わしい気がしなくもない．それはともかく，このラデュレスコは 1903 年に出版されたランスランの『サタンの神話的歴史』(Histoire mythique de Shatan) の復刻版の編者だった．グロタンディークは第 1 隠遁地ヴィルカンから第 2 隠遁地モルモワロンに移り住むまでの期間 (1980 年) にジョランの家に短期間滞在させてもらっていたが，このジョランは文化人類学者でグロタンディークとは同じ年の生まれで，グロタンディークが「科学主義」を批判した作品「新しい普遍的教会」(La nouvelle église universelle) を収録した『何のための数学か』(Pourquoi la mathématique?) の編者でもあり 1970 年代からの古い友人でもあった．ジョランなら『サタンの神話的歴史』を知っていたはずだし，ラデュレス

コとも知り合いだった可能性もある．やがて，グロタンディークはサタンに興味をもつようになっていくだけに，この本を読んでいた可能性もありそうだ．

『アンセストの称賛』の目次より

シャルラウは，2009 年 1 月 14 日の講演の中で，グロタンディークの究極の目的は「創造性とは何か？」（Qu'est-ce que la créativité?）という問に答えることだったと述べている．シャルラウによれば，グロタンディークは創造性には 3 つの認識レベル

いわゆる「官能的」あるいは「性愛的」認識
connaissance dite "sensuelle" ou "charnelle"
「知的」あるいは「芸術的」認識
connaissance "intellectuelle" ou "artistique"
「霊的」認識　connaissance "spirituelle"

があると考えており，非数学的な3つの瞑想作品『アンセストの称賛』『収穫と種蒔き』『夢の鍵』は，それら3つの認識レベルに対応して「創造性とは何か？」を追求したものだというわけだ．グロタンディークが，動物，人間，神という3つのレベルの創造性を順に追求していったというような後知恵的説明は，キリスト教の信者やその周辺のメンタリティをもつ人びとにとっては，ある意味で「安心感」のあるものなのかもしれないが，神もまた人間の歴史的・文化的な創造物にすぎないという立場に立つぼくなどからすれば，不鮮明でまわりくどい説明だというほかない．またシャルラウの説では，グロタンディークが『アンセストの称賛』をラセールへの移住直前に焼却処分にしたことが説明できない．安易な天上への飛翔を考えずに，創造性の問題をあくまで人間の問題として考えれば，人間の認識機能には動物的側面も神的側面もあるだろうから，進化の過程で誕生した人間の脳（いわゆる社会脳を含む）の機能の問題として「創造性とは何か？」を考える方が自然だし，そうすれば，「焼却処分の謎」も自然に解けるはずだ．ついでにいえば，創造性の問題に関連して，人間の認識機能の神的側面なるものを「唯一絶対の神」の存在を仮定せずに厳密に定義するのは難しそうだが，興味深い課題に違いない．未来に向う人間とその社会の可能性を神という超越者を想定せずに語ることの重要性にも注目したくなる．それは，グロタンディークが神概念を使って語っていることを脳神経科学や進化論的脳科学（というようなものがあるかどうかは別にして）の言葉に翻訳することとも無関係ではない．グロタンディークが書いた瞑想の成果としての作品群『アンセストの称賛』『収穫と種蒔き』『夢の鍵』の内容は，グロタンディークの人生を解読することによって，神概念を消去して再構築することができるはずだ．シャルラウの説の場合，「福音の手紙」や『預言の書』をどう考えるのかもはっきりしない．霊的認識の誤謬の例だとでもいうのだろうか？

三位一体論の拡張

　グロタンディークは，1990年1月26日付けで約250人の知り合いに向

けて，「福音の手紙」を書いた．これは 1996 年 10 月 14 日に「真実の日」が訪れ「解放の時代」が始まるのだという「福音」を告げる手紙で，そこに書かれていることは，1990 年中に出版する予定の『預言の書』(un livre prophétique) において，さらに詳細に説明するつもりだと書かれていた．当時，ぼくはこの手紙を読んで，『預言の書』の出版を楽しみにしていたが，なぜか手にする機会がないままに時間だけが過ぎ去ってしまった．ところが，グロタンディークを紹介するドキュメンタリー映画の中に，カルカソンヌの北西のモントリュ (Montolieu) にある理系の書店 (古書店) シルヴェン・パレ (Sylvain Paré) で，ル・ベスティボンが『預言の書』[5]（タイトルが変更されたもの）に遭遇する場面が収録されていた．2007 年に撮影された場面らしいので，少なくとも 2007 年の撮影の時点までは入手可能だったわけだ．さっそく，京子が問い合わせてくれたところ，「付録」込みで 600 ユーロ（約 8 万円）だとわかった．グロタンディークによる「書き込み」付きのコピーだと思われる「付録」を別にすると，80 ページ程度なので，1 ページ 1000 円もすることになる．デュドネの死後に蔵書から流出したものらしい．まだ買えるというのは「福音」に違いないが，かなり悩ましい値段だ！ それはともかく，映画では謎の図式を含むページが紹介されていた．

最初はグロタンディーク＝リーマン＝ロッホの定理を意味するダイアグラムかなどと思った．でも，書かれている文字をよく見ると，グロタンディークが自らの神秘体験に基づいて提唱しようとした「神の構造論」ともいうべき「神の 9 ペルソナ」の相互関係を図式化した挿し絵らしい．グロタンディークの神秘主義的思索には非常に図式的（カバラ的）な側面がある．キリスト教神学での三位一体論は「父と子と聖霊」からなるが，グロタンディークは，神の観念に「陽と陰」（男性原理と女性原理）と「光と闇」（光明と暗黒）という 2 つの「直交する」分極作用とそれらの作用の結果として生じる極性としての神のペルソナに「父なる神と母なる神」(Père と Mère) と「ルシフェルとルシフェラ」（悪魔＝デモン＝ルシフェルの女性バージョンがルシフェラ）を配置してる．点と作用（関数）を同一視するかの

Lucifera, Lucifer, soit en "joignant" ensemble cel
l'entre elles, soit toutes les quatre (qui donne
le Dieu). Les (neuf) Personnes fondamentales peuvent
 correspondant aux quatre sommets et aux quatre côt
t au carré dans son ensemble, lequel doit être vue
sonne totale de Dieu :

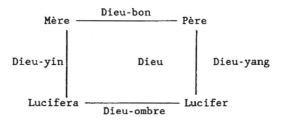

hacune de ces neuf Personnes divines s'est manifes
 Terre, tout comme Père, Mère, Lucifera se sont mar
 personne, pas plus que moi naguère, n'a jamais trop
 avait affaire !) Seules les quatre Personnes irréd
Lucifera, Lucifer, et de plus Dieu-bon (alias Mère-
ias Lucifera-Lucifer, se manifestent dans des
estations de Dieu-yin, de Dieu-yang, et celles

グロタンディークの『預言の書』[5]

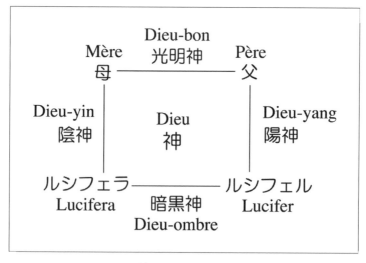

神の9つのペルソナ

ように，グロタンディークは，2つの作用そのものも神のペルソナ（persona）と考え，「陽神と陰神」（Dieu-yang と Dieu-yin）と「光明神と暗黒神」（Dieu-bon と Dieu-ombre）と呼んでいる．つまり，グロタンディークは，西洋世界のキリスト教の三位一体論に，東洋世界の道教＝ヒンズー教＝仏教（タントリズム）を貫く陰陽二元論（性の原理）とゾロアスター教的な善悪二元論で変形するとともに，実体と作用を同一視することによって，神を8つのペルソナに分解し神そのものもペルソナのひとつと考えて，全部で9つのペルソナに分解したという感じだ．「子と聖霊」はどうするのかわからないが，キリスト教のファロス／ロゴス主義（父と息子を主軸とする）の象徴としての三位一体論を，母と息子の軸の復活とフェミナンなもの（ヨニ／パトス・ミュトス主義）の復活を秘めつつ拡張を試みたようなものだと想定してみたくなる．善悪の相対化によって倫理観の解体を無意識のうちに意図したものかもしれない．ついでながら，唯一であるはずの神のペルソナの個数が複数であってもよいことはトマス・アクィナスなどによっても論じられたようだ．

　なぜ，グロタンディークは，このような神の概念を信じることになったのだろう？ グロタンディークの瞑想的思索の起源となったものは，自分自身の根源的情動の言語化を試みた異色の作品『アンセストの称賛』に違いないが，これはフロイト的な性的エネルギーへの賛美と畏怖の表出でもあった．自己史に向う作品『収穫と種蒔き』第3部の執筆過程で発見した「陰陽の鍵」は『アンセストの称賛』を穏やかな形で内包している．さらに，グロタンディークの神の主観的イメージを規定することになる作品『夢の鍵』での独自の発見（脳科学的な夢の解釈やフロイトの夢判断とはまったく異なり，むしろ古代ギリシアの夢理論への回帰を思わせる）も踏まえつつ，反戦・反軍への思いから生じた善悪の観念にも影響されて，さらには，ユングの自伝[6]の読破をきっかけとして興味をもったユングの「神と子と聖霊と悪魔」の四位一体論[7]の更なる拡張を試みる結果になった可能性もあるが，光と闇（光明と暗黒，善と悪，神と悪魔）の二元論まで融合して，神の構造の解明に挑戦しようとしていたことになる．そういえば，ユ

ングは，キリスト教の三位一体論の完全化するためには,「悪と女性」を融合する必要があると考えていたようだ．これを善悪と陰陽の導入だと思えば，グロタンディークの発想に近くなり，グロタンディークの宗教的思索へのユングの影響が気になるが,『夢の鍵』の付録ともいうべき『レ・ミュタン』によれば，グロタンディークはユングよりもむしろフロイトの「突然変異性」を高く評価している．（まさかとは思うが，グロタンディークが無意識のうちに，フロイトを「裏切った」弟子のユングに，自分を「裏切った」弟子のドリーニュを投影してしまうせいだろうか.）

　ラセールに隠遁してからのグロタンディークは，いつごろからか，古い知人や近所の人びとに極端な倫理性を要求するようになったが，これは光と闇への分極を強く意識したことと関係がありそうだ．グロタンディークは，こうした極端な倫理的視点を宇宙全体の運命にまで適用する．シャルラウはこうした点が精神病的（統合失調症的）だといいたいようだが，ぼくは，アスペルガーに併発する「一過性の解離性自己同一性障害」仮説での説明の方が説得力があり晩年のグロタンディークの変貌も理解しやすいと思っている．

断食と神秘体験

　こうした思索パターンはグロタンディーク自身の思想的歩みとも関係している．グロタンディークは，断食療法（日本山妙法寺の創設者藤井日達の弟子たちから習った部分もありそうだ）によって心の自己治療を試みたときに生じた幻覚体験をヒントにして，神と接近遭遇したものと思われる．シャルラウによれば,「幾晩にも渡って，グロタンディークはピアノで賛美歌を演奏しつつ歌った．そして，ついに，1988年に，過剰な断食のせいで死にかけることになった．グロタンディークは神に遭遇しようとして，意識的に死の瞬間を体験するべくイエスの40日間の断食を超えようとした．」(Nächtelang spielte Grothendieck auf dem Klavier Choräle und sang dazu. Schließlich kam es 1988 zu einem Fastenexzess, der ihm beinahe das Leben gekostet hat. Offenbar wollte er Gott zwingen sich zu offenbaren, er wollte den Augenblick seines Todes bewusst erleben und das 40-tägige Fasten Jesu übertreffen.)（[8] p.6）という．グロタンディークは，イエスの「40日間の断食体験」を追体験して神に出会おうと試みた結果，ついに神と出会うことができたと信じ，それ以後，「神との対話」の時代に突入していったわけだ．この重要な転換点を，シャルラウは，カルティエなどと同じように，グロタンディークの重篤な精神病の最終的な発病を告げるものだと考えたようだ．実際，シャルラウは「少なくとも1980年代の終わりから，かれの人生は妄想の時代を迎えることになるのは確かだし，かれが緊急の医学的および精神科的助けが必要であったことも確かだ．」(Es kann kein Zweifel bestehen, dass spätestens seit Ende der achtziger Jahre sein Leben zu mindestens periodenweise von Wahnvorstellungen beherrscht wird und er dringend medizinischer und psychiatrischer Hilfe bedurft hätte.)（[8] p.6）と書いている．ところが，グロタンディークはその後，「神との対話」の時期が妄想の時期でもあったと自ら語るようになっている．グロタンディークが精神病の治療をしたという話は聞かない．ぼくは，グロタンディークが精神病を発病して自然に治癒したなどというちょっとありえないような解釈ではなく，アスペルガーのグロタンディークが過度の断食を通じて（アスペルガーに併発する）解離性障害的状態に陥り，「もうひとつの自己」との対話体験を神体験と錯覚したものと考えているし，グロタンディークと神（女性的な声だったという）の対話の声が第三者にも聞こえたという当時の証言もそれを支持していると思っている．

「真実の日」のインパクト

　グロタンディーク自身は，預言の失敗を，神が自分を試したのだとか，悪魔による妨害が原因だとか，自分の対話の相手が神だと感じていたのに，悪魔（サタン，ルシフェラ，ルシフェル）に過ぎなかったなどと考えた可能性がある．預言の失敗以降，グロタンディークの心は，モルモワロン時代に芽生えた「神と悪魔」という二極への解離が進みテーマとしての規模も増殖していったのではないだろうか．ぼくは，ラセール時代のグロタンデ

ィークは，1991年の移住の時点からおそらく1996年10月14日の「真実の日」までは村人と共に平穏に暮らしていたが，それ以降，態度が急変したのではないかと思っている．これについては厳密にはまだ未確認だが，移住してきた最初の時期は村人たちとも話をしていたし「やさしかった」(gentil) という証言 [9] はすでに存在している．ぼくは，グロタンディークのラセールでの振る舞いが急変した正確な時期を探ってみたいと思っている．ところで，シャルラウの『グロタンディーク伝』はもともと全3部で，第1部「渾沌」，第2部「数学」，第3部「霊性」と予告されていたが，2011年には，第4部「孤独」が追加されて全4部に変更されたようだ．ドイツ在住のシャルラウ自身が執筆するのかどうかはわからないが，第4巻は「完全隠遁」以降，つまり，1991年以降のグロタンディークがテーマになるので，ぼくは，これが出れば，「ラセール時代のグロタンディーク」への更なる接近が可能になるのではないかと期待している．

参考文献

[1] Grothendieck, La Clef des Songes, 1987
[2] Scharlau, Wer ist Alexander Grothendieck? Teil 3 : Spiritualität, Herstellung und Verlag, 2010
[3] ニューバーグ他(茂木健一郎監訳)『脳はいかにして〈神〉を見るか』PHP研究所 2003年
[4] Aira et Le Pestipon, "Alexander Grothendieck, sur les routes d'un génie", K productions, 2013
[5] Grothendieck, Développements de la lettre de la Bonne Nouvelle, 1990
[6] ヤッフェ編(河合隼雄他訳)『ユング自伝1, 2』みすず書房 1972年 , 1973年
[7] ユング(村本詔司訳)『心理学と宗教』人文書院 1989年
[8] Scharlau, "Wer ist Alexander Grothendieck?" http://www.scharlau-online.de/
[9] La Dépêche du Midi, 2014年11月15日

III
思い知るべき人はなくとも

過去の訪問の回想

感謝も歓喜も，そして光明もない，
呪うべき寂寥のなかにこそ
詩精神は青白く燃えあがり，
その持続的な火を
ともしつづけるのだ．
———折口信夫の見解

遠き寂寥

グロタンディークの畑（1973年山下撮影）

　山折哲雄[1]（p.66）によると，折口信夫は文学の起源は寂寥にあると主張している．ひょっとしたら，詩的な意味で，数学の起源もまた寂寥と孤独の中にこそあるのかもしれない．高校時代に仲間などから「詩人」と呼ばれたこともあるグロタンディークは「完全な孤独」（solitude complète）を求めて，1991年夏以来の第3次隠遁生活を送っていた．ひょっとしたら，「寂寥と孤独」の深淵に棲む無意識の渦の中から未来に向うヴィジョンを紡ぎだしたいという「詩人の魂」が甦ってきたのかもしれない．日本語の孤

独はフランス語では solitude と isolement と déréliction の 3 種類があるが,「寂寥と孤独」のニュアンスに最適なのは solitude だろう. solitude はラテン語の solitudo＝「ひとりでいること」から生まれたフランス語だ. 自分から望んだ孤独という感じで, 必ずしも寂しさ（英語の loneliness）は含まれていないのだが, グロタンディークの場合は, 行動形態のどこかに逆説的な人恋しさが感じられるので, 寂寥感も含まれていそうだ. 望まないのに孤独になった場合が isolement（英語の isolation）で孤立という方がいい場合もありそうだ. また, déréliction というのは神に見棄てられた状態を意味している. グロタンディークの場合も,「神に見棄てられた」という側面もなくはないのだが, solitude の方が適しているようだ. 折口信夫的な発想からすると,「寂寥と孤独」から人を救うものとしての宗教的存在者（神や仏）が出現する以前の原始的なままの「寂寥と孤独」こそが詩としての数学の起源だということになりそうなので, déréliction は当たらない. 実際, 1960 年代の「栄光の時代」のグロタンディークは非常に一般的な枠組みで代数幾何学の基礎作りに勤しんでいたわけだが, この時代のグロタンディークには神は不必要な存在だった. 切り開く方向には茫漠とした夢以外の姿は見えず, 日常性を深く穿っていた「寂寥と孤独」を覆い隠すように「栄光」という虚飾の揺らぎが漂う「脳内空間」をパワフルにひとりで突き進んでいたという印象が強い. グロタンディークは自分の成功が, 少年時代の徹底的な「寂寥と孤独」（親に見捨てられた体験こそがグロタンディークの男性化の起源となっている）を出発点にしていることを感じていないわけではなかったが, 母の死後にともすれば襲ってきそうな「寂寥と孤独」の影を振り払うようにして, ひたすら数学のみに打ち込んでいたのだった. この時期を見ると, グロタンディークの数学はどんどん抽象化と一般化への道を進み, テストステロンの過剰にも似た男性化が促進したようだ. ヴェイユ予想の解決をめざしているものと考えられていた研究プログラムは, 具体性（歴史性）を忘れた抽象性（超歴史性）の宇宙を彷徨うようになり, 徐々にではあったが「寂寥と孤独」の逆襲がはじまる. その後, 数学から離れてシュルヴィーヴル運動にコミットするが挫折し,「寂寥と孤

独」を求めて隠遁を繰り返すことになる．ただし，数学から脱出して以後の場合には「寂寥」などといっても，グロタンディークをあれこれ助けてくれる女性がいて，こころもいくらか癒されていたはずなので，1991年夏の第3次隠遁までは，「寂寥」の深さはそれほどでもなかったように思う．しかし，第3次隠遁は決定的で,「過去の女性たち」にも別れを告げて，ついに「完全な孤独」を希求するまでになった．

1973年と1976年の訪問

　ぼくがはじめてグロタンディークの隠遁先を訪ねたのは1973年7月26日だった．グロタンディークの第1次隠遁先が（モンペリエ西北西50キロ

ヴィルカン遠景（1990年山下撮影）

ばかりのところにある町ロデーヴから歩いて1時間ちょっとの距離にある）ヴィルカンという小さな村であることを，そのころグロタンディークのシュルヴィーヴル運動の仲間でエコロジー[2]を書いた数学者のサミュエルのバカンス先だったビアリッツまで行って，のちにこの本の訳者となる辻由美に聞きだしてもらったのだった．ぼくは，グロタンディーク自身が隠遁先の家に正式に引っ越してくる前日にその家にたどり着いた．辻由美（プロの通訳で，のちに『収穫と種蒔き』を翻訳することになる辻雄一の妻）に助けてもらって，ヒッチハイク（auto-stop）でロデーヴ

Ⅲ　思い知るべき人はなくとも

からヴィルカンの「中央」にあるキリスト像にたどりついたら，ちょうどグロタンディークが家から出てきて，探す苦労もなく楽に見つかった．その

ヴィルカンの十字架（1990年山下撮影）

翌日，グロタンディークは荷物をとりにパリ近郊の家に出向くといい，「勝手に泊まっていればいいよ」といってはくれたが，いくらなんでもまだベッドもない留守宅で待つわけにもいかないので，近くのオルメの館跡（グロタンディークが組織しつつあったコミューンの拠点）で一夜を明かした．そこにはグロタンディークの畑の近くで仲間らしい生物学者などもいて賑やかだったが，フランス語しか通じないのでかなり不便だった．翌日，グロタンディークの家に移り，しばらく滞在させてもらって，グロタンディークの畑仕事を手伝うつもりで邪魔をしたこと（トマトの芽を切りそこねたり植えたばかりのナスを踏んづけたり）や畑とヴィルカンを結ぶ道を手押し車を押しながら「人生」についてあれこれ話したことやロデーヴまで買物に出るために郵便配達の黄色い自動車にグロタンディークと一緒に

389

乗せてもらってあちこち郵便を配達したり郵便物を集めたりするのにつきあわされたこと，グロタンディークの長女で当時 14 歳のジョアンナ（ヨハナ）とほんの少しだけ知り合うことができグロタンディークの家でオムレツを作ってもらったこと，グロタンディークの同棲相手で若いアメリカ人の妊婦ジャスティンと知り合って一緒に近くの温泉（source）に洗濯に出かけたり，ロデーヴの教会を見物に行ったりしたこと，そして，フランス語のできないジャスティンに英語での話し相手になってあげてグロタンディークの家族についての貴重な情報をいくつか教えてもらったことなどが懐かしく思い出される．一番困ったのは，「では，これで失礼します」といいだせなくて，それどころか，グロタンディークに「いたければいつまでいてもいいよ」などといわれてしまって，ヴィルカンを離れるチャンスを失ったことだ．この体験のためだけではないが，ぼくはいまでも「グロタンディークって，本当にやさしい人だったんだなぁ」と感じている．

そのころ，グロタンディークは 1960 年代の数学のみに過度に集中した「栄光の時代」の「副作用」もあって家庭生活が「崩壊」しつつあったが，妻ミレイユは子供たちとともにコミューンに滞在中だったようで，長女がグロタンディークの家にボーイフレンドのバイクに乗せてもらって遊びに来ていた．また，まもなく，ジャスティンはロデーヴの病院でグロタンディークの子供ジョンを産むことになる．ぼくは，3 年後の 1976 年 8 月にもヴィルカンを訪れて，グロタンディークと会う機会があったのだが，そのときには，もうジャスティンはジョンを連れてアメリカに帰ってしまっていた．このとき，グロタンディークの机の上を目撃する機会があったが，母と父に対するグロタンディークの愛着のほどを思い知らされた（写真参照）．ついでながら，ぼくが会う直前の 7 月には新しい若い恋人と男女の役割を交換して暮らしたことがあったようで，このときの体験から，グロタンディークは自分の中に女性的なものと男性的なものが同居していることに気づいたという．それはともかく，このときのぼくの訪問は傑作だった．8 月 1 日にヴィルカンの家を訪ねてみると，あらかじめ連絡しておいたにもかかわらず，急用ができたとかでグロタンディークは留守で，「数日

III 思い知るべき人はなくとも

後にはもどるので家で自由に過ごしていてください」のように書いた張り紙がドアに残されていたのだ．仕方なくぼくは，バルセロナやマドリッド（ついでにトレド）をまわって8月6日に再度ヴィルカンを訪問．このときは気をきかせてロデーヴのホテルを予約しておいたのだが，グロタンディークはてっきり自分の家に泊まるものと信じていて，夜中まで話し込んでいてホテルの門限（そんなものがあったのか！）を過ぎてしまい，クルマ（このときにはグロタンディークは免許を取り中古車を買っていた）で送ってくれたグロタンディークがホテルと交渉してくれて事無きを得た．

グロタンディークの机に見る母と父（1976年山下撮影）

エロスとタナトス

そのころ，フランスへの布教のためにグロタンディークに接近していた日本山妙法寺との交流に伴うトラブルの発生で，また「孤独願望」が芽生えてきたのかもしれないが，グロタンディークは，老子を読むなどしつつ，「本当の自分」を探すために自分の両親について知ろうと考えるように

なったようだ．こうした動き（抑圧されていた「過去の自分」への回帰）は1979年に詩集『アンセストの称賛』として結実したが，未発表のままでかなりの部分をのちに焼却したとされる．グロタンディークは，1979年夏にはヴィルカンを発って，いわゆる「自分探しの旅」に出たようで，一時的に「行方不明」となる．1980年ごろのグロタンディークがゴルドのラ・ガルデットに滞在していたが，自分の過去と向きあうための瞑想を続けていたのは確かだ．「里子」に出されていたブランケネーゼ（ハンブルク），高校時代を過ごしたル・シャンボン・シュル・リニョン，結核の母と一緒に苦労したメラルグ（モンペリエ近郊）などにも出かけて「過去への旅」を試みていた可能性もありそうだ．

メラルグ遠景（1990年山下撮影）

1978年9月ごろからグロタンディークと交際をはじめたヨランドによると，1980年の終わりに，グロタンディークがゴルドに滞在していたのをみつけて，第2次隠遁先となるモルモワロンの家を斡旋したのだという．1981年1月ごろには，グロタンディークは，完全にヴィルカンを引き払ってモルモワロンに転宅した．この第2次隠遁は「数学研究への復帰」を意図した面もあって，転宅するとすぐに，『ガロア理論を貫く長征』の執筆をはじめ，往年の集中力を発揮して，6か月で1300ページほど書いたところで，ある夢の衝撃によって突然中断（執筆の開始も夢からはじまっ

た）．その直後に出会った若い女性アンゲラに恋をし，「愛の詩」(un poème d'amour)を書き上げている．その書きだしはこうだった．

Voll und schwer	成熟し重く
reife Frucht	実った果実
neigt sich mein Leben	わが人生は
gen Ende	終焉へと近づく
Der Erde zu	大地へと

「愛の詩」のはずなのに，死のイメージに彩られているのが興味深い．とはいえ，バタイユ的なエロティシズムへの理解からすればエロスが死（タナトス）と隣りあわせであることは不思議でも何でもないのだろうし，グロタンディーク自身もそのように理解していたようだ．グロタンディークが死のイメージを含む詩を書いたのは，母親が亡くなった 1957 年以来のことだったという．この詩はアンゲラに捧げるものというよりは，グロタンディークがやってくるのを待っているある女性（母親ではないかとぼくには思える）に向けられたものだった．グロタンディークはこの「愛の詩」の捧げる相手は「私を迎える準備をして沈黙の中で待っている女性だ」(c'est à Elle - à Celle qui en silence attend, prête a m'accueillir...) と書いている．アンゲラが，グロタンディークの母の言語，ドイツ語を話す女性であったこと，アンゲラが天使を意味していることなどの中に母への思慕の情を読み取ることができる．グロタンディークはこの詩が「私が愛した女性たちへの訣別」(un adieu ... aux femmes que j'avais aimées) を意味するもので，いわば最後の「愛の詩」になるだろうと予感した．ぼくは，この詩にまつわるグロタンディークの思いを知って，数学的創造と詩的創造が相互に深く関連していそうだと感じた．

1983 年の訪問

1983 年 3 月 13 日にぼくは妻の京子とともに，アヴィニョンからバスでカルパントラまで行き，そこから（もうバス路線すらないので）タクシーに

乗って，手紙にあったモルモワロンの住所を頼りにグロタンディークの家を訪ねた．タクシーの運転手は手紙の住所だけでは家を見つけられなくて苦労していた．郵便局で聞けばいいはずだが，この日は日曜日なのでそれは不可能．日本の交番の役割も担っている憲兵隊 (gendarmerie) の詰所で聞いてようやくおよその場所がわかった．とはいっても，実際に家にたどりつくまでには苦労があった．クルマが通れないような狭い雑草の茂った坂道を無理に下りたせいでタクシーの側面が傷だらけになった．運転手はかなり律義な人だったようで，モルモワロンに着くとすぐにメーターを切って家探しの分は無料にしてくれた．しかも，ぼくらは運悪くフランの現金の持ち合わせが少なくて，グロタンディークに迷惑までかけてしまった．こんな形で何の予告もなしに（ロンドンからハガキを出しておいたのだがまだ届いていなかった），突然訪問したのだが，グロタンディークはぼくの顔を見るとすぐに「ジュニチ（いくらいっても「ジュンイチ」とうまく発音できないらしい），よく来たね」とやさしい言葉をかけてくれた．京子 (1978 年にぼくと結婚) は，グロタンディークとは今回が初対面だったので，簡単に紹介したが，「このごろジュニチの手紙で一人称が単数 (I や Je) から複数 (We や Nous) に変化していることに気づいていたが，いいことだと思う」などと応じてくれた．この時期のグロタンディークは，ホモトピー論に関する 600 ページの作品『キレンへの手紙』を書いている最中だった．「こんな山奥へはジュニチ以外は誰も訪ねてこない」と語っていたのが印象に残っている．ヴィルカンのときも十分に「山奥」だったが，たくさんの人たちが面会に来ていたようなので，それと比較しての話だろう．グロタンディークの家の辺りからは海抜 2000 メートル近いヴァントゥー山が美しく見えていた．また，南フランス一帯には桜のような花が咲き乱れていたので「このあたりでは桜がもう満開なんですね」などといって「あれは桜じゃなくて，アマンドだよ」と教わったのもこのときだった．アマンドはアーモンドのことで，その木や花が桜によく似ていることをはじめて知った．グロタンディークは，散歩がてら，家の西の方に粘土層が露出した丘があるからと連れて行ってくれた．ブドウ畑を越えてしばらく歩いたと

ころにある小高い丘がそうで，手ごろな高さの場所に湿った粘土層が見えていた．グロタンディークは，「この粘土は健康にいい」とかいって手に取り，「ほら，これ見て」というような表情をしながらやや戯け気味に口に含んだのには驚かされた．あとでわかったところでは，モルモワロンは漆喰 (plâtre) の原料となる石膏 (gypse) の産地として知られ，粘土といっても，解熱作用などがあるとされ生薬としても知られる石膏（硫酸カルシウム）が主成分なので，たしかに「健康にいい」のかもしれない．グロタンディークはこの粘土層の近くを散策中にもあれこれハーブを採取していたようだ．近年，抗うつ薬や抗不安薬としての有効性が証明されたセントジョンズワート (Millepertuis perforé) などもヨランドの勧めで使ったことがあるらしい．家にもどってから出してくれた乾燥させたハーブの根から作った手作りのハーブティーは（少しジャリジャリ感もあったが）美味しかった．

　そうこうするうちに，ヨランドが訪ねてきて，4人で庭のテーブルで「ピクニック」をしたが，ぼくがグロタンディークの50歳の誕生日にプレゼントしたサラダ容器などがまだ使われていたのでうれしくなった．食事の前にグロタンディークが合掌して「南無妙法蓮華経」をゆっくり3度繰り返したので，釣られてぼくらも同じことをした．そもそも，ぼくの家の宗派は浄土真宗（父は僧侶でもあった）なので「南無阿弥陀仏」というべきなのだろうが，食事の前に念仏を唱えるのもおかしなものだし，「その祈りは何？」とか聞かれると説明がメンドウなので，グロタンディークに迎合して題目を唱えておいたわけだ．この時点でも，藤井日達（日本山妙法寺の創設者）の筆になる「南無妙法蓮華経」の題目が部屋の壁に飾られてもいるようだったし，グロタンディークの「惰性的な行為」の中に，日本山妙法寺の余韻がまだ残っているように感じられた．ヴィルカンからの「脱出」は人間的交流の煩わしさからのもので，「南無妙法蓮華経」との訣別を必ずしも意味しなかったようだ．ただ，ぼくらの訪問から3か月ばかり後に，日本山妙法寺の僧侶たちがグロタンディークを熱海で開催される予定の藤井日達の誕生会に誘ったときには，この招待を断っている．夜になって，グロタンディークが運転してオランジュの駅までぼくらを送ってくれたのは

いいが，シートベルトもない古い小さな車（シトロエン 2CV の初期モデル）でローカルな道を 80 キロ以上のスピードでぶっ飛ばされたのでかなり怖かった．オランジュ駅のホームでグロタンディークから，みやげにといってバスケットにいっぱいの胡桃（殻付き）をもらってしまった．このあと，ぼくたちは，ヴァランスに出て TGV でニースに行き，さらに，ローマ経由でシラクーザ（アルキメデスが生まれた町）に行き，ブリンデシからフェリーに乗ってパトラスに向い，デルフォイの遺跡などを見物し，アテネ空港からサモス島（ピュタゴラスが生まれた島）に立ち寄ってアテネにもどって帰国することになる．グロタンディークにもこうした旅行計画を説明したが，とくにこれといった反応はなかった．グロタンディークは，一般的な意味での「数学の歴史」にはほとんど関心がないようだ．

『収穫と種蒔き』とママン

　1984 年には，モンペリエ大学を辞めて国立科学研究センター（CNRS）のポストを得るための「研究計画書」として『プログラムの概要』を書き，その後,『収穫と種蒔き』の執筆に取りかかっている．一番弟子ドリーニュとの関係は，1981 年に遠アーベル幾何の構想を（それを理解してくれそうな唯一の相手だということで）ドリーニュに説明したときにドリーニュが「からかうような態度」を示しグロタンディークを苛立たせるだけの反応しかしなかったことから，悪化の兆しを見せはじめ，アルジェリア人の数学者メブクによるドリーニュ批判や『SGA $4\frac{1}{2}$』の発見などを経て，決定的に悪化した．1985 年の秋に，グロタンディークは,『収穫と種蒔き』（グロタンディークの弟子たちがグロタンディークが数学を去ってからいかに無視し断片化して「略奪」したかについて執拗かつ詳細に記述しているのだが，その中で自分の数学観や自分の過去についての考察も行われているという異色の作品で辻雄一によって翻訳され『収穫と蒔いた種と』[3] として現代数学社から出版された）をかつての弟子や友人たちに発送したが，ぼくには 1986 年 1 月に届いた．

III 思い知るべき人はなくとも

山下(左)と辻雄一とジョルダンの墓
(1973年 辻由美撮影)

　第3部(陰陽の鍵)は私的な内容だということで,一緒には届かなかったが,あとからぜひ読みたいと手紙に書いておいたらすぐに送ってきてくれた.きっちり読むのはぼくには大変なので,友人の辻雄一に頼んで翻訳出版しようと思い立ったところ,現代数学社がすぐに出版を引き受けてくれた.

　1986年の秋あたりに,グロタンディークは「夢は神の作品だ」という見解に到達し,預言的な夢を大量に見るようになった.こうしたことを踏まえて,1987年には『夢の鍵』を書き,そのノートにあたる『レ・ミュタン』を書いている.1988年4月にはクラフォード賞(賞金27万ドル)の授賞が決まったが,グロタンディークは手紙を書いて受賞を拒否してしまった.10月には国立科学研究センターを辞職しモンペリエ大学にあったオフィスも引き払っている.1989年になると,東欧圏の自由化の動きや天安門事件をきっかけにして,グロタンディークの「神との対話」がはじまり,9月には神がまず「フローラ」という名前をもち,のちに「ママン」と呼ばれるようになり,1990年1月26日には,1996年10月26日に「真実の日」が訪

れるという「福音の手紙」を書いて多くの知人・友人に送っている．

1990 年の訪問

　ぼくは，この手紙を受取って，その「異常さ」が気になり，グロタンディークを訪ねることにした．モンペリエでレンタカーを借り，京子に運転してもらって，1990 年 3 月 26 日（グロタンディークの誕生日の 2 日前）にモルモワロンのグロタンディークの家を訪れた．前回はタクシーにまかせてしまったせいで，家の地理的位置がよくわからず，モルモワロンの村役場でグロタンディークの家の場所を聞いたところ，「ああ，その教授ならここにいるよ」という感じで地図まで描いて親切に教えてくれたのだが，

グロタンディークのモルモワロンの家（1990 年山下撮影）
注：手前の白い小屋ではなく奥の車の後ろにある煙突の見える建物

その地図がかなり不正確だったせいで，たどりつくまでにかなりの時間を空費した．タクシーで行ったときは東側からアプローチしたせいでわかりにくかっただけで，西側からアプローチすればかなり素直にたどり着けることもわかった．ぼくたちはこのときも予告なしに突然訪れて，ドアをノックしたのだが応答がなかった．留守だとしても仕方がない状況だったが，前回よりも新しいモデルのブルーのシトロエン 2 CV（Fourgonette）が停まっていたので，遠出はしていないだろうという感じがした．しばらく待っていたところ，中で人の動く気配がしたので，京子がもう一度ドアを

III 思い知るべき人はなくとも

ノックしたところ，今度はグロタンディークが顔を出してくれた．グロタンディークはいつものように，とくに驚いた様子も見せずに「ジュニチとキョウコか，元気だった？」などと話しかけてくれ，ぼくたちを中に入れてハーブティーをふるまってくれた．

グロタンディークの猫を抱く京子（1983年山下撮影）

モルモワロンに来る前に，ぼくらが，グロタンディークが「里子」に出されていたブランケネーゼや，グロタンディークが母親とともに暮らしたリュークロやメラルグにも立ち寄ってきたことを話したが，グロタンディークは静かに耳を傾けていただけだった．こうした話題から「神との対話」に話題に移行することも可能なはずだったが，きっかけにすることができず，いろいろ質問しようと考えていたはずの「福音の手紙」についても，触れる機会を逃してしまい，結局何も聞けなかった．京子が寒いと訴えると，グロタンディーク自身は寒さは平気だったようだが，慌ててストーブに紙を丸めて入れて点火し，太い薪を何本か入れて部屋を暖かくしてくれた．どういうものを食べているのかについて，テーブルの上の現物を前にして説明してもらったが，食生活の中心が乾燥させた木の実や果物になっているようだった．食生活だけでなく，「神との対話」なども含めて「最近は修道士のような生活をしている」と語っていた．実際に修道士のよ

うな服装だった．ぼくには，ローマのカンポ・ディ・フィオーレで見たジョルダノ・ブルーノ像のような服装に見えたが，ジェラバ（北アフリカのベルベル人の頭巾付き長衣）だった．夜遅くなり，グロタンディークは電話に出るのが嫌いなので電話線のモジュラージャックは抜いているのだが，このときはこれを差し込んでヨランドに電話し，ヨランドの家（三階建で同居人もいたりする）にぼくたちを泊めてくれるように頼んでくれた．ぼくたちはレンタカーでグロタンディークの車の後を追いかけるようにしてヨランドの家に到着．暗くてどこをどう走ったのかもわからなかったが，説明を聞いて，ヨランドの家はマザンの有名なサド侯爵の館（現在はホテルになっている）の近くだということがわかった．

完全な孤独へ

　1990年には，イリュジーなどが編集した『グロタンディーク記念論文集』全3巻が出版される．これは『収穫と種蒔き』でグロタンディークから名指しで攻撃されたドリーニュなどが，グロタンディークの「還暦」に合わせて書いた論文を集めたもので，グロタンディークとの和睦を目的としていたようだ．ただし，グロタンディークはこの和睦を断固として拒否した．『収穫と種蒔き』で展開した批判はあくまで正しく，ドリーニュなどがこれをまず認めることが重要だと考えたせいだ．グロタンディークの立場からすれば，事実認定がなされず，謝罪も反省の言葉も発せられないままに，いわば問題をウヤムヤにしたままで和睦することなど到底考えられなかったのだと思う．クラフォード賞による和睦工作よりも大規模な今回の和睦工作にも，グロタンディークは妥協の意志を示すことはなかったわけだ．弟子たちによって自分の数学的なヴィジョンがないがしろにされていると信じていたグロタンディークは，1990年の夏あたりからスタートしたとみられる新たな数学的創造に情熱を燃やし，1991年の夏までに，ホモトピー論の基礎に関する2000ページの作品『レ・デリヴァトゥール』を書き上げた．おそらく，この過度の集中力の発揮によって，グロタンディークは体調を崩したようだ．1992年7月に，ぼくはまた京子の運転で，モルモワロンとマザンを

訪れているが，このときに，京子がヨランドから聞いた話によると，グロタンディークはこの体調不良を絶食療法（断食）によって治療しようとしたものの，うまくいかなかったらしい．このような出来事のあとで，グロタンディークは突然第3次隠遁地のラセールへと転宅してしまう．その場所がどこなのかは，ほとんど誰にも知らせていない．やがて，ヨランドが郵便物などの「中継」を引き受けることになるが，「住所は誰にも教えない」ということになっていたために，ぼくも聞こうとはしなかった．1996年12月と1997年4月と5月にぼくは，滞在中のケンブリッジから，京子の運転でグロタンディークのゆかりの地を巡る「グロタンディーク巡礼の旅」に出たが，第3次隠遁地についての情報はほとんどないままだった．その後，サン・ジロンにいるらしいという情報やグロタンディークの家が火事になったらしいという情報を入手して，ぼくは17年ぶりにグロタンディークの顔を見たくなってしまい，2007年3月，ついに，グロタンディーク探しの旅に出ることになる．

参考文献

[1] 山折哲雄『物語の始原へ』小学館 1997年
[2] サミュエル（辻由美訳）『エコロジー：生き残るための生態学』東京図書 1974年
[3] グロタンディーク（辻雄一訳）『収穫と蒔いた種と 1-3』現代数学社 1989年，1990年，1993年（『収穫と蒔いた種と 4』は私家版としてのみ 1998年に「出版」されている）
[4] 山下純一『グロタンディーク：数学を超えて』日本評論社 2003年

アストレの情報

C'est certain,
ce sera bientôt la fin du monde.
それは確かだ,
まもなく世界は終わるだろう.
——グロタンディーク[1]

女神アストレ

　星空で北斗七星の柄の部分を柄の長さよりやや長めに延長すると，オレンジ色のひときわ明るい星アルクトゥルスがある．それを超えてさらにさきほどと同じくらい延長すると，青白く輝く星スピカに出会う．ということになってはいるが，日本の都市部では，肉眼で北斗七星が見えるかどうかさえ怪しい．でも，星空にあまり星が見えないとすればそのおかげで，非常に明るいアルクトゥルスはすぐにわかる．とりあえず，明るいオレンジ色の星を探し，その近くにやや暗い青白い星が一緒に見えれば，それがスピカだ．このスピカはラテン語で麦の穂を意味し，乙女座α星でもあるが，乙女座の構図の中では翼のある女神アストライアが左手に持った麦の穂になっている．ギリシア神話では，もともと神々と人間は地上で一緒に暮らしていたとされる．ところが，そうした幸せな時代はやがて終わりを告げ，時代が流れてゼウスの時代になると，新しく作られた人間たちが争いを起こすようになって地上が荒れ，ゼウスによって滅ぼされてしまう．もう一度作りだされた人間は失敗作で，ついに，正義の女神アストライアまでが天界に去り，乙女座となったという．ついでにいえば，このとき善悪を判定する天秤も一緒に天界に移動して天秤座となった．

　アストライア（ギリシア語）は「星のように輝く者」を意味し，フランス語ではアストレ（Astrée）という．アストル（astre）は星を意味しているので，アストレを星乙女や乙女神と訳すこともある．ただし，フランスでアストレといえば，赤いバラの品種（グロタンディークがラセールの家の庭

で育てていたバラもアストレだったかも）や17世紀のはじめに刊行された
オノレ・デュルフェの長編物語『アストレ』がイメージされるようだ．デュ
ルフェはギリシア神話の星乙女からタイトル（女主人公の名前）を決めた
とされているので，まんざら無関係ではない．アストレは，誤解から生
まれた嫉妬心のせいで恋人セラドンと別れ「自分が呼び戻すまで帰ってこ
ないで」と告げる．これにショックを受けた無実のセラドンはリニョン川
に身を投げる．しかし，下流まで流されて女王に救われ城内で愛を告白
されるようになると，アストレを慕い続けるセラドンは森に逃げドルイド
僧にかくまわれることになるが，アストレへの想いを断ちがたく苦しい
日々を送る．これを哀れんだドルイド僧はアストレの最後の言葉に逆らう
ことなく，セラドンをアストレに会わせるための奇策を考えだした．セ
ラドンを女装させて自分の娘だということにしてアストレに紹介してやる
のである．そして，この作戦は成功して，二人は仲のいい女友達になっ
てしまう．何だかわけのわからない展開なのだが，テーマはプラトニック
な恋愛観の称賛だということになっている．この物語の舞台とされるリ
ニョン川のほとりの町ボエン・シュル・リニョン（Boën sur Lignon）の周辺
地域は1995年以来「アストレの里」（Pays d'Astrée）として整備されている
ようだ．2007年はとくに，『アストレ』（第1部）刊行400周年ということ
で，映画「アストレとセラドンの恋」（Les Amours d'Astrée et de Céladon）
が制作されて話題を呼んだ．戦争中にグロタンディークが暮らしたのも
リニョン川沿いのル・シャンボン・シュル・リニョンという町だった．同じ
リニョン川だというので，ぼくは，アストレとグロタンディークを結ぶ
糸を感じてしまったが，ボエンのリニョン川はローヌ川の支流，ル・シャ
ンボンのリニョン川はロワール川の支流で，つながってはいないようだ．

アストレ

　トゥルーズのピネル広場にときどき奇妙な一団が現れることがある．か
れらが「演じている」のはアストレと呼ばれる非日常的なイベントである．
夜中に突然大声で何かを叫んでみたり，「演劇」とも解釈できそうな変わっ

た行動を行っているだけに見えるが,「演じている」人びとは「真剣」なのだ. ウェブサイトには,「アストレは誘惑,悪行であることは明白,それは常軌を逸した葛藤. ここへきてその現場で騒めきを聞けば,それが何かわかる. 自明なことだ！ アストレは,すでに中断された大騒ぎ（革命）について意見を述べ,たどたどしく語られる楽しい瞬間に輝き出る. 根拠のある偶然の一致が広がり人びとに考える機会を生みだす. 演じることでアストレを理解することが必要だ. 演じなければ忘れてしまう. アストレを（知識のレベルで）知ろうとしても無駄だ」(L'Astrée est une tentation. Un mal évident. Une querelle insensée. Ici, s'écoute bruisser le tas ; tu le sais. Suis l'évidence! L'astrée se situe au doux moment où l'événement suspendue déjà passé se prononce, s'épele. La coincïdence, sérieuse, se déplie et raisonne. Il faut l'entendre, pour jouer. L'oublier, sans jeu. Tue le «sais».) とややわかりにくく説明されているが,アストレが具体的にどういうものなのかはわからない. まぁストリート・パフォーマンスの一種で「前衛的かつ演劇的かつ詩的な運動」という感じだろうか.

このアストレのリーダーのひとりにル・ペスティポンという作家かつ詩人がいる. ル・ペスティポンはパリ近郊サン・クルにあるエコル・ノルマル・シュペリウール（ENS LSH）の出身でトゥルーズのピエール・ド・フェルマ高校で文学を教えている. ラ・フォンテーヌの『寓話』の編集で知られているが,作品『フガ・ゼ・バリヌフのサミュエル・ベケット』(Samuel Beckett à Fougax-et-Barrineuf) も発表している. フガ・ゼ・バリヌフはアリエージュ県の県庁所在地フォワから東に30キロばかり行ったところにあるアリエージュ県内の小さな村で,第二次大戦中にナチスへの抵抗運動をしていたベケットが2年半の間隠れ住んだ場所だという. ベケットがこの村での思索をもとに書いたともいわれる戯曲「しあわせな日々」(Happy Days) の女主人公はウィニーというが,このウィニーと「くまのプーさん」(Winnie the Pooh) にまつわる話題はル・ペスティポンがよく使うネタのひとつだ.

イコニコフの記事

　それはともかく，ぼくは偶然にも，『フガ・ゼ・バリヌフのサミュエル・ベケット』に面白い記述を発見した．2002年の早い時期にル・ペスティポンたちはトゥルーズのピネル広場にある図書館で雑誌『Science et Vie』の記事「グロタンディーク」[2] を読んで，はじめてグロタンディークがどういう人物かを知り興味をもつようになったというのだ．この記事自体は1988年にグロタンディークがクラフォード賞（賞金27万ドル）の受賞を辞退してそのコメントを新聞「ル・モンド」に掲載したことに端を発している．『Science et Vie』の記事を書いたイコニコフもこのル・モンドに掲載されたグロタンディークのコメントを読んで興味を覚えて取材を開始したものと推察される．この記事にはグロタンディークの第2次隠遁地モルモワロンの家の中の写真やそこで撮影されたグロタンディークの「貴重な写真」が含まれている．この記事の終わりに近い部分を読んでみると，「数学に関するかれ（グロタンディーク）のヴィジョンは，神秘的となり，さらに宗教的となって，1996年10月に世界が終焉すると発言している．カルティエは当時を回想して「その後，かれの本が再版されることになって，完全にかれの行方がわからないことが確認された」と述べている．それは1991年，グロタンディークが63歳の時だった．それ以来，何もわかっていない」(De mathématiques, ses visions sont devenues mystiques puis religieuses, prophétisant la fin du monde pour octobre 1996. «Et puis, un jour, à l'occasion de la réimpression de ses ouvrages, on s'est rendu compte qu'on avait totalement perdu sa trace», se souvient Cartier : on était en 1991, Grothendieck avait 63 ans. Depuis, plus rien...)（[2] p.56）と書かれている．実際，グロタンディークは1991年夏に転居先を知らせずに第3次隠遁地ラセールに移住している．さらに最後の部分には「現在，追跡がはじまる可能性がある．グロタンディークの埋もれた「秘宝」の追跡だ．「かれはおそらく，引き出しに知られざる手稿を入れている」と噂されており，その「秘宝」は複数の数学者に夢を見させている．でも（このままでは），「秘宝」は，無人島にではないが，グロタンディークの脳の奥に隠されて

しまうかも知れない．それは誰にもわからない．誰も，かれがまだ生きているかどうかも知らないのだ」(Aujourd'hui, une chasse risque de s'ouvrir : celle du trésor caché de Grothendieck. «Il a peut-être dans ses tiroirs des manuscrits inconnus», entendon souvent. Le "trésor" fait rêver plus d'un mathématicien. Mais il se pourrait aussi que celui-ci soit enfoui non pas sur une île déserte mais au fin fond de l'esprit de Grothendieck. Nul ne le sait. On ignore même s'il est encore vivant...) ([2] p.57) と書かれている．この「秘宝」の追跡を開始するのは，やがて，ウェブサイト「グロタンディーク・サークル」の立ち上げにも貢献するシュネプスとロシャクだということになるのだろうか？

グロタンディークの家が火事に

　ル・ペスティポンたちがグロタンディークの「行方不明」を知ったとしても，第3次隠遁地がどこなのかはどうしてわかったのだろう？ イコニコフの記事だけでは隠遁先の情報は得られない．おそらくル・ペスティポンたちはグーグルで検索することによって，いくつかのグロタンディーク情報に接触し，自分たちの根拠地ともいうべきトゥルーズの近くにグロタンディークが隠遁しているらしいことに気がついたのだろう．たとえば「最近，ピレネーにいることが確認された」などと書かれたページがあるし，運良く，グーグルで「Maison d'Alexandre Grothendieck」を検索してみる機会があれば，グロタンディーク・サークルのメンバーのひとりリスカーの文章に遭遇できたはずだ．そこには「ピエール・ロシャクと私は，私がアレクサンドル・グロタンディークの家を即席に訪問するためにトゥルーズ近郊のサン・ジロンの町に行けるかどうかを議論した」「ピエールはトゥルーズの友人にコンタクトを取って，かれ（グロタンディーク）を訪問する私の試みの前後の夜に泊めてくれることになった」と書かれている．ただし，サン・ジロンの綴り St. Girons が誤って St. Giron となっている．リスカーはロシャクに無料宿泊のお膳立てまでしてもらいながら，グロタンディークの家への訪問を中止している．リスカーは自称「グロタンディーク・ハン

ター」なので，住んでいる場所がわかっている以上，ハンターの出る幕ではないなどとも書いている．「グロタンディーク教授は人に自分を見つけさせようとする．見つけることが出来た人は，わずかの期間だけ訪問者として非常に友好的に交流してもらえるにすぎないことを思い知らされる．（その期間がすぎると），かれはかれらに何らかの口実を見つけ出して，友好関係を断絶する」(Professor Grothendieck dares people to try to find him. Those who do discover that he will be surprisingly hospitable to visitors for a brief spell. Inevitably he finds some excuse for banishing them from his company forever.) のだという．このことも，リスカーが現地取材調査を中止する理由になったようだ．ところで，グロタンディーク・サークルの管理人シュネプスのページにあった画像「A House」を，リスカーはグロタンディークの家として引用している．実際これは，シュネプスが私かにグロタンディークの家の写真を撮りこっそりと公開したものだった．

アストレのウェブサイト (http://www.lastree.net/) で「Grothendieck」で検索した結果を「事件発生」の日付ではなく，記事の日付順に，いくつか並べてみよう．ル・ペスティポンによる記事が多いことに注目したい．

- 2004年7月25日：「私はモンテスキュー・ヴォルヴェストル (09) の郵便局でアレクサンドル・グロタンディークの拒否を拒否した．」(Je refuse le refus d'Alexandre Grothendieck au bureau de poste de Montesquieu-Volvestre (09)) ここで「09」というのはアリエージュ県の INSEE コード（郵便番号の最初の2文字と思えばよい）を示しており，「Montesquieu-Volvestre (09)」と書くとモンテスキュー・ヴォルヴェストルがアリエージュの町であることを表している．

- 2004年8月7日：「アレクサンドル・グロタンディークの最新の文章が再生紙を使ったタウン紙09に掲載された．」(le dernier écrit d'Alexandre Grothendieck, paru dans le périodique agrophile et recyclable 09)

- 2004年8月27日：8月はじめにグロタンディークはル・ペスティポンに手紙を書いたらしい．その中に「悪事を行なうときに私が快感を感じ

ることには何の疑いもない」(ma délectation dans le mal ne faisait aucun doute) という文章があったらしい．タウン紙09に出たグロタンディークの「文章」を見つけてル・ペスティポンがグロタンディークをアストレ運動に誘った可能性がある．

- 2004年11月4日：「ル・ペスティポンたちのグロタンディーク探索への意欲をかき立てたのはイコニコフの記事だった．」(l'article de Roman Ikonicoff qui a déterminé, pour Le Pestipon et Riboulet, une relance dans la quête d'Alexandre Grothendieck.) ル・ペスティポンは図書館のことを「ごみ箱」(une poubelle) と書く習慣があるので注意．

- 2005年12月4日：「近所の住人によるとグロタンディークは小さな入口を修理するのによく苦労しているという．手先は器用ではないようだ．郵便局員がグロタンディークが黄色いジェラバを着て歩いているのを見て驚かされた．」(Un de ses voisins fait observer, cependant, qu'il a parfois des problèmes pour réparer un petit portail. Grothendieck n'est pas bricoleur. Une employée de la Poste s'étonne qu'il chemine en djellabah jaune.) グロタンディークは第2次隠遁地モルモワロンにいるときからすでにジェラバ（ぼくには修道士のような服装に見えた）を着ていた．そのときは，黄色いというより灰色がかった肌色に近かった気がする．「大学教員たちはグロタンディークの冒険によって告発されたと感じている．最善のケースでも，かれらはグロタンディークは狂っていると考え，それを証明するための話をばらまいているが，グロタンディークがアストレを拒否したことについて書いている人はいない．」(Chaque universitaire se sent dénoncé par son aventure. Le mieux serait qu'il soit cinglé, et on colporte les anecdotes nécessaires, mais on n'insiste jamais sur son refus de l'Astrée,...) いわれてみれば，この時点では，まだ誰もアストレがグロタンディーク情報を流しているという事実に触れていなかったようだ．グロタンディークをグーグル検索すればかならず出会えるはずのアストレが無視されているのはちょっと不思議な事実だ．「グロタンディークは狂ってはいない．というのは，かれの思考は庭のバラの運命に取り憑かれてい

るのだから.」(Grothendieck n'est pas fou car hante sa pensée le sort de son carré de roses.) シュネプスがネットで説明なしに流しているグロタンディークの家の写真にも庭の赤いバラが写っていた.

- 2006 年 4 月 11 日：「アストレの仲間によると，アレクサンドル・グロタンディークは火を出したが，立ち入りを拒んだ．この冬，もっとも寒い時期に，かれは暖炉のせいで自分の家を燃え上がらせてしまった．ところが，誰もかれにこの明らかに不具合な暖炉を直させることができないでいる．次の火事が心配されている．グロタンディークは屋根が無くなったままで，美しい星空の下で，三晩を過ごした．その後，屋根を直してくれる人が現れた．出火当時，家の中に入ろうとした消防士が，グロタンディークに退去を求めたが，それは不可能だった．消防士はまたグロタンディークに電源を切るように求めたが，グロタンディークは 3 回も電源を入れた．消防隊の隊長は大声で怒鳴らなければならなかった．」(Selon une équipe d'Astrée, Alexandre Grothendieck s'est incendié, et il persiste. Cet hiver, au moment le plus froid, il a enflammé sa maison grâce à son système de poêle. Ensuite, personne n'a pu lui faire modifier ce système, visiblement shadockien. On attend le prochain incendie. Trois nuits durant, sans toit, il a dormi à la belle étoile. On lui a ensuite réparé son toit. Lors de l'incendie, les pompiers, qui s'avançaient dans la maison, exigeaient la sortie de Grothendieck. Ce fut impossible. Ils exigeaient aussi que l'électricité fût coupée. Grothendieck l'a rallumée trois fois. Le capitaine des pompiers a dû gueuler.) このニュースを知ったのは，ぼくにとって，決定的だった．それまでぼくは，グロタンディークの第 3 次隠遁地を探す作業は容易ではないと考えていたが，火事が起こったということを知って，地元の新聞を調べればグロタンディークの家のおよその住所くらいはわかるはずだと思えたからだ．それに，火事の被害がどのようだったのかも気にかかる．「ムッシュ・アレクサンドル (近所の住民からはこう呼ばれている) は，屋根を修理してくれる人たちにブランデーを 3 本プレゼントした．アストレの仲間によると，これはプレ

ゼントするジェスチャーだけだった．というのは，グロタンディークはその直後に修理してくれる人たちに渡したばかりのブランデーの返還を求め，それを買い取ったのである．ただし，仲間によるとグロタンディークは失敗をしてしまった．1本について100ユーロも支払ったからだ．アストレの仲間が確かめたところでは，この有名な数学者のブランデーがなくなりかけていたわけではない．かれの家には，150リットルものブランデーがあったはずなのだ．解釈が困難な情報によれば，かれの家の樽は漏れている．となると，次回の火事がさらに怖くなる．」(Monsieur Alexandre, comme l'appellent ses voisins, a remis trois bouteilles d'eau ce vie de pays aux ouvriers qui travaillaient chez lui à la réfection du toit. C'était un geste, dit une source d'Astrée. Seulement, Grothendieck a ensuite redemand? les bouteilles aux ouvriers. Il avait fait une erreur, disait-il. Il a payé chacune des bouteilles 100 euros. Notre équipe confirme cependant que l'illustre mathématicien ne manque pas d'eau de vie de pays. Il en aurait jusqu'à cent cinquante litres chez lui. Cependant, selon des informations difficiles à interpréter, ses tonneaux fuient. On craint d'autant plus le prochain incendie.) 一度あげたブランデーを1本100ユーロ（約16000円）も支払って取り戻すというのは不思議な行為だが，普通のブランデーではなくてグロタンディーク自身がハーブから作った貴重な薬酒だったのかもしれない．「グロタンディークは近所の人たちに手紙を書いた．かれは書くことを止めようとはしない．かれは怒りっぽい．いつものように，かれは自分の自動車を壊し，我流の薬を発明し，黄色いジェラバを着ている．かれはその驚くべき生活を続けている．」(Grothendhieck écrit des lettres à ses voisins. Il ne cesse d'en écrire. Il est en colére. Comme d'habitude, il a cassé sa voiture, il invente ses médecines, il porte une djellabah jaune. Il poursuit son étonnante vie.)「自分の自動車を壊す」というのは，グロタンディークの運転はかなり乱暴で事故をよく起こすことを皮肉ったものだろう．

- 2006年10月10日：「ジャン・ピエール・ニゼがメールで私（ル・ペスティ

ポン)に知らせてくれたところでは, オート・ガロンヌ県のヴェルフェーユの教会が改築されたことを祝う日(2006年10月8日の日曜日)の説教の後に, 2人の数学者が現れるということだった. そのうちのひとりは有名なアレクサンドル・グロタンディークのはずであった.」(Jean-Pierre Nizet m'informait que, lors de la fête de l'Église réformée à Verfeil, en Haute-Garonne, ce Dimanche 8 octobre 2006, après son sermon, deux mathématiciens étaient apparus. Ils avaient bien connu Alexandre Grothendieck.)「かき集められた多くの情報の真偽がはっきりするだろう. そして, グロタンディークの神秘主義が解明されるだろう. 展望が切り開かれるだろう. グロタンディークの物語の映画化を構想中のカトリーヌ・エラによって検討された「グロタンディークの世界」の解明が前進することになるだろう.」(De nombreuses informations furent glanées, qui seront révélées, et dont plusieurs éclairent le mysticisme de Grothendieck. Des perspectives s'ouvrent. La quête grothendieckienne, interrogée par Catherine Aira, qui imagine en faire film, s'enrichit.) こうしてアストレの関係者などがグロタンディークを待ちかまえていたが, 結局, グロタンディークは出現しなかった.

2006年のグロタンディーク

アストレの動きとは別に, ぼくは, アナーキスト系のオンライン新聞「L'En Dehors」でグロタンディーク情報に出会うことができた. それは2006年6月30日に書かれたもので,「私は6月27日にトゥルーズとサン・ジロンの中間のヴォルヴェストル(地域名のひとつでアリエージュとオート・ガロンヌにまたがっている)でアレクサンドル・グロタンディークと会った」(J'ai vu Alexandre Grothendieck le 27 juin entre Toulouse et Saint Girons, dans le Volvestre.) と証言している.「さらに, グロタンディークの家の近所の農民は「ヒゲの隠遁者」を探す日本から来た男に出会って驚かされた!」(D'ailleurs ses voisins paysans ont été ébahi de découvrir un jour un type venu du Japon qui cherchait "l'ermite barbu" !) とも書かれていた. グロタンディークを「ヒゲの隠遁者」と表現していることに注目したい. 同じ日に, ストラスブール大学の「数学ネット」にもグロタンディークについての書き込みがあった. 明らかに上とと同じ人物による書き込みだ. こちらには「私は 2006 年 6 月 27 日にアレクサンドル・グロタンディークと 2 時間にわたって議論した. グロタンディークはいまアリエージュのヴォルヴェストルの小さな村に住んでいる.」(J'ai discuté deux heures avec Alexandre Grothendieck, le 27 juin 2006. Il vit toujours dans un petit village du Volvestre, en Ariège.) と書かれている. 書き込んだのはサランタン. グロタンディークとはシュルヴィーヴル運動の時代からの友人だ.「グロタンディークが私に語ったところでは, 1991 年から, かつて天体物理学者たちが行なった計算をやり直してみたところ大量のエラーがみつかったという. そこで, 宇宙の起源についての理論の全面的な改訂に取りかかろうと考えるようになったという.」(Il m'a dit passer son temps depuis 1991 à refaire les calculs des astrophysiciens, il trouve pleins d'erreurs, et déclare de ce fait prendre en charge la refonte totale des théories de l'origine de l'Univers.) とはいえ, この仕事の合間には家のまわりの庭に植えられた植物を育てることに取り組んでいるようだとのこと.「かれは 1987 年 - 1990 年の神秘主義は放棄したと私に語った. またかれは当時 100 名ばかりの相手に送った「福音の手紙」は自分のものと認めないとも述べている. かれは『収穫と種蒔き』がインターネットでダウンロードできることは知っており, それに対して怒っていた. しかし, かれの『収穫と種蒔き』が英語や日本語に翻訳されていることについては誇りに思っているようだった.」(Il dit avoir abandonné sa période mystique des années 1987-1990, et renier la circulaire qu'il avait alors envoyé à une centaine de destinataires : "La lettre de la bonne nouvelle". Il sait que "Récoltes et Semailles" est téléchargeable sur internet, et en est fâché. Mais semble fier quand il me dit que son pamphlet est traduit en anglais et en japonais.) とあるが, 英訳はネット上でリスカーによって部分的に翻訳が試みられて

いるにすぎず，出版物となったのは辻雄一による日本語訳[3]だけである．グロタンディークが日本語訳を誇らしく思ってくれているというのはうれしい話だ！

オンライン新聞「L'En Dehors」の記事を検索すると，グロタンディークとカジンスキーの類似点（どちらも数学者で長期にわたる隠遁生活を送っており，現代社会を痛烈に批判している）についてサランタンが書いた記事[4]もみつかる．カジンスキーは16歳でハーバードに入学したという秀才で，のちにバークレイで准教授を退職して隠遁生活に入った．その後，「連続爆弾魔」となりユナボマーとして知られている．論文「産業社会とその未来」[5]を新聞に掲載することができて以降「連続爆弾攻撃」を中止していたが，この論文がきっかけとなって逮捕された．グロタンディークは，おそらくサランタンとの会見でカジンスキーのことを聞かされて興味を覚え，「カジンスキーと文通したいから収監されている刑務所の住所を教えてほしいといった」(il m'a demandé l'adresse de la prison où est incarcéré à vie Théodore "Unabomber" Kaczinsky, car il serait intéressé d'entrer en correspondance avec lui.)とも書かれていた．

参考文献

[1] http://www.lastree.net/log/2007/07/attendre_alexan.php
[2] Ikonicoff, "Grothendieck", Science et Vie, août 1995, p.52-p.57
[3] グロタンディーク(辻雄一訳)『収穫と蒔いた種と』現代数学社 1989年-1993年
[4] http://endehors.org/news/rencontre-europeenne-2007-des-anars-ecolos
[5] http://en.wikisource.org/wiki/Industrial_Society_and_Its_Future

トゥルーズとル・ヴェルネ

> 思うに英雄（ヘーロース）というものはすべて，
> 男神が死すべき女性を，
> あるいは死すべき男性が女神を，
> 恋（エロース）した結果生まれたものなのだ．
> ——ソクラテス（[1] p.50）

拡まる嘘

　グロタンディークの動向についての情報には嘘が多い．たとえば，2007年10月に翻訳書が出たアクゼルの『ブルバキとグロタンディーク』[2] の書き出しの部分（p.8-p.9）を見よう．「…グロタンディークが，一九九一年八月に突然，数学のことを書き連ねた自筆の原稿二万五〇〇〇ページに火を放った．そして一言も告げずに自宅を去り，ピレネー山中に姿を消した．一九九〇年代半ばに二度，二人の数学者が，フランスとスペインを隔てるこの密林に覆われた険しい山々の中に彼の隠れ家を発見し，短時間だがグロタンディークと顔を合わせた．しかし彼は，すぐに外界とのこの新たな関係を断ち切り，再び原生林の中に姿を消した．それから一〇年経った現在に至るまで，グロタンディークを見たという者は一人もいない．［…］ピレネーに近いフランス西南部に住む二人の親戚も，以前は時折少しだけ連絡を取ってはいたものの，今では何年も彼の音沙汰を聞いていない．はたして生きているのか，それさえも分からない．アレクサンドル・グロタンディークは，まるで地上からふと姿を消してしまったかのようだ．」（「IN AUGUST 1991, Alexandre Grothendieck […] suddenly burned 25,000 pages of his original mathematical writings. Then, without telling a soul, he left his house and disappeared into the Pyrenees. Twice during the mid-1990s Grothendieck briefly met with a couple of mathematicians who had discovered his hiding place high in these rugged and heavily wooded mountains separating France from Spain. But soon he severed even these new ties with the outside world and disappeared again into the wilderness. And for ten years now, no one has reported seeing him. [...] two of his relatives who live in southwest France - not far from the Pyrenees - and with whom he had had limited, sporadic contact, have not had a word from him in years. They do not even know whether he is still alive. It seems as if Alexandre Grothendieck has simply vanished off the face of the earth.）引用した日本語の文章は[2]によるものだが，ついでに対応する部分の原文（[3] p.1-p.2）も書いておいた．些細なことだが，「二人の数学者」（a couple of mathematicians）というのは素直に「数学者カップル」とする方がいい．1990年代半ばにグロタンディークに会ったのは，子供のいる男女の数学者ロシャクとシュネプスだからだ．ロシャクとシュネプスがグロタンディークに会った経緯とその後の顛末については，本書（p.141-p.145など）を参照してほしい．

　アクゼルといえば，かつてフェルマ予想が谷山予想の解決を経てワイルズとテイラーによって解決されたときに，フェルマ予想の解決の経緯を解説する本を書いて，ヴェイユとセールが谷山豊と志村五郎の業績を掠め取ったかのように描写したことで知られた人物だ．これが，ヴェイユの悪行を告発した本なのか，ヴェイユを誹謗中傷した本なのかの判定は（後者だろうとは思うが）ぼくには正直なところ難しい．ただ，アクゼルが『ブルバキとグロタンディーク』でも反ヴェイユ的な姿勢を貫いていることだけは確かだ．さらに，アクゼルのグロタンディークへの賛美はピント外れで，事実上反グロタンディーク的な作品になってしまっている．そもそも，細部にも全体構想にも初歩的な事実誤認が多すぎる．とくに，ブルバキズムが構造主義哲学の理論的な基礎だというような誇大妄想的事実誤認にはショックを受けた．

密林？原生林？

　アクゼルがグロタンディークの現状について，まったくの戯言を書いてしまったのは，ロシャクやマルゴワールから出た情報をもとにカルティエ

やジャクソンを経て形成された伝説を無批判に，あるいは恣意的なデフォルメを加えて，書き並べてしまったのが原因だろう．こんな本で自分たちの発言や文章が引用されたのではたまったものではないと思ったせいだろうか，アクゼルの本の謝辞に実名を出されることを嫌った「匿名希望の二人の数学者」(two mathematicians who insist on anonymity)がいる．これはおそらく，ロシャクとシュネプスだろう．でもまぁ，そんな詮索はどうでもいい．『ブルバキとグロタンディーク』の書きだしの部分で問題なのは，アクゼルが

1) グロタンディークは25000ページもの「数学のことを書き連ねた自筆の原稿」を燃やした．
2) 密林に覆われた険しいピレネーの山中にグロタンディークの隠れ家がある．
3) 数学者たちとの新たな関係を断ち切り再び原生林の中に姿を消した．
4) 1990年代半ば以来，現在までグロタンディークを見た人はいない．
5) フランス西南部に2人の親戚が住んでいる．
6) グロタンディークは生きているのかどうか分からない．

などという怪しげな話を書いていることだ．

　順に見ていこう．まず，1)について．転居前に大量の不要な書類を廃棄する人は少なくない．他人に読まれることを嫌う人なら書類を燃やすことだってあるはずだ．グロタンディークが，数学とは無関係の非常に大量の古い手紙(かつて両親が交わした大量の手紙を含む？)などを焼却したことは事実だ．これは，作業を手伝った弟子のマルゴワールが証言している．25000ページという数字は，あくまでマルゴワールが推察したものである．しかし，「25000ページもの「数学のことを書き連ねた自筆の原稿」」というのは嘘だ．1)は，ジャクソンの記事([4]参照)をヒントにして，読者にグロタンディークがいかに「怪物的な天才」かということを感じさせるために捏造されたデタラメにすぎない．

　2)のグロタンディークがピレネー山中の隠れ家に住んでいるというのは嘘だ．グロタンディークはピレネー山中になどいない(グロタンディーク

の家はぼく自身が 2007 年 3 月 6 日に自分の目で確認している）．2) や 3) のように，「密林」だの「原生林」だのとまで書かれると，まるでグロタンディークが「ピレネーのビッグフット」か「ピレネーのターザン」のような印象さえ与えかねない．アクゼルの無責任なセンセーショナリズムには呆れ果ててしまう．4) も嘘だ．グロタンディークの目撃情報が多数存在している．5) には，グロタンディークの「二人の親戚」(two of his relatives) とあるが，ピレネーの近くにグロタンディークの親戚は誰も住んでいない．6) は 4) と同じようにアクゼルの調査不足が原因のデタラメ．グロタンディークが生きていることを示す証拠はいくらでもある．

　アクゼルは「グロタンディーク行方不明説」を支持しているわけだが，「グロタンディーク発狂説」については批判的な見解を述べているようにも見える．翻訳では，アクゼルが 2005 年 6 月 24 日にロシャクとの議論の中で「グロタンディークは悪魔に取り憑かれている．彼のことを理解してやらなければならない．地球上での悪魔の所業を恐れているのだ」([2] p.228) という説が出たことになっているので混乱させられる．というのは「グロタンディークは悪魔に取り憑かれている」などというと「グロタンディーク発狂説」そのもののように見えるからだ．原文は「Grothendieck is obsessed with evil」となっており，「possess」ではなく「obsess」が使われているので，もちろん「悪魔憑き」だなどといっているわけではない．とはいうものの，こうした説と「グロタンディーク発狂説」の差は微妙．

グロタンディークに会う夢

　グロタンディークの「ピレネー隠遁説」や「発狂説」や「行方不明説」はかなり以前から流れていたので，ぼくは，「グロタンディークはどこでどうしているのだろう？」とときどき気になっていた．ところが，ぼくは 1996 年に転居してしまっており，文通していたころの古い住所にグロタンディークが手紙をくれても届かなくなっていた．もちろん，ぼくはグロタンディークの新しい住所を調べようと試みたこともあったし，フランスやドイツに「グロタンディークゆかりの地巡り」の旅には何度か出かけてい

たので，グロタンディークと親しかった人たちにもそのたびに会っており，グロタンディークの住所を聞きだそうともしたが，住所を知っていると思われるごく少数の人びとの口は固く，グロタンディークを探しに行こうにも行けない状態が続いていた．ところが，2006年1月23日と24日に2日続けてグロタンディークと会う夢を見たのがきっかけで，「グロタンディーク探しの旅」に出たくなりだした．

　2006年5月と6月にはネット上で，匿名ではあるが（書き込まれた内容とその話題の古さから）誰なのかがすぐ特定できる数名の古い知人から，公然と誹謗中傷されるなどの非常に興味深い体験をし，7月18日にはそのような遊びをはるかに凌駕する衝撃的な事実を知った．こうしたことが，ぼくのそれまでの存在を根底的に揺るがすような深刻な危機感に結びつき，無意識が自動的に，いわゆる神話形成機能（mythopoetic function）を発揮しはじめて，さまざまな物語を紡ぎだすようになった．それだけではなく，6月のうちに，1969年に体験したような，「無意識の自動運転」による強烈なヴィジョン体験まで復活しており，これが神話形成機能と融合するような状態だった．こうした体験によって，ぼくは，自分自身をふくむアスペルガーの脳の不思議なメカニズムにあらためて興味をもつようにもなったが，これがやがて，1970年以来のぼくの「グロタンディーク論」への夢とも連動しはじめて，新しい出発を確認する儀式としての「グロタンディーク探しの旅」の必要性を感じるようになった．こうした流れの中で，グロタンディークの心理的動きに対する共感的な理解への展望（1986年にグロタンディークがぼくに告げたある事実とその重要性を再確認するものでもあった[5]）が開けてきたと思うようにもなった．

　というような事情のみならず，かなり信憑性の高い「グロタンディーク発見レポート」（本書 p.412 参照）に接したこともあって，2006年の末ごろまでには，「これはもうグロタンディーク探しの旅に出るしかない！」と思うようになっていた．といっても，目的地がピレネーに近いとなると，冬は動きにくいはずだ．かつて，冬にリーマンの故郷やアーベルの故郷を訪ねたことがあるが，いずれも，降雪や凍てつく積雪に悩まされた．そこで，

春を待って，2007年3月4日にフランスに旅立つことにした．ぼくが，グロタンディークと最後に会ったのは1990年3月26日だから，それから17年近くが過ぎることになる．グロタンディークの家（1991年夏以降）の場所に関する正確な情報はないものの，楽観的に「サン・ジロンに行けば何とかなるだろう」くらいに考えていたのだが，出かける直前になって，非常に重要な情報を得ることができた．グロタンディークの家が2006年のはじめごろに火事になったという情報（本書 p.409）がそれだ．

　グロタンディークを目撃したという情報のあるサン・ジロンはアリエージュ県に属し，モンテスキューはアリエージュ県境から数キロしか離れていなかったことから，とりあえず，アリエージュを探索の標的として定め，日本からパリ経由でトゥルーズに飛び，妻の京子の運転するレンタカーでアリエージュに向うことにした．過去の体験からしても，グロタンディークを探すにはクルマが不可欠だと考えられたし，「ゆかりの地巡り」にも（交通の便の極端に悪い地域が多いので）クルマは必需品なのだ．アリエージュの人口は約14万人（日本の人口最小の県は鳥取県で約60万人）と少ないが，面積は4900平方キロだから福岡県にほぼ等しい．しかも，南部はピレネー山脈の一部なのだから，行けば何とかなるだろうというような考えは甘そうだ．シュネプスとロシャクの場合は，グロタンディークが第3次隠遁の直前に住んでいたモルモワロンの朝市でグロタンディークをサン・ジロンの朝市で目撃したという情報を得て，サン・ジロンで待ちかまえて（「顔を知らない」というハンディを乗り越えて）朝市に買物に来たグロタンディークを捕捉したということだ．サン・ジロンの朝市は基本的に土曜日の午前中だけだし，グロタンディークが毎週かならず買物に行くともかぎらないので，フランスに住んでいるシュネプスやロシャクとは違い，ダメならまた次の週に行くというわけにもいかない．サン・ジロンに長期滞在することも考えたが，これはあまりにも悠長すぎる．目撃レポートのあったもうひとつの町モンテスキューで待つ作戦もありうるが，情報不足で，採用は不可能だろう．ということで，ぼくとしては図書館の古い新聞で火事の記事を検索し，グロタンディークの家の火事の記事を見つけて，その文

章から場所を探ろうという作戦を立てた．

トゥルーズ到着

　2007年3月4日（日曜日）の夕方，ぼくと京子は，パリのドゴール空港からエール・フランスAF 7786便でトゥルーズのブラニャク空港に到着した．まずハーツのカウンターでレンタカーを借りる手続きをする．予約時にはベンツのAクラス（以前にパリで借りたことがあるが，安いというだけで，ナビもなく不便だった）でガマンするしかないということだったが，現地に着いてみるとなぜかプリウスが1台だけあることになっており，京子の交渉によって車種を変更することができた．駐車場に行ってみると教えられた場所とは別の場所に確かにプリウスがあった．ぼくは運転はできないので，運転はいつものように京子に頼む．乗り慣れたプリウスだしナビも付いていたが，バックモニターがないので京子はやや不満げだった．ナビは初期設定の段階で，使用言語を聞いてきたが日本語はないため，英語にしたが，距離がマイルとヤードになるのでやっかいだ．地名などの発音だけが完璧なフランス語（パリ方言？）になるのも不思議な違和感を感じた．やや苦労して空港を出るととりあえずナビに従って，トゥルーズ大学の近くにあるイビスというホテルに向う．イビスは使い慣れたホテルチェーンなので，どこのイビスに泊まっても，ほとんど同じシステムで助かる．そういえば，はじめてイビスに泊まったのは，「グロタンディークゆかりの地巡り」の途中のル・ピュイという町だった．グロタンディークが母親とともに収容されていた収容所のあったリューグロ（現地ではリュークロス）とグロタンディークが高校時代を過ごしたル・シャンボン・シュル・リニョンとの間にあり，どちらに行くにも都合がいいので，その後も，「ゆかりの地巡り」のたびにル・ピュイのイビスを利用することになる．料金は日本のビジネスホテルよりもやや安い程度だし，部屋ごとにトイレとバスタブが付いているのもうれしい（フランスの場合，もう少し安いチェーンにするとトイレとシャワーだけになり，もっとも安いチェーンだとトイレもシャワーも共同になる）．この日もそのイビスでまず1泊して体調を整え，

翌3月5日にはアリエージュの地図や資料を入手するべく，トゥルーズの中心部にあるカピトル広場の地下駐車場に向う．

トゥルーズはフェルマゆかりの地ということで何度か訪れたことがあるので，書店や図書館の位置もわかっており緊張しなくてすむのがうれしい．カピトル (Capitole, 市庁舎) にはちょっと「悩ましい」フェルマ像があるが今回はスルー．カピトル広場に面したカステラ書店 (Castéla) でアリエージュの地図を入手し，ついでに，グロタンディークに関心をもっているル・ペスティポンのフーガ・ゼ・バリヌフ時代のサミュエル・ベケットについての本をカステラ書店やプリヴァ書店 (Privat, オーギュスタン美術館の近く) で探したがみつからなかった．ル・ペスティポンに会うときの「手土産」用に眺めておこうかなと思っていたのに…．以前にトゥルーズに来たときにくらべて（グロタンディーク親子を知るための重要な資料となる）南フランスの強制収容所関係の書物が激減しているような印象を受けた．このあと，家探しの決め手となるはずの火事のニュースを探すために図書館に行く予定だったが，「Le Journal de l'Ariège」とも「Le Journal du 09」ともいわれるアリエージュの新聞（フランスの県には県名のアルファベット順に2ケタの番号が振られており，アリエージュは09だった）にグロタンディークに関する何か（後から思えば火事のことだとは書かれていなかったが，この時点では，火事のことだと考えてしまっていた）が掲載されたとの情報があり，トゥルーズよりもアリエージュの県庁所在地フォワの図書館で地元の新聞のバックナンバーを探す方がいいだろうと考え，モノプリ（百貨店）で昼食を済ませてからカピトル広場の地下駐車場にもどり，高速道路A61とA66経由でフォワをめざした．

ル・ヴェルネ

高速道路はフォワまでは開通していないので，途中のパミエで一般道路に出る．うれしいことに，パミエ（アリエージュ第2の町）は，グロタンディークの父親が収容されていた収容所があった村ル・ヴェルネ・ダリエージュが近いので収容所関係の資料を閲覧できる博物館にすぐに行ってみる

フランス政府が作ったル・ヴェルネの強制収容所

ル・ヴェルネの強制収容所の模型（2007年山下撮影）

ことができるのがうれしい．というわけで，パミエに着くとさっそくル・ヴェルネの博物館に行ってみた．今回で3度目の訪問になるが，博物館はどんどん立派になっていくようだ．最初のときは，村役場の建物の3階の部屋が博物館として使われていて，役場の受付で「見せて欲しい」といえば，上まで連れていってくれて，「はいどうぞ．自由に見物して，終わった

らドアに鍵をかけて下にもどしてください」という感じだった．村にはボランティアで世話役をしている男性がいて，案内もしてくれることになっていた．ただし，フランス語とドイツ語しかできないとかで，ぼくが「日本から来た」というと，親戚縁者が収容されていたに違いないと考えたらしくて，事情を説明させられた．ル・ヴェルネの駅の近くに収容所の正面ゲートの一部や給水塔が残っていることと駅舎の横にユダヤ人たちをアウシュヴィッツに移送するのに使われた貨車と同型の貨車が記念に置かれているということもこときに教えてもらった．2度目のときは，役場の3階の部屋にあった博物館が役場の前のガラス張りの建物に移動していて驚かされたが，役場が閉まっていて中を見ることはできなかった．今回は，16:00すぎにル・ヴェルネに着くことができ，まだ役場が開いている時刻だったので，立派になった博物館を見せてもらうことができた．役場の女性職員に頼んで博物館の鍵を借りるところまでは以前と同じだったが，ボランティアの男性は高齢化したせいかと思われるが，携帯電話で連絡しても「外人は苦手だから」みたいなことをいって顔を見せてはくれなかった．鍵を持ってきてくれた女性は入口のドアを開いてから，鍵のかけかた（閉めるときにはちょっとしたコツがいる）を説明してくれ「自由に見ていいよ．見終わったら鍵をかけて役場まで持ってきてね」とかいってさっさと逃げ出してしまった．でも，これはぼくには幸いした．博物館内に置かれている収容者リストや収容者の顔写真を集めたアルバムをテイネイに見ることができたからだ．案内してくれる人がいたら長時間をかけてリストやアルバムを調べるのは難しい．

　グロタンディークによると（根拠は不明だが），父親の誕生年は1890年で，誕生日は，広島の原爆記念日や日本山妙法寺を創設した藤井日達の誕生日と同じ8月6日だという．想定される誕生日に一致する収容者は1名だけ存在することがわかった．ジグムント・ヴェルトハイマー（Sigmund Wertheimer）で，誕生日は1890年8月6日，国籍はドイツ，生まれはボデスヴァイエ（Bodesweie）ということになっていた．1942年9月1日にル・ヴェルネを出て，ドランシーを9月7日に出るコンヴォワ29でアウ

シュヴィッツに移送（デポルタシオン）されている．ただ，グロタンディークの証言によると，父親の生まれはロシアとベラルーシの国境に近いロシアの町ノボズィプコフだということなので，明らかに矛盾する．一方，ノボズィプコフ出身の収容者はいるかどうか探してみると，どうも存在しないようだ．また，顔写真から判断すると，グロタンディークの父親は明らかに収容者番号 739 の人物だ．ぼくは 1976 年にグロタンディークの第 1 次隠遁地のヴィルカンの家で見たグロタンディークの父親の上半身を描いた絵や写真（そういえば，母親のデスマスクなども見たが，ぼくがグロタンディークに出しておいた手紙がそれとなく開いて置かれていたのがうれしかった）とグロタンディーク・サークルにアップされている写真から判断すれば，739 番の人物が父親であることがわかる．ところが，悩ましいことに，この人物がリストのどの人物に対応するのかがわからない．これについては帰国の直前にパリの「現代ユダヤ文献センター」[6]（CDJC）でも調べてみたがわからないままだ．ついでながら，グロタンディークは，自分の父親の姓名については（作品中では）触れたことがない．「グロタンディーク」というのは母親の実家の姓で，父親（母親と結婚はしていない）の姓名は，この時点では，不明なままだった．

　博物館を出て，鍵をかけようとして苦労していると，また役場の女性が出てきてくれてかわりに鍵をかけてくれた．この鍵は相当難しいようだ．このあと，ル・ヴェルネの駅と収容所跡と収容所で亡くなった人たちの墓地を見物して，新聞記事を探すためにフォワに向おうとしたが，フォワ周辺にはイビスが存在しないので，3 月 5 日のホテルは，室内にはシャワーとトイレのみでバスタブはないが，料金がかなり安いプルミエ・クラスというチェーンのホテルに決めた．場所は，パミエ南（Pamiers Sud）のインターを出てすぐの大きなカルフールの手前のマクドナルドの向いだが，ナビのおかげですぐにたどり着けた．

フォワ

　3 月 6 日，プルミエ・クラスを出て，向いのマクドナルドで朝食セット

を食べようとしたが，店は開いているのに店員がちっとも働く気配がない．駐車場の店の掃除にばかり熱心で客が来たのに相手をしてくれないのだ．かなり待たされて，ようやく相手をしてくれたと思ったら朝食セットなどというメニューは存在しないとのこと．仕方なくマフィンと紅茶で朝食を済ませる．パミエからフォワまでは近い．雪のピレネー山脈を正面に見ながら走る．2002年にも同じ道を走ったが，そのときは何のヒントもなくてとりあえずピレネーをめざして進んだ．そのままピレネーを越えてバルセロナをめざそうなどとも考えていたが，時間的な余裕がなくて，タラスコンで食事をしてからニオーの洞窟の近くまで行っただけで挫折．そのあたりを走っていると，偶然グロタンディークに出会うということだってないとはいえないなどと思ったりもしていたがダメだった．そういえば，ル・ヴェルヌの博物館にもグロタンディークが行ってみたことがあるのではないかと思ったが，その形跡はなかった．アリエージュを適当に走ってグロタンディークと遭遇する可能性は非常に低いに違いない．このときにくらべると，今回はフォワの図書館で新聞「Le Journal du 09」のバックナンバーで火事の記事を探すという具体的な目標があるので心強い．などと，考えつつ，フォワに到着．町の中央の駐車場にクルマを停めて，観光案内所に向い，10:00のオープンまで待って，そこでとりあえずフォワの地図などを入手してから，図書館の場所を教えてもらう．市立図書館は近いが県立図書館は遠いうえに文書館（Archives）しかないというような説明だったので，とりあえず，市立図書館だけに狙いを絞った．ところが，市立図書館に行ってみると開館がなんと13:30だという．ここで漫然と時間を過ごすのはムダな気がして，ぼくは，とりあえずサン・ジロンに行ってしまおうと決意した．ナビにサン・ジロンと入力したら，ポーとバイヨンヌの中間点あたりにある別のサン・ジロンが選ばれてしまい，距離の遠さに焦ったが，場所が違っていることに気がついてマニュアルでアリエージュのサン・ジロンを目標に設定しなおして，11:10ごろにフォワを出た．県道D117に沿って45キロ走れば，ぼくの憧れの町サン・ジロンだ．

グロタンディークの家の近くから見たピレネー(2007 年山下撮影)
わかりにくいが中央部に白いモン・ヴァリエが見える

参考文献

[1] プラトン(水地宗明訳)『プラトン全集 2』岩波書店 1974 年
[2] アクゼル(水谷淳訳)『ブルバキとグロタンディーク』日経 BP 社 2007 年
[3] Aczel, The Artist and the Mathematician, Thunder's Mouth Press, 2006
[4] 山下純一「グロタンディーク伝説 1, 2」『数学セミナー』2005 年 3 月号, 4 月号
[5] グロタンディークから山下への 1986 年 5 月 15 日付けの私信
[6] Centre de Documentation Juive Contemporaine
  http://www.memorialdelashoah.org/

ラセールでの今生の別れ

Ara donchs aparella-t e confessa-t,
que dema a tal hora la veiras.
さあ，心支度をして告解しなさい．
明日になればあなたはきっと
あの人に会えるのだから．
────[1] p.205（一部改変）

サン・ジロンとカタリ派

　ナビがイギリス風に「あと約4分の3マイルで目的地です」と教えてくれたときに，右側にマクドナルド（サン・リジエ店）の広告が見えた．サン・リジエはグロタンディークが亡くなることになるサン・ジロン病院のある町でもある．直後にサン・ジロンの町の境界を示すパネルが見え，目の前に雪のピレネー山脈の一部が出現した．町の中心部に近づくと県道117号線は旧市街をU字型に迂回する環状道路ド・ゴール将軍大通りとなる．ナビが1つ目のロン・ポワンで右折を指示したが，これ以降のナビの指示がわかりにくく，結果的に右折と左折を間違ってしまい，町を離れる方向に向かったりして，どうにか目標とするフレデリック・アルノー大通りの駐車場にたどり着いたときには，時刻が12:00を過ぎており昼休みのせいで満車状態．入り込んではみたが狭い空きしかなくて脱出し，観光案内所のマークに向って進む．ジャン・ジョレ広場で左折し，さらに，橋の手前で左折してサラ川沿いに進むと駐車場があったのはいいが満車状態だったので，正規のスペースではない場所に無理に駐車して，観光案内所に行ってみた．ところがというか当然にもというか，昼休みの時間帯のせいで扉が閉まっており，14:00まで開かないとわかる．すぐ近くにあるサン・ジロン教会の前にある戦時中（1940年-1945年）のレジスタンスとデポルタシオンの記念碑などを見物してからクルマにもどり，駐車違反になりそうな場所だということもあって，もう一度フレデリック・アルノー大通りの駐車場に行ってみること

にした．ラッキーなことに，今度は運良く駐車することができたので，そこに車を置き，昼食のために歩いて旧市街を散策する．

このときにぼくはサン・ジロン教会の裏にカタリ派に関する遺品などを展示した小さな記念館があるということにまったく気がつかなかった．これは京子がみつけたことなのだが，帰国して3か月ばかり過ぎた時点で出版された小説『聖灰の暗号』に「［サン・ジロンの］新聞や絵葉書を売る店で［…］カタリ派記念館の場所を訊いた．［…］石畳の道を［教会の］背後に回ると三階建ての古い建物が見えた．オキシタン地方の象徴である赤地に黄色の旗が掲げられていた」（［2］上 p.141）と書かれており，この建物がカタリ派記念館だと書かれていたのだ．カタリ派というのは，輪廻転生を信じ肉食を禁じ禁欲的で嘘をつかず清貧を尊ぶなど厳しい戒律をもつ，どこか仏教にも似た（キリスト教の）異端である．仏教やカトリックと大きく異なるのは，男女の始原に「性なき存在」＝「アンドロギュノス」を想定したことで，女性差別の意識が原理的に存在しなかったとされる点だ．これはグノーシス思想に通じるものだとされる．グノーシス思想ということになると，ピュタゴラスやプラトンの思想にもどこか通じていそうで興味深い．カタリ派（カタル）の語源はギリシア語のカタロス（純粋）だともいわれ，自分たちを善きキリスト教徒（boni christiani）と呼んでおり，完全者（パルフェ）あるいは善き者（ボノム）と呼ばれる聖職者と帰依者（クロワイヤン）と呼ばれる信徒たちから構成されていたという．（『聖灰の暗号』では善き人（ボノム）を聖職者とし完全者（パルフェ）を「信仰の深い信徒」としている．）アリエージュのモンセギュールという小高い山の上に城塞寺院があり，13世紀にカトリックのアルビジョワ十字軍の攻撃によって殲滅され，200人以上の非転向の信者たちが山麓で火炙りにされた．『聖灰の暗号』はこの事件を巡る探索をミステリータッチで描いたものだ．サン・ジロンだけでなくアリエージュの地名があれこれ出てくる珍しい作品なのだが，小説の中の話だけに，そのような記念館が実在するという保証はない．少なくともサン・ジロンのウェブページなどでは紹介されていなかった．とはいえ，サン・ジロンに滞在していたときなら，すぐに確認できたはずで，それを思う

III 思い知るべき人はなくとも

と悔しい気分になってしまう．

　ぼくがカタリ派やアルビジョワ十字軍についてはじめて耳にしたのは，大学時代に天沢退二郎（宮沢賢治研究で知られた詩人）のフランス語の授業（受講生がぼくだけだったので個人授業のような趣があった）で中世フランス語のテキスト「トリスタンとイズー」を読んで（もらって）いたときだった．「トリスタンとイズー」のテーマでもある宮廷風恋愛の起源にカタリ派の思想が大きな影響を与えたのだというド・ルージュモンの説［3］を聞かされたときに，カタリ派という名前を知ったのである．その時期のぼくは，失恋の危機に直面しており，やがて体験することが予見される失恋の精神的ダメージを緩和するために，「恋愛とは何か？」を考察したうえで「自己の内なる情熱」が恋愛を超えるものであるべきだと信じる必要性に迫られていた．そのせいか，ド・ルージュモンの「トリスタンが愛していたものはイズーではなくして恋愛そのものである［…］トリスタンは［…］彼自身のもっとも内奥にひそむ情熱に誠実なのである．」（［3］下 p.285）(Tristan n'aime pas Iseut mais l'amour même [… Tristan [est fidèle]] à sa plus profonde et secrète passion)（［4］p.260）という文章に感激したのを思いだす．また，「無から創造されるものに操を立てる」（［3］下 p.282）(la fidélité à quelque chose qui n'était pas, mais que l'on crée)（［4］p.259）とか「理性とも見まがう質実な狂気――これはヒロイズムでも挑発でもなくして，忍耐づよく，愛情のこもった努力なのである．」（［3］下 p.284）(Une Folie de sobriété qui mime assez bien la raison -- et qui n'est pas un héroïsme, ni un défi, mais une patiente et tendre application.)（［4］p.260）といった言葉も，「グロタンディーク論」の構築に興味をもちはじめていた当時のぼくにとって絶好の素材となったようだ．ぼくは，「グロタンディーク論」の最初期バージョンを夢想する少し前に「少女論」（＝「小序論」）という小さな作品を書いているが，この作品を思いだしながらド・ルージュモンを読み返すと「マニ教伝説の恋人が，かずかずの秘伝をうける大試練を経たときに，《まばゆいばかりの少女》が《私はあなた御自身です！》という言葉で，彼を迎えたことを思い起こしていただきたい．」（［3］下 p.284）(Lorsque l'amant de la légende

429

manichéenne a traversé les grandes épreuves d'initiation, souvenez-vous de la «jeune fille éblouissante» qui l'accueille par ces paroles: «Je suis toi-même!»)（[4] p.260）などという文章が当時のぼくの「少女論」に影響を与えなかったはずがないと思えてくる．こうした背景の中で，「隠遁時代」のグロタンディークについて考えるとき，ぼくは，「マニ教伝説の恋人」を「グロタンディーク」に置き換え，《まばゆいばかりの少女》を《まばゆいばかりの女性》あるいは《まばゆいばかりの数学》に置き換えるだけで，これと本質的に同じ心的構造を感じてしまう．つまり，ぼくには，母の死後（1957 年 12 月以降）に，グロタンディークが求めていたものは「母の面影」でも「神の啓示」でも，またもちろん「数学そのもの」でもなく，実は，見失っていた自分自身だったに違いないと思えるのだ．

　ラセール時代のグロタンディークには「暗い噂」が多すぎる．数学者たちによって「パラノイア説」や「発狂説」が流され，数学的業績だけを残した死者のように扱われたりもしていた．すでに書いたように，1990 年以前のグロタンディークの心は外界に対して開かれており，十分に「健全な状態」だった．ところが 1991 年夏を境にして，グロタンディークの心は，外界に対して閉ざされる方向に急旋回しはじめた．この変貌の原因は結局のところ「神に欺かれたこと」だと思う．いうまでもなく，神は人間の「脳内妄想」にほかならず，「欺く神」を生みだした自己が問題となる．そう気づきかけたときに，古い自己が浸っていた人間関係からの強い離脱願望が起こり，自己を欺かない新たな自己を創造するために，過去のみならず現在をも遮断する「完全な孤独」が不可欠だと考えたのだろうか．そういえば，かつてのグロタンディークの神には「母の呪縛」の香りがした．大切にしてきた母の形見とも離れた「完全な孤独」が，「母の呪縛」から解放された自己に出会う契機になっていればいいのだが．

　サン・ジロンの町では，こんなことを京子を相手にして漠然と回想していた．ぼくははじめてトゥルーズやアルビを訪れたときにもカタリ派について語っていたのだが，今回はカタリ派とグロタンディークの「奇妙な類似性」に気づきはじめたこともあって，京子への「演説」もかなり熱の入った

ものになったようだ．ぼくは「演説」に夢中になると何のためにいまここにいるのかを忘れてしまう悪い癖がある．このときも「演説」が長時間化する危険を感じた京子がぼくを現実に連れ戻してくれた．そうだ，昼食を取ろうとしていたのだった．たまたま見つけた小さな店でパン（バゲット）とエクレアとコーラを買って車にもどり，フォワで買ったバターを切ったパンに塗り多めにハム（ジャンボン・ブラン）を挟んで豪華なハムサンドイッチを作って食べ，これとエクレアで昼食をすませた．そして，グロタンディークの家を探す準備に入った．この段階ではとりあえず，（火事について書かれているはずの新聞記事はまだ見つけてはいないものの）リスカーの情報のおかげで入手できた「シュネプスによるグロタンディークの家の写真」をヒントにして，サン・ジロンの町を歩いて写真と同じ家を探してみようと考えていた．というのも，出発の直前にリスカーにメールで質問したところ，たしかにその写真はグロタンディークの家の写真で場所はサン・ジロンだと教えられていたせいだ．サン・ジロンの人口は 6000 人程度なので，1000 軒程度の家をチェックするだけでいいはずだ．1 軒あたり 10 秒で終わるとすれば，3 時間以内に終了できることになる．楽天的に考えれば，2 時間ばかりで目的の家にたどり着けるに違いない．などというのは机上の空論だということが，ちょっと探索をはじめてみて，すぐにわかった．家が密集しているのは町の中心部だけだし，サン・ジロンの面積は 19 平方キロもあるのだ．こうして，シラミ潰し作戦には気乗りがしなくなってしまった．休憩のつもりで，かつてシュネプスとロシャクがグロタンディークを捕捉した朝市の開かれるサラ川沿いの広場（シャン・ド・マルスという大袈裟な名前がついている）から川越しに見える家並みを何となく眺めながら，ふと左側に目を向けると，そこに町役場（marie）が見えた．モルモワロンのグロタンディークの家を探すのに町役場で質問して成功した体験があったことから（もっとも，そのときはグロタンディークの住所がわかっていたのだが），京子が町役場で聞いてみようといいだした．ダメでもともとということで，13:30 に町役場の昼休みが終わるのを待って，ぼくたちは町役場に入ってみた．

町役場で

　入口のドアを開けるとすぐ左側に受付らしきカウンターがあった．昼休みが終わったばかりでまだ誰もいなかったが，しばらく待っていると女性が1人現れて応対してくれた．京子が英語で話しかけたがわからないようだったので，ぼくがフランス語で「われわれはこの人の家を探している」といってプリントアウトした家の写真に「アルクサンドル・グロタンディーク教授，サン・ジロン，アリエージュ，フランス」と書いた紙を見せた．受付の女性はこの写真を見て，書かれた文字を読み上げてから，ぼくの目にはミニテル（インターネットが普及する前にフランスが電話番号案内の自動化を目的にして開発していた電話回線を利用した情報網）の端末としか見えない小型のパソコンらしきもので電話番号を調べてくれたが，ダメだった．グロタンディークが電話番号を公開していないせいだろう．家の写真については，「こんな家は見たことがない」という．ぼくが「こういうタイプの家はこのあたりにはないのか？」と聞くと「町の中にはないけど，このあたりの田舎にはありそうだ．かなり昔の建物のようだ」などと教えてくれた．こういうときの「参考資料」のつもりで持っていた『シアンス・エ・ヴィ』に掲載されたグロタンディークの紹介記事のコピーを見せると受付の部屋の奥にいた職員たち（なぜかすべて女性だった）がみんなでそれを読み興味を持った様子だった．ぼくらはこれに気をよくして，アストレにル・ペスティポンが書いた記事「グロタンディークの火事」(L'incendie de Grothendieck) や「ウィニーとグロタンディーク：ル・ヌフより」(Winnie et Grothendieck : du neuf) を見せると，これらにも興味を持ってくれた．

　とくに，火事の情報は有用だった．2006年のはじめにグロタンディークの家が火事になったということをヒントに，町役場の女性職員たちがグロタンディークの家の場所を確認しようと試みてくれたのだ．どうやら，消防署に電話してサン・ジロンとその近郊で起こった火事について聞いてくれていたようだ．火事のことを消防署に聞いてみるというのは自然だし単純な作戦だったが，個人的に火事の情報を得ようとしてもおそらく消防署は教えてくれなかったように思う．それを町役場を経由したおかげで教えて

もらえたのだからラッキーだった．最初，調べてくれていた女性職員の 1 人が「この記事を書いた人が住んでいる場所がわかった」といった（とぼくには聞こえた）ので，ぼくが思わず「ええ，この記事を書いたル・ペスティポンの住所がわかったの？」というと，「そうじゃない」というので「まさかウィニーの居場所？」などとトンチンカンなことを真面目な顔で口走ってしまった．問題の記事にあったウィニーというのは「くまのプーさん」のことなので，サン・ジロンどころか，この世のどこかに住んでいるはずもないのに，「ウィニーじゃなくて，この人，…，グロタンディーク」とこれまた真面目に答えてくれたので思わず笑ってしまった．「フーの場所はここなので，この人は多分ここに住んでいると思う」といってラセールという村の名前をメモしてくれた．フー (feu) は火だから，火事＝アンサンディ (incendie) を意味している．

　その後，ラセールへの行き方についても説明してくれて，「あなたたちの探している人はその村にいると思う．まず間違いないよ」といってくれた．京子がこういうときのために持ってきた日本の絵ハガキ数枚などを窓口の女性などにプレゼントし，お礼を述べて町役場を出たときにはそろそろ観光案内所が開く時刻になっていた．さっそく，観光案内所，正式名称は「サン・ジロンとクズランの観光案内所」(Office de tourisme de Saint-Girons et du Couserans)，に行ってクズランの観光地図にラセールの位置をマークしてもらい，念のために，25000 分の 1 の地形図も買い求めた．ラセールのすぐ近くのピレネー山脈の遠景が楽しめるというビューポイントにもマークをつけてもらった．ラセールを通る公共交通機関は存在しないので，もしレンタカーがないとなるとタクシーを使うしかないということも教えてもらった．ところで観光案内によると，クズランというのは，アリエージュ県の西側のサン・ジロンを中心とする古代ローマゆかりの地域名だ．クズランの北側には隣接するヴォルヴェストルという地域の一部も含まれている．郡のようなものだろうと思っていたが不正確だった．行政上の名称としてはサン・ジロンを含む郡 (arrondissement) もサン・ジロンという．そして，「グロタンディークの家はサン・ジロンにある」という主張は，このサ

ン・ジロンを町の意味に解釈すると間違いだが，郡の意味に解釈すると正しい．そういえば，リスカーにメールで「アレクサンドルの家に関する情報についてはロシャクに直接コンタクトを取ることが必要だ」と忠告された．でも，ぼくには，おそらくロシャクに聞いたとしても，「家に行っても面会できない」あるいは「グロタンディークは誰とも会いたがらない」ということを理由にして，グロタンディークの家の正確な場所（住所）を教えてくれることはないように思えた．だからメールは出さないでおいた．とにかく，グロタンディークの家のある村の名前を知っているはずの人たちはすべて，それをどこにも書いておらず，ピレネーだとかサン・ジロンだとかという誤解を招きやすい説をそのまま流通させているのだから，ロシャクの意見を聞いても現地に行こうという意欲を削がれるだけだろうという気がしたのだ．

これは帰国後に知ったことなのだが，アストレに興味深い話が書かれていた．2006年のある日，若い男がグロタンディークの家の門の前に来たが，この男は（門を叩いてもムダだと知っていたらしくて），グロタンディークが家から出てくるのを静かに何日間も気長に待っていたという．近所のマダムの意見によると，いままでに見たことのない顔だった．ただ，このマダムの子供たちがインターネットでその男の顔を見たことがあるといっていた．以前はときどきグロタンディークの家を訪ねてくる人がいたが（グロタンディークが誰も門の中には入れないこともあってか），近年その数が減っているとのこと．グロタンディークの孤独はどんどん完全なものになりつつある．呼んでもムダだということも知っていたらしくて，その男はじっとグロタンディークが家から出てきて自分をみつけて口を聞いてくれることを願って待っていた．マダムはその男に「あの人はめったに外出しませんよ．月に1回か2回しか動かないんですよ」などと教えてあげたが，その男は（フランス語がわからなかったせいで？）落胆することもなく門の前の砂利の上でグロタンディークが出てくるのを待ち続けた．マダムはそれを見て，飲み物などを持っていってあげたりもしたという．でも，その男は何もしゃべらなかった．数日後，ついにグロタンディークが庭に

姿を見せた．男はためらうことなく門に近づいてグロタンディークに挨拶し，英語で話しはじめた．マダムは英語ができないので，何を話しているのかはわからなかったが，話し声が聞こえる位置にまで移動した．会話は5分ほどで，グロタンディークの方から話すのを止めたいといって終了した．この会話の最後の部分だけは奇妙なことにフランス語で，「世界の終わりがまもなく来るであろうことは確かだ．」(C'est certain, ce sera bientôt la fin du monde.) というものだったという．この「若い男」が誰だったのかはわからない．インターネットで見たことのある顔だとしたら，日本山妙法寺の僧侶かもしれない．たしかに，日本山妙法寺の僧侶なら「出てくるまで座って待つ」という荒技も可能だとは思うが，「静かに待つ」はずがない．これも不軽菩薩的修業と考えて，団扇太鼓を打ちながら「南無妙法蓮華経」を繰り返し唱えたはずだ．では，誰なんだろう？ それはともかく，幸いにも，ぼくがグロタンディークの家を探していたときには，この出来事を知らなかった．もし知っていたら怯えていたところだ．

グロタンディークとの会見

　町役場と観光案内所を後にして，ぼくらはグロタンディークの家があると見られる村ラセールに向った．ナビで目的地をラセールに設定して，ただ走ればいいだけのはずだが，途中で右折と左折を間違って寂しい道に迷い込んでしまったりもした．それでも，ナビのおかげでどうにか本来の道に復帰することができ，雪のピレネー山脈の遠望（p.426の写真はこのときに写したものだ）を楽しめるビューポイントでちょっと休憩してから，ラセールに着いた．まず，村役場に行き，中にあった郵便局の窓口でグロタンディークの家はどこかと聞いてみたところ，親切に行き方を（なぜか地図ではなく）文字で書いてくれ，「そこをまっすぐ行くと交差点があるからそれを〜方向に曲がれば，まず学校があって，その隣に農家，さらにその隣りがマダム・エスケシュの家．ムッシュ・グロタンディークの家はその隣りにある」というように説明してくれた．このようにして，ラセールにある2006年のはじめに「火事のあった家」がグロタンディークの家であるこ

とがわかった．説明してもらった方向に車を移動し，農家の前の道に駐車すると，犬がさかんに吠え，農夫らしき男性2人が不審な顔でこちらを見つめているので，とりあえず車を道路に停めて，挨拶することにした．近づいて「ボンジュール，メッシュー」というと愛想よく「ボンジュール」と返ってきたのでちょっと安心．すぐ左の家の方を指さして「ムッシュ・グロタンディークの家はあれですか？」と聞くと「そうだけど，〜〜」と聞き取れない言葉が飛び出してきた．南フランスではときどき全然意味のわからない「フランス語」に出会う．わからないときは勝手に方言だと考えることにしている．「ムッシュ・グロタンディークは家にいるか？」と聞くと「いるいる．かれは家でいつも手紙を書いている」とのことだった．開かれた窓から何かを書いているグロタンディークの姿がよく観察されるということのようだ．書いているものが手紙だと断定する理由はよくわからなかったが，ぼくの質問に対する応答から，いつもたくさんの手紙が届くので，その返事を書いているのだと推定しているようだ．「どこから来たの？」と聞かれて「日本から」と答えると，「アルバニア？からも人が来たことがあるよ．いろいろな国からかれを訪ねてくるけど，かれは誰にも会わないし，だれが呼んでも出てこない」といった．

グロタンディークの家（2007年山下撮影）
火事のために屋根が改修されている奥の建物

この時点で，路上駐車はまずいということで，京子がクルマを留守だったマダム・エスケシュの敷地内に移動する．グロタンディークの家には庭と垣根と新しい木製の門があり，その奥に三階建ての建物のドアがあるのだが，この門ががっちり閉じられているので，ドアをノックすることもできない．通用門は鉄製でやはり閉まっており，門の近くに呼び鈴やインターフォンのようなものは存在しなかった．「困ったなぁ．どうしよう」と京子と話していると，マダム・エスケシュが自転車で帰ってきた．ぼくたちを見つけて怖そうな顔で近づいてきたので，「ムッシュ・グロタンディークに会いに来た」というと，いまだに鮮明に記憶に残っている声で，「約束はしてある？」(Vous avez un rendez-vous?)と聞いてきた．「いいえ」というと「それだったら，まず無理．会えないよ」とのこと．「じゃあどうすればいいですか？」と聞くと「まぁ，とりあえず面会したいということを手紙に書いて左側の門柱の上にある郵便

マダム・エスケシュと京子（2007年山下撮影）

受けに入れておくこと．そうすると，そのうち読んでくれて面会の約束が可能になるんじゃないかなぁ」といわれてしまった．通常，こういう状況だと（過去の体験では），隣りのマダムがかならず大声で「お客さんですよ」とかいって呼んでくれるものなのだが，今回は事情がかなり変化したとい

うことのようだ．京子がグロタンディークの最後の恋人ヨランドに携帯電話をかけて，英語で「いまグロタンディークの家の前にいるんだけど，どうすれば呼びだせるかなぁ？」と聞くが，「大声で南無妙法蓮華経と唱えてみれば」などという冗談とも真面目ともつかない助言しかえられなかった．

「万事休す」という状況だったが，2007年3月6日15:50，マダム・エスケシュがグロタンディークが庭に出てきたことに気がついて「あ，いまかれが庭に出て来たよ．ほらほらそこそこ」と教えてくれた．ぼくらはさっそくマダム・エスケシュの小屋の敷地内からグロタンディークの家の庭に向い垣根越しに話しかけた．何度も名前を名乗りながら呼びかけたが，「無視」されたままだった．口も聞こうとしないのかと驚いたが，どうやらそれは杞憂で，耳が遠くてかなり大声でないと聞こえないだけのようだ．庭のバラの手入れのために出てきたらしく，右手に剪定バサミが握られていた．グロタンディークの家の庭とマダム・エスケシュの小屋の敷地との垣根にはつるバラが植えられていて，そのバラの向こうとこっちで会話することになった．ぼくたちの呼びかけに対するグロタンディークの第一声は「ケル・ノム・ヴ・ザプレ？」(Quels noms vous appelez?)のように聞こえた．とりあえず，ぼくが自己紹介をすると，音声で「ジュンイチ」を認識してくれ「目が見えにくくなっていてねぇ」といいながら，「古い友人のジュニチか？」といってくれたのでうれしかった．「何歳になったか？」とか「いまは何をしているのか？」などというグロタンディークからの質問に答えてから，ぼくが「いま何か書いているのか？」と聞いたら「自分自身について書いている」とも「書くことが私そのものだ」ともとれる答が返ってきた．いくつかのやりとりがあってから，「観光旅行で来たのか？」というので，「あなたに会うためだけに来た」というと，「残念だけど，完全な孤独を守っている」「誰とも会わない」「いまの友達は動物や植物だけだ」とのこと．「それはよく理解している」と答えると，「理解しているのならなぜ来たのか」というようなちょっと皮肉な反応があったので「あなたが元気にしているかどうかさえわかればいい」などと応じているときに，京子が「ジュンイチがあなたの本を書いた」と助け舟を出してくれ，運良くグロタ

ンディークと会えたときに手渡そうと思って持参していたぼくの小さな本『グロタンディーク：数学を超えて』をクルマから取ってきてくれた．その間に「日本からここまではずいぶん遠い」といったら「そうなんだけど，誰にも会わないことにしているから，申し訳ないが，家に入れることはできない」という．プレゼントだといって本を渡したら「日本語の本は読めないよ」といいながらも，「ありがとう，ありがとう」と喜んで受け取ってくれた．出版直後にヨランドにグロタンディークへの転送用の本を1冊送っておいたのだが届いていなかったようだ．ぼくたちとしては，家探しに失敗してグロタンディークに会えないことも想定していたので，家が発見でき17年ぶりに元気な姿に出会えただけで十分に満足だった．根掘り葉掘り質問しなかったせいだろうか，別れ際に「ジュニチとキョウコは良い心を保っている」といわれたのもうれしかった．最後に「これからも健康に気をつけて元気に暮らしてくれ」といいあってクルマにもどった．クルマが家から離れるときも，グロタンディークは，微笑みながらずっと手を振ってくれていた．ほんのわずかな時間の「会見」にすぎなかったが，ぼくたちは外界に対して閉ざされたグロタンディークの心の奥底にある「やさしさ」に触れたような気がして，温かい気持ちになることができた．この日から2809日後の2014年11月13日に，グロタンディークは亡くなった．そして，これがグロタンディークとの今生の別れとなった．

参考文献

[1] ネッリ（柴田和雄訳）『異端カタリ派の哲学』法政大学出版局 1996 年
[2] 帚木蓬生『聖灰の暗号・上下』新潮社 2007 年
[3] ド・ルージュモン（鈴木健郎・川村克己訳）『愛について』岩波書店 1959 年；引用は平凡社版（1993 年）による
[4] de Rougemont, L'Amour et l'Occident, PLON, 1939
[5] 原田武『異端カタリ派と転生』人文書院 1991 年
[6] 渡邊昌美『異端カタリ派の研究』岩波書店 1989 年

ヴィルカンとカタリ派

> Les aspirations de l'homme à la liberté
> doivent être maintenues
> en pouvoir de se recréer sans cesse.
> C'est la révolte seule qui est créatrice de lumière.
> 人間の自由へのあこがれは，
> 絶え間なく自らを再創造する力として
> 維持されなければならない．
> 反抗だけなのだ，光を創り出すものは．
> ———ブルトン[1][2]（一部改変）

ポール・ロラゲ

　2007年3月6日火曜日．ラセールでのグロタンディークとの極めて短い「会見」後に，ぼくは一度この村に滞在してみたくなったが，京子が「会見」直前にヨランドに携帯電話をかけたときに，3日後にヨランドの家を訪れると約束してしまっていたので，ぼくたちはとりあえずこの約束を果そうと考えた．そのあとで，また，ラセールに舞い戻ってくればいいと思ったのだ．南フランスに滞在するときには，グロタンディークゆかりの場所を「巡礼」することが半ば習慣のようになっているので，ヨランドの家（グロタンディークが突然ラセールに転宅するまで住んでいたモルモワロンの隣り町マザンにある）までは片道で400キロ近くになるのは明らかだったが，過去の体験によると，それほどの「遠征」でもない．もしグロタンディークをサン・ジロンの朝市で探してみようと思えば，4日後の土曜日にサン・ジロンに舞い戻ることが必要なのと，レンタカーの返却期限が3月14日なのであまりゆっくりしてはいられないのが気にかかる程度だった．「遠征」よりもむしろ，ラセールに滞在する試みの方が難しいかもしれない．ラセールは小さな村なので，ホテルは存在しない．
　泊めてくれる家（民宿）があることはサン・ジロンの観光案内所で確認しておいたのだが，いつラセールにもどってこれるかがはっきりしないせい

もあって，まだ予約を入れていないのがちょっと気にかかる．ホテルがいくつもある町なら予約の必要はないが，民宿となると季節によっては営業していないことだってある．この時点では民宿の場所も電話番号もわからなかったので，とりあえず，モルモワロン方面をめざすことにして，カルカソンヌ方面に向う高速道路 A61 に入った．この高速道路はミディ運河（Canal du Midi）とほぼ並行しているので，途中（20 番と 21 番のインターの中間）にミディ運河のマリーナともいうべきポール・ロラゲ（Port-Lauragais）を見物できる珍しいサービスエリア（Aires de Service）がある．運河と高速道路の「合流点」にある共通のサービスエリアだと思えばよい．

　ミディ運河というのはトゥルーズからカステルノダリ，カルカソンヌ，ナルボンヌ近郊，ベジエ，さらにトー湖を経て地中海沿岸のセトまでを結ぶ運河である．トゥルーズからボルドーまではガロンヌ川でつながっているので，合わせると大西洋と地中海を結ぶ水上交通路となり，鉄道の出現以前には重要な輸送路だった．現在ではレジャーなどでの利用が増えているようだ．世界遺産にも登録されており，ポール・ロラゲにはミディ運河について詳しく解説した記念館や売店やレストラン（セルフサービスに近いのにけっこう高い）それにラグビーの博物館などが併設されている．ラグビーボール状の曲面を平面で切断して何種類かの断片に分け，それを裏返したりそのまま置いたりしたものを組み合わせて屋根にしてあるところがユニークだ[3]．トゥルーズとナルボンヌを結ぶ A61 沿いの地域には有名なラグビーの選手が多く，この地域はかつてカタリ派の勢力が強かったので，ラグビーは「カタリ派のスポーツ」などと呼ばれることもあるらしい．ところで，カタリ派（les Cathares）の語源は「純粋，自由，清浄，無垢，率直，潔白」を意味するギリシア語の形容詞「カタロス」だとされるが，英語版のミシュランのガイドブックに，カタリ派の意味は「pure ones」（フランス語だと「les purs」）だと書かれていたことがある．ぼくがカタリ派が好きになったのは，カタリ派的な思想がヨーロッパの恋愛観の土台になったというド・ルージュモンの説のためだけではなく，というよりむしろ，「pure one」を素朴かつ強引に直訳すればぼくの名前「純一」になるという

たわいないことのせいだ．30年以上前に，ロデーヴからヴィルカンに向う山道で，グロタンディークから「純一」の意味を聞かれたときにも，この説明を活用したことを思い出す．グロタンディークとの会話でカタリ派について触れたことも，グロタンディークとの手紙でカタリ派について書いたこともないが，グロタンディーク好みの話題ではなかったかと秘かに考えている．

　なぜかぼくたちは，このポール・ロラゲにはいままでに何度か立ち寄っており，今回もここで休憩した．高速道路上に掲げられた案内パネルを見て「大きそうなサービスエリアだ」と感じるせいらしい．時刻が遅かったせいで（といっても 17:00 すぎだったのだが），記念館や博物館はすでに閉まっていた．レストランに行ってみると客はぼくたちだけだったので，早めの夕食にした．食べ終わったときには，辺りは薄暗くなってきており，無理に前進しないでカルカソンヌのフォーミュル・アン（Formule 1）に泊まることにした．フォーミュル・アンというのは，イビス（ibis）などと同じホテルチェーン「アコール」のエコノミークラスのホテルで，トゥルーズのイビスでパンフレット（各地のイビスやフォーミュル・アンへのアクセス方法と電話番号が掲載されていて便利）を入手しておいた．イビスよりもかなり安いが夜になると受付が無人になり鍵がかかるので，チェックインするには入口付近にあるパネルにクレジットカードを入れて自分でホテルの入口や部屋のドアのコードを入手することが必要でちょっと煩わしい．夜になると駐車場も施錠されるので，やはりコードを使って自分で開けることが必要になる．さらに，シャワーもトイレも共同で，もちろんバスタブは存在しない．（アコールのチェーンのホテルが日本にも進出しつつあり，フォーミュル・アンも英語風にフォーミュラ・ワンという名前で沼津と伊勢崎のインターの近くに2軒できていた．ぼくたちは試しに，この2軒のホテルに泊まってみたことがあるが，日本のホテルの常識通り，室内にはバスタブもトイレも存在していたし，フロントには夜でも人がいるようだった．フランス風の格安ホテルは日本ではウケなかったようで，その後セレクトインと名を変えた．）

カタリ派の哲学

　カルカソンヌのフォーミュル・アンは高速道路 A61 の 24 番インター (Carcassonne-Est) を出て料金所を過ぎてから 800 メートルほどカルカソンヌ方向に進んだ右側にある．トゥルーズとナルボンヌを結ぶ国道 N113 をナルボンヌからカルカソンヌに向えばその進行方向側にあるわけだ．23 番インターから出たのではカルカソンヌの中心部を通過せねばならず N113（ルクレール将軍大通り）に入ってからは中央分離帯のせいでフォーミュル・アンにはアプローチするのが難しくなる．カルカソンヌの旧市街はシテと呼ばれ，世界遺産に登録されている有名な「城塞都市」でもあるが，このシテは A61 の 23 番と 24 番インターの間の左側（北側）にある．フォーミュル・アンには 18:45 ごろに着いた．ぼくは，部屋に入るとすぐに，ライトアップされたシテの記憶を甦らせながら，京子にカタリ派とグロタンディークの「かかわり」(なんてあるのか？) について語りはじめた（カタリ派じめた）．まず簡単なおさらいから．12 世紀末のカルカソンヌはカタリ派を支持していたが，カタリ派との教義論争は非常に困難で，異端として断罪することに踏み切った教皇イノケンティウス三世が，1209 年にアルビジョワ十字軍 (Croisade des Albigeois) を組織してカタリ派への武力攻撃を開始し，まずベジエにいたカタリ派の信者を攻撃して，教会に逃げた信者をカトリックの住民と区別することもなく虐殺した．神の名のもとに殺戮し略奪できるのだから十字軍の兵士の数はかなり膨大だったようだ．この事件は「ベジエの虐殺」と呼ばれている．その気になれば，もっと戦えたはずだが，カルカソンヌは徹底抗戦はせず，まもなく開城した．

　その後，カタリ派の人たちは弾圧の厳しいラングドックやオートガロンヌからアリエージュに移り，ピレネーの山麓付近に散開して民衆の間に強い影響を残すこととなる．教皇によるカタリ派殲滅政策はその後も続き，ついに，アリエージュのカタリ派の拠点だったモンセギュール城が 1244 年に陥落して，組織としてのカタリ派は壊滅状態になった．このカタリ派の聖職者にあたる完全者 (パルフェ) は，嘘をつかず，暴力を嫌い，肉食をせず（イエスは魚を食べていたと聖書に書かれているとかで魚は食べるような

ので菜食主義ということではないようだ），性的な禁欲主義を貫き，輪廻転生を信じ，清貧を尊ぶ，など初期仏教や初期キリスト教が理想としたものに似た生き方を貫いていたとされる．こうしたことからすると，カタリ派の思想と隠遁後のグロタンディークの思想との類似性を感じないではいられない．もちろん，ぼくは，グロタンディークがカタリ派の思想に影響されたといいたいわけではない．グロタンディークがモルモワロンにいたころに描いていた「神の再臨」のイメージはカタリ派の「終末観」とは異質なものにすぎないからだ．ただし，そのイメージや母親を含む「過去の女性たち」（の記憶）とは完全に別れを告げてアリエージュに転居したはずだ．また，カルティエやロシャクによって，「グロタンディークは悪魔に取り憑かれている」などという不可解な説がまことしやかに語られていることにも配慮すれば，グロタンディークがますますカタリ派の思想に接近しているようにも思えてくる．そういえば，ぼくが1990年3月に実際に会ったモルモワロン時代後期のグロタンディークでさえ十分に修道士（moine）のような生活態度だった．修道士というのは，清貧と使徒的生活を実践しようとした僧侶のことで，ドミニコやアッシジのフランチェスコがその典型的な例だろう．カタリ派の完全者と同じように清貧と禁欲に生きたフランチェスコの提唱した修道会設立は，アルビジョワ十字軍によるカタリ派攻撃を決めた翌年の1210年に同じ教皇イノケンティウス三世によって認可されている．キリスト教会の現世的堕落に対する抗議の行動としてはそれほど差がないように見えるのだが，1216年に教皇ホノリウス三世によって認可されたドミニコ修道会（スコラ学を集大成したトマス・アクィナスはこの修道会が生むことになる最大の神学者でトゥールズに墓がある）はカタリ派に対する異端審問の「推進派」となっている．

カルカソンヌ生まれの詩人で思想家のネッリはカタリ派の教義の研究者として知られ，作品『カタリ派の哲学』（日本語訳では『異端カタリ派の哲学』となっている）[4][5]では，13世紀初頭に書かれたとされる『カタリ派教義書』(Traité cathare)をカルカソンヌのバルトロメの著作と仮定している．カルカソンヌのシテが好きなぼくは，カルカソンヌに行くとこの話

題に触れたくなってくる．ネッリは，この『カタリ派教義書』の精密な解読（とくに nihil という言葉の意味の解読）によって，カタリ派の教義がアウグスティヌスの教義から（ある意味で）自然に生まれたものであることを明らかにしている．

たとえば，「バルトロメにとっては，慈愛に与れない被造物［…］は神の「慈愛」の内にとどまれないがために，それらは nihil にほかならない．」(Pour Bartholomé les créatures qui ne participent pas à la charité […] sont *nihil* parce qu'ils ne sont pas dans la Charité.)（[4] p. 38, [5] p. 46）「真正なカタリ派の思想は［…］疑いもなくアウグスティヌスの思想の延長線上に位置する．」(La pensée cathare authentique […] se situe nettement dans le prolongement de la pensée Augustinienne.)（[4] p. 39, [5] p. 47）などの記述は，シュルレアリスムの画家を父にもつ作家エンデが『はてしない物語』(Die Unendliche Geschichte) で描いた「虚無が世界を侵食する」(Alle haben den Ausbruch des Nichts) という発想とダブらせるとさらに興味深く感じられる．『ヨハネによる福音書』の文章（のラテン語訳）「sine ipso factum est nihil」は普通「それ（言葉）によらずにつくられたものは何ひとつなかった」(sans Lui rien n'a été fait) と訳されているが，これは「それ（言葉）によらずに無がつくられた」(sans Lui a été fait le Rien) とも読めるという指摘（[4] p. 48, [5] p. 56）は鋭い．ネッリの「オック地方のカタリ派の教義は，とりわけその nihil の理論を通じてきわめて現代的であり，論破は至難である．」(C'est surtout par sa théorie du *nihil* que le Catharisme occitan demeure très moderne et difficilement réfutable.)（[4] p. 65, [5] p. 71）という結論にも説得力がある．面白いことに，最近の物理学によれば，かつては「無からの創造」(creatio ex nihilo) のように語られていたビッグバンの「前」にも語られるべき何か（ブレインと反ブレインやその衝突？）があるし，宇宙は必ずしも「われわれの宇宙」だけではないとされる．ところで，シュネプスが発信源のようだが，2004 年 3 月にネットに流された情報などによると，グロタンディークは「自由意志の自然学」についての膨大な作品を執筆中だとされている．すでにペンローズやコンウェイなどが自

由意志の存在を量子論を使って証明しようとしていることもあり，2007年3月6日のグロタンディークとの会見で，ぼくなりにこの情報が事実かどうかの確認を試みようとしたが，残念なことに，何の成果も得られなかった．

　もし，この情報が正しければ，自由意志を罪悪とみなすアウグスティヌスを発展させたカタリ派的な nihil の理論とグロタンディークの思想の間接的なかかわりにそこはかとないヤジウマ的な興味を覚えてしまう．この問題が「反抗だけなのだ，光を創り出すものは」というブルトンの主張とどうかかわっているのか，かかわっていないのか，ということにも興味が湧いてくる．もちろん，ぼくは，反抗の中にその序曲としての苦悩も入れることにすれば，カタリ派の思想とブルトンのシュルレアリスムは（グノーシス主義を経由する形で）通底しているに違いないと思う．とはいっても，この興味を単純にニヒリズムの克服などという陳腐な問題に帰着させてしまうのではいかにもつまらない．かといって，妄想としての神への反抗という視点を導入して，たとえば，現在の自分の「悪あがき」を正当化するなどという矮小な議論に陥る危険も避けたい．可能なら，プラトン主義思想とグノーシス思想の関係にも触れなければいけないだろう．古代ギリシア数学といえば「厳密性と公理論」などがプラトン哲学との兼ね合いで称賛されることが多いが，プラトンの起源のひとつとしてのピュタゴラスの思想の意味を解読することも重要だと思う．プラトン主義的な純粋数学観の起源として詩的・宗教的な香りに満ちたピュタゴラスが控えているという構図は，無意識から沸き立つ詩的なものへの興味を喚起せずにはおかないはずだ．というようなことを（正確にいえばそうした議論をめざすための準備段階の考察について），フォーミュル・アンの部屋の2段ベッドの下の段に腰かけて，京子を相手に熱心かつ大声で「演説」していたのだが，「演説」に集中してわれを忘れ，何のためにかウカツにもいきなり起き上がってしまって，上段のベッドの底に頭を激突させた！ぼくの妄想的なテーマの議論には（一応聞いてはくれるものの）ほとんど関心を示してくれない京子だが，こういうところでは，「大丈夫？立ち上がるときは上のベッドに注意しないと！」などとすかさず反応するから困る．痛いのでつい釣られるというこ

ともあるが，こうして，ぼくは頭をぶつけることで，カタリ派論議の腰を折られた（自分で折った？）格好になった．で，気がついたらもう 22：00 になっているではないか．普通なら風呂とトイレに行って眠るところだが，共同のシャワーとトイレなので，トイレだけですませて寝てしまった．

ペック・ルバ

　3月7日水曜日．朝食をすませてから，09：15 ごろにホテルを出た．時間の関係でシテの見物はあきらめ，ナビの指示に従って 24 番インターから高速道路 A61 に入り，グロタンディークがはじめて隠遁したヴィルカンを見物してから，モンペリエに立ち寄り，グロタンディークがモンペリエ大学の学生時代に病弱な母と過ごしたメラルグをめざすことにした．A61 をナルボンヌに向って進んでいると左側にトーチカとも巨大な埴輪とも見える奇妙なオブジェがいくつか見えた．ぼくはすでに，同じ場所を（逆向きのときもあったが）通過中に同じものを過去にも数回目撃したことがある．夜に通過するとライトアップされていてかなり無気味だった記憶もある．ここではいつも「あれ，何やろなぁ？」と思うし，運転中の京子に聞いてみても（ゆるやかに左にカーブしている地点なので）なかなか横が向けないらしくて，「日本に帰ったらネットで調べるぞ！」などと独白しているのだが，帰国するとすっかり忘れてしまって，覚えていたことがなかった．しかし，このときは違っていた．不思議なことによく覚えていて，グーグル・マップで A61 のナルボンヌの手前の航空写真をチェックしてみたのだ．その結果，問題のモニュメントらしきものは，A61 から A9 への分岐点から 1 キロばかり西の地点にあり，A61 のカルカソンヌ方向に向う車線からのみ入れるサービスエリアに設置されていることがわかった．ただし，レストランなどはなさそうなので，サービスエリアというよりも，石（コンクリート）の作品展示施設という方が適切かもしれない．ペック・ルバ（Pech Loubat）というのがこの施設の名前だということもわかった．うれしいことに，このモニュメントは 3 名のカタリ派の騎士（Les Chevaliers Cathares）とアルビジョワ十字軍（北フランス）に略奪され荒らされたカタリ派

ペック・ルバにある「カタリ派の騎士」

の土地（ラングドックやアリエージュ）のありさまを象徴的に表現した巨大な彫刻作品で「中世カタリ派の精神の木霊」に耳を傾けさせるためのものらしい[3]．コンクリート製の「騎士」はミラドール（監視塔）のようになっている．今度チャンスがあったらこの「騎士」の中に入ってみたい．

　ナルボンヌで高速道路A9に入り，しばらく進んでから，34番のインター（Agde）で出た．このインターの南にアグドという町があり，さらにその南には地中海にやや突き出た感じのキャプ・ダグド（Cap d'Agde）というマリンリゾートがあるが，そこにはヨーロッパ最大ともいわれるナチュリスト（ヌーディスト）のための地域（Quartier Naturiste）があるという．興味がないわけでもないのだが，今回は地中海への接近はあきらめて北上し，高速道路A75に入りロデーヴに向った．

オルメとヴィルカン

　ロデーヴは人口7500人ほどの小さな町だ．西に5キロばかり行けばグロタンディークの第1次隠遁地ヴィルカンがある．ぼくがヴィルカンの泉の前にあるグロタンディークの家をはじめて訪れたのは1973年の夏だった．ロデーヴとヴィルカンを結ぶ山道をグロタンディークやジャスティン（当時のグロタンディークの恋人でアメリカ人）と一緒に歩いたことを懐かしく思い出す．この道の途中のオルメに向う分岐の近くにグロタンディー

III 思い知るべき人はなくとも

ロデーヴのプラタナスの並木道（2007年山下撮影）

クの畑があった．数年後になって，そのあたりに日本山妙法寺が道場や仏舎利塔を建設しようと計画していたこともあるが，僧侶の「不法滞在」を根拠に憲兵隊（フランスの田舎では治安警察機能も担っている）が介入して裁判にまでなり，結局，グロタンディークが「気分一新」のために，（ゴルドのラ・ガルデットでの滞在を経て）当時の新しい恋人ヨランドの協力を得て，第2次隠遁地モルモワロンに引っ越すという展開になった．グロタンディークの畑があった場所に行ってみたが柵で囲まれてしまって中がよく見えなかった．1973年夏のぼくの記憶に残るオルメは，崩れかけた館跡（グロタンディークの説明によれば約600年前の城だとのことだったが，18世紀の館の跡らしいので，ぼくの聞き違いだろう）と小さな集落だけしかない寂しい丘だ．2014年の段階ではこの館は完全に改築されて75万ユーロで売られている．

　ぼくはこの館の中にあった臨時の部屋のような場所（といっても屋根らしい屋根があった気さえしない）で，1973年7月26日の夜に一泊させてもらった．当時のメモを見ると，「ローソクに灯をつけ，石だらけのうすぐら〜いところで寝た」とある．（シャルラウの『グロタンディーク伝3』(p.106)

449

オルメの丘の頂上の館跡遠望（2007年山下撮影）
手前左側にグロタンディークの畑があった

の「廃墟」は何なんだろう？）この部屋のような場所は本来はグロタンディークの友人の生物学だか生理学だかの専門家のもので，グロタンディークが一時的に使わせてもらっていたようだった．そこに置かれていた机の上にSGAや手紙類が散乱していたのを思い出す．トイレがあったかどうかの記憶がないが，あったとしても水洗トイレではなく，砂を敷いたポータブル便器のようなものだった可能性が強い（グロタンディークの家では転居直後は外の適当な草むらをトイレがわりにしており，夜には暗闇の中をランタンとトイレットペーパーを手に裏山の草むらに出かけたのを覚えている）．グロタンディークがぼくのために石鹸とスポンジなどを用意してくれたというメモがあるので，シャワー的なものがあったことは確かだ．オルメの館跡はグロタンディークと仲間たちのコミューン活動の拠点のようになっていたらしく，カウンター・カルチャーの香りがする若いカップルやその子供たちがたくさんいた．1973年7月27日の朝食は隣りの部屋のような場所で食べた．非常に質素な食事だった．好き嫌いの激しいぼくの朝食の世話をしてくれたカップル（英語ができない）は，ぼくがパンしか食べないので困惑ぎみだったが，ぼくのフランス語力では事情がうまく

説明できなかった．そうこうするうちに，グロタンディークの 14 歳の長女ジョアンナがやってきたので，ぼくは事情を英語で説明して通訳してもらった．

ジャスティンの「証言」（[7] p.1202）によると，グロタンディークと同棲していたシャトネ・マラブリー（Châtenay-Malabry）の家から 1973 年のはじめにオルメに移って，シュルヴィーヴル運動に代わる新しいコミューンを組織しようと試みていたらしいが，それがまた人間関係のトラブルで挫折したのだという．当時のぼくのメモを見ると，グロタンディークはぼくが訪問する 2 日前にアメリカ旅行から帰国したばかりだとなっている．バッファローでの講演を目的とする 2 度目の旅行だろう．このころ，ドリーニュが 1973 年 7 月にヴェイユ予想に決着をつける証明を，ケンブリッジ大学で開催されたホッジの 70 歳の誕生日記念国際シンポジウムで，発表している（論文としての発表は 1974 年）．ジャスティンの「証言」によると，このニュースを知ったグロタンディークが，詳しい情報を知ろうとしてジャスティンとともに 7 月に IHES に出かけたという．ぼくはグロタンディークたちは（シャトネ・マラブリーなら IHES に近いので），シャトネ・マラブリーから IHES に出向いたものと考えていたのだが，オルメからだったのだろうか？ちょっと気にかかる．ぼくが訪問したとき，グロタンディークはオルメの館跡から第 1 次隠遁先となるヴィルカンの家に転居する直前でもあった．グロタンディークがすでに入手済みの家には 2 人の仲間が寝泊まりしていて，ぼくの寝る場所がなく，恐ろしいことに野外のテントで寝ることになっていたが，2 人が出ていってくれてぼくが泊めてもらうためのためのスペースができてホッとした．昼前にグロタンディークがオルメに手押し車を押してやってきて，本や手紙や書類を木箱に入れ手押し車に載せ，ぼくも一緒にグロタンディークの家に向って移動した．このあとぼくは，ジャスティンと一緒にロデーヴに買物に行き，ヴィルカンにもどってから，洗濯に行くというジャスティンを手伝い 1 時間半ほど歩いて大きな円形の池というより温泉（フランスでは珍しいことに温かい水が湧き出ていた）に出かけた．この温泉の位置を知りたくて，最近になって，

グーグル・マップの航空写真を見たところ，大きな円形の池らしきものが見つかった．このあとぼくは 7 月 31 日までヴィルカンに滞在してグロタンディークと「一緒に暮らす」ことになるが，40 年以上も前の回想はこれくらいにして，話を 2007 年 3 月 7 日にもどそう．オルメもいまでは丘全体が整備されて城跡の周りに新しい家が建ち並んでいる．しかもオルメとヴィルカンは合併して新しい村（Olmet-et-Villecun）になった．「村長の家」はグロタンディークの隠遁先だった家の西側にある．2011 年の国勢調査によると人口は 145 人だという．

参考文献

［1］ブルトン（入沢康夫訳）『秘法十七』人文書院 1993 年
［2］Breton, "Arcane 17 enté d'ajours", Œuvres comlètes III, Gallimard, 1999
［3］後藤幸三『南フランスのロードサイド・アーキテクチュア』鹿島出版会 2005 年
［4］ネッリ（柴田和雄訳）『異端カタリ派の哲学』法政大学出版会 1996 年
［5］Nelli, La philosophie du catharisme, Payot, 1978
［6］Leith, "The Einstein of maths", The Spectator, 2004
［7］Jackson, "Comme Appelé du Néant...", Notices of the AMS, October and November 2004
［8］原田武『異端カタリ派と転生』人文書院 1991 年

メラルグとモルモワロン

ne proicias me in tempore senectutis
cum defecerit fortitudo mea ne derelinquas me
年老いたとき見放さないでください
力が衰えたとき見捨てないでください
————詩篇 71:9 [1]

モンペリエからメラルグへ

　2007年3月7日水曜日の午前中に，オルメとヴィルカンの現状を見物してから，ぼくたちは高速道路 A75 と A750（未完成部分は国道 N109）でモンペリエに向った．モンペリエの町は道路が狭いせいで一方通行が多く運転が難しい．複雑な交差点でのナビの指示がわかりにくく容易に間違った道に進入してしまう．車が1台通ることさえギリギリの道も多く間違って逆走状態になるとヒヤヒヤさせられる．モンペリエには過去に何度も来ているし，今回は時間的な余裕がないので，グロタンディークゆかりのモンペリエ大学などへの訪問はあきらめた．グロタンディークが学生だったころ，モンペリエ大学の数学科は旧市街の古い建物の中にあったが，グロタンディークが隠遁後に教えていたころには町の中心部からは離れた場所に移転し，現在もその場所にある．観光客も集中しているポリゴンと呼ばれるショッピングセンター近くの地下駐車場に車を停めて，まず，ポリゴンの入口付近にある懐かしい書店で立ち読みし，ポリゴンのレストランで食事してから，グロタンディークが1940年代後半に病気の母親と一緒に暮らしたメラルグに移動する．メラルグはモンペリエのインター（Montpellier-Est）から高速道路 A9 のニーム方向に入りつぎの28番インターで出て，国道 N113 をモンペリエ方向に2キロほどもどったあたりの左側にある．右側はヴァンダルグという人口が6000人程度の町で，12世紀にはメラルグの聖ヨハネ騎士団（のちのマルタ騎士団）の領地だったようだ．ということからするとメラルグは大きな町かと思われそうだが，ブド

ウ畑の中にある非常に小さな集落で，プール付きの大きな家 1 軒と給水塔がありそのすぐ傍に 10 軒ばかりの小さな家が密集しているだけだ．給水塔のあたりが小高い丘の頂上になっている．「メラルグ城」の領地全体から見える場所ということで，この丘の上に教会 (chapelle Saint-Sébastien) が建っていたという．大きな家の横から北西に向う小さな道は「マルタ騎士通り」(rue des Chevaliers de Malte) と呼ばれており，かつてマルタ騎士団の城 (commanderie) があったといわれるともっともらしい気にもなる．大きな家の門構えが立派なのを見ると，この家こそ「メラルグ城」の名残りなのかもしれない．アンリ 4 世の給仕長 (maître d'hôtel ordinaire) はメラルグ殿 (Seigneur de Meyrargues) と呼ばれていたというが，現在のメラルグの周辺はこのメラルグ殿の所有地だったこともあるようだ．ついでながら，エクス・アン・プロヴァンスの近くに日本人にも人気のあるもうひとつのメラルグ城がある．

グロタンディークの母と父

　グロタンディークはメラルグを Mairargues と綴る．シャルラウ [2] もそれに従っているようだが，少なくとも現在ではこの綴りは使われていない．グロタンディークは第 2 次世界大戦が終わるころにル・シャンボン・シュル・リニョンの高校を卒業し，収容所から解放されたばかりの母親とともにメラルグで生活を始めた．新しい生活を始めるのならパリでもよかったはずだが，なぜメラルグなんだろう？グロタンディークが「里親」ハイドルンに宛てた 1939 年 4 月 3 日の手紙 ([2] p.98) の中に「母は南フランスのニームに住んでいます」(Die Mutter wohnt in Nîmes in Süd-Frankreich) と書かれている．そのころ，グロタンディークの母ヨハナ (別名ハンカ) は，前夫の姓ラダッツを名乗っていたようだが，ニームで時給仕事や家庭教師をして収入を得ていたとされ，ブドウ畑の収穫の手伝いもしていた ([2] p.99) ということだから，ブドウ畑つながりで (戦後になって) メラルグに住むことになったのかもしれない．メラルグに住むことになってから大学 (フランスでは高校卒業時に大学入学資格国家試験＝バカロレアにさえ受かっ

ていれば，入学する大学は自由に選べる）をモンペリエに決めたものと思われる．ついでながら，同じ手紙に「わたしたちはすでにパリにいる実父のタナロフに連絡を取りました」(Wir haben uns bereits mit dem Erzeuger Tanaroff in Paris in Verbindung gesetzt）という文章がある．この記述からすれば，グロタンディークの父親の名字はタナロフだということになるが，ヒトラーがフランス侵攻を目論んでいる時期で，ユダヤ系ロシア人のアナーキストで「指名手配中」だったとされる父親が偽名を使っている可能性が高い．ぼくが調べたところでは，ル・ヴェルネの強制収容所はの収容者の顔写真にはたしかにグロタンディークの父親の写真が含まれていたのに，収容者リストにはタナロフという人物は見つからなかった．パリ北方の中継点ドランシーからアウシュヴィッツへの移送者リストにはタナロフという名字の人物は1名だけで，アレクサンドル・タナロフとなっているし，出生地も「ほぼ一致」するが，誕生日がグロタンディークが主張している父親の誕生日（1890年8月6日）とは一致しない．父親の本名がタナロフだとはとてもいえないだろう．それはともかく，1939年（11歳）の段階で，グロタンディークが父親のことを単純に父（Vater）とは書かずに（「里親」への手紙だということもあってか？），わざわざ実父（Erzeuger）と書いているのは興味深い．

　グロタンディーク母子はメラルグのどのあたりに住んでいたのかについてもわかればいいのだが，60年以上も昔のことを聞いても誰も覚えているわけもない．以前に（メラルグは小さな集落にすぎず村役場のようなものはないので）ヴァンダルグの役場と図書館に行ってみたことがあったが，ヴァンダルグの歴史と現状についていくらかの情報が得られただけで，戦争直後の住民（しかもグロタンディーク母子は無国籍でフランス人ですらなかった）の名前などを調べる方法さえわからなかった．そのときは，とりあえず，モンペリエの市立中央図書館（Bibliothèque Municipale Centrale）で調べると何かわかるかも知れないと思って訪ねてみた．ところが，ぼくの知っていた場所にはすでに図書館が存在せず，新しい場所に移転してしまったことがわかり，移転先（ポリゴンを通りすぎてしばらく行った左側）

455

を調べてそちらに行ってみたら運悪く休館日だった．今回もポリゴンに立ち寄ったのはこの図書館に再挑戦してみたい（せめて60年前ごろのモンペリエやメラルグの地図くらいはほしかった）と思ってのことでもあったが，時間的な余裕がなさ過ぎた．翌日の夕方までにあと150キロばかり先にあるグロタンディークの第2次隠遁地モルモワロンまで行って，隣町のマザンに住むヨランド（グロタンディークの最後の恋人）に会う必要がある．グロタンディークの家の門の前で途方に暮れていたときに，京子がヨランドに電話して会見の約束をしてしまっていたのだ．今回の「グロタンディーク巡礼の旅」については，グロタンディークの第3次隠遁地を確認して可能ならグロタンディークと会見するというのが第一目標だったので，予想外に早くこれが達成されてしまって当初の意気込みが空回りしたような感じで，南フランスの主要な「グロタンディークゆかりの地」を何となく，しかし急いで巡礼する慌ただしい旅になりそうな予感もあった．トゥルーズの空港でレンタカーを返却するまでにもう一度グロタンディークの住む村ラセールに立ち寄り民宿に一泊してみる予定なので，ゆっくりしてはいられないのだ．結局，ラセールの民宿で一泊させてもらえることになり，ラセールの教区の司祭に会ってグロタンディークについてあれこれ聞くことにもなるのだが，この段階ではそんなことは想像もしていなかった．

巡礼の旅

そういえば，かつて，まだぼくがグロタンディークの伝記的事実とよく知らないころのことだが，グロタンディークの母親はメラルグで亡くなったものとばかり思っていた．メラルグには墓地はなさそうだったのでヴァンダルグの墓地で聞いたがグロタンディーク家の墓はないようだった．のちにグロタンディークの母親が亡くなったのはパリの近郊の町ボワ・コロンブだったとわかって，そこでも墓探しに挑戦したが挫折した．「趣味的に「巡礼の旅」を繰り返しているだけではイカン！」などと思ったこともある．「脳科学を踏まえた精神医学（Psychiatry）[3]から見たグロタンディークの数学と思想」のようなテーマを中核にすれば，ぼくなりの視界が開け

てくるものと信じてはいるのだが,グロタンディークについての伝記的基礎データのフィールドワーク的収集という作業は,アスペルガーのぼくには難しい.かつて大学生のグロタンディークが病弱な母を養うために収穫時にバイトをした広いブドウ畑を貫く道の途中に駐車して遠くにメラルグの家並みを眺めながら,ぼくが弱気になって,こういう泣き言をいうと,京子が「やり残したことがあったら,また今度来たときにやればいいよ」などと慰めてくれた.ぼくは「そやなぁ.とりあえず,旅行そのものを楽しむ姿勢でいくか!」と元気をとりもどし,マルタ騎士通りにあるレストランの専用駐車場でナビの目的地をアルルのイビス(ホテル)にセットした.15:30ごろ,メラルグを去りヴァンダルグのインターから高速道路A9に入り,まず小さなサービスエリアで給油.このとき給油したガソリンは34.35リットルで料金は45ユーロ.ということは(このころは1ユーロ=160円程度だったので),1リットルで210円もすることになる.給油してまもなく1939年にグロタンディークの母親が住んでいたとされるニームにさしかかる.給油の時間を差し引くと20分ほどしかかからず,ニームとメラルグの近さが実感された.ニームのジャンクションで高速道路A57に入ってアルルに向う.京子の希望に従って,アルルに立ち寄ることにはしたものの具体的な目標は存在しなかった.

　ぼくたちは,ピレネーの麓近く→トゥルーズ→カルカソンヌ→ナルボンヌ→ベジエ→ロデーヴ→ヴィルカン→モンペリエ→アルルと移動したわけだが,これは,グロタンディークの第1次隠遁地ヴィルカンへの「巡礼」も含めて,高速道路で何となくサンティアゴ・デ・コンポステラへの巡礼道(スペイン語では El Camino de Santiago de Compostela,フランス語では Les Chemins de Saint-Jacques de Compo stelle)のひとつ「アルルの巡礼道」を走行した感じになっているはずだ.(と,旅行中には信じていたが,あとで述べるように厳密にいえばやや変則的なルートが正解だった.カルカソンヌをすっ飛ばすとは思わなかった.)サンティアゴ・デ・コンポステラというのは,イエスの十二使徒のひとりゼベダイの子ヤコブ(スペイン語では Santiago,フランス語では Saint Jacques,英語では Saint James)の墓があ

るとされるスペインの大聖堂の名前で，フランスからはピレネーを越えてサンティアゴ大聖堂に向う 4 本の主要な巡礼道があり，世界遺産に登録されている．日本でいえば，吉野と大峯山(修験道)，熊野三山(熊野信仰)，高野山(真言密教)とそれらをリンクする参詣道などからなる世界遺産「紀伊山地の霊場と参詣道」のようなものだ．サンティアゴ大聖堂への巡礼道は，京都から熊野に向う熊野古道や吉野から熊野に向う大峯奥駈道(基本的に修験者のための山道で女人禁制の部分もある)のようなものだと思えばよさそうだ．大峯奥駈道のような過酷なルートは存在しないが，大峰山あたりがピレネー山脈に対応していると思っておけばいいだろう．サンティアゴ大聖堂への巡礼道のフランス部分は

- パリ→オルレアン→トゥール→ポワティエ→ボルドー→オスタバ
- ヴェズレー→ノブラ→リモージュ→ペリグー→オスタバ
- ル・ピュイ→コンク→モワサック→オスタバ
- アルル→サン・ジル→モンペリエ→トゥルーズ→オロロン

(オスタバとオロロンはどちらもピレネーを越える峠に向う手前の町)となっている．「アルルの巡礼道」についていえば，モンペリエ→トゥルーズの部分は，

- モンペリエ→サン・ギレム→ロデーヴ→カストル→モンフェラン→トゥルーズ

なので，われわれが逆走したルート

- モンペリエ→ベジエ→ナルボンヌ→カルカソンヌ→トゥルーズ

とは違っているが，今回の旅行ではこのあとカストル→トゥルーズを(巡礼道とはやや異なるルートではあるが)走ることになるので，まぁいいことにしておこう．

グロタンディークとトマス・アクィナス

高速道路 A57 の料金所を出ると道は自然に国道 N113 となり，その 6 番インターを出るとすぐのところにアルルのイビスがあった．庭にプールがあるイビスは珍しいがちょっと古そうな印象もあった．アルルの旧市街

にあって「アルルの巡礼道」の出発点となるサン・トロフィーム教会（Église Saint-Trophime）は有名な円形闘技場や古代劇場とも近く，イビスから1キロ足らずの距離なのでロケーションも悪くない．イビスのフロントで観光案内のパンフレットや地図をもらい旧市街に行こうとしたが時計を見るともう16:30を過ぎていた．そろそろ薄暗くなりそうな気配がしたのと，暗くなると京子が旧市街のような道路の狭い地域では運転したがらないこともあり，とりあえず休息に重点を置くことにした．3月8日木曜日，朝起きてみると旧市街の世界遺産の見物が何となくメンドウになり，イビスの駐車場でナビの目標地点をモルモワロンに設定して出発．アヴィニョン方面に向う．

　途中の県道D570nは非常に単調で退屈だったので，ぼくは京子に「グロタンディークとトマス・アクィナス」というテーマで「演説」をはじめてしまった．グロタンディークとカタリ派の思想にはいくつかの共通点があることはすでに触れたが，そのカタリ派を殲滅するために奮闘したドミニコ修道会のメンバーのひとりに有名な神学者トマス・アクィナスがいた．といっても，トマスが正式にドミニコ修道会士になるのはカタリ派の最後の拠点モンセギュール城が陥落した直後のことだ．トマス自身がカタリ派の武力制圧に貢献したわけではないが…．面白いのは，グロタンディークがカタリ派との共通点をもっているだけでなく，カタリ派を異端として断罪していたはずのトマスとも共通点をもっていることだ．少年期に親から引き離されたこと（トマスは修道院に入れられ，グロタンディークは「里子」に出された），自分のテーマに集中すると忘我状態になったこと，非常に精力的に作品（論文など）を生産したこと，弟子などの協力を得て著述活動を進めたこと，歴史的な教科書『神学大全』と『代数幾何学原論』）の執筆を中断したこと，神体験によって自分の価値観を激変させたこと，などだ．トマスは「自分に新たに啓示されたことにくらべると，いままで書いたものは，すべて藁屑のように見える」と告白したとされる（[4] p.229）．これはグロタンディークが，神体験の後にモルモワロンの家の庭で自分の書いたものや手紙（両親の大量の往復書簡を含む）を大量に焼却したことを

思いださせる告白だ．トマスとグロタンディークの差は，トマスは神体験の直後に死んだが，グロタンディークは神体験以降も生きて執筆を続け，「完全な孤独」を求めて第3次隠遁地ラセールに転居したことだ．トマスは「夕べの祈り」で旧約聖書の詩篇71:9の文章にさしかかるたびに落涙したといわれている．（問題の詩篇の文章は，ヘブライ語版などでは第71篇第9節とされる文章だが，[4] p.226では第70篇第9節となっている．トマスの時代のラテン語版『ウルガタ聖書』では第70篇第9節だったようだ．ただし，ネット上の『ウルガタ聖書』[1]では第71篇第8節になっており紛らわしい．）アウグスティヌスが「陰的」であった（カタリ派も「陰的」であった）のと異なりトマスは「陽的」であった．トマスは神体験を経て「陰的」なものの重要性に気づいて衝撃を受けたということかもしれない．グロタンディークもまた，『代数幾何学原論』や「代数幾何学セミナー」を放棄してから「陰的」なものの重要性をアピールするようになった．グロタンディークの場合には神体験が『収穫と種蒔き』第3部に書かれているような「陰的」なものを経て『夢の鍵』に描かれた特異体験の彼方に出現したように見える．当然ながらぼくは，神体験なるものは，脳神経科学的なメカニズムによって創出される特異現象のひとつとして理解できるものと信じている．誤解を招きやすい宗教的な用語体系に頼らなくても，ヒトの脳内の出来事として神体験を語ることができるに違いないと信じているわけだ．

とか何とか「演説」しているうちに，アヴィニョンの外環状道路（シャルル・ド・ゴール・バイパス）にさしかかり，のんびりと運転していられなくなった京子が緊張感を高めてきた．せっかくの「演説」だったがここはガマンするしかない！11:00すぎには，アヴィニョンの旧市街の東側を迂回して，カルパントラに向う県道D942に入る．この県道はリヨンとマルセイユを結ぶ高速道路A7と交差するが，そのインター（Avignon-Nord）の近くには大きなサービスエリアのような場所（Zone industrielle St-Tronquet）がある．ぼくたちはここではじめて「ニュイ・ドテル」（Nuit d'Hôtel）という「郊外型」の格安ホテルに出会ったことを思い出した．そのときはモンペリエでレンタカーを借りてグロタンディークの第2次隠遁地モルモワロンに

向う途中で高速道路 A9 を利用して，サロン・ド・プロヴァンスのノストラダムス博物館に行こうとして時間を空費し，夜中になってからインターの近くでホテルを探していたときだった．夜中でもクレジット・カードさえあれば自分でパネルを操作して空き部屋が確保できるシステムが画期的なものに思えたものだ．やがて日本にも同様のこうした夜中は無人の「ロボット・ホテル」が登場するものと思っていたが，どういうわけかいまだに現れないようだ．もっともフランスには類似のホテルが何種類か出現している．ぼくたちがよく使うフォーミュル・アンやホテル・プルミエ，それに，まだ泊まったことはないが，ボンサイ・ホテルやサイバー・ホテル（なぜかベトナム料理のレストランが併設されていた）というのもこのタイプのホテルだ．

　カルパントラに入ってすぐのところにあるマクドナルドでビッグマックセット（Menu de Big Mac）とサラダを食べながら，中断させられた「グロタンディークとトマス・アクィナス」の「演説」の続きをしていたら，かなりの時間が過ぎてしまったが，いつものことながら，ぼくはちっとも気づかなかった．京子が「ヨランドの家を訪ねるための時間がなくなるよ」と警告を発してくれてはじめて，ぼくは，「あ，まずい」と叫ぶこととなった．とりあえず，近くに適当なショッピングセンターはないかと探したところ，偶然にも，アンテルマルシェ（Intermarché）の宣伝に出会うことができた．アンテルマルシェはあまり巨大すぎないサイズのスーパーマーケット（ガソリンスタンドが設置されていることが多く，ガソリンの料金は安いのだが，満タンにしたときになぜかタンクの容量を超えて入った経験がある）の集合体で，フランス全土に 1800 店舗（2011 年）を展開しているという．最近では巨大店舗が自慢のカルフールなどに押され気味だが，昔から見慣れているせいだろうか（アンテルマルシェの誕生はぼくがはじめてフランスに行ったころだった），ぼくはアンテルマルシェの「カタリ派の騎士」を思わせるどことなく野暮ったいエンブレムを見ると懐かしさを覚えてしまう．カルパントラのアンテルマルシェは，マザンを経てモルモワロン方面に向う県道 D942 をそのまま走れば，D942 が環状道路から東に向う分岐点の 1 本手前の道を右折して少し行ったあたりにある．地図上では「アインシュタ

イン袋小路」(Impasse Albert Einstein)の入口の近くと覚えておくのが便利だ．ただし，カルパントラにはなぜか異常に袋小路が多いので走行時には要注意！アンテルマルシェではパンとハムなどの食料品とヨランドへの土産としてスペイン産のイチゴと鉢植えのアマリリスを買った．

　ヨランドの家を訪問する前にモルモワロンに「巡礼」する．モルモワロンの町までは問題なく行けるのだが，グロタンディークの第 2 次隠遁地モルモワンの家を探すのは難しい．田舎のせいで，通りの名前も番地もないのが原因だ．およその位置を書いておくと，県道 D 942 をモルモワロンの「中心部」に向う地点で左折し，「中心部」を通過してから 2 キロほどベドワンをめざして北上（ヴァントゥー山を正面に見る方向に移動）してから，細い道で右折するとブドウ畑の先の行き止まりにかつてグロタンディークが住んでいた家がある．レ・ゾメット (Les Aumettes) と呼ばれる場所だ．「おかしいなぁ．道が違ったかなぁ」などといいながら進むと記憶していたよりもかなり遠くに右折のポイントがあった．

参考文献

[1] http://scripturetext.com/psalms/71-9.htm
[2] Scharlau, Wer ist Alexander Grothendieck? Teil 1: Anarchie, 2007
[3] Insel, "Disruptive insights in psychiatry : transforming a clinical discipline", Journal of Clinical Investigation, April 2009
[4] 稲垣良典『トマス・アクィナス』講談社学術文庫 1999 年

マザンとシュリクと法華経

わたくしのかなしさうな眼をしてゐるのは
わたくしのふたつのこころをみつめてゐるためだ
ああそんなに
かなしく眼をそらしてはいけない
―――宮沢賢治「無声慟哭」

マザン

　2007年3月8日木曜日14:00すぎに，グロタンディークの第2次隠遁地モルモワロンから，グロタンディークの最後の恋人ヨランドの住むマザンに向った．カルパントラ方面からマザンの環状道路に入ってすぐの所にある無料駐車場(11月11日広場)に車を停めてオゾン川沿いに歩き，過去の記憶に基づいてヨランドの家をめざす．記憶が途中でアイマイになってしまって，家が見つけられず，しかたなく目印になりそうなロシニョルの泉(Fontaine Rossignol)の前からヨランドに携帯で電話して迎えに来てもらった．ヨランドに会うのは2002年8月以来だ．家に着いてまず聞かされたのはヨランドの家に同居していたブラジル人の画家チベリオが2005年6月に亡くなったという事実だった．最後に会ったときチベリオはヨランドの家の2階の一室のベッドで寝たきりの状態だった．手を握って来訪を告げるとかすかに微笑みを浮かべてくれたのを覚えている．チベリオはアフリカや中国にも滞在して絵を描いていたということだった．ぼくたちは，1990年3月にグロタンディークと会ったときにチベリオと知り合ったのだが，1996年12月5日にアヴィニョン(旧市街)のギャラリーで開催されたチベリオの個展に出かけたことも思いだす．当時，ぼくと京子はケンブリッジに滞在中で，案内状をもらっていたので，何度目かの「グロタンディーク巡礼の旅」に出かけたついでに，モンペリエからブザンソンのホロコースト博物館に向う途中で，気楽に立ち寄ったのだった．展示作品については何の情報もなしに出かけたせいで「心の準備」ができておらず，

ギャラリーに足を踏み入れてからかなり過激というかエロティックな絵の多さに焦ってしまった．突然訪れたせいで，チベリオは不在だった．アリバイ用の署名だけを残して帰ろうとしたら受付の女性がわざわざチベリオに電話してくれ「たったいま個展を見物させてもらいました」といったら，「どうだった？」と聞かれて，「どことなくマチスのような絵やなぁ」とも感じたのだが，とりあえず「よかったです」とだけ答えておいた．

南無妙法蓮華経

　チベリオの死後にヨランドは，グロタンディークに会いたいと訪ねてきた日本山妙法寺の僧侶にチベリオのために小さな板塔婆を作ってもらっていた．板塔婆というのは薄く細長い板の上部を五輪塔の形状に似せて切ったものである．五輪といえば，法華経を信じた「空の人」宮沢賢治の

　　　　五輪は地水火風空

　　　　空といふのは総括だとさ

が思いだされる（[1] p.016）．板塔婆に書かれていた南無妙法蓮華経の独特の書体の文字についてヨランドから「これはサンスクリットか？」と聞かれて，中国の文字だが日本でも使われており，一時期グロタンディークも唱えていた「ナムミョウホウレンゲキョウ」は日本語による発音だと教えてあげた．最澄が中国から「持ち帰った」ともいわれる法華懺法にも南無妙法蓮華経の文字があるので，それ自体は日蓮の創作ではないが，選択的に法華経（サッダルマプンダリーカスートラ，鳩摩羅什がこれを妙法蓮華経と訳した）に深く帰依（ナム＝南無）し，これを題目として（団扇太鼓を打ちつつ）繰り返し唱える行為を教義化したのは日蓮だった．グロタンディークは，日蓮系の日本山妙法寺の創始者藤井日達（グロタンディークの父親と誕生日が同じ8月6日＝広島に原爆が投下された日）を，ガンジー，フロイト，詩人のホイットマン，社会主義者のカーペンター，宗教思想家のクリシュナムルティ，数学者のリーマンなどと並べてミュタン（時代に先駆けて出現した人）と呼んでいた[2]．また，グロタンディークは，1970年代中期から1990年ごろにかけて，隠遁先（ヴィルカンとモルモワロン）の部屋

の壁に藤井の筆になる南無妙法蓮華経の題目を掲げ，合掌して「ナムミョウホウレンゲキョウ」と唱えていた．シャルラウなどはこれをあまり重視せず，ミュタンのリストでグロタンディークが藤井日達を最初に挙げている事実を無視するような傾向がある．

チベリオの板塔婆があったということは，チベリオも題目を唱えていたことがあるのだろうか？ ところで，チベリオの板塔婆を作った僧侶はグロタンディークに会おうとしたが面会は実現したのだろうか？ ヨランドがこの僧侶にグロタンディークの住所を教え，2004 年 11 月にマザンの郵便局からグロタンディーク宛の絵ハガキを出していたこともわかった．この絵ハガキはグロタンディークが受け取りを拒否し，「REBUTS」のスタンプが黒々と押されて，グロタンディーク自身が書き込んだヨランドの住所に返送されてきていた．グロタンディークはこのような郵便物の受け取り拒否と返送行為の「常習犯」だという噂もあったが，受け取りを拒否されて返送された郵便物の実物を見たのはこれがはじめてだった．この僧侶はマザンからパリ方面に向ったようだ．この絵ハガキには，南無妙法蓮華経の文字とパリの電話番号と「電話をください」という意味にとれる英語と，ぼくの本（[3] p.99）から引用したものと思えるフランス語の文章「Craindre l'erreur et craindre la vérité est une seule et même chose」（直訳：誤りを恐れることと真理を恐れることはただひとつの同じ事柄である）などが書かれていた．ただし，引用文は全文大文字化され，なぜか，「est」が「ESR」，「même」が「MÉME」のように見えた．この文章はグロタンディーク自身の文章なのだが，僧侶がこの文章でグロタンディークに何を伝えたかったのかはよくわからない．日本山妙法寺からの誘いに応じなくなったグロタンディークの態度を「誤った態度」だと指摘し，「真理を恐れるもの」として非難するものとも取られかねない．

強迫性障害とアスペルガー

グロタンディークが，この些細なヒントからどういう物語を夢想してしまうかを考えるとちょっと気が重い．ぼくはいま，グロタンディークが，

ぼくが持参して手渡した『グロタンディーク：数学を超えて』をパラパラと眺めたときに，（読めない日本語の中にほんの少しあるフランス語やドイツ語の文章には注意が向きやすいので）この文章に出会って，ぼくとこの僧侶（日本山妙法寺）には何か関係があると夢想したのではないかと恐れている．この僧侶がぼくの『グロタンディーク：数学を超えて』を読んで出版社に連絡を取り，2004年6月にぼくにコンタクトしてきたのは事実だし，ぼくがこの僧侶に（ヨランドの許可をえてから）ヨランドのメールアドレスを教えたのも事実だが，ぼくと日本山妙法寺の間には特別なつながりはない．しかし，想像力に溢れたグロタンディークが，このあたりをどう考えるかとなると予想がつかない！実際，ぼくは，グロタンディークの創造性の根底にある脳の構造の基調のひとつは強迫性障害にも似た持続的に一定方向の思考を推進し続ける能力だと思っている．ついでながら，グロタンディークの愛着の対象への偏愛傾向と嘘がつけない直情径行的性格，そして，時として発生する孤独志向はアスペルガーの症状を思わせる．数学への過度な没入の時期とその後のメランコリックな時期が交互に繰り返すようにも見えるので，双極性障害や解離性同一性障害的症状を思わせる傾向もありそうだ．神との対話体験からすればストレス性の幻聴もあったと思える．強い猜疑心と敏感性には妄想性障害を連想させる面もあった．しかし，いずれの症状も不変的・決定的なものではない．ぼくには，脳の神経生物学的な発達障害性の問題と過去の特異な体験が天才グロタンディークを生成しているという気がしてならない．つまり，アスペルガー仮説さえあればグロタンディークの謎は解けるはずだと思っている．ラカンのいう「父の名の排除」(la forclusion du Nom-du-Père)や象徴界(le symbolique)の運命が後期グロタンディークの思想の解釈にどのようなマイナスの影響を与えたのかにも触れたくなっている．カルティエはこれによって，グロタンディークの発狂（カルティエはこう信じているらしい）を論じたいようだ．ラカンの精神分裂病理論は物語としては面白いのだが，脳科学に基づく精神医学的な知見と矛盾するなど問題点が多い．

　ヨランドはグロタンディークの第3次隠遁以降，グロタンディークと世

間との仲介者としての役割を担っており，グロタンディークの住所を知ってはいた（訪れたことはないらしい）が，基本的に誰にも教えない方針を貫いていたようだ．ぼくたちも無理に聞き出そうとはしなかったので，独自で発見する必要があった．ぼくと京子がグロタンディークの家の前で，面会は非常に難しいらしいと知ったときに，京子がヨランドに電話したのだが，そのとき，ヨランドがまずいったのは「そこをどうやって見つけたの？」だった．ヨランドは，ぼくたちに第3次隠遁先を教えたのが自分だとグロタンディークに邪推されることを気にしているようだった．というのも，僧侶にグロタンディークの住所を教えたとわかったことが原因で，グロタンディークの態度が硬化してしまったらしいからだ．アスペルガーの場合，強迫性障害的な思考の展開によって，愛着の対象が憎悪・悲憤の対象を経て（あるいは，もとの愛着の対象が別の愛着の対象へと転移し）無関心の対象へと変貌することがある．かつては愛着の対象であったはずのドリーニュが，『収穫と種蒔き』に詳述された「罪状」と「有罪判決」によって，無関心の対象に転化したことを見ると，そういう印象が強くなってく

アティヤと京子（1996年山下撮影）

る．愛着の対象への思いは，一見些細なヒント（疑念の発生）によって，一瞬にして非常にアンビバレントな色調を帯びたものへと変貌してしまうことがあり，疑念に対する事実確認がなされた場合には，色調が愛着から

憎悪・悲憤を経て無関心へと変身し，虚無となって意識の彼方に消え去る．たとえ，ドリーニュとそのグループを含む数学界のエスタブリッシュメントが（グロタンディークとドリーニュにクラフォード賞を与えて和解を誘うとか，『グロタンディーク記念論文集』を出版するなど）みえみえの仕方でグロタンディークに諂い迎合する態度を見せても，グロタンディークはそれを見透かしてしまい，憎悪・悲憤と軽蔑が混在する時期を経て無関心化するだけだ．『収穫と種蒔き』で「明らかにされた事実」（ドリーニュがグロタンディークの数学夢と業績の埋葬と掠奪を主導したというグロタンディークからすれば立証済みの事実）を事実と認め，懺悔しないかぎり，グロタンディークはドリーニュを許さないだろう．いや，懺悔しても許すかどうか怪しい．しかし，ぼくには，誰かに謝罪ならまだしも罪の告白を伴う懺悔を強いるのは傲慢すぎるように感じられる．

とはいえ，これが強迫性障害の症状であれば，この傲慢さは脳のシナプスの可塑性（plasticity）を使って修復できる可能性がありそうだ．最近の強迫性障害の治療法とのかかわりで，専門家による「方向性のある神経可塑性に関する臨床データを最もうまく説明するのは決定論的な物理的プロセスではなくそこで行われた精神的な苦闘なのだ」（[4] p.404）という興味深い記述も見られる．誰かに懺悔を迫ることによってではなく，「異常な指令」を発してくる自分の脳の構造の一部を改変することによって，他者のみならず自己をも癒すために他者を許すという選択の余地が生まれればいいのにと思う．それはともかく，グロタンディークの場合，「治療」によって希有の創造性が蝕まれる可能性もあり，本人もそのことに気がついていないとは思えないので，「治療」の意欲が出ないかもしれない．グロタンディークには，他者を著しく不幸にしない範囲でなら，創造性の枯渇した健常者になるよりも，創造性に溢れた非健常者に留まることを選ぶ自由もあるはずだ．グロタンディークの天才神話の一環にすぎないだろうが，「自由意志の自然学」などについて膨大な著作を書いているという奇妙な説もある[5]．これがもし事実で，シナプスの可塑性と自由意志の問題を視野に収めようとする思索の展開であれば，量子論やトポスが絡んできそうで，非

常に興味深いのだが….

天才神話の危険性

　ところで，ぼくは，「グロタンディーク」について考えようというときに，ありがちな天才神話に安易に依拠してしまうことのないようにしたいと思っている．これに関連して，1920年代のパリで作品作りに励んだ「天才画家」佐伯祐三について触れておきたい．佐伯は大阪出身で，東京美術学校（現在の東京芸術大学）在学中に結婚．妻の米子はもともと祐三の兄祐正の愛人だったともいわれ日本画を川合玉堂などから学んだとされるが，男性中心の社会に女性画家として飛び込むことを避け，佐伯と結婚して佐伯を「育てる」ことで自分を開花させようと決意したといわれる．佐伯は卒業製作の自信作「裸婦」（50号）などをもって米子とともにパリに渡り，ヴラマンク（フォーヴィスムのリーダー）に見せたらアカデミックな画風を罵倒されショックを受けた．その後佐伯は，「アカデミズム絵画」から脱して独自の画風を求めようとパリの下町の風景を題材にして苦闘を続けた．この苦闘に光明を与えたのは米子だった．祐三の作品に加筆して「佐伯祐三の画風」を創造したという．米子が北画の技法などを使って佐伯の絵を加筆修正し「売れる絵」に改造していたというのだ．そういえば，佐伯の作品には北画的な黒の使い方が感じられるものが少なくない．「米子の介入」をはじめて知ったとき，ぼくがそれまでに抱いていた「夭折の天才画家：佐伯祐三」というイメージとの隔たりのせいで，すぐには信じられなかったのを思いだす．アインシュタインとその最初の妻で物理学研究の協力者でもあったミレヴァの話にもどこか似ていて興味深い．

　「米子の介入」は永遠に続くものではなかった．佐伯自身が自分自身の画風の確立をめざそうと考えはじめたときに，米子との関係にヒビが入りはじめたようだ．2回目のパリ滞在のときに，米子は北画を教えるからと画学生のもとに通い，佐伯は世話になっている部屋の持ち主の妻で画家の千代子に接近していたらしい．佐伯はこのとき，米子色を排した独自の絵を描いたといわれるが，やがて精神異常に陥り（異説あり）パリ近郊の精神病

院で30歳で亡くなった．死の直前に後見人ともいうべき吉薗周蔵（参謀総長や陸軍大臣を歴任した上原勇作元帥直属の陸軍特殊工作員）にあてて書いた手紙の文章「氣の狭い俺ヲ今日までよふ捨てんで面倒見てくれましたほんまに感謝してます」「長い間 長い間 ほんまに世話になりました」を読むと，ヨランドに介護されながら客死したチベリオのことが思いだされた．佐伯の死後，米子は佐伯との関係を夫婦純愛物語に脚色し佐伯を「夭折の天才画家」として描き上げることに傾倒した．

　この「天才佐伯」のイメージ作りはもともと西本願寺第22世門主で仏蹟の発掘調査や戦時中に内閣顧問だったことで知られる大谷光瑞伯爵（妻が貞明皇后の姉だった）のアイデアで大谷から依頼されて佐伯を東京美術学校に入学させたのが吉薗周蔵だったという説もある．佐伯の生家は中津（大阪）の光徳寺で西本願寺系の寺ではあるが，佐伯に「西本願寺のマルキストの動向」を探らせようとして大谷が佐伯を有名な画家に仕立て上げようとしたということらしい．ぼくにはとても理解できない話だ．吉薗は救命院（精神病院の出先機関のようなものか）を作って，これを「表の顔」としていた．『救命院日誌』というものが吉薗家に残されており，これを読むと佐伯と米子についての「謎の記述」に出会うことができるようだ．たとえば，血液型について，佐伯はAB型だが娘の弥智子はO型だとされ，これが佐伯のドメスティック・バイオレンスの原因となったと書かれているという．佐伯の兄はB型なので，兄と米子の子だった可能性があり，吉薗はそのように推察したようだ．（この時代には血液型の概念は出現したばかりで，親子の判定にはまだ使われてはいなかった．）ただし，話が混乱するだが，『救命院日誌』の文案を書いたのは佐伯で吉薗がそれを清書したのだという．佐伯自身が自分に負の評価を与えるようなことまで創作しているとなると，わけがわからなくなる．朝日新聞（2002年11月1日）の記事にも「死後，佐伯はその悲劇的な生涯を作品に二重写しにしながら，日本を代表する天才画家へと神話化されていった．その天才像と実像との溝に，真贋の深い迷宮が広がっている」などと書かれている．佐伯祐三を巡る物語を調べてみて，有名になりすぎた天才神話には警戒心をもって臨むことが

必要だと痛切に感じるようになった．当然ながら，グロタンディークについて語るときにも既成の天才神話（これは多くの場合，人びとが望むものでもある）に影響されないようにしなければならないと思っている．本人や関係者の「証言」を信じすぎるのも危ない．もちろん，背景的な動向を気にしすぎて「謀略史観」のようなものになってしまうことのないように注意することも必要だが．

シュリクの謎

　ヨランドとの会見は4時間以上に及んだ．まずチベリオのことについて語り，その後，ヨランドは，ぼくたちに「どのようにしてグロタンディークの住所を知ったか？」とまた質問した．これについては京子がすでに携帯電話で伝えたはずだが，かなり気になるのだろう．「日本山妙法寺の僧侶から聞いたのか？」とも質問されたが，これについてはすでにこの「訪問記」に紹介ずみの事情（火事をヒントにしてサン・ジロンの町役場で調べてもらった）を説明した．シャルラウ，シュネプス，ロシャクなどがグロタンディークについてあれこれ調べていることについても語りあった．そういえば，ヨランドはグロタンディークのことをシュリクという愛称で呼ぶが，ぼくたちはどうもこのシュリクは慣れないせいか使いにくい．グロタンディークが突然ヨランドに別れを告げたことについてもあらためて解説してもらった．とはいえ，グロタンディークがなぜ1991年の夏に突然第3次隠遁地ラセールに転居したのかについては謎の部分が多い．グロタンディークの心的世界でのある種の決断によるものであることは確かだが，その決断の原因が不明確なのだ．孤独を深めて創造性を高めたいというグロタンディーク独特の思考パターンが働いたことは間違いない．孤独を深めたいと思うに到るまでには長い苦悩・苦闘があったものと思う．それにしても，グロタンディークが恋人のみならず子供や孫にまで，「無関心」になってしまったのはなぜだろう？

ヨランドと京子 (2007 年山下撮影)

　ヨランドはチベリオの「波乱万丈の生涯」をフランス語で書き上げたという．それがチベリオの故郷ブラジルでポルトガル語に翻訳されようとしているようだ．ぼくが「グロタンディークはいまも神を信じていると思うか？」と聞いたところ，ヨランドは「いまのシュリクはスピリチュアルになっていると思う」と答えてくれた．また，グロタンディークの健康状態を気にかけながらも，気丈なヨランドは哀しみを抑制しつつ，「私は孤独を選んだシュリクの意思を最大限尊重したいと思っている」とも語ってくれた．

参考文献

[1] 天沢退二郎『《宮沢賢治》注』筑摩書房 1997 年
[2] Grothendieck, Notes pour le chapitre VII de La Clef des Songes ou Les Mutants, 1988
[3] 山下純一『グロタンディーク：数学を超えて』日本評論社 2003 年
[4] シュウォーツ／ベグレイ（吉田利子訳）『心が脳を変える』サンマーク社 2004 年
[5] Leith, "The Einstein of maths", The Spectar, 2004
[6] 匠秀夫編著『未完佐伯祐三の「巴里日記」』形文社 1995 年
[7] 落合莞爾『天才画家「佐伯祐三」真贋事件の真実』時事通信社 1997 年
[8] 落合莞爾「天才佐伯祐三の真相」
　　http://www.rogho.com/saeki/aaa.html

ル・ピュイとレゴと聖母

Doch, Zauberei des Traumes! Seltsamlich,
Die Blum' der Passion, die schwefelgelbe,
Verwandelt in ein Frauenbildnis sich,
Und das ist Sie—die Liebste, ja, dieselbe!
だが，夢のもつ魔力！ ふしぎにも
硫黄色の受難花は女の姿にかたちをかえる
あの人だ—見まがうことのないあの人！
————ハイネ([1]p.150-p.151)

訣別の道

　2007年3月8日木曜日18:50ごろ，マザンでの4時間以上におよぶヨランドとの会見を終えて，ぼくらは次の目的地ル・ピュイ (Le Puy-en-Velay) をめざして出発した．カルパントラを経てオランジュまでは，かつてグロタンディークがぼくらを乗せて走ってくれたルートとほぼ一致する．そういえば，このルートは(プリンストンに転居するために)別れを告げに来たドリーニュとその小さな娘ナタリーを乗せてグロタンディークが走ったルート，つまりグロタンディークにとってはドリーニュとの「訣別の道」，でもある．ドリーニュは，パリ方面に向う列車に乗るために，かつてのぼくたちと同じように，オランジュ駅をめざしていたのだが，今回のぼくたちの目的地はル・ピュイなので，県道D950から国道N7を経由して，オランジュ駅のかなり手前でインター (Orange-Sud-Carpentras) から高速道路A7に入り，ヴァランス方面に向う．モンテリマール (Montélimar) に近づくあたりから横風が強くなりはじめた．ナビの画面に赤い奇妙なアイコンがいくつも出現していたが最初はそれが何を意味するものなのかさっぱりわからず，強風に煽られてやっと「吹き流し」のアイコンだと気がついた．プリウス(利用中のレンタカー)は比較的重いのでそれほど煽られないはずだが，それでも気になるほどの強風だった．「これっ

て有名なミストラルかしら？」と京子に聞かれたが，ぼくには何とも判断できなかった．ミストラルは冬から春にかけてローヌ川の谷に沿って吹く北からの強い風のはずだが，東からの風のようだった．モンテリマールのすぐ南にある町ドンゼール（Donzère）には風車が設置されているようだから風の強い地域であることは確かだ．モンテリマールを過ぎ，昼間なら，ローヌ川越しに原子力センター（Centre Nucléaire）の4本の原子力発電所の巨大な煙突から水蒸気が雲のようにモクモクと立ち昇るのが見えるあたりを通過する．

レゴとの遭遇

　モンテリマールとヴァランスの中間あたり，高速道路A7から東へ4キロほどのところにミルマンド（Mirmande）という小さな村がある．ここはグロタンディークが「思想的先駆者」（ミュタン）の1人に選んだレゴ[3]が最晩年に暮らしていたところだ（死亡したのはアヴィニョン）．レゴはパリで生まれ，エコール・ノルマルを卒業してから，ナンシー，レンヌ，リヨンの各大学で数学者として数学を教えつつスピリチュアルなグループを立ち上げようとしていたようだ．テイヤール・ド・シャルダンなどとも交流があったという．数学者時代の著作としては，『平面上の点のシステムについて：空間代数曲線への応用』（1926年），エンリケスによるイタリア語での講義録『代数方程式と代数関数の幾何学的理論についての講義』（1915年）のフランス語への翻訳（1926年）などがあるので，専門分野は古典的な意味での代数幾何学だったと考えていいだろう．レゴは40歳になって「魂の呼びかけ」に応じて，開戦の影響もあったのか大学を（1942年に）辞めて結婚し，ローヌ川の支流ドローム川の上流にあたるオート・ディオワ（Haut-Diois）で農夫や羊飼いとして暮らすようになったという．こうして20年ばかりが過ぎ，レゴは自分の送ったスピリチュアルかつ自由な生活体験から得た「悟り」を作品（著作）の形で発表するようになった．深い内省に基づいてキリスト教的な観念を再構成することができたと悟り，その信念を「伝道」しようとしたのかもしれない．レゴの著作の作品の日本語訳はまだ

ないようだが，ドイツ語や英語やスペイン語にはかなり翻訳されており，「キリスト教の未来」に思いを寄せる人びとに影響を与え続けている．

　グロタンディークは，自分の見た夢についての考察からはじまる日記のような作品『夢の鍵』を1987年の春から夏にかけて執筆したが，その途中で，レゴの作品『人間性を求める人間』(L'homme à la recherche de son humanité) を読んだのがレゴの作品とのはじめての遭遇だったようだ．当時，レゴが暮らしていたミルマンドはグロタンディークの家のあったモルモワロン（第2次隠遁地）から100キロ程度しか離れておらず，高速道路A7を使えば，1時間ちょっとで行ける．実際，シャルラウ[2]によると，グロタンディーク（当時59歳）は1987年11月6日にミルマンドのレゴ（当時87歳）を訪ねている (Er [Grothendieck] hat ihn [Légaut], der nicht weit entfernt wohnte, am 6.11.1987 für ein bis zwei Stunden besucht.).

　1990年1月26日にグロタンディークは，「新しい時代」＝「解放の時代」の到来を告げる「福音の手紙」を書いて多くの人びとに送っている．この手紙には，グロタンディークが自分の過去の不誠実について懺悔する画期的な内容も含まれていたが，数学界からはほとんど黙殺されてしまった．グロタンディークにとってはまったく予想外の出来事だったに違いない．この手紙が書かれてからちょうど2か月後の1990年3月26日に，ぼくは京子の運転でグロタンディークの家（モルモワロン）を訪問した．このときは，ル・ピュイで泊まってから，ル・シャンボン・シュル・リニョンとヴァランスを経て高速道路A7でオランジュに向かい，オランジュで1泊して，カルパントラを経てモルモワロンに到着したので，2007年3月とは逆行した感じだ．「福音の手紙」についてグロタンディークと話すことができればよかったのだが，テーマが重すぎて，ぼくには切り出せないままに終わったことが，思いだすたびに悔やまれる．

　この「福音の手紙」を読むよりも前だったことは確かだが，グロタンディークが辻雄一に手紙でレゴの作品『キリスト教の過去と未来の理解への入門』(Introduction à l'intelligence du passé et de l'avenir du christianisme) を読むように勧めたことがあった．グロタンディークはこの本（とその他に

も何冊かの本)を辻に送ってきていた．グロタンディークがモルモワロンから第3次隠遁地ラセールに転居してから，ぼくはこの本を辻から借りてザッと眺めたことがある．そのときのぼくのメモを見ると，この本は，ナザレのイエスや初期の弟子たちについての説明からはじまり，イエスの普遍性や「神と宇宙」といった話を経て，新しいスタイルのスピリチュアルなキリスト教の方向を示していたが，残念なことに，当時のぼくには強い興味の対象にはならなかった．辻もぼくと同じような印象をもっていたようだ．ぼくは当時，町田駅前の喫茶室ルノアールで辻とグロタンディークについて語りあっていたが，辻とレゴの思想について語りあったという記憶がない．いま，この本について思い返せば，レゴがいいたかったのは，「自己への探求」によって人は自己の「内なる神」に出会え，その出会いの普遍性に気づくことを通して，人はイエスを追体験できるということだろう．人は「権威としての神」にではなく「自己の内奥の神」＝「本当の自分」（このあたりは精神分析学的な香りがする）に出会うことによって，自己疎外の起源としての「権威への妥協と従属」から解放され自由（むしろ自律というべきか）を得ることができるということだろう．そして，レゴは，これを感じた人たちが，この気づきを広めることこそが，未来のキリスト教の姿であってほしいと願っているのだろう．グロタンディークがレゴの作品に興味をもったのは，こうしたキリスト教に対する新しい視点が，このころグロタンディークに芽生えつつあった新しいヴィジョンにとっての「思想的先駆者」に感じられていたせいだ．これは断定できることではないが，グロタンディークが「福音の手紙」を書くことになった契機のひとつは，やはり，レゴの作品を読み，レゴと会見したことだろうと思う．

　グロタンディークが以前からレゴという人物の存在を知っていたのかどうかわからないが，レゴの作品を読んだのは，1987年がはじめてのようだ（誰から教わったのかは不明）．レゴの作品のタイトルに使われていた「ミュタシオン」(Mutation)という単語が，『夢の鍵』の付録ともいうべき『レ・ミュタン』のタイトル（つまり，グロタンディーク自身に芽生えつつあった思想の先駆者をミュタン，（英語ではミュータント）と呼ぶこと）に影

響を与えた可能性もありそうだ．

山道に迷い込む

　ミルマンドを通過するころ，ぼくは運転中の京子に，レゴとそのグロタンディークの「福音の手紙」への影響について思いつくままに語っている最中だったが，そのせいで，ナビがロリオル（Loriol）のインター（16番）で出るように指示しているのを忘れてしまっていた．ロリオルはヴァランスの手前のインターで，ここで出てまず国道N304を西に向うというのがナビの選んだルートだったのだ．あとから冷静に考えればこれは悪いルートではなかったはずだが，ぼくはこのルートでル・ピュイに向うことには気が向かなかった．たいした意味もなく，1990年に通ったルートを逆走したいと思っていたからだ．つまり，ヴァランスから国道N532と県道D533を通ってサン・タグレヴまで行き，サン・タグレヴから県道D15を経てル・ピュイ向いたかったのだ．だから，とりあえずナビの指示は無視してロリオルは通過し，15番のインター（Valence-Sud）まで行き，ナビに経路を再計算させればいいと秘かに考えていたのに，京子に「ナビの指示は無視して」というのをすっかり忘れてしまった．ぼくは「演説」に夢中になると，それ以外のことをすっかり忘れてしまうという癖があり，注意すべきなのに，「演説」に熱中すると，その癖の存在そのものを当然のように忘れてしまう．ロリオルのインターで出て国道N304に入り，ローヌ川を渡ってからすぐに右折すれば「1990年のルート」にたどり着けるはずだから，ぼくは，ナビの指示を無視して国道N86でローヌ川に沿って北上することにした．あとはナビが「1990年のルート」を選んでくれるはずだと思ったのがまずかった．難しい十字路や三差路での道路の選択ミスも重なって，どんどん寂しい山道に迷い込んでしまった．ナビのない時代ならフランス全土をカバーするミシュランの道路地図帳を持っていたのでときどき「現在の位置」を地図上で確認しながら移動することが多く，寂しい山道に迷い込むことはかえって少なかった気がする．「ナビの良識」を信じているととんでもないことが起きるものだと思い知らされた．日本でもそうだが，

山岳地帯に入るとGPS機能に障害が出ることもある．「現在の位置」の表示そのものが嘘だということもあるので怖い．われわれの場合も，ローヌの谷間からフランス中南部に広がる中央山塊（Massif central）に登って行く途中あたりで，GPSに不具合があったのだろう．

　ミシュランの地図は持たないままに，たとえ，ナビの指示した道路の選択を誤っても，その後はひたすら「ナビの良識」を信じて走った．そのせいで，どこをどう走ったのか，いまとなっては正確にはわからなくなってしまったのだが，とにかく，真っ暗な細い山道を，クネクネと走っていた（登りが多かったが下りもあった）ことは確かだ．対向車はほとんどなかったように思う．そうこうするうちに京子が車に酔ってしまった．自分で運転をしていれば酔わないはずなのに珍しい事態だ．当然どこかで駐車して休憩すべきなのだが，なぜかまったく駐車用のスペースが存在しない．でもどうにか駐車可能な場所が見つかってホッとした．民家の明かりのほとんど見えない真っ暗な道を走っていたのに，珍しく右側（山側）に建物群が見えていたので気になった．休憩くらいいいだろうと考えていたのは甘かった．まずかなりの数の犬が騒ぎはじめた．と，思っていると，右の建物群の中のかなり上の方の建物に明かりがついて人間が現れ，強力なサーチライトを向けられたので，京子は仕方なくまた動きはじめた．帰国後，グーグルの航空写真でここがどこだったのか探してみたところ，県道D532上のサン・ヴィクトールとサン・フェリシアンの間にそれらしい場所が見つかった．もしこの推定が正しければかなり北に迷い込んでしまっていたことになる．その後の経路も定かではないが，ル・ピュイに入る道路は高速道路を思わせる広さで新しい感じだったという記憶が残っていることからすると，国道N88だったのだろう．それが事実なら，ヴァランス近郊からル・ピュイまでは，ナビの最初の推奨ルートどころか「1990年のルート」からも大きく北側に移動したルートを走っていたことになる．この想定外の移動のせいで真っ暗な細い山道を走ることになったのだろうか．ル・ピュイについたのは22：00近かった．さっそく，「定宿」にしているイビスに向う．ル・ピュイにイビスは2軒あるがサン・ローラン教会（跡）に隣接した方

III 思い知るべき人はなくとも

だ．はじめての「グロタンディークゆかりの地巡り」のときに偶然見つけて以来，ル・ピュイに泊まるときは毎回利用している懐かしいホテルなのだ．なぜル・ピュイかというと，グロタンディークが母親とともに収容されていたリュークロ（現地ではリュークロス）の収容所跡やそこから通った「中学校」のあったマンド，それにグロタンディークが高校時代を過ごしたル・シャンボン・シュル・リニョンのどちらにも訪れやすい位置にあるためだ．

黒と赤の処女

　2007年3月9日金曜日08:30ごろ，イビスを出てほんの少しだけ町を散策する．ル・ピュイは直径800メートル程度の環状道路をもつ小さな町だが，この環状道路の中央よりやや北寄りに高さ100メートルほどの岩山（Rocher Corneille）やその岩山の北西300メートルほど離れた（環状道路のすぐ内側）地面から80メートルほど突き出した巨大な奇岩（Rocher St-Michel あるいは Mont d'Aiguilhe と呼ばれている）のある風景が印象的だ．この岩山と奇岩は同じ時期の火山活動によって誕生した火山岩尖（溶岩ドームの一種）だと考えられている．町そのものが海抜600メートルほど

ル・ピュイの奇岩と礼拝堂（2007年山下撮影）

479

の場所にあるのだが，周囲が山で囲まれており「盆地の町」という感じがする．イビスはエギュイユ大通り（Avenue d'Aiguilhe）にあり，奇岩が近いのでホテルを出てまずこれを見物した．「エギュイユ」(aiguille) は「針」のことだから，この「エギュイユ」(aiguilhe) は「針状の岩」というような意味なのだろう．この奇岩の上にはサン・ミシェル・デギュイユ礼拝堂（Chapelle St-Michel d'Aiguilhe）が建っている．ぼくはこの礼拝堂に一度だけ登ったことがあるが，疲れただけでとくに珍しいものには出会えなかった．この奇岩と礼拝堂を目の前に見ると，その記憶が甦ってきた．思い返せば，はじめてル・ピュイにたどり着いたときに，ぼくは，どういうわけか「これこそがかつてパスカルが義兄に頼んで気圧と高さの関係を調べてもらったということになっているピュイ・ド・ドム（Puy de Dôme）に違いない！」ととんでもない思い違いをしてしまったのだった．「ピュイ」という単語と礼拝堂の組合せから，パスカルの気圧測定の記憶が呼び覚まされてしまったようだ．この奇岩に登ろうと考えたのは，その思い違いのせいだ．登ってみると，どこを見てもパスカルの「パの字」もなく，恥ずかしい思いをした．冷静に考えれば，パスカルの時代に80メートル程度の高低差による気圧の差を測定するのは難しい気もする．「ピュイ」(puy) というのはオーヴェルニュ地方の方言で「山」（多くは死火山というか溶岩ドーム）を意味し，ピュイ・ド・ドムというのは「ドーム状の山」のことらしい．

　なんでまたこのような岩の上にわざわざ礼拝堂を建てたのかというと，もともとル・ピュイはケルト時代からの聖地で，大地から突き出した奇岩を聖なる岩として崇めていたという．ケルトの大地（地母神）の上に隆起したファルス（phallus）のイメージのある黒い奇岩の頂上に父性原理に基づくキリスト教の礼拝堂があるという構図は非常に興味深い．ル・ピュイの環状道路のほぼ中央に位置する岩山の麓にあるノートルダム大聖堂（Cathédrale Notre-Dame du Puy）には「黒い処女」(Vierge noire)，つまり黒い肌をした聖母マリア（と幼子イエス）の像が「本尊」として祀られている．通常は白いイメージをもつはずの「処女」が黒いということにまず驚かされるが，これもケルトの地母神（豊饒性・母性の神格化）の「象徴」としての黒（かつて

は黒く着色された木製だったが，フランス革命期に破壊されてからは黒い石でつくられたらしい）が使われたのだと思えば不思議でも何でもない．ドルイド教（ケルト人の宗教）の聖地であったル・ピュイを，キリスト教の聖地に変身させたという事実の名残だと思えばよさそうだ．実際，キリスト教化以後のル・ピュイはサンティアゴ・デ・コンポステラへの巡礼路（世界遺産）のフランス国内の4つの出発点のうちのひとつになったほどの重要な聖地である．

このノートルダム大聖堂の背後の岩山（つまり，ル・ピュイの名前の起源になった岩山）の頂上には赤褐色の「赤い聖母マリア」（Notre-Dame de France）に抱かれた幼子イエスの巨大像も建てられている．この像はクリミヤ戦争の戦利品の大砲をもとにして造られたものだという．ということは，鉄がサビて赤くなったものかと思っていたが，戦利品の大砲は「青銅砲」だったらしい．「青銅砲」という名前は習慣によるもので実際には真鍮製だったようだ．青銅にせよ真鍮にせよサビは青か緑に近く赤いとは思えないのが気にかかる．サビ止めとして像の表面に赤褐色の顔料（ベンガラ＝酸化第二鉄）を塗ったのだろうか？ ところで，数学者アンドレ・ヴェイユの妹で後に思想家として有名になるシモーヌ・ヴェイユはエコール・ノルマルを卒業するとすぐにル・ピュイの高校の教師になっている．このころのシモーヌは共産主義者（アカ）とされており，ル・ピュイの「赤い処女」＝「赤い聖母」の像が気に入ったといわれる．この高校は環状道路の北東角近くにあり，現在はシモーヌ・ヴェイユ高校（Lycée Simone Weil）と呼ばれている．ル・ピュイの町の散策を終えたぼくたちは，イビスの駐車場にもどって車に乗り，ル・シャンボン・シュル・リニョンに向った．町を離れる途中で通りすぎたこの高校を見ながら，ぼくは京子に，「黒と赤の処女の像は，人びとの意識の奥に沈んだケルトの想いを秘めたル・ピュイの町に咲いた受難花なのかもしれない．そして，シモーヌ・ヴェイユの思想はこの花が夢の魔力で変身したものだったりして」と，またいつもの悪い癖が出て，「演説」をはじめてしまった．「グロタンディークの『夢の鍵』がこの魔力の謎を解く鍵になるかもしれない．そして，グロタンディークの場合の受難花は『収

穫と種蒔き』と『夢の鍵』で，それがレゴとフロイトの融合を経てグロタンディークの夢あるいは無意識の魔力で聖母ママンに変身したと考えることもできそう．なんだかややこしい物語になりそうだけど…」などと自分でもかなり意味不明なことを思いつくままに話していたら，運転中の京子がいつものように突然鋭く切り込んできた．「ナビの指示だと，ル・シャンボンへの道はつぎの交差点を右折でいいんだよね？」

レゴと藤井日達
（グロタンディークに影響を与えた宗教家）

参考文献

[1] 生野幸吉・檜山哲彦編『ドイツ名詩選』岩波書店 1993 年
[2] Scharlau,"Die Mutanten - *Les Mutants* - eine Meditation von Alexander Grothendieck", 2005
[3] Association Culturelle Marcel Légaut
http://legaut.phpnet.org/

ル・シャンボンとラ・ゲスピ

quand une chose me "tenait",
je ne comptais pas les heures ni les jours
que j'y passais, quitte à oublier tout le reste!
何かが私を「虜にした」とき,
過ぎゆく時が動きを止める,
他のことすべては消えてもいい!
――――グロタンディーク([1] p.P3)

ロワールの流れ

　2007年3月9日金曜日 09:40 ごろ,ル・ピュイの東を流れる川を渡って県道 D535 を東に進む.目的地はグロタンディークが高校時代を過ごしたル・シャンボン・シュル・リニョンだ.橋を渡り終え交通量が少し減ったあたりで京子がぼくに聞いてきた.「リニョンってル・シャンボンを横切って流れる川の名前でしょ?いま渡ったのもリニョン川なの?」「それねぇ.以前に調べたことがあったけど,違ったような気がする.いま渡った川はロワール川のメインの流れだけど,リニョン川はロワール川の支流だったと思う」と答えたもののその時点では記憶が怪しかった.あとで調べてみたが,これで「正解」だったようだ.日本では,ロワール川というとオルレアン,トゥール,アンジェ,ナントを経て大西洋に注ぐ川で,その流域には古城が多くパリからのオプショナル・ツアーの行き先としてのみ有名で,水源が中央山塊(Massif central)にあることはあまり知られていない.パスカルの故郷クレルモン・フェランを中心とする地方はオーヴェルニュと呼ばれるが,その一部であるル・ピュイを中心とする県名がロワール川の上流を意味するオート・ロワール(Haute-Loire)であることを知っていれば,ロワール川の源流がこのあたりだと推察できるはずだ.とはいうものの,厳密にいえば,ロワールの水源(Source de la Loire)とされる地点はオート・ロワール県にはなく南東隣りのアルデシュ(Ardèche)県のジェルビエ・ド・

ジョンク (Gerbier de Jonc) という釣り鐘状の山 (1551 メートル) の麓に存在している．たしかに，これを知れば，ロワール川はフランス最長の川だということが納得できる．

ル・シャンボン

　ロワール川とわかれるあたりで県道 D535 から県道 D15 に入り，地図上ではロワール川の支流ガーニュ川に沿うようにして進む．このあたりはずっと海抜 1000 メートル近い高地で中央山塊の真っただ中という感じだが，山地という印象はなくむしろ台地の上のなだからさの中にときどき小さな村があったり山があったりする場所だ．ピック・デュ・リジュ (Pic du Lizieux) という海抜 1388 メートルのミニ富士山のような山を過ぎると，県道 D15 と県道 D500 の交差点がある．このミニ富士山を見ると「あ，ル・シャンボンへの分岐点だ」という気分になる．この交差点で左折してもいいが，ル・シャンボンに向う最短路の分岐点はこのつぎにある県道 D151 号線への左折ポイントだろう．以前ここにはル・シャンボンの方向を示す木製の小さなパネルしか存在しなくてわかりにくかったが，いまではこの付近に小さな駐車スペース (Information SIVOM Vivarais-Lignon) が作られ観光案内板や簡単な地図が設置されていた．県道 D151 に沿って走ればル・シャンボンの町が出現する．(1 つ前の分岐で左折して，D500 に入り小さな村ル・マゼ (Le Mazet) で右折して D151 に入っても結果は同じことだ．) まず眼下に町並みが現れ，坂道をカーブしながら下り，リニョン川にかかる橋を渡れば，まず左に教会が見え，右の建物 (学校?) の壁にパネルが見える．このパネルの文章にヘブライ語のタイトルがあるが，本文はフランス語で書かれている．ル・シャンボンの住民や周辺の住民たちが第 2 次大戦中に，ドイツの占領軍とヴィシー政権の憲兵隊 (＝警察) から，5000 名ともされるユダヤ人を保護してくれたことを，かつて保護されていたユダヤ人たちが保護してくれた住民たちに感謝にその行為を称えたものだ．フランスではほとんどの地域がカトリックだが，ル・シャンボンはプロテスタントの町で，昔から中央の権力とは一線を画していたらしい．

このパネルを過ぎて町の中心部をめざせば，県道 D 103 との交差点にあたる大きな十字路 (le Carrefour) に出る．ここで，駅舎（2007 年 3 月 9 日の時点では，駅舎の内部はユダヤ難民を保護した戦時中の記録の展示施設にも見えたが閉まっており見物はできなかった）の裏にまわって奥に進めば広い駐車場がある．駅舎もレールもほぼ昔のまま残っているが，列車は観光用なので普段は走っていない．グロタンディークはユダヤ系あるいはドイツ系難民の子供として，1942 年の夏ごろ（14 歳のとき）に，この駅に降り立ったのではないかと思う．グロタンディークの『夢の鍵』[2] の中の記述によると，1942 年 2 月から数か月の間母親とともにブラン (Brens, 現地ではブレンス) の収容所に入れられていたが，母親だけを収容所に残して，ル・シャンボンに設立されたばかりのコレージュ・セヴノル (Collège Cévenol) に通うためにやってきたのだという．現在の名称としては，コレージュは日本の小学校第 6 年学年と中学校を合わせたものに相当し，リセ (Lycée) が高等学校に相当するのだが，当時は現在のコレージュとリセを合わせた中等学校をコレージュと呼ぶことが多かった．誤解を避けるためと国際性を強調するために，現在ではコレージュ・リセ・セヴノル・アンテルナシオナル (Collège-Lycée Cévenol International) と呼ばれている．セヴノルというのはル・シャンボンを含む地域名「セヴェンヌ」(Cévennes) の形容詞だ．セヴェンヌはオート・ロワール県とアルデシュ県の接するあたりの地域のことで，昔からプロテスタントの「隠れ里」のような趣があった．

ラ・ゲスピ

グロタンディークが寄宿したのは赤十字の援助で運営されていたラ・ゲスピ (la Guespy) という名前の「子供の家」(Maison d'enfants) と呼ばれる救援施設で，もともとはスペイン戦争の難民の子供たちのためのものだった．ゲスピというのはスズメバチという意味だと思う（標準的なフランス語のゲプ (guêpe) にあたる）．グロタンディークはこのラ・ゲスピからコレージュ・セヴノルに通ったのである．ぼくがはじめてこの町を訪れたのは

ラ・ゲスピだった建物（2007 年山下撮影）

1990 年 3 月 25 日．雪が残る寒い日だった．それ以来，1996 年，1997 年，2002 年，2007 年と合計 5 回もこの町を訪れたが，最初はラ・ゲスピというのが何で，どこにあったのかもわからず，とりあえずコレージュ・セヴノルに行ってみたりするだけだった．スイスの赤十字の本部の資料室に問い合わせたこともあったが，「ゲシュタポかジプシーの間違いじゃないか？」などと無内容な応答しかもらえずがっかりしたのを思いだす．ル・シャンボンの救援活動はトゥルーズの赤十字の担当だったという説も聞いて問い合わせたが何もわからずじまいだった．（現在では，グーグルで検索すればすぐにラ・ゲスピの情報が入手可能になっている！）グロタンディーク本人に問い合わせればいいわけだが，すでに「完璧な孤独」を求めて世間から姿をくらましてしまった後だったので，その手は使えなかった．その後，駅舎の南のビルにあった図書館で 1992 年に出版された詳しい本 [3] に出会い，近所の書店でこの本を購入して持ち歩き，付録にあったラ・ゲスピの写真を見ながらこの建物がまだ残っているかどうか探したこともあった．うれしかったのは，当時図書館と同じビルにあった観光案内所でもらった地図にラ・ゲスピ通り (Chemin de la Guespy) を見つけたときだ．この通りは

コレージュ・セヴノルのキャンパスを貫く通りを南に向って 4 本目の道にあたる．車の通行は可能だが，非常に狭い．かつては森の中だったということだからスズメバチの巣があってもおかしくなさそうな場所だが，子供の家ラ・ゲスピの由来は「スズメバチのように煩い子供たちが集まっている場所」という意味から来たものだろうか？ラ・ゲスピはコレージュ・セヴノルの創設者トロクメ牧師が（原則として）14 歳から 18 歳までの男女の生徒たちのために用意した寄宿舎になった[3]．ギュールの収容所にいたユダヤ系ドイツ人の子供たちも入っていた．それはともかく，グロタンディークは戦時中，ゲシュタポや憲兵隊が「ユダヤ人狩り」にやってくるという情報があると，ラ・ゲスピで暮らす子供たちと一緒に近くの森の中に身を隠していたと語っている．現在でもル・シャンボンの周囲は深い森林に囲まれており，森の中に隠れてしまえば，そう簡単には見つからずにすむだろうという感じがする．ル・シャンボンが住民の人口よりも多くのユダヤ人難民をかくまうことができたのは，森林の中にある町だったということも関係しているに違いない．戦時中，南フランスで，ユダヤ系の人々がどのような扱いを受けていたかについては，映画「シャーロット・グレイ」が参考になるだろう．この映画の舞台はグロタンディークが母親とともに（ル・シャンボンで寄宿生活を始める直前まで）収容されていたブランの収容所にもほど近い町グロレ（Graulhet）に隣接するレジニャク（Lézignac）という実在する小さな村だ．ヴィシー政権がどのようにしてナチスの「ユダヤ人狩り」に協力したか，「毅然とした生きざま」とは何かを知るのにも役立つだろう．ユダヤ系難民を救ったル・シャンボンについての映画「こころの武器」（Les Armes de l'Esprit，英語版は Weapons of the Spirit）もある（[4] p.31）．

アレクス・ル・ポエト

シャルラウ（[5] p.131）によれば，ラ・ゲスピを運営していた女性が当時のグロタンディークについて，自分自身のために，つぎのような短いメモを残している．

アルクサンドル・グロタンディーク
通称アレクス・ル・ポエト
ドイツ人，ロシア人？
母はギュールの収容所
非常に頭のいい子で
絶えず何かを考え，読み，書いている
チェスが非常に強く
ステックラーさんと激しく戦う
音楽を聴くときは静粛を求め
それ以外では騒々しく神経質で多動な子
Alexandre Grothendieck
dit Alex le poète
allemand, russe?
mère au camp de Gurs
enfant très intelligent, toujours plongé
dans ses reflexions, ses lectures, écrivant
très bon joueur d'échecs -
parties acharnées avec M. Steckler
réclame le silence pour écouter la musique
sinon enfant tapageur, nerveux, brusque

ポエトには詩人と夢想家という両方の意味があるので，これはグロタンディーク少年が詩的感受性に満ちていたという意味か「夢見がち」だったという意味か定かではない．母親ハンカがギュールの収容所に入れられているような記述があるが，これはグロタンディーク自身の『夢の鍵』[2]における記述とは矛盾するように思える．グロタンディークによると，「母と一緒に収容されていた時期(1940年から1941年にかけて)の最も長い期間を過ごしたのは，マンドの中心部から数キロ離れたリュークロの収容所だった．それは女性のための小さな収容所(収容人員は約300名)で何名かの女性は子供と一緒に収容されていた．リュークロの収容所が移転した先のガヤックに近いブランの収容所には数か

月いただけだった．母はこの収容所にさらに 2 年間収容されていた．」(Le plus grande partie du temps où j'ai été interné avec ma mère, c'était au camp de Rieucros, à quelques kilomètres de Mende-un petit camp (environ 300 internées) réservé aux femmes, dont quelques-unes avaient des enfants. Je n'ai passé que quelques mois au camp de Brens, près de Gaillac, où le camp de Rieucros avait été transféré, et où ma mère resta encore deux années.)（[2] p.84 の脚注）とのこと．ギュールの収容所に移送されたとは書かれていない．グロタンディークは，「私の母は 1944 年 1 月までブランの収容所に留まる」(Ma mère reste au camp jusqu'en janvier 1944.)（[2] p.84）と書いているが，もし，母親がこの後，解放されたのではなくギュールの収容所に移送されたのだとすれば，そして，メモが書かれたのが移送後であれば，矛盾はなくなる．このあたりについてシャルラウは「グロタンディークによると，母親は 2 年間ブランに留まっていたという（しかしこれは過大評価されている可能性がある）．ハンカはブランの後で更にポー近郊のギュールの収容所に移送されたという（絶対的ではないが）信頼するに足る指摘がある」(Grothendieck sagt, dass seine Mutter zwei Jahre in Brens verbracht habe（was jedoch etwas hoch gegriffen erscheint）. Es gibt einige (nicht absolut) sichere Hinweise, dass Hanka nach Brens noch in das Lager von Gurs bei Pau kam.)（[5] p.123）と書いている．ぼくが調べたところでは，1944 年 6 月上旬に約 150 名の収容者全員がギュールの収容所に移されブランの収容所は空になったそうだ（[6] p.79）．

コレージュ・セヴノル時代にすでに「考え・読み・書く」ことに熱中していたというのは興味深い．グロタンディークは数学者としての自分について，何かを学ぶときは書かれたものを読むのではなく，それを考えた人から直接教わる，というようなことを書いていたことがある．また，大学時代はルベーグの仕事を知らないままに，それと同じような独自の「積分論」を構築していたと書いている．だとすると，何かを読むという行為は，ル・シャンボン時代で終えてしまったということだろうか？ たしかに，他人が

書いた数学の本や論文を読むという行為についてはそうなのかもしれないが，『収穫と種蒔き』はともかく，『夢の鍵』[2] やその「付録」ともいうべき『レ・ミュタン』を書いているときには古典的な文献のいくつかを孤独の中で読んだものと思われる．

ピアノを弾く

　グロタンディークは音楽を聴くことが好きだっただけでなく，コレージュでピアノの練習もしていた．グロタンディークがどこでピアノを覚えたのか，詳細はぼくにはわからないのだが，生まれてから 5 歳まで，まがりなりにも両親（結婚はしておらずグロタンディークの姓は母親のもの）と暮らしたベルリン時代はピアノを習うような環境ではなかったと思う．その後，ユダヤ系ロシア人の父親はナチスの台頭を嫌ってフランスに脱出．結局，母親も父親のもとに走ることになり，生活上の障害となるグロタンディークと異父姉は置き去りにされた．グロタンディークが，「里子」に出されたブランケネーゼの家（元牧師が自宅を「寄宿舎」にして数名の子供たちを育てていた）やその町の小学校で，はじめてピアノ（の演奏）を習ったという可能性もちょっとありそうにない．その後，グロタンディークは社会情勢の変化で，フランスにいた母親に不承不承引き取られたものの，まもなくグロタンディーク母子と父親は（別々の）収容所に入れられ，父親はアウシュヴィッツに移送され「行方不明」となる．ル・シャンボンでの新しい生活がはじまるまでグロタンディークには落ち着いてピアノを習っている余裕などなかっただろう．といってラ・ゲスピでピアノを弾いていたという「証言」もなさそうなので，コレージュでピアノの演奏に興味を持ちだした可能性が大きそうだ．グロタンディークはル・シャンボンを離れてから母親と合流し，モンペリエ近郊のメラルグで非常に貧しい生活を送りながらモンペリエ大学の学生として独自の数学研究（「積分論」の構築）に没頭しており，この時期にもピアノを習う余裕はなかった．1948 年（20 歳）になって，モンペリエ大学を卒業し，自信に満ちてパリに出てからも数学に没頭していたものと思える．ところが，21 歳のときになってナンシーに移動し，

シュヴァルツやデュドネの指導の下で関数解析方面の仕事をスタートさせて，これが成功裏に進展していた時期には，グロタンディークはシュヴァルツの家にピアノを弾きに行っていたという証言がある（[7] p.488）．ということはやはり，グロタンディークがピアノを習ったのはコレージュ・セヴノルだったという気がする．ぼくが直接聞いたヨランドの証言によれば，グロタンディークがよく演奏していたのは宗教音楽だったという．そういえば，ヨランドが「グロタンディークがピアノを習ったのはル・シャンボンだった」と，ぼくと京子に語ったこともあった．モルモワロン（第2次隠遁地）のグロタンディークの家にはピアノが置かれていたし，飼い猫（というより通い猫）の名前がモザール（モーツアルト）だったことからすると，グロタンディークの音楽好きなこころは消滅していなかったように思う．しかし，グロタンディークは1991年夏にラセール（第3次隠遁地）に転居する機会にピアノを（母親のデスマスクや長編自伝的小説の原稿を製本したものなどとともに）ヨランドに譲っており，ラセールの家にはピアノはすでに存在しなかった．

音楽のトポス

それはともかく，京子が2008年5月に，数学者でジャズピアニストでもあるマッツォーラから聞いたところによると，マッツォーラは，ドイツ語で書いた『音の幾何学：数学的音楽理論の基本』(Geometrie der Töne: Elemente der mathematischen Musiktheorie) を1990年にグロタンディークに贈り，「これは新しい時代の数学だ」というような賛美の言葉をもらって誇らしげに感じたという．ところが，そのマッツォーラが，6年の歳月をかけて，この本のバージョンアップ版を英語で書き上げて2002年に出版した大作『音楽のトポス』をグロタンディークに贈ったところ，この本はグロタンディークの創造したトポスの概念を音楽理論に応用したもので，グロタンディークに捧げられた本だったにもかかわらず，何のコメントもなしに送り返されてきた．1990年といえば，ぼくと京子が3月にグロタンディークを訪問した年でもある．グロタンディークは，この年の1月26

日付けで「新しい時代＝解放の時代」の到来を告げる「福音の手紙」を書いて，友人や知人たちに大量に送付したこともあり，「新しい時代」の到来を確信していたグロタンディークは，その時を迎える準備として周囲を覚醒させ癒す存在になろうとこころがけていたのかもしれない．1973年から1990年にかけての交流の中で，グロタンディークのこころの奥にあるやさしさに共感していたぼくや京子にとって，1991年夏以降のグロタンディークの大変貌は十分に理解できるものではない．ぼくたちのこころに響く激しい不協和音の謎を解明しようとして，2007年3月に，ぼくと京子はグロタンディークの隠遁先ラセールを探しだして家を訪ね，異例の短時間ではあったが会見することもでき，その後もさまざまな情報（多くはグロタンディークの「異常性」についてのものだが）に接する中から，ぼくは，大変貌と不協和音の謎を解きうる「グロタンディーク論」の新しいヴィジョンが語れるようになったのだった．それはともかく，マッツォーラが京子に書いてきたところでは，トポスという幾何学的論理，というか「グロタンディークによる点概念の革命」を使えば，音楽のみならず能などの演劇（さらには絵画や彫刻などを含む芸術全体？）の理論化が可能になるのだという[8]．

参考文献

[1] Grothendieck,"Promenade à travers une oeuvre ou L'enfant et la Mère", 1986
[2] Grothendieck, La Clef des Songes, 1988
[3] Bolle, Le Plateau Vivarais-Lignon Accueil et Resistance 1939-1944, SHM, 1992
[4] 山下純一『グロタンディーク：数学を超えて』日本評論社 2003年
[5] Scharlau, Wer ist Alexander Grothendieck? (Teil 1: Anarchie), 2007
[6] Cohen et Malo, Les camps du sud-ouest de la France 1939-1944, Privat, 1994
[7] シュヴァルツ（弥永健一訳）『闘いの世紀を生きた数学者・上』 シュプリンガー・ジャパン 2006年
[8] Mazzola, La Vérité du Beau dans la Musique, IRCAM, 2007

コレージュ・セヴノル

> Cependant c'est la veille. Recevons
> tous les influx de vigueur et de tendresse réelle.
> Et à l'aurore, armés d'une ardente patience,
> nous entrerons aux splendides villes.
> まだ前夜にすぎない．受け入れよう
> 溢れる力と真のやさしさのすべてを
> 夜明けになれば，燃える忍耐で武装し
> 光り輝く町に向おう
> ————ランボー（[1] p. 45）

　2007年3月9日金曜日13:00ごろ，ぼくたちは，ル・シャンボン・シュル・リニョンで，グロタンディークが戦争中に14歳から17歳まで共同生活をしていた赤十字による救護施設ラ・ゲスピと，そこから通ったコレージュ・セヴノルの撮影を終え，県道D157号線に作られた観光用と思われる駐車場に車を停めて，「高校」の裏手に広がるペイブルスの森を見物した．2002年に見たときとくらべて，材木の伐採がかなり進んでいるようだった．とはいえ，まだ1キロ四方はある深い森が残っている（ル・シャンボンにはペイブルスの森と同程度の広さの森がすぐ近くにあと2か所ある）．ぼくは，グロタンディークたちがゲシュタポが「ユダヤ人狩り」に来たときにみんなで隠れていたというのはペイブルスの森あたりではないかと思っている．森の見物を終えると，われわれは県道D157号線をもどってル・シャンボンの新しい町役場の前で左折し坂を下って，町の中心部に位置する十字路（ル・カルフール）にもどった．この十字路の北東の角，サン・タグレヴ街道1番地（1, route de Saint-Agrève）には1階が展示室（Exposition du Carrefour）となっている3階建てのビルがある．この十字路とビルは第2次大戦前からル・シャンボンの象徴的な場所だったらしい．アメリカ軍がル・シャンボンを「解放」した1944年9月3日に，サン・タグレヴ街道をこの十字路に向って進むシャーマン戦車を住民たちが並んで出迎えている

写真が残っている．しかし，ル・シャンボンやその周辺地域の住民たちが，戦争中にユダヤ人を中心とする5000人もの難民たち（住民の人口に匹敵する）を，ドイツの占領軍やそのいいなりになるヴィシー政権の「ユダヤ人狩り」などから守り抜いたという事実は終戦直後にはあまり知られてはいなかった．この事実を世界に知らせようという動きが活発化するのは，1982年に結成されたル・シャンボン友の会（Les Amis du Chambon）のリーダーでル・シャンボンに匿われていた両親の子供として1944年にこの町で生まれた映画監督のソヴァージュが「こころの武器」（Les armes de l'esprit）という映画（フランス語版と英語版があり，DVD化されている）を制作して「キャンペーン活動」を展開しはじめてからのことにすぎない．その後，ル・シャンボン友の会はシャンボン財団（Fondation Chambon）となり，シャンボン財団とル・シャンボン町会の合意によって，ル・シャンボン周辺の住民たちがユダヤ人たちを救ったという歴史的事実を風化させないための展示室が2002年6月（異説あり）に創設されて以降のことかもしれない（シャンボン財団の事務所も同じビルにある）．

ヌヴェ・ロテル

　ぼくたちが，2002年8月4日と5日にル・シャンボンに滞在したとき，観光案内所はフォンテヌ広場（Place de la Fontaine）に面した北側の2階建てのビルの1階にあった．（2007年3月には，この観光案内所は移転の準備中で閉鎖されており，十字路のすぐ西にあたるタンス街道2番地に移転するとの張り紙があった．古い駅舎内の展示は十字路の展示室の分室のようにも思われた.）この観光案内所で，ぼくたちが，戦時中にル・シャンボンとその周辺に匿われていたユダヤ人について興味をもっていることを告げると，これに関する展示室があることを教わり，見学したくなった．ぼくが，ラ・ゲスピなどについていろいろ知りたいというと，「今日は無理だけど，明日なら展示について英語で案内できる人がいるので，その人に質問すればいいよ」とのこと．さっそく，ボランティアのガイドを「予約」してもらった．こうして，ル・シャンボンに泊まることが必要になり，これも

また観光案内所に紹介してもらって，展示室のあるビルの南向かい，つまり十字路の南東の角（サン・タグレヴ街道 3 番地）の 3 階建てのビルにあるホテル「ヌヴェ・ロテル」（Nouvel Hôtel）に決めた．「ヌヴェル」という名前のわりには古く，バーのような感じのレストランの 2 階と 3 階に併設された「ひとつ星」の小さなホテルだった．最大の欠点は専用の駐車場がないことで，ホテルの主人らしき男性に「どうしよう？」と聞くと，「駅舎の横に広い無料の駐車場があるからそこに停めておけばいいよ」とのこと．そこに駐車場があることはよく知っているが，車上狙いがちょっと心配だった．というのも，ぼくたちは，かつて，ブザンソンの城砦跡（Citadelle）にあるホロコースト博物館の駐車場を利用して，車上狙いの標的にされた経験があったのだ．貴重品はすべて身に付けていたので，何も盗まれなかったようだが，車にもどるとドアが壊されており，車に残っていたリュックのチャックが開いているなど誰かに車を「荒らされた」という気配が残っており何となく気持ちが悪かった．（そのときは日本では見たこともないサンルーフ付きの古いニッサンサニーに乗っていたので，まさか，狙われるとは思わなかった！ 2002 年は新しいベンツの A クラスだったこともあり，警戒心がやや強かった．ちなみに，2007 年はフランスではまだ珍しいプリウスだったので，警戒心がさらに高まっていた.）でも，ほかに手段がなさそうなので，車はその駐車場に「放置」するすることにした．ホテルの部屋（2 階の 1 号室）に荷物を置いてから，ケーキを食べ，歩いてラ・ゲスピの周辺を散策．車では見物しにくい小さな公園などをチェックしたが，とくに珍しい発見はなかった．この日は日曜日だったせいで，夜はホテルにほど近いフォンテーヌ広場でロックの演奏会のような祭りが開催されていたのを覚えている．おかげで，駅舎の横の駐車場は満員に近かったが，この祭りが終わると車はどんどん減り，ついにぼくたちの車だけがポツンと取り残される状態になってしまった．何だか不安だったが，貴重品は残さないようにしてホテルにもどった．部屋に入ろうとして鍵を差し込んでまわそうとしてもびくともしない．焦ってフロントで説明したが，ただ鍵をまわす力が不足していただけだった．こういうことはヨーロッパの古いタ

イプのホテルでは何度か経験していたので，力を入れてまわしたはずだったのに…．その後，1階のレストランで京子が夕食を調達してきてくれ，部屋で食べたが，部屋の窓からは展示会の会場がよく見えていた．翌朝は08：30に起きて朝食のために1階のレストランに出向く．恐ろしいことにハエが多くて，ジャムにまでハエが入っていた．チップはあげないことに決定．08：50ごろ，ホテルの支払いをしようとしたら，クレジットカードがうまく読み取ってもらえず，結局，外のATMから現金を出して支払うハメに．その後，駐車場に行ってみると車が無事でホッとした．

展示室

　荷物を車にもどして，待ち合わせ時刻の09：00にちょっと遅れて約束の喫茶店まで行ったところ，ガイドの女性はまだ来ていなかった．しばらくして，「遅れてゴメンなさい」とかいいながらやってきた女性は英語のできる人ではあったが，高齢のせいなのか耳が遠く，こちらの声が聞こえにくくて，こちらからの質問などは筆談になってしまった．展示室に到着してから，ぼくたちはいくつかの質問をした．グロタンディークがたしかにいたことを確認する資料になるはずのラ・ゲスピの寄宿生のリストや戦時中のコレージュ・セヴノルの卒業生の名簿などは存在しないとのことだったが，情報を収集してやがて作り上げるつもりだという．ラ・ゲスピのゲスピの起源を聞いたら，スズメバチを意味する標準フランス語「ゲプ」(guêpe)の方言だとのことだった．ゲスピ(Guespy)のsを発音せずにyをeに置き換えればいいだけだから，そういわれてみれば「なるほど」とも思うが，辞書を眺めているだけではなかなか思いつかないような気がする．戦時中，ユダヤ人やスペイン戦争の難民の子供たちは一か所には集められず（安全のために？）少人数ずつ農家などに匿われていたという．展示は戦時中のル・シャンボン周辺でのユダヤ人などの保護について語るための準備からはじまり，さまざまな地図や「証拠写真」やデータが並べられていた．もちろん，フランス語で詳しい解説が付けられていたが，ガイドの女性がどこからか展示の解説文の英語版（写真は省略されていた）にあたるものをもって

きてくれた．観光シーズンになるとル・シャンボンには英語圏の観光客もたくさん訪れるので準備したものだった．一枚一枚がビニールのフォルダに入っており，使用後には返却するということになっており，（郵便局に行けば有料のコピー機が存在してはいたものの）コピーを取るのをサボったせいで，残念ながら，その内容が具体的にどのようなものだったかの詳細は忘れてしまった．でも，大量の写真や図を除くと，展示の基本構図は，[2]の内容に近かったと思う．これにはつぎのようなことが書かれている．まず，ル・シャンボンを中心とするアルデシュ，オート・ロワール，オーヴェルニュ，ローヌ・アルプにまたがる海抜1000メートル近いヴィヴァレ・リニョン台地（Plateau Vivarais-Lignon）一帯が，冬の寒さが厳しくカトリックの国フランスとしては珍しくプロテスタントが強く，地理的にも孤立した秘境のような場所で昔から反骨精神と温かい歓待精神に溢れていたことが紹介されている．19世紀に，この地域の北に位置するサン・テティエンヌの鉱山や製鉄所の労働者の子供たちを夏に集めて農家で面倒を見る慈善組織「山の子供たち」（Les Enfants à la Montagne）が，プロテスタントの牧師ルイ・コントによって創設された．やがて，それが発展して，子供や赤ん坊のいる若い女性を世話するための家や病院が誕生したという．しかし，この地域が外部の地域に開かれたのは，交通手段が発達した20世紀に入ってからのことだ．第1次世界大戦のときには，「山の子供たち」の施設が地域の子供たちのシェルターの役割を果した．1934年にヒトラーが台頭すると，ヴィヴァレ・リニョン台地はドイツから逃げてきたユダヤ人難民たちのシェルターの役割を担いはじめる．1936年には，スペイン戦争のスペイン人難民の母子たちが託児所（Pouponnière）に保護され，1937年になると，スペイン国境に近い難民キャンプに収容されていた母子たちがこれに加わってくる．歓待精神ということでは，フランス革命の時代に非転向神父を匿ったこともあった．

グロタンディークと同窓会

牧師のトロクメとその妻は，ドイツとイタリアで吹き荒れるナチズムと

全体主義の嵐について危惧し，ユダヤ人の運命について思いを馳せ，ドイツがフランスに侵攻した場合のことを心配するようになった．戦争に突入すると，トロクメはヴィヴァレ・リニョン台地で発行されていたプロテスタントの新聞で，フランス軍がドイツ軍に事実上の降伏をした日の翌日，1940 年 6 月 23 日（日曜日）に，「キリスト教徒の義務は，良心を封じ込めようとする暴力にこころの武器（Les armes de l'esprit）を使って抵抗することである．われわれの敵が福音書の教えに反することに従わせようとするときにはいつでもこれに抵抗するだろう．われわれは，恐れることなく，さらに，思いあがることも憎悪することもなく，抵抗するだろう」という説教を行なっている．1982 年に制作された映画のタイトル「こころの武器」はこのときの説教の中から取られたものだと思う．1942 年に当時 14 歳のグロタンディークが入学することになる中等学校コレージュ・セヴノル（最初は École Nouvelle Cévenole と呼ばれていた）はトロクメ牧師とテース牧師によって，1938 年に設立された．はじめは両親とともに滞在している地域の少年少女のための教育機関をめざしていたが，その後，計画が変更され，平和のための国際的キリスト教教育のための，相互教育，無学年，自己鍛練などの新しい教育法に基づくユニークな学校をめざすことになった．最初は専用の校舎もなく，生徒も 18 名しかいなかったが，戦争が始まると難民の子供たちが増えて，校舎も建設され，規模がどんどん大きくなっていった．この地域の子供たちは，都市部出身の子供や外国人難民の子供たちと交流し，プロテスタントはカトリックやユダヤ教徒と交流し，地元の子供たちは牧師や銀行家や教師や法律家の子供たちと交流した．教師も生徒もさまざまな国の出身者からなっていた．プロテスタントの教師だけでなくカトリックの教師もいた．フランスの国家教育省から解雇されたユダヤ人の教師もいた．この文書 [2] にはラ・ゲスピのことなどはほとんど書かれていないが，展示室のパネルにはラ・ゲスピ関係の写真も何枚かあった．

　ガイドの女性にグロタンディークのことを知ってるかと聞いたら，「有名

な数学者ですね」とのことだった．「グロタンディークはチェスが強かった」「音楽好きでインテリジェンスに満ちていたので孤立していた」とも語っていた．このときに聞いた限りではグロタンディークがピアノを弾いていたかどうかは知らないとのことだったが，この情報の発信源はすでに紹介済みのものと同じ可能性が強い．アメリカにル・シャンボンの展示室のような博物館を作る計画があって，その推進役をしているニューヨーク在住の実業家アペル（Rudy Appel）が子供のころユダヤ人難民としてラ・ゲスピに寄宿していたということなので，この人に聞けばル・シャンボン時代のグロタンディークについて新しい情報が得られるかもしれない．（と，そのときに思ったが，この人のことをすっかり忘れていた．）ガイドの女性は「2003年の博物館開設時にはぜひグロタンディークにも出席してほしいが連絡が取れない．もし連絡が取れればこのパンフレットを渡してほしい」といって，2002年段階での展示室はやがてもっと大きな博物館構想へと発展するだろうということを書いた宣伝パンフをぼくらに手渡した．ぼく自身はこの当時グロタンディークの住所を知らなかったので，後日このパンフレットをヨランドに直接渡して「これをグロタンディークに送ってほしい」と依頼することになる．ラセールに隠遁中のグロタンディークがル・シャンボン時代の古い仲間たちとの「同窓会」のようなものに興味を持つかどうかはいたって怪しいし，このパンフレットが実際にグロタンディークの手に渡ったのかどうかさえ確認できていない．

　ル・シャンボンにもドイツ軍の手が直接及んでいたのかどうかについて，「ドイツ軍はル・ピュイに駐屯していたんですよねぇ？」と質問したところ，どの時期のことかはわからないが，「100名ほどのドイツ軍が町のホテル「ル・シャンボン」に駐屯していた」という答が返ってきた．そのような名前のホテルはすでに存在しない．「どこにあったのか？」と聞くと，「サン・タグレヴ街道沿いにあった」とのこと．「それなら，第2ゲスピも近いですね」というと，「第2ゲスピはサン・タグレヴ街道の駐車場のあたりで，ホテルはそれよりも手前だった」というような応答があった．グロタンディー

クたちが寄宿していたラ・ゲスピが手狭になって，サン・タグレヴ街道沿いのマロニエの並木のあたりにさらに広い建物を手に入れて作られた子供用の救援施設が「第2ゲスピ」(la deuxième Guespy) だ．ぼくたちは，ガイドをしてくれた女性にお礼を述べ，シャンボン財団に 10 ユーロのカンパをして展示室を出た．このあとわれわれは，かつて第 2 ゲスピだったと思われる建物とドイツ軍が駐屯していたとされるホテルの跡らしき建物を見つけだすことができた．

赤十字の陰で

　ところで，アメリカ軍がル・シャンボンを解放したことになっているが，アメリカ軍が進軍してくる直前に（アメリカの軍事支援を受けた）レジスタンスの攻撃によってル・ピュイのドイツ軍部隊は壊滅しており，ル・シャンボンも実質的に解放されていたという説もある．ガイドの女性によると，「アメリカ軍が来たときにはすでに遅かった」（難民の子供たちを助けるための活動としてはあまりにも遅すぎたといいたいのだろう）「アメリカ軍はコンテナにパラシュートをつけて武器を投下したりもしてレジスタンスの軍事活動を助けはしたが，ル・シャンボンに匿われていた子供たちを助けようとはしなかった」とのことだった．「難民たちがスイス国境まで歩いていったりもしたことがあるが国境で入国を阻まれて，もどったこともあった」という．これを聞いてぼくたちは，映画「サウンド・オブ・ミュージック」の場面を思いだしてしまった．この映画では，実話に基づいたとされ，主人公たちがザルツブルクに進駐してきたドイツ軍から逃げて山道を歩いてスイス国境に向う場面が出てきた．でも，「自由の国」スイスは山を越えて国境にたどり着いた人びとを保護するとは限らなかったわけだ．とくにユダヤ人については入国を好まなかったとされる．スイスはユダヤ人の財産がナチスドイツによって没収されてスイスの銀行に預けられることには興味があったが，ユダヤ人の運命そのものには無関心だった[3]．それどころか，1930 年代末から，スイスは，ドイツからユダヤ人難民がドイツ人として入国してくることを嫌い，ドイツが自国のパスポートにユダヤ人を示

す「J」のスタンプを捺す措置を取ったことに感謝していたらしい．しかも，スイスは 1942 年にユダヤ人難民の国内流入を全面的に阻止する法律まで制定している．この法律は国内で巻き起こった批判を受けて修正されたが，国境を越えて流入してきたユダヤ人難民用の強制収容所を設置していた．第 2 次世界大戦中のスイスは自由の国でも何でもなかったのだ．（ただし，スイスの赤十字がル・シャンボンの子供たちを支援したことは事実で，グロタンディークが匿われていたラ・ゲスピも赤十字の支援で運営されていた．穿った見方をすれば，「ドス黒い巨悪」を「些細な慈善活動」で誤魔化していたという側面もありそうだが…．）アメリカ軍にしても，アウシュヴィッツ収容所の存在を知り，そこで何が行われているかを知っていたが，なぜか空爆して破壊しようとはしていない．収容されているユダヤ人たち自身は空爆を望んでいたというのに！それどころか，アメリカ軍は，アウシュヴィッツにユダヤ人を輸送するために使われた鉄道の線路や橋の破壊にさえ熱心ではなかったという．

夜明けを待つ

　第 2 次世界大戦が始まってから，パリが陥落するまでの時間は非常に短かった．まさか，ドイツ軍に敗北するなどとは考えていなかったフランス人たちは，ドイツ軍がパリに迫りつつあるという情報に接して怯え，流言飛語に翻弄されて，パリなどの北フランスの町々から南フランス方面に向けて「民族の大移動」ともいうべき「流浪の旅」に出た．パリでも市民の大半が逃げ出し，残ったのは貧乏人と動けない老人と病人だけのようなありさまだった[4]．1940 年 7 月 2 日にまとめられた公式統計によると，フランス国内の難民総数は 800 万人，大半がフランス国民（パリ市民が約 200 万人）だったされる．ドイツ軍の「蛮行」を恐れる難民に対して，ドイツ軍は「（フランス当局に）見捨てられた人々，ドイツ兵を信頼してほしい！」(Populations abandonnées, faites confiance au soldat allemand!) という宣伝文句が書かれた有名なポスター（微笑むドイツ兵に抱かれてパンを食べる笑顔の男の子 1 人と横で空腹そうな顔をして見上げる女の子 2 人が描かれ

ている）を作るなどして難民の帰還を促し，ヴィシー政権も積極的にドイツ軍に協力して帰還事業を推進した．ドイツ軍が，戦争を遂行するためには，北フランスの経済活動を正常化させることが必要だと感じたためだ．ユダヤ系フランス人も帰還できたが，1940 年 7 月に「市民権剥奪法」が成立してユダヤ人は無国籍化させられた．この段階で，ヴィシー政権下にいたユダヤ人は約 18 万人，その中の約 4 万人がヴィシー政権下の強制収容所に入れられた．グロタンディークの父もル・ヴェルネの強制収容所に入れられ，グロタンディークがル・シャンボンに匿われた 1942 年夏の前後にアウシュヴィッツに移送されて「行方不明」となった．グロタンディークをコレージュ・セヴノルに入学させることに成功した母は，まだ収容所に残ったままだった．グロタンディークは，ル・シャンボンの住民の善意に守られ，夢見るパワーを育みつつ，「夜明け」を待っていた．

参考文献

[1] Rimbaud,"Une saison en enfer", Éditions Axium, 1969
[2] Flaud, "The Plateau Vivarais-Lignon 1939 - 1944 "
http://www.chgs.umn.edu/histories/leChambon/
Chambon_Platau_Vivarais_Lignon.pdf
[3] The greatest theft in history
http://news.bbc.co.uk/2/hi/special_report/1997/nazi_gold/35981.stm
[4] ダイアモンド(佐藤正和訳)『脱出』朝日新聞出版 2008 年

マンドと少年時代

> La passion amoureuse est donc
> la perversion de la pitié naturelle.
> 恋の情念は，したがって，
> 自然な憐憫の倒錯したものである．
> ────デリダ（[1] p.248）

国道 N88

　2007年3月9日金曜日13:40ごろ，ぼくたちは，グロタンディークが「高校時代」を過ごしたル・シャンボン・シュル・リニョンを離れ，県道 D15 でル・ピュイにもどり，国道 N88 経由でマンドに向った．国道 N88 はもともと，サン・シャルモン→サン・テティエンヌ→ル・ピュイ→マンド→ル・モナスティエール→セヴェラック・ル・シャトー→ロデス→アルビ→ガヤック→サン・シュルピス→トゥルーズという町を結んでいた．途中は部分的に高速道路化が進んでいる．国道そのものが高速道路化する場合もあれば並走する新しい高速道路が建設される場合もある．具体的にいえば，サン・テティエンヌからル・ピュイまでの区間は工事が進行中で，そのまま高速道路化しつつあるようだが，高速道路 A47, A75, A68 によって，旧国道 N88 が部分的に置き換えられている区間もあるわけだ．たとえば，アルビからトゥルーズまでは高速 A68 に置き換わり，昔の国道 N88 の残存部分の半分ほどは格下げされて県道 D988 になっている．

　旧国道 N88 にはグロタンディークゆかりの場所が2つ分布している．グロタンディークの通った中学校のあったマンド（近郊にはグロタンディーク母子が最初に収容されたリュークロの収容所があった）とガヤック（トゥルーズとアルビの中間の町で，すぐ近くにグロタンディーク母子が2度目に収容された収容所があった）の2か所がそれだ．それはまたあらためて紹介することにして，ここでは，国道 N88 のル・ピュイからマンドまでの区間について触れることにしよう．この区間はまだ通常道路のままだ．ル・

ピュイからマンドまでは約90キロ．1時間30分ほどでマンドに到着できる．途中は印象に残る山もなく，900メートル〜1200メートルほどの高原というか台地の上をゆるやかに上り下りしながら走っているという感じがする．（冬に走ったこともあるが，通行量も少なく雪景色が単調に続いていたのを覚えている．）ル・ピュイとマンドの間で興味のもてそうな風景となると，セヴェンヌ国立公園（Parc National des Cévennes）くらいしかない．ル・ピュイから国道N88を走っていると，45分ほどたったころに，右前方の眼下に大きなノサク湖（Lac de Naussac）が見えてくる．面積は10.8平方キロ．芦ノ湖が6.9平方キロ，中禅寺湖が11.6平方キロだから，そこそこの大きさの湖だ．日本の場合，山岳地帯にある湖は，中禅寺湖や芦ノ湖のように周囲が高い山に囲まれていることが多いが，ノサク湖は広い高原の森林に囲まれた低い盆地のような場所にゆったりと佇んでいる．国道N88沿いの最寄りの比較的大きな町はランゴーニュでノサク湖観光の中心地となっている．近くにノサクという村やノサク・ダムもあるようだ．ぼくたちは過去に国道N88で何度かこの湖を横目に見ながら通過しているが，適当な駐車場が国道沿いに見当たらず，ゆっくり見物する機会がなかった．今回はとくに，できれば翌日（土曜日）の朝までにサン・ジロンに戻りたいという希望もあり（グロタンディークが土曜日にサン・ジロンの朝市に顔を出す可能性があった），とてもこの湖に立ち寄っている余裕はなかった．

少年時代を回想する

しかし，それにしても退屈な国道だ．ぼくは（助手席に座っているだけのせいもあり）単調な走行に飽きて，いつものように，京子に向って「演説」をはじめてしまった．テーマはグロタンディークの少年時代だった．京子は何度も聞かされた話題だという感じでやや迷惑そうだったが，ぼくは，眠気覚ましを兼ねて，自分の「知識」を確認することを主な目的にして話しはじめた．グロタンディークは，1928年3月28日にベルリンで生まれて以来，母親ハンカと父親アレクサンダー・シャピロと義姉（ハンカと

先夫との娘）の 3 人と一緒に暮らしていたが，1933 年 12 月（5 歳のとき）にハンブルク近郊（現在はハンブルク市内）のブランケネーゼの元牧師ハイドルン夫妻のもとに「寄宿生」のような形で「里子」に出された．現在のバーベンディーク通り（Babendiekstraße）の西端の北側にあたる 1 番地の家で暮らしていたようだ．母親ハンカが娘と息子をドイツに置き去りにして，シャピロのもとに逃げ出したという解釈も可能だ．シャピロ（ウクライナ/ロシア系ユダヤ人）はロシアからの亡命アナーキストで，片手を失ったこともあり（原因は定かではなく，従ってその時期も不明なのだが），「路上写真屋」（Straßenfotograf）として生活費を稼ぎつつ革命運動に邁進していたとされる．ここではドイツ語の「シュトラッセンフォトグラーフ」（英語では street photographer）を「路上写真屋」と訳したが，これをどう理解するかに悩む面もある．街のさまざまな事象を写真で表現することを目的とした写真家（芸術家というニュアンスが強い）だったとしたら，まともに生活費は稼げないと見ていいだろうから，もしこれが糊口を凌ぐための仕事だったとしたら「路上写真屋」という訳語がピッタリだろう．一時期（ベルリン時代）はハンカが写真館を経営していたという説もある．もしそうなら，シャピロが，少なくとも主観的には，写真家として生きていた可能性もありそうだ．ただし，写真家シャピロの作品が残っているのかどうかはわからない（グロタンディークなどを写したスナップ写真は残っているが）．シャピロは 1933 年の早い時期にベルリンからパリに脱出し，その直後から，ハンカとの間で大量の手紙が交換されていた．時代状況の悪化に伴い「路上写真屋」としてのシャピロの生活は次第に苦しくなっていったようだ．ハンカはこうしたシャピロの生活を経済的に支援するために，フランスに行って（家政婦などをして）生活費を稼ごうと決意し，足手まといとなる娘を児童養護施設に，息子をおそらく自分の親戚のコネで見つけたハイドルン家に「捨てた」ということだろう．少なくとも，5 歳のグロタンディークは母親に見捨てられたと感じていたようだ．『収穫と種蒔き』の中につぎのような興味深い注釈がある．「母は子供たちではなくて彼（父）の面倒を見た．（少なくとも，いろいろな事件のせいでやむおえず母が私

を自分のところに引き取ることになった1939年までは,「損得勘定」に基づいて,子供たちは捨てられていた….［グロタンディークの義姉は,ユダヤ人の血が入っていないということもあってか,ベルリンの養護施設に捨てられたままだったようだ.］)こうした父の依存関係と両親の間の陰陽の［つまり男女の］役割の反転は,1942年に父が［アウシュヴィッツに移送されて］「行方不明」になるまでずっと続いていた」(Celle-ci [ma mère] l'a pris en charge lieu et place de ses enfants. (Ils sont largués aux "profits et pertes", jusqu'en 1939 tout au moins, l'année où sous la pression des évènements et à son corps défendant, elle finit par me reprendre auprès d'elle...) Cette relation de dépendance de mon père et de renversement des rôles yin-yang entre mes parents, a duré jusqu'à la disparition de mon père en 1942.)([3] p.476, [4] p.68)

この注釈だけではわかりにくいが,少年時代のグロタンディークは,父親には逃げられ,残った母親にも捨てられたという大きなコンプレックスを抱えていたはずだ.このコンプレックスを押し隠し,それをどう乗り越えていくべきかを考える中で,グロタンディークの人格的骨格は形成されていったに違いない.1936年は節目の年だった.7月になるとスペイン内戦がはじまり,グロタンディークの父シャピロは「義勇兵」(シャピロはすでに片腕を失っていたため戦闘部門ではなく兵站部門などか)として参戦したという.パリに残ったハンカとスペインにいた父はまた大量の手紙を交換するようになった.(グロタンディークは母の死後に遺品として発見された両親の手紙を保存しており,詳細に解読したこともあったが,1991年にはこの大量の手紙を焼却処分してしまったとされる.この行動の意味の解釈は難しい.)同じころ,ブランケネーゼで「小学校」に通っていた8歳の少年グロタンディークは,子供時代と訣別し,多少とも女性的な側面のあった自分の過去を埋葬して,「男として生きよう」と決意したらしい.いってみれば,ジェンダーという枠組を受け入れ,その中で男性の役割を演じようと考えたということだろう.ハンカが1920年代のモダンな風の吹くベルリンで,「新しい女」としてジェンダーを打破するべく悪

戦苦闘していたこととは対照的で興味深い．劇的に表現すれば，8歳のグロタンディークは，男性原理と女性原理のバランスの取れた子供時代の自己を捨て，女性原理を抑圧し，男性原理を前面に出して，つまり，女性的な情念（無意識）や感性によってではなく，男性的な理性（意識）の力によって，自分を捨てた両親に代表される大人たちの世界の中で戦うのだと決意したというわけだ．この証言には，自己の歩みを劇化・物語化しようとする後知恵的な脚色が感じられなくもないが…．思えば，1960年代の「革命的な数学者」としてのグロタンディークの姿は，数学研究のみへの過度の没入から生じたものだ．これはグロタンディークが目的志向性（Zielgerichtetheit）の強い男性的（＝陽的）態度と考えたものを意識的に強調した結果でもあったと思われる．いってみれば，1960年代に到ってグロタンディークは数学に生きる「スーパー男性」となり，さらには（弟子たちに対して）「スーパー父親」の役割を担うようになっていった．面白いことに，グロタンディークはこうした自分の「スーパー父親」的側面は，グロタンディークが本来もっていた女性的・共感的な側面が抹殺されていなかったことによって，緩和されるのではなく，むしろ強化されてしまった．弟子たちにとって妙に「面倒見のいい父親」として生きていたのだ．

マンド

　15:10ごろにぼくたちはマンドの中心部にある駐車場に着いた．まず，カテドラルの近くにあった観光案内所に行ってみたところ，観光案内所が移転したことがわかり，そこに貼ってあった移転先の案内地図を見て新しい場所（国道N88で東側から環状道路に入る直前の右側）に行き，マンドの地図やロゼール県のパンフレットなどを手に入れた．（最近，図書館の北側にまた移転したようだ．）そのあとカテドラルを見物する．ことのついでに，以前訪れたときにマンドとその周辺の歴史などについての本を買った小さな書店（カテドラルの裏手にあって文房具なども一緒に売っていた）を探したが，なぜか見つけだすことができなかった．グロタンディークゆかりの情報はないかと駐車場の横にある図書館にも立ち寄ってみたが，改装

工事中の慌ただしい状態で，検索して依頼した本がとうとう出てこなかった．マンドの町の中心部にはグロタンディークが通っていた「中学校」があり，マンドの中心部から北西に2キロほど離れたリュークロ（Rieucros）にはグロタンディークが母親とともに入れられていた収容所があった．リュークロは現在の標準的なフランス語での発音で，パリ（Paris）やアミアン（Amiens）のように，最後のsは発音しない方式だが，現地では最後のsを発音してリュークロとなるようだ．南フランスでは単語の発音が悩ましい問題となることがある．北フランスの言葉が標準語として定着する以前の南フランスでは（19世紀中期においてさえ）北フランスの言葉が日常的に話されていない地域がかなりあった．最後のsを発音するかしないかについても，標準語と異なる発音体系が保持されているせいか，標準語なら発音しないはずなのに，南フランスでは発音する場合がある．ラシーヌやアンドレ・ジッドが少年時代を過ごしたというユゼス（Uzès）は最後のsを発音する例だ．地名の場合は，現地でどう発音されているかを質問し，できるかぎりそれに従うことにしているのだが，確認を忘れることも多い．グロタンディークゆかりの地名でいえば，リュークロとブラン（Brens）は最後のsを発音して，リュークロスとブランス（ブレンスだとの説もある）となるが，カルパントラ（Carpantras）は発音しないことが確認できている．確認といっても，ぼくがたまたま質問した現地の人（たとえば，観光案内所の女性など）がどう発音すると「証言」したかというだけなので，怪しさが残っている．そういえば，カーナビを使っていると地名の発音について「なるほど」と感じる場合が少なからずあったが，標準語的発音で統一されていそうなので，素直に信じることはできなかった．

好ましからざる者

　グロタンディークは，1986年1月に，10歳〜14歳（1939年-1942年）のころを回想して，『収穫と種蒔き』の中で，つぎのように書いている．「リセでは，まず第1学年はドイツにおいて，続いてフランスにおいて，私は，「素晴らしい秀才」であったことはないが，いい生徒だった．さらに，私

は，もっとも興味のあるものに打ち込み，そうでないものは，担当の「先生」の評価をあまり気にせずに，無視する傾向があった．フランスでの［リセの］第1学年のとき，1940年［-1941年］には，私はマンド近郊のリュークロの強制収容所に母と一緒に収容されていた［半過去 étais に注意］．戦争がはじまり，われわれはよそ者，いわゆる「好ましからざる者」であった．しかし，収容所の管理当局は，好ましからざる者ではあっても，収容者の子供たちには寛容さを示していた．出入りがそこそこ自由だったのだ．私は［子供の中では］最年長で，雪が降っても風が吹いても，水が染み込むボロボロの靴をはいて，収容所から4, 5キロ［正確には2, 3キロ］離れたリセに通う唯一の子供だった」(Au lycée, en Allemagne d'abord la première année, puis en France, j'étais bon élève, sans être pour autant "l'élève brillant". Je m'investissais sans compter dans ce qui m'intéressait le plus, et avais tendance à négliger ce qui m'interessait moins, sans trop me soucier de l'appréciation du "prof" concerné. La première année en France, en 1940, j'étais interné avec ma mère au camp de concentration, à Rieucros près de Mende. C'était la guerre, et on était des étrangers - des "indésirables", comme on disait. Mais l'administration du camp fermait un oeil pour les gosses du camp, tout indésirables qu'il soient. On entrait et sortait un peu comme on voulait. J'étais le plus âgé, et le seul à aller au lycée, à quatre ou cinq kilomètres de là, qu'il neige ou qu'il vente, avec des chaussures de fortune qui toujours prenaient l'eau.)（[3] p.P1-p.P2, [5]p.10-p.11）

　グロタンディークはリセ(lycée)と書いているが，これは中等学校（前期4年＋後期3年）を意味している．マンドで通っていたのは，現在の学制でいえばコレージュ(collège)のことで，5年制の「小学校」(école primaire)を出て11歳で入学する4年制の前期中等学校を意味している．現在では，リセといえば，3年制の後期中等学校のことを意味する．現在のドイツでは4年制の「小学校」(Grundschule)を出て（大学進学希望者が）10歳で入学する9年制のギムナジウム(Gymnasium)を中等学校だと考えてお

けばいいだろう（他にもいくつかの選択肢があるが）．グロタンディークの少年時代のドイツの学制では，8年制の国民学校（Volksschule）の前期課程の4年がその後の「小学校」に対応していた．グロタンディークの場合は，大学進学を希望していたので，国民学校の後期課程には進まずギムナジウム（実科ギムナジウム）に進学した．コレージュとギムナジウムは入学年齢が1歳ズレているので，年齢に応じた学年に編入したのだろう．グロタンディークは，ブランケネーゼの「里親」のところからギムナジウムに通いはじめていたようだが，ギムナジウムの1年生だった1939年5月（11歳）に，ナチスの台頭で「里親」がユダヤ系の子供を養うのが難しくなったこともあって「里親」のもとを去り，パリで母（そして父とも）と合流している．しかし，まもなく父が拘束され，アリエージュ県のル・ヴェルネの収容所に入れられてしまう．さらに，グロタンディーク母子もリュークロの収容所（女性と子供専用）に入れられてしまった．グロタンディークは『夢の鍵』[6] の中で「われわれは「好ましからざる」よそ者として収容される．父は1939年冬に，母と私は1940年のはじめに」(Nous sommes internés en tant qu'étrangers "indésirables", mon père dès l'hiver 1939, ma mère avec moi aux débuts 1940.) ([6] p.83-p.84) と書いている．リュークロの収容所は1939年1月21日の命令（décret）によって「外国人集合センター」(le Centre de rassemblement d'étrangers) として設立され，スペイン戦争で大量に流れ込んできたスペイン系難民などの収容に使われていたが，1939年9月に第2次大戦がはじまると，10月には女性と子供専用の収容所として再出発したという [7]．男性はル・ヴェルネの収容所，女性と子供はリュークロの収容所というように使い分けられていたようだ [7]．

収容所と学校を探す

　ドイツからフランスに移動したグロタンディークは，母親の希望でフランスで中等教育を継続することになったものと思うが，結果的に，収容所に入れられてから「中学校」に通うことになったと見るのが自然だろう．このときグロタンディークが通った「中学校」が具体的に何という名前だっ

たのかは，グロタンディーク自身は書いていないのだが，ぼくがかつてマンドの図書館で調べたところでは，グロタンディークが「マンドのリセ」と呼んでいるのは「市立コレージュ」(Collège municipal)のことだと思う．このコレージュは1949年から「リセ・シャプタル」(Lycée Chaptal)と名前を変えており，場所が変わったという記録はないので，グロタンディークの証言通りなら，ここから4, 5キロ離れたところにリュークロの収容所があったことになる．ここまで書いて思い出したが，以前，ぼくはこの「4, 5キロ」を信じてミスを犯したことがあった．国道N88(ル・ピュイ街道)でマンドに近づくとあと3キロほどでマンドの中心部だというあたり(左側にロト川(le Lot)の渓谷がチラチラと見えている)に大きな製材所が出現する．地図を見れば，北側からこの製材所方向に流れるリュークロ川(Ruisseau de Rieucros)という名前のロト川の支流の小川がみつかる．この川に沿って遡った先にリュークロという地名が存在していることもわかる．製材所から1キロほどの地点だ．まだ，グロタンディークゆかりの場所巡りの初期の時代で，ぼくはよく調べもせずに早合点してしまった．「クルマでこんなに細い道には入りたくない」という嫌がる京子に頼み込んで，ぼくはこの道を奥へと進んでもらった．ところがこれは不正解だった．行き止まりの部分にあった家で「このあたりに収容所がありましたか？」と質問してみても，「知らない」という返事しか返ってこなかった．収容所を意味するカン(camp)というフランス語の単語は日常的にはキャンプの意味で使われる．強制収容所(camp de concentration)という表現も使ったのだが通じなかった．まさかとは思うが，キャンプ場を探している観光客と間違われたのかもしれない．方向転換が非常に難しかったが，どうにか国道N88にもどったことを思い出す．グロタンディークは「4, 5キロ」と書いてるが，これは「2, 3キロ」の誤りで，収容所のあったリュークロは別の場所なのだ．国道N88をさらに西に進むと，マンドの環状道路からフォシュ大通り(Avenue Foch)へと抜けて行くことになるが，その直後に出現する町の西側の大きなロン・ポワン(ロータリー)でロト川を渡る橋の方向に向った位置に，町の中心部から見ると北西の位置だが，ロト川の支流リュークロ

川（le Rieucros）とそれに沿う細いリュークロ街道（Route de Rieucros）というのがある．車で行こうとすると，国道 N88 からリュークロ街道に入るのはナビがないとかなり難しい．間違って 11 月 11 日大通り（Avenue du 11 novembre）に入ってしまう可能性が高い．グロタンディーク母子が収容されていた収容所は，このリュークロ街道をロト川から北に 1.5 キロばかり行ったところにあったが，現在は「遺跡」と記念碑と解説パネルが残るだけだ．

参考文献

[1] Derrida, De la grammatologie, Les éditions de Minuit, 1967
[2] デリダ（足立和浩訳）『グラマトロジーについて・上下』現代思潮社 1972 年
[3] Grothendieck, Récoltes et Semailles, 1985/86
[4] グロタンディーク（辻雄一訳）『ある夢と数学の埋葬』現代数学社 1993 年
[5] グロタンディーク（辻雄一訳）『数学者の孤独な冒険』現代数学社 1989 年
[6] Grothendieck, La Clef des Songes, 1987
[7] Gilzmer, Camp de femmes, Éditions Autrement, 2000

リュークロの収容所

> 明日になったら
> 辛い夢の中に辛い夢をきずき
> 孤独な戦士よりも孤独な未来へ
> きみもゆけ
> ———吉本隆明（[1] p. 124）

爆音事件

　グロタンディークが母親とともに捕まり最初に収容されたのは，マンドの北西2キロばかりのところにあるリュークロ（Rieucros，標準的なフランス語での発音はリュークロだが現地ではリュークロスと発音するようだ）の収容所だった．父がまずトゥルーズ南方のル・ヴェルネの収容所に入れられ，そのあと，母とともにリュークロの収容所に入れられたのだった．ぼくが京子の運転でマンドを訪れ，リュークロの収容所跡をはじめて探してみたのは，1990年3月24日のことだった．すでに書いたことだが，このときは目標とは別のリュークロ（マンド近郊には少なくとも2か所のリュークロが存在している）を目指してしまった．2回目の挑戦の機会は1996年12月3日に巡ってきた．そういえばこのときは，滞在中のケンブリッジからかなり古いニッサン・サニーに乗ってグロタンディーク巡りをしている途中だった．12月2日の朝，カンタベリーのホテルを出てドーヴァーに向う．ドーヴァーからカレーまではフェリーを使い，カレーからル・ピュイまでは850キロ近くを一気に走る計画だった．ところが，パリに接近したあたりで，エンジン音が気になりだした．パリの環状道路を出て高速道路A10に入りオルレアンに向っていたが，エンジンの回転音のようなものが異常に大きくなり，慌てて最寄りのサービスエリア（ジャンヴィルの北西部）のガソリンスタンドに立ち寄り「エンジン音がおかしい」と訴えたところ，オイルの交換しかしてくれなかったのに1500フラン（約4万円）も取られた．走ってみると，エンジン音の異常はほとんど改善されておらず，オルレア

ンを過ぎて高速道路 A 71 に入るころには暴走族のような爆音を響かせて走るハメに．しかし，とりあえずどうすることもできないので，この日はクレルモン・フェランから高速道路 A 75 と国道 N 102 を経由して，爆音を気にしながら町や村を通過して，ル・ピュイのホテル・イビスに宿泊．翌 3 日朝にグロタンディークが高校時代を過ごしたル・シャンボンに向った．県道 D 15 を利用したが，途中で給油に立ち寄ったサン・ジュリアン・シャプトゥイユ（Saint-Julian-Chapteuil）のガソリンスタンドの横の修理施設（Garage de Chapteuil/Renault）でエンジンの調子を調べてもらったところ，爆音はマフラー（silencieux）が腐食によって外れかけているのが原因だとわかった．さっそく修理を依頼したが，英語はまったく通用せず，フランス語も方言がきつくて聞き取りが難しいだけでなく，ぼくが自動車に関するフランス語の用語をほとんど知らないこともあり，修理に関連する技術的な説明はほとんど理解できず，こちらの意思も伝達不能だった．しかたなく，身振り・手振りでどうにかコミュニケーションして，マフラーの交換を頼んでみると部品を取り寄せるのに 2 日かかるとか．まさか，2 日もこんなところで滞在してもいられないというと，廃車からマフラーを外して取り付けてくれることになった．作業は切断と研磨と溶接からなり 2 時間ほどで終了．500 フランちょっと（約 1 万 3000 円）という格安料金だった．この応急処置のおかげで，それ以降は爆音は消えごく普通に走行することができるようになった．こうして，ル・シャンボンに立ち寄り，今回と同じルートでマンドに向うことができた．マンドではまずグロタンディークがリュークロの収容所から歩いて通った「中学校」（Collège municipal，1949 年以降は Lycée Chaptal と呼ばれている）を見物．1997 年に撮影したこの「中学校」（現在はリセ）の写真を見ると，奥の方にグロタンディークが通ったころの古い建物が見える．その後，マンドの市立図書館で収容所があった位置を確定しようとしたがうまくいかなかった．観光案内所でもらったマンドの地図を見ると，マンドの中心部から見て北西部にもリュークロがあることがわかったので，そちらにも行ってみようと考えたが，詳細な道路地図がなく道路の構造がよく理解できなかったせいで，リュークロ街道（Route de Rieucros）に進入するのに失敗し，もたもたしているうちに 18:20 ごろになり，あたりは薄暗くなってしまった．悔しい気分を残しながら，収容所探しはまたの機会にして，トゥルーズ方面に向けてマンドを脱出せざるをえなかった．つまり，1996 年 12 月 3 日にはもうひとつのリュークロを地図上で「発見」しながらも接近に失敗しただけだった．

グロタンディークが通った「中学校」（1997 年山下撮影）

収容所跡を探す

　3 回目のリュークロへの挑戦は，1997 年 5 月 2 日で，ケンブリッジからスタートしたグロタンディークゆかりの地巡りの途中だった．このときは，まず観光案内所で地図をもらい，ラッキーにも収容所のあった位置を教えてもらうことができた．クルマで行くのは難しいということでテイネイに行き方（どこでどう曲がるとかロン・ポワンでは何番目の道で出るとか）も教えてもらった．昼過ぎに，地図で見つけたマンドの空港（マンドの南東 2 キロの台地の上にある）に行ってみた．空港自体は妙に寂しい所だったが，空港に向う登り坂からマンドの全景がキレイに見渡せた．その後，念願のリュークロ街道（リュークロ川（le Rieucros, Rieucros d'Abaïsse）の流れに沿う）への進入にはどうにか成功したものの，クルマがすれ違うのは困難な道だった．リュークロ街道を北に 1 キロほど走ると，Y 字路にさしかか

る．右側の道の入口には門柱があるので大邸宅への入口に違いないと思った．観光案内所でもらった地図では一本道として描かれており，街道の右にリュークロの記念碑（Stèle de Rieucros）がある（写真参照）．

リュークロの記念碑と「けもの道」（1997年山下撮影）

　この記念碑の前に駐車して，その文字を読むと「ここで，われわれの国で難民となったフランスのレジスタンス運動参加者の味方の反ファシスト女性たちが1939年から1942年まで強制収容所に暮らしており，その中には生きて帰ることのないアウシュヴィッツに送られることになるドイツ人とポーランド人の女性たちも含まれていた．彼女たちの思い出に献げる」（Ici vécurent en 1939-42 dans un camp de concentration aux côtés de résistantes françaises des femmes antifascistes réfugiées sur notre sol parmi elles des allemandes et des polonaises furent déportées à Auschwitz d'où elles ne sont jamais revenues. Hommage à leur mémoire）と書かれていた．非常に不正確な説明だと思った．ぼくは，この記念碑だけでは不満だったので，記念碑の横から東に向う「けもの道」を奥まで進んで行った．この道のすぐ南には細い川（Rieucros de Remenou）が流れ，しばらく歩くと左側にそう古くない赤茶色の小屋があったが石の囲いの間に鉄の柵があり個人の土地らしくて進入は不可能だった．道の右側の南に緩やかに傾斜した草地があるが中にはなにもない．「このあたりに収容所が存在していた

のだろう」と想像しながらさらに進む．道の左斜面を登ったが収容所の遺跡らしきものは見当たらない．ぼくは，それでもあきらめずにどんどん登り，石垣の付いた「段々畑」（なぜか放置されているので，最初は収容所の建物の土台にあたる構造物ではないかと疑ったがその証拠はまったくない）までよじ登って，岩がケルンのように積まれたあたりまで行くがやっぱりなにもない．気がつくと，記念碑の地点からは距離にして 1.5 キロ〜2 キロ，海抜にして 120 メートル近く登ったようだ．収容所の立地条件のひとつは川に近いということなので，いくらなんでもこんなに高い位置に収容所を作るとは考えられない．あきらめて引き返そうとしたが，途中で来た道がわからなくなりやや迷ってから別のルートでもどった．文献によると，入口から 400 メートルのところに収容所があったということだから，何の証拠もみつからなかったものの，やはり小道の奥の左右に広がっていた草地が怪しいと思った．あとで何かヒントを探すために，記念碑あたりを含む遠景を撮影しておいた．

謎の門柱

4 回目のリュークロへの挑戦は 2002 年 8 月 5 日だった．このときは，ル・シャンボンの展示室でグロタンディークが「高校時代」に滞在していた赤十字の支援施設ラ・ゲスピについてのさまざまな情報が得られたときでもある．観光案内所で「リュークロではなくリュークロスだ」と教わったのもこのときだった．また，マンドの町の東側にあるロゼール県の文書館（Archives départementales de la Lozère）にはじめて行ってみた．まず受付の女性の長い私用電話で待たされ，それがやっと終わったと思ったら「今日はもう座席が満席で利用できない」などといわれるなど最悪だった．リュークロの収容所についての展示が行われたことがわかっていたので，質問したところ，「文書館の所長に手紙を書いて，この展示を企画したドイツ人女性を紹介してもらうように」と指示されたが，すぐにはどうにもならないのであきらめた．このときにも，空港に向う坂道からマンドや収容所方面の遠景を撮影した．リュークロの記念碑にもまた行ってみたが，5

年前には自由に駐車できた記念碑の両サイドに石積みが構築され，記念碑の前が半円状に舗装され車止めが作られていた．記念碑が5年前よりも記念碑らしくなっていたという感じだ．もうひとつの大きな変化は記念碑のすぐ北側のY字路の右側への狭い坂道の入口の両側にあった石造りの門柱が撤去されていたことだ．この時点でも，ぼくは，リュークロの収容所の遺跡は記念碑の後ろ一帯に広がる草むらの斜面だろうと考えており，あちこちを撮影していた．門柱が無くなったことに大きな意味を感じなかったのだが，これは重大なミスだった．というのは，この門柱があったせいで，ぼくは，この道が未知の大邸宅への入口だと信じ，そこから先に進もうとはしなかったのだから．1996年12月に目撃したときは，この門柱に「鉄製の門」まで付いていたような気がする．1997年5月に現場で撮影した写真を見ると，「鉄製の門」は撤去されており，落書きだろうか，向って左側の門柱に「RIEUCRO」(Sの部分は脱落か)という文字が読み取れる．

リュークロの門柱と「けもの道」(1997年山下撮影)

収容所跡との遭遇

2007年3月9日16:30ごろ，このときもまた京子の運転で，レンタカーのプリウスに乗って5回目のリュークロの収容所遺跡探しをスタート

させた．Y字路の分岐点の右（東）にある記念碑の前に駐車して，ぼくは，まず周辺を撮影した．1997年には記念碑と門柱の間に「けもの道」があったが消えていた．どうせまた遺跡の発見には到らないものと考えていたが，撮影中に「何となく風景がすっきりしたなぁ」と感じていた．これはY字路の右側の道にあった門柱が撤去されたせいだった．右側の道はクルマが1台ぎりぎりで通れる程度の狭さでしかも上り坂になっている．一方通行ではないようなので，もし対向車がくればこちらがバックしなければならない．京子にとってはもっとも苦手な状況だ．道路標識には「回り道」（Déviation）とあるが，「150メートルで通行止」（Route barrée à 150 m）とも書かれている（この通行止は左側の道のものだったと後にわかる）．いままでこの狭い道は（かつての門柱と鉄の扉のせいで）大邸宅の入口だと信じていたが，それは間違いで一応「公道」らしいということになったものの，バックを嫌う京子が進入したがらないので，記念碑の横で乗ったまま停車していてもらうことにし，ぼくは単独でこの狭い道を奥まで進んでみることにした．ほんの5分も歩けば右側に駐車場のような広場が現れた．驚いたことに，入口にあったパネルにはつぎのようなことが書かれていた．

リュークロの遺跡

外国人のための監禁収容所の敷地

1939年1月21日から1942年2月13日まで

第1期＝男性用監禁収容所

1939年1月21日から1939年9月17日まで

第2期＝女性用監禁収容所

1939年9月17日から1942年2月13日まで

Site de Rieucros

Emplacement du camp de détention

pour personnes étrangères

du 21.01.39 au 13.02.42

1er période du 21.01.39 au 17.09.39
= camp de détention pour hommes.
2ème période du 17.09.39 au 13.02.42
= camp de détention pour femmes.

　このパネルによって，ここがリュークロの収容所の遺跡であることが確認された．強制収容所（camp de concentration）ではなく監禁収容所（camp de détention）という見慣れない用語が使われているのは地元のフランス人たちに配慮してのことだろうか？さらに，このパネルの下の方には「森の中を標識のある小道に沿って400メートル行けば，男性の被収容者のひとりによって彫られた岩の彫刻がある．土地所有者と「リュークロの思い出のために」協会は，事故が起こった場合，一切の責任を負わないことを告知する．」(Pour se rendre au ROCHER SCULPTÉ par un détenu homme, à 400 m dans le bois, emprunter le sentier balisé. Le propriétaire et l'association "Pour le Souvenir de Rieucros" déclinent toute responsabilité en cas d'accident.) と書かれていた．後半の文章は「ここに駐車していて盗難に遭っても責任を負いません」とも「森で迷っても知りません」とも解釈できる．とりあえず，記念碑付近で待機中の京子に合図を送って遺跡を見物しようという人のために作られたと思われる駐車場らしきスペースに呼び寄せてから，付近の遺跡，つまり撤去された収容所のバラックの土台などの残骸を撮影する．遺跡はY字路の右の分岐にあたる狭い道の右側（東側）の斜面を平らに整地したところに並んでいたようだ．この狭い道は，古くからあった道なのかどうかはよくわからなかった．収容所が建設されることが決まったときに建設用の資材などを運搬するために建設された道だったのかもしれないとも思ったが，収容所が1942年3月に閉鎖された理由を知って古くからあった道を工事用に整備したものかもしれないと思うようになった．収容所が建設されていた土地は，もともとマンドの神学校（le Grand Séminaire de Mende）の所有地だったが，ロゼール県が収容所用地として3年間だけレンタルしたものだったのだ．Y字路の左側の狭い道の先には石造りの家（la maison en pierre）への入口がある．左側の道

III 思い知るべき人はなくとも

はすぐに細くなるがやがて右側の道と合流する．右側の道は，被収容者たちが水や食料などの生活物資を運ぶための道にもなっていたことが，古い写真［2］から推察できる．「謎の門柱」はかつての収容所のゲート（l'entrée du camp）の跡だった．女性（と子供）のための収容所になったとき，収容所には 12 棟のバラックが建っていたという［2］．左側の道の先の石造りの家が収容所の管理棟のような役割を果していたらしい．収容所の入口の南側

リュークロの収容所遺跡（2007 年山下撮影）

にも石造りの家があり，これも収容所の管理棟の役割を果していたようだ．1942 年にリュークロの収容所が閉鎖され，収容されていた女性や子供たちとともに，グロタンディークと母親もブランの収容所に移されることになる．

収容所遺跡の駐車場から標識に従って山を登って行くと，途中で方向が怪しくなったものの，大きな岩に彫られた彫刻が確かに存在していた．1789（年）と 1939（年）という 2 つの数の間に銃剣を捧げ持った横向きの兵士の姿のレリーフ，その上に日の出の太陽のような図と握手する 2 本の手のレリーフが彫られていた．1789 年はフランス革命を示し，1939 年は第 2 次世界大戦の勃発を示しているものと思われるので，単純に「反ファシズム」側の勝利を祈ったものと考えればいいようだ．そうこうするうちに，

521

17:00を過ぎてしまった．このあとの予定としては，400キロばかり離れたパミエまで一気に前進するつもりだ．京子に急かされながら，ぼくは，またしても不十分な探索を切り上げてマンドを離れることになった．

収容所跡からマンドの中心部に向う道
中央左に記念碑，中央にかつての管理棟，上に高架橋が見える
（Google Street View より）

リュークロ高架橋の完成

　マンドとリュークロの遺跡を結ぶリュークロ街道（グロタンディーク少年が収容所からマンドの「中学校」に通うときに歩いた道でもある）とそれに沿うように流れるリュークロ川は大きな谷間の底に位置しているが，この谷間に高さ60メートル，長さ265メートルのモダンなリュークロ高架橋（Viaduc de Rieucros）が2006年夏から2008年夏にかけて建設された．県道D 806がマンドの中心部に入る直前で急激にカーブする地点と「11月11日大通り」（Avenue du 11 Novembre）の憲兵隊本部の近くを結ぶ高架橋である．マンド近郊の県道D 806はこの高架橋と接続され，さらに，国道N 88に向うバイパスも建設された．この高架橋はリュークロの記念碑のす

ぐ南を通過するので，のどかな風景が一変することになった．

現在では，ウェブサイト[4]を見ればリュークロの収容所についてのさまざまな情報が得られるようになっている．大量の写真も見ることができる．グロタンディークを紹介するページも作られていて興味深い．

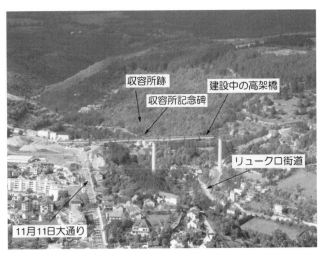

リュークロの高架橋と収容所（Wikipediaの写真を使用）

参考文献

[1] 吉本隆明『吉本隆明詩集』思潮社 1963 年
[2] Gilzmer, Camps de femmes, Éditions Autrement, 2000
[3] Camps de femmes（DVD），Université de Toulouse, 1994
[4] http://www.rieucros.org/　　http://www.camp-rieucros.com/

ラルザックの反核闘争

> 橋を渡って遠くへ　次なる彼方へ
> 少し眠るとするか　眠ることはたとえ
> 不可能そのものであるとしても
> ─── 天沢退二郎([1] p. 132)

アヴェロン

　2007年3月9日 17:30 ごろ，ぼくは，グロタンディーク母子が収容されていたマンド近郊のリュークロの収容所跡を発見した喜びを味わう余裕もないままに，マンドの町にもどり，ガソリンスタンドで給油をしてから，グロタンディークの「隠れ家」のあるラセール村への2度目の訪問に向けて出発した．マンドから国道N88を西に向い，30分ほど走って高速道路A75に入り，しばらく南下していると小雨が降り出した．懐かしいアヴェロンのサービスエリア（Aire de l'Aveyron）が現れるころには本格的な雨になっていた．高速A75を出て，ここでまた出現するN88をほんの少し進んだところにあるサービスエリアである．アヴェロンというのは付近を流れる川の名前であり，同時に県名にもなっている．県庁所在地はロデス（Rodés, Rodez）で，日本ではロデズやロデーズとも表記される．このサービスエリアから国道N88を西に走り国道にしては狭い山道を走り続けていると突然道路が拡がりその周辺が「近代化」されたと感じたら，そこがロデスの町だ．ホテルのあてもなく深夜に走っていると街明かりが「救世主」のように感じられたものだ．人口3万人足らずの小さな町だが，国道沿い（や国鉄駅の近く）にプルミエール・クラスやカンパニルなどの「現代的」な格安ホテルがあり，ぼくたちも過去に2度，ロデスのホテルに救われている．プルミエール・クラスの近くにはマクドナルドもある．プルミエール・クラスもカンパニルも満員で，携帯電話が普及する以前だったので，このマクドナルドの隣りにある公衆電話からホテル探しの電話をかけて（といっ

ても実際に電話をかけたのは，ぼくではなく京子だったのだが）ようやく駅前のホテル・キリアドが見つかったという体験もあった．ロデスは，グロタンディークゆかりの地巡りの旅を計画すると，かならず通過したくなる町のひとつなのだ．ロデスを過ぎてN88をさらに西に進めばアルビ（Albi）までは山道が続く．最近ではアルビからトゥルーズまでの区間は旧国道を南に迂回した高速道路A68が開通して，N88は降格されて県道D988と名を変えているが，旧国道を走ればガヤック，サン・シュルピスを経てトゥルーズに向うことができる．アルビとトゥルーズを結ぶ鉄道はこれらの町を通っている．

　グロタンディーク母子はリュークロの収容所が閉鎖されてから，ガヤックに隣接するブラン（Brens）の収容所に移送されたが，マンドからガヤックまでは鉄道路線が存在していたから，グロタンディーク母子はマンド駅でトゥルーズ方面行きの列車に乗せられ，アヴェロンのサービスエリアに近いセヴェラック・ル・シャトーやアルビを通過し，ガヤック駅で降ろされてブランスまで歩かされたのだろう．ぼくはかつて，トゥルーズのマタビオ駅から国鉄に乗ってガヤック駅で降り，ブランスの収容所を探したことがあった．グロタンディーク母子が収容所に向って歩いたであろう道を歩

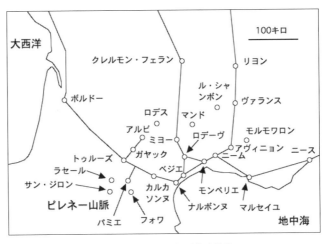

南フランスの町と主要高速道路

いてみようとしたのがきっかけだった．そのときはガヤックの観光案内所で収容所の場所を聞いてみたが何の情報も得られず，寒い中をカフェに避難してトゥルーズにもどるためのバスを待っていたのを思いだす．

ミヨーの高架橋

　グロタンディーク本人が入れられた収容所としてはリュークロとブランの2か所だけで，しかも，ブランからは（少年だったこともあり）まもなく出ることができ，赤十字の支援するル・シャンボン・シュル・リニョンの施設に移り，そこから「セヴェンヌ高校」に通うことができた．ただし，母親はブランスの収容所に残された（その後，ギュールの収容所に移送されたという説もある）．終戦後になって，グロタンディークは母親と再会し，モンペリエ近郊の村メラルグで暮らしはじめることになる．ウクライナ/ロシア系ユダヤ人だったグロタンディークの父親はアリエージュ県のパミエに近いル・ヴェルネの収容所に入れられ，その後，アウシュヴィッツに移送されて「行方不明」となった．アルビからトゥルーズまでは高速道路A68が完成しているが，アルビより東の部分の高速道路化の動きは緩慢で，ナビに当面の目的地パミエを入れると，予想されたN88ではなくA77で南下してナルボンヌ，カルカソンヌを通る遠回りのルートを指示された．グーグルマップで調べてみると，マンドからアルビ経由だと315キロ（3時間55分），ナルボンヌ経由だと393キロ（3時間46分）となったので，少なくとも計算上では，（高速道路化が進んでいるせいで）時間的に見るとアルビ経由よりもナルボンヌ経由の方がやや速いということになった．地図をイメージするとアルビ経由の方がかなり近そうな気がして，ナビの指示はちょっとおかしいのではないかとも疑っていたが，そうでもなさそうだ．2007年3月9日19:20ごろ，ぼくらは，有名なミョーの高架橋にさしかかった．夜の闇と雨のせいで視界が悪く，橋を渡っているという実感さえ少ないありさまだった．このミョーの高架橋はミョーの町を流れるタルン川の渓谷を渡る橋として設計されたもので，2004年の暮に開通した．全長は2460メートル，もっとも高い橋脚の高さは343メートルもあり，

エッフェル塔よりも高く,「世界最高の橋」に違いない.この橋を設計したのはイギリス人だが,建設工事を請け負ったのはエッフェル塔を建設した会社を含むグループ会社エッファージュだった.タルン川の水面から測った道路面の高さは 270 メートルだという.タルン川は中央山塊を東から西に貫き渓谷が深く美しい川でミョーからさらに西に向って流れ,アルビ,ガヤック,サン・シュルピスを通過して,トゥルーズには近づかずにモントバンの西で北側に向きを変え,(トゥルーズを縦断してボルドーに向う)ガロンヌ川に合流している.とくに,ガヤックの町からこのタルン川を渡った位置にグロタンディーク母子が収容されていたブランの収容所が存在しているので,ぼくにとって「気になる川」のひとつなのだ.ちなみに,サン・シュルピスの町にも強制収容所が存在していた.

ミョーの高架橋 [2]

ラルザックの反戦集会

ぼくは高架橋が建設される以前の 1990 年 3 月 24 日に,ミョーの町を通過したことがある.モンペリエでレンタカーを借りてグロタンディーク巡りの旅に出たときだった.ロデーヴに出てグロタンディークの第 1 次隠遁地ヴィルカンに立ち寄り,国道 N9(現在の高速道路 A75 の起源のひと

つとなった国道)を北上して，ラルザック高原(causse du Larzac)を通過し，ミョーの町に入った．ヴィルカンやロデーヴであまり時間を使わなかったのはグロタンディークがすでに第2次隠遁地モルモワロンに移住してしまっていたからだ．ラルザック高原を通過中にすぐ目に付いたのは軍事施設の存在を示す立ち入り禁止のパネルだった．そういえば，ぼくは，1976年8月6日にグロタンディークのヴィルカンの家に泊めてもらったのだが，この日はちょうど広島の原爆記念日で，グロタンディークの父親の誕生日でもあるという話題が出て，このときにグロタンディークが北の方向を指さして「あの山の向こうに核兵器の貯蔵施設がある」と教えてくれたことがあった．と，記憶しているのだが，ひょっとしたら，1973年7月にはじめてヴィルカンの家に滞在して畑で作業を手伝っていたときだったか，あるいはその両方だったかもしれない．ヴィルカンの北に位置するラルザック高原の村ラ・キャヴァルリの北東部には20世紀初頭以来陸軍の基地が存在していた．キャヴァルリというのは馬という意味もあるが，第一義的には騎兵隊とか機甲機動部隊の意味で使われる単語だ．アルジェリア戦争のときにはフランス本土最大の捕虜収容所としても使われたこともある．1971年になると，この基地の拡張がはじまり，これに反対する農民たちの運動が組織された．三里塚の農民たちが展開した成田空港(当時は軍事空港としても使われると噂されていた)の建設反対運動を思わせる抵抗運動のはじまりだった．三里塚闘争とラルザック闘争には類似点が少なくない．三里塚闘争には日本山妙法寺(1974年にグロタンディークに接近)が関与したが，ラルザック闘争ではロデスの司教が基地の拡張に反対を表明した．1972年10月にはラルザックの農民たちが60頭の羊を連れてパリのシャン・ド・マルス広場で軍事基地拡張反対をアピールしている．1973年1月には農民たちが26台のトラクターとともにパリまで長距離デモ行進を敢行し，オルレアンで待ち受けた共和国保安機動隊と衝突した．その後，オルレアン近郊の農民から借りたトラクターで，パリまで行進したという．こうした運動の結果，1973年8月25日と26日にはフランス全土のみならずヨーロッパ各地から集まった人びと(ヒッピー風の若い世代が多かっ

III 思い知るべき人はなくとも

た）が，農民たちの反軍事基地闘争に連帯して，ラ・キャヴァルリの北西にある白雲岩の天然の窪地（cirque naturel dolomitique）ラジャル・デル・グオルプ（Rajal del Guorp）で8万人の大集会を開きデモ行進を行なっている（写真参照）．1974年8月17日と18日にも農民の闘いを支援するために

1973年のラルザック反戦集会（[3] より）

ラジャル・デル・グオルプに10万人以上が集まった．このときは社会党のフランソワ・ミッテラン（1981年から1995年までのフランス大統領）も参加している．1976年6月28日には，リーダーのボヴェを含む22名の農民とラルザックの住民が基地に侵入して事務施設を占拠し，軍の土地買収計画に関する書類の一部を破棄するという事件が発生．ただちに機動憲兵隊が催涙ガス弾などを使って全員を検挙する．ボヴェたちはロデスの刑務所（修道院を改築したもの）に送られ，刑務所の前では支援者たちがデモを繰り広げた．裁判は7月2日に行われたが，この裁判を支援するデモが繰り広げられたことはいうまでもない．かれらに対してモンペリエの控訴院（日本の高等裁判所にあたる）で下された最終的な判決は，執行猶予付きの5か月の禁固刑と反戦活動をする市民的権利の剥奪（Condamnation à quatre mois de prison avec sursis et privation de ses droits civiques pour activités antimilitaristes）だった．

グロタンディークとボヴェ

　ラルザックでの反戦・反核運動にはボヴェの「先輩」ともいうべきグロタンディークも参加した．写真「闘うグロタンディーク」は1976年7月の裁判支援闘争のときに撮影されたものではないかと思う．1973年8月あるいは1974年8月の大反戦集会のときに撮影されたという可能性もあるが，グロタンディークが地元で活動家として「有名」になるのは，1974年4月以降に日本山妙法寺の僧侶がヴィルカンのグロタンディークの家を訪問しはじめ，憲兵隊が注目しはじめてからだろうから，1976年の方が可能性が高い気がする．グロタンディークといえば「隠遁者」のイメージが強そうだが，1960年代末〜1970年代のグロタンディークは「闘う数学者」あるいは直接行動主義者（activiste）というイメージが強かった．ラルザックでの農民たちの反軍事基地闘争はその後も続き，フランス全土でラルザックの基地の拡張に対する反対の声が高まり，1981年にはミッテランが大統領に選出されて，ついに，基地の拡張計画が中止されることになった．といっても，その後も数年間にわたる闘争が続き，基地そのものはいまも存続している．グーグルの航空写真を見ると，核兵器の貯蔵施設だろうと想像したくなるような特殊な構造物の存在が確認できる．ミョーの橋の建設推進にもこの基地の存在が影響を与えたに違いない．1983年にはラルザックの農民運動は反核闘争として全国化し，さらに，国際化の様相を呈しはじめる．さらに，いわゆるグローバリゼーション（フランス語ではmondialisation）に反対し，オルター・グローバリゼーション（フランス語ではaltermondialisation）と呼ばれるアメリカ的でないグローバリゼーションの道が追求されはじめる．ボヴェが実行した有名な闘いのひとつは，遺伝子組み換え技術を使った食料や成長ホルモンを投与された牛肉など「悪食」（malbouffe）に反対する運動の一環としての反マクドナルド運動で，1999年8月にはミョーの町に建設中だったマクドナルドを解体している．ボヴェたちは，あらかじめ地元当局の「暗黙の了解」を得て，建設作業員たちにも休んでもらった上で非暴力的にこの解体作業を行なったらしいのだが，AFP通信が世界に向けて配信したニュースでは暴徒による打ち壊しや掠奪

行為が発生したと思わせるようなものになっていたという[4].

反マクドナルド運動とボヴェ[5]

　ぼくは，ミョーの橋を渡り終えラルザック高原にさしかかるころから，グロタンディークとボヴェの比較について，運転中の京子に話しはじめていた．グロタンディークとボヴェの面白い共通点のひとつは，アナーキストのクロポトキンの影響を受けていることかもしれない．ボヴェは酪農家であると同時に活動家としての人生を歩み続けているが（2007年の大統領選挙で落選！），グロタンディークは，活動家であることと数学者であることとの間を揺れ動きながら，自ら選んで孤立を深め，神秘思想家的な方向に向って行く．グロタンディークが歩んできた人生を振り返ってみると，「予言の自己実現」(prophétie auto-réalisatrice, self-fulfilling prophecy）とでもいうべき構造とその双対構造（時間的に反転させた「予言の自己実現」）にあたる特異な精神のメカニズムを感じてしまう．それはともかく，グロタンディークとボヴェには，「ジャンクフード」が嫌いだという共通点もある．食べ物の好き嫌いの多いぼくは，マクドナルドに助けられることが少なくない．ソ連が崩壊する直前のモスクワでは，ホテルのレストランで

さえまともな食べ物にありつけず長い行列に並んでマクドナルドを利用したこともあった．中央山塊のグロタンディークゆかりの地にはマクドナルドは存在しなかったので，ロデスの国道沿いにマクドナルドを見つけたときは感激した．ミョーにマクドナルドが開店するらしいという情報もあって「助かった」と思っていたところ，そのマクドナルドが破壊されたというニュースに接して驚いたが，事情がわかってみると反マクドナルド運動も理解できないわけではなくなってきた．フランスの場合は，バゲットを切ってバターを塗り，ハム（ジャンボン・ブラン）を挟んで食べる素朴なハムサンドイッチ（サンドイッシュ・オ・ジャンボン）の方が明らかにハンバーガーよりも美味しいと思う．ハムに塩分が多いので健康的だとばかりはいえないような気もしなくはないが…．などと話しているうちにクルマはラルザックの基地の近くにさしかかり，ぼくは，1970年代のラルザックでの反戦集会とグロタンディークのかかわりについて京子に「演説」していた．

闘うグロタンディーク

グロタンディークは1970年9月のニースでの国際数学者会議の後で正式に高等科学研究所（IHES）を辞職した．辞職の公式の理由は，IHESの所長で創設者のモチャーンが軍部からの支援を得ていたことで，「IHESの運営費として軍事研究費を受け取らないでほしい」というグロタンディークの依頼を断ったためだとされる．しかし，実際のところは，モチャーンが，資金調達のために方向転換を図ろうとしていたことが根本的な原因のようだ．モチャーンは，グロタンディークによる純粋数学を重視する従来の姿勢から，（何となく資金調達に有利に見える）トムのカタストロフ理論やリュエル（物理学者）の統計力学などのいわばカオス・複雑系への道を重視する姿勢にシフトしようと目論んでいたという説もある（これについてはオーバンの学位論文[6]が非常に興味深い）．リュエル[7]によれば，グロタンディークは軍事研究費問題が発生した時点では結末を楽観視していた．教授全員（といっても4名にすぎないが）が団結すれば，モチャーンが折れると考えていたのだ．リュエル[7]はさらに「モチャーンとの会合に

おいて，グロタンディークはわれわれの他の誰よりも率直な傾向があった．モチャーンは明らかに自分が「リーダー」だと考えており，グロタンディークを責めた．ある時点で，グロタンディークは茶番劇はいい加減で終わりにしたいと考えたようだ．モチャーンとのある会合で，グロタンディークはモチャーンのことをひどい嘘つきと呼んだ．［…］この出来事の直後に，モチャーンは，IHES はこれからも軍事研究費を受け取ると宣言し，そして，グロタンディークは辞職した」と書いている．グロタンディークがモチャーンにいった言葉は「ムッシュ・モチャーン，あなたは極め付きの嘘つきだ」(Vous êtes un fieffé menteur, Monsieur Motchane.) であったという．この表現は余りにも過激なもので，グロタンディークに共感していた人でさえ狼狽させられたらしい．グロタンディークは，辞職する 1 か月ほど前にシュルヴィーヴル運動を立ち上げている．グロタンディークは，国際数学者会議の会場でもシュルヴィーヴル運動のパンフレットを参加者たちに配って，「数学者の大量加入」を期待したらしいが，その期待は裏切られた．1971 年と 1972 年には，グロタンディークの大変身によって「取り残された」弟子たち（ジロー，イリュジー，サーヴェドラ＝リヴァーノ，アキム）の学位論文がシュプリンガーから出版されたが，弟子たちの多くが，グロタンディークの個性に満ちた研究プログラムからの離脱と「身の丈に合った」新しい研究方向を求める動きを見せはじめている．グロタンディーク自身はというと，シュルヴィーヴル運動に邁進していた．1971 年 2 月に，ぼくはグロタンディークにはじめての手紙を書いた．シュルヴィーヴル運動の性格を批判したものだったので，無視されるかもしれないと思っていたが，うれしいことに返事をもらうことができた．ぼくがグロタンディークに手紙を書いていたころにドリーニュがブルバキ・セミナーで志村五郎の仕事を「総括」するような発表（Travaux de Shimura）を行なっていたのを思いだす．それからしばらくして，1 年後のモジュラー関数に関する NATO の国際サマースクールの計画が公表され，7 月 6 日付けでグロタンディークはこの研究集会の開催は「科学の堕落」だと考え，不参加を呼びかける手紙を参加予定者たちに送った．しかし，グロタンディー

クの訴えは完全に無視されたようだ．たとえば志村五郎はこのときのグロタンディークの行動について（なぜか偉そうに）「幼稚で愚か」(childish and silly)だと述べている ([8] p. 121)．このサマースクール「1 変数モジュラー関数と数論への応用」(Modular Functions of One Variable and Arithmetical Applications) は 1972 年 7 月 17 日から 8 月 3 日にかけてアントワープ大学で開催され，その記録はシュプリンガーから 4 冊のレクチャーノートの形で出版された．4 冊の構成を見ると，

1) 1 変数モジュラー関数概要（オグ），虚数乗法（志村五郎），ヘッケ作用素（アイヒラー）など；
2) モジュラー形式と GL(2) の表現（ドリーニュ），モジュラー形式と ℓ 進表現（ラングランズ），L 関数の関数等式の定数（ドリーニュ）など；
3) モジュラー・スキームとモジュラー形式の p 進的性質（カッツ），モジュラー形式と p 進ゼータ関数（セール）など；
4) 楕円曲線とモジュラー関数（スウィナートン＝ダイヤー，バーチ），楕円曲線（ドリーニュ）など，

となっており，ドリーニュとセールの主導によるモジュラー関数やモジュラー形式についての「検討会議」とでもいうべきものであったことがわかる．ドリーニュは，1968 年ごろからグロタンディークが数学をますます抽象化させるのとは対照的に，セールの数論（モジュラー関数など）にそれまで以上に接近するようになった．この集会には（ヴェイユ予想の解決に向けて）グロタンディークの代数幾何学の「不足」をセールの数論で埋めようとするような狙いが感じられる．この集会のための資金の大部分は NATO の科学研究支援部門から出されているが，IBM，コカコーラ，ゼロックスなどのグローバル企業からの支援もあった．グロタンディークはこの集会がはじまる前日にアントワープに出向いて NATO の支援による集会に反対するためのデモを組織した．グロタンディークは，自分の数学的ヴィジョンの射程からドリーニュが離れていくことを予感していたのかもしれない．そして，この集会へのデモはグロタンディークの「無意識の叫び」だったのかもしれない．

III 思い知るべき人はなくとも

闘うグロタンディーク（1976 年？）

　マンフォードとテイト [9] によると,「ドリーニュが 21 歳のとき（1965年），グロタンディークはただちにドリーニュを自分と対等な数学者として認めた」とされ,「ドリーニュは，グロタンディークの数学を苦労せずにマスターしたようだった」という．グロタンディークとドリーニュの数学のスタイルについては「かれらのスタイルを比喩的に較べれば，グロタンディークが谷を埋めて渡るのを好むのに対して，ドリーニュは吊り橋を建設して谷を渡ることを好む」（To contrast their styles metaphorically, one could say that Grothendieck liked to cross a valley by filling it in, Deligne by building a suspension bridge.）とされている.「その後，数年間でドリーニュは実質的に代数幾何学のあらゆる領域に，素晴らしい業績を残しながら，影響を与えた．1970 年には，26 歳で［グロタンディークの強力な推薦によって］高等科学研究所（IHES）の教授に就任した」とも書かれている．1973 年 7 月にぼくは，はじめてグロタンディークに会いに行ったが，偶然にも，その 1 か月ほど前にドリーニュがヴェイユ予想に最終決着をつけて

535

いる．しかもその方法は，グロタンディークが残した基礎の上に，セール好みのモジュラー関数ゆかりの吊り橋をかけて，それを渡るようなものであった．そして，吊り橋を渡ったドリーニュを待つのはグロタンディークの怒りと嘆きであった．

参考文献

[1] 天沢退二郎『血と野菜』思潮社 1970 年
[2] http://www.transport.polymtl.ca/civ 1120/etud_h 06/SAIDI /pageweb/viaduc_millau.jpg
[3] http://www.larzac.org/documents/images/images/Rassemblement_1973.jpg
[4] ボヴェ他（杉村昌昭訳）『ジョゼ・ボヴェ』つげ書房新社　2002 年
[5] http://blogsimages.skynet.be/images/000/019/434_Bové.jpg
[6] Aubin, "A Cultural History of Catastrophes and Chaos", Princeton University, 1998
[7] Ruelle, Th Mathematician's Brain, Princeton University Press, 2007
[8] Shimura, The Map of My Life, Springer, 2008
[9] Mumford/Tate, Science 202 (1978) 737-739

無意識の自動運転

> Il faut libérer la pensée, de telle sorte que
> le travail subconscient puisse se produire. [...]
> On peut parvenir ainsi à une sorte d'état contemplatif [...]
> 無意識の作業がはじまるように
> 心を解き放たなければならない．
> ［そうすれば］一種の観想状態になることがある．
> ——コンヌ（[1] p.112）

即興的モノローグ

　2007年3月9日20:00ごろロデーヴを通過し，高速道路A75を南下する．ロデーヴはグロタンディークの第1次隠遁地ヴィルカンに向うための町でもあるが，翌10日（土曜日），サン・ジロンで朝市が開かれることがわかっており，グロタンディークがこの朝市に現れるかもしれないというので，サン・ジロンにもどっておこうと考えていた．かつて，グロタンディークの隠遁以降の数学の論文を「解読中」だったシュネプスとロシャクが，買物にやってきたグロタンディークを待ちかまえていたのがこのサン・ジロンの朝市なのだ．朝市に行けばグロタンディークに会えるという保証があるわけではなかったが，どんな朝市なのかということにも興味があったので，できれば朝市の開催中にサン・ジロンにもどろうと考えていたのだった．そのためには，9日の夜にはサン・ジロンにかなり接近しておくことが必要だ．ロデーヴを通過するころまでは，回想を兼ねて1970年代のグロタンディークについて京子にあれこれ解説していたのだが，ロデーヴを過ぎてしばらくすると，そもそもグロタンディークはなぜ数学の世界を去ったのかについての話題に触れるようになり，1960年代のグロタンディークの数学の特異性に話題が移っていった．高速道路を走っているときは単調なので，黙って助手席に座っているとついウトウトしてしまう．でも，それでは運転してくれている京子に悪いような気がして，適当な話題を無理

にでも探しだし,怪しい知識しかないことは承知で即興的なモノローグとでもいうべき「演説」をする癖がぼくにはある.話をしていればウトウトを防止できるだけではなく,こういうモノローグを繰り返しているうちに面白い「物語」が紡ぎだされたりすることがあるので気にいっている.このときは,物理学とは無関係に展開されたグロタンディークの数学的思考(たとえば高次元圏論的思考)が,理論物理学(量子重力理論)や生命情報科学でも有効性をもつように感じられるが,それはなぜか,という「誇大妄想」的なテーマを選び,とりあえず 1960 年代の数学と物理学について回想してみるということからはじめた.

60 年代の数学と物理学

1960 年代のサイエンスということになると,高エネルギー物理学の分野で,理論と実験(加速器による素粒子の衝突実験)が連携しながら前進していたことがまず思い浮かぶ.グロタンディークの数学がヴェイユ予想の解決に向って純粋化・抽象化の路線を歩み続け,「グロタンディーク砂漠」と揶揄する数学者までいたことを思えば,物理学はずっと「健全」だった.ただし,物理学も 1980 年代後半になると純理論化・抽象化の道を進みはじめ,実験的な検証が不可能な超高エネルギーレベルの理論(典型的なのはスーパーストリング理論とその周辺)ばかりが重視されるようになり理論物理学と数学の区別さえあやふやになるのだが,1960 年代の高エネルギー物理学は,理論と実験の「バランス」が取れていたのである.第 2 次大戦後のアメリカでは,1950 年代末から(ソ連のスプートニク・ショックもあって)数学や物理学のブームが起こった.ナチスに追放されたヨーロッパのユダヤ系の数学者や物理学者がこのブームの方向性を決めるのに大きく貢献したものと思われる.数学ではゲッチンゲン大学などからプリンストン研究所に集まった数学者たちが抽象代数学,トポロジー,代数幾何学などを核とする戦後の数学の原型とでもいうべきものを創造しつつあった.また,ヴェイユやアンリ・カルタンやデュドネによって組織されたブルバキが『数学原論』を出版して,構造主義的な観点から数学の再編成に取り組んでいた.

物理学では新しい強力な加速器が建設されはじめ，1960年代になると，未知の粒子やその共鳴状態が大量に観測され，それを理論的にどう理解するかという動きが活発になる．ゲージ場の理論の数学的な構造とその物理学的解釈が論じられるようになっていったのである．新しい理論が作られると，その理論から予想される現象が論じられ，加速器実験によって，その予想がチェックされるということもよく見られるようになる．具体的には，1960年代のはじめの時点で大量に発見されていたハドロン（強い相互作用をする粒子）の構造論として，1964年にゲルマンとツヴァイクが，クォークモデルを発表し，1970年代になると，これをもとにして量子色力学QCDが形成される．1961年に発表された南部陽一郎の「対称性の自発的破れ」というアイデアを使って，1964年にヒッグスが，質量が生まれるメカニズムを提唱している．1967年にワインバーグとサラムが独立に電弱理論を発表する．電弱理論というのは，電磁相互作用（量子電磁力学によって記述可能）と弱い相互作用（β崩壊など）を統一するゲージ場の理論のことで，ワインバーグ＝サラム理論あるいはグラショーも加えて三人の名前の頭文字を並べてGWS理論と呼ばれている．電弱理論では未発見のヒッグス粒子（ヒッグス場を量子化したもの）の存在を仮定していた（2013年に発見された）．電弱理論の出現によって，ゲージ場の理論の時代が開幕したといえるだろう．ゲージ場の理論は，1954年にヤンとミルズと内山龍雄によって，電磁場の理論の数学的に自然な拡張（非可換化）としてと考案されたもので，物理学とは独立に数学で考えられていたファイバー束の接続と曲率の理論とほとんど同じものだ．電磁場は$U(1)$束上の接続と考えられるが，弱い相互作用や強い相互作用に関するゲージ場の理論を考えることは，$U(1)$束を$SU(2)$束や$SU(3)$束に拡張することにほぼ対応している（物理学の理論としては場の量子化も必要）．1960年代というのは，こうしたゲージ場の理論と束上の接続幾何との本質的なかかわりが認識される直前の知的に緊迫した時期でもあった．ついでながら，ワインバーグ＝サラム理論が受け入れられたのは，1972年にトホーフトによって，くりこみ可能性（計算の結果無限大が登場してもそれを有限の値で置き換える

ことができる)が証明されてからのことだ．現在では，「物質を構成する素粒子は6種類のクォークと6種類のレプトンからなる．素粒子どうしは電磁相互作用，弱い相互作用，強い相互作用という3種類の相互作用を行なうが，それは順に光子，WボソンとZボソン，グルーオンというゲージ粒子によって媒介されるゲージ理論に従う．電磁相互作用と弱い相互作用は$SU(2)\times U(1)$対称性をもつ電弱理論によって，強い相互作用は$SU(3)$対称性をもつ量子色力学によって記述できる」ということがほぼ確認されており，これは標準モデルあるいは標準理論と呼ばれている．電磁相互作用は電荷，弱い相互作用はクォークとレプトンのもつ弱荷，強い相互作用はクォークの3種類の色荷の存在によって可能になるものと考える．ヒッグス粒子も含めて標準モデルと呼ばれることが多い．数学者たちがゲージ理論の数学的側面に本格的に興味をもちはじめるのも標準モデルの登場以降のことのように思われる．標準モデルの弱点は重力が組み込まれていないことだ．重力も含めた4つの相互作用の統一理論を目指す動きの中からスーパーストリング理論が登場してくる．素粒子を点ではなく弦(ストリング)だと考えようという発想はクォークがヒモで結びついていると想定した南部陽一郎の発想を起源としている．

無意識の自動運転

旅行中には語ることのできなかったことだが，その後の話題を追加しておこう．2008年に南部はノーベル賞を受賞した．これは「対称性の(自発的)破れ」に関するアイデアによるもので，ストリング理論とは直接の関係はない(ノーベル賞は検証されていない理論には授与されないことになっている)．南部とともに2008年のノーベル賞を分け合った小林誠と益川敏英は「CP対称性の(明示的)破れ」(われわれの宇宙で，物質が反物質よりも多いことを説明するのに使われる)に関する小林・益川理論(1973年)によって受賞した．小林・益川理論によると，クォークは6種類(3世代)存在することが予言でき，すでに実験的にアップ，ダウン，ストレンジ，チャーム，ボトム，トップと呼ばれる6種類のクォークの存在が確認されている

[1]．小林・益川理論が受賞対象になったことで，小林と益川によって考え出された3×3行列のヒントとなったのは，クォークが4種類だという仮定の下でカビボが考え出した2×2行列だとして，カビボを支持するイタリアの物理学者などが2008年のノーベル賞の選考に異議を唱えるという事件も発生した．テレビのインタビューで益川は仰ぎ見る存在であった南部との同時受賞に感激の涙を流し，「南部先生の1960年の論文をしゃぶりつくしました」と語っていた．小林・益川理論の誕生物語によると，益川がアイデアを出し，小林がそれをチェックしたとされる．また，益川はクォークは4種類だという仮定のもとで，あれこれ考え続けていたがどのアイデアも小林によって否定されたという．あるとき，風呂からあがろうとして湯ぶねをまたいだ瞬間にクォークを6種類だと仮定すれば，すべてがうまく行くことを悟ったと証言している．この益川の体験はぼくのいう「無意識の自動運転」の一種に違いない．ぼくは「無意識の自動運転」の後にヴィジョン体験が出現して「正解」が瞬間的に「見える」ことがあると考えている．ところで最近，ぼくは，クォークという言葉を提案したゲルマンがヴィジョン体験の変種について面白い体験談[2]を書いていることに気がついた．アイソスピンIは半整数でなければならないと信じていて，$I = 5/2$では問題の崩壊は起こらず，$I = 3/2$とすると，強い相互作用によって急速に崩壊することに気づいた．$I = 5/2$というべきところで，無意識に（ゲルマン自身は「slip of tongueによって」と書いている）$I = 1$といってしまい一瞬焦りはしたが，$I = 1$にすればうまくいくことを悟ったという．つまり，強い相互作用をするフェルミオンについてはIが半整数でなければならないという当時信じられていたルールが正しくないことに気がついたというのである．言葉の連想ゲームを続けると思いもよらない単語を無意識に語ってしまうことがあるが，この現象が「無意識の自動運転」の結果と連動して「正解」を自ら語ることもあるということだと思う．ついでにいえば，ゲルマンは「無意識の自動運転」のような捉え方はせず，創造を思考や記憶と同じ「複雑適応系」の一種だと考えている．

ところで，小脳が運動の適応制御機能をもっていることはよく知られて

いるが，伊藤正男[3][4]の思考機能の内部モデル仮説によると，「思考において制御対象となるのは，観念や概念であるが，これらをひっくるめて「メンタルモデル」と呼ぶことにする」「それがたくさん集まって，側頭頭頂葉の中に内部世界を作り上げる」「思考とは，前頭前野がメンタルモデルに働きかけ，これを操作することだと考える」「ある問題が与えられると，大脳はそのメンタルモデルを作り上げる．それを操作してシミュレーションを行い，いろいろな解答を引き出す．正解を得るまでメンタルモデルを修正し続ける．この過程は意識的な努力を必要とする．同じ思考が繰り返される間に，メンタルモデルは小脳にコピーされて内部モデルが形成される．小脳の出来事は意識に登らないので，内部モデルを相手にした思考内容は意識に上がってこないだろう」つまり「意識的に努力して思考を繰り返すと，それが小脳に移されて無意識のうちに自動的に進行するようになる」とされ「小脳は運動と思考に関する意識下の活動の場」だとされている．この仮説によると，ぼくのいう「無意識の自動運転」は基本的に小脳で行われていることになる．自動運転によって「正解」が得られたときに，ヴィジョン体験が起こり，一瞬にしてすべてが直観できたり，そのとき快感を伴うことも説明できなければ，この仮説は採用できない．これについては小脳を刺激すると「いろいろな情動反応が起こる」という報告があり，小脳と視床下部（情動の中枢）を結ぶニューロンの投射があるということが事実なら，少なくとも小脳と情動が無関係ではないことが分かったことになりそうだ．ヴィジョン体験が起こる理由の説明はまだできていないように思えるが，小脳研究の今後の展開に期待したい．伊藤の内部モデル仮説の影響を受けた論文[5]も興味深い．創造性とは直接関係はないが，認知科学の立場から身体運動と認知のかかわりというか運動とメタファーについての考察[6]を読みそこに伊藤の仮説を追加すると，数学的な推論法則の基礎が小脳と身体機能に依存している可能性が強く感じられる．結局のところ，推論法則や論理法則はわれわれの脳と身体の構造によって規定されており，数学の「普遍性」（数学は「全宇宙的な真理」を反映したものだという「超越的な感覚」）なるものは，人の脳が環境に進化論的に適応した

結果に過ぎないのではないかと思えてくる．だとすれば，グロタンディークの数学のように非常に抽象化された数学的な思考（たとえば，ホモトピー論的高次圏論的思考）の「極北」に量子重力理論や一般情報理論にも有用な何かが潜んでいるかもしれないなどと妄想したくなる．

高速道路が消える

　A75 はロデーヴを通過して 20 分も経たないうちに消えてしまう．このあたりは建設中の区間なので，ナビの地図では道路のないはずの場所に立派な道路があったりする．走行中の道路は延長された A75 だと信じていたし，「演説」中でもあったので容易に思考を切り替えることができず，だからといって，ナビの指示にも従えず，そのまま新しい道路を進んでいたら，やがて高速道路は消えて国道 N9 となってしまった．非常によく空いた道だししばらくは直線的だったので，真っすぐ進むしかなかったが，急に道幅が狭くなって驚かされた．合流したかった高速道路 A9 に向うには，途中で N9 から県道 D13 に左折して南下するのが正解だった．ベジエの中心部に向う手前で左折して，結局，ベジエ東（Béziers-Est）インターから A9 に入ることができた．タイムロスは 15 分程度にすぎなかったようだ．ただし，ベジエ東インターの直前で，道路標識に明らかな「不備」があり（しかもナビにはまだ情報がなかった），並走していたトラックと一緒に道に迷うハメになった．通常道路になると，京子は分岐ごとに「つぎはどっち？」と聞いてくるのだが，「演説」を中断されて不満な上に，ナビからの指示がない状況なのでぼくには判断できず，適当に選んでいたら，大きな変形ロン・ポワンを一周したらしくて，追い抜いたはずのトラックの後ろに出てしまった．インターの入口の表示がいたって分かりにくかったせいだ．料金所を通過してからも，「バルセロナ」とある方向に入る必要があり，何となく緊張する．A9 に入ってからナルボンヌのジャンクションで右折して，A61 に入りトゥルーズ方面に向うのを忘れると実際にスペイン国境を越えてしまうので注意が必要なのだ．とはいえ，このあたりではナビが有効なので無事に A61 への分岐に成功した．

ヴェイユ予想に向って

　カルカソンヌ近郊からパミエまでの区間では，1960年代の数学と物理学の交流について「演説」していた．1956年に初版が出版されたヒルツェブルフの『代数幾何における位相的方法』の第二版（1966年）を見ると，50年代のプリンストン研究所のフンイキが味わえる．初版以後に「発見」されたグロタンディークによるリーマン＝ロッホの定理の拡張とアティヤ＝シンガーの指数定理が付録に付いているのも興味深い．グロタンディークの数学的研究対象と物理学的対象（ファイバー束）がニアミスを起こしていたように思えるからだ．1950年代のプリンストン研究所にはヒルツェブルフ，アティヤ，セール，ボットなどが滞在していた．ボットは同じ時期にプリンストン研究所にいたヤンと知り合いだったが，その時点では，自分の関心事とゲージ理論の研究が類似性を持っていることには思い至らなかったらしい．アティヤとボットはトポロジーにまつわる問題の解決にヤン＝ミルズ方程式が使えそうだと考えるようになってからゲージ理論の数学化に取り組みはじめた．といってもそれは1970年代になってアティヤが，ゲージ場の理論を物理学と数学の視点から再検討しはじめてからの話ではあるが….この流れの中でやがてドナルドソンやウィッテンの仕事が出現する．

　志村五郎[7]によると「ウッズ・ホールの1964年の学会でそれまで誰も考えていなかった重要な公式［アティヤ＝ボットの不動点定理］が成り立つであろうと私がアティヤー［アティヤ］とボットのふたりに話した．彼等にはそれは初耳であって結局その易しい場合を証明して発表したが，私に教わったことをかくそうと彼等は大いに努力したのである」という．これについてボットは「ウッズ・ホールでアティヤと私は不動点公式について志村の予想を楕円型作用素へと一般化する方法を発見した．そしてついに，この一般化を擬微分作用素の理論を使って証明することができた．」(At Woods Hole Atiyah and I discovered how to generalize Shimura's conjectured fixed point formula to the elliptic context, and eventually we were able to establish this generalization by pseudo-differential techniques.) [8] という.「ウッズ・ホールの 1964 年の学会」というのは,ハーバード大学のザリスキーによって企画され 1964 年 7 月 6 日から 31 日までウッズ・ホールで開催された代数幾何学とその周辺に関する 100 万ドルの資金を使った豪勢なサマースクールのことだ. 米軍(空軍科学研究局,海軍研究局)からの多額の支援を得ていたので, グロタンディークは欠席したが, グロタンディークのエタル・コホモロジー論などについてはあれこれ議論されている. 1964 年 8 月 2-3 日付けの手紙でセールは, グロタンディークにウッズ・ホールでの面白い話題についてレポートする [9]. この中で, 志村の楕円曲線に関する仕事をヒントにすれば, ゼータ関数の未知の因子(facteurs manquants)が定義できるかも知れないと書き, 追伸でこの推察についてやや「懺悔」しつつも,「これが正しい方向だと確信しています」(je suis persuadé que c'est la bonne direction)と書いている. ウッズ・ホールでセールはヴェイユ予想を攻略するための数論的な作戦が見えてきたのだろうか.

　1964 年 8 月 16 日付けの手紙で, グロタンディークは(セールの見解には直接触れずに,)モチーフ理論の構想をまとめてセールに自分の数学夢を解説している. 淡中圏についての構想もこのころ芽生えたのものらしい. 1966 年にはモスクワの国際数学者会議でグロタンディークにフィールズ賞が授与されたが, グロタンディーク自身はソ連当局によるユダヤ系知識人への弾圧などに抗議して授賞式には欠席した. グロタンディークは, 1968 年 1 月にムンバイ(インド)のタタ研究所で開催された代数幾何学についての国際シンポジウムに参加している. マンフォードがグロタンディークの有名な裸足の写真を撮影したのはこのときのことだ. このシンポジウムには, ヴェイユ, ヒルツェブルフ, マンフォード, マニン, 弥永昌吉, 永田雅宜なども参加している. このシンポジウムでグロタンディークはいわゆる標準予想を発表した. 標準予想というのは, コホモロジー論的な枠組みの中でヴェイユ予想を体系的かつ自然に解決するために必要だとグロタンディークが考えた(代数的サイクルに関する)一連の予想のことで, これはすでに 1965 年 8 月 27 日付けのセールへの手紙で詳しく紹介している

[9]．「ぼくはあなたがコホモロジー・アレルギーだということを知っています」(je te connais allergique à la cohomologie) などという文章もあって興味深い．これに対するセールの応答は収録されていないが，「無視」する形になったようにも見える．グロタンディークがモチーフ理論や標準予想に向いはじめるころから，セールは，グロタンディークが興味をモジュラー関数や谷山・ヴェイユ予想に向けるように仕向けている様子が感じられる．セールとしては，ヴェイユ予想の解決を目指すには標準予想よりもモジュラー関数論だと直観していたのだろう．（ドリーニュはこうしたセールの方針に従って，1973年夏にヴェイユ予想のリーマン予想に対応する部分を解決してしまう．）セールが標準予想に対していい顔をしてくれなかったこととも関係がありそうだが，そのころから，グロタンディークの抽象性志向の意味を開示したいという気持ちが生まれていったのだろうか？ いずれにせよ，グロタンディークは，それまでは公然とは語ってこなかった数学夢について，たとえば，素粒子論の研究者たちが物理学夢を語るように，語りはじめたくなった可能性がある．批判的なニュアンスを込めて「アブストラクト・ナンセンス」といわれるときのグロタンディークの数学がどのようなものかを知るには，1965年11月にアルジェでグロタンディークが行なった講義「関手的言語への入門」[10] を眺めてみるといいだろう．圏や関手について語るために，まず「論理的枠組み」(cadre logique) からはじめ，いわゆるグロタンディークの宇宙が定義されていることや，その直後にいきなりはじまる圏の定義が通常よりも形式的でわかり辛い印象もあるが，ぼくはこうしたものを読むと，初恋時代の妙に透明な情熱の煌めきと30歳代後半のグロタンディークの書くことへの過剰なまでの意志を感じて心が波立ってくる．それはともかく，グロタンディークが数学夢を語りはじめたちょうどそのころ，パリの5月革命が勃発し，反乱学生たちとのオルセーでの論争を通じて，グロタンディークは純粋数学への埋没に疑問を感じはじめたようだ．そうした時期に，高等科学研究所 (IHES) が軍部からの支援を受けていることを知り，それを取り止めさせようとしたが失敗．1970年10月に，グロタンディークは自らが選んだドリーニュと入れ替わ

るように高等科学研究所を辞職した．

数学夢を描く

　このあとで，ぼくは，1960年代にグロタンディークの数学が「ピーク」を迎えていたころ，数学と物理学の関係はどういう状況だったのかについて，京子に「演説」していた．アティヤの数学的な歩みは，同じセント・ジョンズ・カレッジ（ケンブリッジ大学）のホッジとディラックの研究からスタートしたようだ．ホッジがマクスウェルの解明を目指して構築した調和形式の理論（ホッジ理論）とディラックが量子電磁力学に関連して導入したディラック作用素（ラプラシアンの「平方根」ともいうべき作用素）の理論とを融合したのがアティヤだったとも考えられる[11]．1963年に，ディラック作用素（を拡張したもの）について，指数と呼ばれる解析的な不変量と位相的な不変量を結びつけた定理（アティヤ＝シンガーの指数定理）が発表され，1968年に証明された．思えば，ディラックは，アインシュタインと同じように，夢を語るのが大好きな物理学者だった．グロタンディークもアインシュタインやディラックのようなスタイルで仕事ができればよかったのだが，ブルバキズムが染みついていたせいで，数学夢を語ろうとするスタイルに転換するのは，ヴィルカンからモルモワロンに転居する1981年以降のことになる．実際，グロタンディークが数学夢の公開とその定着プロセスの公開を決行するのは，社会運動に挫折して数学への復帰のために1981年に移住したモルモワロンで『ガロア理論を貫く長征』を書きだしてからのことだ．1983年の『キレンへの手紙』ではホモトピー代数の拡張への数学夢を展開している．キレンは1967年に公理的なホモトピー論の構築に成功した前後に，グロタンディークの数学思想に感化されたが，その直後に，プリンストン研究所でアティヤの影響も受けた．1981年当時，キレンの関心はホモトピー代数から離れて，ディラック作用素を接続の量子化と見る夢にでも向かっていたのだろうか？　グロタンディークからの「手紙」にはすぐには応答せず，グロタンディークは落胆したようだが，面白いことに，ホモトピー代数と物理学の深いかかわりについてもや

がて明らかになっていく.

　このようなことを話しているうちに，カルカソンヌ，カステルノダリを通過してA66にも無事に分岐し，22:00ごろにはとりあえずの目的地パミエ（サン・ジロンのあるアリエージュ県で二番目に大きな町）に着いた．グロタンディーク母子が収容されていたリュークロの収容所跡からマンドにもどり，給油後にマンドを出たのが17:30ごろだったから，約400キロを（アヴェロンのサービスエリアで30分ほど休憩したので）4時間で走ったことになる．

参考文献

[1] 大系編集委員会編『現代物理学の歴史 I』朝倉書店 2004 年
[2] ゲルマン（野本陽代訳）『クォークとジャガー』草思社 1997 年
[3] 伊藤正男「小脳研究の展望」『Brain Medical』19(1), 2007 年
[4] 伊藤正男「小脳の構造と高次神経機能」『分子精神医学』7(1), 2007 年
[5] Vandervert et al, "How Working Memory and the Cerebellum Collaborate to Produce Creativity and Innovation", Creativity Research Journal 19(1), 2007
[6] 月本洋『ロボットのこころ』森北出版 2002 年
[7] 志村五郎『記憶の切繪図』筑摩書房 2008 年
[8] Letters to the Editor, Notices of the AMS, August 2001
[9] Grothendieck-Serre Correspondence (Bilingual Edition), AMS & SMF, 2004
[10] Grothendieck, Introduction au Langage Fonctoriel, Alger, 1965-66
[11] Goddard (ed.), Paul Dirac, Cambridge University Press, 1998

マテクリチュールの余韻

La passion n'est pas la forme exaltée du sentiment,
la manie n'est pas la forme monstrueuse de la passion.
熱狂は感情の興奮形態ではなく
妄想は熱狂の異常形態ではない
———バルト [1] p. 105

孤独な熱狂とマテクリチュール

　グロタンディークは，1950年代後半から1960年代末にかけて，過度の抽象化・一般化を好む「アブストラクト・ナンセンス」への強い志向性を持った数学者だと考えられていた．原因はグロタンディークの見ていた数学夢がほとんど伝わってこなかったせいだろう．どうやらグロタンディーク自身は，バルトの意味のエクリチュール（écriture）をイメージしたくなるような，戯れにマテクリチュール（mathécriture）とでもいうべき数学的エクリチュールの体系的創造に向けて熱狂的に取り組んでいたようなのだ．グロタンディークの熱狂を支えていたのは2つの無意識のパワーだった．まず数学史的無意識とでも呼ぶべきものだ．古代ギリシアに到る数学の無意識的な流れを背負って一定の意識化に成功したエウクレイデスの『原論』やそれを拡張するものとなったアルキメデスなどの業績を新たな出発点として，ディオパントスの『算術』(内容的にはむしろ「プレ代数学」とでもいうべきだが)やアラビア数学の流れを，いわば新たな無意識として内包し，たとえばデカルトなどによるその意識化の試みを経て，ニュートンの『プリンキピア』的思考（数学的には微積分学の誕生）からの衝撃を吸収しながら，新たな数学夢への道が拓かれて行った．この数学夢は，ガウス，ガロア，リーマン，ポアンカレ，ヒルベルト，ゲーデル，ワイルなどと続く数学の成長プロセスを生み出したのだが，ヴェイユという知的濾過装置がそこからまた新たな無意識を感知し，20世紀の数学夢として洗練しつつ，言語としての『数学原論』（ブルバキ）という装備まで整えていった．こうし

た多様性に満ちた数学的歴史的無意識の胎動の中から21世紀に向う数学夢を生成し続けていたのが，書くことで思索し，書くことで現実化・言語化を目指す熱狂者としてのグロタンディークだった．つまり，1950年代後半から1960年代末にかけて，グロタンディークは熱狂に支えられながら，「書く」という行為によって数学の脱構築を推進しようとしていたのだ．そして，グロタンディークの熱狂を直接的に支えたのは脳と身体の相互作用として生まれるもうひとつの無意識だった．史的無意識に依存する詩的＝私的無意識とでもいうべきものだ．

　こうした1960年代のグロタンディークの活躍はやがて「孤独な熱狂」とでもいうべき相貌を強めはじめ，それが不信感を拡大させることになって，1970年にグロタンディークは数学の世界を去り，1973年夏からは隠遁者としての生活に入った．隠遁生活の中でもグロタンディークは新しいマテクリチュールの形成に挑戦するなど，いくつかの試みを行なっている．グロタンディークが数学のあり方に決定的な疑問を呈しはじめたのは，1968年の5月革命以降のことだろうから[2]，それから40年近くが過ぎた2008年3月28日にグロタンディークが80歳という節目を迎えるころから，フランスの数学者たちを中心に，グロタンディークの数学の成果とその広範な影響についての反省が試みられるようになった．

　まず，2008年8月に南フランスの村ペイレスクで少人数の集会「グロタンディーク：伝記，数学，哲学」が開催された．これはグロタンディーク・サークルを運営しているシュネプスとロシャクが呼びかけたものだ．グロタンディークの伝記を執筆中のシャルラウ（ヒルツェブルフの弟子）を支援して1949年-1970年の間の数学的業績の説明を含む伝記を完成させようという目的とグロタンディークの仕事の数学的ポートレートを描き上げようという目的に導かれたものだったが，グロタンディークの数学的伝記の執筆はシュネプスが単独で行うことになり，ペイレスクでの成果は2014年6月に出版された[3]．グロタンディークの元愛弟子ドリーニュや事実上の元師セールが出席しないというのが，グロタンディークの現状における「孤独」の深さを象徴してはいるが，グロタンディーク賛美派の集会と

しての意義はあったものと思う．

ペイレスクでのグロタンディーク 80 歳記念集会にて
上段左から 5 人目シャルラウ, 6 人目イリュジー, 7 人目アンドレ,
中段左から 1 人目ドゥマジュール, 2 人目カルティエ, 3 人目ロシャク,
4 人目マッツォーラ, 5 人目ウゼル, 7 人目マルゴワール,
下段左から 1 人目ハーツホーン, 3 人目シュネプス

2 つ目の重要な集会は，かつてグロタンディークが活躍していた高等科学研究所（IHES）[5] がその設立 50 周年の一環として 2009 年 1 月 12 日-16 日に開催する集会「代数幾何学の諸相：グロタンディークの数学的系譜」(Aspects de la géométrie algébrique: la postérité mathématique de Grothendieck) である．ペイレスクの集会には参加しなかったドリーニュ，マニン，ヴォエヴォドスキー，マルツィニオティスなども講演を予定していた．ペイレスクの集会を組織したシュネプスとロシャクは講演を予定しておらず，グロタンディーク・サークルのページでこの集会のことは紹介されていなかった．この集会のタイトルは 2008 年 11 月 4 日（日本時間）に変更された．少なくとも 2008 年 11 月 3 日までのホームページ上でのタイ

トルは「グロタンディーク以後の数学，回顧と展望」(Les mathématiques après Grothendieck, rétrospective et perspectives) となっていた．こちらの方が数学全体へのグロタンディークの数学思想の影響が語られそうで壮大な印象もあるが，「グロタンディーク以後の」という表現にグロタンディーク本人が反発する可能性がありそうだ．グロタンディークはインターネットにまったく興味を持っていないはずだが，間接的に伝達される可能性はあるだろうから，こうしたことを配慮してのタイトル変更なのだろうか？ などといいつつ，話題を旅行記にもどそう．

旅の回想

2007年3月9日21:10ごろパミエ（アリエージュ）のプルミエール・クラスに到着．ピレネー山脈の南東の麓に位置するアリエージュは「過疎地域」のために高速道路の整備が遅れているせいか，クルマの客を対象にした「モダンな格安チェーンホテル」が少ないのだが，パミエのプルミエール・クラスは数少ない例外なので，5日前に続いてまた泊まることにした．パミエからフォワ (Foix, アリエージュの県庁所在地) に向う国道N20（高速道路A66を南下していると自然に合流する）のパミエ南インターを出てミルポワ街道（県道D119）に入ってすぐのロン・ポワンの2本目の道路（ブーリエット通り）を進むと前方に大きなショッピングセンター（カルフール・パミエ店など）が見え，同じ敷地内にマクドナルドとプルミエール・クラスがある．ホテルの一室に落ち着いてから，ぼくは今回の旅のそれまでの流れを整理してみた．

- 2007年3月4日（日）パリのドゴール空港からトゥルーズのブラニャク空港に到着しプリウス（レンタカー）を借りてグロタンディーク探しをスタート．ドライバーはいつものように妻の京子である．疲れていたこともあり，あまり移動せずトゥルーズ大学近くのイビスに泊まる．
- 2007年3月5日（月）トゥルーズの書店で現地ならではの本や地図などの資料を探してみる．パミエとフォワ経由でサン・ジロン（グロタン

ディークが隠遁しているという噂のあった町）に向うことにする．グロタンディークの父親が収容されていたル・ヴェルネの強制収容所（パミエの北8キロ）に関する小さな博物館を訪問し，保管されていた収容者の顔写真をすべてチェックして，グロタンディークの父親の写真を発見した．パミエのプルミエール・クラス（1回目）に泊まる．

- 2007年3月6日（火）パミエを出てからフォワを通り越してニオーの洞窟（クロマニョン人の残した壁画で有名）の見物も希望していたが，時間的に無理だとあきらめ，フォワに到着．日本にいるうちにグロタンディークの家が火事になったという情報を得ていたので，市立図書館でローカルな新聞を探せばグロタンディークの家の場所がわかるはずだと信じていたものの，開館が午後からだとわかり，サン・ジロンに向う．サン・ジロンの役場の受付で，近くの町や村で，消防車が出動したところがあるかどうか調べてもらい，それらしい家がみつかった．その家のある村の名前はラセールだと教わり，さっそくその村に行き，「数学者アレクサンドル・グロタンディーク教授の家はどこですか？」と聞いたところ，すぐにその場所を教えてもらうことができた．グロタンディークの家に着いて呼んだが応答がない．仕方なく隣家の女性に状況を説明しているときに，たまたまグロタンディークがバラの手入れのために庭に出てきたので，ようやく面会することができた．非常に短い会見だったが，ぼくの本『グロタンディーク：数学を超えて』を手渡し喜んでもらえた．ぼくたちがクルマで立ち去るときにも，グロタンディークは満面に笑みをたたえて見えなくなるまで手を振ってくれていたのをはっきりと覚えている．ぼくたちはこのラセール村に滞在してみたくなったが，3日後にグロタンディークの最後の恋人でモルモワロン（グロタンディークの第2次隠遁地）の近郊に住むヨランドの家を訪れる約束をしてしまっていたので，この約束を果してからラセールに舞いもどることにした．カルカソンヌ近郊のフォーミュル・アンに泊まる．

- 2007年3月7日（水）脇道に入ることにはなったが，ヴィルカン（グロタンディークの第1次隠遁地）を訪れてから，グロタンディークが隠遁

後に講義のために通っていたモンペリエと戦争直後に強制収容所を出たばかりの母親と暮らしていた村メラルグに立ち寄る．ニームを経由してアルルに向い，アルルのイビスに泊まる．

- 2007年3月8日（木）モルモワロンに残るグロタンディークの第2次隠遁時代の家とその周辺を訪れてからヨランドの家に向う．4時間に及ぶヨランドとの会見を終え，焦り気味にル・ピュイに向う．ヴァランスを過ぎて山道にさしかかると，ナビが異常になって人気のない暗い山道で迷子になった．ル・ピュイのイビスに泊まる．

- 2007年3月9日（金）イビスの町を少し見物してから，ル・シャンボン・シュル・リニョン（グロタンディークが戦時中に「高校」時代を過ごした町）に向い，グロタンディークが卒業した「高校」や滞在していた寄宿舎ラ・ゲスピだった建物を訪れる．このころのグロタンディークはアレクス・ル・ポエト（詩人アレクス）と呼ばれていたという．午後にはル・ピュイにもどり，マンドに向った．グロタンディークはマンド近郊のリュークロの収容所からマンドの「中学」に通っていた．収容所の遺跡に遭遇できたのは新しい成果だった．そのあと，高速道路に向い，ミョーの橋を渡って，一気にアリエージュに舞いもどった．パミエのプルミエール・クラス(2回目)に泊まる．

とまぁ，こうして，グロタンディークの住むラセールの民宿に泊まってみようという計画の実現まであと2日となった．そもそもなぜこんなに忙しい移動を繰り返したのかというと，グロタンディークが土曜日にサン・ジロンの朝市に現れるかもしれないと思っていたことが原因だった．だから，金曜日のうちにアリエージュに滑り込んだのである．ただし，パミエで土曜日を迎えてしまうことになったので，朝市は午前中に開かれることを考えると，かなり朝早く起きて出かける必要がある．ところが，ぼくは，アリエージュのローカル紙「ル・ヌフ」とやらにグロタンディークの家の火事の記事があるものと信じていたので，この新聞のバックナンバーを探してみたいとも考えていた．もともとはこの新聞記事を探せばグロタンディークの家の住所がわかるかもしれないというのが理由だったが，家がわかっ

てしまってからは，火事そのものについての情報がほしいと考えるようになっていたのだ．

グロタンディークとハーブ酒

　2007年3月10日（土）早朝にホテルを出て，まずマクドナルドで朝食を済ませてからカルフールに行って新聞の並んでいるコーナーでル・ヌフを探したものの，存在しなかったので，とりあえず，パミエを離れてフォワに向った．前回フォワに行ったときは火曜日だったせいで，市立図書館（Médiathèque municipale）は午後から開館ということだったが，土曜日は午前中のみ開館している．日本の「常識」からすれば，この市立図書館の開館時間はただ少ないだけでなく極めて変則的で，木曜日と日曜日が休館，月曜日，火曜日，金曜日は午後のみ開館（しかも開館時間は一定ではない），午前と午後の両方が開館しているのは水曜日だけだが，昼休みの休館が2時間もある！図書館の開館時刻は10:00で，まだしばらく時間があったので，（すでに開いていた）観光案内所に行ってみると，驚くべきことに，テーブルの上に探していた新聞「ル・ヌフ」が置かれていた．普通の新聞だとばかり思っていたが，実は，アリエージュの住民に無料で配る週刊のタウン紙（地域生活情報紙）のようなものだとわかった．「そんなものになんでグロタンディークの火事の記事が載っているんだろう？」とは思ったが，とりあえず，カウンターでル・ヌフを発行している「会社」の場所を聞くと，その新聞を開いて「ほら，ここにありますよ」といわれてしまった．住所を見るとサン・ジャム通り5番地（5, rue Saint-Jammes）となっていた．それならちょっと東に歩いたところだ．

　グロタンディークの活躍で有名になった高等科学研究所（IHES）は誕生したばかりのころ，パリのエトワール広場から1.5キロほど西のポルト・ドフィンに近いロン・ポワン・ビュジョ5番地（5, rond-point Bugeaud）にあった立派な邸宅の一部に間借りしていたのだが，この邸宅はその後改築されて，いまでは四つ星の高級ホテルに生まれ変わっている．そのホテルの名前が，偶然にも，セント・ジェイムズ（Saint James, フランス語として発

音すればサン・ジャム！もっとも，英語の James はフランス語では Jacques なので「不満な一致」にすぎないが）だった．5 番地というのが一致しているのも面白い．「ル・ヌフ」のヌフは数の 9 を意味しているが，単純に 9 とはせずに 09 と書くのは，これがアリエージュを表す数のためだ．フランスでは，95 個あるすべての県にアルファベット順をベースとする番号が付けられている（海外の領土も入れると対象が 100 以上になるので，2 ケタでは足らず，コルシカを除く海外の県や島については特別に 3 ケタの番号が割り振られている）．たとえば，01 がアン (Ain)，02 がエーヌ (Aisne)，03 がアリエ (Allier)，ときて 09 がアリエージュ (Ariège)，75 がパリ＝パリ市 (Paris, かつてはセーヌ県と呼ばれていた) などというわけだ．また，この 2 ケタの後にさらに 3 ケタを追加して市や町や村などの地域をアイデンティファイしている．日本の郵便番号のようなものだ．たとえば，フォワの観光案内所，市立図書館のある地域はそれぞれ 09000, 09007 となっている．

　サン・ジャム通りに行ってみると，確かに「le 09」の小さな看板が見つかったが，午後にならないと開かないというので，とりあえず，先に図書館に行ってみた．図書館にはル・ヌフは置かれておらず，もちろんバックナンバーも保存されていなかったが，アリエージュなどにかつてあった強制収容所（スペイン内戦での難民収容施設からはじまったものが多い）に関する資料は少し置かれていたので，ル・ヴェルネの収容所の資料などをコピーさせてもらった．とくに珍しいと思ったのは 1988 年に東ドイツで出版された『ル・ヴェルネ収容所の反ファシストたち』[4] というドイツ語の本だった．タイトルでは，副題や本文では使われている強制収容所というドイツ語 (Konzentrationslager) を使わずに，わざわざフランスで当時呼ばれていた単に収容所 (Camp) という単語が使われているのが印象に残った．そうこうするうちに 12:00 になったので，図書館を出て駐車場（郵便局の南隣り）にもどり，近所の店でフランスパンとハムを買ってフランス風のハムサンドイッチを作って昼食にした．この駐車場の西隣りにはカジノという名前のスーパーマーケットがあった．このカジノはアンテルマルシェよりも小さなチェーンだが，ジェアンという大型スーパーと同じグループに入っ

ていてフランスのあちこちで出会うことができる．そういえば，ル・ヌフの近くにもコンビニのような小さなカジノがあって，そこで果物を買ったので，それも昼食として一緒に食べた．

■ RETRAITE (PROFESSEUR UNI-VERSITE) CHERCHE - eau de vie de pays pour mes préparations de plantes. Ecrire à M. Grothendieck, 09230 Lasserre /1310-510

タウン紙「ル・ヌフ」に掲載されたグロタンディークの投稿

13:00になるのを待って，ル・ヌフに行ってみたところ，たしかにドアが開いていて，中にいた女性に「ル・ヌフのバックナンバーにグロタンディークという人についての記事が出ているはずだけど，調べてもらえますか？」と聞いたら，「新聞といってもル・ヌフはタウン情報紙だから，そういう記事は載らないよ」とのこと．「ではその記事の載った新聞のル・ヌフはどこで発行されているのか？」などとまだ食い下がるぼくに，「いえいえ，そういう普通のニュースの載る新聞のル・ヌフというのはありませんよ」といわれてしまった．で，とりあえず，端末からル・ヌフのデータを「グロタンディーク」という名前で検索してもらったところ，1件だけ見つかった．女性はその「記事」の載った号を探してくれた．火事のニュースだとばかり思っていたが，それは非常に短いものだった．「その記事の部分をコピー

してほしい」といったら,「有料になりますけどいいですか?」というので「はい」と答えてコピーしてもらった.そこに掲載されていたのはグロタンディークからの依頼で書かれたつぎのような文章だった.「退職者(大学教授)が探している:植物のいつもの準備のための地酒を.グロタンディーク氏まで連絡を.09230 ラセール /1310-510」(RETRAITE (PROFESSEUR UNIVERSITE) CHERCHE - eau de vie de pays pour mes préparations de plantes. Ecrire à M. Grothendieck, 09230 Lasserre/1310-510) ここで,09230 はグロタンディークの住む村ラセールの郵便番号,1310-510 はこの記事の固有番号である.こうしたアリエージュの住民たちが売りたいものや買いたいものを書いて連絡を取り合う掲示板のようなところに珍しいことにグロタンディークが「登場」していたわけだ.連絡先として普通は電話番号を書くのだが,グロタンディークは電話嫌いなので住所が書かれていた.ということは,最初にこれを発見していてもグロタンディークの家には行けたはずだ! それはともかく,「植物のいつもの準備のための地酒」の部分の意味がわかりにくい.ぼくは最初,plante(植物)を plant(苗)と間違って苗にワインをかけて育てる方法でもあるのだろうかとバカなことを考えてしまった.もちろんそうではなくて,ぼくは知らなかったが,eau de vie というのはワインのような果実酒のことではなく,それを蒸留してアルコールの度数を高めたブランデーのことらしい.また,plantes というのは,薬草(plantes médicinales)つまり薬用ハーブ(herbes médicinales)のことだった.したがって,この文章は,ビンに薬用ハーブを入れてそれにブランデーを満たして作るハーブ酒の準備のためのアリエージュ産のブランデーを探しているということらしい.1970 年代,80 年代にグロタンディークの隠遁先を訪れたときにもよくハーブティーを飲ませてもらった.ぼくは酒が飲めないのでハーブ酒は飲ませてもらったことはないが,グロタンディークは健康のためにさまざまなハーブを利用しているようだ.

　フォワを出るのが午後にずれ込んだせいで,サン・ジロンに着いてみると,すでに 13:50 になってしまっていた.町役場に近いシャン・ド・マルス広場での朝市はもう店じまいされたあとで,商品を運ぶトラックと散乱す

III 思い知るべき人はなくとも

サン・ジロンの朝市直後の現場（2007年山下撮影）

る少しのゴミが見られるだけだった（写真参照）．このあと観光案内所でサン・ジロン近郊のホテルを紹介してもらった．ヨランドの家にいたときに頼んで電話でラセールの民宿を予約してもらったのだが，11日の夜の予約にしてしまったので，10日に泊まるところが必要なのだ．サン・ジロンから県道 D117（トゥルーズ街道）に沿って北上するとすぐ隣りのサン・リジエにあるオリゾン 117 というホテルで，途中には大きなアンテルマルシェ（スーパーマーケット）やマクドナルドもあった．17:00 までは人がいないというので，仕方なく時間を潰すことにした．思いついたのはオリゾン 117 の西 1 キロほどの位置にあるアンティシャン飛行場（Aérodrome d'Antichan）だった．駐機場にあるのはグライダーと単発の小型機だけで，小型機に牽引されて飛び立ち上空で切り離してもらってグライダーでの滑空を楽しむのがメインの飛行場のようだ．当然ながら，このときはまったく思い至らなかったことだが，サン・リジエの町には大きな医療センターが存在している．その中のひとつは 7 年半後にグロタンディークが亡くなることになるサン・ジロン病院（Hôpital de Saint-Girons）だった．

サーシャとシュリク

　ところで，すでに書いたように，グロタンディークは，名前がアレクサンダー（ドイツ語 Alexander, フランス語 Alexandre）なので，「高校」時代にはフランス語のアレクサンドルの愛称でアレクスと呼ばれていたらしい．ただし，身近な人たちからはアレクスではなくシュリク（ドイツ語では Schurik, フランス語では Shurik や Shourik と表記）と呼ばれていたようだ．ロシア語のアレクサンドル（Александр）の愛称シュリク（Шурик）が使われていたのである．グロタンディークの父親がウクライナ／ロシア系ユダヤ人だったせいだ．グロタンディーク自身は，父親がかつてウクライナのマフノの農民軍の一員としてボルシェヴィキと戦っていたこともあってか，ウクライナが父親の故郷だということが多いようなので，（結果は同じだが）この場合はむしろウクライナ語の愛称というべきかもしれない．ロシアやウクライナではよくあることらしいが，父親の名前もアレクサンドルだった．父親にはすでに愛称サーシャ（Саша, ドイツ語ではザーシャ（Sascha））が使われていたので，息子にはシュリクという別の愛称が使われたのだろう．ちなみに，父親の名前はシャピロともタナロフともいわれるが，ぼくはル・ヴェルネでの調査などから別の可能性も考えている．いずれにせよ，シャピロでは露骨にユダヤ系だとわかりヒトラーの時代には危ない．さらに，父親がロシアで「指名手配」されていたせいで，母親ハンカ（ハンカはヨハナの別称，旧姓はグロタンディーク）はベルリン時代にサーシャとの間に生まれた子供を夫の姓ラダツ（Raddatz）を使ってアレクサンダー・ラダツとして登録したとされる[5]．

参考文献

[1] Barthes, Sade, Fourier, Loyola, Éditions du Seuil, 1971
[2] Poénaru, "Memories of Shourik", Notices of the AMS, September 2008
[3] Schneps (ed.), Alexandre Grothencieck : A Mathematical Portrait, International Press, 2014
[4] Hinze, Antifaschisten im Camp Le Vernet, Militärverlag der DDR, 1988
[5] Scharlau, Wer ist Alexander Grothendieck?, Teil 1, 2007

サン・ジロンとミュゲ

> Quand nous voulons imaginer cet homme,
> qui différait profondément de nous,
> nous devons avoir présent à l'esprit le mouvement
> qui le portait et qui l'arrachait à la stagnation.
> われわれとは深いところで異質であった
> この人を想像しようと思うときには，
> かれを導き，かれをまどろみから目覚めさせた
> 衝動を，われわれの心に思い描く必要がある．
> ———バタイユ ([1] p. 27)

グロタンディークと電話

2007 年 3 月 10 日（土）17:00 ごろ，県道 D 117 沿いのオリゾン 117 (Hôtel Horizon 117) にチェックイン．部屋は 3 階でバスタブ付き，東向きの窓からは雪のピレネーが一望できた．オリゾン（地平線，眺望，視界，展望）という名前はこの見晴らしの良さから名付けられたものだろう．目を庭に向けると，時期外れのせいでカバーの付けられたプールのそばの垣根にアーモンド (amande) の木が数本あり，桜によく似たピンクの花が満開状態だった．サウナに入ろうとしたら，1 人 8 ユーロで宿泊費 54 ユーロには含まれないといわれて節約．なぜか部屋に 1993 年のアリエージュ県全体（人口 14 万程度）の古びた電話帳が置かれていた．1993 年といえば，グロタンディークがモルモワロンを突然去ってラセールに転居した 2 年後にあたる．グロタンディーク自身は電話に出るのが大嫌いなので，電話帳に番号が掲載されているはずはないが，自分が必要だと感じたときに電話をかけることは必ずしも嫌いではないので，普段はモジュラージャックを抜いてあり，自分が電話をかけるときにだけ差し込むのだと本人から聞いたことがあった．フロントで 2006 年の電話帳も借りてきて，さっそく，グロタンディークの住む村ラセールの住民の名前と電話番号のリストを比較してみたところ，どちらにもグロタンディークの電話番号は載っていなかっ

たが，グロタンディークの住む家のもとの住人と思える人の電話番号がわかった．グロタンディークはもともとラセールのエスケシュ家の住居の一部を借りていたのだが，その家の主人が亡くなって，相続人がグロタンディークが借りていた部分を売りに出したいといいだし，追い出されるのを嫌ったグロタンディークが売りに出されようとしていた部分を買い取った（だからひとりで住む家としては大き過ぎる）と聞いているので，電話帳の記載事項の比較によって，もとの所有者の番号が確認できたのだった．チェックはしていないが，この番号はそのまま家の建物と一緒にグロタンディークが引き継いでいる可能性がある．ただそうだとすると，（グロタンディークが携帯電話を持っているという可能性は考えられないので）この家を購入する以前には電話機も一緒に借りていたということだろうか．ラセールに転居する前のモルモワロンの家には電話機が存在していたし，グロタンディークがぼくと京子のことをヨランドに依頼するときに，モジュラージャックを差し込んで電話をかけていたのをよく覚えている．このときの電話をそのままラセールに持って行った可能性もあるが，モルモワロンの家は借家で電話も備え付けられていたのではないかと思われる．つまり，グロタンディークが自分自身の固定電話を入手したのは，ラセールに転居後に借りていた部分（を含む住居全体）を買い取ったときではないかと思えてくる．とすると，タウン紙「ル・ヌフ」に「地酒求む」の書き込みを行なった時点ではすでに電話を持っていたことになるはずだが，グロタンディークは電話番号は書かずわざわざ住所を書いていた．これは，電話がかかってきてもモジュラージャックを外しているはずなので，出るに出れないため，電話番号を書かなかっただけだという可能性が強い．

グロタンディーク・サークルと「検閲」

　グロタンディーク・サークルのトップページには「グロタンディーク・サークルの長期的な目標は，アレクサンダー・グロタンディークの人生とその生まれに関する伝記的な資料を提供するとともに，グロタンディークによって（そして，グロタンディークについて）書かれた出版物あるいは未出

版物(場合によってはその翻訳)を誰にでも入手可能にすることである」と書かれている．グロタンディーク・サークルが設置されたのは，ぼくの小さな本『グロタンディーク：数学を超えて』[2] が出版された 18 日後にあたる 2003 年 10 月 28 日だった．このページの管理人はパリ第 6 大学（ジュシュ）の数学者シュネプスで，そのパートナーのロシャクなどが協力している．存在する情報はすべて公開するというわけではなく，誰によるものかはともかくとして，検閲が入っていることは明らかだ．たとえば，トゥルーズのフェルマ高校 (lycée Pierre de Fermat) の教師で詩人のル・ペスティポンのグロタンディーク情報や 2006 年 6 月 27 日にグロタンディークと 2 時間会談したというグロタンディークのシャトネ＝マラブリー時代を知る古い友人などが発信したグロタンディーク情報については完全に無視されている．ル・ペスティポンには，グロタンディークが家の近所の木々の間で何時間も瞑想していたことがあったが，その木々が伐採されることになったときに，激怒するのではなくそれを惜しみ，『夢の鍵のためのノート』をネット上にアップすることを許可したという未確認の興味深いエピソードなども紹介している．しかも，ル・ペスティポンはこの物語をトゥルーズ

グロタンディークの瞑想の木
(2007 年ル・ペスティポン撮影)

のサン・レイモン博物館（Musée Saint-Raymond）にある「6 本の木に」（sex arboribus）捧げられた祭壇と関係付けて詩的に語っていたりもする．

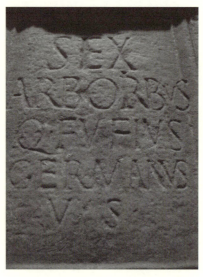

6 本の木に捧げられた祭壇の文字
（2008 年ル・ペスティポン撮影[6]）

グロタンディーク・サークルでは，ぼくがグロタンディークの隠遁場所を推察するために活用した重要情報の大半も無視されていたが，これは隠遁場所を隠すための措置だとすれば理解できる．グロタンディーク・サークル（＋グロタンディーク？）の意図は，少年時代の解明はともかく隠遁以後の生身の人間としてのグロタンディークの実像を消し去り，「グロタンディークの神聖化」＝「聖グロタンディーク伝説の形成」を促進することなんだろうか？ 過去の明白な事実についても，いくつかの資料は「埋葬」されてしまっている．はじめはアップする予定だった資料でその後「埋葬」されたものもいくつかある．たとえば，グロタンディークの神秘主義的時代（période mystique）の資料（「福音の手紙」や『預言の書』）やグロタンディーク自身が抹消しようと決めた衝撃的な詩集『アンセストの称賛』の断片などは公開を取り消している

(ウェブサイトのデザインが大きく変更された時に公開予定が取り消された).これらは神聖化工作とは矛盾する動きのようにも見えるが,グロタンディーク・サークル(＋グロタンディーク?)の狙う神聖化路線は「神秘主義者グロタンディーク」の強調ではなく,あくまで「神聖な天才数学者グロタンディーク」という神話の「創造」ということなのだろう.

では,夢が神からのメッセージだと主張するなど神秘主義的な作品『夢の鍵』がしばらく公開されたままになっていたのはどう考えればいいのだろう? 読み方によっては,神秘主義的時代の残滓にすぎないようにも思える作品なのに.それはともかく,『夢の鍵』にはつぎのような興味深い文章がいくつもあり,それらを換骨奪胎すれば,「脳と創造性」についての重要なヒントになるだろう.「プシュケ(魂)の内なるあらゆる本物の創造的営みは,われわれを単に道具として使った神の営みにすぎないのかもしれない.私には,数学をしているときでも自己探求の最中でも,本物の創造的瞬間には,自分以外の誰かが私を操っていると感じたことが何度かある.[…]スピリチュアルなものであれ別のものであれ,神的なインスピレーションに助けられずに,プシュケが本当に創造的な仕事を行なえるのかどうか,私にはわからない.」(On peut se demander si tout acte véritablement créateur dans la psyché ne serait acte de Dieu, dont nous serions seulement l'instrument. Plus d'une fois, il m'est arrivé d'avoir cette impression-que dans les moments de véritable création, que ce soit dans le travail de mathématicien ou dans le travail de découverte de moi-même, je ne faisais qu'accomplir ce qu'un autre me soufflait. […] Je ne saurais dire si la psyché peut faire œuvre véritablement créatrice, au niveau spirituel ou a tout autre niveau, sans être au moins secondée par l'inspiration divine.)([3] p.16) しかし,創造性の説明に神の概念は必要ない.創造性の発揮にかかわる脳の活動の重要な部分が無意識のうちに行われているというだけのことだ.ぼくは,この脳内プロセスを「無意識の自動運転」と呼んでいる.伊藤正男[4]は,意識することのできない小脳の働きが「ひらめき」や「創造性の発揮」に貢献しているというユニークな説

を提唱しており，今後の進展が期待される．

　グロタンディークが自分でインターネットにアクセスしているのかどうかについては，ぼくは懐疑的なのだが，グロタンディーク・サークルという自分についてのウェブサイトがあることは，弟子のマルゴワールなどから聞いて熟知しているだろう．実際，『収穫と種蒔き』が日本語に翻訳され出版されていることについては誇らしく思っているようだ (semble fier) が，グロタンディーク・サークルのページから『収穫と種蒔き』のフランス語版全文が無料でダウンロードできることについては怒っている (il est faché) という情報があった．グロタンディークがグロタンディーク・サークルにアクセスしようとしたとしてそれは可能だろうか？ グロタンディークがパソコンやスマートフォンをもっているという証拠はない．原稿は手書きが古いタイプライターで打っていた．モンペリエ大学の教授だった時代でさえ，自分でワープロやパソコンを使っていたとは考えられない．とくに，1991年以後の第3次隠遁時代＝ラセール時代に関しては，「グロタンディークは自由意志や創造に関する作品を書いているらしい」というウワサはあるものの，作品は一切発表していない．2008年12月の時点で確認されているグロタンディークの「最後の作品」は1990年に執筆されたホモトピー論の基礎に関する2000ページの『レ・デリヴァトゥール』(Les Dérivateurs) だとされている ("Les dérivateurs" est un texte qu'Alexandre Grothendieck a écrit en 1990, et qui est resté inédit jusqu'à présent. Ce manuscrit de 2000 pages est consacré aux fondements de la théorie de l'homotopie.)[5]．『レ・デリヴァトゥール』は手書きだったが，グロタンディークの書いた手書きの文字を読むのは極めて難しいため，グロタンディークの書く文字の癖に精通したマルゴワールが文字の「解読」を進め，キュンツァーによるLaTeXへの変換を含む「編集」作業を経て，パリ第6大学のマルツィニオティスとそのグループが数学的に「解読」しつつある．デリヴァトゥールの概念は，グロタンディークのコホモロジー論の非可換化を目指すホモトピー論への衝動から誕生したものだと思えばいいだろう．そういえば，マルツィニオティスは『グロタンディークのホモトピー論』[6]というグロタ

III 思い知るべき人はなくとも

ンディークのいわゆる『キレンへの手紙』を紹介した作品をすでに出版している.

グロタンディークの数学の「その後の発展」についてのシンポジウムのポスター.わざわざ後ろ姿で手を振っているように見える写真が使われていることに注目.なぜかグロタンディーク・サークルはこのシンポジウムの予告を掲載しなかった.

グロタンディークとインターネット

もし,グロタンディークがネット上で自分や自分の数学がどう扱われているのかに興味をもったとして,簡単にインターネットにアクセスできるだろうか? もちろん,自分でパソコンを購入してネット環境を整えればそれでいいわけだが,ワープロさえ使おうとしてこなかったことを思うと,これは想定外だ.つぎに,考えられるのは適当な知り合いに頼んでパソコンを使わせてもらうということだが,自分の反応が漏れてネットで話題に

なることを避けたいという心理が存在するはずなので，知り合いに頼むという方法は採用しにくいように思う．「忠実な弟子」のマルゴワールに頼んでパソコンを使わせてもらうにしても，マルゴワールの所属するモンペリエ大学の数学科はかつて自分がいたところでもあり，顔を出すと目立ってしまう．とはいえ，マルゴワールに頼んで自分自身にまつわるインターネット経由の情報を必要に応じてプリントアウトして郵送してもらって見解を述べるくらいならありえなくはなさそうだ．『収穫と種蒔き』がダウンロード可能になっていることに怒っていたというわりには，なぜいまだに『収穫と種蒔き』はグロタンディーク・サークルからダウンロード可能のままだ．実際にネットで目撃して憤慨したということなら，グロタンディークの性格からして，直接抗議の手紙を送り付けるのではないかと思う．（やがてそうなるのだが…．）そうすれば，シュネプスは当然手を打ったはずだ．それがいまだに放置されているというのは，ダウンロード可能になっていることを知らないままなのか，それとも，知ってはいるが黙認しているのかのどちらかだろう．

　ぼくが直接目撃したことだが，ラセールの村役場にはパソコンが何台か置かれていたし，ラセールの村人はインターネットを通してグロタンディークが有名な数学者だということは知っているようだった．したがって，近所でパソコンを使わせてもらうことも，もちろん可能だ．とはいえ，火事を起こすなど村人とはあれこれと深刻なトラブルを発生させているようなので，この手は使いにくいだろう．ぼくたちが目撃したところでは，アリエージュ県の県庁所在地フォワの市立図書館には，利用者がインターネットにアクセスできるパソコンが設置されているものの，ラセールからフォワまで行くのはメンドウだ．グロタンディークは年齢のせいでクルマを運転しなくなっており，バスを利用する必要があるが，サン・ジロンからフォワに行くバスは1日3本しかなく（学校が休みの時期や土日は運休），しかも1本目は06:45発だ．フォワに行くくらいなら，トゥルーズに行ってしまう方が気が利いている．といっても，トゥルーズ行きのバスも1日3本しかないし1本目は06:00発だが土日も含めて1年中運行している．

グロタンディークはサン・ジロンの朝市に買い出しに行くこともあったので，ここで何とかならないかと考えてみると，サン・ジロンの市立図書館には利用者がインターネットにアクセスできるパソコンはないようなのでアウト．調べてみると，観光客が多いせいか，人口6000人程度のサン・ジロンにインターネットカフェ（シベルカフェ cybercafé）が3軒もある！このうちウェブサイトのある Eterloo.com を見ると，基本料金（ドリンクは付かない）が5ユーロ，ネットへの接続料金は5分で0.5ユーロだから1時間で6ユーロ，プリペイドカード（carte prépayée）を使うと30時間で50ユーロにまで割引されるが，それでもまだ非常に高い．（調査した2008年12月の時点では1ユーロ＝121円ほどだが，それでも，このネットカフェで1時間インターネットにアクセスすると11ユーロ＝1331円ほどかかる．）京子がトゥルーズのホテルでプリペイドカードを買って有料のパソコンを使ったところ，まともな情報が得られないうちに5ユーロが吹っ飛んでしまった．フランスには光ファイバーはほとんど普及していなかったので，通信速度が異常に遅くイライラさせられた．ブロードバンドというのはいまだに ADSL のことだ．ついでにいえば，ADSL は英語の非対称デジタル加入者線（Asymmetric Digital Subscriber Line）の頭文字を並べたもので，公式のフランス語では非対称デジタル接続（RNA ＝ raccordement numérique asymétrique）というようだが，RNA はあまり普及しておらず，ADSL をフランス語風に「アーデーエスエル」ということが多いようだ．（リボ核酸は RNA ではなく ARN（acide ribonucléique）なので，紛らわしいということはない．ついでながら，デオキシリボ核酸 DNA は ADN（acide désoxyribonucléique である．）そういえば，フランス語ではコンピュータという英語は使わず「オルディナトゥール」（ordinateur）というし，パソコンも「オルディナトゥール・アンディヴィデュエル」（ordinateur individuel）などとわれわれ外人にはピントこない表現を使うことが多いのに，ADSL については英語に妥協したということだろうか．それはともかく，このネットカフェ Eterloo.com にはパソコンの入門教室や各種の設定サービス（もちろん有料）もあるので，グロタンディークがその気になれば，

パソコンを購入して自宅ですぐにインターネットが使えるようになるはずだ．ただ，そのようなことを行なえば，隣近所の人びとにただちに把握され，その情報が広まるはずだが，ぼくの感触ではそのような形跡はなかった．

ミュゲの球根

　2007年3月11日（日）10:30ごろホテルをチェックアウト．サン・ジロンに向う方向にあるアンテルマルシェに食料の買い出しのために立ち寄ったところ閉まっていた．そういえば，日曜日は定休日だった．同じ敷地内にサン・ジロン近郊では唯一のマクドナルドもありこちらは営業しているようだったが，先を急ぐということでスルー．ナビの指示に従って，かつてグロタンディークが目撃されたとされる郵便局のあるモンテスキュー・ヴォルヴェストルを目指した．グロタンディークのかつての「足取り」を追ってみたいというだけのバカバカしい行動なのだが，35キロ程度の距離だというのでついでにちょっと行ってみたくなったのだった．まずサン・リジエの町のすぐ西でサラ川（Le Salat）を渡り，川に沿ってしばらく県道D3を北上してから県道D303に右折し，その後いくつかの国道とサント・クロワを経て，ピレネー大通りからアリゼ川（ガロンヌ川の支流）を越えてモンテスキューに入った．モンテスキューという名前から，政治思想家で男爵のモンテスキューの領地かと思ったが無関係らしい．町の中心部にある教会の前の広場に駐車し，観光案内所に行ってみたが日曜日のせいで休み．とりあえず，日曜日も開いているプチ・カジノ（カジノ・チェーンの「コンビニ」）と珍しく開いていたパン屋（パンとケーキを両方売っておりパン・菓子屋 boulangerie-pâtisserie と呼ばれている）で昼食用のハムとパンを買い，郵便局の場所を教えてもらった．これもたまたま開いていた小さな園芸用品店の店先に球根や種が並んでいたのを見て，京子の提案で，グロタンディークへのプレゼントにしようと，ミュゲ（スズラン）の球根を購入した．この日の夜はラセールの民宿で泊まる予定なので，そのときに，手渡せるかもしれないと思ったからだ．店内にはグロタンディークがバラの手入れに使っていた

ものと同じような剪定バサミが置かれていた．有名なロシアの歌「モスクワ郊外の夕べ」(Подмосковные Вечера)のメロディにフランス語の歌詞をつけた「ミュゲの季節」(Le Temps du Muguet)というシャンソンがある．最初の部分を訳してみよう．

 ミュゲの季節が戻ってきた
 再会した昔の友のように
 川岸に沿って散歩しようと戻ってきた
 ぼくがあなたを待つベンチまで
 そして，ぼくは再び花が咲くのを見た
 あなたの微笑みのきらめきが
 今日はかつてなく素晴らしい
 Il est revenu le temps du muguet
 Comme un vieil ami retrouvé
 Il est revenu flâner le long des quais
 Jusqu'au banc où je t'attendais
 Et j'ai vu refleurir
 L'éclat de ton sourire
 Aujourd'hui plus beau que jamais

これを聴くと，ぼくには，バラの生け垣をはさんだ短い会見の後で，ぼくたちが見えなくなるまで手を振りながらずっと微笑みを送ってくれていたグロタンディークの姿が思い浮かぶ．花言葉が「幸福のお守り」(porte-bonheur)だということも，京子がミュゲをグロタンディークにプレゼントしようと思った理由のひとつだった．このあと，問題の郵便局にも行ってみたが，日曜日は当然休みということで，内部構造などはわからずに終わった．モンテスキューの朝市(marché)は火曜日，農家の朝市(marché fermier)は土曜日だということなので，グロタンディークは，食料品などの買い出しのために，サン・ジロンの朝市だけでなくモンテスキューの朝市にもやってきて，ついでに郵便局にも立ち寄ったということだろうか？ グロタンディークは食品添加物などに敏感なので，スーパーマーケット(アン

テルマルシェやカジノやカルフールなど）はほとんど使わないように思う．買い出しはラセール（小さな村なので朝市は開かれない）からあまり遠くない町の朝市を利用しているようだ．たとえば，アリエージュ県とオート・ガロンヌ県のラセールに比較的近い地域のみを合体させてみると，月曜日はフォワ，火曜日はパミエとモンテスキュー・ヴォルヴェストル，水曜日はタラスコンとル・マス・ダジル），木曜日はパミエとマゼール，金曜日はフォワ，土曜日はパミエとサン・ジロンとカゼール，日曜日はアンゴメなどで朝市が開かれており，公共交通機関だけでは難しいが，クルマさえ使えれば何曜日でも朝市に行くことができる．

参考文献

[1] Bataille, "Lascaux ou la naissance de l'art", Œuvres complètes IX, Gallimard, 1979
[2] 山下純一『グロタンディーク：数学を超えて』日本評論社 2003 年
[3] Grothendieck, La Clef des Songes ou Dialogue avec le bon Dieu, 1987
[4] Ito, "Control of mental activities by internal models in the cerebellum", Nature Reviews Neuroscience 2008
[5] http://www.math.jussieu.fr/~maltsin/groth/Derivateurs.html
[6] Maltsiniotis, La théorie de l'homotopie de Grothendieck, Société Mathématique de France, 2005

夢幻との訣別

> Alles Vergängliche ist nur ein Gleichnis;
> Das Ewig-Weibliche zieht uns hinan.
> 現し世は夢幻にほかならず
> 永遠の女性，われらを天に慈しむ
> ──ゲーテ『ファウスト』Chorus mysticus

シャルラウ

　グロタンディークの伝記に興味をもつ人はけっこういる．哲学者のマクラティも，1990 年代から，グロタンディークの伝記の出版を計画していると聞くが，まだ出版物にはなっていないようだ．ほかにも，グロタンディークを題材にした映画を制作した映画監督もいる．グロタンディークの伝記的事実についてもっとも詳細な客観的情報を収集しているのは，シャルラウに違いない．シャルラウはグロタンディークと同じベルリンの生まれで，ボン大学でヒルツェブルフの弟子となった．もとの研究テーマは「2 次形式とガロア・コホモロジー」だったが，2 次形式論の起源に思いを馳せているうちに，興味の対象が数学から数学史へと変化したようだ．現在はミュンスター大学の名誉教授である．日本語に訳されている作品は 2 次形式論の流れを追った（オポルカとの共著）『フェルマからミンコフスキーまで』(Von Fermat bis Minkowski, 1980 年) だけだが，『関数解析入門』(1971 年，ヒルツェブルフと共著），『デデキント伝』(1981 年，デデキント生誕 150 周年記念出版物），『2 次形式とエルミート形式』(1985 年）,『1800 年から 1945 年までのドイツの数学科』(1990 年，教授リストを含む詳細な資料集），『自然科学者のための数学』(2005 年）などを出版している．すべてドイツ語だが『フェルマからミンコフスキーまで』と『関数解析入門』には英訳が存在している．シャルラウは「多芸」な人物で，鳥類に興味をもち「南エーゲ海の鳥の世界」についての作品 (1999 年) があり，鳥の住む森

を守るための環境保護に興味をもち，小説を書いたりもしているようだ．シャルラウがグロタンディークの伝記に興味をもつようになった理由は定かではないが，少なくとも1980年代後半には，ドイツ時代のグロタンディークについての資料収集に意欲を燃やし，第2次隠遁地（モルモワロン）を訪ねてグロタンディークへのインタビューも行なったようだ．

ヒルツェブルフ（1997年山下撮影）

グロタンディーク（左：1980年ごろ，右：1988年）

夢幻との訣別

グロタンディークは1991年の夏に突然モルモワロンの家を去り，第3

次隠遁地ラセールに移動した．そのとき，グロタンディークはかなりの枚数の写真や母親の自伝的長編小説などの私物（ピアノまで含まれていた）をヨランドに残していった．グロタンディークが所有権も放棄したということから，シャルラウはヨランドを説得して写真などを譲り受けたが，それらをそのまま公表することはなかった．そのころ，グロタンディークの心境に変化が起きて，シャルラウとグロタンディークの関係は良好なものではなくなっていったようだ．写真などの私物（だったもの）が第三者のシャルラウに渡り，シャルラウがそれらを私物化しはじめたことで，不協和音が発生したのかもしれない．実際，シャルラウはオーバーヴォルファハ数学研究所から出版された冊子（2006年）の中でかつてはグロタンディークの私物だった可能性のある写真に「W. シャルラウ所蔵」（Archv W. Scharlau）と書いている．ただ，グロタンディークがそれらを取り戻そうと思えば，不可能ではなかったはずなのに，そうした行動には出ていないので，こうしたことについては，何も知らなかったのかもしれない．

　ところで，グロタンディークは，1991年夏の転居を前にして，大量の手紙や書類（論文の原稿なども含まれていたとされる）を弟子のマルゴワールに手伝ってもらって焼却処分にした．そのときに焼却せずに残した（つまり「検閲済み」の）写真などの私物をヨランドに譲り所有権を放棄した以上，それがどういう運命をたどってもいいと考えているのかもしれない．もし，世俗との関係を断ち，自分の存在を完全に抹消したいのなら，すべての所有物を焼却処分にすることもできたはずなのに，グロタンディークは（公開してもいいものとそうでないものを）選別しているのだから，残されたものについては「公開されてもいい」とは暗黙のうちに考えていたはずだ．それはともかく，現象的に見ると，グロタンディークが孤独のレベルを上げて執筆活動に専念しようとしたことが，シャルラウとの関係悪化の原因のようにも思える．重要なのは，グロタンディークが（1991年夏という時点で）なぜ徹底的な孤独を求めたのかという点だ．それは，グロタンディークが神秘主義的時代との訣別を決意し，神秘主義的時代を生みだした根本的な原因を抹消したいと考えたせいかもしれない．この根本的な原因が何であ

るかについては,グロタンディークが焼却処分にしたものの中にそのヒントが隠されているはずだ.

　ぼくは,グロタンディークの表面的な態度そのものではなく,その態度を生みだした情況的心理的原因を解明したいと思っている.ゲーテの『ファウスト』にもあるように,現し世は夢幻(ゆめまぼろし)にほかならない.グロタンディークを知るには,われわれを天上界に導いてくれるという「永遠の女性」=「不滅かつ女性的なるもの」(Das Ewig-Weibliche) を知ることこそが重要なのだ.グロタンディークの場合,この「永遠の女性」こそがある意味で夢幻の「創造主」でもあるはずだと,ぼくは感じている.グロタンディークの作品『夢の鍵』も,こうした観点から「脱構築」できると思う.ところで,「現し世は夢幻(ゆめまぼろし)にほかならず」「永遠(とわ)の女性,われらを天に慈(はは)しむ」という部分はマーラーの交響曲第8番の最後でも使われている.ゲーテとマーラーはアスペルガーだったとされている(かつてはゲーテは双極性障害だとされていたが,アスペルガーは双極性障害を併発しうる).

超人伝説

　アスペルガーによって可能になったと思われるグロタンディークの長期間の過度の数学研究への没入には数学的創造の代償ともいうべき幻覚・妄想の出現を伴う.統合失調症による幻覚・妄想との決定的な違いはアスペルガーによる幻覚・妄想は,それがどんなに強いとしても,一過性のものにすぎないという点にある.グロタンディークが夢に興味をもつようになり,1987年に『夢の鍵』をかなり書き上げたのも,アスペルガーに伴う一過性の幻覚・妄想と無関係ではない.数学的創造体験には「無意識の自動運転」が欠かせないと思われるので,意識的ではない脳のプロセスが大きく貢献しているため,作為体験(させられ体験)に近い体験に出会うことになる.グロタンディークにとって,数学研究というのは,過度の集中の後の思考の混沌と沈黙=「無意識の自動運転」を経て,ヴィジョン体験として数学的な何かが結晶化してくる体験でもある.ヴィジョンの検証過程としての「書くこと」がはじまるまでの体験(そして書きだしてからも繰り返し起こ

る同様の体験)は作為体験そのもののように感じられるだろう.グロタンディークの場合,「書くこと」と「考えること」が密接に連動しているので,断続的な作為体験も発生するはずだ.

ベルリンの壁の穴をくぐる山下(崩壊の2ヶ月後に京子撮影)

1990年1月にグロタンディークが神を身近に感じるようになったのも,自分の「過去の不誠実さ」(他人から得たものを自分のもののように装ったことがあるとも書いている)からの脱出を異常なまでに真剣に考えるようになったのも,『収穫と種蒔き』の数学的部分の執筆時のこうした作為体験の多発が(1989年11月のベルリンの壁の崩壊などとともに)関係しているはずだ.その後,グロタンディークは,2000ページにも及ぶ『レ・デリヴァトゥール』という一般的な意味でのホモトピー論の基礎理論とでもいうべき作品を書き上げている.1990年に書き上げたという説もあるが,正確には書きだしたのが1990年の秋あたりで(グロタンディークは1991年4月の手紙に「数か月前から数学をやりだした」と書いている),2000ページの手書き原稿が一応出来上がったのは1991年7月ごろではないかと思われ

る．そして，これを書き上げるのに不可欠なヴィジョン体験をこの時期に繰り返していたものと思う．その結果，睡眠不足や過労からくる心身の不調に陥り，「治療」の意味もあって完全な孤独を求める心境に結びついたのだろうか．

　ところで，広中平祐は『謎を解く人びと』(2008年)の中で，「[グロタンディークは]一日に2千ページも書いて，捨てたことがある．しかもそれを何日も続けていたことがあると聴いた」と書いている．いくら何でも1日に2000ページは無理だ．まぁ，こんな「超人伝説」が生まれるくらい「精力的な人間」だったということだろう．グロタンディーク自身の証言によれば，数学の論文ではないが，『夢の鍵』とその付録(印刷にして合計で1000ページほど)を書き上げるのに5か月ほどかかっている．1日あたり7ページほどのペースだ．それはともかく，アスペルガーの場合，愛着の対象がちょっとしたきっかけで突然無関心の対象に転換することが起きる．1991年夏の転居以降，それまでグロタンディークの非常に強い愛着の対象として君臨していた母を無関心の対象に転換したかったようだ．自分の写真や母の自伝的長編小説(タイプ原稿を製本したもの)のみならず，大切にしていた母のデスマスク(1976年夏にぼくは，グロタンディークの机の上に，母に抱かれた赤ん坊のころの自分の写真(と思える写真)などと一緒にこのデスマスクが置かれているのをはじめて見た．本書p.391参照)までヨランドに残していったことがそれを示している．

関心の高まり

　あらためて考えてみれば，突然転居した1991年夏以降，グロタンディークは数学の論文もそれ以外の作品もまったく発表していない．ぼくが2007年3月にグロタンディークの家の近所の人たちから聞いたところでは，「窓際に座っていつも何かを書いている」ということだったので，何らかの作品(あるいは手紙？)を書いていることは確かなようだ．自由意志についての作品を書きつつあるとか，創造についての作品を書きつつあるとかの噂は耳にするが，何を書いているのか本人からは聞き出せないままだ．

ぼくがグロタンディークについての作品『グロタンディーク：数学を超えて』を出版したのは 2003 年 10 月だったが，その直後に，シュネプスが中心となってグロタンディークの作品や資料を公開するためのウェブサイト「グロタンディーク・サークル」が創設された．そのときには，シャルラウは 8 人の創設メンバーのひとりとなって，グロタンディークの低い画質の写真を提供したようだが，それはシャルラウが入手していた写真の一部分にすぎなかった．その後，2004 年にアメリカ数学会の『Notices』に，編集部のジャクソンによるグロタンディークの紹介記事が 2 回に分けて掲載された．この記事では 1970 年代前半のグロタンディークの恋人へのインタビューが行われていて興味深い．著者が女性だったせいで，「女性の視点」が垣間見られていたのも印象に残っている．この記事にもシャルラウからの未公開の写真の提供があったものと思われる．

　シャルラウは，2007 年秋になって，ついに，『グロタンディーク伝』(Wer ist Alexander Grothendieck?) の第 1 部「混沌」(Anarchie) を出版した．シャルラウによると，この伝記は今後出版を予定している第 2 部「数学」(Mathematik) と 2010 年に出版された第 3 部「霊性」(Spiritualität) と未刊の第 4 部「孤独」(Einsamkeit) を合わせて四部作になる予定だ．当然，この本でグロタンディークの写真が公開されていてもいいはずなのに，第 1 部 (初版) には写真は 1 枚も使われていない！ ただし，2011 年に出版された第 1 部の第 2 版とその英語版，そして，第 3 部には大量の写真が使われている．もともとグロタンディークから使用許可を得ていなかったのが，どういう事情かは知らないが，シャルラウにグロタンディークの写真の使用を決断させたということだろうか．（ひょっとしたら，つぎに述べる 2008 年と 2009 年に開催された 3 つのグロタンディーク生誕 80 周年記念集会に対してグロタンディークがボイコットを決めたことが原因だったのかもしれない．）シャルラウによるグロタンディークの伝記の第 1 部が出版された翌年の 2008 年 3 月 28 日にグロタンディークが 80 歳を迎え，それに合わせて，シャルラウは新聞「ディー・ツァイト」(Die Zeit) に「より高い次元へ」(In höheren Dimensionen) という第 1 部の宣伝を兼ねた記事

を掲載したが，その書きだし部分には，「かれ［グロタンディーク］は数学の天空でもっとも光輝く星であった」(Er war der strahlendste Stern am Himmel der Mathematik.）と，グロタンディークの死亡記事のような過去形の文章が存在している．グロタンディークは自らの意思で，外部世界とくに数学界との交流を断ってはいるが，だからといって，過去形で死者のように扱われることを嫌うというややアンビバレントな感情をもっている．「ディー・ツァイト」の記事（オンライン版）には，イファンクという女性が撮影したと思えるグロタンディークの写真が掲載されており，「行方不明の数学的天才：アレクサンダー・グロタンディーク，1998年5月南フランスにて」(Verschollenes Mathematik-Genie: Alexander Grothendieck im Mai 1998 in Südfrankreich.）と書かれている．この写真はたしかに本人を写したものだ．でも，1998年に撮影したものだとは思えない．そもそも，撮影された部屋は，ストーブの煙突の存在からすると，モルモワロンのグロタンディークの家の部屋のようだが，1998年となると，もうグロタンディークはこの家にはいない．どういうことなんだろう，と思いつつ，その直後の文章を見ると，「3年後にかれは消えた」(Drei Jahre später verschwander）とある．ということは1988年に撮影したということになる．ぼくと京子は1990年3月にモルモワロンでグロタンディークに会っているが，そのときの記憶に残るグロタンディークの顔つきとの違和感もほとんどないようだ．1988年なら，グロタンディークがクラフォード賞の受賞（ドリーニュとの共同受賞）を辞退した年でもあり，新聞「ル・モンド」にグロタンディークの見解が掲載されたこともあって，いくつかのメディアがグロタンディークという人物に興味をもってモルモワロンを訪れたりもしていたようなので，そのころに撮影された写真だろうということで納得しやすい．実際，フランスの有名な科学雑誌『Science et Vie』（1995年8月号）にグロタンディークの「行方不明」を告げる記事が掲載されたが，そのときにも1988年に撮影された写真が使われ「グロタンディークの知られている最新の写真のひとつ」(Une des dernières photos connues de Grothendieck) という説明が付いている．

魔女の台所

　グロタンディークの写真の公開ということに限れば，2006年のオーバーヴォルファハでの「アレクサンダー・グロタンディークとは誰か？」というタイトルの公開講義でシャルラウがかなりの枚数のグロタンディークの写真を公開したのが，シャルラウによるグロタンディークの「写真を使った紹介キャンペーン」の先駆けだといえそうだ．このときの講義は小冊子として出版され，アメリカ数学会の『Notices』（2008年9月号）に英訳が掲載されている．2008年8月には，シュネプスとロシャクが組織した非公開の集会「グロタンディーク：伝記，数学，哲学」（Grothendieck: Biographie, Mathématiques, Philosophie）がペイレスク（南フランス）開催された．シャルラウ自身は8月27日に「グロタンディークの人生」（Grothendieck's Life）というタイトルで講演している．その内容は公開されていないが，写真を多用した講演であったものと推察される．シャルラウはカナダにも呼ばれてキャンペーン活動を展開している．2008年9月19日にマックマスター大学（カナダ）のコロキウムにおいて，「アレクサンダー・グロタンディークの人生」（The Life of Alexander Grothendieck）というタイトルの1時間講演を行い，とくにこのとき，それまで未発表だったグロタンディークの何枚かの写真を追加的に紹介したようだ．1週間後の2008年9月26日にも，クイーンズ大学（カナダ）のコロキウムで，「アレクサンダー・グロタンディーク：アウトサイダー」（Alexander Grothendieck -- An Outsider）という「刺激的」なタイトルの1時間講演を行っている．2009年1月には，かつてグロタンディークが活躍していた高等科学研究所（IHES）で，カルティエなどによって，準備された集会「グロタンディーク以後の数学：回顧と展望」（Les mathématiques après Grothendieck, rétrospective et perspectives）が11月はじめに名称を「代数幾何学の風景：グロタンディークの数学的子孫」（Aspects de la géométrie algébrique: la postérité mathématique de Grothendieck）に変更して，開催された．名称変更は「グロタンディーク以後」という表現がグロタンディークを怒らせる可能性を意識したせいかもしれない．プログラムを見ると，ドリーニュ「モチーフの哲学の影響」

(L'influence de la philosophie des motifs), カッツ「数論における ℓ 進革命」(The ℓ-adic revolution in number theory), マルティニオティス「グロタンディークとホモトピー代数」(Grothendieck et l'algèbre homotopique), フォンテーヌ「ミステリアスな関手」(Le foncteur mystérieux), ブロック「モチーフ的コホモロジー」, ヴォエヴォドスキー「ブロック・加藤予想」, イリュジー「グロタンディークとエタル・コホモロジー」, マニン「モチーフと量子コホモロジー」など非常に豪華な顔触れだった. 1月14日にはシャルラウの「数学を超えて：写真で見るグロタンディークの人生」(Beyond mathematics: Pictures from Grothendieck's life) という講演も行われた. うれしいことに, その後, これらの講演の大半は動画サイトで公開された.

一番人気は「ドリーニュの講演」なのだが, 見てびっくり！しばらく見ないうちにドリーニュの顔が変わってしまった. と, 思ったのは間違いで, 講演をしているのはドリーニュではなくて, グロタンディークの「弟子」のようなメッシングだった！カッツの講演は谷山豊にはじまる「ℓ 進革命」の概要を語っていて興味深いが, この革命の勃発を告げた谷山の仕事が1957年だといわれているのはちょっと気になった. 実際には, 1956年2月というべきだろう (黒川信重『数学文化』第11号参照). シャルラウの講演は「写真で見るグロタンディーク」のような感じだ. 印象に残った話題をあげておこう. この講演で紹介されている画像のひとつに1971年12月にグロタンディーク自身が書いた文章「魔女の台所」(Hexersküche) がある. そこにはグロタンディーク＝リーマン＝ロッホの定理のダイアグラムを「悪魔」たちが「調理」しているような図が描かれており, こうした数学に貴重な時間を空費するように「悪魔」が仕向けたかのような記述が見られ, 1970年代のグロタンディークの「反数学的な気分」が読み取れる.

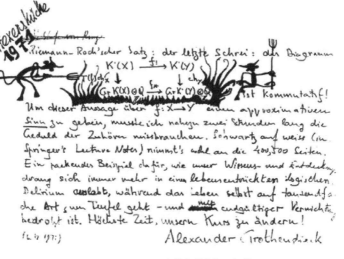

リーマン=ロッホの定理と「魔女の台所」

　シャルラウは，グロタンディークが限界も恐れもタブーも知らないなどと賛美しているが，それならなぜ「隠遁」したのだろう？　また，シャルラウは，グロタンディークの人生が，第1期数学以前（1928-1949），第2期＝数学時代（1949-1970），第3期＝大転換時代（1970-1991），第4期＝超俗時代（1991-）のように4分割できると（やや異なる用語で）主張し，最初の3つの時代はいずれも21年なので，2012年になると，第5の時代がはじまる（また世間に顔を出す？）かもしれないなどと戯れに語っているが，1957年の「母の死」の重要な意味に思いを馳せないのは不可解だ．グロタンディーク現象の解明には，外的観察よりも，内的観察の方が重要なのだ．とはいえ，大量の写真には圧倒された．とくに，グロタンディークの小学校時代の集合写真，ル・シャンボン時代の写真，北ベトナム訪問時の写真，グロタンディークの子供たちの最近の写真などは珍しかった．講演の最後に，説明なしでグロタンディークのラセールの家の写真をチラッと見せたところにシャルラウの思いを読み取ることもできた．シャルラウはなぜか，グロタンディークの「永遠の女性」について何も語ろうとはしないが，これでは結局，夢幻しか語れないことになるだろう．

リーマンの創造性

Die Seelen der gestorbenen Geschöpfe sollen also
die Elemente bilden für das Seelenleben der Erde.
死んだ生き物の魂は，こうして，
大地という霊的生命体の構成要素となる
――――リーマン（[1] p.550)

洞窟壁画

　2007年3月11日（日）12:40 ごろ，ぼくたちは，グロタンディークが目撃された郵便局のあるモンテスキュー・ヴォルヴェストルで，グロタンディークにプレゼントするためのミュゲ（すずらん）の球根を買ってから，県道D628に入りル・マス・ダジル洞窟に向った．この県道はモンテスキュー・ヴォルヴェストルを流れるアリゼ川（ガロンヌ川の支流）に沿って走っている．南フランス，とくにピレネー山脈の周辺は，地質的には石灰岩からなっている部分が多いせいで，石灰岩洞窟（鍾乳洞）が多く，後期旧石器時代（3.5万年前ごろ～1万年前ごろ）に描かれた洞窟壁画が集中している．もっとも有名なのは，1879年に発見されたスペイン北部のアルタミラ洞窟と1940年に発見されたドルドーニュのラスコー洞窟だろうが，現時点で最古とされる壁画が残っているのは，1994年にアルデシュ県のヴァロン・ポン・ダルクで発見されたショーヴェ洞窟で，3.2万年前の壁画があるといわれる．ショーヴェ洞窟はグロタンディークの第2次隠遁地モルモワロンとグロタンディークの通った「中学校」のあったマンドのちょうど中間点くらいに位置しており，立ち寄れない場所でもなかったのだが，とにかく余裕のないスケジュールのためにあきらめるほかなかった．ぼくたちはラスコー洞窟と壁画（といっても公開されているラスコーⅡという名前の洞窟とその壁画の精密なレプリカの方にすぎない）は見物したことがあるが，2つ目の見物を目指したフォワの南のスペイン国境にも近いニオー洞窟

Ⅲ 思い知るべき人はなくとも

については，すぐ入口まで行きながら時間の関係であきらめたという苦い体験がある．サン・ジロンの近くの小さな村モンテスキュー・アヴァンテスには，2頭のビゾン（bison，英語のバイソン）の彫像で知られたル・チュク・ドードゥベール洞窟や「魔法使い」(sorcier)とも「角のある神」(dieu cornu)とも呼ばれる半人半獣(être mi-homme mi-animal)の絵や「楽弓をもつ小さな魔法使い」(petit sorcier à l'arc musical)と呼ばれる小さな半人半獣の絵（[3] では楽弓を奏でているのではなく鼻笛を吹いているのだと解釈されていて興味深い）で知られた未公開のレ・トロワ・フレール洞窟が存在している．

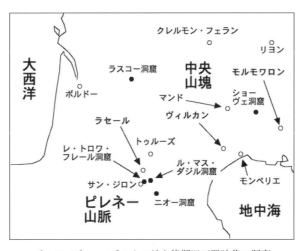

グロタンディークゆかりの地と後期旧石器時代の洞窟

ル・マス・ダジル洞窟はル・マス・ダジル村の南1キロほどに位置する洞窟で，アリゼ川に沿う大きな自然のトンネルの中に入口が作られている．クルマで北側から行けば，トンネルを出たところに広い駐車場があり，ピクニックスペースも用意されていた．大きな観光案内用のパネルを見ると，ル・マス・ダジル周辺には洞窟の他にもドルメン（巨石を並べた新石器時代の遺跡）もあるらしいことがわかった．それだけではない．最近では観光用の天文台やル・マス・ダジル恐竜の森（野外の恐竜博

物館）も建設され，先史学，古生物学，天文学，地質学が学べる「科学の谷」(Vallée des Sciences）として観光開発が進みつつある．ぼくたちのとりあえずの目標は洞窟壁画の見物なので，チケットを購入して，トンネルの中央あたりにある洞窟への入口に移動し，20名程度のグループとしてガイド付きの見物に向った．階段や電球なども設置されていて歩きやすいし，いくつかの部分は展示室にもなっていて，先史時代のヒトの生活などがある程度わかりやすく説明されていたようだが，ぼくが期待したような洞窟壁画はほとんど存在しなかった．この洞窟は比較的見つ

ル・マス・ダジル洞窟南入口（2007年山下撮影）

けやすい場所にあったためか，たとえば，宗教戦争の時代にはプロテスタント難民の避難所のように使われていたりしたせいで，洞窟壁画が消えてしまったのかもしれない．洞窟中央部の「大広間」のような空間で，巨大な壁面をスクリーンにしてラスコーの洞窟壁画などの解説映像が上映されたのが印象に残っているだけだ．

創造性の謎

　松明と顔料を手に真っ暗な洞窟の中に入った「画家」はうっすらと照ら

された洞窟の壁面や天井にビソンなどの動物の絵を描いた．このとき，圧倒的な闇の中に明滅する「画家」の意識によって，「絵画」という「芸術」が創造されつつあるのだと考えたくなる．実際，ラスコーの洞窟壁画が発見されたときに，作家・思想家バタイユはこの壁画に芸術的創造の起源を直観した．また，さまざまな洞窟壁画が人類学者・考古学者のルロワ＝グーランによって詳細に調査され，編年が試みられた．それによると，洞窟壁画の出現は3万年前～2.5万年前までのオーリニャック期（石器時代のさまざまな時期はそれぞれの時期の標準遺跡名を用いて命名されている）とされ，その後，2万年近くをかけてしだいに写実性が向上していったとされていた．つまり，抽象的な線画のようなレベルの絵から，時間の経過とともに写実的な絵に発展していったと考えられていた．

ところが，1994年にショーヴェ洞窟が発見されると，ルロワ＝グーランの説は根底的な見直しが必要になってきた．アルタミラ壁画やラスコー壁画の多くは旧石器時代後期最後のマグダレニアン（マドレーヌ）期（1.9万年前～1.2万年前）の前半ごろに描かれたもので，それなりに編年に成功していたわけだが，ショーヴェ洞窟の壁画は3.2万年も前のものだったりするのに，アルタミラやラスコーよりも写実的な絵が存在していたし，描かれた動物もそれまでの壁画とは異質だった．馬やビゾンよりもリノセロス（犀）やリオン（ライオン）やマムト（マンモス）の方が多く描かれていたのである．ショーヴェ洞窟の登場によって，「芸術はその誕生の時点ですでに高度に完成されており，創造性に満ち満ちている」（[3] p.155）と考えたくなるかもしれないが，それは誕生をどう定義するかによって変化する．数学的創造についても同じことがいえる．「無からの創造」(creatio ex nihilo) や「神的存在からの創造」(creatio ex deo) というようなレトリックの次元に放置したくない「創造性の謎」が残ることは確かにしても，ではどう考えればいいのかとなると悩ましい．いうまでもなく，ガウス，ガロア，リーマン，ポアンカレなどの天才的な業績についても，過去の数学的・数理科学的な流れがあってはじめて出現しえたものにすぎない．つまり，数学的創造は，数学史的側面（文化的側面）と個人史的側面（情緒的・情動的側面）

の相互作用として生まれるものに違いない．通時的側面と共時的側面の相互作用という見方も可能で，この場合には，数学的創造のもつ社会性に注目しているということだろう．そして，通時的側面と共時的側面の「結節点」としての情緒的・情動的な存在としての個人がそれら2側面を生きるという構造になっているのだろう．精神的まどろみを引き裂いて出現する創造性の閃きとしての壁画というような観点からすれば，「無からの創造」に近いイメージにたどり着いてしまいそうだ．しかし，これとはまったく異なる理解の仕方もある．

　たとえば，吉田敦彦は（洞窟壁画を描いたクロマニョン人にとって）「地下の広い空間は，大地の子宮，そして，そこに行きつくために苦労して通らなければならない通路は，大地の産道だった」といい，「母なる大地の産道を通りぬけて，子宮にまで行きついて，その子宮の壁や天井におびただしい数の獣の絵を描くということは，すなわち，その子宮に無数の獣を妊娠しては産み出して，自分たちに与えてくれている，その母神，大地母神のはたらきを，この絵は表現している」と書いている（[4] p.51）．大地母神を大地の作物とのみ関係づければ後期旧石器時代の洞窟壁画の意味の解読に大地母神を登場させるのは不可解だとも思えるが，大地母神は，後期旧石器時代に誕生したとされ，アナトリア半島北西部プリュギアの女神クババ（ギリシア語ではキュベレ）はその流れを汲んだものだと考えられているようなので，こうした解釈もありうる．新石器時代の大地母神は男神（作物の化身）を産んで育てるが，やがて「母子姦」（作物が大地を覆うこと）に及び，収穫時には男神は殺害されて大地にもどる．そして，大地母神はこれを繰り返すというのが新石器時代の神のイメージだったという（[4] p.54）．その後，時が流れて，天地を「無から創造する」ことになる天の男神によって大地母神は退治される（つまり，印欧語族の侵入によって大地母神信仰が抹殺される）運命に見舞われる．グロタンディークの『収穫と種蒔き』にあるような陰陽の言葉を使えば，創造には陰的側面と陽的側面があるということだ．なぜかグロタンディーク自身はそういう表現は使わないが，創造には無意識的側面と意識的側面があるといってもいいだろう．

アスペルガーと創造性

　グロタンディークは，自らの数学的創造体験に思いを馳せつつ自らの心の動きに注目し，『収穫と種蒔き』における瞑想を経て，創造性の本質は陰的側面にこそあると考えるようになった．さらに，『夢の鍵』では，その陰的側面を夢にも似たヴィジョンの出現に拘りながら捉え返そうと試みている．過去を振り返れば，すでにリーマンが，自らの数学的創造体験を踏まえて，「（数学的創造を可能にする）心＝魂とは何か？」という問題に興味を示している．ポアンカレもやはり自分の体験を踏まえて，創造における無意識の役割について興味深い考察を加えている．岡潔がリーマンを好み，ポアンカレの創造体験に深い興味を払っていたことにも注目したい．リーマンは，ヘルバルトに興味をもち，フェヒナーを支持し，心＝魂とは何かを考察し直すことを通して，フェヒナーの心＝魂についての説を数学化・厳密化しようと試みている．また，リーマンは，旧約聖書の創世記に書かれたことが真実だと数学的に証明しようとしていたともいわれる．ヘルバルトは数学的心理学の構築に関心をもち，「数学を心理学に応用することの可能性と必要性」(1823年)や「経験と形而上学と数学に基づいて新しく築かれた科学としての心理学」(1824年)などの論文を書いている．フェヒナーは，死後の世界の実在を説き，大地（地球）や植物も心＝魂をもっていると考え，汎心論的世界観を信じ，ゾロアスター教的な光と闇の二元論についての作品『ツェント・アヴェスタ，あるいは，天とあの世の出来事について：自然観察の観点から』[5]などを書いている．こうしたいわばロマン主義的なフェヒナーは，無意識に関するフロイトの理論（精神分析学）の先駆者のひとりだったとされている．リーマンがこうしたフェヒナーから強い影響を受けていたことを思うとき，ぼくはリーマンに，神学研究や錬金術にも取り組んでいたニュートンに似た（アスペルガーを中核とする）メンタリティを感じてしまう[6]．

　ところで，デデキントによるリーマンの短い伝記を読んでも，アスペルガーかつ不安障害ぎみのリーマンの影を感じることは難しいだろう．これ

は，リーマンの死後に，伝記を書こうとしたデデキントが，リーマンの妻から，正統的なプロテスタントではないと疑われそうな側面や不安障害的な側面については書かないでくれと依頼されていたからだと考えられる．こうしたことは珍しいことではない．たとえば，死後1年目に出版されたザルトリウスによるガウス伝（Gauss zum Gedächtniss）は，ガウスのアスペルガー的な面をかなり隠蔽しているようだ．これはやはりガウスの遺族たち（とくに妻）への配慮が原因だったに違いない．通常，数学的創造はそれを成し遂げた数学者の個性や人格とは無関係だとされているが，少なくとも著しい創造性を発揮した数学者については，それは当てはまらない気がする．自閉症と創造性についての研究で知られたフィッツジェラルドは，アスペルガーと高機能自閉症を合わせた広範性発達障害をHFA/ASPと書き，つぎのように述べている．「HFA/ASPの創造的な人びとは，基本的で根源的な発見に取り憑かれている．彼らは単なる複製にまったく興味がない．それ故彼らは同時代の人びととをまったく顧みないし，社会の価値観に従わない．彼らは現在，今ここでの状況で迷子になる特別な能力を持っており，それは種としてのHFA/ASPの創造性にとって必須条件であるようにみえる．実際，HFA/ASPは純粋な天才の想像力が出現できるために，この世界からの断絶を促進している．」（[7] p.18）かつては，天才を論じるために一定の表面的類似性から統合失調症や双極性障害（躁うつ病）の患者との比較を中心に据えていた．これに対してフィッツジェラルドはアスペルガーを中心に据えている．これはかなりの前進だとは思うが，精神病と発達障害を完全に分離しているところに（いかにも素人っぽい感想なのだが）何となく不満が残らなくもない．統合失調症の薬が双極性障害にも効くとか，テンカンの薬が統合失調症や双極性障害にも効くとか，SSRI（選択的セロトニン再取り込み阻害剤），SNRI（セロトニン・ノルアドレナリン再取り込み阻害剤），エチゾラム（etizolam）などに適応範囲の拡大傾向が見られることなど，精神疾患の単一性を思わせる事態に注目したい．2013年に精神疾患の診断マニュアルが改訂（脱構築）されたが，発達障害を精神疾患の基礎と見ようという姿勢が感じられる．

III 思い知るべき人はなくとも

リーマン予想出現 150 周年

　雑誌『Science』の 2006 年 12 月 22 日号で「ポアンカレ予想の解決」が「今年のブレークスルー」つまり 2006 年の科学の話題のトップに選ばれた．ポアンカレ予想を解決したペレルマン（Григорий Перельман, 1966-）はアスペルガーの典型のようなパーソナリティの持ち主で，フィールズ賞（2006 年 8 月 22 日）を辞退したことで，ロシアの「ワイドショー番組」の標的にされてしまった．2007 年 10 月 22 日（なぜかこれも「22 日」！）には，NHK スペシャル「100 年の難問はなぜ解けたのか 天才数学者失踪の謎」というセンセーショナリズムに彩られた番組が放送された．この番組は 2008 年 6 月に単行本化されてもいる．サーストンやグロモフへのインタビューには興味が持てたが，高校時代の「恩師」を使ったペレルマンへの「善意の押し売り」風景を番組の目玉のように扱っているのはいただけなかった．アスペルガーの場合，「社会への貢献」などが自己目的化することはなく，無理強いしてもペレルマンの心を傷つけるだけだろう．テレビ番組のタイトルには「失踪の謎」とあったが，どういう意味なんだろう．そもそもこの番組の担当ディレクターや統括プロデューサーたちはペレルマンの住まいを知っているのだから，「失踪」という単語は不適切な気がする．ロシアの数学界ではかつて反ユダヤの動きが拡がったことがある [8]．ユダヤ人のペレルマンについて扱うのなら，そうした問題にも言及してほしかったと思う．などと考えているところに，2009 年はリーマン予想出現 150 周年ということで，2009 年の秋を目標にリーマン予想にまつわる NHK スペシャル「素数の魔力に囚われた人々」を企画しているという話が伝わってきたことがある．ぼくはこの企画を聞いたとき，『素数に憑かれた人たち』のタイトルと『素数の音楽』の内容を彷彿とさせるセンセーショナリズムを感じてしまった．ポアンカレ予想の番組の担当ディレクターは「リーマン予想は素数 […] の現れ方の規則性に関するもので，現代のセキュリティ・システムに欠かせないコンピュータの暗号と密接に結びついている．アメリカの大手企業が大量に研究者を雇い，その証明に膨大な資金を注ぎ込んできたほど重要な問題」だと書いている．なんだかデタラメな解説だ．そういえば，

リーマンの墓標と山下（1985 年京子撮影）

『素数の音楽』では，事実に反して，グロタンディークがリーマン予想に挑戦して発狂した人として「面白おかしく」描かれている．ぼくは 2009 年 1 月 9 日にこの企画についての取材を依頼されたが，前回の番組でペレルマンが不本意にも演じさせられた「狂った天才」の役割を隠遁中のグロタンディークが担わされるのではないかという危機感を覚え，「何を考えているのか？」と担当ディレクターに逆に取材したいと提案したところ，この提案は予想通り黙殺された．そういえば，2009 年 4 月にリーマン予想出現 150 周年を記念する国際集会が，リーマンの墓に近いヴェルバニア（イタリア）で開催されようとしていた．NHK も本気でリーマン予想についての番組を作りたいのなら，リーマンの墓参りを兼ねて，この集会の紹介番組でも作ってくれればいいものを．

　ところで，ル・マス・ダジルの洞窟はマグダレニアン後期から中石器時代までの遺跡で，壁画はあまり残っていないのだが非常にリアルな馬の顔の彫像などが発見されている．遺跡で見つかった石器などはル・マス・ダジル村の博物館にも展示されているものの，多くはパリ近郊のサン・ジェルマン・アン・レイにある国立古代博物館（Musée des Antiquités nationales）に移されているようだ．サン・ジェルマン・アン・レイといえば，かつて岡潔

夫妻が親友の考古学者中谷治宇二郎（ルロワ＝グーランの先生マルセル・モースに学んだ）と一緒に暮らした町でもある．

ところで，2014年10月に4万年前とされるインドネシアでの洞窟壁画の発見を告げる論文 [9] が出現した．人間の創造性の起源の地がヨーロッパからアジアに移る可能性がありそうだ．

参考文献

［1］Riemann, Gesammelte mathematische Werke, Springer-Verlag, 1990
［2］土取利行『洞窟壁画の音』青土社 2008 年
［3］港千尋『洞窟へ：心とイメージのアルケオロジー』せりか書房 2001 年
［4］吉田敦彦『不死と性の神話』青土社 2004 年
［5］Fechner, Zend-Avesta oder über die Dinge des Himmels und des Jenseits: vom Standpunkt der Naturbetrachtung 1-3, 1851
［6］Fitzgerald, "Asperger's Disorder and Mathematicians of Genius", Journal of Autism and Developmental Dis-orders, 32(1) 2002
［7］フィッツジェラルド（石坂好樹・花島綾子・太田多紀訳）『アスペルガー症候群の天才たち：自閉症と創造性』星和書店 2008 年
［8］フレイマン（一松信訳）『ソ連数学界の内幕』新曜社 1981 年
［9］Aubert et al., "Pleistocene care art from Sulawesi, Indonesia", Nature 514, 9 October 2014

隠喩的創発性と数学夢

> Le simple fait d'écrire, de nommer, de décrire
> - ne serait-ce d'abord que décrire des intuitions élusives
> ou de simples "soupçons" réticents à prendre forme -
> a un pouvoir créateur.
> 書く，名づける，語るというありふれたことが
> 最初は，捉えがたい直観あるいはぼんやりした
> 単なる「予感」を語るだけにすぎなくても
> やがて，創造への力となる
> ―――― グロタンディーク[1] p.210

デイノニクス

　2007年3月11日（日），ル・マス・ダジルの町にある小さな博物館を見物してから，16:00すぎに，恐竜の森 (la Forêt aux Dinosaures) に向った．18:00にはグロタンディークの家のある村ラセールの民宿に行くことになっていたので，あまり時間的な余裕はないが，恐竜ファンの京子の強い希望で立ち寄ることにしたのだ．ル・マス・ダジルの中心部から東に1キロほどアリズ川に沿って走り，橋を渡ってすぐのところにあるゲートをくぐると受付の建物があった．中には小さなミュージアムショップもあって，レジにいた人によると，この付近では実際に恐竜の化石が発掘されるのだという．日本でも恐竜の化石が発掘されていることも知っているようだった．売店で売られていたのは欧米の自然史博物館などでよく見かける中国製の恐竜のオモチャ，恐竜がプリントされたTシャツ，子供用の恐竜図鑑，それに，アンモナイトの化石などだった．この付近で発掘された恐竜の化石について書かれたパンフレットなどがほしいと思ったが，そういうものはないようだ．この建物を出て森に向う途中のスペースに，映画「ジュラシック・パーク」（1993年）に登場したヴェロキラプトルのような姿に再現されたデイノニクスの実物大模型が置かれていた．京子は，さっそく，これと並んで記念撮影．デイノニクスの足には強力な鉤爪があって獲物の殺傷

に使われたとも木に登るのに使われたともいわれている．デイノニクスという名前も「恐ろしい鉤爪」のギリシア語に由来する．ただし，最近では，手首の動きの自由度が大きく，鳥の羽ばたきのような動きが可能だったとされ，鳥に非常に近い羽毛のある恐竜だったと考えられている．手に羽毛が生えていた証拠だと考えられる規則的な小突起のあるヴェロキラプトルの化石［2］がゴビ砂漠（モンゴル）で発見されて，デイノニクスにも羽毛があったと考えられるようになったのだ．中国の遼寧省西部で発掘された白亜紀前期のミクロラプトルという全身が羽毛で覆われた小さな恐竜が発掘されたことで，デイノニクスもいまではカラフルな羽毛のある姿として復元されるようにもなった．ミクロラプトルはデイノニクス，ヴェロキラプトル，ユタラプトルなどと同じ獣脚類のドロマエオサウルス科に属しているからだ．

　19世紀に発見されて以来，鳥の祖先だと考えられてきた始祖鳥はミクロラプトルやデイノニクスよりもさらに鳥に近いように復元されているが，鳥とは別系統だという説も現れた．というのは，始祖鳥がジュラ紀の地層から発見されるのに対して，デイノニクスは（ジュラ紀よりも後の）白亜紀前期，ヴェロキラプトルは白亜紀後期の地層から発見されているためだ．もしこれらを一列に並べて見ると，時間とともに羽毛が少なくなっており鳥に近いものから徐々に鳥から遠いものに進化してきたようにさえ見える．そこで，作家で古生物学者で数学者（4次元ポリトープ＝ポリコロンに興味を持っており，その側面だけ見れば，コクセターやコンウェイの継承者とも思える）でもあるオルシェフスキーは発想を逆転させて，恐竜から鳥に進化したのではなく鳥から恐竜に進化したのだという仮説（Birds Came First hypothesis）を提唱した．三畳紀後半に樹上生活をしていた小型の爬虫類がいたが，枝をつかむ必要から手が生まれ，4本足から2本の手と2本の足に変化し，ウロコが羽毛のように変化し，さまざまな段階で地上にもどり，結果として，鳥と恐竜の共通の祖先となったということのようだ．この発想はどこか数学者的で興味深い．でも，この仮説を聞くと，ぼくは，始祖鳥の復元図を描いた比較解剖学者でホモロジーとアナロジーという重要な形態概念を考

案したオーエンの脊椎動物の元型（archetype）という思弁的アイデア（に時間軸を加えたもの）を思い出してしまう．そういえば，恐竜（dinosauria）という分類名もオーエンが名づけたものだ．オルシェフスキーのアイデアには（進化論的な発想を別にすると），19世紀前半のロマン主義的思弁生物学（spekulative Biologie der Romantik）の香りを感じる．テキサスの三畳紀後半の地層から発見されたプロトアヴィスが恐竜と鳥の共通の祖先ではないかという人もいるが，恐竜と鳥の起源についての決定的な見解はまだ存在していないらしい[3]．

脱構築としての創造

　思弁生物学といえば，グロタンディークの数学的思考には思弁数学（mathématiques spéculatives）とでもいいたくなるような側面がある．ヘッジファンドのことをフランス語では fond spéculatif ということもあって，思弁＝投機という感じがするが，ぼくは，投機を投企と書き換えて，思弁＝投企と考えたい．投企（Entwurf）はハイデガーが「死に向う存在」（Sein zum Tode）としての人間のあり方を表現した用語で，もともとは，草案，スケッチ，構想，企画などを意味する単語だ．グロタンディークは，自分が何らかの重要な数学的考察をはじめる前に，その時点で存在しているさまざまな考えや理論をザッと展望し瞑想＝熟考を経て，攻略のためのヴィジョン（グロタンディーク自身はこれをヨガと呼んだりもするが，ぼくには数学夢と呼ぶ方がわかりやすい）を生成し，そのヴィジョンをまず文章化することからはじめる．かつて「日の出の勢い」の時代のグロタンディークが，高等科学研究所（IHES）に蔵書が少ないことを指摘されたときに，「高等科学研究所は本を読むためにあるのではなく本を書くためにある」と語ったとか，グロタンディークは他人の本や論文は読まなったとかいわれることがあるが，これはグロタンディークが「歴史としての数学」を必要としていなかったということではない．歴史を無視していては，投企する方向性さえ見えてこないだろう．「この理論はいつ誰がどのようにして構築したか」についての数学史的詳細は（少なくとも隠遁以前の）グロタンディー

クにとっては重要ではなく，どういう定理がどのように関連してどのような理論を形成しているかとか，歴史的に見てどのような問題が重要なのかといった情報さえあれば十分なのだ．セールからヴェイユの代数幾何学方面の仕事の重要性について教えられたときにも，グロタンディークは，既知の事実を詳細に学習することよりも，要点だけを聞いて，あとは自分自身ですべてを脱構築 (déconstruction) することを優先したようだ．脱構築のために必要な限りで，他人の本や論文を読むこともあっただろうが，それよりもむしろ，セールなどから直接教わることによって基本情報を得ていたのである．グロタンディークは基本的には独学で数学を学んだので，「常識」は無視して，つねに自分自身の言葉に置き換えることを大切にした．そうしないと理解できなかったのだろう．集中的な思索を経て，ヴィジョンが生成できると，つぎに，それを客観的に描き出すために新しい用語体系を整備することが必要になってくる．こうして，ある程度ヴィジョンが描けてきたら，先輩や弟子を相手にしてそれを話すなりセミナーや講義で発表するなりするが，これが，ヴィジョンの完成度を高めることになり，創造的思考の定着へと繋がることになるようだ．

グロタンディークのいう「書き，名づけ，語る」ことによる創造への道というのは，代数幾何学の場合をモデルにして図式化すると，情報摂取→集中的思索→ヴィジョン生成→書く（草稿）→名づける（概念形成）→話す (SGA) →教科書化する (EGA) というルーチンの実現にほかならない．これらの各段階はかならずしもグロタンディーク自身の手によって実行されるとは限らない．たとえば，エコル・ノルマル・シュペリュールの学生の中の誰かが，カルタンによって選ばれてグロタンディークの弟子となることを希望した場合，グロタンディークから初期段階のヴィジョンをかなり克明に書いた分厚い草稿（ノート）を手渡される．セミナー (SGA) に出席したり発表を担当したりしながら，草稿を論理的に厳密なものに仕上げるのが弟子たちの仕事ということになる．それが弟子の学位論文となることが多かった．弟子たちは，仕上げる段階で一般化が不十分な抽象レベルの低い議論をしているとグロタンディークから叱られることになる．適切な抽象化

によって，すでに存在するさまざまな議論を最大限統括的に見渡せる視点を得ようということらしい．これは岡潔がベンケとトゥレンのモノグラフによって，当時の多変数関数論全体を「箱庭」的に見渡すことができたことで，投企の方向性が定まったという話とどこかで通底していそうだ（アスペルガーと関係しているものと思われる）．ただ，グロタンディークの場合には，岡潔が具体性（数学的自然）からの遊離を嫌い「自然さ」を好むのとは異なり，具体的な数学的実在からは遥かに遠い地点から非常に抽象性の高い思考（たとえば，圏論的・関手論的思考やコホモロジー論的思考）を展開するというユニークな特徴が見られる．この抽象性は少なくとも形式的に見れば厳密化のために貢献するわけだが，「厳密化のための厳密化」，「抽象化のための抽象化」に堕すリスクも抱え込む．グロタンディークがこのリスクを回避できたのは，初期の数学夢を育んだ母体の隠喩的創発性（émergence métaphorique）のパワーによるものだろう．

隠喩的創発性

ここで，隠喩的創発性に満ちた歴史的流れの例を紹介しておこう（[4]第9章）．ヤコプ・ベルヌイの弾性曲線の研究を起源とするレムニスートの弧長問題や天体の楕円軌道の計算などから「自然に」生まれた楕円積分論は，その後，ファニャーノの結果をヒントにして，オイラーによる加法公式の発見に到る．これはアーベルの，楕円積分を一般化したいわゆるアーベル積分に関する「パリ論文」によって「自然に」拡張され，ヤコビのいう「アーベルの定理」となる．ヤコビはアーベルが楕円積分の逆関数として楕円関数を捕捉したことを真似て，「ヤコビの逆問題」（アーベル積分の逆関数とは何か？そして，アーベルの定理とこの逆関数とのかかわりは？）を提出した．「ヤコビの逆問題」は，リーマンが，1857年に発表した革命的な論文「アーベル関数論」において，ヤコビが考案したテータ関数を拡張して解決した．リーマンはこの論文を書き上げるために過度の集中を必要としたが（この集中が可能になったのは，リーマンがアスペルガーであったことによるものだと思う），その結果，心身のバランスを激しく崩してし

まった．リーマンはヒポコンドリー（現在では身体表現性障害のひとつとされ心気症と訳される）だったとされており，その症状が悪化したということのようだ．この論文で，リーマンは，代数関数と閉リーマン面の深いかかわりについても解明しているが，直観的な議論（位相的な議論やディリクレ原理への依存など）が多く，それが双有理幾何への道を開くことにもなる．リーマンの論文のタイトルにあるアーベル関数というのは，「ヤコビの逆問題」を解く過程で出現する特殊な（複素 n 次元空間上の）$2n$ 重周期関数のことだったが，これは 2 年後のリーマンの成果を経て，（複素 n 次元空間上の）$2n$ 重周期関数一般を指す用語に変身し，多変数関数論と同時にアーベル多様体論の起源となった．リーマンの論文からはさらに，リーマン＝ロッホの定理やイタリア学派の代数幾何学やモジュライ理論なども生まれることになる．最初は複素数体の範囲で議論が展開していたが，リーマン予想（リーマンが 1859 年の論文で提起した予想）の類似品が有限体上の代数曲線についても成り立つのではないかという期待感が発生したことから，かならずしも複素数体に依存しない抽象的な代数幾何学への機運が生まれる．リーマン＝ロッホの定理とゼータ関数の類似品の関数等式が深いかかわりをもつこともわかった．こうした情勢の中で，ヴェイユが抽象的な代数幾何学を建設して，代数曲線の場合にリーマン＝ロッホの定理と代数曲線の対応理論を作り，これを使ってついに，リーマン予想の類似品の証明に成功する．ヴェイユはまた抽象的なアーベル多様体論も建設し，ヤコビ多様体を使ったリーマン予想の類似品の別証にも成功している（これらは 3 冊の本にまとめられヴェイユの三部作と呼ばれている）．ヴェイユはさらに，高次元の場合にリーマン予想の類似品（ヴェイユ予想）を提案し，これがルレーと岡潔の仕事から生まれた層係数コホモロジー論と融合することによって，セールの興味を引き，核型空間論の完成と母の死によって自己投企の方向を見失っていたグロタンディークの心を数学に引き戻すことに貢献することになる．ここからはグロタンディークの疾風怒涛の時代のはじまりとなるが，それはさておき，リーマンの議論の拡張にあたる「ヤコビの逆問題の高次元化」ともいうべき方向（中間次元のサイクル

を巡る問題)への第一歩は，ピカール多様体が握っていたのかもしれない．グロタンディークが計画していた『代数幾何学原論』(EGA)は全部で13章(ユークリッドの『原論』を真似たようだ)からなり，第12章でピカール多様体論の拡張を予定していたことは興味深い．グロタンディークのモチーフのヨーガ(yoga des motifs)や標準予想(standard conjectures)もまたこれに深く関係する「自然な最大限の一般化」の到達点に違いない．グロタンディークの数学夢には，ガロアの理論のポアンカレ的な幾何学化が見せる隠喩的創発性にも支えられている(エタル・コホモロジー論やモチーフ的ガロア理論など)．ついでにいえば，グロタンディークが数学を去るころに，セールなどが「抽象から具体へ」という傾向を強め，モジュラー関数(さらには保型形式)の意義の再認識へと向うようになり，この路線は，ドリーニュによるヴェイユ予想やラマヌジャン予想の解決という成果に結びつき，さらに，モジュラリティ予想(とフェルマ予想)，佐藤＝テイト予想の解決にも結びつくことで，活況を呈するようになる．この流れにも迫力ある隠喩的創発性が感じられる．

　グロタンディークの数学は，リーマンなどに発する「隠喩的創発性」を背景にしていたとはいえ，その手法があまりにも抽象化したことで，グロタンディーク本人以外の目には「抽象化のための抽象化」(アブストラクト・ナンセンス)だと感じられることがあり，グロタンディークを苛立たせることも少なくなかったものと思われる．これについてはグロタンディーク自身にも問題がなかったわけではない．「なぜこのようなことを考えるのか？」「どうしてこのような概念や定義に到達したのか？」についてはほとんど触れないという態度が見られたことも確かだった．ただ，そんな注文をつけるのはいかにもつまらない．アスペルガー(ニュートン，ガウス，ガロア，リーマン，ポアンカレ，アインシュタイン，ラマヌジャン，ウィットゲンシュタイン，岡潔，グロタンディーク，ペレルマンなど)は，そもそも興味のない事柄に触れることが苦手なのだから…．グロタンディークの集中力はアスペルガーに起因するもののはずで，これを矯正しようとするあらゆる試みは集中力を削ぎヴィジョン形成を阻害するだけだ．

グロタンディークの森

　数学夢としては生成されていたものの，なかなか発表されることのなかったモチーフ理論や標準予想に関する話題は，1960年後半には，皮肉を混めてグロタンディーク流 (grothendieckerie) とかグロタンディーク砂漠 (Grothendieck's desert) などと揶揄されていた．グロタンディークの数学の特徴を示すために使われた「自然な非常に大きい一般性」(plus grande généralité naturelle)（[1] p.447）という表現についても，グロタンディークは自分の数学が揶揄されていると感じたようだ．「自然であること」（具体性）と「非常に一般的であること」（抽象性）とは相容れず，人はナチュラリスト (naturaliste) であって同時にジェネラリスト (généraliste) であることなどできないと，グロタンディークは考えた．グロタンディークは（少なくとも1960年代以降）「名づける」という行為には異常なまでに慎重で，数学夢にまつわる直観的・仮想的な概念や理論に対しても非常に注意深く名づけていたという．たとえば，topos, motif, étale, cristalline, champ, dérivateur などがその典型だろう．(schéma という用語はシュヴァレーが使っていたものを，定義を変えて，そのまま利用した.)「ものにつける名前の選定に対する [私の] 極度の関心は，私がそれらのものを大切に思っていることからの必然的な帰結なのである．この場合，名前というのは，本質あるいは少なくとも本質的なある側面を表すものだとみなされている．」(Le soin extrême que j'accorde aux noms donnés aux choses découle naturellement du respect que j'ai pour ces choses, dont le nom est censé exprimer l'essence, ou du moins quelque aspect essentiel.)（[1] p.449）と書いていることからも慎重さが推察できる．

　父の死（アウシュヴィッツに送られ「行方不明」となった）とさらに決定的な意味をもった母の死によって，グロタンディークは，「死に向う存在」としての不条理な自己に目覚めたものの，セールの強力なアシストがあり，投企的行為としての数学的創造へと邁進することができるようになった．ところが，1960年代後半に到って，とくに1968年の5月革命との遭遇以後，自分の数学的創造活動そのものが，感知されはじめた新たな

披投性(Geworfeheit)の中で，本来的な不安(Angst)からの逃避に過ぎなかったのではないかと感じるようになった．こうして，軍事研究費の問題をきっかけとして，高等科学研究所を辞職し，不安の解消を試みるようになる．結局のところ，隠遁もその試みのための手段だった．グロタンディークが実質的に数学界から去って40年になろうとする2008年3月28日に，グロタンディークは80歳となった．そのころから，グロタンディーク流数学のルネサンスを思わせる風が強く吹きはじめたような気がする．2008年夏から2009年のはじめにかけてグロタンディークの数学を巡るシンポジウムが相次いで3か所(ペイレスク，ビュル・シュリヴェット，モンペリエ)で開催され，グロタンディーク流数学の「その後」の発展と物理学(場の量子論，ストリング理論)との相互作用についても論じられた．そういえば，2008年11月に，京都の数学者が代数的サイクルに関する「グロタンディークの標準予想の解決」を主張する論文を発表したが，その後，フェードアウトしてしまったようだ．と思っていたら，シュネプスやロシャクとも縁の深いグロタンディークの遠アーベル幾何(géométrie anabélienne)に関する「グロタンディーク予想」を解決した(これも京都の)望月新一による決定的解決に端を発する望月による宇宙際幾何(inter-universal geometry)の建設とそれによる「abc予想の解決」を宣言する論文が2012年8月に発表された．

恐竜の森ふたたび

　話を恐竜の森にもどそう．デイノニクスの羽毛のない再現模型のすぐ近くに，1920年の恐竜探検隊の発掘中のフンイキを味わうための展示室があり，これを通り抜けたところに恐竜の森が拡がっている．恐竜の森には，木々に囲まれた小高い丘を巡る通路に沿って恐竜の化石のレプリカや恐竜の再現模型(縮小模型が多い)が短い解説とともに展示されている．恐竜学の成果をパノラマ的に紹介しようという分かりやすい野外博物館を目指しているようだが，モンゴルや中国での発掘の成果はあまり反映されておらず，10年以上前の恐竜学かもしれないなどと感じながら，ぼくたちは，森

を散策しつつ，木々の間に隠れるように設置されたティラノサウルス・レクスとギガノトサウルスの頭蓋骨のレプリカ，そして，アロサウルスの全身骨格のレプリカ（これもあった気がする）などを見物していた．やがて，森の中は徐々に薄暗くなる．フラッシュがないと撮影が難しくなるほどだ．全国規模で企画された「博物館の夜」(la Nuit des Musées) には，この恐竜の森も通路に明かりを灯し，展示物をライトアップして，音楽も流して，幻想的な「ナイトミュージアム」に変身することもあるらしい．でも，この時点での客は，ぼくたちの他には，あと数名いるだけだし，森の外はまだ十分に明るいのでライトアップはムリだとあきらめた．それに，ぼくたちは，グロタンディークの住む村ラセールの民宿に向う必要もあった．ということで，17:15 ごろには恐竜の森を脱出した．

参考文献

[1] Grothendieck, Récoltes et Semailles, 1985/86
[2] Turner et al., "Feather Quill Knobs in the Dinosaur Velociraptor", Science, 21 September 2007
[3] Chiappe, Glorified Dinosaurs: The Origin and Early Evolution of Birds, John Wiley, 2007
[4] Fantechi et al, Fundamental Algebraic Geometry : Grothendieck's FGA Explained, AMS, 2005

幻覚とラマヌジャン

> Ist es nur Albdrück einer bangen Nacht?
> Erwachen wir und finden uns vereint?
> これは不安な夜の悪夢にすぎないのか？
> われわれは目覚め，一緒になれるのか？
> ———シュレーディンガー [1] p.413

怒りを歌え，女神よ

　2007年3月11日（日）17:20ごろだろうか，京子はナビの指示に従って運転していたはずなのに，思わぬ路地に迷い込んでしまった．まぁこういうことはときどき体験してはいるが，地図を無視してナビの声に従う京子にブツブツとぼくが苦情をいうと，ナビの声は神の声なので，抗えないのだとのこと．「抗えない神の声」と聞いて，ぼくは，ジェインズの二分心（bicameral mind）[2] を思いだしてしまった．そして，京子に二分心仮説について解説したくなった．これは，グロタンディークの神秘主義的時代（神からのメッセージを聞いたと信じて「人類の解放」について語っていたころ）について考えるときに避けて通れないテーマにも深く関係するはずだ．ジェインズはまず，意識とは何かについて検討し，意識というのは「比喩から生まれた世界のモデル」（mataphor-generated model of the world）だという結論に達する．比喩が可能になるには言語が必要なので，結局，ジェインズは言語が生まれてから意識が生まれたものと考える．そして，かなり確かな翻訳が可能だと考えられる作品の中で世界最初のもの，「怒りを歌え，女神よ」（メーニン・アエイデ・テア）で始まる『イーリアス』を検討すると，「意識というものがな」く，「意識や精神の活動に当てはまる単語もない」ことがわかるという．のちに意識の存在を思わせる単語はあるが，精神活動を意味するものではないというのだ．たとえば，プシュケは血や息を表しており魂のようなものを意味していない．『イーリアス』に出てくる人々には自らの意思がなく，何よりも自由意志という概念そ

ものがない」のだという.『イーリアス』には身体を意味する言葉もない.ソーマはのちに身体を意味する単語になるが,『イーリアス』では「使いものにならなくなった手足」や死体を表す単語らしい.われわれがイメージするような自己意識も心も魂もなかったことになる.

始まりとしての幻覚

　ジェインズは,行動は意識に基づいてではなく「神々の行動と言葉によって開始される」([the beginnings of action] are in the actions and speeches of gods) といい,「英雄が神に対して抱く最も強い感情は驚異の念であり,それはひどく難しい問題の解答が不意にひらめいたときの私たちの感じる種類の気持ち,あるいは,アルキメデスが入浴中に上げた「わかった!」という叫び声に込められた種類の感情だ」と非常に鋭く指摘している.ぼくはこの部分を読んだときに思わず叫んでしまった.ジェインズには強いヴィジョン体験があるに違いないとも感じたのだ.これはつまり,『イーリアス』の時代の人たちは,統合失調症やアスペルガーの人たちが体験することのある幻聴や幻視にそっくりの体験をしていたということになる.統合失調症の患者が体験する幻聴は,あたかも「神の声」のように,抗えない迫力をもって患者に何かを命じたり,非難を浴びせたりしてくるとされる.ぼくのいうヴィジョン体験とも非常によく似ている気がする.(意識的な集中の時期とその後の)「無意識の自動運転」を経て,ヴィジョン体験が出現すると,突然,「これこそ真実だ」という抗えない「確信」に襲われる.(その「確信」を確かめる段階が,数学でいえば「証明の段階」にあたるわけだが,それはまた別の話題になる.)ジェインズは,こういう意味での幻聴や幻視の起源が『イーリアス』の時代にあった精神構造だと考え,それを二分心と名づけた.行動の指針となる幻聴や幻視を生成し,それに従うという精神構造なので,二つの心からなっているというニュアンスを込めて二分心と呼んだのだろう.ジェインズは「従わざるをえない声の存在がまずあってこそ,心が意識を持つ段階に到達しうる」と主張しているが,これは詩や数学の創造プロセスをイメージすれば,妥当な主張だ

と，ぼくには思える．「神の声」とでも表現したくなるような幻聴体験あるいはそれに似た幻視体験は統合失調症だけに特有のものではないことに注意してほしい．ジェインズが『神々の沈黙』を書いた1976年の段階では，アスペルガーという精神疾患はほとんど知られていなかったので，アスペルガーについては何も書かれていないだけだ．ジェインズは，ストレスが強まれば健常者でも「神の声」的な幻聴や幻視を体験することがあると考えているので，まぁ，アスペルガーの場合は，ストレスに対する耐久性が健常者と統合失調症の患者の間にあると考えておけばいいのかもしれない．実際にはそこまで単純に考えてもいいのかどうかとなると怪しいが，ジェインズが「遠い昔，人間の心は，命令を下す神と呼ばれる部分と，それに従う人間と呼ばれる部分に二分されていた」という仮説にたどり着いたとき，右脳・左脳の機能分化に関心がもたれていた時代だったこともあって，神：人間＝右脳：左脳だと考え，「(左脳と右脳の)認識機能の違いは，人間と神の違いを反映している」と書いている．そして，「『イーリアス』や旧約聖書，そのほかの古代の文献に登場する神々からの様々なお告げを精読すると，それ[右脳と神の関連]が裏付けられる」という．二分心というのは「社会統制の一形態であり，そのおかげで人類は小さな狩猟採集集団から，大きな農耕生活共同体へと移行できた」と，ジェインズは考えた．個人のレベルで考えれば，神の起源は親に違いない．社会のレベルでは一定の階層制（ヒエラルヒー）の「上位者」（頂点に王がいる）だと思えばいいのだろう．また，幻聴の起源については，「行動を統制する方法として自然淘汰によって進化した言語理解の一副作用」だったと主張している．面白い発想だと思う．

　ジェインズは，二分心の時代が4000年ほど前に崩れはじめ，それが意識を誕生させることになったと考えている．メソポタミアやギリシアの歴史を観察すれば，それが分かるというのだ．二分心が薄らぐとともに神は遠のきはじめ，祈り，天使，悪魔などが出現したという．「『イーリアス』には隠し事がない．しかし，『オデュセイア』にはたくさんあ」るというのは，「嘘をつけないアスペルガー」にもどこか通じていそうだ．「初めに，声

は天地を創造した」のだが，二分心時代の声を「主観性の萌芽期」に合理化して旧約聖書の「創世記」が誕生したという．ついでながら，「旧約聖書全書の連なりが，私たち人類の主観的意識誕生の痛みを描いた壮大で，すばらしい記録に思えてくる」のはいいとして，「中国の文献は，孔子の教えを記した『論語』によって主観性の世界へ飛び込んでおり，それ以前にはほとんど何もない」というジェインズの見解は明らかに修正を必要としている．白川静の漢字研究の成果によれば，漢字の誕生には呪術的な世界観が深く関係しているという．漢字には「呪能」があるという表現が使われることもある．漢字にまつわる「誕生の秘密」を忘却して合理化するプロセスと儒教の成立がパラレルだったということのようだ．

ジェインズは詩作，音楽，社会制度としての宗教，統合失調症などを二分心時代の名残りだとしている．二分心の衰弱に伴う意識の誕生というジェインズのアイデアは，科学の誕生にも適用される．「科学革命を正確に理解するつもりなら，その最強の起動力は隠された神性の不断の探求だったことを，つねに頭に入れておくべきだ．その意味で，科学革命は〈二分心〉の崩壊に直接由来している．」という見解はおそらく正しいだろう．ピュタゴラスは，二分心の時代の香りを留めていたエジプトやバビロニアで生まれた数学や音楽の流れの中で，数論や音楽理論の起源ともいうべきいくつかの仕事をしたとされている．「ピュタゴラスの数学」についてはどこまでが事実でどこからが伝説なのかも定かではないが，ジェインズは，ピュタゴラスが「失われた「命の不変の拠り所」を，神聖な数とその関係という神学に求めている．こうして数学という科学が始まった」(... when Pythagoras in Greece is seeking the lost invariants of life in a theology of divine numbers and their relationship, thus beginning the science of mathematics) と書いている．数学はそして科学もまた，「二分心の崩壊（衰弱）に対する反応だと解釈できる」([Mathematics and Science too] can be read as a response to the breakdown of the bicameral mind) というわけだ．

グロタンディークと神秘主義

　普通の夢には，統合失調症やアスペルガーに見られる「問答無用」の威力に満ちた幻覚やヴィジョン体験ほどのパワーはないし，ときには夢の中で「これは夢だ」と気づくことさえあるが，グロタンディークは，神秘主義的時代の作品『夢の鍵』において，夢は神からのメッセージだと書いている．（ジェインズにも，幻覚と夢がどう異なりどう似ているのかについて考察してほしかった．）二分心が衰弱して意識の誕生を見てからのことになるが，「神が夢の名で姿を現し，神の意思を告げるという考えが古代［の地中海世界］には広く流布していた」[3]という．グロタンディークの夢についての見解はこうした古代の見解の単なる再発見に過ぎなかったのだろうか？　そうではない．夢に現れた神がやがて現実にも出現するようになり，さまざまな形でグロタンディークの心を翻弄した．グロタンディークの神に託した思いがかなり無理なものに過ぎなかったことを苦痛を伴いつつ学習させられたのだ．こうして，自分の神秘主義的時代が終焉したとグロタンディーク自身が理解できたという事実が重要なのだ．グロタンディークにとって，神秘主義との訣別，つまり，神との訣別は「母の呪縛」からの解放を意味するものであった．思えば，少年時代を過ぎて，「恋するグロタンディーク」の時代になって，母ハンカが強い愛着の対象となり「永遠の恋人」になった．象徴的にいえば，数学の世界に歩みだしても，「母の声」が「神の声」であった．ただし，「創造するグロタンディーク」は別の神を必要とした．数学という神を．1960年代のグロタンディークの大活躍は，「亡き母」の声を数学への没入によって聞こうとする試みだったのかもしれない．その意味では，1960年代のグロタンディークにとって，代数幾何学（あるいは数論幾何学）は「母の声」が消えたことで発生した「母の化身」としての意識のようなものだったのかもしれない．その後，いくつかの現実的試練を経て，「母の声」への回帰と「母の化身」の復活を何度か繰り返した後に，ついに，「母の声」の「実体化」ともいうべき神の出現に到る．強烈な幻覚との対話の季節が訪れたわけだ．この季節の行動パターンだけを見て，「グロタンディークは発狂した（統合失調症を発病した）」というデマが

流されたりしているが，入院して薬物治療を受けたという形跡もない（グロタンディークはハーブなども使ってホリスティックな自己治療を試みているかもしれないが，薬を嫌っているようだ）のに，ラセールに移ってから自分の神秘主義的時代を客観的に眺めるようになったこともある．病識が存在していることを見ても，統合失調症だとは思えない．アスペルガーに強迫性障害などが加わると，ラマヌジャンほどの強烈なヴィジョン体験さえ可能になる．『収穫と種蒔き』や『夢の鍵』が黙殺されたりしたことから来る通奏低音にも似たストレスが，アスペルガーのグロタンディークに幻覚をかなり継続的に体験させたということだろう．モルモワロン（第 2 次隠遁地）からラセール（第 3 次隠遁地）に転宅してからのグロタンディークの研究テーマのひとつが「自由意志とは何か？」（「神の声」からの逃走は可能か？）であったとされていることからしても，グロタンディークが，自己の輪郭がぼやけて二分心的な心理状態に，さらには，解離性同一障害（dissociative identity disorder）的状態にもなったこともあると思われるが，これはアスペルガーでもストレス次第で起こりうる．

ラマヌジャン

　グロタンディークとの比較の意味で，グロタンディークよりも遥かに神秘主義的だとみなされているラマヌジャンについて思いだしておこう．ラマヌジャンの母は，グロタンディークの母に似て，「強迫的で激しい性格」（an intense, even obsessive woman）だとされる．それが遺伝して数学への没入を可能にしていたようだ．ラマヌジャンの父は「影の薄い」人で，幼児教育という面でも圧倒的に母の影響下にあった．グロタンディークの場合には父はアナーキストで逃亡生活に近い状態で母子関係は非常に強固であった．ラマヌジャンは「幼いころから［…］自閉症の徴候を示し，［…］「敏感で，頑固で奇異な子ども」（sensitive, stubborn, and eccentric child）だった［4］．ラマヌジャンの母は「いつも一族の神，ナマッカルの女神ナーマギリ，の名前を称えていた」とされ，ヒンドゥーの神々の物語をいくつも暗誦してラマヌジャンにも聞かせたようだ．サンスクリットのナーマギリが

タミル語化したものがナマッカルで，これはラマヌジャンの故郷の地方名にもなっている．また，女神ナーマギリはヴィシュヌの化身ナラシンハ（半人半獅子）の妻の一人だとされ，ナーマギリの信者はナラシンハも同時に信仰しているようだ．ついでながら，ヒンドゥー教では創造神ブラーマー，維持神ヴィシュヌ，破壊神シヴァを基本的な三神とする（ラマヌジャンの時代にはこれら三神を一体とするトリムールティという考え方があったようだが）．ラマヌジャンの家はヴィシュヌ派のバラモンで，厳格な菜食主義者であった．ラマヌジャンは，高校を卒業するころまでは，単なる優等生にすぎなかったが，卒業前にカーの『純粋数学の基本的結果の概要』(A Synopsis of Elementary Results in Pure Mathematics) を見せられてから，突然数学に目覚め，数学以外のことにはほとんど興味を示さなくなってしまった．この本は，ちょっと見ると，数学の定理や公式を（証明はほとんど省略して）分野ごとに並べた「一覧表」のような参考書にすぎない．第1部（1880年出版，タイトルのPureの部分がPure and Appliedとなっていた）は，数表（99000以下の2，3，5の倍数以外の正整数の最小素因数表など），初歩の代数学と整数論，代数方程式論，平面三角法，球面三角法，初等幾何，円錐曲線（初等幾何的議論），ユークリッド『原論』の概要からなっている．収束性を気にしない無限級数がかなりはじめから大胆に顔を出しておりラマヌジャン的な「無限からの創造」はこれと関係がありあそうだ．グロタンディークもラマヌジャンも大学入学以降はほぼ独学だということでは共通しているが，グロタンディークの場合は「無からの創造」という印象が強い．もちろん，この無限と無とは，いずれも，数学の流れの中に出現したものにすぎないわけだが….カーの本の第2部（1886年，第1部も合本されて出版）は，微分法，級数論，積分法（楕円積分などについても少し書かれている），変分法，微分方程式，差分法，平面座標幾何，円錐曲線（座標幾何的議論で不変式論にも触れられている），平面曲線，立体座標幾何の順にさまざまな結果が並んでいる．複素関数論は欠落している．ラマヌジャンは留学前に，グリーンヒルやケーリーの楕円関数論の本なども読んだらしい[6]．

忘れられている事実

　カーの本(1886年版)には非常に興味深い索引(index)が付いている．これは通常の索引と(さらに進んだ勉強をしたい読者のための)文献案内を兼ねたものだが，さまざまな用語について，それがこの本のどこに書かれているのか，この本に書かれていない場合には，それに関する論文がどの雑誌(英語，フランス語，ドイツ語，イタリア語)の第何巻あるいは何年の巻に出ているかが書かれているのだ．たとえば，モジュラー関数については「An.51」や「J.25」などと書かれている．これはつまり，「1851年の Annali di scienze matematiche e fisiche」や「Journal für die reine und angewandte Mathematik の第25巻」を見よという意味だ(年と巻数が混在していて紛らわしいが一応分かるようになっている)．モジュラー方程式，ガロア理論，楕円関数，テータ関数，超幾何関数，超楕円関数，リーマン面，ゼータ・フックス関数，クンマー4次曲面などのドイツ人好みのテーマについても文献があがっている．ラマヌジャンはケンブリッジのハーディなどと共に独自の数学を開花させていくことになるが，ゲッチンゲンやベルリンの数学に比較すると，そのころのケンブリッジの数学は，厳密化・代数化・抽象化というような側面でかなり立ち遅れていた．もちろん，こうした動向を知るためには，1886年出版というのは「致命的な欠陥」かもしれないが，それでも，この索引にこうした付録的部分が付いていれば，ドイツやフランスの動きを知るための準備にはなる．これは単なる学生用の参考書や公式集にはないユニークな特徴に違いない．しかし，なぜか，ラマヌジャンの伝記ではこの索引の付録的部分については無視されている．「証明のないレベルの低い参考書」にもかかわらずラマヌジャンに強い影響を与えたのは不思議だなどと書かれていたり，わざわざ「学問的には無価値」などとコメントされていたりもするが，そういう伝記の作者はこの索引を見ていないのだろう．もし，ラマヌジャンがこの索引の特徴に注目し，その気になれば，『概要』(1886年版)だけで，あれこれの「高級な話題」についても独習できたはずだ．もっとも，ドイツ語やフランス語の知識もいるし，雑誌を参照しようにも，身近になければ無意味だろうが…．

1904年，ラマヌジャンは地元クンバコナムのカレッジ（Government College at Kumbakonam）に入学すると，『概要』に熱中して，それまでの「優等生」から数学の独習だけに打ち込む「劣等生」へと変身した．おかげで奨学金を打ち切られ，現実逃避的な家出を敢行．1906年にチェンナイ（旧マドラス）のカレッジ（Pachaiyappa's College）に入学しなおしたが，ここでも，数学に集中しすぎて，やはり挫折．数学の「漂流者」となったラマヌジャンは1904年から1907年にかけて，カーの『概要』を読みつつ，見つけた新しい事実を（後に有名になる）『ノートブック』に書き留めている．その後，バラモン階級の知人などからの支援を受けつつ数学の独習を進め，1911年に最初の論文を出版した．また，これによって，1912年にチェンナイで事務員として就職することができ，母の人選ですでに結婚済みの妻ジャナキとの共同生活をスタートさせたものの，1913年にハーディに書いた手紙がもとでケンブリッジに（単身で）留学することになった．自己管理ができないことと菜食主義などが原因で病気になり，1919年3月にインドに帰国し，1920年4月に32歳で死亡した．

　ラマヌジャンはどことなく女性的な体形で，性同一性拡散（Gender Identity Diffusion）というアスペルガーの特徴を示していたとされ，妻とはセックスレスで生涯童貞だったと推定されている[5]．グロタンディークにも性同一性拡散が見られたが，性的にはアクティブだった点がラマヌジャンとは異なっている．これは，母親の気質と母子関係の差異によるものだ．夢と数学的創造が深く結びついていた点は，ラマヌジャンとグロタンディークに共通だ．ラマヌジャンは，血の滴る夢（女神ナーマギリの夫ナラシンハの出現を意味する）を見ると「もっとも複雑な数式が書かれた巻き物がぼくの面前で開かれたものだ」（scrolls containing the most complicated mathematics used to unfold before his [=Ramanujan's] eyes）と語ったという（[4] p. 281）．これはいうまでもなく，ラマヌジャンが自分のヴィジョン体験を語ったものである．過度の集中の後に，「無意識の自動運転」を経て，「正解」がヴィジョンとして出現するときに，幼少時から母に指導されて信仰してきた女神ナーマギリが半人半獅子の神ナラシンハが食い殺す悪

魔の血の滴りとともに「正解」を開示してくれたものと考えたとしてもそれほど不思議なことではない．アスペルガーに伴う幻覚の一種にほかならない．いわば，ラマヌジャンは，女神ナーマギリの見せてくれるヴィジョンや聞かせてくれる声に従って数学を創造していたようなものだ．ラマヌジャンがアスペルガーであることは妻へのインタビュー結果 [6] とも矛盾しない．フィッツジェラルド [5] は，ラマヌジャンがアスペルガー (HFA/ASP) の「診断基準に合致することは疑いがない」とし，スキゾイド・パーソナリティ障害 (Schizoid Personality Disorder) でもあったと考えている．

参考文献

[1] Moor, Schrödinger, Cambridge University Press, 1989
[2] Jaynes, The Origin of Consciousness in the Break Down of the Bicameral Mind, Mariner Books, 1976　柴田裕之訳『神々の沈黙』紀伊国屋書店 2005 年
[3] 竹下節子「夢と啓示のパラドックス」『イマーゴ』1995 年 5 月号
[4] Kanigel, The man who knew infinity, Macmillan, 1991
[5] フィッツジェラルド（石坂・花島・太田訳）『アスペルガー症候群の天才たち』星和書店 2008 年
[6] Ramanujan : Essays and Surveys, AMS, 2001

ラセールの日々

C'est cette minute d'éveil
qui m'a donné la vision de la pureté!
— Par l'esprit on va à Dieu! Déchirante infortune!
この目覚めの瞬間だ
純粋さのヴィジョンを見たのは！
エスプリによって人は神に触れる！ 悲痛な不幸よ！
————ランボー [1]

神父への手紙

　2007年3月11日（日）17:55ごろ，ぼくはグロタンディークの家のある村ラセールに舞い戻ってきた．ラセールの民宿の部屋が取れたので，1泊してみるためだ．民宿には18:00に行くことになっていたが，場所がわからない．そのとき，神父（司祭，prêtre）がクルマの近くを通りかかった．京子が「民宿〜はどこでしょう？」と質問し，「ああ，その民宿ならその道をあっちに曲がって真っすぐのところだけど」という感じで教えてもらってから，「並んで記念撮影させてもらっていいですか？」といった．このとき，神父は笑顔で「はい．いいですよ」といい，脱いでいた黒い帽子をかぶり，手に持った聖書を強調するようなポーズまでとってくれた．そのあと，京子が時間を気にして，「6時までに民宿に行かないといけません」といったが，神父は気楽に「大丈夫．あそこならよく知っているから遅れても問題ないよ」などと応答．ちょうどそのとき，午後6時を告げる教会の鐘が鳴ってしまった！この鐘の音に合わせるように通りに現れた数名の女性たちが珍しそうにぼくたちの方を見ていた．神父がその女性たちと挨拶を交わすと，女性たちはぼくたちにも，よく聞き取れないフランス語で少し話しかけてきた．神父を強く意識した「よそ行き」の喋り方だった．先日，ラセールを訪れたときには「不審者」を見る目で監視されているような印象もあったが，神父と話していたせいか村人たちの

III 思い知るべき人はなくとも

ラセールの教会の神父(2007年山下撮影)

視線が変わったようでうれしかった.

　その後,神父はぼくたちに「どこから来たのですか？」と聞き,「日本からです」と応じると,「そこの民宿に泊まるだけですか？」というので,「ぼくたちはこの村に住んでいるアレクサンドル・グロタンディークに関心をもっています.かれをご存知ですか？」と聞いてみたら,「わたしはかれのことを個人的には知りません.というのも,かれは以前からあの家に住んでいますが,村の誰とも会いたがらないからです.あるとき,わたしがかれに手紙を書いて,面会したいといったら,あなたは誰でなぜわたしに会いたいのかと聞かれたので,長い手紙を書いたことがあります.このことは村のみんなが知っています」と語りはじめた.ぼくが「そうなんですよね.かなり難しい人のようですから」というと,神父はよほどストレスが溜まっていたのか,誰かもよくわからないぼくたちに「愚痴」をこぼしはじめた.神父はなぜグロタンディークに面会を申し出たのか,それがきっかけでなぜ長い手紙を書くことになったのか,そしたらグロタンディークがどういう返事をよこしたのかを説明しはじめたのだ.神父は,「かれがどういう人なのか(注：有名な数学者だということなのか,付き合うのが困難な人だということなのか,あるいは,その両方なのかは不明)というのは,この村の誰もが知っ

ています．去年，かれの家が火事になりました．そして，消防車や警察がやってくる大騒ぎになったのですが，かれは消防士や警官さえ家に入れようとしなかったのです．それでわたしはムッシュ・グロタンディークに手紙を書いて面会したいと申し込んだわけです．そしたら，なぜ会いたいのか，あなたがわたしに会いたいという理由があるのか，といわれてしまいました．で，また手紙を書いて会いたい理由を説明したのです．村の誰もがムッシュ・グロタンディークがどういう人かを知っていますが，かれは村の誰とも口をきかないし会おうともしません．ですから，村人たちもかれの家が火事になったときに助けようとすることさえできなかったのです．というのも，かれは誰にも助けてほしいとは（普段から）いわないですから．にもかかわらず，かれから来た2通目の手紙は非常に厳しいものでした」と語った．

そこでぼくが「もし可能なら，そのときのグロタンディークの手紙を見せてもらえないでしょうか？」と聞いてみたところ，意外にも，「見たいのですか？いいですよ．こっちに入ってください」といって教会に併設された司祭館（presbytère）と思われる建物に案内された．ラセールは小さな村なのに，小教区（paroisse）の中心になっているということだろう．中に入ると，パソコンが見えた．グロタンディークのことはこのパソコンを使えば簡単に知ることができる．テーブルの置かれた部屋で椅子に座って待っていると，神父が問題の手紙を持ってやってきた．そのとき，ぼくがビデオカメラを手にしていたので，神父は思いだしたように「ところで，まだ聞いていなかったですが，あなたたちは誰で，目的は何なんですか？」と聞かれてしまった．そういえばまだまともに自己紹介もしていなかった．ぼくたちは，グロタンディークが元気で暮らしているかどうかを直接確かめたくて，日本からグロタンディークに面会しようと思ってやってきた者で，先日，短時間だが運良く面会できたことを告げ，いま神父から外で「過激な手紙」があると聞かされたので，その手紙を見せてほしくなったのだと正直に伝えた．神父はぼくたちの説明に理解を示してくれ，グロタンディークの手紙を開いて見せてくれた．ただ，ぼくのフランス語力では，グロタンディークの手書きの手紙をその場ですぐに読み取ることは難しい．

「あとからテイネイに読んでみたいので，撮影させてもらえませんか？」と聞いたところ，「手紙の撮影は困ります．フランスのメディアに流れたりしたら数学者たちにも知られることになるでしょうから」とのことだった．フランスの数学者たちにこの手紙を見られて，ネットで流されることを嫌ったのだろうか．神父がラセールに住むグロタンディークが有名な数学者だという事実をはじめて知ったのは，間接的にではあったとしても，この村を訪れた数学者たち（たとえば，シュネプスやロシャクなど）からだったのかもしれない．その数学者たちから自分たちが情報源であることをグロタンディークにはいわないでほしいと「口止め」されていたのかもしれないとも思ったが，あえて聞かなかった．ぼくは，とりあえず，「わかりました」といって，撮影をあきらめた．神父が手紙をテーブルの上に開いて置き，「フランス語で書かれた手紙は読めますか？」と聞くので（グロタンディークの手書き文字は非常に「読み取りにくい」こともあって）「ちょっとだけ」と答えたところ，親切にというか意外なことにというか，神父は手紙を音読して聞かせてくれた．何度も読み返したせいか，流暢な音読だった．

手紙の「再現」

ぼくは，帰国後に，フランス語の通訳でもある辻由美（翻訳家・作家）の親切な全面協力を得て，このときの手紙の内容を「再現」してみた．まず最初の手紙，神父がグロタンディークに面会を求めた手紙に対するグロタンディークの返事から（手紙の日付は記憶にないが，事情からして2006年2月の可能性が強い）．

> 小教区の信徒でないわたしに関心をもっていただいたことに感謝いたします．（面会したいというお申し出に）お答えする前に，わたしの名前とわたしがここにいることを誰からどのような経緯でお知りになったのかについてお教ください．また，わたしが完全な孤独の中で生活することを決意し，原則として誰とも面会しないことを，多分，

ご存知でありながらわたしに面会を求めておられるのは，この村の住民たちを訪れるのとは別の動機によるものなのかどうかについてもお教えください．お返事をお待ちします．

敬具

そういえば，ぼくと京子がグロタンディークがバラの剪定のために庭に出てきてバラの垣根ごしに話しかけたときにも，グロタンディークから同じようなことを質問されたのを思いだす．「誰にも会いたくないと公言しているのに，なぜ会いたがるのか？」と聞かれるとたしかに困惑した．1991 年の第 3 次隠遁以前のグロタンディークでは考えられないような意外な反応のせいでもある．このときは，ぼくが応答に窮していると，京子が「元気に暮らしておられるかどうかが気になって訪問しました」と応答してくれた．そして，「純一が書いた小さな本『グロタンディーク：数学を超えて』をプレゼントしたかったのです」ともいい，こういうときのために持参していたこの本をクルマから取ってきてグロタンディークに手渡したのだった．昔，ぼくの本『ガロアへのレクイエム』をグロタンディークにプレゼントしたときには，目次と序文と概要を翻訳して付けたので，今回も同じようなものを用意しておくべきだったが，面会が叶うかどうどころか，隠遁先が発見できるかどうかさえわからなかったので，とりあえず本だけを持参していたのだった．

それはともかく，グロタンディークには，直接面と向うとつい「いい顔」をしてしまう（和魂化する）傾向があるのかもしれない．これがトラブルの原因になることもあったようだ．ひょっとしたら，グロタンディークは自分のこの傾向に気づいていて，直接会って話したり電話で話したりすることは避け，なるべく手紙で気持ちを率直に（といっても皮肉っぽい調子であることも多い）表現するようになったのかもしれない．そのために手紙になると荒魂的印象を与えてしまうのかも．それはともかく，この手紙をもらった神父は，長い返事を書いたのだという．神父自身の書いた手紙は見せてもらわなかったので，その内容はまったくわからないが，辻は，「なぜ面

会しようとしたのか？」というグロタンディークの質問に，神父がたとえば，「神の御心のままに」(À la grâce de Dieu) とでも書いたのではないかと想像している．ただ，ぼくたちがこの神父と話したときの印象では，非常に気さくな人柄のようで，そのような「よそよそしい」表現を使いそうな感じではなかったが，いずれにせよ，神父の返事に対するグロタンディークの応答は極めて過激な内容に満ちていた．手紙の日付は，グロタンディークの家が火事になったのが 2006 年 2 月 6 日だったということからすれば，2006 年 2 月（何日かは未確認）だと考えるのが自然だ．でも，（神父と話した時点から見ると）1 年以上も前の手紙だということになり，神父が通りがかりの旅行者に「愚痴る」ほどの「新鮮さ」はないようにも思える．この手紙はぼくにとっては非常に解読の難しいもので，再現の「精度」は十分に高くないかもしれないが，辻の指導に基づいて，とりあえず，「再現」してみよう．

> 神父様．どんなことでもすぐに知れ渡ってしまうこの村のことですから，去年の 2 月 6 日の火事の後で，わたしが 3 日間連続で，厳しい寒さにもかかわらず，外で寝るしかなかったことを知っておられたものと思います．あなたを私のところに行かせた方（＝神）は，わたしがかなり前から知っている方です．その方がそのときに，わたしにやさしい言葉をかけ，毛布や暖房装置や防寒服などの支援がわたしに必要かどうかを，わたしに尋ねてみるようにおっしゃらなかったことは残念です．もし，あのときに，あなたがわたしにそのような対応をしていてくれていれば，わたしはうれしかったですし，あなたは，あの大変だったときに，わたしに人道的な支援を行ったただひとりの人間となったはずです．わたしもよく知っているイエスは，内面の冷たさを外面的な愛想のよさで隠したこの村を，迷うことなくソドムとゴモラの運命に結びつけたことでしょう．イエスのように執念深くないわたしは，あなたが恥じて，あなたを差し向けた方のこととあなたの聖職者としての良心のことを，イエスが嫌悪したパリサイ人に対する言葉のように情け容赦のない言葉をあなた自身が聞く日（あなた

が自らの行いを悔いる日？）が近いに違いないと思い自分を慰めています．（Moins vindicatif que Jésus, je me réconforte de savoir que le Jour est proche ou vous aurez honte et rendez compte devant vous-même sans indulgence de celui qui vous envoie et de votre bonne conscience sacerdotale, tel le pharisien honni par Jésus.）わたしはというと，攻撃を受けたときに自分を守るために反撃しようとするわたしの友，植物や動物，の行動を，毒蛇という友のそうした反撃のための行動をも，立派なことだと思っています．これは秘密の手紙ではありません．もしよければ，説教のときに（信者たちの前で）読んでくださってもかまいません．また，この手紙には，この村やあなたについて，十分に考え抜いた上でのわたしの見解が書かれています．教会の扉のところに貼り出してくださってもかまいません．

手紙へのコメント

　グロタンディークは「火事の後で，わたしが3日間連続で，厳しい寒さにもかかわらず，外で寝るしかなかった」と書いているが，厳密には「家の外」ではなく，屋根や最上階（3階）が火事で焼けたので，星空の見える家で寝たということかと思われる．この期間中，どうしても必要ならグロタンディークは，たとえば，この村の民宿やサン・ジロンなどのホテルに避難することも可能だったはずだ．公共交通機関はないが，電話でタクシーを呼べる．また，この火事はグロタンディークの家の暖房設備の煙突からの失火で，責任は煙突掃除を怠ったグロタンディークにあるようだ．火事などは極めて珍しい村で，しかも，グロタンディークは消防車が駆けつけたときに消防士や警察官が家に入ることに反対した（が結局は無理に突入された？）とされ，一時は隣家への延焼が危惧されたようで，村の「調停役」でもある神父がグロタンディークに「どういうことか」と確かめようとして面会を申し入れたものと思われる．さらに，村人はグロタンディークを一切支援しなかったわけではなく，屋根の修理を助けたと聞いている．ぼくが

見たときには屋根の一部が新しくなっていたので，その部分が焼け落ちて，修理されたものと思われる．

　グロタンディークが神を「かなり前から知っている」と書いているのはどういう意味だろう？　子供のころにブランケネーゼ（当時はハンブルク郊外の町だったが現在はハンブルク市内の町）で寄宿舎に入っていたときに，そこの主人がもと牧師だったことや，ル・シャンボン・シュル・リニョンで通っていた高校が牧師によって設立されたものだったことと関連して，「子供のころから親しんだ神様」というくらいの意味なのか，かつてグロタンディークが神を身近に感じていた時期があったことを意味しているのか，定かではない．ただ，グロタンディークは自分の神秘主義的時代（＝「神との対話」の季節）は終わったと証言したこともあり，それを信じると，神父への手紙なので，神父側の論理（＝カトリックの論理）を駆使して批判しようと試みている可能性もある．グロタンディークがラセールに転宅してきたのは1991年夏なので，神父がいつからこの小教区を担当しているのかわからないが，2006年なり2007年にもなってはじめてグロタンディークに面会を求めるというのは，考えてみれば，不思議なことかもしれない．15年以上も小教区内の家にいる人物なら，隣り近所の信者の口から，あれこれの情報が神父に伝わり，グロタンディークの名前や素姓がある程度わかっていたはずだ．にもかかわらず，それまで神父がグロタンディークと面会しようとしなかったのは，とくに問題を感じなかったからに違いない．やはり，グロタンディークの家が火事になって，村中に知れ渡り，とくに近所の人たちが不安を感じはじめたことが，神父がグロタンディークに面会を求める決定的な原因になったようだ．そういえば，神父はぼくと話したときに「わたしはカトリックの信者でなくても友情を持って接しています」と語っていた．15年以上も無関心だったとすれば，「友情の証し」にはならないだろうが，この神父はまだ若いようなので，最近この小教区の司祭になったばかりだという可能性もありそうだ．

　グロタンディークがこの手紙の中で触れている神の怒りに触れて「硫黄の炎」によって焼き尽くされたとされる「淫欲と悪徳の町」ソドムとゴモラに

ついての話(『旧約聖書』の「創世記」に書かれている)を聞くと「ええっ」と思うことがある．神に従順なロトとその二人の娘は神によって救われたのだが，その後，この娘たちが父のロトを酔わせて父の子を身ごもったことになっているのは理解に苦しむ．このころは，娘から父親に向けての生殖目的に「限定」されたは淫欲の罪には含まれなかったのだろうか？ それとも，神の怒りは恣意的なものなのだろうか？ 悩ましいかぎりだ．グロタンディークが「ソドムとゴモラ」について語るのを聞くと，ぼくは，グロタンディークがかつて『アンセストの称賛』という「過激な詩的作品」を書き，1991年にその大半を焼き捨てたとされる事実とダブらせないではいられない．村人たちのグロタンディークへの対応が，グロタンディークにとって「ソドムとゴモラ」を思わせるのだとしたら，村人たちから見たグロタンディークの対応も「ソドムとゴモラ」を思わせる可能性がある．愛を重視するキリスト教の立場からすれば，隣人との面会(愛による呼びかけ)を拒否して孤独を選択することが罪である可能性さえありそうだ．しかし，そうすると，自由意志を持った者が抑圧される危険性が生まれてくる．このあたりは孤独の中でグロタンディークが深く思索しているテーマの一部なのかもしれないが….

　京子が，グロタンディークの家のもとの家主だった隣家の女主人に話しかけたところ，初対面のときはいかにも警戒心が感じられたが，話しているうちに打ち解けて肩を抱きあうほどになって，記念撮影もした．ぼくたちがグロタンディークと話しているのを見ていたその女性は「よかったねぇ」といって喜んでくれていた．(こうした情報が，日曜日のミサのときにでも神父に伝わっていて，それがぼくたちへの神父の愚痴を誘ったのかもしれない．)ぼくの感触では，この村の住人はソドムでもゴモラでもなく，明らかに，普通の田舎の人だった．グロタンディークがもし，隣人たちともう少し打ち解けて接することさえできれば，何の問題もなくなりそうだし，神父も同じことを考えたに違いない．しかし，おそらく，思索を深めるために孤独を徹底的に追求しているグロタンディークにとってその選択は不可能なのだろう．ぼくが「そのようなグロタンディークを狂っていると思いますか？」と聞いたところ，神父は「わたしはそのような表現を使い

たくない」といった．誰かを狂人扱いすることは，その人物の排斥に繋がり，明らかに愛のある行為ではないからだろう．

グロタンディークは，ラセールの村人を偽善的なパリサイ人（イエスと対立したユダヤ教の主流派であるファリサイ派）にも喩えている．『新約聖書』によれば，イエスはたとえば，このように述べたとされる．「律法学者と偽善的なパリサイ人たちよ，あなた方にわざわいあれ．あなた方の外側は美しい白い漆喰を塗った墓のようであるが，その内側は，死骸の骨や腐敗物があるのみである．あなた方もこれと同じで，外見は正しく見えるが，心の中は神に対する偽善と不服従があるのみである．」(Malheur à vous, spécialistes de la Loi et pharisiens hypocrites! Vous êtes comme ces tombeaux crépis de blanc[e], qui sont beaux au-dehors. Mais à l'intérieur, il n'y a qu'ossements de cadavres et pourriture. Vous de même, à l'extérieur, vous avez l'air de justes aux yeux des hommes, mais, à l'intérieur, il n'y a qu'hypocrisie et désobéissance à Dieu.)（[2]マタイ伝 23：27-28）

神父によると，村人たちはもともとグロタンディークと仲良くしていたのに，あるときグロタンディークの態度が急変して，村人たちもグロタンディークを敬遠するようになったのだという．この「態度の急変」の原因としては，グロタンディークが有名な数学者だということが村人たちに知れ渡って，村人たちの対応が微妙に変化したことが考えられなくもないが，「真実の日」（1996年10月14日）が来なかったことと関係している可能性の方が高そうだ．「わたしの友，植物や動物」については，ぼくと話したときにも，グロタンディークは「自分の友達は動物や植物だけだ」といって庭に植えられているあれこれの植物を指差していた．手紙での喩え話からすると，グロタンディークは周囲の人たちが自分を攻撃している（仕事を妨害している？）と感じているのだろうか？そして，神父への手紙は身を守ろうとする「自衛的反撃」なのだろうか？

参考文献

[1] Rimbaud, "L'impossible", Une Saison en Enfer, Éditions Axium, 1969
[2] La Bible du Semeur: http://www.biblegateway.com/

ラセールを歩く

Pour prouver que je suis meilleur ou pire
Je n'ai besoin de personne
J'ai aussi fermé la porte
より良いかより悪いかを明らかにするために
私は誰かに会う必要はない
だから私はドアを閉めた
————アルディ[1]

民宿に泊まる

　2007年3月11日（日）18:50ごろ，ぼくたちはグロタンディークの家のある村ラセールの教会の神父に別れを告げて，予約済みの民宿（Haras Picard du Sant）に到着した．ここで，民宿と呼んでいるのは，フランス語のジト（gîte），つまり，農家などがおもにバカンス客用に貸す自炊設備と宿泊設備を備えた部屋のことだ．ラセールの民宿の場合，モダンな農家という印象の母屋とその向いの山荘風の家からなっている．母屋はその一部分を民宿として使い普段は普通の生活の場としても使われている．まず，母屋の方で民宿のオーナーに会い，どの部屋を借りるかの相談に入った．このオーナーはニューヨーク暮らしが長かったとかで英語がよくできるので助かった．アメリカ的な生活が嫌になり離婚して帰国し，フランス人と再婚して母親とともに暮らしながら，広すぎる家を民宿にしているということだった．オーナーに案内されたのは山荘風の家の方で，玄関を入るとまず大きなリビングルーム（salon）があった．いくつかの部屋を見せてもらっているうちに気分が変わり，電話で予約した狭い部屋はやめて，結局，一番広い部屋を選ぶことになってしまった．本来は4人部屋ということのようで，気泡噴射装置（jacuzzi）のついた円形の大きな風呂まで自由に使えるのには驚かされた．スキーのシーズンも終わり，夏のバカンス・シーズンには遠かったので，閑散期にあたるらしく，客はぼくたちだけだった．リビングルームに自炊用の台所と食卓とソファーセットと大型液晶テ

レビがあるのはまぁ当然として，古典的な暖炉まであったのはうれしかった．もっとも，現代的な暖房装置（エアコンではなくスチーム方式）が付いているので，暖炉は飾りのようなものらしいが，オーナーに使い方を聞くと，新聞紙を丸めて置き，その上に薪をおいて実際に火を付けてみせてくれた．「使うときは，これを開けて」といいながら，おそらく煙突への通路を開放する方法も教えてもらったのだが，あとからまた火を付けてみたときにはそれをすっかり忘れていて，部屋に煙が充満するハメになり，そのせいで，ぼくは，グロタンディークの家が火事になったときのことを想像してしまった．あわてて開けたが，火が消えたら閉める必要があるのに，それを忘れていて，温度が下がりはじめて気が付くというありさまだった．それはともかく，暖炉付きの広いリビングルームと自炊用の台所（朝食と夕食の食材と無料のワイン付き）と大きな風呂と洗濯機と立派なベッドの他にテラスまであって，宿泊料金は2人で54ユーロ（このころ円は安かったがそれでも8600円程度）というのだからうれしい．

グロタンディークの家まで歩く

翌朝はまだ薄暗いうちに目が覚め，寒さに負けずに，民宿の近くを散歩してみたが，ぼくたちが歩くと，あちこちの家の犬が出てきて吠える．そうすると，犬の飼い主らしき人が出てきて「うさん臭い顔」でぼくたちを眺める．そのたびにぼくたちは，「疑い」を解消するべく，彼らに話しかけるわけだが，民宿の宿泊客だということを告げればまず問題はないようだった．民宿の飼い犬，ロクサーヌ（Roxanne）という偉そうな名前の黒いメスのラブラドル・レトリバーが，ぼくたちを見つけて寄ってきたので，ロクサーヌをよく知っている住民たちは，何もいわなくても，「ああ，民宿に滞在中の人ね」のような反応をみせることもあった．ロクサーヌは不思議なほど愛想がよくて，ぼくたちが民宿の客だとわかっているようだった．07:00すぎに民宿にもどって，テラスに出てみると，快晴だったこともあって，母屋の屋根ごしに雄大な雪のピレネー山脈がきれいに見渡せた．まだ村にはほとんど動きがなく眠っているようだったので，グロタン

ディークの家の付近を散策してみたくなった．朝食をすませてから民宿を出て左に進み，グロタンディークの家を目指して歩くと，村はまだ，鳥の鳴き声しか聞こえないような静けさに包まれていた．気持ちのいい朝だ．道の両側に散在する10軒に満たない家を通り過ぎてから右折し，さらに小学校の前を通り家を数軒過ぎた右側にグロタンディークの家がある．村の境界線の手前の位置だ．どの窓もヴォレ（volet, 鎧戸）は開いていた．ただし，窓の向こうにも庭にも人の気配はなかった．もし，グロタンディークが庭にでもいれば，隣りの家の敷地内から話しかけるつもりでいたが，家の中にいたのでは難しい．グロタンディークは突然の訪問者に対して応対のために出てくることはないとされているからだ．すぐに気づくことだが，グロタンディークの家と隣りの家はL字型にくっついている．これはもともと1軒の家だったのだが，グロタンディークが借りて住んでいたときに持ち主が亡くなり，家を相続した新しい持ち主が売却しようとしたので，グロタンディークが買い取ることになったのだと聞いた．グロタンディークの家の窓（正確には道路から見える面の窓）は東南東の方向を向いているようだった．ということは，グロタンディークの窓から見るピレネーは，民宿のテラスからの展望とくらべると，やや東側の山並みが見えることになるはずだ．このあとぼくたちは教会に向って歩いた．教会の裏の墓地の端に立つと，グロタンディークの家の屋根らしきものが見えた．教会を出て民宿にもどろうとすると，ちょうど教会の前の道路を集団登校する小学生たちに遭遇してしまった．誘導している男性（先生だろうか）がぼくたちを見つけてなぜか英語で話しかけてきた．子供たちにも英語を使わせたいようだったが，子供たちは恥ずかしそうにしていたのが印象的だった．

ロクサーヌからボビーへ

その後，ぼくたちは民宿をチェックアウトしてから，すぐ近くにある小さな牧場にでかけて馬の飼育風景を見せてもらった．ピレネーとアリエージュにはメランス（Mérens）と呼ばれる小型ながら屈強な黒い馬がいる．ニオーの洞窟壁画にも描かれているほどの古い種で，ナポレオンがロシア遠

征に使ったともいわれる．この牧場で飼われているのもメランス馬であった．アルプス地方では山羊や羊を放牧するのに夏は山の上に連れていき冬になると麓の村に連れもどすという方式が取られていた．これはトランジュマンス（transhumance）と呼ばれている．ピレネーではかつて，馬や牛もトランジュマンスしていたらしい．ピレネー地方で，この放牧文化とともに生まれたのが大型の「ピレネー犬」(chien de montagne des Pyrénées)，ピレネー地方ではパトゥー（patou），英語圏や日本ではグレート・ピレニーズ（Great Pyrenees）と呼ばれる犬であった．ピレネーに登ると「羊飼い」たちと一緒にグレート・ピレニーズが活躍しているのに出会うことができる．正直にいえば，ぼくは犬にも猫にも無知で，グレート・ピレニーズといえば「白い大型犬」の代表のようなものなのに，民宿のロクサーヌ（ラブラドル・レトリバー）を「黒いグレート・ピレニーズ」だと思っていた．ラブラドル・レトリバーのラブラドルというのはカナダの地名で，レトリバー（retriver）というのは猟のときに仕留めた獲物を捜して回収する（retrieve，フランス語の「取りもどす」retrouver が英語化したもの）ための犬という意味らしい．日本では盲導犬として使われることが多いようだ．ことのついでに調べてみると，日本で有名な大型犬としては，ラブラドル・レトリバー，グレート・ピレニーズ，セント・バーナードなどが人気だ．「アルプスの少女ハイジ」に出てくるヨーゼフがセント・バーナードである．スイス・アルプスのグラン・サン・ベルナール峠の宿泊所（hospice du Grand Saint Bernard）で遭難救助犬として使われていたところからきた名前（の英語版）のようだ．「フランダースの犬」のパトラッシュもセント・バーナードだったかな，と思っていたが，これは原作ではフランドル（英語ではフランダース）の黒い牧羊犬（ブーヴィエ・デ・フランドル，bouvier des Flandres）だったのを日本のアニメが白っぽいブチの大型犬に変えてしまったことからくる誤解だったらしい．犬好きの京子に聞くとアニメのパトラッシュは耳が立っていたのでセント・バーナードではないとのこと．本来のパトラッシュは黒くて毛の長い犬だったらしい．

京子は「大きさはともかく，パトラッシュはむしろエディンバラの忠犬

ボビーのイメージなのかも」などという．「忠犬ボビーというと，数学者マクローリンの墓がある教会の入口付近にあった銅像の犬のことだよね」とぼくはすぐに思いだした．ボビーは飼い主の死後自分が死ぬときまでこの墓地にあった自分の飼い主の墓を護り続けたという「忠犬」だという．マクスウェルのゆかりの地巡りの一環としてエディンバラを訪問したときのぼくには，マクローリンの墓探しの方がボビーよりも重要だった．この墓はグレイフライアーズ教会庭園（Grayfriars Kirkyard）にあり，忠犬ボビーは現地ではグレイフライアーズ・ボビーと呼ばれているようだ．ちなみに，マクローリンの墓は教会の壁面にあって，期待されたマクローリン展開やオイラー・マクローリン総和法のことが刻まれていたりはしなかった．

抽象代数幾何学の誕生

このグレイフライアーズ教会庭園の西隣りにジョージ・ヘリオット・スクール（George Heriot's School）という古い伝統をもつ学校（幼稚園から高校までの一貫教育を行う私立学校）がある．この学校の校舎は，エディンバラで1958年8月に開催されたICM（国際数学者会議）の招待講演の会場として使われたのでぼくの記憶に残っていた．開会や閉会のセレモニーが行われたのは，この校舎から400メートルほど東にあるマキューアン・ホール（McEwan Hall）という「円形劇場」だった．（一般講演などは主にエディンバラ大学で行われた．）ところで，エディンバラでのICMは戦後3回目にあたる．戦後初のICMは1950年8/9月にケンブリッジ（マサチューセッツ州）で開催された．招待講演としては，アンリ・カルタン「多変数複素解析関数論における大域的問題」，ホッジ「代数多様体の位相的不変量」，ヴェイユ「数論と代数幾何学」，ザリスキー「抽象代数幾何学の基礎的アイデア」に注目しておこう．戦後2回目のICMは1954年9月のアムステルダムで開催された．招待講演としては，ベンケ「複素多様体上の関数論」，小平邦彦「代数多様体の超越的理論におけるいくつかの成果」，ヒルツェブルフ「層論的定式化におけるリーマン＝ロッホの定理」，ヴェイユ「抽象代数幾何学 vs 古典代数幾何学」，セール「コホモロジーと代数幾

何学」に注目したい．まず，1950年の講演について見れば，ヴェイユはクロネッカーの再評価のような話題でザリスキーがデデキントを重視していることに対抗するような印象がある．カルタンやホッジの講演は，かつて岡潔がイメージしていたような多変数関数論的な世界から抽象代数幾何学の「創発」の兆しを見るような感じがあって興味深い．1954年の講演について見れば，ヴェイユは複素数体上の古典代数幾何学（偏微分方程式，トポロジー，複素関数論などを使って展開される）を徹底的に代数化することによって抽象代数幾何学に進むための試みを紹介している．古典代数幾何学（あるいは古典解析幾何学）に層係数コホモロジーが導入されて威力を発揮すると，それを抽象代数幾何学に移植しようという動きが生まれたのだが，それをリードしたのはカルタンの愛弟子セールだろうか．ヒルツェブルフの講演も抽象代数幾何学の「創発」前夜の証人のような印象がある．

グロタンディークとヒルツェブルフ（1958年一松信撮影）

　こうした「流れ」を意識しながら，1958年のICMでの招待講演を眺めるといくつかの変化を読み取ることができる．グロタンディーク流抽象代数幾何学への静かな胎動のようなものを感じてしまうのだ．1時間の招待講演に，アンリ・カルタン「多変数複素関数について：解析空間」，ヒルツェブルフ「複素多様体」，グロタンディーク「抽象代数多様体のコホモロジー論」，シュヴァレー「代数群論」，アイレンベルグ「トポロジーにおけるホ

モトピー代数の応用」などがあったことを見てほしい．ところで，エディンバラの ICM におけるフィールズ賞選考委員は，シュヴァルツ，ジーゲル，ザリスキー，ホップ，コルモゴロフ，チャンドラセクハラン，フリードリックス，ホールの 8 名で，トムとロスが受賞した．トムはコボルディズム理論の建設が授賞理由になっていてわかりやすいが，ロスは意外だ．ジーゲルの残した問題のひとつを解いたことが授賞理由らしいので，ジーゲルの強力な推薦があったということだろうか？ グロタンディークは，関数解析時代（ナンシー時代）に書いた学位論文でシュヴァルツの核型定理をヒントにした核型空間論を建設しただけでなく，ヒルツェブルフによって拡張されたリーマン＝ロッホの定理をさらに一般化することにも成功しているのに，フィールズ賞の選考に漏れたのはなぜだろう．「シュヴァルツがジーゲルに負けた」ということだろうか？ それとも，ザリスキーがリーマン＝ロッホの定理の拡張に興味を示さなかったということだろうか？ フィールズ賞は未解決問題の解決をした人（戦術家）が理論を建設した人（戦略家）よりも重視される傾向があるということだろうか？（だとしたら，トムはどうして選ばれたのか？ ホップが強力に推したせいだろうか？）

エディンバラといえば，調和積分論とホッジ予想で知られたホッジの故郷で，ホッジはエディンバラ大学を卒業後にケンブリッジのセント・ジョンズ・カレッジに進んだ．1936 年に，アーベル関数論で知られたベイカーの後継者としてケンブリッジ大学の教授になり，34 年間その職を保持していた．ホッジのもっとも有名な弟子はアティヤだろうが，アティヤはケンブリッジから脱出してエディンバラで「晩年」を過ごしている．（2009 年 4 月の 80 歳記念シンポジウム「幾何と物理」も，ヒルツェブルフ，シンガー，ドナルドソン，ウィッテンなどを迎えて，エディンバラで開催された．）1957 年にボンのヒルツェブルフによって，グロタンディークとアティヤの出会いが準備され成功していたことを思うと，1958 年の招待講演者の中にアティヤの名前がないのは，ちょっと寂しい気もするが，これはアティヤの本格的な活躍の開始がやや遅れたためらしい．

III 思い知るべき人はなくとも

グロタンディークとアティヤ(1958年ヒルツェブルフ撮影)

傲慢・軽蔑・畏怖

　グロタンディークは，エディンバラの ICM について，つぎのように回想している．「この話題［子供っぽい仕方で自分を誇る］に関して，1958年のエディンバラでの国際［数学者］会議におけるある記憶がまざまざと甦ってくる．その前年［1957年］以来，リーマン＝ロッホの定理についての業績によって，私は注目の的となっていた．そして（その時点でははっきりと自分でそう思っていたわけではないが），私はこの会議の人気者のひとりだった．（この会議で私は，同年［1958年］に力強いスタートを切るスキーム論について説明した．）ヒルツェブルフ（リーマン＝ロッホの定理についての業績によってもうひとりの人気者となっていた）は，この年に退職するホッジに敬意を表明する開会の辞を述べた．」(A ce sujet il m'est resté un souvenir vivace, se situant au Congès International d'Edimburgh ［英語 Edinburgh, フランス語 Edimbourgh］, en 1958. Depuis l'année précédente, avec mon travail sur le théorème de Riemann-Roch, j'étais promu grande vedette, et (sans que j'aie eu à me le dire en termes clairs alors) j'étais aussi une des vedettes du Congrès. (J'y ai fait un exposé sur le vigoureux démarrage de la théorie des schémas en cette même année.) Hirzebruch (une autre vedette du jour, avec son théorème de Riemann-Roch à lui) faisait un discours d'ouverture, en l'honneur de Hodge qui allait partir à la retraite cette année.) ([2] p.32-p.33) この後，グロタンディークとヒルツェブルフは若さにまかせて，「数学は若者の学問だ」のような見解を述べ，グロタンディークもこれを強く支持するという出来事があったという．グロタンディークはそのとき，自分の席の隣りにホッジの妻がいて，この出来事に困惑していたようなことを述べ，配慮の無さを自己批判しているのだが，どうも誤解があるようだ．当時ホッジはまだ55歳で，ケンブリッジ大学で教授のポストを去るのは1970年なのだ．ホッジの妻もまだ50歳代がせいぜいだろうから，グロタンディークが，ホッジの妻がこの時点で「人生の終わり」(la fin de sa vie)にいたというのは，何かの誤解に基づくものだろう．グロタンディークは，自分が数学のスターと見られるようになり，まわりから「畏怖される」ようになるのもこの時期からだと，回想している．グロタンディークによれば，「才能がある」というラベルが貼られることによって，自分の側には傲慢（＝他者への軽蔑）の風が吹き，他者の側には畏怖の風が吹くようになったということのようだ．

そういえば，1948年に当時42歳だったヴェイユが，「数学においては，二流の研究者 […] の役割は他の分野よりもとるにたりないものである；彼らが創ることに貢献できない音のための共鳴箱の役割にすぎない」(En mathématique […], les chercheurs de second ordre y ont un rôle plus mince qu'ailleurs; le rôle d'une caisse de résonance pour un son qu'ils ne contribuent pas à former.) ([3] p.317-p.318) と書いている．1955年に日光と東京で開催された日本ではじめての国際的な数学研究集会の機会に来日したヴェイユは，谷山豊たちにこの共鳴箱説について批判されたときに，「私は，共鳴箱はつまらんと云っているだけではない．それは又必要でもあるのだが，共鳴箱がないと音叉は淋しいではないか．例へば，Bernoulli は Leibniz の弟子だが（記憶多少アイマイ）Leibniz は，Bernoulli が現れてから，余計良い仕事をするようになった．勿論，Bernoulli は単なる共鳴

箱ではなく，彼自身優れた数学者だが，ここで私の云いたいのは，優れた数学者も，共鳴箱がないと不幸で，余り良い仕事ができないことが多いということだ．自分の話すことを理解して呉る共鳴箱が必要なのだ．音楽に作曲家と演奏家がある様に，数学にも新しい理論を作る人と，それを多くの人々に，上手に講議［義］する人の両方があっても良いと思う」「色々な雑誌，例えば Crelle の創刊当時のものでも開けて見給へ．下らない論文が一杯載っていることがわかるだろう．そんな論文は現在何の価値もないが，当時は必要だったのだ．なぜなら，彼等共鳴箱は，優れた数学者に共鳴するだけでなく，自分でも何か論文を書いて見たかったに違いない．その様な論文のために，紙面［ママ］を広くあけておくことが必要なので，いつの世の中でも妥協が必要なのだ…．」（[4] p.193）と過激な発言をしている．ヴェイユは数学者の世界は創造者と共鳴箱からなると主張していたが，グロタンディークはこれに重要な修正を加えている．グロタンディークは，講演やセミナーをしているときに，目立たない席に座り，講演中には沈黙して質問しようとすらしない人たちを，心の中で，共鳴箱（"caisse de resonance"）でさえない「一種の沼地」（une sorte de "marais"）のようなものだと感じ，「ある種のどんよりした見知らぬ大きな塊」（une sorte de masse grise, anonyme）のように見ていたというのだ．つまり，グロタンディークは，数学者の世界は創造者と共鳴箱と「どんよりした沼地」からなっていることを「発見」したわけだ．

参考文献

[1] Hardy, "J'ai coupé le téléphone", 1969
[2] Grothendieck, Récoltes et Semailles, 1985/86
[3] Weil, "L'avenir des Mathématiques", Les Grands Courants de la Pensée mathématique, Cahiers du Sud, MCMXLVIII
[4] 『谷山豊全集（初版）』私家版（増補版，日本評論社 1994 年）

夢と情緒と無意識

> Alles das Finden und Machen gehet in mir nur,
> wie in einem schönstarken Traume vor:
> 発見と定着のすべては，ぼくの中だけで起こる
> 美しく力強い夢のように
> ——モーツァルト[1]

モーツァルト的創造性

　ぼくはグロタンディークの住むラセールの民宿に泊まって，早朝に村を散策したのだが，昼前に民宿を出て，京子がモンテスキュー・ヴォルヴェストルで買っておいたミュゲ（スズラン）の球根をグロタンディークにプレゼントするべくグロタンディークの家を訪れた．予想通り，（早朝に眺めたときもそうだったが）家の窓にも庭にもグロタンディークの姿は確認できなかった．家の中にいるときは「誰が呼んでも出てこない」（「居留守を使う」ということもあるにせよ，グロタンディーク自身も語っていたことだが，高齢化のせいで耳が聞こえにくいこととも無関係ではないだろう）と村人から聞かされていたので，京子はあきらめて置き手紙を書いて郵便受けの上にかなりの個数の球根と一緒に置いて立ち去ることにした．このとき，隣りの家のマダム・エスケシュがぼくたちに気づいて話しかけてきてくれた．「そこに置いておけばかならず受け取ってくれるよ」とのことだった．ぼくたちは，このあとトゥルーズやカストルにも行く予定だったので，マダム・エスケシュと一緒に記念撮影をして，ラセールを立ち去ることにした．ラセールからトゥルーズに向う道の途中で時間潰しを兼ねて，ぼくは，運転中の京子に，モーツァルトの話題から始めて，岡潔とグロタンディークの類似性についてあれこれ語っていた．
　アスペルガーだったとされるアインシュタインは少年時代の学業成績があまりよくなかったので，「音楽が情緒の表現手段になっていた」（Music was an outlet for his emotions.）という[2]．アインシュタインがモーツァ

ルトのファンになったのは，モーツァルトの音楽が，情緒的な意味で，物理学的・数学的創造のための「揺りかご」のように感じたせいだ．モーツァルトを演奏するか聴くかしていると無意識のうちに物理学的な思索と「共鳴」するように感じられたのだろう．情緒といえば，岡潔がつぎのようなことを書いている．「創造とは情緒に形を与えることであるが，純正数学［＝純粋数学］の場合は，表現は原型は平等性智によってするのである．この原型を時空を入れて描写したものが，普通人の見るものである．純正数学のこのわかり方の特徴は，疑いが少しも伴わないことである．疑いを全く断とうと思えば，こうするほかないのである．」(『岡潔：憂国の随想録』p.49)「数学の研究とはどういうことをしているかといいますと，情緒を数学という形に表現しているのです．どのようにして表現しているか，というところはわからないのです．無意識の無生法忍を使うわけです．つまり，発端と結論がわかっていて中がわからないのです．大自然にまかせて，その理法によって表現します．」(『風蘭』p.34)と書いている．平等性智というのを人間の「情緒の底知れぬ深淵」から生じる「智恵」だとでも考えておけば，モーツァルトの音楽と岡潔の「数学とは情緒に形を与えたものだ」という見解には共通するものが見られる．また「無意識の無生法忍」というのは，「無意識に不生不滅（生成も消滅もないということ）の法（永遠かつ普遍的な真理）の忍（認知）に身を委ねること」と解釈できるし，また，情緒を形にするための数学的思考の核心が「無意識の運用」による「発見プロセス」にあるという主張だとも解釈できそうだ．となると，これは無意識が夢を「紡ぎだす」という現象とどこか通じ合うものがある気がしてくる．グロタンディーク的な言葉を使えば「数学的創造は数学夢（数学的ヴィジョン）の出現を起源としている」ということになるのだろう．

ついでながら，グロタンディークは高校時代から趣味でピアノを演奏しており，教会音楽やバッハを好んだとされ，数学を選ぶかピアノを選ぶか悩んだ時期があったという［3］．モルモワロンに住んでいたときに，モザール（モーツァルトのフランス語での発音）という名前の猫を世話していたので，グロタンディークもモーツァルトが好きだった可能性がある．た

だし，数年後にモルモワロンを訪れたとき，京子が「モザールは元気ですか？」と聞いたら，グロタンディークは「交通事故で死んだ」と事も無げに語っていたのでモザールへの愛着が強かったとは思えない．数学と数学夢のかかわりについて，グロタンディークは，「でも，私はよく知っている．発見の深遠な根源は，あらゆる本質的な側面における発見のプロセスについて共通で，われわれの身体と精神が知りうる宇宙のあらゆる他の領域あるいは他の問題においても，数学においても同じなのだ．夢を消し去ること，それは根源を消し去ることにほかならない．」(Mais je sais bien aussi que la source profonde de la découverte, tout comme la démarche de la découverte dans tous ses aspects essentiels, est la même en mathématique qu'en toute autre région ou chose de l'Univers que notre corps et notre esprit peuvent connaître. Bannir le rêve, c'est bannir la source -) ([4] p.17) と書いている．つまり，モーツァルトが自分の音楽的創造について述べたように，グロタンディークは数学的創造もまた「美しく力強い夢」のようなものとしてはじまると感じていたようだ．「美しく力強い夢」の出現と同時に岡潔のいう「発見の鋭い喜び」に襲われる．夢は情緒の乱流と見ることもできそうなので，やや強引だが，アインシュタイン，モーツァルト，岡潔，グロタンディークはほとんど同じ体験（ぼくのいうヴィジョン体験）を共有していて，その体験を別々の言葉で語ったものに違いないとぼくは感じている．

アスペルガーのメリット

アスペルガーのネガティブな特徴としてあげられるのは，
1) 社会性の損傷・欠如
2) 関心事や活動が偏狭的で繰り返し的
3) 会話・言語の奇妙さ
4) 非言語的コミュニケーションの異常
5) 動きの不器用さ

などである（たとえば [5] [6] 参照）．こうした判定条件をもとに第1次近

似ともいうべき「診断」を試みると，モーツァルト，アインシュタイン，岡潔，グロタンディークはすべてアスペルガーだと推定できる．といっても，モーツァルトについては，アスペルガー説だけでなく，注意欠陥・多動性障害（ADHD）説，テンカン説（モーツァルトは自分のテンカンの症状を無意識のうちに緩和しようとしてさまざまな音楽を生みだしたとされ，モーツァルトの曲を聴くとドーパミンが増加するという奇妙な仮説に基づいている），統合失調症説，双極性障害（躁うつ病）説などがある．アスペルガーは「空気を読めない」「すぐ怒る（易怒性）」「自分のペースが乱されるとパニックを起こす」「うつ病や強迫性障害や妄想性障害を併発する」などといった特徴もある．

アスペルガーは発達障害の一種で自閉症スペクトラムの境界に位置しているとされ，原因は確定してはいないが，脳のネットワーク障害に伴う認知障害だろうとされている[6]．ミラーニューロン障害（非言語的コミュニケーション能力の損傷）共同注意障害（他者と同じものに注意を向ける能力の損傷）中枢性統合障害（「瑣末」なことに拘ってしまう）遂行機能障害（計画を立て目的を遂行する能力の損傷）心の理論の障害（他者への共感性の損傷）などをアスペルガーの原因と見る仮説が存在しているとされる[6]．遂行機能障害の判定基準はあくまで実生活レベルでの計画遂行能力の損傷であって，特定の愛着分野における損傷は見られないこともある．他の仮説についても定型発達者（脳の発達が「正常」な人）の構成する社会における能力に関する損傷を問題にしているのであって，特定の愛着分野については除外する必要がある．日本の本（たとえば[6]）の場合，アスペルガーを「治療の対象」と見る観点が中心に据えられていて，アスペルガーであったからこそ可能になった「創造性の発揮」に注目されることが少ないのは困ったことだ．アスペルガーに見られるネガティブな「現実性」の「治療」がポジティブな「可能性」までも沈黙させてしまうことにもっと注意してほしい．また，症候に基づくアスペルガーの定義は，医師の立場からすればマニュアル的な実用性はもっているものの，表層的な印象が強い．認知科学的なレベルからのアスペルガーの把握なども中途半端だ．アスペルガーを

本格的に理解しようとすれば，遺伝子レベルの考察や脳神経科学的な追求が不可欠だろう．実際，こうした立場を踏まえて，2013年にアメリカの精神医学会が『精神疾患の診断・統計マニュアル』第5版 (DSM-5) を発表したが期待はずれなものに終った．アスペルガー障害という概念も消え，自閉症スペクトラム障害（自閉スペクトラム症）に統合されてしまった．ただし，アスペルガーの体験的見地から精神疾患の統一理論を夢想したくなるぼくとしては，DSM-5が神経発達障害を精神疾患全体を論じるための土台としている点は評価できる．

それはともかく，アスペルガーのもつ「奇妙な特性」(強迫的思考など)が数学的思考を加速させ，「無意識の自動運転」(小脳の機能がその土台になっているのかもしれない)を可能にして，やがて，報酬系の作動（腹側被蓋野のドーパミン神経が使われる）とヴィジョン体験（夢や妄想と似ているが「正解」が出現する点と記憶に残る点が違っている）へと導かれるものと思われる．こうした基本的なメカニズムは数学的創造にのみ見られることではなく，グロタンディークや岡潔が明確に述べているように，他のさまざまな創造的行為に共通するものだと思われる．ヴィジョン体験は「考えていた問題」の「正解」を与えるもので，ドーパミンの影響で「至福感・恍惚感」を伴っており，それが無条件で「正しいに違いない」という確信を与えることにもなる．直観的に感じる「正しさ」というのは（情緒的に見れば）単なる「好ましさ」の感覚にほかならない．そのため，「正しいに違いない」という確信に燃えて証明に取りかかるとギャップが見つかって挫折することもある．でも，アスペルガーはその場合でも挫折感を味わうとは限らない（そうでなければ抑うつ的な症状が出てくる可能性がある）．もう一度，出発点に立ち返って（挫折体験を踏まえて）新しい思考を展開していきたいという（強迫的な）「執念」が挫折感に打ち勝ってしまうことがあるからだろう．外部からの強制によるものではなく，アスペルガー的な「内発性」によってそうなるという事実が興味深い．

情緒と夢

　岡潔は，1948年7月に書きあげた第7論文「ある算術的概念について」(Sur quelques notions arithmétiques) の原稿を，秋月康夫の「助言」に従ったものかとも思われるが，渡米する湯川秀樹に頼んで，数学者の角谷静夫経由でヴェイユに届けてもらったという．これはヴェイユによって高く評価され，カルタンの手に渡り，1948年10月にはフランス数学会の雑誌 Bulletin de la Société mathématique de France に受理された（刊行は1950年）．第6論文「擬凸状領域」(Domaines pseudoconvexes) が『東北數學雜誌』(The Tôhoku Mathematical Journal) に受理されたのは1941年10月なので，第6論文と第7論文の受理には7年の「空白」が横たわっている．岡は，公式には，1940年6月に広島文理科大学の助教授のポストを失っており，紀見村にもどって「ほぼ無職の状態」（少額の岩波書店系の「奨学金」はもらっていた）で，財産を食い潰しつつ数学に打ち込み，ついに完成させたのが第7論文だった．カルタンの「イデアル」概念の拡張にあたる「不定域イデアル」(idéal de domaines indétermines) という概念を提出し，これについて考察を進め，のちにカルタンやセールによる連接層 (faisceau cohérent) の概念に直結する「有限擬基底」(pseudobase fini) をもつ「不定域イデアル」という概念に到達した論文でもある．この論文のタイトルに「算術的概念」とあるのは，イデアルの定義が本質的に「四則演算」の世界（算術的世界）に属しているということによるものだろう．

　カルタンは岡の第7論文の原稿をかなり「改竄」している．何が「標的」にされたのかというと，岡の表明した夢や構想に関する部分，つまり，岡の情緒にまつわる部分であった．この「改竄」は当然ながら岡を刺激する結果となったが，結果的には「掲載されること」を優先させて，岡はこの「改竄」を「容認」する形となった．岡はその後こうした「改竄」の可能性のある外国の雑誌には論文を投稿していないが，これはこのときの「改竄」へのアスペルガー的な不満の表明だと考えていい．岡はこのときの「改竄」について，1953年7月に「（発表されたものは）私の原論文と客観的形式は全く同一ですが，どうした訳か，主観的内容はもとの面影が

残らない程，要所要所で書き変[換]へてしまってあるのです．」(...; dont l'Mémoire publié a la même forme objective que le texte original, mais pour le contenu subjectif, il en est jamais ainsi, on ne pourra y imaginer ni l'esprit d'harmonie ni le courrant d'émotion dans le texte original.)（原文，訳文とも[7]のまま）と書いている．レンメルトによると「岡の数学には（洞察を経た）解釈が必要だ」(Okas Mathematik bedarf der Interpretation.) とされ，カルタンによると「実をいえば，岡は少し独特なフランス語を使っていた」(...Oka écrivit ... à vrai dire dans une langue française un peu particulière)とされている[8]．カルタンが理解の難しい部分を「改良」したのかもしれない．だとしても，岡の「情緒的表明」を削除したのはなぜだろう．第6論文までの岡の論文のタッチとの間に断絶が見えるのはカルタンの「介入」のせいだ．岡の不満は理解できる．岡は，この不満を表明する文章[7]をまず日本語で書き，発表を意図してのことだろうが，それをフランス語化している．かならずしも忠実には訳していないが，これは「改竄」への不満を「理論化」しようとしたものだ．岡はこうした「改竄」のもつ問題点を指摘するために，「数学的創造とは何か？」という問題にまで思索を進めようと試みており興味深い．岡が抗議の意思を秘めて論文集[9]（文化勲章受章の翌年1961年に岩波書店から「フランス綴じ」のソフトカバー版として出版された）に印刷されバージョンがもとの原稿に近いと思われるので，この岩波版とカルタンが「改竄」したバージョン（Bulletin 版）を比較してみると，たとえば，論文の書きだしの部分にあったつぎの文章（脚注番号は省略する）は削除されたらしいことがわかる．

「いまわれわれは，過去の研究の途中で出会った困難の特徴を思い起こし，将来出会うであろう困難の相貌に着目し，さらに他のことも行いつつ，熟考を進める道すがらにある．ここで説明するのはその成果のひとつである．」(Nous sommes maintenant en chemin de nous réfléchir éfforcement [efforcement], en reconnaissant les caractères des difficultés que nous avons rencontrées sur la voie suivie, en observant les figures des difficultés que nous rencontrerons sur le prolongement, et en faisant des autres; et dont nous exposerons ici un des résultats.)「ところで，われわれは，F. ハルトクスとそれに続く人たちによる見事な一連の問題の彼方に，後続の人たちに向けて新しい問題を提起したいと思う．幸いにも，多変数解析関数の活躍の場は数学のさまざまな分野に拡がっているので，それらの分野に応じていくつものタイプの新しい問題を夢想することができるだろう．」(Or, nous, devant le beau système de problèmes à F. Hartogs et aux successeurs, voulons léguer des nouveaux problèmes à ceux qui nous suivront; or, comme le champ de fonctions analytiques de plusieurs variables s'étend heureusement aux divers branches de mathématiques, nous serons permis de rêver divers types de nouveaux problèmes y préparant.)

　岡の多変数関数論への思い入れはかなり特異的だ．岡は，1934 年に出版された世界初の多変数関数論のモノグラフ，ベンケとトゥルレンの『多複素変数関数論』，を突破口にしてほとんど単独でこの分野の代表的な未解決問題を解決して行ったのだが，その過程は少なくとも表面的には「苦渋に満ちたもの」だった．岡は，アスペルガーの特徴を活かすことによって，数学的思索への過度の集中が可能であった．そのために，「無意識の自動運転」を活用することもできたし，ときには壮大なヴィジョン体験をもつこともできた．岡自身の発言からすれば，「上空移行の原理」「岡の原理」「関数の第二融合法」などの発見はいずれもヴィジョン体験によって得られたものと推定できる．これによってベンケとトゥルレンの本から学んだ重要な未解決問題を解決することになった．これらの成果は第 1 論文から第 6 論文まで論文にまとめられているのだが，これらの論文の執筆はヴィジョン体験のもたらす「副作用」の最中に行われたこともあって，広島文理科大学での講義にも支障を来たす事態になったし，不運にも警察沙汰になる事件を起こして脳病院に入院させられるハメにもなった．家庭を疎かにしたこともあって，妻との離婚の危機にも晒されていた．こうした最悪の環境の中で論文の執筆が「逃避行動ではないのか？」と誤解されそうなほどに進められ，結果的に，休職から辞職への道を歩まされることになった．岡の場合は，数学三昧→警察沙汰→離婚の危機→辞職→数学三昧→

仏教（光明主義）→文化勲章→文化人化→神体験，のような順で事態が進展するが，グロタンディークの場合は，やや順序に差があって，数学三昧→フィールズ賞→辞職→家庭不和→仏教（日本山妙法寺）→裁判沙汰→瞑想→クラフォード賞辞退→神体験→完全な隠遁，のような順だった．「故郷」に帰った岡，隠遁者としてのグロタンディークの日常生活には「悲惨な暗雲」が立ちこめていたはずだが，創造性を希求するアスペルガーの岡やグロタンディークにとって社会からの孤立はむしろ好ましいことでもあるので，「悲惨な暗雲」は未来に向うエネルギーになったように思う．

　第6論文から第7論文までの「空白」の時期は，6つの論文によって一定の成果をあげた岡が，対象とする「空間」を多変数代数関数を扱えるもの（内分岐領域）にまで拡張する問題に没入していた時期でもあった．リーマンは1変数関数論の基礎理論を構築し，それを使って1変数代数関数論を建設したわけだが，これにならって，多変数代数関数論を建設しようとすれば，まずどのような基礎理論が必要になるのか．これに向っての決定的なアイデアのひとつが不定域イデアルなのだ．これにまつわる成果を（自分の来し方・行く末への情緒的な思いをチラッと交えつつ）まとめようとしたのが第7論文であってみれば，岡にとっては，そこに到るまでの自分の（数学的な）歩みを情緒なしで語ることは不可能だった．岡がアスペルガーに伴う空想癖（軽い妄想性障害のような症状でもあるが数学的思索の推進にとって有用な面もある）をもっていたことも考慮すれば，情緒と数学を結びつけることの（少なくとも，岡にとっての）必然性は明らかだろう．数学的ヴィジョンが出現するとき（ヴィジョン体験）はいつも「無意識の自動運転」の直後だったから，自分で（意識的に）そのヴィジョンを獲得したという感覚にはなれなかった．自分以外の何かから，あるいは，どこかから，ヴィジョンが送られてきたように感じたはずだ．それを送っているのは「阿弥陀如来」だと考えた時期もあったが，晩年には岡によって独自に変形された造化神としてのアマテラスだと信じるようになった（『春雨の曲』）．

　グロタンディークの場合にも，夢を創る者としての神を想定していたことがある．また，アスペルガーは孤独を好み自己の内面を見つめる傾向も

ある．こうして，岡にとって情緒というのは人の心そのものだと感じる傾向も育まれていった．グロタンディークの場合には夢こそが人の心の核心だという思いがあった．グロタンディークが「夢に形を与えるのが数学だ」と感じ，岡が「情緒に形を与えるのが数学だ」と感じるとき，それは「心に形を与えるのが数学だ」ということを別の仕方で表現したものにすぎないだろう．グロタンディークの数学的思考の源泉でもあった「神秘的」な側面はカルタンと同じブルバキの第一世代に属するデュドネの介入によって隠蔽され抑圧されていた．グロタンディークが夢を軽視する風潮への批判を展開するのは，数学の世界を去ってからのことになる．グロタンディークのいう数学夢は断片的な知識の集まりではなく，統一的なヴィジョンに裏打ちされたものなのに，デュドネがそれを十分に理解してくれなかったので不満を感じていたようだ．グロタンディークにとっての数学的創造の源泉は数学夢（数学的なヴィジョン）だったので，自分が抽象性・一般性を最重視しているように見られることには反発を感じてもいた．カルタンが岡の第7論文の情緒的な部分を削除したことに岡は強く反発したが，これは，情緒が岡にとっての数学的創造の源泉ともいうべき側面をもっていたせいだ．

子供の心と数学

　岡もいうように，情緒の基礎が子供時代に形成されることは明らかだろうが，岡は「私は数学の研究に没入しているときは，自分を意識するということがない．つまりいつも童心の時期にいるわけである．そこへ行こうと思えば，自我を抑止すればそれでよい．それで私は，私の研究室員に「数学は数え年三つまでのところで研究し，四つのところで表現するのだ．五つ以後は決して入れてはならない」と口ぐせのように教えている」（『春風夏雨』p.47-p.48）と書いている．これは数学となるべき情緒は童心にほかならないということだろう．「子供であること」の重要性については，グロタンディークも岡と同じように，「発見は子供の特権である．私が話したいのは小さな子供，まだ間違うこと，愚かだと思われること，真剣だと見ら

れないこと，世間と同じように振る舞わないことを恐れない子供のことである」(La découverte est le privilège de l'enfant. C'est du petit enfant que je veux parler, l'enfant qui n'a pas peur encore de se tromper, d'avoir l'air idiot, de ne pas faire sérieux, de ne pas faire comme tout le monde.)([4] p.1) と書いている．これはアスペルガーが等しく感じる感覚でもある．大人たちの作る世間になじめないことを逆手に取って孤独を友として何かを発見できた人の場合は，その自信が「子供っぽい」などと揶揄されることのあるアスペルガーの特徴のひとつを，むしろ，積極的に肯定する発言へと繋がったものに違いない．

ブランの収容所跡

　グロタンディークと岡潔の比較論についてあれこれと「演説」しているうちにトゥルーズに到着．トゥルーズではル・ペスティボンとの面会やトマス・アクィナスの墓参りなどを予定していたが，時間的な余裕があったので，トゥルーズの東15キロほどに位置する町ヴェルフイユの教会に行ってみた．この教会はかつてグロタンディークが訪れるという噂のあったところで，神父にあってそのときの出来事について質問してみようと思っていたのだが，閉鎖中だった．常駐する神父がいないということらしい．ここでトゥルーズにもどってホテルを確保し予定をこなすべきか，それともカストルにホテルを確保してフェルマの墓についての「調査」を試みるべきか迷ったが，結局，カストルに向った．かつて新教徒の町カストルには，勅令法廷が置かれており，フェルマがここで仕事をしていた．ぼくは，フェルマの墓参りをしようと思ってカストルを訪れたことがあったが，遺体は，埋葬されていたはずのカストルの聖ドミニク教会からトゥルーズのオーギュスタン修道院の地下納骨堂に移されたらしいと知り，オーギュスタン修道院に行ってみたもののフェルマの墓らしいものは見つからなかったという体験をしている．カストルの図書館で調べると何かわかるかもしれないなどと思っていたこともカストル行きを選んだ理由のひとつになっていた．ところが，図書館に行ってみると休館でアウト．しかたなくかつ

て見逃したゴア美術館に行ってみたら，開館はしていたものの期待外れの内容だった．自らの調査不足が招いた「災い」なのだが，こんなことならトゥルーズに行くべきだったなどと思いつつ，「グロタンディーク巡礼」の定番メニューのひとつ，ブラン（グロタンディーク母子がリュークロのつぎに入れられた収容所があった村）に向うことにした．ブランはガヤックのすぐ南に位置している．収容所跡は，ガヤックの観光案内所（サン・ミシェル大修道院跡）に駐車して，タルン川にかかる橋を渡ればすぐ右側にある．リュークロとは異なり，ブランの収容所跡は比較的よく保存されており，昔のバラックがそのまま残されているのだが，収容所跡は立入禁止になっているので道路から塀越しに中を見るしかない．タルン川の河原やブランの村の中心部には収容所にまつわる記念碑（以前に見たときと違って破壊された跡が痛々しく残っていた）や記念像が建てられているのでそれも見物して付近を散策したのだが，駐車場にもどってクルマを出そうとしたときに追突事故に遭遇．長くなるので書かないが，事故の処理が（貴重な体験ではあったが）大変だったせいで，トゥルーズの市内に向う気力が失せた．そのせいで，近郊のホテルに泊まって，翌日，空港からトゥルーズを脱出することになってしまった．その後，日本に帰国し，グロタンディークとの手紙の交換などもあったが，それはまた別の機会に紹介するしかない．

参考文献

[1] Mozart, "Schreiben Mozarts an den Baron von …", Allgemeine musikalische Zeitung, 34 (1815)

[2] http://www.nytimes.com/2006/01/31/science/31essa.html

[3] Mazzola, "Alexandre Grothendieck et la Musique"

[4] Grothendieck, Récoltes et Semailles, 1985/86

[5] Fitzgerald, The Genesis of Artistic Creativity, JKP, 2005

[6] 宮尾益知監修『アスペルガー症候群』ブック・クラブ 2009 年

[7] 岡潔「数学に於ける主観的内容と客観的形式とについて（草案）」, 1953 年 7 月 1 日

[8] Oka, Collected Papers, Springer, 1984

[9] Oka, Sur les fonctions analytiques de plusieurs variables, Iwanami, 1961

グロタンディーク逝く

> Willkommen dann, o Stille der Schattenwelt!
> Lebt ich, wie Götter, und mehr bedarfs nicht.
> 喜んで迎え入れよう，ニルヴァーナの静寂を！
> 私は神の如く生きた，もはや望むものはない．
> ----- ヘルダーリン [1]

母と神と夢の融合

　2014年11月13日の朝（フランス時間），グロタンディークが入院先のサン・ジロン病院（Hôpital de Saint-Girons）で死んだ．11月14日の「ル・モンド」は「20世紀最大の数学者アレクサンドル・グロタンディーク死す」(Alexandre Grothendieck, le plus grand mathématicien du XXe siècle, est mort)，シュピーゲルは「孤独な天才：数学僧グロタンディーク死す」(Einsames Genie: Mathematik-Mönch Grothendieck ist tot)，という記事を掲載している．公式にグロタンディークの死を認めたのはアリエージュ・クズラン病院センター（Centre hospitalier Ariège Couserans）だが，死因についてはプライバシーを理由に公表していない．入院していたはずのサン・ジロン病院ではなくアリエージュ・クズラン病院センターから発表されたのはサン・ジロン病院がアリエージュ・クズラン病院センターの下部組織のためだろう．どちらも所在地はサン・ジロンではなく隣り町のサン・リジエ（Saint Lizier）である．つまり，グロタンディークが亡くなった町はサン・ジロンではなく，サン・リジエということになる．

　1991年夏，最終的な隠遁行動に出たグロタンディークは，サン・ジロンの北10キロほどのところにある人口200人程度の小さな村ラセール（Lasserre）で，赤いバラなどを育てながら一人で暮らしていた．ラセールという単語は「la + serre」から来たものだ．serreというのは室＝「保存や育成のために外気・外界を遮断した部屋」を意味する単語で，日本語では室に僧坊の意味もあり，隠遁して世間との交流を絶とうとしていたグロタン

ディークの心と共鳴しそうで興味深い．グロタンディークは，母が死んで打ち拉がれていた時期に，セールの感化でヴェイユ予想（conjectures de Weil, Weil Vermutungen）の攻略構想を具体化し，ナンシー時代の指導者だった「神の所与」という意味をもつ名前のデュドネに助けられて，自らの数学的夢の生成とその実現を目指して走り抜いた 1960 年代の「栄光の時代」を迎えたことを思えば，母と神と夢の融合した不思議な因縁を感じてしまう．さらにいえば，グロタンディークはラセールに住みつつ，サン・ジロンの朝市に有機ブレッド（pain bio）とバターと野菜などの買物に出かけていたのだが，サン・ジロンのジロンは乳房（sein = giron）を意味している．グロタンディークが「なぜヴェイユ予想を目指したのか？」と聞かれたときに「そこにヴェイユ予想があるからだ」（Weil sie da ist.）とでも答えていればヴェイユまで融合させられたのに．（注：ドイツ語の weil は「なぜなら」を意味する単語である．）グロタンディークは目指したものとは異なる別の価値ある何かを発見する能力「セレンディピティ」（serendipity）に溢れている．一般化・抽象化を推し進めて到達した「モチーフの夢」などもセレンディピティの賜物かもしれない．グロタンディークが第 1 隠遁地ヴィルカン（Villecun）の家には，日本山妙法寺の僧侶がプレゼントしたスリランカ土産の仏像が置かれていたが，セレンディピティという単語がセレンディプ＝スリランカに由来していることも興味深い．

　グロタンディークはドイツ民謡「多分今日もまた明日も」（Wohl heute noch und morgen）と赤いバラが気に入っていた．この民謡の歌詞を見ると，「大切な人」が（明後日には）「私はここから去らねばならない」（Ich muß fort von hier.）といったときに「いつ帰ってくるのか？」（Wann kommst du aber wieder?）と聞くと，「赤いバラが雪のように降るときに」（Wenns schneiet rote Rosen.）のような答が返ってきたので，もう永遠に会えないものと覚悟を決めたが，その後しばらくして見た夢がきっかけで実際に赤いバラが雪のように降るような状況が出現するというような流れになっている．グロタンディークはこの歌を，心の奥底に潜んでいる「大切なもの」を甦らせるものとしての夢に注目させるきっかけのひとつになったと考え

最晩年のグロタンディーク［2］
（着ているのは修道服 Kutte ではなくジェラバ）

ていた．ヴァレリーの詩「海辺の墓地」(Le Cimetière marin) の一節でいえば，「時が煌めき夢が知となる」(Le temps scintille et le songe est savoir.) ということだろうか．グロタンディークがヴァレリーの影響を受けたという証拠はないが，ヴァレリーがグロタンディークの出身大学（モンペリエ大学）の大先輩であること，そして，モンペリエ大学（人文系＋芸術系）がポール・ヴァレリー大学と呼ばれていることを思えば，まったくの的外れとも思えない．もっとも，ヴァレリーの難解な「若きパルク」(La Jeune Parque) が「そして純潔の処女が太陽に向って決起する／感謝する乳房の輝きの下に」(Et vers qui se soulève une vierge de sang / Sous les espèces d'or d'un sein reconnaissant.) で終わっていることを考えると，グロタンディークとヴァレリーの夢の意味には大きな違いがあることも確かなのだが．

葬儀と赤いバラ

　グロタンディークの最後の恋人ヨランドから京子に届いたメールによると，グロタンディークの葬儀はクレマトリオム（crématorium）で行なわれると書かれていた．さっそく，その場所を調べたところ，サン・ジロン病院から東に60キロほどのところにあるパミエ（Pamiers）のクレマトリオムだとわかった．クレマトリオムは火葬場という意味だが，この場合は，火葬施設を備えた葬儀場を指している．土葬ではなく火葬だというのは意外な気もしたが，最近は，フランスでも火葬が増えつつあるらしい．葬儀に参列することも考えたが，われわれの側の都合で，飛行機でトゥルーズまで行き，1泊してレンタカーを借りて葬儀場に向い，葬儀に参列して，そのまますぐにトゥルーズにもどって日本に帰るということにせざるをえないということで，参列は諦め，京子の提案に従って，供花（花輪）を贈ることにした．グロタンディークに花を贈るとなると，葬儀なら白い花が一般的だとは思ったが，「赤いバラ以外にない」と考えて，赤いバラの花輪に決定．花輪に巻くリボンには「夢は知となる！」（LE SONGE EST SAVOIR!）と書いてもらい，添えるカードには「生は永遠に死の中に沈む／母から永遠に甦るために／豊かで恵みに満ちた母から」（La vie éternellement s'abîme dans la Mort, pour éternellement renaître d'Elle, la Mère, féconde et nourricière）（[3] p.509）と書いてもらった．「ちゃんと届くんだろうか？」という不安もあったが，当日になって届けたことを告げるメールが送られてきたのでホッとした．ぼくたちの贈った花輪のリボンの文章とカードの文章の意味を理解してくれるはずのヨランドは「感動的だった」といってくれた．

　葬儀の場でのグロタンディークの名前の表記を見ると，フランス語のアレクサンドル（Alexandre）ではなくドイツ語のアレクサンダー（Alexander）となっていた．これはグロタンディーク本人の生前の選択でもあった．1970年に数学研究を捨てたグロタンディークだったが，それまでのように無国籍（apatride）のままでは，生活のための再就職が不可能だというので，

1971年にフランス国籍 (nationalité française) を取得してはいたものの，グロタンディークの心は数学者として生きることになったフランスよりも幼児期を過ごした母の故郷でもあるドイツに残されていたのだ．そういえば，グロタンディークは少年時代にフランスに移り住んでからしばらくは，ドイツ訛りのフランス語をバカにされたりもしていたようだ．隠遁してからも，フランス人の弟子たちやフランス数学界の自分への扱いに強い抵抗を感じていただけに，アレクサンドルではなくアレクサンダーを選んだのも不思議ではない．フランス：ドイツ＝明晰：神秘＝論理：直観＝表層：内奥のような構図を思えば，初期から晩期への展開の中で，グロタンディークが自らのアイデンティティの重心をフランスからドイツへとシフトしていったのは自然だろう．そういえば，『収穫と種蒔き』を書いていた時期には，自分の数学的な夢が弟子たちによって埋葬されたと感じていた．『収穫と種蒔き』の目次を見れば，

0　テーマの提示（Présentation des Thèmes）
Ⅰ　うぬぼれと復活（Fatuité et Renouvellement）
Ⅱ　埋葬（Ⅰ）（L'enterrement（Ⅰ））
Ⅲ　埋葬（Ⅱ）（L'enterrement（Ⅱ））
Ⅳ　埋葬（Ⅲ）（L'enterrement（Ⅲ））

となっており，全 1252 ページの中の 1080 ページ（86 ％）が「埋葬」，つまり，自分の数学的な夢や自分にの数学に関連するものがドリーニュなどの弟子たちによって埋葬されているという告発的内容になっている．この中のⅢの副題は「陰陽の鍵」となっており，この部分が自己増殖して，夢と神の関係について，自己史も踏まえて書いた『夢の鍵』が誕生する．それと同時に外界への攻撃性が緩和され自己凝視性・自己省察性が重視されるようになる．ラセール時代になると，自己埋葬的衝動に駆られたようにも見える．そういえば，11 月 13 日の「リベラシオン」（Libération）のタイトルは「アルクサンドル・グロタンディーク，忘れ去られることを望んだ天才の死」（Alexandre Grothendieck, ou la mort d'un génie qui voulait se faire oublier）となっていた．この記事では，モンペリエ大学には 20000 ページ

III 思い知るべき人はなくとも

に及ぶグロタンディークの数学関連のメモ類や手紙などが残されていることにも触れられていた．これについてはテレビチャンネルのフランス3（ローカル版）が11月14日に「グロタンディークの数学的秘宝がモンペリエ大学のアルシヴに眠っている」(Le trésor mathématique de Grothendieck dort dans les archives de l'université de Montpellier)というタイトルで紹介しており，今後公開されていくことが期待される．

グロタンディークの葬儀会場

　まだ確定した話ではないが，グロタンディークの墓は造られないことになりそうだ．遺灰（遺骨）を入れた容器をコロンバリオム(columbalium, 納骨堂)に収めるだけなのかもしれない．パミエのクレマトリオムにもコロンバリオムが付いているようなので，これが使われるのかもしれないが，娘と息子の住む地域のコロンバリオムになるのかもしれない．グロタンディークの母はパリ近郊ボワ・コロンブ(Bois Colombes, 白鳩の森)の家で亡くなったのだが，コロンバリオムには鳩巣という意味もある．納骨堂の様子が鳩小屋に似ていたことからきたものらしい．こんなところで，平和の象徴とされる白鳩(colombe)が共通項として出現したのは意外だった．

グロタンディークの映画

　1991年以来，グロタンディークが暮らしていたラセールはトゥルーズの南南東80キロほどに位置している．トゥルーズのフェルマ高校（Lycée Pierre-de-Fermat）の教師で作家かつ詩人のル・ペスティポンは，グロタンディークの『夢の鍵』（La Clef des Songes）などの非数学作品に強い興味をもち，グロタンディークの『夢の鍵のためのノート』（Notes pour la Clef des Songes）をスキャンして自分が運営するウェブサイト「アストレ」（L'Astrée）にアップしている．グロタンディークを紹介するためのドキュメンタリー映画［4］も作り上げた．実際にこの映画を撮影し編集したのはエラで，ル・ペスティポンの助けを借りて作品の構想を練ったらしい．ル・ペスティポンはこの映画にナレータとして出演してもいる．この映画は，2013年10月5日にトゥルーズの科学フェスティバル（La Novera）の参加作品として，トゥルーズの自然史博物館ではじめて上映された．上映時間は1時間30分だったというが，52分間のバージョンも作られ，フェスティバルでの上映に先だって，2013年9月27日に地元のテレビ局で放映された．また，9月24日には予告編がYouTubeで公開されている．2014年4月の段階では1時間46分のバージョンのDVDが15ユーロ＋送料10ユーロで買えるとのことで，京子がエラに連絡を取り，エラには銀行経由での送金を求められたが，銀行の手数料が70ユーロ以上もかかりマネーロンダリングを防止するためだとかでメンドウな書類の提出まで要求されるので，エラとの交渉によって，郵便局経由の現金書留での送金に変更してもらい，ようやく入手できた．その後，英語版も完成したようだが，送金にトラブルが起きて入手できないままになっている．とりあえず，この映画の概要と特に注目したくなった部分を紹介してみたい．

　映画は，ル・ペスティポンとその仲間たちがグロタンディークについて語りだす場面からはじまり，グロタンディークという人物をどのようにして知ったかについて語られていくのだが，恐ろしいことに，開始直後に，ル・ペスティポンがグロタンディークの家のすぐ近くにある2つのゴミ箱を

漁る場面が挿入されている．たしかに，ゴミ箱を漁れば，グロタンディー

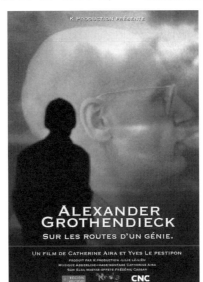

グロタンディークの紹介映画 [4]

クの生活を知るための情報が得られそうだが，これはいうまでもなく禁じ手に違いない．この禁じ手によって，グロタンディークが捨てたゴミを集めて何がわかったかについては映画の最後の部分で示されることになる．「ゴミ箱にはじまりゴミ箱に終わる」というのは気になるものの，アストレを主宰するル・ペスティポンのアプローチを適確に象徴しているような気がしなくもない．とはいえ，この衝撃的なゴミ箱漁りを除けば，この映画は案外まともで，グロタンディークという人物を比較的穏健な方法で紹介している．全体的な流れはル・ペスティポンの語りとグロタンディークのゆかりの地巡りの映像をベースにして，数学者などへのインタビューのコラージュから構成されている．インタビューされている数学者には，カルティエ，シュネプス，ロシャク，シャルラウが含まれており，とくにカルティエの語りが多用されている．数年間に渡って撮影されたカットが必ずしも時系列的に編集されてはいないので，わかりにくい部分もあるが，ル・

ペスティポンがクルマで（フランス国内の）グロタンディークゆかりの地にでかける場面がかなり出てくる．たとえば，ル・ペスティポンが，グロタンディークが「栄光の 1960 年代」を過ごしたパリ近郊の高等科学研究所（IHES）の図書館を訪れ研究所の手で立派なハードカバーが付けられた『収穫と種蒔き』を閲覧する場面やグロタンディークが最初の隠遁後に勤めていた母校モンペリエ大学の数学科に出向きグロタンディークの忠実な弟子マルゴワールに面会する場面もあった，1988 年にグロタンディークがクラフォード賞を拒否したニュースをきっかけとして，メディアがグロタンディークの行動に関心を示した時期があり，それをきっかけとして，科学雑誌『Science et Vie』にモルモワロンに隠遁中のグロタンディークと家の写真が公開されてしまう[5]．ル・ペスティポンたちはこの雑誌の記事をトゥルーズ市内の小さな図書館で発見し，それ以来，グロタンディークを探る作業がはじまったという．

グロタンディークの紹介記事[5]

ル・ペスティポンは，グロタンディークが地元アリエージュ県（県番号 09）のエリア情報紙「ル・ヌフ」（Le 09）に載せた地元の蒸溜酒を求める投稿

などをヒントにして，グロタンディークの隠遁地がラセールであることを突き止め「突撃取材」を試みている．仲間のひとりがグロタンディークの門を強引に乗り越えて庭に不法侵入し「グロタンディーク，グロタンディーク」などと呼びかけるが，グロタンディークは姿を見せず，したがって，このドキュメンタリー映画には肝心のグロタンディークはまったく出演していない．このあたりの話はル・ペスティポンがアストレにも少し書いており，それを読んで，ぼく自身の「グロタンディーク再発見」（2007年3月）を可能にする決定的なヒントにすることができた．映画の中で，ル・ペスティポンはフランス国内のグロタンディークゆかりの地のいくつかを訪ねている．グロタンディークが母親とともに収容されていたリュークロ（マンド）の収容所跡，高校時代を過ごしたル・シャンボン・シュル・リニョンの支援施設「ラ・ゲスピ」とそこから通ったセヴェンス高校，さらに，グロタンディークの父親が収容されていた（そしてそこからドランシー経由でアウシュヴィッツに移送されたのと同型の貨車が展示されている）ル・ヴェルネの収容所跡やその収容所で亡くなった人たちの墓地などだ．それらはすべて，ぼくも何年もかけて何度か訪れたことのある場所でもあるだけに，見ていて懐かしい気分になった．そういえば，グロタンディークが母親と暮らした3軒の家や1960年代から1973年まで家族や恋人と暮らした2軒のパリ近郊の家はすべてフランス国内にあるにもかかわらずなぜか無視されている．

　グロタンディークについての映画ということになると，2010年に映画監督でビデオアーティストのニジクがフランスにおけるラジカルなエコロジー運動（シュルヴィーヴル運動）の先駆者としてのグロタンディークを紹介する映画「ある男の場所」（L'Espace d'un Homme）を制作している．2012年にはグロタンディーク・プロジェクト（Projet Grothendieck）というグロタンディークに関する情報収集活動もスタートしているようだ．エコロジストたちのグロタンディークへの関心は強く，グロタンディークが「中学時代」を過ごしたリュークロの収容所遺跡のある町マンドでは，数学とエコロジーの活動を支援するためのグロタンディークという名前を付けた記

念施設を計画していると聞く．エラやニジクのグロタンディークの紹介映画はマンドでも上映され，(あまりいい兆候ではないが)「町興し」に活用されているようだ．天才数学者としてのグロタンディークだけを強調するのではなく，エコロジー，スピリチュアリティ，セクシュアリティ，クリエイティビティの探究者，そして，それらを統合するものとしての自己の探究者としてのグロタンディークに迫ろうということであれば望ましい動きに違いない．

グロタンディークの紹介映画のポスター

遺族の選択

　グロタンディークが死んだのは2014年11月13日だったが，それからしばらくして，グロタンディークの著作権を相続することになった遺族たちは，グロタンディークの作品『収穫と種蒔き』[3]と『夢の鍵』[6]のフランス語原文のテキストのネットでの配布を許可しないことを決定した．遺族たちにはグロタンディークの数学関係やシュルヴィーヴル関係の文書については配布を阻止しようという動きはないようなので，グロタンディークのスピリチュアルな側面はなるべく抑えて，数学者・活動家的な側面を強調したいと考えてのことなんだろうか．もしそうだとしたら，ちょっと

残念だと思っていたが，2014 年 12 月 11 日に入ってきた情報によると，どうやら，遺族は自分たちの手で『収穫と種蒔き』や『夢の鍵』を出版したいと考えているようだ．ただし，デジタル版はすでにかなり普及しているので拡散を阻止するのは絶望的だろう．グロタンディークの作品やグロタンディークに関する文書などを集めて普及させることを目的とするウェブサイト「グロタンディーク・サークル」は遺族の要請で非公開にしたと書いているが，その気になれば，グロタンディーク・サークルのページからも簡単に『収穫と種蒔き』の TeX 経由の pdf 版に問題なくアクセスできるし，『夢の鍵』の画像版にもアクセスできるままになっている．こうした抜け道もなくすようにデジタル版の置かれた外部のサイトへのリンクを切るという努力の跡は見えない．こうした欺瞞的にも見える行為は，シュネプス（グロタンディーク・サークルの管理人）によって，グロタンディークが健在なころから見られていて，当時は「裏グロタンディーク・サークル」にあたるサイトが存在していた（グーグル検索で呼び出せてしまうので，少人数の仲間内だけで利用するためのサイトというには無理がある）．もともと，グロタンディークの要請でグロタンディーク自身の文書類をグロタンディーク・サークルから外すようにいわれて，表面上はそれに応じるような態度を示していたわけだから，ぼくは，もし「裏サイト」の存在にグロタンディークが気づいたら激怒するだろうなぁと心配していたが，シュネプスはネットにアクセスすることのないグロタンディークにはまずバレないからいいと考えていたのだろうか．何となく面従腹背的な空気を感じてしまう．

最後の日々

グロタンディークは，ラセールでの 13 年間に秘かに「大作」を執筆していたという噂がある．そのテーマが何だったのかとなるとまだわからないようだが，「自由意志の自然学」だという説もあったし，「創造」だったという説もあった．状況から考えて，グロタンディークが数学を追求していたとは思えないが，テーマは数学だったのではないかという人もいるようだ．テーマが何であれ，グロタンディークの遺品の中からラセールで書かれた

「大作」が出てきて，それがなるべく早く公表されることを望みたい．晩年のグロタンディークは子供たち（遺族）と折り合いがよくなかった．というか，ラセールでの隠遁生活中は数学者との面会のみならず，子供たちとの面会も拒否していた．「絶対的な孤独」を守るためには家族の排除が重要だということだろうか．しかし，もし健康だとしても，高齢化によって身体的に衰えているのは避けられず，やがて自分ひとりでは動くことさえ困難にならざるをえない．グロタンディークの場合も，2014年10月を過ぎることから身体の不自由が増していったようだ．ラセールの住民が公的な支援（日本でいえば介護ヘルパーの利用）を受けるように勧めても，グロタンディークはそれを拒否していたらしい．仕方なく，村はグロタンディークの子供たちに連絡して，介護に来てくれるように頼んだものと思われる．といっても，グロタンディークは子供たちとの面会を拒んでいたので，その意思を尊重して，介護は目立たないように行なわれたらしい[7]．かつて，ぼくたちがラセールでグロタンディークと面会したとき，ラセールの民宿に滞在したが，その民宿の主人に京子がメールで問い合わせたところでは，グロタンディークが亡くなる前の数日間は子供たちがラセールに集まっていたとのことだった．民宿の主人は公共ラジオ（Radio France）でグロタンディークの死を知ったという．グロタンディークからぼくへの2007年5月24日付けの手紙の内容からすると，グロタンディークが病院での死を極端に嫌い，自宅での平穏死・老衰死を理想としていたことは確かだが，子供たちが集まってきて，いよいよ危険な状況になるとサン・ジロン病院（所在地はサン・リジエ）に入院させ，結局そこで亡くなったということだろう．遺言によって，葬儀の日時も会場も発表されなかったので，「ルポルテール」[8]以外の新聞は葬儀については触れていなかったようだ．

焼却処分

　1991年に，グロタンディークは，モルモワロンからラセールに引っ越した．その原因は，世間との交流を完全に絶とうとしたためだったとも体調不良を克服するための断食療法の失敗を克服するためだったともいわれる

が，はっきりしない．それはともかく，ラセールに引っ越す直前に，（死期を意識した人などがよくそうするように）不要な手紙や書類などを，弟子のマルゴワールなどに助けてもらって，ドラム缶で焼却処分にしたとされる．両親の間で交わされた大量の往復書簡まで焼却したという．ぼくが致命的だったと思うのは，グロタンディークが 1979 年 1 月から 7 月にかけて書いた作品『アンセストの称賛』[9] を焼却しようとしたことだった．ヨランドが機転を利かせて数枚の原稿を守ってくれたおかげでほんの一部は焼却を免れているとはいえ，全部残っていれば，「グロタンディークの深淵」を解明するための重要な資料になったはずなのに…．グロタンディークは，数学関係の文書（合計 20000 枚に及ぶという説もある）については，マルゴワールに，出版する権利などを与えて，保管を依頼した．これらはいまもモンペリエ大学に保管されている．焼却あるいは廃棄せずに残った数学関係の文書以外のものについては，その多くをヨランドや子供たちに残そうとしたとされる．たとえば，グロタンディークがモルモワロンの家の南向きの部屋に置いていたピアノ，貴重なはずの母親のデスマスクや母親の自伝小説のタイプ原稿，大量の写真などもヨランドや子供たちに譲ろうとしたようだ．といっても，子供たちは（父親との関係があまり良くなかったせいか）受け取りを拒否したらしく，グロタンディークの「遺留品」の多くがヨランドのところに集められていた時期もあった．その後，グロタンディークの「遺留品」はグロタンディーク公認の伝記を執筆中のシャルラウのもとに流れた．1980 年代にはグロタンディークとシャルラウの関係は順調だったようで，シャルラウはグロタンディークの子供たちとも交流する機会もあった．しかし，なぜか，シャルラウとグロタンディークの関係に亀裂が入り，それ以降，シャルラウがグロタンディーク関係の写真をシンポジウムなどで公開するようになった．

梵我一如

グロタンディークは『収穫と種蒔き』の中で，自分には 3 つの大きな情念（trois grandes passions）が存在していたと書いている（[3] p.87）．人生

で最初に現れた情念は数学への情念で，17歳のときに出現した．2番目に現れた情念は女性探求（la quête de la femme）への情念で，24歳のときに出現した．このときの「情念の証し」としてグロタンディークの長男が生まれているが，母親の反対もあってその女性とは結婚していない．結婚したのは母親が推す2人目の女性ミレイユで29歳のとき（母親の死後）だった．ミレイユとの間には3人の子供が生まれている．グロタンディークの数学への情念が明滅しつつある時期に，ミレイユとは離婚（公式には1981年）することになるが，その前に少なくとも4名の女性が登場している．ベトナム人とアメリカ人とフランス人（2人）である．グロタンディークの最後の恋人はヨランドだったと思われるが，1981年の夏にドイツ語を話す若い女性アンゲラ（天使を意味する）との「恋の芽生え」もあったという．48歳のときの「瞑想の発見」（découverte de la méditation）によって，3番目の情念「瞑想」，目的としては「自己発見」（découverte de soi）に向う追求，が出現した．つまり，グロタンディークにおいては，数学・女性・自己が生を駆動する三大情念だったということになるが，時間的変化も考慮すれば，これは社会性が次第に限定されつつ共同幻想→対幻想→自己幻想と内奥に向うこころの自己認識プロセスの弁証法的展開過程でもあった．「グロタンディークの深淵」の自己展開過程だといってもいい．道教的現象的にいえば，陽（数学）と陰（女性）が止揚されて太極（自己）に到るというわけだ．こうして宇宙が自己と同一視され，アートマンとブラーマンの一体化（梵我一如）が完成する．グロタンディークの場合，これらの情念（passion）に基づく探求活動はいずれも受難（passion）に結びついており，捕縛・裁判・磔刑（arrestation/Sanhédrin/crucifixion）というイエスの受難（Passion du Jésus-Christ）をイメージしたくなってくる．グロタンディーク自身もどこかにそうしたイメージを抱いていた気がするが….

グロタンディークというと性の問題に絡む醜聞に言及したくなる人がいるようで，「アレクサンドル・グロタンディークは異なる3人の女性に産ませた5人の子供」（cinq enfants qu'Alexandre Grothendieck eut de trois femmes différentes.）がいるとわざわざ書いた新聞もあった[8]．それどこ

ろか，大胆にも，グロタンディークは「女たらし」だと書いた訳本まである．フィールズ賞の受賞者でポアンカレ研究所の所長でもあるヴィラーニの『定理が生まれる』（早川書房 2014 年）には「彼［グロタンディーク］はコレージュ・ド・フランスを辞すると，ピレネー山脈の小さな村に隠遁した．女たらしだったのが，世捨て人に変身し，狂気にとらわれて自身の著作に異常な執着を見せるようになった．」(p.78)（Il démissionna du Collège de France et se réfugia dans un petit village pyrénéen, séducteur reconverti en ermite, en proie à la folie et à la manie de l'écriture.）（[10] p.89）と書かれている．たしかに séducteur には「女たらし」という意味もあるが，ここでは普通に「人を魅了する人物」と訳す方が事実に即している．グロタンディークのことをよく知っているわけでもないヴィラーニが，グロタンディークの短い紹介文の中でわざわざ「女たらしだったのが，世捨て人に変身し，狂気にとらわれて…」などと誹謗中傷ぎみに書くのは不思議だと思っていたが，グロタンディークが死んだ日にヴィラーニがグロタンディークについて書いた文章の皮肉を込めたつもりのタイトル「Goodbye Stranger, It's been nice, Hope you find your paradise」を見て少し納得がいった．女たらし説と発狂説を面白おかしくヴィラーニに吹き込んだのはどうやらカルティエとロシャクらしい．ヴィラーニの文章そのものも信頼性は高くないが日本語訳にも問題がある．この部分は原文をやや修正しつつ翻訳し，「彼は高等科学研究所（IHES）を辞めてから，ロデーヴ近郊の小さな村に隠遁した．魅惑的な人物だったのが，隠者に変身し，書くことに執着し熱狂のあまりその虜になった．」とでもする方がいい．運転免許の取得に 9 回失敗，寝ずに数学に打ち込む，偏食（菜食主義者だった時期もある），門の修理での不手際，火事を出して屋根が崩れ落ちる，など「母性本能」にアピールするような側面は女性にもてる要素に違いない．いずれにせよ，グロタンディークを「女たらし」などと表現するのは誤りだと思う．ぼくは，人びとが通常は沈黙している性の問題を創造性の起源の問題と結びつけるために自己の心の内奥まで曝け出そうとするグロタンディークのアスペルガー的情念に敬意を表したくなる．誰もがタブー化して書かないことを敢えて書こうと

する表現者グロタンディークの「知への意思」にこそ注目すべきだろう．

謎の大作

　隠遁者としてのグロタンディークは 1 か所に定住していたわけではない．ヴィルカン，ゴルド，モルモワロン，ラセールの順に移動している．ヴィルカンではコミューン建設と仏教に興味を示し，瞑想を発見している．ゴルドでは両親について調べて自分自身についての瞑想を深め，モルモワロンに移ってからは数学への関心を復活させたものの，自己省察を経て，「夢と神」というテーマに沈潜するようになり，深い孤独を求めてラセールに移った．ぼくが 2007 年 3 月 6 日にラセールを訪れたときに，グロタンディークの家の近所の人の目撃談によると，グロタンディークは窓辺の机でいつも何か書いているとのことだった．手紙を書いているのだろうといっていたが，ぼくが直接グロタンディークに聞いたところでは，「自分自身について書いてる」などといっていた．「謎の大作」を執筆していたという説もある．やがて遺品の整理が進んで「謎の大作」が姿を現すことになるのかもしれない．

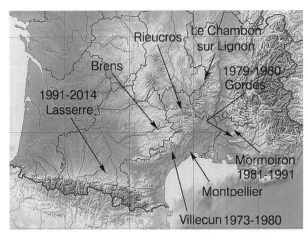

グロタンディークの隠遁地とゆかりの地

　もし，「謎の大作」が存在したとすると，そのテーマは何だろう？ グロタ

ンディークはかつて，物質的宇宙の消滅について真剣に考えていたこともあるようなので，これを数学的に論じようとしていたという可能性ならないとはいえないが….グロタンディークが，自分がかつて展開したテーマと多少なりとも関連する話題，たとえば，コンツェヴィッチの非可換モチーフ理論，ヴォエヴォドスキーのホモトピー・タイプ理論，コンヌの非可換幾何学，望月新一の宇宙際タイヒミュラー理論，ラングランズ・プログラム，さらには，ペンローズの量子脳理論や循環宇宙論，ウィッテンのM理論などに関心をもっていたという可能性でもあれば面白いのだが，ラセール時代のグロタンディークは，こうした外界の動向に興味をもつことを意識的に拒否していただけに望みは薄い．自分がかつて興味をもっていた数学的なテーマの復活再生に取り組んでいたという可能性も少ないだろう．グロタンディークを「数学魔術師」(mathé-magicien)と呼んだ新聞によると，グロタンディークは，サン・ジロンの朝市に買物に出かけたときに，朝市が開かれている広場の横の並木道を歩きながら，「なぜ，悪が存在するのか？」(Mais pourquoi le mal existe-t-il?)と考えていたという[11]．同じことかもしれないが，アウグスティヌスも取り組んだ「自由意志と悪」というテーマを追求しているというような説もあった．ほかにも，「自由意志の自然学」とでもいうべきものに関する膨大な著作を書いているなどという怪しげな説が流れたこともある[12]．テーマは「創造」あるいは「創造性」だという人もいる．いずれにせよ，「謎の大作」の内容は想定外のものになるだろうという気がする．そうでなければグロタンディークではない！

グロタンディーク・サークルのメンバーでニュートンの神学研究の専門家でもあるシュールマンによると，「華厳(HuaYen)の仏教徒たちが，ものそれ自体よりもむしろものの間の関係性に注目すること，これらの関係性から同一性や個別性の概念が出現するものと信じていることについて，かれ[グロタンディーク]は敬服していた」(He [Grothendieck] admired the HuaYen Buddhists for the attention they paid to the relationships between things rather than the things themselves, in the belief that whatever notions of identity and individuality we have emerge from those relationships.) [13] という．2015 年 2 月 4 日にメールでその根拠を尋ねたところ，即座にシュールマンからメールが届き，グロタンディークが華厳的思考を賛美していたことは確かだという．シュールマンによれば（伝聞情報ではあるが），グロタンディークの本棚に華厳経関連の本が並んでいるのを目撃した人がいるとのこと [14]．これが事実なら，グロタンディークが，法華経や般若経や浄土経と並ぶ大乗教典のひとつ華厳経が描く諸世界を法界縁起という観点から統一的に再照射しようという華厳思想の根幹部分に圏論的関手論的な哲学を感じたということになりそうだ．グロタンディークは，まず法華経に社会変革への可能性を感じ取り，その後，華厳経に世界を見るヴァイローチャナ＝毘盧舎那仏（顕教）＝大毘盧遮那仏＝大日如来（密教）の視点，あえていえば，「神の視点」を感じ取ったということだろうか．（ぼくは幼児期に奈良の大仏＝毘盧舎那仏を見てアリス症候群を発症してんかん発作に見舞われたことがあるだけに，グロタンディークの話題にヴァイローチャナが登場するとすれば，どうしても余計な興味を喚起されてしまう！）1960 年代以後のグロタンディークは，純粋数学への没入から社会変革への自己投企を経て，法華経的世界観との出会いでスピリチュアルな視点に目覚め，夢の意味の究明に興味を示した後に，純粋数学への再燃との関わりもあって夢の自己増殖にも似た「神との対話」に揺すぶられて終末論的世界観を呼び覚まされてから，最後の数学的瞑想『レ・デリヴァトゥール』に取り組み，体調を壊し，完全な孤独を求めてラセールに移住．「預言」が成就せず神への不信感に噴まれて，キリスト教的世界観を捨て去ったのかもしれない．ラセールではインドや中国の哲学や宗教思想について学び直し，その一環として華厳経的世界観に遭遇して，数学（梵天）と自己（我）の統一（梵我一如）というようなヴィジョンが出現したのだろうか．さらに，その後，ラセール的境地とでもいうべき「最後の世界観」（グロタンディークの三大情念「数学／性／自己」の大統一，つまり，数学→性→自己→神→数学というループの完成）にたどり着いたのかも知れない．単純化すると，グロタンディークの人生は，数学→社会変革への意欲→法華経→夢の解明→数学再燃→夢への興味が深化→「神との対話」

→『預言の書』→数学再燃→体調崩す→ラセールに移住→「預言」の不成就→神への不信感→華厳経との出会い→ラセール的境地，ということかもしれない．華厳経からさらに密教的世界（理趣経など）に進んでいれば「迫力」が増していただろうに．死後に発掘されるはずのグロタンディークの瞑想作品の解明によって明らかになるはずだ．華厳経（華厳宗）と夢といえば，明恵の夢記（見た夢を記録した日記のようなもので世界的にも珍しい）と光明真言が想起される[15]．そういえば，グロタンディークも自分の見た夢の観察記録のようなもの（Traumgesicht meiner selbst）を書いていたことがある．別の視点からすれば，グロタンディークの人生は，ドーパミンによって駆動された数学への過剰な没入によって生成されたヴィジョン体験（光に満ちた体験）に伴って生まれた「創造とは何か？」という問題への知的解答を求める旅路だったともいえそうだ．こうしたことも，ぼくの今後の課題にしたいと思っている．グロタンディークの謎を支えているのは，本質的には，アスペルガー的な脳の機能にほかならないはずで，誤解を招きやすいキリスト教や仏教の用語に頼ることなく（脳神経科学や分子遺伝学や分子進化論などの言葉で）グロタンディークの「心のトポス」を論じることができるに違いない．そうすれば，「創造とは何か？」という問題にも答えることができるようになるだろう．

グロタンディーク回想

　ぼくがグロタンディークという名前（と顔）に自覚的にはじめて接したのは50年ほど前，高校1年だった1965年2月4日に大阪駅前の旭屋書店で一松信の『多変数解析函数論』を買って，付録I「多変数解析函数論の小史と展望」を眺めたときだった．この本をきっかけとして，一松との文通がスタートし，岡潔関連の文献や数学史関連の文献についてあれこれ教わることができたが，グロタンディークについては付録で写真を見たというだけで，ほとんど触れる機会はなかったようだ．1966年にグロタンディークがモスクワでフィールズ賞を受賞（授賞式は欠席）しているが，当時高校2年のぼくはこのニュースに接する機会がなかったのか，何も覚えてい

ない．つぎにグロタンディークの名前に接したのは大学入学直前の1968年3月のことで，後に日本山妙法寺の僧侶となる大山紀八朗に新宿の三省堂で話しかけられ，グロタンディークの『代数幾何学原論』(EGA)を購入することになったときだった．1969年には，(家庭教師だった大山の影響で?)中学生時代からグロタンディークのファンだったという石浦信三(やがて日本語ロックの先駆け「はっぴいえんど」の理論的支柱ともなる)に田園調布の駅前の喫茶店で会って話し，グロタンディークの数学への興味が膨らんでいった．大学を出たらグロタンディークのところに留学したいと思うようになっていったのもこのころからだ．大学時代にフランス語を教えてくれていたのは宮沢賢治の研究者で詩人でもある天沢退二郎だったが，大学2年からは講義(というよりセミナー)の内容が現代フランス語から中世フランス語(『ロランの詩』，フランソワ・ヴィヨン，『トリスタンとイズー』，カタリ派の話題)に変化して受講生がぼくだけとなり，天沢と親しくなって，天沢がフランス留学の体験者だったと知ったことで，フランス留学が現実味を帯びてきたことにも関係していそうだ．実際，ぼくは池上駅の近所のアパートに住んでいたのだが，天沢が住んでいた地域に憧れたのか，田園調布駅の近所のアパートに引っ越したりもしている．ところが，1970年の秋には，彌永健一からグロタンディークが数学を去ってシュルヴィーヴル運動(生き残り運動)をはじめたことを教えられ，1971年2月10日に，ぼくは，グロタンディークの運動を批判する手紙を書いた．そのころ，グロタンディークはアメリカとカナダに運動資金を稼ぐための講演旅行中で，もらった返事は1971年5月27日付けだったが，これが文通の始まりとなった．同じころに，ガロアやアーベルの伝記を翻訳していた辻雄一とも知り合った．辻はグロタンディークのシュルヴィーヴル運動とも接点をもっていたが，後にグロタンディークの『収穫と種蒔き』などを翻訳することになる．パリ在住の辻雄一・由美夫妻に助けられて，グロタンディークとはじめて会い，隠遁中の家にしばらく滞在させてもらったのは，グロタンディークと文通をはじめてから2年以上が経過した1973年7月26日だった．このときは，グロタンディークが最初に南フランスでコミュ

III 思い知るべき人はなくとも

ノテ（communauté）建設を試みようとしていた時期で，グロタンディークがロデーヴ近郊のヴィルカン（Villecun, 現在の Olmet-Villecun）の小さな小屋を改造した家で暮らしはじめたときでもあった．コミュノテというのは 1960 年代後半にカリフォルニアなどで流行ったヒッピーなどによるコミューンのフランス語版だと思えばいい．グロタンディークがモンペリエ大学に勤めはじめたことを知って，「留学したら受け入れてもらえるか」と聞いたところ，「自分はもう指導教員のような役割は担いたくない」というような否定的な返事をもらったのもこのころだった．

「（グロタンディークの）両親は，深い信念に基づいて，農民の中で極貧の生活を送ることを選んだ知識人だった」(Ses parents étaient des intellectuels qui, par conviction profonde, avaient fait le choix de vivre dans une pauvreté absolue au milieu des paysans.) という説がある [11]．晩年のグロタンディークが，「極貧の生活」はともかく，「知識人」などという怪しげなスタンスを選ぶとは思えない．グロタンディークの父は，ボルシェヴィキとの対立以前の段階で，ウクライナのマフノの軍隊（農民軍）に属して戦っていたので，こういう説が生まれたのかもしれない．この説が正しいとして，グロタンディークが両親の「教え」に忠実に生きようとしていたとすれば，1973 年以降，グロタンディークが農民の中で「隠遁生活」を送っていたこともある程度説明できそうだが，単に農民の中で暮らすというよりも，少なくとも 1970 年代に関するかぎり，農業をベースにした新しい生活形態（コミュノテ）の創造を目指そうとしていたという方が説得力がありそうな気がする．実際，ぼくが 1973 年と 1976 年のヴィルカンへの訪問で得た感触からすれば，未来的なコミュノテ建設を目指しているという方がリアリティがある．グロタンディークの 1981 年以降のモルモワロンでの生活では，近所で農作業を手伝っていたようだが，数学への復帰を考えたりもしていたので，農作業よりも数学的瞑想に重点が置かれていたようだ．この数学的瞑想に勤しむ中で，グロタンディークはまたしてもセレンディピティ的才能を発揮して，『収穫と種蒔き』や『夢の鍵』に向うヴィジョンに集中するようになる．さらに，ラセールでの本格的な隠遁生活

を開始する1991年以降は，極貧生活とは必ずしも結びつかないような住居に住んでいたし，「農民の中で暮らす」にしては周囲の農民たちとうまく付き合っていたとはいえそうにない．グロタンディークの隠遁行動を全体的に理解するには，両親の知的影響説では不十分すぎる．

激動の時代

　グロタンディークは1967年にアメリカ軍による空爆下の北ベトナムで講演やセミナーを行なったことがあった．その体験を報告した文書の翻訳が『数学セミナー』(1968年8,9月号)に連載されたのがきっかけになって，ぼくは彌永健一と知り合った．彌永は父の彌永昌吉に似て物静かな感じの人物だが，内に秘めた闘志は並大抵のものではない．記事のはじめにグロタンディークと彌永昌吉が(一人おいて)並んだ写真が掲載されていた．後半の部分にはその後有名になる「裸足のグロタンディーク」の写真も掲載されている．この写真はムンバイのタタ研究所でのシンポジウムのとき(1968年1月)にマンフォードが撮影したものだ．ぼくが彌永家をはじめて訪問したのは，彌永によるグロタンディークのシュルヴィーヴル運動の紹介記事が『数学セミナー』に掲載された1970年だったと思う．彌永がニューヨーク在住のエレーヌと手紙での論争をきっかけとして結婚することになった直後のことだった．彌永夫妻は東京の父の家に同居していたのだが，ぼくは何度か彌永家を訪問して夫妻からさまざまなことを教えてもらった．そのころ，彌永はヒルベルトの伝記(『ヒルベルト』岩波書店1972年)を翻訳中で，1972年に出版されたこの本の「訳者まえがき」にはつぎのような文章がある．「ヒルベルトの，数学的無神論は，現代科学の基本的方法論とされるにいたったが，「神々」を失った現代人は，科学の前にぬかづき，無際限の自然と人間の搾取を，「進歩」と呼んであがめた．こうした，「進歩」崇拝は，はやくも我々を罰し始めている．第二次大戦後ヒルベルトの再来ともいわれた巨才グロタンディエクは，今や西欧文明全体を糾弾し，「科学主義」に対する闘いを開始している．ヒルベルトの孤独な死の地点から出発して，人間を救い出し，さらに「新しい科学」を求めようと

いうのが，彼の立場であるようである.」これを読むと当時の熱気が漂ってくるようで懐かしい. そういえば，ぼくは，1971 年にグロタンディークと知り合い，文通を開始したのだった. 当時のグロタンディークは，数学への熱狂を中断して，核戦争や環境汚染による人類滅亡の危険を回避するための運動（シュルヴィーヴル運動）に打ち込んでいる最中だった. いまから振り返ると，ぼく自身の「変貌」のせいなのか，当時の熱気が信じられない気もするが，先進国では世界的な規模でのベトナム反戦運動や大学改革運動が巻き起こっていたのだ. グロタンディークのこころに強いインパクトを与えたパリの 5 月革命（1968 年 5 月）や中国の文化大革命の嵐（造反有理という言葉と毛沢東を有名にした過熱状態）のことを思い出すだけでも，時代の熱気を感じることができるはずだ.

　ぼくの個人的事情をいえば，高校の同期生山崎博昭が「羽田闘争」（1967 年 10 月 8 日）で死亡し，高校の先輩山本義隆が東大全共闘の議長（「安田講堂攻防戦」は 1969 年 1 月）だったことが，ぼくのこうした時代の「過激さ」への親和性を増したことは間違いのない事実だった. ぼくが山本と親しくなるのは山本が翻訳したカッシーラーの『アインシュタインの相対性理論』（河出書房新社 1976 年）が出てからのことだったと思うが，「東大解体」という過激なキャッチフレーズに魅せられて『知性の叛乱―東大解体まで』（前衛社 1969 年）を熱心に読んでいたのを覚えている. グロタンディークとの関係で面白い話題がもうひとつあった. グロタンディークから突然『収穫と種蒔き』が送られてきたのは 1986 年 1 月だったが，そのころ，ぼくは「ガロアの数学」についての記事を連載中だったので，さっそく，『収穫と種蒔き』の中にあったグロタンディークとガロアやガロア理論とのかかわりについての話題を抽出して紹介し，1986 年 10 月に出版された『ガロアへのレクイエム』（現代数学社）にも収録することになった. この本に英語での短い紹介文を付けてグロタンディークに贈ったところ，想定外の「高い評価」を受けてしまった.「これは英語にした方がいい」といって，当時，グロタンディークに『代数幾何学原論』第 5 章の未刊行原稿の出版許可を求めてきていた出版社に（交換条件ででもあるかのように）ぼくの本の

英訳本の出版を提案してくれた．おかげで，手紙だけでなく国際電話までかかってくる事態になったが，ぼく自身は『ガロアへのレクイエム』の内容には満足していなかったし，自分の本を英語に翻訳するという作業にも気が乗らなくて，結局断わってしまった．グロタンディークは他人の仕事をかなりいい加減に評価するらしいことを身をもって実感した事件だった．

ぼくの高校は大阪城の前にあり，すぐ近くに坂本潔として生まれた岡潔の生家や岡が通った尋常小学校や岡少年が暮らした家があったせいで，ぼくは，高校時代から岡に親近感をもっていた．「家があった」とか「尋常小学校があった」といっても家や学校そのものが残っていたわけではなく「地理的な場所があった」というだけなのだが．そういえば，すでに述べた一松信，大山紀八朗，天沢退二郎，辻雄一，辻由美，彌永健一，山本義隆，そして，大学時代に，グロタンディークのぼくの「演説」を聴いてくれグロタンディークに出した最初の長い手紙を翻訳してくれた木下久枝，グロタンディークの数学について語り合った「天性の数学者」で夭逝した猪瀬博司，大学時代のクラス担任でぼくの論争相手で後に文部大臣になった永井道雄，ゼータと絶対数学で知られる数学者の黒川信重など，異色の人びとと知り合ったのもすべて「激動の時代」の出来事だった．ぼくとグロタンディークのかかわりのすべてはこの人びととの交流と無関係ではない．アスペルガーのぼくは双極性障害や強迫性障害に似た症状を呈することがあったが，抑うつ状態からの回復期に躁状態となり連発する軽い「ヴィジョン体験」（ドーパミン過剰）も重なっていたことが「奇妙なまでの活発性」を生みだした原因だろうと思っている．そういえば，オクテのぼくが初恋と初失恋を体験したのもこのころだった．

自己探求への課題

こうした回想と関連して，ぼくがグロタンディークの思索に触れて心に喚起された重要な課題として，両親をどう自己内化するかという問題がある．自分が自分であるために両親からどのような影響を受けたかを考察することが大切だということだ．そのためには，両親に関する客観的事実を

集めて瞑想を深める必要があるわけだが，ぼくの場合，父は文学青年だったが学徒出陣で南方に送られベトナム沖で輸送船が沈没して父が戦死したとの通知が届いて葬式もしたが通知が誤りだという新しい通知が届いたこと．父が引き揚げてきたときには父の生家はB29による空爆のせいで消えてしまっていたこと．母は数学と音楽が得意で国民学校の教師をしていたこと．父の母は母の母の姉だったにもかかわらず父と母は結婚したこと（つまり両親は平行いとこ婚）．そのためにアスペルガーでアリス症候群とてんかん発作まであったぼくは異質性を親戚から揶揄されたりもした．ぼくの記憶の最古層には，大阪の生家よりも姫路の船場別院本徳寺での記憶が大きく横たわっていること．なぜなのかは誰も教えてくれなかったが，そのおかげでぼくは浄土真宗の正信偈や阿弥陀経に不思議な懐かしさを覚えたりする．父が定年前に出家したことも，ぼくの仏教への関心を高めている．グロタンディークとは直接関係はないが，最近，父の生家やぼくの生家が焼けたり不発弾が貫通する被害を受けた第3回大阪大空襲（1945年6月7日）のときのB29と大阪市内が写った写真を見つけたので象徴的な意味を込めて紹介しておこう．第3回大阪大空襲では岡潔の生家も焼けた可能性がある（少

大阪を空爆中のB29爆撃機 [16]
右翼に大阪城，左翼にぼくの生家付近が見える
立ち昇る煙は父の生家付近の火災によるものか

671

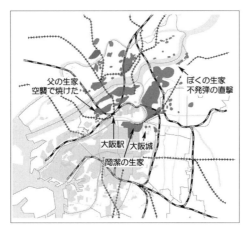

1945 年 6 月 7 日の第 3 回大空襲の被害状況 [17]
父とぼくと岡潔の生家付近も被弾した
（薄い灰色部分は第 1 回と第 2 回大空襲の被災地を示す）

年岡潔の暮らした家は第 2 回大阪大空襲の被災範囲に含まれていそうだ）．そういえば，ぼくの出た中学校の敷地は高射砲陣地の跡地だったという話もある．

　両親からの気質の遺伝や幼児期の両親との関係に始まるさまざまな体験の総体として，ぼくの心が徐々に形成されてきたことは確かで，その意味でも，自己探求には，両親についての瞑想が重要になってくる．これもまたグロタンディークから教えられたことのひとつに違いない．京子がぼくの母が病院で死んだことを知らせたときに，グロタンディークからぼくを非難する手紙が届いた．「大切な母親を自宅で看取らずに病院で死なせるとは…，恥を知れ！」というような激越な内容の手紙だった．ぼくにも，内心忸怩たるものがなかったわけではないだけに，強い衝撃を受けるとともに，グロタンディークの母親への思いの深さをあらためて刻印させられた．この衝撃に眼を凝らせば，創造性の母胎としての「グロタンディークの深淵」に触れることができるだろう．

　グロタンディークの冥福を祈る！

III　思い知るべき人はなくとも

オーム・マニ・パドメー・フーム［18］

参考文献

［1］Hölderlin, "An die Parzen"（運命の女神に）

［2］Spiegel Online 2014 年 11 月 14 日

［3］Grothendieck, Récoltes et Semailles, 1985/86

［4］Aira et Le Pestipon, "Alexander Grothendieck, sur les routes d'un génie", K productions, 2013

［5］Ikonicoff, "Grothendieck, Mais où est passé le génie des maths?", Science et Vie, août 1995

［6］Grothendieck, La Clef des Songes, 1987

［7］Libération 2014 年 11 月 14 日

［8］Reporterre　2014 年 11 月 17 日

［9］Grothendieck, Éloge de l'Inceste, 1979

［10］Villani, Théorème Vivant, Grasset, 2012

［11］La Dépêche du Midi　2014 年 11 月 15 日

［12］The Telegraph　2014 年 11 月 14 日

［13］The Guardian　2014 年 11 月 25 日

［14］山下純一「グロタンディークと華厳経」『現代数学』2015 年 4 月号

［15］Unno, Shingon refractions : Myōe and the Mantra of light, Wisdom Publications, 2004

［16］http://ja.wikipedia.org/wiki/大阪大空襲

［17］第 3 回大阪大空襲　　http://www.geocities.jp/jouhoku21/heiwa/o-kuusyuu3.html

［18］山下純一「ラマヌジャンとメブク」『現代数学』2015 年 5 月号

673

おわりに

グロタンディーク論の展望

　もともと，ぼくの大学時代の興味の中心は，ブルバキによる構造主義的数学の極北ともいうべきグロタンディークの数学全体の論理的構造を論じたいというところにあった．素朴にも，グロタンディークの数学をブルバキの数学思想の自然な発展形態として捉えたいと思っていたわけだ．数学の共時的（synchronic）な構造に興味をもっていたということでもある．その後，ぼくは，1970年に決行されたグロタンディークの数学社会からの脱出行動を前にして戸惑いつつも，手紙の交換や直接会って話す機会を通じてグロタンディークという人間そのものに興味を覚えるようになった．それとともに，グロタンディークによって生成された数学的宇宙の共時的な構造よりもむしろそうした構造の創出を担ったグロタンディークの数学的創造性がいかにして発揮されたのか，さらには，グロタンディークのどのような情動的駆動力がそれを可能にしたのか，ということに興味を移すことになった．生成されたもの（書かれたもの）としての数学よりも数学の生成原理（書かれるものとしての数学）に興味をもつようになったといってもいい．数学の生成にも，生物の誕生と同じように個体発生的（ontogenetic）な側面と系統発生的（phylogenetic）な側面がある．強引に系統発生的な側面を通時的（diachronic）な数学史的側面（たとえば概念史）に対応させれば，ぼくの興味の方向は最初は系統発生的な側面に限定されていたということになる．ところが，1986年1月に，グロタンディークから突然『収穫と種蒔き』が届いたことをきっかけとして，ぼくはグロタンディークのいう瞑想の重要性を再確認

するとともに，グロタンディークという人間そのものに惹かれるようになり，情動の変容過程ともいうべき個体発生的な側面（外的環境からの影響よりも内的環境の変容を重視する立場）への関心が醸成されてきた．

　ごく普通の数学史的思索においては，数学が時代とともにどのように変遷してきたかをさまざまな概念や理論体系の流れを追いながら論じるわけで，まぁ，いってみれば，「生命体」としての数学の進化の過程を論じているようなものだが，生命の進化の場合を見ればわかるように，進化の契機は個々の生物のDNAの塩基配列にランダムに起こるエラーが世代を経てどのように選択されて行くかという問題に帰着する．数学の進化においては，塩基配列のエラーとそれによる表現型（phenotype）の異常化にあたるものは，学習によって形式的機械的に伝達されるべき共時的な意味での数学に個人が起こすエラー（既存の体系の立場から見た広い意味のエラー）とそれが生みだす表現型（ここでは数学的概念や理論に基づく体系などの形）の変貌ということだろう．これが社会的・歴史的にどう選択されていくかは，共時的な数学構造の変貌の議論に属する．安定的な構造の維持推進と安定的な構造の破壊（と新しい構造への志向）は本質的に別の脳によって推進される．おそらくこれは，それを担おうとする人間の脳の機能的な差に関係しているはずだ．脳に入る多量の情報にある種のフィルターをかけて「適切」な情報のみを選別して処理することを目的とする脳（いわば「健全な脳」）が安定的構造の維持推進に貢献するのだとすれば，安定的な構造を破壊する志向性を担うのはある種の「不健全な脳」の役割に違いない．たとえば，大量の入力情報を選別することなく，そのままで既成の「合理性」を無視して，「健全な脳」からすれば「異常な組み合せ」にまで注目し「健全な脳」には想像不能の新しい関係性を打ち立てるのが創造性に満ちた脳なのかもしれない [1]．この意味で，創造性に満ちた脳は必然的に広い意味での精神疾患の脳でしかありえないだろう．（もちろん，「健全な脳」も外的な圧力などによって結果的に創造性を発揮してしまうことはあるだろうが．）それがアスペルガーの脳だとまでは断言できないし，おそらく，統合失

調症や双極性障害の脳でもありうるだろう．さらにいえば，こうした精神疾患は大きなひとつのスペクトラムに統合される可能性もあるので話がややこしくなる．ぼくが直観的にそんな印象をもっているというだけでなく，面白いことに，最近では，ゲノム解析的研究によってそれが示唆されつつあるようだ．「創造性のダークサイド」は別の側面からも論じられ，たとえば，「(研究の) 結果として，創造性と不誠実さのかかわりが明らかになり，創造性のダークサイドが照らし出される」(The results provide evidence for an association between creativity and dishonesty, thus highlighting a dark side of creativity.) [2] などという指摘も見られる．

ぼくは，『収穫と種蒔き』に触れる以前にもグロタンディークの伝記的な事実には関心をもっていたし，フランスやドイツに行く機会を捉えてはグロタンディークの「ゆかりの地」や「ゆかりの人物」などを訪ね歩いてはいたが，いま思えば，いたって表面的な関心のあり方に過ぎなかった．『収穫と種蒔き』がなければ，情報不足のせいもあって，グロタンディークの個人史に精密な形で触れることは難しかったためだろう．個人史についての考察は，グロタンディークの人格形成史を経て，精神分析学的な考察へと向っても行くが，それだけでは不十分だと感じて，ぼくの関心空間はどんどん拡散することになった．とりあえず，ぼくはこうした広範な問題意識の下でグロタンディークとその周辺の事象について考えることを「グロタンディーク論」と呼んでいる．同じ意味で「ガロア論」や「岡潔論」，さらには，「ガウス論」「リーマン論」「ポアンカレ論」「ラマヌジャン論」なども考えたくなる．それだけでなく，数学の範囲を超えて芸術の世界にまで考察対象を広げたくなってくる．科学とのかかわりで数学を見るだけでなく，(史的・私的・詩的な意味での) 創造性を重視することや情動が核心的役割を果すことを踏まえて，数学を特殊な芸術だと見なせば，考察対象を拡張したというだけなのだが，まぁそれは横に置いて，とりあえず，さまざまな「数学者論」をを統合するような，私的情動を駆動力とする数学的創造性の発揮の謎に迫る一般論を展望したくなってくる．歴史上のどういう数学者をサンプルとして

選ぶかは，ぼくの個人的限界によって規定されてしまうので，心もとない限りだが，とりあえず賛成したくなったのは，少なくともぼくが関心を寄せた歴史上の重要な数学者については，アスペルガーやその合併症としての強迫性障害や双極性障害などの症状に似た症状が観察されるという事実だった．なぜ，プライマリー疾患としてのアスペルガーに注目したかというと，ぼく自身がアスペルガーで，グロタンディーク，ガロア，ラマヌジャン，岡潔などの「特異な行動や性格」に共感することが多く，とくに異常だとも感じられなかったことによるところが大きい．アスペルガーの特異な情動の形を思えば，ごく自然にかれらの思考パターンや思考方法のみならずかれらの美意識（それぞれの情動の形態と不可分だと思われる）の起源が理解できそうにも思えた．

絶望の淵からの「生還」

　と，ここまでなら，従来の病跡学（pathograpy）の射程内にも収まりそうな気がするが…．ぼくは，「謎の病気」に冒されたことがきっかけとなって，こうした思索の限界を突破できる可能性を感じはじめた．ぼくは，2012年秋以降，CT検査の結果，後腹膜腔に拡がる占拠性病変や肺の結節影などが発見され，PET/CTMRIによる追加的な画像診断を経て，一時は「末期悪性リンパ腫＋肺がん」が強く疑われる危機的な状況に陥っていた．その後，「ひょっとしたら」と思い，最初の主治医（血液内科医）に依頼して測定してもらった血液中のIgG4が高値を示したことやぼくが慢性副鼻腔炎を患っていたことやアレルギー体質だったことなどから，IgG4関連疾患の可能性が高まり，肺がんが疑われた肺の結節の成長速度を計算してがんの可能性が低い気がしたこともあって，IgG4関連疾患に詳しい医師（膵臓や胆管を専門とする消化器内科医）に依頼してステロイドトライアルに挑戦してみることにした．もし，IgG4関連疾患ならステロイドが有効で病変が縮小するはず．生検が難しい場合にはこれによって判別を行なうことができるが，がんだった場合にはステロイドによって免疫力が低下して悪化する可能性もあるというので，ステロイ

ド治療の前にあらかじめがんを否定しておくことが必要だとされる．しかも，ぼくの場合には，MALTリンパ腫の可能性もあるとされており，もしそうだとしたら，ステロイドで縮小する可能性もあるだけに問題もあったのだが，生検のための手術を避けたかったぼくはあえて「危ない道」を選択したという感じもある．ステロイドトライアルのためには3週間に及ぶ入院が必要とされたので，入院中の「暇な時間」を利用して，IgG4関連疾患について勉強してみたいと考えるようになった．入院中の治療的行為としては，毎日2回の投薬（ステロイド剤の投薬と予想される副作用対策としての投薬）と起こりうる副作用のひとつ（血糖値の上昇）を監視するための早朝の血糖値検査くらいなものだが，病院からの外出は許されず（テレビを見ることのないぼくとしては）退屈といえば退屈な毎日だった．やることといえば，IgG4関連疾患関係のレポートや症例報告を読むことくらいだが，やってみてもあまり熱心にはなれなかった．ただ，2人目の主治医が，患者中心医療（PCM, patient-centered medicine）に積極的で，沈みがちだったぼくの心を元気付けようとして，ぼくがアスペルガーだという事実に関心を示してくれ，病室で，子供時代の話やグロタンディークに関するぼくの「演説」を聴いてくれたおかげで，「謎の病気」の出現以後，急激に興味を失い死滅しつつあったぼくのグロタンディーク論への思いが息を吹き返すように甦ってきた！アスペルガーと創造性の関係についての思索を深めたいという思いも甦ってきた．「生きる意欲」さえ失いかけていたぼくにとって，これは「絶望の淵からの生還」を感じさせる想定外の出来事だった．

　これによって，ぼくは，患者の立場から見た患者中心医療の一環としての「患者の話を聴くこと」の重要性に気づいた．現代の病院医療は，専門化の弊害を打ち破るためでもあるだろうが，チーム医療（1人の患者に対してさまざな分野の医療スタッフが協力して治療にあたること）で患者中心医療を実現しようとしているという側面もある．とくに，ぼくのような全身疾患の患者の場合，1人の専門医だけでは手に負えないというのが現実だろうし，主治医にとっては，さまざまな専門医にコン

サルトして情報を統合して治療方針を決めていくという意味でのチーム医療が不可避となる．このころに読んだ患者中心医療についての「したがって，患者と医師は，さまざまな知識，必要なもの，関心事，そして，たがいに重力中心を主張しないような重力的引き合いを伴いつつ，対等なものとして交流する必要がある」(Patient and physician must therefore meet as equals, bringing different knowledge, needs, concerns, and gravitational pull but neither claiming a position of centrality.) [3] という主張は患者中心医療のあるべき姿を示しているのかもしれない．医師の人数に較べて患者が多すぎることが原因だろうが，3分間診療に遭遇すると，患者の訴えを聴いて患者の病歴（patient history）に通じようとする基本中の基本が欠落しているのは問題だなどと憤慨させられたりもする．患者と医師が引力で引かれるのではなく斥力で反発しあっているようで残念だ．患者中心医療というのは，医師が威張っていた時代（医師中心医療時代）から患者を中心にして医療スタッフが協力しあう時代に向うサービス業的医療の時代のようなものへの変化が問題になっているのではなく，患者自身が自分の病気に関連する医学的知識を学び医師と向きあって自分の病気に対処しようとするような時代への変化を求めるものだと思えばよさそうだ [3]．ついでにいえば，カルテのデジタル化が進んでいるにもかかわらず，患者が自宅や病院のパソコンで自分のカルテを自由に閲覧できないのは不自然だし，患者中心医療思想にも反している気がする．患者が何らかのデジタルな手段で医師と意見を交換できるようになるのが望ましい．

生検かステロイド治療か

これは入院の時点よりももう少し後になってからの体験なのだが，京子は，ハーバード大学教授（マサチューセッツ総合病院の内科医でもある）でIgG4関連疾患の「世界的権威」とされるストーン（1990年にハーバード・メディカルスクール修了）に，IgG4関連疾患に関する問題をメールで質問したことが何度かあるが，こんな「図々しい質問」に対してストーン

は気軽に応答してくれ驚かされた．即座に応答があったときなど iPhone からだったりもした．もちろん，緊急事態が発生したような場合なら，日本でも，電話をかければ応答してもらえるが，患者でもない人からのメールでの質問にまともな応答があるという話は珍しいだろう．それでなくても仕事量の多い医師たちにとって（たとえ自分の患者からのものだとしても）メールでの問い合わせに応答などしていられないという事情はよく理解できるが，理想的な患者中心医療を実現するためには，このあたりの困難を克服することが必要になりそうだ．そういえば，ぼくが読んだ患者中心医療についての短い記事［3］もマサチューセッツ総合病院 Massachusetts General Hospital（MGH）が発行している有名な雑誌 The New England Journal of Medicine（NEJM）に出ていたものだった．ついでながら，この雑誌は，世界ではじめて IgG4 関連疾患の発見を告げる浜野英明たちの論文［4］を掲載した雑誌でもあった．また，ストーンは，2014 年 2 月にハワイで開催された IgG4 関連疾患の国際シンポジウムへのぼくと京子の参加も認めてくれた（というか，参加を希望した患者はぼくだけだったが）．実は，このとき，ぼくの症状は最悪の状態にあった．

ストーンと京子と純一
（2014 年 2 月のハワイのシンポジウムにて）

おわりに

　ステロイドトライアルによって，占拠性病変と肺の結節が縮小したことで IgG4 関連疾患の可能性が増大したところまではよかったが，その後，ステロイドの投与を止めると増悪してしまっていた．再度投与してみるとまた縮小はするのだが，ステロイドがなくなるとまた増悪する．そうこうするうちに，いくつかの症状も現れてきた．もっとも気になっていたのは CT 検査で指摘された水腎症による腎臓の機能低下で，e-GFR が 40 にまで低下してしまっていた．占拠性病変が増大して両方の尿管を圧迫し尿の流れが悪くなって尿管・腎盂・腎臓が膨張して水腎症を引き起こしていたようだ．それだけではなく，原因不明の腰痛も出現して上や右を向いて寝ることが不可能になり左向きでしか寝れなくなっていた．柔らかいベッドでは痛くて眠れないので床で寝ることも増えた．さらに，血液検査でリウマチ因子が陽性だという結果が出て，指の関節などが腫れていて痛みもあったので，関節リウマチが疑われた．腰痛についても椎間板ヘルニアなどの病気の可能性も考えられたので，整形外科で診てもらったが「異常なし」との診断結果だった．関連文献を調べたところ，IgG4 関連疾患だとしたら，リウマチ因子が陽性に出てしまう可能性があることと腹部大動脈瘤が腰痛の原因となりうることがわかった．ぼくの後腹膜腔の占拠性病変は後腹膜線維症とも大動脈周囲炎とも考えられそうなので，大動脈瘤と似た点もあり，占拠性病変と腰痛との関係について考察するべきだと思って，整形外科医にぼくの後腹膜腔の占拠性病変と腰痛の関係について質問してもまともな応答はなかった．腰痛については，痛み止めはすべて無効で，痛みは日に日に悪化して，ハワイのシンポジウムに参加したころには，前かがみにならないとまともに歩けないありさまになっていた．シンポジウムでの講演の大半は，当然ながら，こうしたぼくの症状の改善には何の役にも立たなかったが，ストーンのみならず，さまざなな専門家たちにぼくの病状についての意見を聞くことができたのは幸いだった．IgG4 関連疾患に詳しい放射線科医が，何の予備知識もなく，ぼくの肺の結節の画像だけを見て直ちに「クリプトコッカス症ではないか」と指摘したときには驚いた．というのも，ぼくは

血液検査でクリプトコッカス抗原陽性の判定が出ていて，真菌クリプトコッカスによる感染症が想定されたので，治療薬フルコナゾールも飲んでいたからだ．この放射線科医は画像診断によって，ぼくの肺の結節はIgG4関連疾患ではない可能性が高いと考えていたが，この医師の勧めで撮影した腹部の造影 MRI 画像を見ると後腹膜腔の占拠性病変については大動脈の周囲に張り付くように拡がっており，IgG4関連疾患の病変のように見えるとの見解だった．つまり，肺の結節はクリプトコッカス症で後腹膜病変は IgG4 関連疾患だという可能性が高いというわけだ．「もし両方とも IgG4 関連疾患だったとしたら，典型的でない（atypical）例だと思う」とのことだった．ステロイドを止めると再燃しているので今後どうするのがベストかについては，「漫然とステロイド治療を続けるのではなく，肺の病変を生検して確定診断を行なうべきだ」と指摘してくれた．この指摘はもっともといえばもっともで，ぼくも理論的には納得できるのだが，肺の生検となると胸腔鏡による手術（VATS）で全身麻酔も必要．合併症や後遺症も心配だった．生検したからといって確定診断が可能になるという保証もない．一元性も怪しく，仮に肺の病変の確定診断ができても後腹膜腔病変も同じだという根拠もないという気もして，生検のための手術の決断ができずにいた．主治医も参加したキャンサー・ボードの結論でも，肺の結節の生検を勧められた．ぼくは，希望的観測を根拠に，こうした結論を無視するような結果にはなったが，3度目のステロイド治療に挑戦してみようと決断した．両方の水腎症が悪化しているので，両方の尿管にステントを入れてからステロイド治療を行なうことにし，まずステントを挿入したが，仙骨麻酔がまったく効かなかったせいで手術は激痛を伴うものだった．ステントは3か月に1回のペースで交換が必要になる．挿入時の激痛を何度も体験しなければならないなんて，恐ろしいことだ．などと怯えながら，入院してステロイド治療を始めると，驚いたことに，治療2日目にはあれほど酷かった腰痛がほぼ消えて散歩ができるようになった．（ぼくの病気体験の詳細については「深淵からの来迎」[5] を参照してほしい．ここでいう「深淵」は「グロタンディークの深淵」にも通じている．）

アスペルガーと免疫異常

　それはともかく，ぼくにとって，入院の日々はグロタンディーク論について根本的な再構築を試みるためのいい機会となった．再構築へのきっかけは，入院してすぐの時期に京子が見つけてくれた論文 [6] を眺めたことからスタートした．「自閉症の原因は何か？」というテーマに関連して，この論文は，自閉症児の血清中の IgG4 濃度を調べており，その結果，定型発達児の場合に較べて有意に高値だったということが書かれていた．高値といっても，IgG4 関連疾患の場合ほど高くはなく，単に基準値内で高いというだけなのだが，面白そうなデータだと思った．

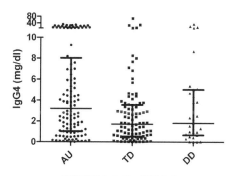

自閉症児と IgG4 高値 [6]
AU＝自閉症，TD＝定型発達，DD＝自閉症以外の発達障害

　アスペルガー児は定型発達児（健常児）に較べると，アトピック児（アトピー性皮膚炎または喘息またはアレルギー性鼻炎をもつ児童）と同じ程度に血清中の IgE や好酸球が高値であることが知られている [7]．

　大人のアスペルガーについては同じような傾向があるのかどうかぼくにはよくわからないが，ぼく自身の血液検査（免疫グロブリンの測定）の結果を見ると，IgE, IgG, IgG2, IgG4 が高値（ぼくの場合は基準値を超えていたが，普通は基準値内での高値）になっており，傾向としてはアスペルガー児の場合とそっくりだった（ただし，ぼくの場合は好酸球

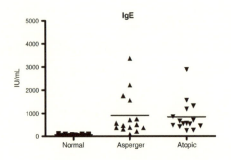

アスペルガー児と IgE 高値 [7]
Atopic＝アトピック児

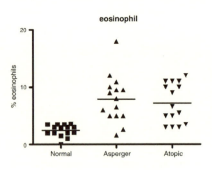

アスペルガー児と好酸球高値 [7]

はそれほど高値ではなく好中球が高値)．およそのところ，IgE 高値はアレルギー体質を意味しているが，ぼくも明らかにアレルギー体質で，アレルギー性鼻炎やアレルギー性結膜炎を発症しやすい．このことから，思考を飛躍させて，アスペルガー（さらに，自閉症スペクトラム障害の一部）は「脳のアレルギー」なのかもしれないなどと妄想したくなったりするが，驚いたことにそのようなことについて論じた論文 [8] があった．アスペルガーの脳が創造性の発揮にとって有用だとしたら，アレルギーこそが創造性の発揮に関係しているのかもしれないなどと，これまた妄想したくなってくる．ところで，アスペルガーは「脳のアレルギー」というよりも（免疫異常という意味ではどこか似ているわけだが）

「脳の自己免疫疾患」さらには「脳の慢性炎症」と考える方がいいのかもしれない[9][10].「脳の慢性炎症」という観点の面白いところは,この観点からなら,アスペルガー(や自閉症スペクトラム障害)のみならず,統合失調症,双極性障害,うつ病などの精神疾患の起源を「脳の慢性炎症」あるいはその結果としての神経発達障害群(neurodevelopmental disorders)をベースにして精神疾患全体をスペクトラム化できる可能性が展望できたりしそうな点だ[11].

慢性炎症と創造性

とはいっても,精神疾患には遺伝的な側面もあるので,いくつかの遺伝子の異常と炎症の相互関連の解明が必要となるわけだが.先走っていえば,退院してしばらく経った時期にアメリカのNIMH(National Institute of Mental Health)のページで見つけたFive Major Mental Disorders Share Genetic Rootという記事がぼくにとっては有用だった.ここでいう五大精神疾患というのは,自閉症スペクトラム障害,注意欠陥・多動性障害(ADHD, attention deficit-hyperactivity disorder),双極性障害,うつ病(major depressive disorder),統合失調症を指している.この記事は推進中の大規模な研究の成果[12][13]の解説にすぎなかったが,精神医学ゲノムコンソーシアム(psychiatric genomic consortium)などという精神疾患のゲノム解析的研究を推進しようとする巨大グループによる精神疾患の横断的な統合的研究だというところに注目したくなったのだ.ゲノム解析の手法の精神疾患研究への導入は,候補遺伝子を探ろうとする1980年代の遺伝子連鎖解析(genetic association study)に始まる.不確実な研究結果が信じられてかなり混乱したこともあったようだが,その後,DNA解析装置(シークエンサー)の普及と高速化が進み,2000年代以降は全ゲノムのスニップの頻度の差に注目して問題となる疾患の関連遺伝子を探ろうとするゲノムワイド関連解析(GWAS, genome wide association study)の時代に移った.スニップ(SNP, single nucleotide polymorphism)というのは,ローカルな意味で1個の

塩基のみの変異によって生じる多型のことで，ゲノム全体では数百塩基に1個程度のスニップが存在するとされる．ゲノムワイド関連解析の登場によって大量の論文が生産されたものの，調査する患者数が増えるとともに関連遺伝子の数もどんどん増えていった [14]．統合失調症に関係する遺伝子は1万個にも及ぶらしいことまで判明してしまった（統合失調症と双極性障害の両方に共通する関連遺伝子なども大量にある）[15]．遺伝子の総数が3万個程度であることを思えば驚くべき結果に違いない．

　以前から，自閉症スペクトラム障害と統合失調症，統合失調症と双極性障害などというような2つの精神疾患のゲノム学的比較についてはかなり研究されてきたが，精神疾患全体をゲノム学的に眺めるとどうなるかというような観点にはあまり関心が払われずにいたような気がする．ゲノムワイド関連解析を使った研究はそうしたペアごとの比較から全体的な観点を導き出そうとする試みの一種だと思えばいいのだろう．このような論文を眺めると，精神疾患全体をゲノムという視点から見ると，2次元的なスペクトラム構造が観察されそうだと思えてくる．バラバラの疾患だと考えられていたものが2次元的な広がりの中で統一的に論じられるということになれば，以前から，ぼくが自分自身の体験を通して何となく直観していた精神疾患空間（精神疾患全体）の連結性のような観点がリアリティを帯びてきそうな気がしてくる．ある意味で，アスペルガーが精神疾患空間の中心に位置していることがいえれば，ぼく自身の直観に合っていて面白いのだが…．もちろん，ゲノム解析だけでは精神疾患空間のトポスを把握しきることはは困難で，「追加的な何か」が必要になるだろう．それが何なのかはわからないが，母体の感染に伴う胎児の急性炎症がきっかけで，それが慢性炎症なり潜伏炎症（latent inflammation）なりに変化して，それぞれ自閉症スペクトラム障害なり統合失調症なりの関連遺伝子群を作動させて発病に結びつくとする興味深い仮説もある [16]．エピジェネティクス（epigenetics）とゲノムワイド関連解析の融合という話にも繋がって行くだろう．こうしたことを考えていると，「創造性の根拠としての脳の慢性炎症」という視点が新鮮な

ものに思えてくるから不思議だ．「創造性の問題」はまだ現代の脳科学研究の射程内には入っていないものの，「創造性の問題」に取り組むことも考えに入れつつ精神疾患空間の2次元的スペクトラム構造を調べようとすれば，ゲノム解析的手法による類似性と異質性の確定だけでは不十分で，たとえば，「妄想の形」などを通して精神疾患ごとの類似性を探る作業が補助的に必要になるだろう[17]．脳の慢性炎症が精神疾患の原因ではないかということについては，宮川剛などによる「統合失調症のマウス」を使った実験などによってある程度もっともらしくなりつつあるようだ[18]．とはいえ，「創造性の問題」を本格的にアタックするとなると，マウスではどうにもならないので大きなブレイクスルーが必要になるだろうが….

　IgG4関連疾患の病因論はまだまったくの未完成だが，アレルギー疾患か自己免疫疾患ではないかと推定されている．アレルギーは非自己抗原への免疫システムの過剰反応，自己免疫疾患は自己抗原への免疫システムの攻撃が原因なので，どちらも広い意味での免疫システムの異常が原因だといえる．IgG4関連疾患というのは，原因はわからないものの，浸潤細胞中のIgG4陽性形質細胞がIgG陽性形質細胞の40％を超え，400倍の顕微鏡拡大視野中に10個以上のIgG4陽性形質細胞が含まれているような慢性炎症が発症し，血清中のIgG4が高値（135mg/dl以上）になった状態のことだと定義されている．アレルギーの原因となる非自己抗原も確認されず，自己免疫疾患の原因となる自己抗原も確認されないので，アレルギー疾患なのか自己免疫疾患なのか，あるいはその両方が関与しているのか，それともまったく別のものなのかは確定できていない．ステロイド治療が有効性を発揮することが多いのは，ステロイドの強力な抗炎症作用によるものだが，ステロイドには副作用（たとえば免疫抑制）も多いので長期に渡る使用は望ましくない．ところで，自己免疫疾患の発症原因が不明なこととがんのペプチドワクチン療法で同じペプチドを使っても（患者によって）有効な場合と無効な場合がある理由が不明なことの間には「深いつながり」がありそうだと考えられているのだが，

IgG4関連疾患がある意味でがんやリンパ腫を模倣するという事実とこの「深いつながり」とが未知の抽象的なレベルで関連している可能性はないのだろうか？　もし，慢性炎症がアスペルガーとがん細胞の出現の原因で，そのアスペルガーが創造性の発揮に貢献しているとしたら，IgG4関連疾患（自己免疫疾患）とがんとアスペルガーと創造性（人類の文化にとって不可欠の要素）が未知の抽象的なレベルで「深いつながり」をもっていることになりそうだ．さらに，意味不明で妄想的ながら，ことのついでに，

心：身体＝アスペルガー：慢性炎症＝精神疾患：がん

のような図式（免疫系が媒介する心と身体のある種の双対的関係）が成り立ちそうな気がしてきた．ぼくの「グロタンディーク論」はどこに向おうとしているのだろう．

現をも　現とさらに　思へねば
夢をも夢と　なにか思はん　──西行

参考文献

[1] Adams, "The Dark Side of Creativity: Depression + Anxiety x Madness = Genius?", CNN, January 22, 2014
[2] Gino et al., "The Dark Side of Creativity: Original Thinkers Can be More Dishonest", Journal of Personality and Social Psychology 102 (3), 2012
[3] Bardes, "Defining Patient-Centered Medicine", The New England Journal of Medicine
366 (9), 2012
[4] Hamano et al., "High serum IgG4 concentrations in patients with sclerosing pancreatitis", The New England Journal of Medicine 344 (10), 2001
[5] 山下純一「深淵からの来迎」『現代数学』2013年6月号〜
[6] Enstrom et al., "Increased IgG4 levels in children with autism disorder", Brain, Behavior, and Immunity 23 (3), 2009
[7] Magalhães et al., "Immune allergic response in Asperger syndrome", Journal of

Neuroimmunology 216 (1-2), 2009
[8] Theoharides, "Is a Subtype of Autism an Allergy of the Brain?", Clinical Therapeutics 35 (5), 2013
[9] Goines et al., "The Immune System's Role in the Biology of Autism", Current Opinion in Neurology 23 (2), 2010
[10] Theoharides et al., "The "missing link" in autoimmunity and autism: Extracellular mitochondrial components secreted from activated live mast cells", Autoimmunity Reviews 12 (12), 2013
[11] Theoharides et al., "Focal Brain Inflammation and Autism", Journal of Neuroinflammation 10 (1), 2013
[12] Cross-Disorder Group of the Psychiatric Genomics Consortium, "Identification of risk loci with shared effects on five major psychiatric disorders: a genome-wide analysis", Lancet 381, 2013
[13] Cross-Disorder Group of the Psychiatric Genomics Consortium, "Generic relationship between five psychiatric disorders estimated from genome-wide SNPs", Nature Genetics 45 (9), 2013
[14] 加藤忠史『岐路に立つ精神医学』勁草書房 2013 年
[15] The International Schizophrenia Consortium, "Common polygenic variation contributes to risk of schizophrenia and bipolar disorder", Nature 460, 2009
[16] Meyer et al., "Schizophrenia and Autism: Both Shared and Disorder-Specific Pathogenesis Via Perinatal Inflammation?", Pediatric Research 69 (5), 2011
[17] Benson et al., "Exceptional visuospatial imaginary in schizophrenia ; implications for madness and creativity", Frontiers in Human Neuroscience 7, 2013
[18] Takao et al., "Deficiency of Schnurri-2, an MHC Enhancer Binding Protein, Induces Mild Chronic Inflammation in the Brain and Confers Molecular, Neuronal, and Behavioral Phenotypes Related to Schizophrenia", Neuropsychopharmacology 38 (8), 2013

グロタンディーク年譜

1890 アレクサンドル(サーシャ)・シャピロが生まれる
 誕生地はノヴォツィプコフ(現ロシア)

1900 ヨハナ(ハンカ)・グロタンディークが生まれる
 誕生地はハンブルク(異説あり)
1907 サーシャがアナーキストとして逮捕される

1917 サーシャがロシア革命で解放される(刑務所生活10年)
 サーシャがマフノ(ウクライナ農民軍)とともに戦う

1921 サーシャが死刑を宣告されパリに脱出
1924 サーシャがパリからベルリンに移動
 サーシャとハンカがベルリンで出会う
1928 グロタンディークがベルリンで生まれる(3月28日)
 父はサーシャ,母はハンカ

1933 ナチス台頭で父(ユダヤ人)がパリへ移住
 ブランケネーゼに「里子」として預けられる
1934 母がグロタンディークとマイジを捨てる
 母がパリの父と合流
 小学校入学
1936 子供時代との決別し過去を埋葬する
 忘却のメカニズムの作動=陽による陰の抑圧開始
 スペイン内戦勃発
 父がアナーキストとして義勇軍に参加
1937 父と母が大量の文通(父はスペイン,母はフランス)
1938 中学校(ギムナジウム)入学

1939　バルセロナが陥落する
　　　父がピレネーを越えてフランスに脱出
　　　両親と合流
　　　ドイツ軍がポーランド侵攻（ヨーロッパの大戦勃発）
　　　父がル・ヴェルネの収容所に入れられる

1940　母と一緒にリュークロの収容所に入れられる
　　　収容所から中学校（マンドのリセ）に通う
1941　日本軍が真珠湾攻撃・マレー作戦（大東亜戦争勃発）
1942　収容所がブランに移転し母とともにブランに移される
　　　ル・シャンボンの支援施設ラ・ゲスピに移る
　　　母は収容所に残される
　　　ラ・ゲスピからコレージュ・セヴノルに通う
　　　父がドランシー経由でアウシュヴィッツに移送される
1944　母が収容所から解放される（収容中に結核に感染）
1945　ドイツ降伏
　　　広島と長崎に原爆投下（日本降伏）
　　　高校卒業（直後から独自の積分論の研究開始）
　　　数学探求への情念の発生
　　　メラルグで結核の母と暮らし始める
　　　モンペリエ大学入学（奨学金で母と生活）
1947　球面三角法の試験で落ちて留年確定
1948　このころまでに独自の積分論を構築
　　　積分論の論文を持ってパリに出る
　　　この世に自分以外にも数学者がいることを発見
　　　エコール・ノルマルでカルタンの講義とセミナーに出席
1949　ルレーの講義に出席
　　　ヴェイユが「ヴェイユ予想」を提出
　　　デュドネとシュワルツのいるナンシーに移る

1950	国立科学研究センター（CNRS）の研究員となる
1951	年上の女性に恋をする：女性探求への情念の発生
	学位論文（核型空間論）の土台ができる
1952	最初の恋人アリーヌ（14歳年上）と知り合う
	セールがナンシーに来てグロタンディークに接近
	セールの代数的連接層（FAC）に感化される
1953	秋からサン・パウロに移る（母が同伴）
	長男セルジュ誕生（母はアリーヌ）
1954	セールとの文通開始
	関数解析学から代数幾何学への方向転換
1955	カンザスに滞在
	ホモロジー代数の基礎構築
	学位論文出版（陰的表現が受け入れられず遅れた）
1956	代数幾何学のコホモロジー論的再編始動
1957	ボンの集会で連続講義（リーマン＝ロッホの定理の拡張）
	母が死に，母の遺言に従いアリーヌと別れてミレイユと結婚
	母の自伝的小説の原稿がみつかる
1958	パリに高等科学研究所（IHES）が誕生し教授に就任
	エジンバラの国際数学者会議で講演
	ハーバードでスキーム論を講義（翌年まで）
	トポスのヨーガの形成
	佐藤幹夫による佐藤超函数論の提唱
	佐藤理論の成立にグロタンディークの数学思想が影響
1959	長女ジョアンナ誕生（ボストン）
	IHESの教授としての仕事をはじめる
	IHESに広中平祐を招く（特異点解消への挑戦を高く評価）
1960	『代数幾何学原論』（EGA）出版開始

	代数幾何学セミナー (SGA) 開始
	SGA の思想的基礎はのちの数論幾何学だった
1961	次男アレクサンドル誕生
	秋からハーバードで講義（EGA IV の内容）
	セミナーは局所コホモロジー論
1962	IHES がパリから郊外のビュル・シュリヴェットに移転
	ハーバードに滞在するがすぐに帰国
	ミレイユが「神経衰弱」に（不幸な結婚生活）
1963	SGA 4 でトポス理論とエタル・コホモロジー論を展開
	プレノート「留数と双対性」執筆
1964	モチーフのヨーガや淡中圏のヴィジョンの形成
	佐藤幹夫による D 加群の理論の形成
	D 加群の理論にはエタル・コホモロジー論との類似性あり
1965	三男マチュー誕生
	ドリーニュが SGA4 を独習し SGA5 から参加
1966	モスクワの国際数学者会議でフィールズ賞を受賞
	授賞式は欠席し賞金は南ベトナム解放民族戦線にカンパ
1967	モチーフ理論の発表希望にセールが難色を示す
	妻子との対立が表面化
	北爆下の北ベトナムで講義
1968	スタンダード予想を発表（ムンバイの研究集会）
	パリの 5 月革命の刺激を受ける
1969	分子生物学に興味をもつ
	IHES が軍事研究費をもらっていたことを知る
1970	シュルヴィーヴル運動（生き残り運動）を開始
	ニースの国際数学者会議でシュルヴィーヴルの宣伝活動
	広中平祐のフィールズ賞の業績紹介講演
	IHES を辞職（ドリーニュを教授に推挙し実現済み）

	佐藤幹夫と柏原正樹などによる代数解析学が本格的始動
	代数解析学にグロタンディークの数学思想の影響増大
1971	シュルヴィーヴル運動に邁進
	北米で資金稼ぎの講演旅行
	山下がグロタンディークと文通開始
	科学主義批判を展開
	フランスの国籍を取得（生活のため）
	コレージュ・ド・フランスで講義開始
1972	妻子との対立が激化し家を出る（1981に正式離婚）
	シャトネ・マラブリーでコミューン建設の試み
	ジャスティンと同棲
	NATOの夏期学校（モジュラー関数）に反対デモ
	パリ大学（オルセー）客員教授就任
1973	シュルヴィーヴル運動とシャトネ・マラブリーを放棄
	南フランスのオルメでコミューン建設の試み
	ドリーニュがヴェイユ予想を解決
	オルメの隣り村ヴィルカンに隠遁（第1次隠遁）
	山下がグロタンディークの家に滞在し会見（第1回）
	モンペリエ大学教授就任
	四男ジョン誕生（母はジャスティン）
1974	日本山妙法寺の僧侶がグロタンディークを訪問
	交通事故で入院（人生を振り返る機会）
	藤井日達と法華経に興味をもつ
1975	ホモトピー代数の構想を展開（ブリーンへの手紙）
	日本山妙法寺のパリ道場開設に協力
1976	若い女性Gと変則的な共同生活（ジェンダーの交換）
	山下がグロタンディークの家に滞在し会見（第2回）
	瞑想の発見：自己探求への情念の発生
	日本山妙法寺との交流が盛んになる

　　　　藤井が弟子たちとともにヴィルカン訪問
　　　　断食修業
1977　日本山妙法寺がオルメに草庵建設準備
　　　　山下「〈サルボダヤ〉に見るグロタンディエク」発表
　　　　ブルバキ・セミナーでショックを受ける
1978　日本山妙法寺の僧侶の不法滞在を巡る裁判で有罪判決
　　　　ヨランドとの出会い（最後の恋人）
　　　　父の苦悩についての夢を見る
　　　　両親を知ることの重要性に気づく
　　　　老子の陰陽思想に遭遇
1979　詩的瞑想『アンセストの称賛』執筆
　　　　少年時代と両親についての瞑想開始
　　　　孤独を求めてラ・ガルデット（ゴルド）に短期滞在
　　　　漢方医学に興味をもつ
　　　　メブクと柏原正樹によるリーマン＝ヒルベルト対応の発見
1980　メブクがグロタンディークをモンペリエ大学に訪問
　　　　ラ・ガルデットでの両親の往復書簡の解読作業完了
　　　　自己探求の土台ができてきた

1981　ヨランドの斡旋でモルモワロンに移住（第2次隠遁）
　　　　『ガロア理論を貫く長征』執筆
　　　　ガロア＝タイヒミュラー理論の誕生
　　　　遠アーベル代数幾何学のヨーガ誕生
　　　　アンゲラと出会い「愛の詩」を書く
　　　　数学と自分についての長い瞑想
1982　ドリーニュなどが『レクチャーノート900』出版
　　　　苦悩のメカニズムの解明
1983　『キレンへの手紙』＝『モデルの物語』執筆
　　　　山下がグロタンディークの家を訪問し会見（第3回）

　　　　山下がヨランドと知り合う

　　　　『収穫と種蒔き』執筆開始

　　　　メブクがモルモワロンの家に滞在してD加群について講義する

　　　　リュミニの研究集会にドリーニュ，柏原，メブクなどが参加

　　　　孫（長女ジョアンナの子）のシュレーマンが生まれる

1984　研究計画『プログラムの概要』執筆

　　　　ドリーニュから『レクチャーノート900』届く

　　　　埋葬の発見

　　　　図書館でドリーニュの『SGA $4\frac{1}{2}$』を発見し憤慨

　　　　病気のため肉食再会など食生活を改善（漢方医学を習う）

　　　　ドリーニュがグロタンディークを訪問

　　　　科学研究センター（CNRS）の所属になる

1985　ユングの『自伝』の読書ノートを執筆

　　　　シュプリンガーからのEGAの再版提案を拒否

　　　　『収穫と種蒔き』（初期版）限定配布

1986　山下に『収穫と種蒔き』届く

　　　　自分の主要な12テーマを選定する

　　　　　01）位相的テンソル積と核型空間

　　　　　02）連続と離散の双対性

　　　　　03）グロタンディーク＝リーマン＝ロッホの定理

　　　　　04）スキーム

　　　　　05）トポス

　　　　　06）エタル・コホモロジー

　　　　　07）モチーフ，モチーフ的ガロア理論

　　　　　08）クリスタル，クリスタル・コホモロジー

　　　　　09）ホモトピー代数，デリヴァトゥール

　　　　　10）穏和トポロジー

　　　　　11）遠アーベル代数幾何学，ガロア＝タイヒミュラー理論

　　　　　12）正多面体などのスキーム的数論的観点

『収穫と種蒔き』（増補部分）限定配布
谷山予想の優先権問題出現
山下『ガロアへのレクイエム』出版
最初の官能的神秘的な夢
夢と神についての考察（神の出現）
1987　予言的（預言的）な夢のはじまり
『夢の鍵』執筆開始
十字架のヨハネやアウグスティヌスを読む
バルザックを読む（宇宙意識への関心）
『夢の鍵』内の『レ・ミュタン』執筆開始
ミルマンドのレゴを訪問し会談
1988　クラフォード賞を辞退
『夢の鍵』（第3部）執筆開始
宗教的恍惚感を体験
国立科学研究センター退職
1989　辻雄一訳『収穫と種蒔き』出版開始
天安門事件
夢の自己増殖としての「神との対話」開始
ベルリンの壁崩壊

1990　「福音の手紙」を書き過去の不誠実を自己批判
「真実の日」の到来を預言
山下がグロタンディークの家を訪問（第4回）
ウィッテンとドリンフェルトがフィールズ賞受賞
『預言の書』執筆
『レ・デリヴァトゥール』執筆
1991　『グロタンディーク記念論文集』を批判する
体調不良を断食療法で治そうとして失敗
完全な孤独を求めてラセールに隠遁（第3次隠遁）

	グロタンディークについての情報が激減
1992	山下がヨランドの家を訪問
1993	ワイルズがフェルマ予想解決を宣言
1994	子供のデッサンがポピュラーに
1995	『ガロア理論を貫く長征』(TeX 版) 第 1 巻出版
	ウィッテンが M 理論のヴィジョンを発表
	望月新一によるグロタンディーク予想の最終解決
	シュネプスたちがグロタンディークを発見
1996	ドリーニュがウィッテンに協力
	「真実の日」の預言実現せず (10 月 14 日)
	山下「グロタンディーク巡礼 1996」
	山下がマルゴワールと会談
	山下「冬の旅 1996」(リーマンとグロタンディーク)
1997	山下「グロタンディーク巡礼 1997」
	辻雄一『夢の鍵』翻訳構想 (実現せず)
1998	IHES40 周年記念出版物 (反発し批判する)
	カルティエ「グロタンディーク発狂説」提唱
	コンツェヴィッチがフィールズ賞受賞
1999	EGA のドキュテック復刻版出現
	山下がカルティエに手紙 (事実誤認を指摘)
	山下がジャクソンにメール (記事を批判)

2001	『レ・デリヴァトゥール』(無料 TeX 版) 出現開始
	『グロタンディーク・セール書簡集』出版
2002	ラフォルグとヴォエヴォドスキーがフィールズ賞受賞
	数論幾何学への注目度が増大
	山下が「グロタンディーク巡礼 2002」
	無料画像版 EGA と SGA が入手可能になる
	SGA1 の無料 TeX 版が完成

2003	セールが第1回アーベル賞受賞
	山下『グロタンディーク：数学を超えて』出版
	ウェブサイト「グロタンディーク・サークル」開設
2004	ジャクソン「グロタンディーク略伝1,2」掲載
2005	IHESに抗議の手紙を書く
2006	グロタンディークの家が火事
2007	山下「グロタンディーク巡礼2007」
	山下がラセールでグロタンディークと会見（第5回）
	シャルラウ『グロタンディーク伝1』出版
	IHESの科学評議会への公開状を書く
2008	ウィッテンとコンツェヴィッチがクラフォード賞受賞
	グロタンディーク80歳記念集会（ペイレスク）
2009	グロタンディーク80歳記念集会（パリ，モンペリエ）
2010	無許可で作品を普及させることを禁じる宣言
	シャルラウ『グロタンディーク伝3』出版

2011	ガロア生誕200年記念集会（パリ）
	シャルラウ『グロタンディーク伝1（英語版）』出版
2012	山下が謎の病気体験
2013	山下「深淵からの来迎」連載開始
2014	テグマークが新たなプラトン主義的数学観を提唱
	『グロタンディーク：数学的ポートレート』出版
	グロタンディーク死去（11月13日）
	グロタンディークの数学思想と華厳思想の類似性
2015	グロタンディーク・ラボ開設記念集会
	ラボの課題は純粋数学と物理学の融合
	晩年のグロタンディークのテーマは東洋の哲学？
	山下『グロタンディーク巡礼』出版

人名索引

あ行

アーベル（Niels Henrik Abel, 1802-1829）51-53, 83, 84, 99, 280, 287, 418, 598, 666

アインシュタイン（Albert Einstein, 1879-1955）58, 90, 93, 266, 271, 289, 342, 469, 547, 600, 634, 636, 637

アヴィラのテレサ（Teresa Ávila, 1515-1582）208

アウグスティヌス（Aurelius Augustinus, 354-430）155, 208, 445, 446, 460, 663, 696

アクゼル（Amir Aczel, 1950- ）414-417, 426

アダムズ（John Couch Adams, 1819-1892）90

アティヤ（Michael Atiyah, 1929- ）viii, 110, 467, 544, 547, 630, 631

天沢退二郎（1936- ）429, 472, 524, 536, 666, 670

アルキメデス（Ἀρχιμήδης, 287BC-212BC）38, 39, 279, 396, 549, 605

アンゲラ（Angela）10, 393, 660, 695

アンドレ（Yves André）64, 551

イエス（ישוע, Ἰησοῦς, 4BC?-28AD?）140, 147, 157, 171, 186, 204, 215, 229, 301, 382, 383, 443, 457, 476, 480, 481, 619, 623, 660

一休宗純（1394-1481）231, 233

伊藤正男（1928- ）346, 354, 542, 548, 565

猪瀬博司（1951-1969）670

彌永健一（1939- ）138, 168, 666, 668, 670

イリュジー（Luc Illusie, 1940- ）8, 11, 113, 192, 193, 197, 400, 533, 551, 552

ウィッテン（Edward Witten, 1951- ）18, 90, 205, 268, 269, 279, 317, 544, 630, 663, 697-699

ウィトゲンシュタイン（Ludwig Wittgenstein, 1889-1951）202, 298, 300-302, 306-309, 315

ウゼル（Christian Houzel, 1937- ）52, 551

梅村浩（1944- ）87-90, 93-95

ヴァイニンガー（Otto Weininger, 1880-1903）192, 217

ヴァイル（Hermann Weyl, 1885-1955）312, 313, 346

ヴァレリー（Paul Valéry, 1871-1945）73, 96, 97, 114, 347, 356-366, 648

ヴィラーニ（Cédric Villani, 1973- ）661

ヴェイユ（André Weil, 1906-1998）8, 12, 13, 16, 17, 22, 31, 33-37, 39, 40, 48, 90, 127, 128, 130, 149, 156, 222, 223, 225, 226, 228, 237, 275, 282, 283, 286, 302, 304, 318, 319, 322, 330, 415, 481, 538, 545, 549, 597, 599, 628, 629, 632, 633, 639, 647, 691

ヴェイユ（Simone Weil, 1909-1943）34, 37, 125, 157, 226, 227, 237, 245, 481

ヴォエヴォドスキー（Владимир Александрович Воеводский, 1966 - ）323, 324, 551, 582, 663, 698

エスケシュ（Escaich）435, 437, 438, 562, 634

エックルス（John Eccles, 1903-1997）337-339, 346

エネストレム（Gustav Eneström, 1852-1923）76

エラ（Catherine Aira）411, 652, 655

エルマン（Alain Herreman）100, 105, 121

オイラー（Leonhard Euler, 1707-1783）33, 65, 73, 75, 76, 77-81, 282, 311, 318, 319, 598, 628

オーエン（Richard Owen, 1803-1892）596

大山紀八朗　95, 104, 240, 243, 245, 246, 248, 249, 253, 254, 259, 260, 263-265, 666, 670

岡潔（1901-1978）57, 92, 274, 286, 289, 295, 302, 312-314, 351, 365, 589, 592, 598-600, 629, 634-639, 644, 645, 665, 670-672, 676, 677

折口信夫（1887-1953）386, 387

オルシェフスキー（George Olshevsky, 1946- ）595, 596

か行

カーペンター（Edward Carpenter, 1844-1929）213, 216, 464

角谷静夫（1911-2004）639

柏原正樹（1947- ）8, 108, 693, 695, 696

カジンスキー（Theodore John Kaczynski, 1942- ）413

カラスケ（Félix Carrasquer, 1905-1993）215, 216

カルタン（Henri Cartan, 1904-2008）8, 132, 134, 282, 302, 312, 313, 538, 597,

628, 629, 639, 640, 643, 691
カルティエ（Pierre Cartier, 1932- ）8, 18, 41-43, 45, 47- 50, 63, 64, 66, 92-94, 100, 105, 107, 108, 110, 118, 123, 131-138, 204, 257, 269, 383, 405, 415, 444, 466, 551, 581, 653, 661, 698
カント（Immanuel Kant, 1724-1804）16, 296, 299-301, 303, 305
カントール（Georg Cantor, 1845-1918）41-46, 213, 256, 323
ガウス（Carl Friedrich Gauss, 1777-1855）53-57, 71, 73, 75, 81-84, 89, 90, 184, 279, 280, 288, 294, 299, 311, 319-22, 326, 364, 549, 587, 590, 600, 676
ガラオール（Gaston Galaor）263
ガロア（Évariste Galois, 1811-1832）8, 35, 51-54, 59-62, 64-66, 88-90, 182, 184, 278, 279, 287, 301, 302, 313, 320, 549, 587, 600, 666, 669, 677
ガンディー（Mohandas Karamchand Gandhi, 1869-1948）222-233, 239, 245, 250, 258
木下久枝（1950- ）670
キュンツァー（Matthias Künzer）566
京子 ⇒ 山下京子
キレン（Daniel Quillen, 1940-2011）199, 323, 325, 547, 567, 695
キンゼイ（Alfred Kinsey, 1894-1956）217
クライン（Felix Klein, 1849-1925）54, 311
クリシュナムルティ（Jiddu Krishnamurti, 1895-1986）2, 4-8, 24, 159, 168, 214, 217, 464
クレマー（Ralf Krömer）256
黒川信重（1952- ）270, 582, 670
クロポトキン（Пётр Алексéеич Кропóкин, 1842-1921）213, 216, 531
グロタンディーク（Alexander (Schurik) Grothendieck, 1928-2014）i-vii, 2-32, 36-38, 40-43, 45, 47-50, 52-54, 56-63, 66-73, 84, 87, 89-120, 122, 123, 126-139, 141-168, 170-180, 182, 184-208, 210-220, 222, 224-233, 237, 238, 240, 243-249, 253-286, 295, 299, 301-304, 313-315, 323-325, 327-337, 342-347, 349, 358, 360, 361, 363-365, 367-384, 386-403, 405-421, 423-427, 429-440, 442-469, 471-477, 479, 481-483, 485-493, 495-499, 501-515, 517, 521-528, 530-538, 543-555, 557-585, 588, 589, 592, 594, 596-604, 608-610, 612, 614-626, 629-638, 642-678, 683, 688, 690-699
グロタンディーク（Johanna Grothendieck, 1959- ）246, 390, 451, 692, 696

コイク（Willem Kuyk）334, 335

コーシー（Augustin Louis Cauchy, 1789-1857）52, 53, 65, 66, 279, 284, 285, 321

小平邦彦（1915-1997）92, 273, 274, 628

コルメス（Pierre Colmez）197

コンヌ（Alains Connes, 1947-）17-19, 63, 64, 66, 269, 270, 344-354, 365, 537, 663

コンツェヴィッチ（Максим Львович Концевич, 1964-）123, 663, 698, 699

ゴンザレス（Juan Antonio Navarro González）198

さ行

サーヴェドラ＝リヴァーノ（Neantro Saavedra-Rivano）94, 533

サーシャ（Саша, Sascha, Sasha, Sacha）⇒ シャピロ

佐伯祐三（1898-1929）469, 470, 472

佐藤幹夫（1928-）8, 92, 108, 274, 600, 692, 693

サミュエル（Pierre Samuel, 1921-2009）248, 388, 401

サランタン（Thierry Sallantin）336, 412, 413

サンガラトナ（Sangaratona Manake, 1962-）249-255

島地黙雷（1838-1911）265

志村五郎（1930-）415, 533-545, 548

シャカ（शाक्य = गौतम सिद्धार्थ, 463BC-383BC, 諸説あり）⇒ ブッダ

シャピラ（Pierre Schapira, 1943-）108

シャピロ（Александр（Саша）Шапиро = Alexander (Sascha) Schapiro, 1890-1942?）v, 2, 71, 100, 120, 132, 161, 172, 173, 175, 179, 185, 207, 455, 504-506, 560, 690

シャルラウ（Winfried Scharlau, 1934-）27, 100, 102, 104, 106-108, 116-118, 145, 186, 203, 205-207, 210, 212, 215, 216, 367, 368, 377, 378, 382-384, 449, 454, 465, 471, 475, 487, 489, 550, 551, 573-575, 579, 581, 582, 583, 653, 659, 699

シャロー（Nathalie Charraud）42-46

シャンジュー（Jean-Pierre Changeux, 1936-）20, 346-354, 365

シュールマン（Harvey Shoolman）95, 100-102, 663, 664

シュヴァルツ（Laurent Schwartz, 1915-2002）8, 12, 35, 162, 168, 229, 275, 276, 282, 283, 286, 302, 491, 492, 630

シュタイナー（Rudolf Steiner, 1861-1925）214, 216, 217
シュネプス（Leila Schneps, 1961- ）18, 99, 100, 101, 107, 114, 116, 117, 135, 137, 138, 142-145, 193, 195, 198, 203, 257, 406, 407, 409, 415, 416, 419, 431, 445, 471, 537, 550, 551, 563, 568, 579, 581, 602, 617, 653, 657, 697
シュリク（Шурик, Schurik, Shurik, Shourik）vi, 100, 172, 463, 471, 472, 560 ⇒ グロタンディーク
ショア（Allan Schore, 1943- ）354
ジェイムズ（Ioan James, 1928- ）90
ジェイムズ（William James, 1842-1910）310
ジェインズ（Julian Jaynes, 1920-1997）604-608
ジャクソン（Allyn Jackson）100, 131, 136, 416, 579, 698
ジャスティン ⇒ スカルバ
十字架のヨハネ（Juan de la Cruz, 1542-1591）208, 696
ジョアンナ ⇒ グロタンディーク
ジョーンズ（Vaugham Hones, 1952- ）192
ジョラン（Robert Jaulin, 1928-1996）iv, 186, 376
スウェーデンボリ（Emanuel Swedenborg, 1688-1772）310
スカルバ（Justine Skalba（Bumby））6, 390, 448, 451, 694
鈴木大拙（1870-1966）265
ストーン（John Stone, 1964?- ）679, 680, 681
スピノザ（Baruch de Spinoza, 1632-1677）296-300, 303, 305, 311
スモーリン（Lee Smolin, 1955- ）270, 271, 275
スロヴィク（Edward Slovik, 1920-1945）215, 216, 227
セール（Jean-Pierre Serre, 1926- ）7, 12, 13, 16, 22, 31, 69, 71, 101, 156, 162, 180, 275, 276, 278, 283, 286, 302, 313, 330, 415, 534, 536, 544-546, 550, 597, 599-601, 628, 629, 639, 647, 692, 698
セザンヌ（Paul Cézanne, 1839-1906）15-17, 19
ソヴァージュ（Pierre Sauvage）494

た行

タイヒミュラー（Oswald Teichmüller, 1913-1943）99, 256, 257, 269, 277, 663, 695, 696
高村光太郎（1883-1956）286

タナロフ（Танаров, Tanaroff, Tanarov）⇒ シャピロ

淡中忠郎（1908-1986）63, 94, 269, 545, 693

ダーウィン（Charles Darwin, 1809-1882）213, 217, 346, 350, 354

ダマシオ（Antonio Damasio, 1944- ）297, 305

ダランベール（Jean Le Rond d'Alembert, 1717-1783）34, 282, 283

辻雄一（1938-2002）vii, 8, 20, 40, 60, 70, 72, 113, 114, 118, 131, 141, 146, 147, 149, 157, 168, 185, 265, 285, 305, 346, 388, 396, 397, 401, 413, 475, 476, 512, 666, 670, 697, 698

辻由美（1940- ）vii, 388, 397, 401, 617-619, 666, 670

テイヤール・ド・シャルダン（Pierre Teilhard de Chardin, 1881-1955）214, 216, 474

ディラック（Paul Dirac, 1902-1984）271, 276, 289, 320, 547

弟子丸泰山（1914-1982）265

デュ・ソートイ（Marcus du Sautoy, 1965- ）110, 125-131, 135-38, 145, 157, 204

デュドネ（Jean Dieudonné, 1906-1992）ii, 8, 12, 13, 22, 35, 36, 52, 68, 71, 101, 121, 156, 162, 229, 275, 276, 282, 286, 330, 331, 347, 358-361, 370, 376, 379, 491, 538, 643, 647, 691

デュピュイ（Paul Dupuy, 1856-1948）52

デュフール（Mireille Dufour）18, 163, 246, 261, 390, 660, 692, 693

トッチリガテリ（Laura Tati Rigatelli, 1941- ）52

トマス・アクィナス（Thomas Aquinas, 1225 ?-1274）22-24, 381, 444, 458-462, 644

トム（René Thom, 1923-2002）21, 30, 358, 361-366, 532, 630

トロクメ（André Trocmé, 1901-1971）143, 487, 497, 498

道元（1200-1253）234, 235, 237, 238, 243

ドーキンス（Richard Dawkins, 1941- ）147, 157

ド・ルージュモン（Denis de Rougemont, 1906-1985）429, 439, 441

ドゥマジュール（Michel Demazure, 1937- ）336, 551

ドリーニュ（Pierre Deligne, 1944- ）iv, 7, 8, 58, 69, 70, 72, 101, 105, 108, 127, 139, 158, 237, 257, 268, 355, 364, 382, 396, 400, 451, 467, 468, 473, 533-536, 546, 550, 551, 580-582, 600, 650, 693-696, 698

ドリンフェルト（Володимир Гершонович Дрінфельд, 1954- ）269, 326

な行

夏目漱石（1867-1916）86, 293, 310

永井道雄（1923-2000）670

南部陽一郎（1921- ）320, 327, 539-541

ニーチェ（Friedrich Nietzsche, 1844-1900）61, 212, 264, 319, 326, 337, 361

ニール（Alexander Sutherland Neill, 1883-1973）214, 216, 497

西田幾多郎（1870-1945）256, 264, 265, 310

日蓮（1222-1282）216, 217, 238-243, 250, 262, 265, 464

ニュートン（Issac Newton, 1642-1727）25, 34, 46, 54, 87, 89, 90, 101, 277, 278, 280, 288, 289, 294, 363, 549, 589, 600, 663

ヌーニェス（Rafael Núñez）46, 47

ネッリ（René Nelli, 1906-1982）439, 444, 445, 452

は行

ハーネマン（Samuel Hahnemann, 1755-1843）213, 216

ハイドルン（Wilhelm Heydorn, 1873-1958）2, 185-190, 454, 505

羽生善治（1970- ）356

ハンカ（Hanka）⇒ ヨハナ

バタイユ（Georges Bataille, 1897-1962）165, 393, 561, 587

バック（Richard Maurice Bucke, 1837-1902）213, 214, 216

バッドコック（Christopher Badcock）288, 289, 291, 292

バルザック（Honoré de Balzac, 1799-1850）19, 208, 697

バルト（Roland Barthes, 1915-1980）549

バロン＝コーエン（Simon Baron-Cohen, 1959- ）94, 288, 289, 291

一松信（1926- ）vii, 593, 629, 665, 670

ヒルツェブルフ（Friedrich Hirzebruch, 1927-2012）vii, 102, 324, 544, 545, 550, 573, 574, 628-632

ヒルベルト（David Hilbert, 1862-1943）8, 53, 299, 301, 312, 359, 549, 668

広中平祐（1931- ）i, 117, 578, 692, 693

フィッツジェラルド（Michael Fitzgerald, 1946- ）278, 280, 590, 593, 613

フーコー（Michel Foucault, 1926-1984）70, 86, 138, 217, 306, 307, 315

フェヒナー（Gustav Theodor Fechner, 1801-1887）303, 310, 311, 313, 314, 589

フェルマ（Pierre de Fermat, 1601-1665）102, 226, 318, 319, 404, 421, 573, 644

福島章（1936- ）293-295

藤井日達（1885-1985）iii, 7, 8, 23, 70, 95, 104, 120, 152, 207, 215-217, 231-233, 238-240, 243-251, 255, 258-265, 382, 395, 423, 464, 465, 482, 694

フロイト（Sigmund Freud, 1856-1939）7, 8, 44-46, 49, 88, 160, 165, 168, 172, 214, 216-220, 313, 381, 382, 464, 482, 589

ブッダ（बुद्ध）45, 140, 157, 228, 237, 238, 241-250, 253, 254, 260, 262, 264

ブラウン（Ronald Brown, 1935- ）199

プルースト（Marcel Proust, 1871-1922）97

ベイカー（Henry Baker, 1866-1956）630

ベケット（Samuel Beckett, 1906-1989）404, 405

ベリイ（Геннадий Владимирович Белый, 1951-2001）257

ベルトロ（Pierre Berthelot）197

ペンローズ（Roger Penrose, 1931- ）271, 337, 339-342, 344-346, 445, 663

ホイットマン（Walt Whitman, 1819-1892）213, 214, 464

ホッジ（William Hodge, 1903-1975）15, 17, 312, 451, 547, 628-632

ホルンボー（Bernt Michael Holmboe, 1795-1850）84

ボヴェ（José Bové, 1953- ）529-531, 536

ボーチャーズ（Richard Borcherds, 1959- ）289

ボンビエリ（Enrico Bombieri, 1940- ）vii, 78, 80, 81, 83

ポアンカレ（Henri Poincaré, 1854-1912）8, 40, 53, 57, 58, 238, 294, 304, 312, 317, 338, 341, 347, 348, 359, 364, 549, 587, 589, 600

ポパー（Karl Raimund Popper, 1902-1994）337, 340, 346

ま行

マイジ ⇒ ラダツ

マクラティ（Colin McLarty）100, 101, 256, 573

マクローリン（Colin Maclaurin, 1698-1746）628

マッツォーラ（Guerino Mazzola, 1947- ）vii, 105, 120, 491, 492, 551

マニン（Юрий Манин, 1937- ）15, 16, 269, 316, 317, 322-326, 545, 551, 552

マルゴワール（Jean Malgoire）8, 97, 99, 108, 145, 146, 200, 201, 336, 415, 416, 551, 566, 568, 575, 654, 659, 698

マルツィニオティス（Georges Maltsiniotis）199, 200, 551, 566

マンフォード（David Mumford, 1937- ）i, 535, 545, 668

宮沢賢治（1896-1933）115, 118-120, 293-295, 310, 463, 464, 472, 666
ミレイユ ⇒ デュフール
メブク（مبخوت زغمان, Zoghman Mebkhout, 1949- ）7, 8, 10, 277, 396, 695, 696
毛沢東（毛泽东, 1893-1976）61, 67-70, 669
望月新一（1969- ）142, 157, 602, 663, 698
モノー（Jacques Monod, 1910-1976）333, 334, 338, 346
モリソン（Scott Morrison）192, 193, 198
森毅（1928-2010）21-24, 30

や行

山折哲雄（1931- ）30, 255, 386, 401

山崎博昭（1948-1967）669

山下京子（1954- ）vii, 28, 120, 146, 179, 184, 201, 350, 370, 379, 393, 394, 398-401, 419, 420, 428, 430-433, 437, 438, 440, 443, 446, 447, 456, 457, 459, 460, 461, 463, 467, 471, 472, 474, 475, 477, 478, 481-483, 491, 492, 496, 504, 511, 513, 518-520, 522, 525, 531, 532, 537, 543, 547, 552, 562, 569-571, 577, 580, 592, 594, 604, 614, 618, 622, 627, 634, 636, 649, 652, 658, 672, 679, 680, 683

山本義隆（1841- ）669, 670

ユング（Carl Gustav Jung, 1875-1961）7, 8, 26, 168, 202, 214, 313, 375, 381, 382, 384, 696

ヨハナ（ハンカ）（Johanna（Hanka）Grothendieck, 1900-1957）v, 2, 170, 183, 454, 560, 690

ヨランド ⇒ レヴァン

ら行

ラーマクリシュナ（Ramakrishna, 1836-1886）213, 216, 227

ラグランジュ（Joseph-Louis Lagrange, 1736-1813）33-36, 40, 53, 54, 90, 279-284, 287, 319

ラズロ（Yves Laszlo）192, 196, 197

ラダツ（Alexander Raddatz）⇒ グロタンディーク

ラダツ（Frode（Maidi）Raddatz, 1924-1996）170, 172, 175, 176, 178, 179, 690

ラダツ（Johannes（Alf）Raddatz, 1897-1958）2, 170, 171, 172, 560

ラカン（Jacques Lacan, 1901-1981）41-46, 466

ラチェンス（ルティエンス）（Mary Lutyens, 1908-1999）7

ラフォルグ（Laurent Lafforgue, 1966- ）121-123, 698

ラマヌジャン（சீனிவாச ராமாநுஜன், श्रीनिवास: रामानुजन्,
　　　Srinivasa Ramanujan, 1887-1920）57, 90, 295, 600, 604, 609-613, 676, 677

ランベルト（Johann Heinrich Lambert, 1728-1777）82-84

リーマン（Bernhard Riemann, 1826-1866）8, 10, 31, 35, 37-40, 53, 54, 57, 58, 73,
　　　90, 92, 127, 182-185, 213, 216, 279, 301-305, 310-314, 319, 321, 322, 361,
　　　362, 418, 464, 549, 584, 587, 589, 590, 592, 598-600, 642, 676, 698

リスカー（Roy Lisker, 1938- ）99-101, 200, 406, 407, 412, 431, 434

リベット（Benjamin Libet, 1916-2007）338, 339, 346

リュエル（David Ruelle, 1935- ）vii, 106, 115, 116, 532

ルジャンドル（Adrien-Marie Legendre, 1752-1833）65, 73, 75, 81, 83, 84, 280,
　　　287, 319, 321

ル・ペスティポン（Yves Le Pestipon, 1957- ）212, 217, 379, 404-408, 421, 432,
　　　433, 563, 564, 644, 652-655

ルレー（Jean Leray, 1906-1998）8, 52, 275, 302, 312, 599, 691

レイコフ（George Lakoff）46, 47

レヴァン（Yolande Lévine, 1930- ）iv, vii, 28, 145, 146, 152, 186, 392, 395, 400,
　　　401, 438-440, 449, 456, 461-467, 470-473, 491, 499, 553, 554, 559, 562,
　　　575, 578, 649, 659, 660, 695, 697

レゴ（Marcel Légaut, 1900-1990）120, 215-217, 473-477, 482, 697

ローヴェア（William Lawvere, 1937- ）68

ロシャク（Pierre Alexandre Lochak）18, 99, 100, 107, 135, 137, 138, 142-144,
　　　257, 406, 415-417, 419, 431, 434, 444, 471, 537, 550, 551, 563, 581, 602,
　　　617, 653, 661

ロダン（Auguste Rodin, 1840-1917）19, 222

ロバン（Marthe Robin, 1902-1981）203, 210, 211

事項索引

あ行

アートマン（आत्मन्）223, 225, 660

アーベル関数論（Theorie der Abel'schen Functionen, Theorie der Abelschen Funktionen）52, 53, 57, 64, 311, 312, 598, 630

『アーベルとガロアの森』51, 60

アーベル多様体論 312, 599

IgG4 関連疾患（IgG4-related disease）677-683, 687, 688

愛着の対象 71, 87, 276, 278, 466, 467, 578, 608

「愛の詩」（un poème d'amour）393, 695

アウシュヴィッツ（Auschwitz）v, 12, 133, 134, 149, 161, 162, 186, 273, 274, 423, 455, 490, 501, 502, 506, 516, 526, 601, 655, 691

アヴィニヨン（Avignon）185, 393, 459, 460, 463, 474

悪魔（diable）37, 45, 128, 135-140, 143, 144, 154, 157, 186, 381, 383, 417, 444, 582, 606

悪魔憑き 138, 139, 417

アストレ（Astrée, L'Astrée）402-404, 407-411, 432, 434, 652, 653, 655

アスペルガー（Asperger disorder, Asperger syndrome）v-vii, 6, 19, 23, 26-29, 41, 49, 50, 53, 54, 56, 57, 59, 62, 68, 71, 88-90, 94, 95, 111-113, 118, 119, 203, 211, 213, 224, 229, 242, 276-282, 285-289, 292, 294-301, 304, 307, 309, 314, 321, 339, 342-345, 351, 355, 356, 382, 383, 418, 457, 465-467, 576, 578, 589-591, 593, 598, 600, 605, 606, 608, 609, 612, 613, 634, 636-639, 641, 642, 644, 645, 661, 665, 670, 671, 675, 677, 678, 683-686, 688

アスペルガー的快楽 56, 58, 59

アスペルガー的世界観 112, 280

遊び的人間（homo ludens）230

新しい時代（nouvel age）27, 147, 153, 155, 202, 475, 491, 492

新しい女性（neue Frau）160

新しい普遍的教会（La nouvelle église universelle）331, 376

アティヤ＝シンガーの指数定理（Atiyah‐Singer index theorem）544, 547

アティヤ＝ボットの不動点定理（Atiyah‐Bott fixed-point theorem）544

アナーキスト（anarchiste, anarchist, Anarchist）v, 4, 27, 67, 71, 126, 172, 177, 179, 215, 281, 329, 343, 411, 455, 505, 531, 609, 690

アナーキズム（anarchisme, anarchism, Anarchismus）71, 171, 172, 177, 213, 335

アフラ・マズダ（Ahura Mazda）140

アブストラクト・ナンセンス（abstract nonsense）94, 546, 549, 600

アポロン的　24, 68, 70, 71

アマテラス　642

阿弥陀如来＝阿弥陀仏（अमिताभ）70, 642

アメリカ数学会創立100周年　205

アルタミラ壁画　587

アルビ（Albi）430, 503, 525‐527

アルビジョワ十字軍（Croisade des Albigeois）428, 429, 443, 444, 447

アレルギー疾患（allergic disease）687

アンセスト忌避（prohibition de l'inceste）160, 165

『アンセストの称賛』（Éloge de l'Inceste）iv, 10, 19, 102, 152, 158, 164, 167, 186, 219, 368, 376-378, 381, 392, 564, 622, 659, 695

アンセスト欲動（pulsion incestueuse）214, 217‐220

アンテルマルシェ（Intermarché）143, 461, 462, 556, 570

アントワープ（Antwerp）68, 335, 534

アンビギュイティ（ambiguïté, ambiguity）63

アンビギュイテの理論（théorie de l'ambiguïté）64, 65

アンラ・マンユ（Angra Mainyu）140

EGA ⇒ 代数幾何学原論

『イーリアス』（Ιλιάς）604‐606

イエス仏教徒説　140

意識変容体験　294

位相的量子場理論（topological quantum field theory）192, 205

『異端カタリ派の哲学』（La philosophie du catharisme）439, 444, 452

イビス（ibis）420, 424, 442, 457‐459, 478‐481, 514, 552, 554

意味の自然学（physique du sens）364

イリュミナシオン（l'illumination）17-19

陰神（Dieu-yin）154, 381

「インセプション」（Inception）234-236

陰陽思想（philosophie du Yin et du Yang）70, 152, 153, 164, 314, 334, 335, 695

陰陽の鍵（La Clef du Yin et du Yang）158, 159, 163, 185, 216, 218, 230, 373, 381, 397, 650

『宇宙意識』（Cosmic Consciousness）213, 214, 697

宇宙ガロア理論（groupe de Galois cosmique）269

宇宙際タイヒミュラー理論（inter-universal Teichmüller theory）663

宇宙への門（Les Portes sur l'Univers）164, 373

ウッズ・ホール（Woods Hole）544, 545

裏サイト　198, 203, 657

ヴァンダルグ（Vendargues）453, 455-457

ヴァントゥー山（Mont Ventoux）186, 394, 462

ヴィジョン体験　18, 28, 29, 49, 56, 57, 59, 71, 205, 238, 277, 279, 280, 297, 299, 332, 341-343, 349-351, 353, 354, 356, 418, 541, 542, 576, 578, 605, 608, 609, 612, 636, 638, 641, 642, 665, 670

ヴィルカン（Villecun, 現在の Olmet-Villecun）iii, iv, 11, 19, 23, 120, 139, 150, 152, 185, 222, 232, 240, 244, 246, 248, 254, 257, 258, 268, 277, 368, 376, 388-392, 394, 395, 424, 440, 442, 447, 448, 451-453, 457, 464, 527, 528, 530, 537, 547, 553, 647, 662, 667, 694

ヴェイユ予想（conjectures de Weil, Weil conjectures）12, 13, 16, 17, 31-33, 38, 73, 94, 127, 128, 130, 237, 257, 267, 268, 275, 276, 282, 313, 334, 335, 387, 451, 534, 535, 538, 544-546, 599, 600, 647, 691, 694

ヴェーデル（Wedel）179-182, 187

ヴェディゲン通り1番地（Weddigenstraße 1）188

ヴォルヴェストル（Volvestre）407, 411, 412, 433, 570, 572, 584, 634

永遠の女性＝不滅かつ女性的なるもの（Das Ewig-Weibliche）576, 583

エクリチュール（écriture）549

SGA ⇒ 代数幾何学セミナー

SGA 無料デジタル化計画　196, 197

M 理論（M-theory）268, 269, 663, 697

エタル・コホモロジー（cohomologie étale）545, 582, 600, 693, 696

エディプス・コンプレックス（Oedipus complex, Oedipuskomplex）44, 160, 165,

168, 214, 217, 219, 220, 343

エピジェネティクス（epigenetics）686

エルベ川（Die Elbe）2, 179, 180, 182, 184, 185, 187

遠アーベル幾何（géométrie anabélienne）99, 256, 396, 602

遠アーベル代数幾何（géométrie algébrique anabélienne）142, 277, 695, 696

エンドルフィン（endorphin）168, 208, 209

オイラー・アーカイブ（The Euler Archive）76

『オイラー全集』（Leonhardi Euleri Opera omnia）75, 76, 79, 80

「オオカミの誕生」（naissance du loup）369, 370

大阪大空襲　671-673

オメガ点（point oméga）214

オリゾン 117（Horizon 117）559, 561

オルメ（Olmet）iii, 139, 244, 246, 248, 389, 448-453, 694

『音楽のトポス』（The Topos of Music）105, 491

女たらし説　661

か行

『カイエ』（Cahiers）97, 114, 157, 356-359, 361, 363

快感回路＝報酬系（reward system）314

『解析原論』（Éléments d'analyse）330

「解放の時代」（age de la libération）18, 147, 155, 379, 475, 492

解離性意識変容　171

解離性同一性障害（dissociative identity disorder）171, 211, 220, 278, 339, 344, 466

核型空間論（théorie des espaces nucléaires）162, 275, 286, 599, 630, 692

確認（verification）48, 49, 348

カタストロフ理論（théorie des catastrophes）362-365, 532

カタリ派（les Cathares）427-430, 439-448, 452, 459-461, 666

カバラ（קבלה）26, 379

神懸かり　154

神体験　v, 29, 112, 204, 211, 308, 375, 383, 459, 460, 462

神との対話　28, 153, 335, 343, 383, 397, 399, 466, 621, 664, 697

神の声　27, 604-606, 608, 609

神の出現 608, 696

カルカソンヌ (Carcassonne) 134, 370, 379, 441-444, 447, 457, 458, 526, 544, 548, 553

カルパントラ (Carpantras) 393, 460-463, 473, 475, 508

カントール論 42, 43, 46

観念奔逸 (flight of ideas) 294

『ガウス全集』(Carl Friedrich Gauss Werke) 54, 84

ガヤック (Gaillac) 488, 503, 525-527, 645

ガロア生誕 200 年 51, 60, 64, 699

『ガロアの神話』52, 60, 85

『ガロアへのレクイエム』51, 60, 618, 669, 670, 696

『ガロア理論を貫く長征』(La Longue Marche à travers la Théorie de Galois) 10, 66, 67, 69, 70, 94, 98, 99, 143, 146, 392, 547, 695, 697

共形場理論 (conformal field theory) 17, 269

強制収容所 (camp de concentration) 91, 92, 134, 149, 222, 276, 342, 421, 422, 455, 501, 502, 509, 511, 516, 520, 527, 553, 554, 556

強迫性障害 (obsessive-compulsive disorder) 49, 277, 293, 356, 465-468, 609, 637, 670, 677

共鳴箱 (caisse de resonance) 632, 633

虚数乗法論 (theory of complex multiplication, Theorie der komplexen Multiplication) 53

『キレンへの手紙』(Letter to Quillen) iv, 9, 28, 69, 199, 325, 375, 394, 547, 567, 695

ギュール (Gurs) 132, 136, 428, 443, 459, 487-489, 526

『近世數學史談』54, 55

空 (शून्यता) 228

『偶然と必然』(Le hasard et la nécessité) 333, 346

クズラン (Couserans) 433, 646

クラフォード賞 ii, 99, 109, 113, 152, 397, 400, 405, 468, 580, 642, 654, 697, 699

クリプトコッカス抗原陽性 682

狂った数学者 142

『グロタンディーク記念論文集』(The Grothendieck Festschrift) 113, 124, 400, 468, 697

「グロタンディーク・クエスト」(The Quest for Alexander Grothendieck) 100, 101

グロタンディーク・サークル (Grothendieck Circle) 11, 99, 102, 103, 105-107, 113, 116-118, 141, 146, 164, 192, 193, 196, 198, 201, 202, 256, 257, 367, 406, 407, 424, 550, 551, 562-568, 579, 657, 663, 698

グロタンディーク探し 145, 401, 418, 552

グロタンディーク砂漠 (Grothendieck's desert) 196, 325, 538, 601

グロタンディーク巡礼 vii, 401, 456, 463, 645, 698

『グロタンディーク:数学を超えて』114, 146, 157, 187, 401, 439, 466, 472, 492, 553, 563, 572, 579, 618, 698

グロタンディーク生誕80周年記念集会 123, 579

『グロタンディーク伝』(Wer ist Alexander Grothendieck? Eine Biographie) 186, 367, 384, 426, 449, 579, 699

グロタンディークの宇宙 (univers de Grothendieck) 546

グロタンディークの深淵 (abîme de Grothendieck) ii, iii, vi, 156, 173, 211, 307, 327, 659, 660, 672, 682

グロタンディーク発狂説 41, 93, 110, 123, 126, 129, 135-137, 145, 417, 430, 698

グロタンディーク予想 (conjecture de Grothendieck) 108, 142, 143, 602, 697

グロタンディーク=リーマン=ロッホの定理 (Grothendieck-Riemann-Roch Theorem) 379, 582, 696

グロタンディーク略伝 (Une biographie sommaire de Grothendieck) 131, 132, 698

グロタンディーク流 (grothendickerie) 93, 269, 325, 601, 602, 629

群居志向性 (prosociality) 62

形式性 (Formalität) 14, 68, 311

啓示 (illumination) ⇒ 閃き

形而上学 31-37, 39, 40, 153, 223, 238, 303, 334, 589

ケーラー多様体論 312

検証 (vérification) 26, 28, 49, 237, 238, 266, 277, 323, 348, 351, 576

憲兵隊 (gendarmerie) 152, 394, 449, 484, 487, 522, 529, 530

圏論的・関手論的思考 598

激動の時代 668, 670

ゲッティンゲン (Göttingen) 183, 184

ゲノムインプリンティング (genomic imprinting) 290, 291

言語革命 325

原爆記念日　120, 260, 423, 528
紅衛兵　68-70
公開状（Lettre ouverte）116-118, 120, 122, 123, 195, 699
5月革命（la révolution de mai 1968）22, 68, 69, 203, 265, 365, 546, 550, 601, 669, 693
高次圏　257, 543
高次元圏論的思考　538
高次元言語　324, 325
『構造安定性と形態形成』（Stabilité structurelle et morphogénèse）362, 363, 366
高等科学研究所（IHES = IHÉS = Institut des Hautes Études Scientifiques）vi, 9, 22, 63, 106, 116, 132, 136, 150, 192, 246, 256, 266, 267, 275, 329, 331, 364, 365, 367, 368, 532, 535, 546, 547, 551, 555, 581, 596, 602, 654, 661, 692
後腹膜線維症（retroperitoneal fibrosis）681
光明主義　313, 642
国立科学研究センター（CNRS = Centre National de la Recherche Scientifique）99, 199, 396, 397, 692, 697
「こころの武器」（Les Armes de l'Esprit, 英語版は Weapons of the Spirit）487, 494, 498
子供の家（Maison d'enfants）273, 485, 487
子供のデッサン（dessins d'Enfants）257, 697
コホモロジー（cohomologie）iv, v, 9, 12, 13, 15, 16, 22, 38, 47, 162, 237, 258, 269, 313, 323, 545, 546, 566, 573, 582, 598-600, 628, 629, 692, 693, 696
コホモロジー論的思考　598
コミュノテ（communauté）246, 666, 667
コレージュ・セヴノル（Collège Cévenol）190, 485-487, 489, 491, 493, 496, 498, 502, 691
ゴルド（Gordes）iii, iv, 152, 186, 392, 449, 662, 695
金剛頂経　228
コンピュータ・サイエンス　68

さ行

最後の恋人　vii, 28, 438, 456, 463, 553, 649, 660, 695
菜食主義　222, 252, 282, 444, 610, 612, 661

佐藤超函数論（Theory of（Sato's）hyperfunctions）692

里子（pensionnaire）v, 2, 4, 27, 133, 160, 161, 172, 179, 185, 188, 189, 273, 329, 342, 392, 399, 459, 490, 505

サド侯爵の館（Château de Mazan）400

「産業社会とその未来」（Industrial Society and Its Future）413

『三教指帰』30

サン・シュルピス（Saint-Sulpis）503, 525, 527

サン・ジロン (Saint-Girons) 142, 143, 335, 401, 406, 411, 419, 425, 427, 428, 430-434, 440, 471, 504, 537, 548, 552, 554, 558, 559, 561, 568-572, 585, 620, 646, 647, 649, 658, 663

サン・ジロン病院（Hôpital de Saint-Girons）427, 559, 646, 649, 658

サン・リジエ（Saint Lizier）427, 559, 570, 646, 658

三世界哲学（three worlds philosophy）337, 338, 340

三里塚闘争 528

ザルツブルク（Salzburg）183, 500

シェーマ（schema）20

詩的止揚（poetische Aufhebung）14

死に向う存在（Sein zum Tode）596, 601

死への意志（volonté de mourir）369, 370

シモーヌ・ヴェイユ高校（Lycée Simone Weil）481

シャトネ・マラブリー（Châtenay-Malabry）iii, 6, 23, 182, 184, 248, 451, 563, 694

『シャンの探求』（A la Pursuite dea Champs = Pursuing Stacks）iv, 9

『収穫と種蒔き』（Récoltes et Semailles）=『収穫と蒔いた種と』 ii, iv, 3, 6-11, 19, 24-26, 31, 36, 37, 42, 45, 48, 50, 52, 53, 56, 58, 59, 62, 66, 69, 70, 72, 93, 97, 101, 104, 105, 107, 111, 113, 116, 118, 131, 133, 139, 141, 149, 152, 153, 158, 159, 164, 167, 174, 185, 186, 196, 198, 200-203, 216, 218, 230, 237, 261, 264, 277, 281, 299, 301, 302, 314, 329, 330, 332, 335, 343, 358, 368, 369, 371, 375, 376, 381, 388, 396, 400, 412, 460, 467, 468, 482, 490, 505, 508, 566, 568, 577, 588, 589, 609, 650, 654, 656, 657, 659, 666, 667, 669, 674, 676, 695-697

宗教的恍惚感 204, 208, 697

終末論（eschatologie）215, 227, 276, 285, 344, 664

出生証明書（Geburtsurkunde）170

出版拒否宣言（Déclaration d'intention de non-publication par Alexandre Grothendieck）192, 193, 201, 202

シュプリンガー＝シュプリンガー書店　85, 168, 196, 275, 492, 533, 534, 696

シュルヴィーヴル運動（movement Survivre）6, 22, 67-69, 104, 112, 113, 119, 150, 152, 156, 246-248, 258, 331, 335, 360, 365, 387, 388, 412, 451, 533, 655, 666, 668, 669, 693, 694

ショーヴェ洞窟（grotte Chauvet）584, 587

昇華（Sublimation）49, 88, 155, 168, 217, 218, 230

「少女論」＝「小序論」429, 430

初期洞察（first insight）48

市立コレージュ＝リセ・シャプタル（collège municipal = Lycée Chaptal）311

神経精神分析学（neuro-psychoanalysis）46

真実の日（le Jour de Vérité）145-147, 344, 379, 383, 384, 397, 623, 697, 698

身体化数学（embodied mathematics）46

身体性（Körperlichkeit）13, 14, 19, 32, 47

『神学大全』（summa theologica）23, 24, 459

心気症（Hypochondrie）304, 599

神秘主義（mysticisme）223, 248, 411, 412, 565, 608, 609, 621

神秘主義的時代（période mystique）336, 564, 565, 608

神秘体験（expérience mystique）102, 156, 209, 213, 308, 314, 353, 354, 367, 379, 382

神秘的官能的「恍惚」（"ravissement" mystique-érotique）369, 370

神秘的な飛躍（essor mystique）i, ii

神父（司祭, prêtre）497, 614-624

神話形成機能（mythopoetic function）418

「時間がない」（je n'ai pas le temps.）65

自己神化（Selbstvergottung）30, 125

自己絶対化　285

自己探求　185, 565, 670, 672, 694, 695

自己破壊的パラノイア（paranoïa autodestructrice）337

自己免疫疾患（autoimmune disease）684, 687, 688

自伝的小説　100, 173, 186, 491, 692

自閉症スペクトラム障害（autism spectrum disorder）vi, 49, 289-292, 353, 638,

684 - 686

自由意志（libre arbitre, free will, freier Wille）109, 111, 143, 155, 333, 334, 337, 338, 446, 468, 566, 578, 604, 609, 622, 663

自由意志の自然学＝自由意志の物理学（physics of free will）143, 144, 216, 332-334, 445, 468, 657, 663

自由意志論 155

自由恋愛（Freie Liebe）171, 172

『19世紀数学史講義』（Vorlesungen über die Entwicklung der Mathematik im 19. Jahrhundert）54

ジェラバ（djellaba）28, 400, 408, 410, 648

循環宇宙論（cyclic universe theory）663

純粋数学（mathématiques pures）46, 54, 63, 64, 69, 109, 112, 268, 270, 298, 310, 320, 325 - 327, 330, 446, 532, 546, 610, 635, 664, 699

情緒 97, 289, 293, 350, 587, 588, 634 - 637, 639, 640, 643, 644

情動（émotion）48, 350

情動性（Emotionalität）14

情動的駆動力 674

女性探求（quête de la femme）660, 692

水腎症（hydronephrosis）681, 682

『数学原論』（Éléments de mathématique）35, 94, 329, 330, 538, 549

『数学的省察』（Réflexions Mathématiques）iv, 9, 66, 67

数学的創造（création mathématique）i, v, 11, 14, 19, 23 - 25, 32, 49, 59, 83, 153, 158, 185, 218, 220, 227, 237, 277, 278, 286, 287, 295, 315, 326, 332, 343, 347, 348, 352, 356, 365, 393, 400, 576, 587, 588, 589, 590, 601, 612, 635 - 637, 639, 641, 644, 674, 676

数学的創造体験 576, 589

数学的瞑想（méditations mathématiques）iv, v, 664, 667

数学魔術師（mathé-magicien）663

数学夢（rêve mathématique）57, 58, 60, 311, 468, 545-547, 549, 550, 594, 596, 598, 600, 601, 636, 643, 644

スートラ的＝顕教的 226

スーパーストリング理論（superstring theory）268, 320, 538, 540

『数論研究』（Disquisitiones arithmeticae）54, 56, 319 - 321

数論幾何学（géométrie arithmétique）12, 63, 193, 196, 269, 320, 326, 608, 692, 698
スキゾイド・パーソナリティ障害（Schizoid Personality Disorder）613
『スタックの追求』（Pursuing Stacks）199, 237, 257, 277, 375
ストリング理論（string theory）18, 68, 93, 268, 270, 320, 538, 540, 602
スニップ（SNP, single nucleotide polymorphism）685
スピリチュアル iv, v, 7, 9, 147, 148, 150, 151, 156, 203, 216, 310, 313, 314, 344, 368, 472, 474, 476, 565, 656, 664
スピリチュアリティ（spirituality, spiritualité, Spiritualität）14, 147, 157, 215, 216, 227, 229, 248, 255, 277, 656
スピリチュアル・エマージェンス 208, 209
スペイン内戦 4, 126, 179, 506, 556, 690
『精神現象学』（Phänomenologie des Geistes）11
精神疾患空間 686
『精神障害の統計的診断マニュアル IV』（Diagnostic and Statistical Manual of Mental Disorders）第 IV 版（DSM-IV）49
『精神障害の診断・統計マニュアル』（Diagnostic and Statistical Manual of Mental Disorders）第 5 版（DSM-5）49, 638
精神衰弱（dépression nerveuse）6
精神性（Geistigkeit）13, 14, 19, 32
精神病スペクトラム障害（psychotic spectrum disorder）289-292
性選択（sexual selection）213
性的欲動（pulsion sexuelle）218, 219
性同一性拡散（Gender Identity Diffusion）612
聖灰の暗号 428, 439
世界宗教者平和会議（World Conference of Religions for Peace）260
積分論 92, 275, 286, 312, 489, 490, 598, 630, 691
絶対数学（absolute mathematics）270, 670
セレンディピティ（serendipity）647, 667
潜在記憶（implicit memory）234, 321
セントジョンズワート（Millepertuis perforé）395
双極性障害（bipolar disorder）v, 19, 90, 277, 289, 293, 309, 466, 576, 590, 637, 670, 676, 677, 685, 686

創世記 589, 607, 622

創造性の起源 272, 319, 593, 661

創造的虚無 (schöpferische Nichts) 176, 177

創造的プロセス (processus créatif) 10, 47-49, 165, 287

層の理論 (théorie des faisceaux) 12, 302

創発 (emergence) 40, 59, 211, 287, 326, 594, 598, 600, 629

素数定理 (Prime Number Theorem) 73, 75, 78-82, 84, 85

『素数の音楽』(The music of the primes) 110, 137, 157, 591, 592

ソドムとゴモラ 619, 621, 622

ゾロアスター教 140, 303, 313, 381, 589

た行

多幸感 203, 208, 351

谷山予想 (Taniyama conjecture = Taniyama-Shimura-Weil conjecture) 546

たぶん今日もまた明日も (Wohl heute noch und morgen) 165-167

多変数解析函数論 665

多変数関数論 12, 58, 286, 312, 313, 598, 599, 629, 641, 642

多変数代数関数論 312, 643

タントラ的＝密教的 226

タントリズム (Tantrism) 213, 227, 228, 381

淡中圏 (catégorie tannakienne) 63, 94, 545, 693

第1次隠遁 iii, 11, 139, 150, 152, 388, 424, 448, 451, 457, 527, 537, 553, 694

第3次隠遁 v, 97, 100, 102, 139, 141, 142, 145, 386, 388, 401, 405, 406, 409, 419, 456, 460, 466, 467, 471, 476, 491, 566, 609, 618, 697

代数解析学 (analyse algébrique) 65, 108, 693, 694

代数関数論 35, 37, 38, 53, 312, 643

『代数幾何における位相的方法』(Topological methods in algebraic geometry) 544

代数曲線論 312

代数曲面論 312

代数幾何学セミナー (SGA = Séminaire de Géométrie Algébrique)
　　ii, 9, 11, 22, 24, 38, 192, 193, 196-198, 201, 261, 267, 301, 396, 450, 597, 692, 193, 697, 698

『代数幾何学原論』(EGA = ÉGA = Éléments de Géométrie Algébrique) ii, 11-14,

20, 22, 24, 36, 38, 54, 71, 240, 277, 301, 347, 361, 597, 600, 666, 669, 692
『代数幾何学の基礎』(Foundations of algebraic geometry) 38, 39
代数的K理論 (algebraic K-theory) 17
代数的サイクル (algebraic cycle) 17, 267, 545, 602
第2次隠遁 iv, 15, 100, 139, 141, 142, 145, 146, 152, 392, 405, 408, 449, 456, 460, 462, 463, 475, 491, 528, 553, 554, 574, 584, 609, 695
第2ゲスピ (la deuxième Guespy) 499, 500
大地母神 326, 588
大動脈周囲炎 (periaortitis) 681
大日経 29, 228
楕円関数論 52, 53, 64, 287, 312
楕円曲線論 312
脱構築 (déconstruction) iii, 550, 576, 590, 596, 597
断食療法 (jeûne) 28, 171, 205-207, 375, 382, 658, 697
父なる神 (la divine Père) 45, 379
父の名 (Nom-du-Père) 43, 44
父の名の排除 (la forclusion du Nom-du-Père) 466
『知への意思』(La volonté de savoir) 306
中央山塊 (Massif central) 478, 483, 484, 532
超自我 (Über-Ich) 160, 220
長征 (La Longue Marche) 10, 66, 67, 69-71, 94, 98, 99, 143, 146, 392, 547, 695, 697
超関数論 (théorie des distributions) 12, 275
超男性脳 (extreme male brain) 94
調和積分論 312, 630
ツェント・アヴェスタ (Zend-Avesta) 311, 313, 589
定型発達者 (neurotypical persons) 783
D加群 (D-module) 693, 696
テータ関数 269, 598, 611
テストステロン (testosterone) 168, 387
天才神話 71, 468-471
天体物理学 144, 336, 412
天体力学 321

ディオニュソス的 68, 71

ディラック作用素（Dirac operator）547

デスマスク（masque mortuaire）424, 491, 578, 659

東京大空襲 182

統合失調症（Schizophrenie, schizophrénie, schizophrenia）27, 28, 44, 49, 90, 112, 129, 154, 204, 288, 289, 292-294, 310, 345, 355, 382, 576, 590, 605-609, 637, 685-687

トゥルーズ（Toulouse）182, 212, 215, 403-406, 411, 414, 419-421, 430, 441-443, 456-458, 486, 503, 513, 515, 525-527, 543, 552, 559, 563, 568, 569, 634, 644, 645, 649, 652, 654

トポス（topos）9, 105, 155, 156, 269, 270, 302, 323, 468, 491, 492, 665, 686, 692, 693, 696

トラウマ体験 261, 343

堂入り 206, 210, 253

ドーパミン（dopamine）49, 87, 168, 208, 637, 638, 665, 670

導来圏（catégorie dérivée, derived category）269

独居志向性（prosolitude）62

「トリスタンとイズー」（Tristan et Iseut）429, 666

ドレスデン（Dresden）183, 184

ドレスデン空襲 182

な行

内的欲動 86, 93

内容性（Inhaltlichkeit）14

NATO（北大西洋条約機構）335, 534

NATOの国際サマースクール 69, 533, 694

ナーマギリ（நாமகிரி）609, 610, 612, 613

南無阿弥陀仏 395

ナムミョウホウレンゲキョウ ⇒ 南無妙法蓮華経

南無妙法蓮華経（Na mu myo ho ren ge kyo）9, 70, 95, 104, 139, 152, 206, 231-233, 238-240, 244, 246, 248, 258, 260-263, 313, 335, 395, 435, 438, 464, 465

ニーム（Nîmes）190, 453, 454, 457, 554

20世紀最大の数学者　i, 126, 646

日本山妙法寺（Nipponzan- Myōhōji）iii, iv, 9, 23, 70, 95, 104, 120, 139, 152, 206, 207, 214, 231, 232, 240, 245, 247-251, 258, 259, 264, 265, 313, 382, 391, 395, 423, 435, 449, 464-466, 471, 528, 530, 642, 647, 666, 694, 695

二分心（bicameral mind）604-609

ヌヴェ・ロテル（Nouvel Hôtel）494, 495

脳神経科学　97, 217, 332, 333, 365, 378, 460, 638, 665

ノーベル賞　129, 540, 541

『脳の進化』（Evolution of the brain : creation of the self）337, 346, 355

ノンレム睡眠（non-REM sleep）235

は行

白日夢（rêve éveillé）59, 66

恥を知れ！（Honte à vous!）114, 122, 195, 196, 201, 672

発狂　ii, 44, 110, 128-130, 136, 144, 204, 345, 466, 592, 608

発狂説　41, 93, 110, 123, 126, 129, 135-137, 145, 417, 430, 698

ハノイ（Hà Nội）68

母なる神（la divine Mère）154, 379

母なる女神（la déesse Mère）45

母の呪縛　430

母の死　12, 13, 87, 272, 387, 583, 599, 601

『春雨の曲』58, 289, 313, 642

般若経　228, 664

ハンブルク（Hamburg）iii, v, 2, 27, 132, 161, 171, 172, 179, 182-184, 188, 189, 392, 505, 621, 690

ハンブルク空襲　182

反マクドナルド運動　530-532

バーベンディーク通り（Babendiekstraße）188, 505

バナナとミルク　178

『バガヴァッド・ギーター』（Bhagavadgītā）34, 40, 223-226, 233

パミエ（Pamiers）421, 422, 424, 425, 522, 526, 544, 548, 552-555, 572, 649, 651

パラノイア（Paranoia）49, 50, 62, 115, 288, 289, 292-294, 304, 337

パラノイア説　430

パリ大学 100, 197, 199, 694
パリ道場 152, 264, 694
万物の理論（Theory of Everything）266-268
非可換幾何 63
非可換幾何学（noncommutative geometry）269, 663
非可換モチーフ理論（théorie de motifs non-commutatifs）663
『悲劇の誕生』319
非線形言語 325
非線形な詩 163
ヒッピー 22, 67, 119, 244-248, 258, 265, 528, 667
『ひとりの女性』（Eine Frau）104
非暴力思想 227, 231
ヒポコンドリー ⇒ 心気症
標準モデル（standard model）266-268, 540
標準予想（standard conjectures）16, 17, 267, 545, 546, 600-602
標準理論（standard theory）63, 540
美意識（Sinn für Ästhetik, sens esthétique）15, 19, 49, 50, 227, 320, 677
B-17 爆撃機 182
B-29 戦略爆撃機 182, 671
微小管（microtubule）340
p 進ゼータ関数 534
ビュル・シュリヴェット（Bures-sur-Yvette）iii, 602, 693
病跡学（pathograpy）293, 300, 677
閃き（illumination）10, 48, 49, 153, 348-350, 353, 354, 588
ヒルツェブルフ＝リーマン＝ロッホの定理（Hirzebruch-Riemann-Roch theorem）324
ピレネー（Pyrénées）28, 132, 135, 136, 142, 180, 184, 406, 414, 416-419, 425-427, 433-435, 443, 457, 458, 552, 561, 570, 584, 625-627, 661, 691
ファインマン積分 17, 317, 323
不安障害（anxiety disorder）293, 589, 590
フィールズ賞 ii, 22, 68, 289, 545, 591, 630, 642, 661, 665, 693, 697, 698
フェルマ高校（lycée Pierre de Fermat）404, 563, 652
フォーミュル・アン（Formule 1）442, 443, 446, 461, 553

孵化（incubation）48, 49, 348, 349, 353, 354

『福音の書』（Le Livre de la Bonne Nouvelle）27, 28, 147

「福音の手紙」（Lettre de la Bonne Nouvelle）v, 375, 378, 379, 398, 399, 412, 475-477, 492, 564, 697

布告（Déclaration d'intention de non-publication）11

不軽菩薩 243, 261, 435

不定域イデアル（idéal de domaines indétermines）312, 639, 642

不動明王 206, 253

冬の旅96/97（Winterreise 96/97）181, 183-185, 698

フローラ（Flora）26, 39, 45, 154, 204, 314, 344, 397

ブール・ラ・レーヌ（Bourg-la-Reine）182, 184

ブザンソン（Besançon）463, 495

ブッダ体験 238

ブラーマチャリア（ब्रह्मचर्य）224, 227, 231

ブラーマチャリアの実験 227, 230, 231

ブラーマン＝ブラフマン（ब्रह्मन्）223, 225, 239, 660

ブラン＝ブランス＝ブレン＝ブレンス（Brens）iii, 149, 182, 184, 485, 487-490, 508, 521, 525-527, 644, 645, 691

ブランケネーゼ（Blankenese）iii, v, 2, 27, 172, 179-183, 185-188, 392, 399, 490, 505, 506, 510, 621

ブルネン通り（Brunnenstraße）2, 170-173, 175-179

『ブルバキとグロタンディーク』（The artist and the mathematician : the story of Nicolas Bourbaki, the genius mathematician who never existed）414-416, 426

文化大革命 67, 69, 70, 669

プラトン的数学観 17-19, 346

プラトン的世界 295, 340

プルミエール・クラス（Hôtel Première Classe）524, 552-554

『プログラムの概要』（Esquisse d'un Programme）66, 67, 69, 99, 152, 199, 257, 258, 396, 695

ヘッケ作用素 534

変性意識状態（altered states of consciousness）205, 209-211

ベルリン（Berlin）iii, v, 2, 4, 27, 28, 33, 126, 142, 160, 161, 168, 170, 172, 178,

　　　　184, 185, 188, 191, 490, 504-506, 560, 573, 611, 690,
ベルリンの壁（Berliner Mauer）27, 69, 375, 577, 697
「ベルリンのロッテ」（Lotte à Berlin）104
ペイブルスの森（Bois de Peybroussou）493
ペイレスク（Peyresq）106-108, 117, 550, 551, 581, 602, 699
ペルソナ（persona）256, 379-381
報酬系（reward system）87, 88, 208, 638
飽和（saturation）48, 355
保型関数（automorphic function）269
保型関数論 53
法華経 23, 95, 118, 120, 139, 152, 206, 228, 231, 238, 239, 242, 243, 245, 249, 258,
　　　　259, 263, 313, 463, 464, 664, 694
ホッジ予想（Hodge conjecture）630
ホッジ理論（Hodge theory）17, 269, 547
ホメオパシー（homeopathy）213
ホモトピー代数（homotopical algebra）9, 28, 69, 199, 237, 257, 258, 277, 323,
　　　　325, 547, 582, 694, 696
ホモトピー・タイプ理論（homotopy type theory）323, 663
ホモトピー論（homotopy theory）iii, v, 199, 200, 323-325, 375, 394, 400, 543,
　　　　547, 566, 577
ボロメオの結び目（nœud borroméen）44
ボワ・コロンブ（Bois Colombes）iii, 162, 456, 651
梵我一如（तत् त्वम् असि）225, 228, 659, 664
ポアンカレの問題（Problème de Poincaré）57
ポアンカレ予想（conjecture de Poincaré, Poincaré conjecture）238, 317, 591
ポール・ロラゲ（Port-Lauragais）440-442
ポストモダン物理学 320

ま行

マーヤーの時代 155
マオイズム（maoïsme = pensée Mao-Zedong, Maoism = Mao Zedong Thought）
　　　　67, 72
マサチューセッツ総合病院（MGH=Massachusetts General Hospital）679, 680

魔女の台所（Hexerskühe）581-583

マテーム（mathème）42, 43

マテクリチュール（mathécriture）549, 550

マフノの軍隊（Революційна Повстанська Армія України, armée révolutionnaire insurrectionnelle ukrainienne）4, 667

ママン（Maman）26, 45, 154, 167, 204, 314, 344, 396, 397, 482

マルタ騎士通り（rue des Chevaliers de Malte）454, 457

MALTリンパ腫＝マルトリンパ腫（mucosa associated lymphoid tissue lymphoma）678

慢性炎症（chronic inflammation）655, 686-688

マンド（Mende）iii, 16, 272, 479, 488, 503, 504, 507-509, 511, 513-515, 517, 520, 522, 524-526, 548, 554, 584, 655, 656

マンドのリセ＝マンドの中学校（lycée de Mende）190, 254, 511, 691

満ちる海（mer qui monte）ii, vi, 24, 30

ミッション（mission）147-150

ミディ運河（Canal du Midi）441

ミョーの高架橋（viaduc de Millau）526, 527

ミラー対称性（mirror symmetry）17, 269, 275

無意識の自動運転 49, 56, 59, 130, 332, 339, 341, 343, 345, 353, 418, 537, 540-542, 565, 576, 605, 612, 638, 641, 642

夢幻様状態（oneiroid state）310

明晰夢（lucid dream）234, 235, 237

瞑想（méditation）iii-v, 3-6, 8-10, 24, 31, 50, 64, 70, 97, 118, 141, 143, 149-152, 159, 163, 173, 174, 185, 192, 214, 218, 237, 248, 253, 260-262, 277, 369, 378, 381, 392, 563, 569, 589, 596, 642, 660, 662, 664, 665, 667, 671, 672, 674, 694, 695

瞑想の発見（découverte de la méditation）v, 6, 7, 19, 152, 218, 369, 660, 694

メラルグ（Meyrargues）iii, 16, 162, 190, 392, 399, 447, 453-457, 490, 526, 554, 691

メランコリア（melancholia）276, 277, 280, 283, 284

モアビート病院（Krankenhauses Moabit）170, 171

妄想（rêverie）13, 48, 59, 128, 138, 147, 157, 185, 235, 290, 293, 294, 326, 343, 345, 354, 355, 365, 383, 446, 543, 549, 576, 638, 684

妄想性障害（delusional disorder）466, 637, 642
モジュラー関数（fonction modulaire, modular function）55, 56, 69, 321, 325, 335, 533, 534, 536, 546, 600, 611, 694
モジュラー関数論（théorie des fonctions modulaires）52, 53, 546
モジュラー形式（forme modulaire）69, 335, 534
モチーフ（motif）9, 15-17, 43, 47, 108, 269, 582, 696
モチーフの夢＝モチーフのヨーガ（yoga des motifs）29, 66, 224, 237, 600, 647, 693
モチーフ理論（théorie des motifs）13, 15-17, 66, 267, 269, 323, 545, 546, 601, 693
『モデルの物語』（Histoire de Modèles = The Modelizing Story）iv, 9, 695
モルモワロン（Mormoiron）iii, iv, 15, 16, 24, 27, 28, 139, 141, 142, 145, 146, 152, 186, 206, 277, 368, 375, 376, 383, 392, 394, 395, 398-400, 405, 408, 419, 431, 440, 441, 444, 449, 453, 456, 459-464, 475, 476, 491, 528, 547, 553, 554, 561, 562, 574, 580, 584, 609, 635, 636, 654, 658, 659, 662, 667, 695
モン・ヴァリエ（Mont Valier）426
モンセギュール城（Château de Montségur）428, 443, 459
モンテスキュー・ヴォルヴェストル（Montesquieu-Volvestre）407, 570, 572, 584, 634
モンペリエ（Montpellier）iii, 16, 23, 24, 108, 145, 275, 357, 388, 392, 398, 447, 453, 455-458, 460, 463, 490, 526, 527, 529, 554, 602, 651, 699
モンペリエ大学 iii, vi, 8, 23, 66, 70, 91, 96, 97, 99, 108, 123, 134, 145, 190, 200, 202, 257, 274, 336, 357, 358, 396, 397, 447, 453, 490, 566, 568, 648, 650, 654, 659, 667, 691, 694, 695

や行

館跡 246, 389, 449-451
ヤン＝ミルズ方程式（Yang-Mills equations）544
『唯一者とその所有』（Der Einzige und sein Eigentum）176, 191
夢の中の夢 234-238
『夢の鍵』（La Clef des Songes）iv, 3, 11, 19, 25, 26, 36, 37, 48, 62, 104, 113, 120, 152, 153, 160, 167, 173, 174, 186, 196, 198, 201-203, 212, 227, 277, 301, 328, 332, 343, 368, 370, 371, 373, 375, 378, 381, 382, 397, 460, 475, 476,

481, 482, 485, 488, 490, 510, 563, 565, 576, 578, 589, 608, 609, 650, 652, 656, 657, 667, 696-698
『夢の鍵のためのノート』（Notes pour la Clef des Songes）201, 202, 204, 212
『夢判断』（Die Traumdeutung）214, 381
ユングの伝記（自伝）『Erinnerungen Träume Gedanken』7
幼児期健忘（infantile Amnesie）173
ヨーガ（योग）29, 205, 223, 224, 228, 233, 237, 248, 600, 692, 693, 695
『預言の書』（un livre prophétique ＝『福音の手紙の展開』（Développements de la lettre de la Bonne Nouvelle）370-373, 375, 378, 380, 564, 664, 697, 724

ら行

ラ・ガルデット（La Gardette）iv, 152, 186, 392, 449, 695
ラ・ゲスピ（la Guespy）273, 483, 485-487, 490, 493-496, 498-501, 517, 554, 655, 691
ラスコーの洞窟壁画 586, 587
ラセール（Lasserre）iii, v, 28, 69, 145, 180, 207, 335, 336, 368, 375, 378, 382-384, 401, 402, 405, 427, 430, 433, 435, 440, 456, 460, 471, 476, 491, 492, 499, 524, 533, 534, 538, 539, 561, 562, 566, 568, 570, 572, 575, 583, 594, 603, 609, 614-617, 621, 623, 624, 634, 646, 657, 650, 652, 654, 657, 658, 662-665, 667, 697, 699
ラルザック高原（causse du Larzac）528, 531
ラルザック闘争 528
ラングランズ・プログラム＝ラングランズ予想（Langlands program ＝ Langlands conjectures）269, 663
『リーマン全集』（Gesammelte mathematische Werke）39, 40, 92, 302, 303
リーマン＝ヒルベルト対応（Riemann–Hilbert correspondence）10, 63
リーマン面（surface de Riemann, Riemann surface, riemannsche Fläche）64, 257, 269, 311, 312, 599, 611
『リーマン面の理念』（Die Idee der Riemannschen Fläche）312
リーマン予想（hypothèse de Riemann, Riemann Hypothesis, Riemannsche Vermutung）13, 38, 57, 73, 125, 127-130, 137, 182, 213, 237, 267, 311, 313, 319, 335, 546, 591, 592, 599
リーマン予想出現 150 周年 591, 592

リーマン＝ロッホの定理（Riemann–Roch theorem）38, 324, 379, 544, 582, 583, 599, 628, 630, 631, 692

リウマチ因子（rheumatoid factor）681

離散性（有限性）92

離散多様体（discrete Mannigfaltigkeit）303, 304

離散的 302, 316, 323, 329

リセ・シャプタル（Lycée Chaptal）511

リュークロ＝リュークロス（Rieucros）iii, 190, 272, 273, 399, 420, 479, 488, 503, 508-511, 513-515, 517, 518, 520-526, 548, 554, 645, 655, 691

リュークロ街道（Route de Rieucros）512, 514, 515, 522

リュークロ川（le Rieucros）511, 515, 522

リュークロ高架橋（Viaduc de Rieucros）522

リュークロの遺跡 519, 522

リュークロの記念碑（Stèle de Rieucros）516, 517, 522

リューネブルク（Lüneburg）183, 184

リュミニ（Luminy）99, 696

量子形而上学（quantum metaphysics）334

量子コホモロジー（quantum cohomology）582

量子神秘主義（quantum mysticism）334-336

量子重力理論（quantum gravity theory）346, 538, 543

量子脳理論（quantum consciousness hypothesis）663

量子場幾何学（Geometry of Quantum Fields）269

量子場数論（Arithmetic of Quantum Fields）269

輪廻（संसार）224, 428, 444

類体（class field theory = Klassenkörpertheorie）52, 53, 269

ル・ヴェルネ（Le Vernet）12, 132, 134, 222, 414, 421-425, 455, 502, 510, 513, 526, 553, 556, 560, 665, 691

『ル・ヴェルネ収容所の反ファシストたち』（Antifaschisten im Camp Le Vernet）556

ルシフェラ（Lucifera）26, 154, 204, 314, 379, 383

ル・シャンボン・シュル・リニョン（Le Chambon-sur-Lignon）16, 91, 273, 274, 392, 403, 420, 454, 475, 479, 481, 483, 493, 503, 526, 554, 621, 655

「ル・ヌフ」（Le 09＝Le Journal du 09）432, 554-57, 562, 564

ル・ピュイ（Le Puy-en-Velay）274, 240, 258, 473, 475, 477-481, 483, 499, 500, 503, 504, 511, 513, 514, 554
ル・マス・ダジル（Le Mas d'Azil）572, 585, 592, 594
ル・マス・ダジル洞窟（grotte du Mas-d'Azil）584-586, 592
ルリジオジテ（religiosité）244, 247, 253, 255
ルルド（Lourdes）182, 184
レ・ゾメット（Les Aumettes）462
『レ・デリヴァトゥール』（Les Dérivateurs）v, 28, 69, 200, 277, 325, 375, 400, 566, 577, 664, 696-698
『レ・ミュタン』（Les Mutants）v, 104, 120, 160, 201-203, 212, 216-218, 227, 229, 232, 238, 373, 375, 382, 397, 464, 465, 474, 476, 490, 697
レム睡眠（REM sleep, Rapid Eye Mouvement sleep）235
恋愛感情（romantic feelings）10
連続性（無限性）92
連続多様体（stetige Mannigfaltigkeit）303
連続的 67, 302, 316, 323, 329
ロゴスとエロスの相克（conflit entre Logos et Eros）18, 19
路上写真屋（Straßenfotograf）172, 281, 505
ロデーヴ（Lodève）14, 139, 388-391, 442, 448, 449, 451, 457, 458, 527, 528, 537, 543, 661, 667
ロデス（Rodez）503, 524, 525, 528, 529, 532
ロマン主義的思弁生物学（spekulative Biologie der Romantik）596
『ロランの歌』（La Chanson de Roland）666
『論理哲学論考』（Logisch-philosophische Abhandlung）298, 300, 301, 305, 306

わ行

『若きパルク』（La jeune Parque）96, 97, 114, 357, 358, 363, 648, 726

著者紹介：

山下純一（やました・じゅんいち）

1948年大阪市生まれ．大手前高校，東京工業大学．名古屋大学大学院を経て作家．「情動の変容としての純粋数学」という視点から，グロタンディーク，ガロア，リーマン，ラマヌジャン，岡潔などの心的宇宙の観察を通じて脳神経科学を踏まえつつ数学的創造性の謎に迫りたいと考えていたが，2012年以降の奇妙な病気体験を契機として，「慢性炎症」や「免疫系と中枢神経系の融合」という視点からの考察にも関心をもつようになった．

主な著書：
『ガロアのレクイエム』現代数学社 1986年
『数学への旅』現代数学社 1996年
『グロタンディーク：数学を超えて』日本評論社 2003年
『数学は燃えているか』現代数学社 2011年

主な翻訳書：
『ガロアの神話』現代数学社 1990年
『メビウスの遺産』現代数学社 1995年
『数学：パターンの科学』日経サイエンス社 1995年
『興奮する数学』岩波書店 2004年
『アーベルの証明』日本評論社 2005年

数学思想の未来史
グロタンディーク巡礼

	2015年 3月28日　初版1刷発行
検印省略	著　者　　山下純一
	発行者　　富田　淳
© Jun-Ichi Yamashita, 2015	発行所　　株式会社　現代数学社
Printed in Japan	〒606-8425 京都市左京区鹿ヶ谷西寺ノ前町1
	TEL 075 (751) 0727　FAX 075 (744) 0906
	http://www.gensu.co.jp/

印刷・製本　　亜細亜印刷株式会社

ISBN978-4-7687-0444-8　　　　　　落丁・乱丁はお取替え致します．